ANALYTISCHE GEOMETRIE

DER

HÖHEREN EBENEN KURVEN

VON

GEORGE SALMON.

DEUTSCH BEARBEITET

VON

Dr. WILHELM FIEDLER,

PROFESSOR AM EIDGENÖSSISCHEN POLYTECHNIKUM ZU ZÜRICH.

ZWEITE VERBESSERTE AUFLAGE.

LEIPZIG,

VERLAG VON B. G. TEUBNER.

1882.

Druck von B. G. Teubner in Dresden.

Vorwort.

Die deutsche Ausgabe des „Treatise on the higher plane curves“ von George Salmon, die ich hiermit dem mathematischen Publikum übergebe, ist eine Übersetzung nach der 2. Ausgabe des Originals, welches vor kurzem veröffentlicht worden ist, deren allmählichem Fortschreiten ich aber durch die Zusendung der Probebogen genau folgen konnte. Sie weicht von der Originalausgabe wesentlich nur ab durch die Weglassung eines Abschnittes von Kapitel VIII über die linearen Transformationen, welche Theorie ihren Platz in der Analytischen Geometrie der Kegelschnitte (Kap. XXII, Art. 375 f.) behalten soll, durch vermehrte Litteraturnachweisungen und einige mit denselben verbundene Zusätze. Im Text ist ausser Art. 22, 23 nur wenig hinzugefügt worden.

Einige Mitteilungen über die Entstehung der Originalausgabe gebe ich mit den Worten des Verfassers wieder. „Die erste Ausgabe dieses Buches ist seit mehreren Jahren vergriffen und ich hatte ehedem selbst die Idee einer Neuausgabe desselben aufgegeben. Als zu einer Zeit geschrieben, wo die neuere Algebra noch in ihrer Kindheit war, forderte das Buch ausgedehnte Veränderungen, um auf den gegenwärtigen Standpunkt der Wissenschaft gebracht zu werden, und da ich die Vollendung einer neuen Ausgabe vor meiner Ernennung zu dem Amte, welches ich jetzt bekleide, versäumt hatte, so hielt ich für unmöglich, sie nunmehr zu erzielen, wo andere Verpflichtungen mir nicht Muse dazu liessen, mich mit den neuen mathematischen Entdeckungen bekannt zu machen oder auch nur im Gedächtnis zu bewahren, was ich früher gewusst hatte. Als aber Jahre vergingen und das meinige noch immer das einzige englische Werk blieb, welches einen systematischen Abriss der neueren Kurventheorie zu geben versucht, begann ich zu erwägen, ob ein Wiederabdruck nicht möglich wäre mit Unterstützung eines jungen Mathematikers, der kompetent wäre zur Bearbeitung zusätzlicher Abschnitte, die die späteren Fortschritte der Wissenschaft darstellen würden; indem ich Professor Cayleys Rat hierüber suchte, ward ich ebenso hoch als angenehm durch sein Anerbieten überrascht, mir selbst die gewünschte Hilfe zu gewähren. Es ist unnötig zu sagen, mit welcher Freude ich einen Vorschlag ergriff, der den Wert meines Buches so sehr zu erhöhen versprach und bei dem ich nur das Bedenken fühlte, dass die Zeit und Arbeit, welche Professor Cayley dem Werke eines Andern widme, für einige Zeit wenigstens die mathematische Welt eines bessern Werkes von ihm selbst über den nämlichen Gegenstand berauben werde.“ Das war gegen Ende des Jahres 1869.

„Mein ursprünglicher Plan für die Teilung der Arbeit ging dahin, dass Professor Cayley gewisse neue Abschnitte oder Kapitel beitragen möge, für welche die ganze Verantwortlichkeit ihm zufiele, während ich mich mit der Revision der älteren Teile des Buches begnügen wollte. Aber ich sah ein, dass es nicht möglich sein würde, dem Buche in diesem Wege die Einheit zu geben, die es haben sollte; und infolgedessen ist unsere beiderseitige Arbeit in einer Weise verschmolzen worden, die es schwer macht, unsere respektiven Anteile zu trennen. Professor Cayley hat sorgfältig das Ganze durchgegangen und es giebt kaum eine Seite in demselben, welche nicht in irgend einer Weise durch seine Bemerkungen beeinflusst worden ist; andererseits habe ich von seinen Bei-

www.ingramcontent.com/pod-product-compliance
Lightning Source LLC
LaVergne TN
LVHW011243110826
845149LV00001B/37

* 9 7 8 1 4 1 8 1 8 5 9 8 5 *

trägen viele ganz neu geschrieben, entweder um sie dem Ganzen besser einzufügen oder weil ich glaubte, irgend eine Vereinfachung in seinen Methoden oder eine Hinzufügung zu seinen Resultaten machen zu können."

In den Litteraturnachweisungen der deutschen Ausgabe sind genau nach den Angaben des Verfassers die Abschnitte resp. Artikel bezeichnet, welche ohne Veränderung oder doch mit nur unbedeutenden Abweichungen von Professor Cayley entnommen sind. Seine treue Mitarbeit wird sicher überall dankbar gewürdigt werden, sie ist ein neues Zeugnis jener echten Gelehrten-Freundschaft, die seit so vielen Jahren schon so oft bei wichtigen Anlässen der Wissenschaft zu Gute kam.

Das Kapitel über die Anwendungen der Integralrechnung auf die Theorie der Kurven, welches die erste Ausgabe enthielt, ist weggefallen, weil es einerseits unumgänglich gewesen wäre, dasselbe durch einen Abriss der Anwendungen zu erweitern, welche der allzu früh dahingeschiedene Clebsch in Fortsetzung der Untersuchungen von Riemann von den elliptischen und Abelschen Integralen auf die Kurventheorie gemacht hat; während es anderseits doch unmöglich erschien, diese Gegenstände anders als im Zusammenhange eines eigenen Werkes über den Integral-Kalkul entsprechend zu behandeln.

Indem ich das Buch ohne wesentliche Veränderungen dem deutschen Publikum darbiete, folge ich der Überzeugung, dass es in seiner gegenwärtigen Gestalt vorzüglich geeignet ist, der mathematischen Arbeit auf seinem Gebiete frische Kräfte zu gewinnen durch Verbreitung der Kenntnis ihrer bisherigen Hauptresultate und ihrer wahrhaft fruchtbaren Methoden. Ich verhehle auch nicht die lebhafte Genugthuung, die ich selbst über die so glücklich gelungene Vervollständigung des Werkes über die analytische Geometrie empfinde, welches die Salmonschen Lehrbücher bilden und an dessen deutsche Bearbeitung ich so lange zumeist die Arbeit meiner Musestunden gewendet habe; ich hoffe noch immer damit ein nützliches Werk zu thun und werde nicht darin ermüden.

Diesen Einführungsworten der ersten deutschen Ausgabe habe ich jetzt bei Vollendung der zweiten nur wenig hinzuzufügen. Sie ist ohne wesentliche Änderungen und Neuerungen gewissenhaft ergänzt; man wird in der Koordinatentheorie, in der Theorie der Enveloppen, in der algebraischen Behandlung der rationalen Kurven dritter und vierter Ordnung, in der Invariantentheorie der ersten und in den Lehren von der Klassifikation und von den Doppeltangenten der zweiten und a. a. O. Neues finden und auch in den Noten die sorgfältige Beachtung der neuen wichtigen Litteratur und einige neue Entwicklungen erkennen.

Die Schlussnote der ersten deutschen Ausgabe über die Erweiterung der Theorie der Reste auf Kurven aller Ordnungen, über die adjungierten Kurven, die Spezialgruppen, die Moduln und Normalformen der Kurven von einerlei Geschlecht ist in erweiterter Ausführung, die ich Herrn Professor Brill auch hier verdanke, in den Text aufgenommen worden.

Zürich-Unterstrass, im November 1881.

Dr. Wilh. Fiedler.

Inhaltsverzeichnis.

Erstes Kapitel.

Von den Koordinaten. (S. 1—18.)

Zweites Kapitel.

Von den allgemeinen Eigenschaften der Kurven vom n^{ten} Grade. (S. 19—85.)

I. Abschnitt: Über die Anzahl der Glieder in der allgemeinen Gleichung.

II. Abschnitt: Über die Natur der vielfachen Punkte und Tangenten der Kurven.

III. Abschnitt: Von der graphischen Darstellung der Kurven.

IV. Abschnitt: Pole und Polaren.

V. Abschnitt: Allgemeine Theorie der vielfachen Punkte und Tangenten.

VI. Abschnitt: Reciproke Kurven.

Drittes Kapitel.

Theorie der Enveloppen. (S. 86 – 136.)

Viertes Kapitel.

Metrische Eigenschaften der Kurven. (S. 137 – 163)

Fünftes Kapitel.

Kurven dritter Ordnung. (S. 164 – 277.)

Sechstes Kapitel.

Kurven vierter Ordnung. (S. 278—360.)

Siebentes Kapitel.

Transcendente Kurven. (S. 361—382.)

Achtes Kapitel.

Transformation der Kurven. (S. 383—431.)

Neuntes Kapitel.

Allgemeine Theorie der Kurven. (S. 432—487.)

Erstes Kapitel.

Von den Koordinaten.

1. Es giebt in der Ebene eine ausgezeichnete gerade Linie, die Linie im Unendlichen oder die unendlich ferne Gerade derselben, und in dieser Linie zwei ausgezeichnete nicht reelle Punkte, die Kreispunkte im Unendlichen der Ebene. Ein geometrischer Satz hat entweder keine Beziehung auf diese Linie und zu diesen Punkten und ist dann deskriptiv oder projektivisch, oder er steht in Beziehung zu ihnen und ist dann metrisch. (Vergl. „Kegelschnitte", Kap. XXII.)

Die elementaren Grundformeln über metrische Relationen geben die charakteristischen Eigenschaften:

Wenn ein Punkt in der unendlich fernen Geraden der Ebene liegt, so ist seine Distanz von jedem Punkte im Endlichen unendlich gross; ebenso sein normaler Abstand von einer Geraden, die ihn nicht zu ihrer Richtung hat.

Und wenn eine Gerade durch einen der Kreispunkte im Unendlichen geht, so ist jede in ihr gemessene Länge gleich Null (denn es ist $y = \pm ix$), jeder Normalabstand von ihr unendlich gross und sie macht mit jeder anderen Geraden Winkel von unendlich grossem sinus und cosinus, ist insbesondere als zu sich selbst rechtwinklig zu betrachten. („Kegelschn.", Art. 25 resp. Art. 34; es ist $A^2 + B^2 = 0$.)

2. Die zur Bestimmung der Lage eines Punktes in der Ebene dienenden Koordinaten sind rechtwinklige oder schiefe Parallel-Koordinaten (Cartesische) oder trimetrische (projektivische) Koordinaten; die letzeren umfassen als einen Specialfall die ersteren. Im allgemeinen kann man sagen, dass die Cartesischen und insbesondere die rechtwinkligen Koordinaten vorzugsweise geeignet sind für die Untersuchung der metrischen

Eigenschaften, die trimetrischen Koordinaten dagegen ebenso für die der deskriptiven oder projektivischen Eigenschaften. Wenn in Untersuchungen der ersten Art die Bezeichnung der trimetrischen Koordinaten gebraucht wird, so geschieht es gewöhnlich nur, weil dann die Gleichung der Kurve homogen in x, y, z erscheint; x, y sind die gewöhnlichen rechtwinkligen Koordinaten und z vertritt die lineare Einheit.

3. Die trimetrischen Koordinaten eines Punktes sind als die senkrechten Entfernungen p, q, r desselben von drei gegebenen Geraden definiert worden („Kegelschn." Art. 62), die ein Dreieck bilden; sie genügen daher, wenn a, b, c die Längenzahlen der Seiten desselben und $\triangle$ seine Flächenzahl bedeuten und wenn p, q, r für jeden im Innern des Dreiecks gelegenen Punkt als positiv angesehen werden, der Relation

$$ap + bq + cr = 2\triangle.$$

Mittelst derselben kann eine ursprünglich nicht homogene Gleichung homogen gemacht werden und es wird vorausgesetzt, dass dies geschehen sei und also die benutzten Gleichungen immer homogen sind.

4. Es ist von Vorteil, eine etwas allgemeinere Definition der trimetrischen Koordinaten x, y, z oder x_1, x_2, x_3 zu benutzen, indem man ohne ihre absolute Grösse zu fixieren sie als proportional zu gegebenen Vielfachen αp, βq, γr der ursprünglichen trimetrischen Koordinaten annimmt. Auf Grund der Bemerkung, dass die in einer gegebenen Richtung gemessene Entfernung eines Punktes von einer Geraden ein bestimmtes Vielfaches ihrer senkrechten Entfernung ist, kann diese Definition mit gleicher Allgemeinheit in folgenden Formen gegeben werden.

Die trimetrischen Koordinaten eines Punktes in der Ebene sind proportional

zu gegebenen Vielfachen der senkrechten Entfernungen,
zu gegebenen Vielfachen der in gegebenen Richtungen gemessenen Entfernungen,
zu gegebenen Vielfachen der in einer und derselben Richtung gemessenen Entfernungen,

zu den in gegebenen Richtungen gemessenen Entfernungen

des Punktes von drei festen geraden Linien.

Die drei gegebenen Geraden, die Geraden $x_1=0$, $x_2=0$, $x_3=0$ sollen die Koordinatenaxen oder einfach die Axen und das von ihnen gebildete Dreieck das Fundamentaldreieck oder das Dreieck heissen. Und es ist zu bemerken, dass zwischen den Grössen x_1, x_2, x_3, insofern ihre absoluten Werte unbestimmt bleiben, keine identische Relation stattfinden kann, so wie dass die von uns zu benutzenden Gleichungen als wesentlich homogen Relationen zwischen den gegenseitigen Verhältnissen der Koordinaten ausdrücken.

5. Wenn es auch im allgemeinen nicht von Vorteil ist, so können wir doch die absoluten Grössen der Koordinaten fixieren, indem wir x_1, x_2, x_3 resp. gleich αp, βq, γr setzen; dann sind die Koordinaten eines Punktes durch die Relation verbunden

$$\frac{a x_1}{\alpha}+\frac{b x_2}{\beta}+\frac{c x_3}{\gamma}=2\triangle,$$

die daher dienen kann, die absoluten Grössen der Koordinaten x_1, x_2, x_3 eines Punktes zu bestimmen, nachdem ihre Verhältnisse bekannt sind.

Von der Entfernung eines Punktes von einer Geraden gilt natürlich, dass sie das Zeichen wechselt, wenn der Punkt von der einen Seite der Linie auf die andere geht. Die Festsetzung der positiven und negativen Seite ist für jede der drei Linien willkürlich, aber es ist im allgemeinen zweckmässig, sie so zu wählen, dass für jeden Punkt im Innern des Dreiecks die Verhältnisse $x_1:x_2:x_3$ oder falls sie in absoluter Grösse bestimmt wären die Koordinaten x_1, x_2, x_3 selbst positiv sind.

6. Wenn wir annehmen, dass die Geraden $x_1=0$, $x_2=0$, $x_3=0$ gegebene Linien sind, so hängen die Werte der Verhältnisse $x_1:x_2:x_3$ von denen der impliciten Konstanten α, β, γ ab und sind somit nicht vollständig bestimmt; sie können vielmehr so bestimmt werden, dass $x_1:x_2:x_3$ für einen gegebenen Punkt gegebene Werte erhalten. So vollendet z. B.

die Annahme, dass für den gegebenen Punkt von den senkrechten Abständen p_1, q_1, r_1 jene Verhältnisse die gegebenen Werte $x'_1 : x'_2 : x'_3$ haben, die Bestimmung der Koordinaten, weil

$$x_1 : x_2 : x_3 = \frac{x'_1}{p_1} p : \frac{x'_2}{q_1} q : \frac{x'_3}{r_1} r$$

ist. Ebenso können wir unsere Koordinaten so wählen, dass eine gegebene lineare Gleichung $Ax_1 + Bx_2 + Cx_3 = 0$ eine gegebene Gerade darstellt; denn wenn $ap + bq + cr = 0$ die Gleichung der gegebenen Linie in Funktion der Koordinaten p, q, r ist, so haben wir

$$x_1 : x_2 : x_3 = \frac{a}{A} p : \frac{b}{B} q : \frac{c}{C} r.$$

Von den eben geschriebenen Gleichungen wird jedoch selten in ihrer allgemeinen Form Gebrauch gemacht, man denkt vielmehr mit Vorteil insbesondere die Koordinaten so fixiert, dass der Punkt $(1 : 1 : 1)$ ein gegebener Punkt der Figur oder die gerade Linie $x_1 + x_2 + x_3 = 0$ eine gegebene Linie der Figur ist.

7. Wir können von dem Punkte y_i sprechen in der Meinung, dass es derjenige Punkt sei, für dessen Koordinaten die Verhältnisse $x_1 : x_2 : x_3$ gleich seien den Verhältnissen $y_1 : y_2 : y_3$; wenn wir von den Koordinaten eines Punktes sagen, sie seien gleich y_1, y_2, y_3 oder es seien x_1, x_2, x_3 resp. gleich y_1, y_2, y_3, so hat das denselben Sinn; die absoluten Grössen sind unbestimmt. So hätten wir in 6) statt vom Punkte $(1 : 1 : 1)$ sprechen können von dem Punkte $(1, 1, 1)$.

8. Der Punkt $(1, 1, 1)$ und die Gerade $x_1 + x_2 + x_3 = 0$ oder allgemeiner der Punkt (y_1, y_2, y_3) und die Gerade $\frac{x_1}{y_1} + \frac{x_2}{y_2} + \frac{x_3}{y_3} = 0$ stehen in einer einfachen geometrischen Beziehung zum Fundamentaldreieck: Wenn E der bezeichnete Punkt ist, so ist die Gerade die Linie $\mathsf{E}_1 \mathsf{E}_2 \mathsf{E}_3$, welche die Durchschnittspunkte der Seiten des Fundamentaldreiecks $A_1 A_2 A_3$ mit den entsprechenden Seiten desjenigen Dreiecks $E_1 E_2 E_3$ verbindet, welches die Schnittpunkte der Verbindungslinien von E mit den Ecken des Fundamentaldreiecks mit den

Gegenseiten desselben bilden; oder umgekehrt, wenn $E_1 E_2 E_3$ die bezeichnete Gerade ist, so erhalten wir den Punkt E, indem wir ihre Schnittpunkte E_1, E_2, E_3 in den Seiten des Fundamentaldreiecks mit den respektiven Gegenecken desselben verbinden und von den Ecken D_1, D_2, D_3 des so entstehenden neuen Dreiecks nach den entsprechenden Ecken des Fundamentaldreiecks die geraden Linien ziehen. Die Gerade $E_1 E_2 E_3$ und der Punkt E sind durch die Ecken und Seiten des Dreiecks harmonisch getrennt, die erste ist die harmonisch zugeordnete Gerade oder Harmonikale des letzten oder sie sind in einem später erst zu erläuternden Sinne Pole und Polare in Bezug auf das Dreiseit, welches als eine Kurve dritter Ordnung angesehen werden darf. Wenn von beiden eines gegeben ist, der Punkt E oder die Gerade $E_1 E_2 E_3$, so ist das andere bestimmt, und es ist gleichbedeutend ob man annimmt, der Punkt (1, 1, 1) sei ein gegebener Punkt oder die Linie $x_1 + x_2 + x_3 = 0$ sei eine gegebene Gerade.

Fig. 1.

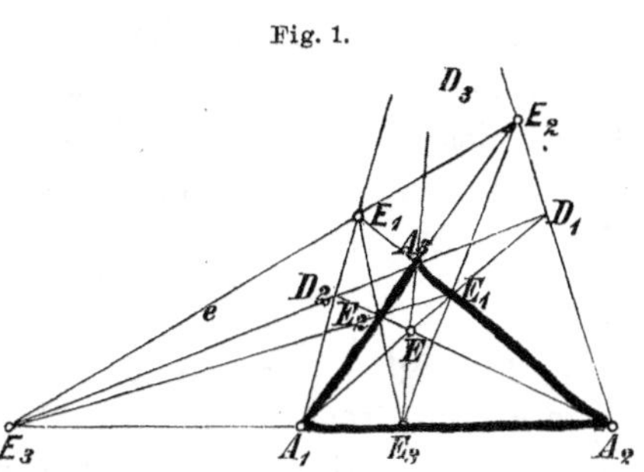

Wenn wir die Gerade $x_1 + x_2 + x_3 = 0$ als eine gegebene Linie betrachten, so sind vier gerade Linien gegeben und wenn man setzt $x_1 + x_2 + x_3 + x_4 = 0$, d. h. wenn man x_4 als Zeichen für $-x_1 - x_2 - x_3$ wählt, so sind die Koordinaten so bestimmt, dass $x_1 = 0$, $x_2 = 0$, $x_3 = 0$, $x_4 = 0$ gegebene Gerade repräsentieren.

9. Die Koordinaten können so gewählt werden, dass der Punkt (1, 1, 1) der Schwerpunkt des Fundamentaldreiecks oder dass die Gerade $x_1 + x_2 + x_3 = 0$ die unendlich ferne Gerade seiner Ebene ist. In Rücksicht auf die Gleichung $ap + bq + cr = 2\triangle$ kommt dies auf die Annahme hinaus, dass

$$x_1 : x_2 : x_3 = ap : bq : cr$$

sei, d. h. wenn wir den Punkt mit den drei Ecken des Dreiecks verbinden, so dass dasselbe dadurch in drei Dreiecke zerfällt, so sind die Koordinaten x_1, x_2, x_3 den Flächenzahlen dieser es zusammensetzenden Dreiecke gleich; oder mit anderen Worten, sie sind proportional den durch die bezüglichen Höhen des Dreiecks dividierten Abständen des Punktes von seinen Seiten. Und wenn wir annehmen, dass

$$x_1, x_2, x_3 \text{ respektive} = \frac{ap}{2\triangle}, \frac{bq}{2\triangle}, \frac{cr}{2\triangle}$$

seien, d. h. gleich den Quotienten der Flächenzahlen der komponierenden Dreiecke und des Fundamentaldreiecks, so wird die identische Relation der Koordinaten, durch welche ihre absolute Grösse bestimmt wird, $x_1 + x_2 + x_3 = 1$.

10. Wenn insbesondere das Fundamentaldreieck gleichseitig ist und die x_i als proportional zu den normalen Abständen von den Seiten gelten, so ist der Punkt (1, 1, 1) der Mittelpunkt des Dreiecks und $x_1 + x_2 + x_3 = 0$ die unendlich ferne Gerade seiner Ebene, und wenn man in Festsetzung der absoluten Grösse die x_1, x_2, x_3 den normalen Entfernungen gleich und die Höhe des Dreiecks als Einheit nimmt, so sind die Koordinaten des Mittelpunktes $(\frac{1}{3}, \frac{1}{3}, \frac{1}{3})$ und die identische Relation zwischen den Koordinaten ist (wie in 9) $x_1 + x_2 + x_3 = 1$.

In dem eben bezeichneten Fall des gleichseitigen Fundamentaldreiecks und der unendlich fernen Geraden als $x_1 + x_2 + x_3 = 0$ sind die Koordinaten der Kreispunkte im Unendlichen

$$x_1 : x_2 : x_3 = 1 : \omega : \omega^2 \text{ und } = 1 : \omega^2 : \omega$$

für ω als eine imaginäre Kubikwurzel der Einheit. Denn für X, Y als rechtwinklige Cartesische Koordinaten mit dem Anfangspunkt in der Ecke ($x = 0$, $y = 0$) des Fundamentaldreiecks und der Axe der x in der Seite $x_1 = 0$ desselben sind

$$x_1, x_2, x_3 \text{ respektive} = Y, \frac{X\sqrt{3} - Y}{2}, \frac{2 - X\sqrt{3} - Y}{2}$$

und da für die Kreispunkte im Unendlichen X und Y unendlich gross sind mit $X \pm iY = 0$ ($i = \sqrt{-1}$ wie üblich), so erhält man

$$x_1 : x_2 : x_3 = 1 : \frac{-1 \mp i\sqrt{3}}{2} : \frac{-1 \pm i\sqrt{3}}{2};$$

also für $\omega = \frac{-1 - i\sqrt{3}}{2}$ und somit $\omega^2 = \frac{-1 + i\sqrt{3}}{2}$,

$$x_1 : x_2 : x_3 = 1 : \omega : \omega^2 \quad \text{oder} \quad = 1 : \omega^2 : \omega.$$

11. Wenn eine der Axen, sagen wir die der x_3, die unendlich ferne Gerade der Ebene ist, so ist die Entfernung r als eine unendlich grosse Konstante zu betrachten, und γr ist daher eine Konstante, welche endlich gemacht und ohne Verlust der Allgemeinheit gleich Eins gesetzt werden kann; wir haben also $x_1 : x_2 : x_3 = \alpha p : \beta q : 1$ und die Koefficienten α, β können so bestimmt werden, dass αp, βq die in der Richtung der jedesmaligen anderen Geraden gemessenen Abstände des Punktes von der Geraden $x_1 = 0$ und $x_2 = 0$ darstellen, so dass man für X, Y als die Cartesischen Koordinaten des Punktes die Relation hat

$$x_1 : x_2 : x_3 = Y : X : 1.$$

Mit anderen Worten und indem man zugleich die absoluten Grössen fixiert, x_1, x_2 und $x_3 = 1$ sind die Cartesischen Koordinaten des Punktes in Bezug auf zwei beliebige Axen der Koordinaten.

12. Im Vorhergehenden haben wir nur die unendlich ferne Gerade, nicht aber die imaginären Kreispunkte der Ebene zum Fundamentaldreieck in Beziehung gesetzt; infolge dessen sind die resultierenden Cartesischen Koordinaten im allgemeinen schiefwinklig. Sie werden aber rektangulär, indem man die Linien $x = 0$, $y = 0$ als zwei zu den Kreispunkten harmonische Gerade oder als rechtwinklig zu einander annimmt. Die Schnittpunkte der Geraden $x = 0$, $y = 0$ mit der unendlich fernen Geraden oder ihre Richtungen bilden mit den Kreispunkten oder die nach den letzten gehenden Strahlen mit jenen Geraden eine harmonische Gruppe.

13. Zuweilen ist es zweckmässig, die imaginären Koordinaten $x^* = x + iy$, $y^* = x - iy$, $z^* = 1$ zu gebrauchen, die wir Kreis-Koordinaten nennen können, z. B. bei den Fusspunkt-Kurven, Evoluten etc., überhaupt bei den Kurven, die mit

einer gegebenen durch metrische Relationen verbunden sind. In diesen Fällen hat auch die aus $\xi x + \eta y + 1 = 0$ durch Division mit ξ hervorgehende Gleichung der Geraden $x + y \cos\psi - \chi = 0$, in der χ der in der Axe x gemachte Abschnitt und ψ der mit derselben gebildete Winkel ist, durch die hiermit dargebotenen Koordinaten χ, ψ der Geraden Wert. $\chi = f(\psi)$ ist dann die Tangentialgleichung einer Kurve, wie wir in Art. 17 flg. weiter entwickeln werden.

14. Die Koordinaten der Kreispunkte im Unendlichen werden für ein gegebenes System trimetrischer Koordinaten in folgender Weise gefunden. Bezeichnen zuerst die Koordinaten x_i die senkrechten Abstände des Punktes von den Seiten des Fundamentaldreiecks, so sei ein willkürlicher Punkt (o_1, o_2, o_3) der Anfangspunkt O eines rechtwinkligen Koordinatensystems X, Y und man bezeichne mit $\lambda_1, \lambda_2, \lambda_3$ die Neigungswinkel seiner senkrechten Abstände von den Fundamentallinien zur Axe OX; dann sind beide Reihen von Koordinaten durch die Relationen verbunden

$$x_1 = X\cos\lambda_1 + Y\sin\lambda_1 - o_1,$$
$$x_2 = X\cos\lambda_2 + Y\sin\lambda_2 - o_2,$$
$$x_3 = X\cos\lambda_3 + Y\sin\lambda_3 - o_3,$$

und mit den Abkürzungen l_1, l_2, l_3 für

$$\cos\lambda_1 + i\sin\lambda_1 = e^{i\lambda_1},\quad \cos\lambda_2 + i\sin\lambda_2 = e^{i\lambda_2},\quad \cos\lambda_3 + i\sin\lambda_3 = e^{i\lambda_3}$$

respektive erhält man bei unendlich wachsenden X, Y, welche die Relation $X \pm iY = 0$ erfüllen, für die beiden Kreispunkte

$$x_1 : x_2 : x_3 = l_1 : l_2 : l_3 \quad \text{und} \quad x_1 : x_2 : x_3 = \frac{1}{l_1} : \frac{1}{l_2} : \frac{1}{l_3}.$$

Für A_1, A_2, A_3 als die Winkel des Fundamentaldreiecks hat man die Relationen

$$A_1 = \pi + \lambda_2 - \lambda_3,\quad A_2 = -\pi + \lambda_3 - \lambda_1,\quad A_3 = \pi + \lambda_1 - \lambda_2$$

und mit den Abkürzungen α_1, α_2, α_3 für

$$\cos A_1 + i\sin A_1,\quad \cos A_2 + i\sin A_2,\quad \cos A_3 + i\sin A_3$$

oder

$$e^{iA_1},\quad e^{iA_2},\quad e^{iA_3},$$

$$\alpha_1 = -\frac{l_2}{l_3},\quad \alpha_2 = -\frac{l_3}{l_1},\quad \alpha_3 = -\frac{l_1}{l_2},\quad \alpha_1\alpha_2\alpha_3 = -1.$$

Man findet also für die Koordinaten der beiden Kreispunkte im Unendlichen die gleichbedeutenden Wertegruppen

$$x_1 : x_2 : x_3 = -1 : \frac{1}{\alpha_3} : \alpha_2, \quad x_1 : x_2 : x_3 = -1 : \alpha_3 : \frac{1}{\alpha_2},$$
$$= \alpha_3 : -1 : \frac{1}{\alpha_1}, \quad = \frac{1}{\alpha_3} : -1 : \alpha_1,$$
$$= \frac{1}{\alpha_2} : \alpha_1 : -1, \quad = \alpha_2 : \frac{1}{\alpha_1} : -1.$$

Dieselben Werte gelten auch für den Fall, wo die Koordinaten x_i, statt den senkrechten Abständen von den Fundamentallinien gleich zu sein, ihnen proportional sind; sie gehören also zu dem Koordinatensystem, für welches die Gleichung der unendlich fernen Geraden ist

$$x_1 \sin A_1 + x_2 \sin A_2 + x_3 \sin A_3 = 0.$$

15. Wir fügen hinzu, dass die ursprünglichen Relationen zwischen den x_i und den X, Y die Gleichung liefern

$$(x_2 + o_2)(x_3 + o_3) \sin A_1 + (x_3 + o_3)(x_1 + o_1) \sin A_2 + \\ + (x_1 + o_1)(x_2 + o_2) \sin A_3 = \sin A_1 \sin A_2 \sin A_3 (X^2 + Y^2)$$

oder

$$x_2 x_3 \sin A_1 + x_3 x_1 \sin A_2 + x_1 x_2 \sin A_3 = \\ = \sin A_1 \sin A_2 \sin A_3 (X^2 + Y^2) + \Phi_1$$

für Φ_1 als eine lineare Funktion von X, Y, 1; so dass

$$x_2 x_3 \sin A_1 + x_3 x_1 \sin A_2 + x_1 x_2 \sin A_3 = 0$$

die Gleichung eines Kreises, also die Gleichung des dem Fundamentaldreieck umgeschriebenen Kreises ist. Derselbe schneidet die unendlich ferne Gerade

$$x_1 \sin A_1 + x_2 \sin A_2 + x_3 \sin A_3 = 0$$

in den unendlich fernen Kreispunkten; die vorher gefundenen Koordinatenwerte derselben befriedigen diese Gleichungen. Die allgemeine Gleichung eines Kreises wird damit

$$x_2 x_3 \sin A_1 + \ldots + (p_1 x_1 + p_2 x_2 + p_3 x_3)(x_1 \sin A_1 + \ldots) = 0$$

mit p_1, p_2, p_3 als willkürlichen Koefficienten. (Vergl. „Kegelschnitte", Art. 160.)

16. Im System der Flächen-Koordinaten (vergl. „Kegelschnitte", Art. 79), wo die Koordinaten x_i den mit den

Seitenlängen multiplizierten senkrechten Abständen von den Seiten des Fundamentaldreiecks proportional sind, und in welchen die unendlich ferne Gerade die Einheitlinie ist oder der Gleichung $x_1 + x_2 + x_3 = 0$ entspricht, erhält man die entsprechenden Werte (vergl. a. a. O. Art. 68) durch die Substitution von

$$\frac{x_1}{\sin A_1}, \frac{x_2}{\sin A_2}, \frac{x_3}{\sin A_3} \text{ für } x_1, x_2, x_3;$$

d. h. die Koordinaten der Kreispunkte im Unendlichen sind

$$\frac{x_1}{\sin A_1} : \frac{x_2}{\sin A_2} : \frac{x_3}{\sin A_3} = -1 : \frac{1}{\alpha_3} : \alpha_2 = \alpha_3 : -1 : \frac{1}{\alpha_1} = \frac{1}{\alpha_2} : \alpha_1 : -1,$$

$$\frac{x_1}{\sin A_1} : \frac{x_2}{\sin A_2} : \frac{x_3}{\sin A_3} = -1 : \alpha_3 : \frac{1}{\alpha_2} = \frac{1}{\alpha_3} : -1 : \alpha_1 = \alpha_2 : \frac{1}{\alpha_1} : -1,$$

und die allgemeine Gleichung des Kreises wird

$$(x_2 x_3 \sin^2 A_1 + x_3 x_1 \sin^2 A_2 + x_1 x_2 \sin^2 A_3) + \\ + (p_1 x_1 + p_2 x_2 + p_3 x_3)(x_1 + x_2 + x_3) = 0.$$

17. Die vorher betrachteten Koordinaten sind Punkt-Koordinaten, jede Gruppe der x_i bestimmt einen Punkt in der Ebene des Dreiecks. Zur Bestimmung der Lage einer geraden Linie dienen in analoger Weise die Linien-Koordinaten oder Tangential-Koordinaten. Wenn in einem System trimetrischer Punkt-Koordinaten x_1, x_2, x_3 die gerade Linie durch die Gleichung $\xi_1 x_1 + \xi_2 x_2 + \xi_3 x_3 = 0$ dargestellt ist, so giebt es ein entsprechendes System von Linien-Koordidaten, in welchem ξ_1, ξ_2, ξ_3 die Koordinaten der fraglichen Linie sind. Wir bemerken, dass nach dieser Definition nur die Verhältnisse der ξ_1, ξ_2, ξ_3 bestimmt sind, während ihre absoluten Grössen unbestimmt bleiben, ganz ebenso wie für die Punkt-Koordinaten nach ihrer allgemeinsten Auffassung.

18. Eine lineare Gleichung $a\xi_1 + b\xi_2 + c\xi_3 = 0$ zwischen den Koordinaten ξ_1, ξ_2, ξ_3, welche eine gerade Linie bestimmen, verbindet die ganze Schaar der Geraden, deren Koordinaten dieser Gleichung genügen. Dieselben gehen alle durch den Punkt, dessen Koordinaten im entsprechenden System der Punkt-Koordinaten (x_i) durch (a, b, c) bezeichnet sind; denn die lineare Gleichung $a\xi_1 + b\xi_2 + c\xi_3 = 0$ drückt aus,

dass die Gleichung in Punkt-Koordinaten $\xi_1 x_1 + \xi_2 x_2 + \xi_3 x_3 = 0$ befriedigt wird, indem man darin für x_1, x_2, x_3 respektive a, b, c substituiert. In den Linien Koordinaten ξ_1, ξ_2, ξ_3 repräsentiert also die Gleichung $a\xi_1 + b\xi_2 + c\xi_3 = 0$ einen Punkt, und zwar denjenigen Punkt, dessen Koordinaten in dem entsprechenden System von Punkt-Koordinaten a, b, c sind. Und allgemein stellt eine homogene Gleichung in den Linien-Koordinaten ξ_1, ξ_2, ξ_3 diejenige Kurve dar, welche die Enveloppe aller der geraden Linien $\xi_1 x_1 + \xi_2 x_2 + \xi_3 x_3 = 0$ ist, für welche die Koefficienten ξ_1, ξ_2, ξ_3 der fraglichen Gleichung genügen. Man sagt, diese Gleichung sei die Tangentialgleichung der Enveloppe oder ihre Gleichung in Linien-Koordinaten. Mit anderen Worten, die Gleichung einer Kurve in Linien-Koordinaten ist die Gleichung zwischen ξ_1, ξ_2, ξ_3, welche ausdrückt, dass die gerade Linie

$$\xi_1 x_1 + \xi_2 x_2 + \xi_3 x_3 = 0,$$

eine Tangente der Kurve ist.

19. Im Vorhergehenden sind die Linien-Koordinaten ξ_i definiert worden mittelst des entsprechenden Systems von Punkt-Koordinaten x_i und es ist die Bedeutung der Verhältnisse ξ_1, ξ_2, ξ_3 dadurch allerdings vollständig bestimmt. Nur um die Analogie zwischen beiden Arten von Koordinaten vollständiger zu begründen, ist es wünschenswert, auch eine unabhängige quantitative Definition der Linien-Koordinaten zu geben. Man kann sagen, dass die trimetrischen Koordinaten ξ_1, ξ_2, ξ_3 einer Linie gegebenen Vielfachen der Entfernungen proportional sind, welche von drei festen Punkten aus (die ein Dreieck bilden) in vorgeschriebenen Richtungen bis zur gedachten Linie gemessen werden. Denken wir nämlich sie beispielsweise den senkrechten Entfernungen der Linie von den drei festen Punkten gleich und beziehen wir die Figur auf Cartesische Koordinaten, so dass die Koordinaten der drei Punkte respektive sind (α, β), (α', β'), (α'', β'') und die Gleichung der Geraden $AX + BY + C = 0$, so gelten die Relationen

$$\xi_1 : \xi_2 : \xi_3 = A\alpha + B\beta + C : A\alpha' + B\beta' + C : A\alpha'' + B\beta'' + C$$

oder die Gleichung der Linie ist

$$\begin{vmatrix} 0, & X, & Y, & 1 \\ \xi_1, & \alpha, & \beta, & 1 \\ \xi_2, & \alpha', & \beta', & 1 \\ \xi_3, & \alpha'', & \beta'', & 1 \end{vmatrix} = 0,$$

und die Koefficienten von ξ_1, ξ_2, ξ_3 in derselben sind somit gegebene lineare Funktionen von X, Y, 1; indem wir dieselben durch x_1, x_2, x_3 respektive bezeichnen, haben wir ein System trimetrischer Koordinaten gebildet, die Gleichung wird in $\xi_1 x_1 + \xi_2 x_2 + \xi_3 x_3 = 0$ übergeführt und die neue Definition stimmt mit der vorher gegebenen überein.

Ebenso wie in § 6 können wir die Linien-Koordinaten so bestimmen, dass die gerade Linie (1, 1, 1) eine gegebene Linie der Figur ist oder der Punkt $\xi_1 + \xi_2 + \xi_3 = 0$ ein gegebener Punkt derselben.

20. Einige specielle Fälle sind bemerkenswert: 1) Wenn α, β, γ die in gegebener Richtung gemessenen Enfernungen der veränderlichen Geraden von den Punkten A_1, A_2, A_3 (Fig. 2) sind, nämlich $\alpha = A_1 B'_1$, $\beta = A_2 B'_2$, $\gamma = A_3 B'_3$, so können die Koordinaten ξ_1, ξ_2, ξ_3 diesen Entfernungen proportional angenommen werden, d. h. $\xi_1 : \xi_2 : \xi_3 = \alpha : \beta : \gamma$. Setzen wir dann den Punkt A_3 in der gegebenen Richtung, d. h. in $B'_3 A_3$ unendlich fern voraus, so hat γ einen unendlichen als Konstante zu betrachtenden Wert und indem man

Fig. 2.

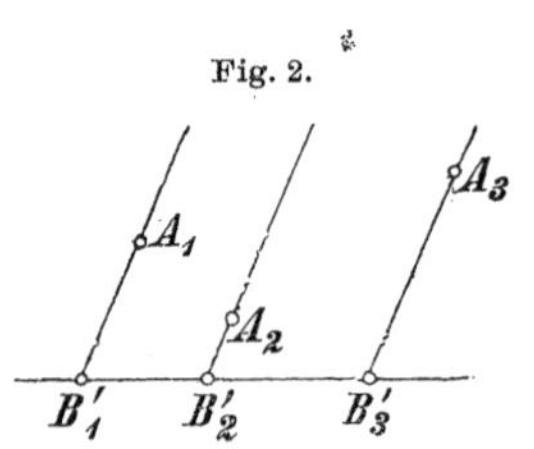

$\xi_1 : \xi_2 : \dfrac{\xi_3}{\gamma} = \alpha : \beta : 1$ schreibt, kann man statt der ursprünglichen Koordinaten ξ_1, ξ_2, ξ_3 die Grössen ξ_1, ξ_2, $\dfrac{\xi_3}{\gamma}$ als Koordinaten nehmen, d. h. α, β, 1. Man hat so ein System von zwei Koordinaten α, β gebildet, welche den in einer gegebenen Richtung gemessenen Entfernungen der Linie von zwei festen Punkten respektive gleich sind.

2) In der nachstehenden Figur 3 ist:

$$\frac{\alpha}{\gamma} = \frac{A_1 A'_2}{A_3 A'_2}, \quad \frac{\beta}{\gamma} = \frac{A_2 A'_1}{A_3 A'_1},$$

oder was dasselbe ist

$$\frac{\alpha}{A_1 A'_2} : \frac{\beta}{A_2 A'_1} : \gamma = \frac{1}{A_3 A'_2} : \frac{1}{A_3 A'_1} : 1.$$

Denken wir also die Punkte $A_1 A_2$ als die Richtungen der Geraden $A'_2 A_3$, $A'_1 A_3$ respektive, so dass $A_1 A'_2$, $A_2 A'_1$ unendlich grosse als Konstanten zu betrachtende Werte haben, so können wir statt der zu α, β, γ proportionalen Koordinaten die zu $\frac{\alpha}{A_1 A'_2}, \frac{\beta}{A_2 A'_1}, \gamma$ proportionalen nehmen und somit auch die Grössen $\frac{1}{A_3 A'_2}, \frac{1}{A_3 A'_1}, 1$; wir haben so ein System von zwei Koordinaten, welche die Reciproken der in zwei gegebenen Richtungen gemessenen Entfernungen der Linie von einem festen Punkte sind.

Fig. 3.

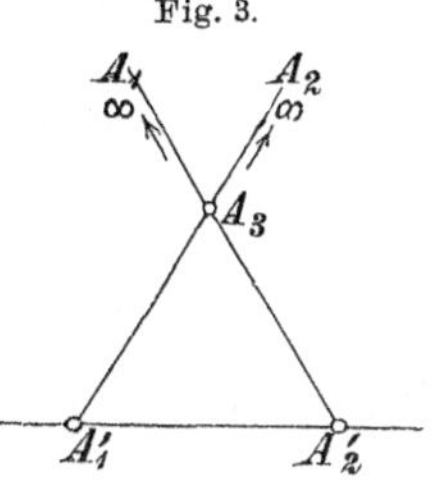

21. Die Theorie der Linien-Koordinaten ist ganz abgesehen von der Ausdehnung ihres Gebrauchs von der höchsten Wichtigkeit; denn sie zeigt, dass mit dem in Punkt-Koordinaten geführten Beweis irgend eines deskriptiven Theorems durch die einfache Anwendung der Theorie der reciproken Polaren oder auf Grund der die Geometrie beherrschenden Dualität das korrelative Theorem bewiesen wird, oder vielmehr, dass durch die nämliche Entwickelung gleichzeitig und gleichmässig zwei Theoreme bewiesen werden, wenn wir die Veränderlichen als Punkt-Koordinaten und wenn wir sie als Linien-Koordinaten interpretieren. Jeder Schritt des Beweises hat in diesem Sinne zwei Bedeutungen, den beiden Interpretationen und Sätzen entsprechend. Und ganz ebenso ist der Beweis eines Theorems in Linien-Koordinaten zugleich der Beweis des korrelativen Theorems; mit dem einzigen Unterschiede, dass der Übergang dabei von der weniger bekannten Theorie der Linien-Koordinaten zu der vertrauteren der Punkt-Koordinaten geschieht. Wenn man die ursprünglichen Linien-Koordinaten ξ_i als die Punkt-Koordinaten des Pols der betrachteten Linie in Bezug

auf den Kegelschnitt $x_1^2 + x_2^2 + x_3^2 = 0$ ansieht, so liegt darin ein Mittel, den Übergang zu erläutern.

22. Die allgemeinen projektivischen Koordinaten x_i und ξ_i der Art. 4 und 19 lassen eine modificierte Auffassung zu, welche ihre konstruktive Verwendung sehr einfach gestaltet, ihre Specialfälle erhellt und ihre Reciprocität in allgemeinster Weise darlegt. Die x_i geben die Bestimmung aller Punkte P der Ebene durch vier feste Punkte A_1, A_2, A_3, E, von denen keine drei in einer Geraden liegen; die ξ_i die Bestimmung aller Geraden p der Ebene durch vier feste Gerade a_1, a_2, a_3, e, von denen keine drei durch einen Punkt gehen. Bezeichnen wir dann durch e_i und p_i die in gleichen Richtungen gemessenen Abstände von E respektive P bis zu den Fundamentallinien $A_j A_k$ und durch ε_i, π_i die in zwei bestimmten Richtungen gemessenen Längen von den Fundamentalpunkten $a_j a_k$ bis zu den Geraden e und p, so gelten nach Art. 4, 19 die Beziehungen

Fig. 4.

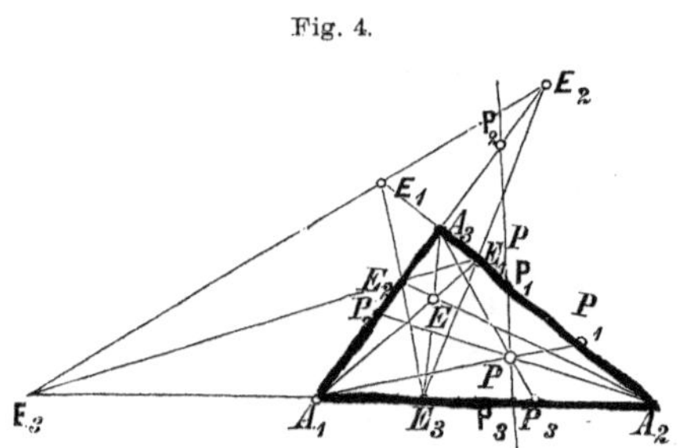

$$\frac{x_i}{x_k} = \frac{p_i : e_i}{p_k : e_k} = \frac{e_k}{e_i} : \frac{p_k}{p_i} = (A_j . A_i A_k E P),$$

$$\frac{\xi_i}{\xi_k} = \frac{\pi_i : \varepsilon_i}{\pi_k : \varepsilon_k} = \frac{\varepsilon_k}{\varepsilon_i} : \frac{\pi_k}{\pi_i} = (a_j . a_i a_k e p),$$

wo (vergl. „Kegelschnitte" Art. 239 Beisp. 2) mit $(A_j . A_i A_k E P)$ das Doppelverhältnis des Büschels der vier Geraden $A_j A_i$, $A_j A_k$, $A_j E$, $A_j P$ und mit $(a_j . a_i a_k e p)$ das der Reihe der vier Punkte $a_j a_i$, etc. bezeichnet sind. Die Verhältnisse $x_1 : x_2 : x_3$ oder $\xi_1 : \xi_2 : \xi_3$ führen bei gegebenen Fundamental-Elementen zur Konstruktion des zugehörigen Punktes P respektive der zugehörigen Geraden p durch die zweimalige Konstruktion des vierten Strahls respektive Punktes zu drei gegebenen Strahlen eines Büschels oder Punkten einer Geraden bei gegebenem Doppelverhältnis, oder die Konstruktion eines Strahles oder Punktes nach gegebenem Teilungsverhältnis. (Art. 294 a. a. O.) Für ein anderes System von Fundamental-Elementen liefern dieselben Koordinatenverhältnisse andere Punkte und Gerade, die ein zum ersten projektivisches (kollineares) System bilden.

Verbindet man die Fundamentalpunkte A_i mit den Fundamentallinien a_i als ihren Gegenseiten zu einem Dreieck, und nimmt man überdies die Gerade e als Polare des Punktes E in Bezug auf das Dreieck (Art. 8) an, so dass die Doppelverhältnisse $(A_i A_k \mathsf{E}_j E_j) = -1$ sind, so wird immer, wenn die Gerade p den Punkt P enthält, zwischen ihren Koordinaten ξ_i und seinen Koordinaten x_i die Relation

$$\xi_1 x_1 + \xi_2 x_2 + \xi_3 x_3 = 0,$$

erfüllt, weil z. B. $-\xi_2 x_2 : \xi_3 x_3 = (A_2 A_3 \mathrm{P}_1 P_1)$ und

$$-\xi_1 x_1 : \xi_3 x_3 = (A_3 A_1 \mathrm{P}_2 P_2) = (A_3 P_1 \mathrm{P}_1 A_2) = (A_2 \mathrm{P}_1 A_3 P_1)$$

sind.* Dies ist für die ξ_i als Konstanten die Gleichung der geraden Linie, welche jene zu ihren Koordinaten hat, und für die x_i als Konstanten die Gleichung des Punktes, von welchem jene die Koordinaten sind.[1]) Die vorher bezeichnete Konstruktion ist also auch die Konstruktion des Punktes und der Geraden aus ihren respektiven Gleichungen.

Wird eine der Seiten a_i des Fundamentaldreiecks als unendlich ferne Gerade gedacht und zugleich $A_i E_j = A_i E_k$ gemacht, also auch $A_i \mathsf{E}_j = A_i \mathsf{E}_k = -A_i E_j$, so erhält man die Cartesischen Punkt- und die Plückerschen Linien-Koordinaten für schiefwinklige Axen.

23. Es erscheint von Wert, die allgemeinen Gesetze der Transformation der Koordinaten so zu geben, dass sie für alle Fälle eine leichte Anwendung gestatten. Dieselben lassen sich, als bezüglich auf kongruente Systeme in sich deckender Lage, an die Betrachtung projektivisch kollinearer Systeme, also an die lineare Substitution (vergl. „Kegelschnitte“ Art. 375 flg., 83):

$$\mu x_i' = a_{i1} x_1 + a_{i2} x_2 + a_{i3} x_3, \quad \varrho \xi_k = a_{1k} \xi'_1 + a_{2k} \xi'_2 + a_{3k} \xi'_3$$

* Ist e unabhängig von E, so erhält jene Relation die Form $k_1 \xi_1 x_1 + k_2 \xi_2 x_2 + k_3 \xi_3 x_3 = 0$.

anschliessen, die nach dem Vorigen ihre vollständige geometrische Deutung erhalten. Sei das eine der beiden Systeme auf die Fundamental-Elemente $A_1 A_2 A_3 E e$ bezogen, denen im anderen die Elemente $A'_1 A'_2 A'_3 E' e'$ entsprechen, und das andere auf die Elemente $A_1^{*\prime} A_2^{*\prime} A_3^{*\prime} E^{*\prime} e^{*\prime}$, denen im ersten die $A_1^* A_2^* A_3^* E^* e^*$ entsprechen; dann erhält man für die entsprechenden A'_k der Fundamental-Punkte A_k des ersten im zweiten oder Bildsystem die Gleichungen

$$\frac{\mu e_k}{h_k} x_i' = a_{ik}$$

für e_k und h_k als die gleichgerichteten Abstände von E und A_i von der Seite a_i; und für den dem Einheitpunkt E des ersten Systems entsprechenden Punkt E' des zweiten

$$a_{i1} + a_{i2} + a_{i3} = \mu x_i'.$$

Und umgekehrt für die entsprechenden a_i^* der Fundamentallinien $a_i^{*\prime}$ des zweiten im ersten Systeme

$$\frac{\varrho \varepsilon_i'}{h_i'} \xi_k = a_{ik} \quad \text{und} \quad a_{1k} + a_{2k} + a_{3k} = \varrho \xi_k$$

für die der Einheitgeraden $e^{*\prime}$ des zweiten Systems entsprechende Gerade e^* im ersten System.

Da nun im Falle der Transformation die A_i, E, e mit den A_i', E', e' und die $A_i^{*\prime}$, $E^{*\prime}$, $e^{*\prime}$ mit den A_i^*, E^*, e^* respektive zusammen fallen, so erhalten die Koefficienten a_{ik} der die Koordinatentransformation ausdrückenden linearen Substitution, durch welche die neuen Punktkoordinaten als Funktionen der alten und die alten Linienkoordinaten als Funktionen der neuen ausgedrückt werden (oder umgekehrt mit Wechsel der Worte alt und neu) die folgenden Bedeutungen: Es ist $a_{ik} = \frac{\mu e_k}{h_k} x_i' = \frac{\varrho \varepsilon_i'}{h_i'} \xi_k$; die Substitutionskoefficienten derselben Vertikalreihe sind den drei neuen Koordinaten der Fundamentalpunkte des alten Systems und die Substitutionskoefficienten der Horizontalreihen den drei alten Koordinaten der Fundamentallinien des neuen Systems proportional. Es ist auch

$$a_{ik} : a_{jk} = x_i' : x_j', \quad a_{ik} : a_{il} = \xi_k : \xi_l,$$

unmittelbar an die Konstruktion anschliessend. Und es ist

$$a_{i1}+a_{i2}+a_{i3}=\mu x_i', \quad a_{1k}+a_{2k}+a_{3k}=\varrho \xi_k,$$

die Koefficientensummen nach horizontalen Reihen sind proportional den neuen Koordinaten des Einheitpunktes im alten und die nach vertikalen Reihen den alten Koordinaten der Einheitlinie im neuen System.

Sind z. B. die Koordinaten x_i' Cartesische Punktkoordinaten mit $x_1'=1$, $x_2'=x$, $x_3'=y$, und haben die Fundamentalpunkte A_i eines Systems projektivischer Koordinaten die Cartesischen Koordinaten $x^{(i)}$ und $y^{(i)}$, ferner der Einheitpunkt E desselben die Koordinaten $x^{(e)}$ und $y^{(e)}$, so hat man die Gleichungen

$$a_{1i}:a_{2i}:a_{3i}=1:y^{(i)}:x^{(i)} \text{ für } i=1,2,3$$

und dazu

$$\mu=a_{11}+a_{12}+a_{13}, \quad \mu y^{(e)}=a_{21}+a_{22}+a_{23}, \quad \mu x^{(e)}=a_{31}+a_{32}+a_{33}.$$

Daraus ergiebt sich die Gruppe der allgemeinen Lösungen für diesen Übergang

$$a_{11}=\mu\frac{\begin{vmatrix}1, & 1, & 1\\ y^{(e)}, & y^{(2)}, & y^{(3)}\\ x^{(e)}, & x^{(2)}, & x^{(3)}\end{vmatrix}}{\begin{vmatrix}1, & 1, & 1\\ y^{(1)}, & y^{(2)}, & y^{(3)}\\ x^{(1)}, & x^{(2)}, & x^{(3)}\end{vmatrix}}, \quad a_{12}=\mu\frac{\begin{vmatrix}1, & 1, & 1\\ y^{(1)}, & y^{(e)}, & y^{(3)}\\ x^{(1)}, & x^{(e)}, & x^{(3)}\end{vmatrix}}{\begin{vmatrix}1, & 1, & 1\\ y^{(1)}, & y^{(2)}, & y^{(3)}\\ x^{(1)}, & x^{(2)}, & x^{(3)}\end{vmatrix}},$$

$$a_{13}=\mu\frac{\begin{vmatrix}1, & 1, & 1\\ y^{(1)}, & y^{(2)}, & y^{(e)}\\ x^{(1)}, & x^{(2)}, & x^{(e)}\end{vmatrix}}{\begin{vmatrix}1, & 1, & 1\\ y^{(1)}, & y^{(2)}, & y^{(3)}\\ x^{(1)}, & x^{(2)}, & x^{(3)}\end{vmatrix}};$$

$$a_{21}=a_{11}\,.\,y^{(1)}, \quad a_{22}=a_{12}\,.\,y^{(2)}, \quad a_{23}=a_{13}\,.\,y^{(3)};$$
$$a_{31}=a_{11}\,.\,x^{(1)}, \quad a_{32}=a_{12}\,.\,x^{(2)}, \quad a_{33}=a_{13}\,.\,x^{(3)}.$$

Man erkennt die Gleichungen der Transformationen rechtwinkliger Cartesischer Koordinaten in andere rechtwinklige Cartesische leicht als den speciellsten Fall der Anwendung dieser allgemeinen Gesetze.

Die blosse Veränderung des Einheitpunktes bei festgehaltenen Fundamentalpunkten ergiebt sich so oder auch unmittelbar nach den Definitionen des Art. 22 als äquivalent der Multiplikation der ursprünglichen Koordinaten mit Konstanten von leicht angebbarem geometrischem Sinn.

Für den Übergang von einem System projektivischer Punktkoordinaten zu einem andern solchen Systeme als den allgemeinsten Fall hat man aus den drei Verhältnisgruppen ($k = 1, 2, 3$) der Koordinaten der Fundamentalpunkte A_k

$$a_{1k} : a_{2k} : a_{3k} = x_1^{(k)'} : x_2^{(k)'} : x_3^{(k)'}$$

und den drei Koordinaten des Einheitpunktes E ($i = 1, 2, 3$)

$$a_{i1} + a_{i2} + a_{i3} = \mu x_i^{(E)'}$$

die Koefficienten der Substitution zu berechnen. Dazu verwandelt man die letzten drei Gleichungen mit Hilfe der ersten in Bestimmungsgleichungen für a_{11}, a_{12}, a_{13} z. B. und löst dann diese nach den Regeln der Determinantentheorie. Bezeichnet man den Wert der Determinante der Koordinaten der Fundamentalpunkte durch X' und die Elemente ihres adjungierten Systems nach folgendem Schema:

$$X' = \begin{vmatrix} x_1^{(1)'}, & x_1^{(2)'}, & x_1^{(3)'} \\ x_2^{(1)'}, & x_2^{(2)'}, & x_2^{(3)'} \\ x_3^{(1)'}, & x_3^{(2)'}, & x_3^{(3)'} \end{vmatrix}, \quad \begin{vmatrix} X_1^{(1)'}, & X_1^{(2)'}, & X_1^{(3)'} \\ X_2^{(1)'}, & X_2^{(2)'}, & X_2^{(3)'} \\ X_3^{(1)'}, & X_3^{(2)'}, & X_3^{(3)'} \end{vmatrix},$$

so erhält man zuerst

$$X' . a_{11} = \mu x_1^{(1)'} \{ x_1^{(E)'} X_1^{(1)'} + x_2^{(E)'} X_2^{(1)'} + x_3^{(E)'} X_3^{(1)'} \}$$

und allgemein

$$X' . a_{ik} = \mu x_i^{(k)'} \{ x_1^{(E)'} X_1^{(k)'} + x_2^{(E)'} X_2^{(k)'} + x_3^{(E)'} X_3^{(k)'} \}.$$

Und durch die gleiche Behandlung der Auflösungen nach ξ_i' von der zweiten oder diversen Substitutionsgruppe

$$\varrho \xi_k = a_{1k} \xi'_1 + a_{2k} \xi'_2 + a_{3k} \xi'_3,$$

also mit Δ als Determinante der a_{ik} und A_{ik} als den Elementen ihres adjungierten Systems von

$$\frac{\Delta}{\varrho} \xi'_i = A_{i1} \xi_1 + A_{i2} \xi_2 + A_{i3} \xi_3$$

entstehen ganz analoge Formeln für die Berechnung der Koefficienten zur Substitution der ξ_i.

Zweites Kapitel.

Von den allgemeinen Eigenschaften der Kurven vom n^{ten} Grade.

I. Abschnitt.

Über die Anzahl der Glieder in der allgemeinen Gleichung.

24. Der erste Schritt zur Kenntnis der allgemeinen Eigenschaften der Kurve n^{ten} Grades wird mit der Untersuchung der Anzahl der Glieder in ihrer Gleichung gethan. Sie setzt in den Stand durch einfache Zählung der Anzahl unabhängiger Konstanten in einer vorgelegten Gleichung n^{ten} Grades zu erkennen, ob dieselbe eine der Formen ist, in welche jede Gleichung n^{ten} Grades übergeführt werden kann oder nicht.

Beispielsweise enthält die allgemeine Gleichung zweiten Grades fünf unabhängige Konstanten; wenn daher eine andere Gleichung vom zweiten Grade gegeben ist, welche fünf Konstanten enthält, so wie

$$(x-\alpha)^2+(y-\beta)^2=(ax+by+c)^2,$$

$$\{(x-\alpha)^2+(y-\beta)^2\}^{\frac{1}{2}}+\{(x-\alpha')^2+(y-\beta')^2\}^{\frac{1}{2}}=c,$$

so können wir dieselbe entwickeln und wie in Art. 90 der „Kegelschnitte“ mit der allgemeinen Gleichung zweiten Grades identificieren, um dadurch eine hinreichende Anzahl von Gleichungen zur Bestimmung von α, β, ... in Funktion der Koefficienten der allgemeinen Gleichung zu erhalten. Damit ist dann bewiesen, dass eine Gleichung zweiten Grades im allgemeinen auf jede der beiden obigen Formen gebracht werden kann und ein Beweis für die Eigenschaften der Brennpunkte und Direktrixen wäre dadurch gewonnen. Die Gleichung

$$(ax+by+c)^2=(a'x+b'y+c')(a''x+b''y+c'')$$

enthält sieben unabhängige Konstanten und das Problem, dieselben in Funktion der Koefficienten der allgemeinen Gleichung zweiten Grades auszudrücken, ist somit unbestimmt, wie dies geometrisch evident ist, weil die Gleichung in diese Form gebracht werden kann, indem man irgend zwei Tangenten des Kegelschnitts repräsentiert denkt durch

$$a'x+b'y+c'=0 \quad \text{und} \quad a''x+b''y+c''=0$$

und ihre Berührungssehne durch

$$ax+by+c=0.$$

Die Gleichungen

$$(ax+by)^2=cx+dy+e, \quad (ax+by+1)(a'x+b'y+1)=0$$

enthalten nur je vier unabhängige Konstanten und müssen daher eine andere Bedingung einschliessen, d. h. die allgemeine Gleichung kann nicht in eine dieser Formen übergeführt werden, wenn nicht eine weitere Bedingung erfüllt ist; wie es geometrisch daraus erhellt, dass die erste Gleichung eine Parabel und die zweite ein Paar von geraden Linien darstellt. Die allgemeine Gleichung des Kreises

$$(x-\alpha)^2+(y-\beta)^2=r^2,$$

die nur drei ersichtliche Konstanten enthält, muss zwei Bedingungen einschliessen oder die allgemeine Gleichung kann nur bei Erfüllung von zwei Bedingungen auf diese Form gebracht werden. Die Gleichung

$$S-kS'=0,$$

die nur eine Konstante zeigt und in welcher S und S' zwei gegebene Funktionen vom zweiten Grade in den Koordinaten darstellen, muss vier Bedingungen einschliessen, wie bekannt ist, weil der durch diese Gleichung dargestellte Kegelschnitt durch vier feste Punkte geht oder vier feste Tangenten besitzt, je nachdem wir die Veränderlichen als Koordinaten eines Punktes oder als solche einer Geraden voraussetzen.

25. Einige Vorsicht ist bei Anwendung dieser Principien unentbehrlich. So scheint die Gleichung

$$(x-\alpha)^2+(y-\beta)^2=ax+by+c$$

fünf Konstanten zu enthalten und daher zu den Formen zu gehören, in welche die allgemeine Gleichung zweiten Grades übergeführt werden kann; da aber die Entwickelung zeigt, dass die Konstanten nicht in die höchsten Glieder der Gleichung eintreten, und dass also nur drei Gleichungen zur Bestimmung derselben entstehen, so müssen wir schliessen, dass die Gleichung eines Kegelschnitts nur dann in diese Form gebracht werden kann, wenn derselbe zweien bestimmten Bedingungen genügt. Ebenso ist die Gleichung

$$aS_1 + bS_2 + cS_3 + dS_4 + eS_5 + fS_6 = 0,$$

wo $S_1 = 0$, $S_2 = 0$ etc. sechs Kegelschnitte darstellen, eine Form, in welche die Gleichung jedes Kegelschnitts gebracht werden kann. Setzen wir aber voraus, dass drei der Gleichungen dieser Kegelschnitte durch eine Relation von der Form $S_3 = kS_1 + lS_2$ verbunden sind, so zeigt die Substitution dieses Wertes, dass die Gleichung nur vier unabhängige Konstanten enthält und dass also die Gleichung eines beliebigen Kegelschnitts nicht ohne Erfüllung einer Bedingung in diese Form gebracht werden kann.

26. Nach diesem Versuch, dem Leser eine Idee von der Art des Vorteils zu geben, welchen die Kenntnis der Zahl der Glieder in der allgemeinen Gleichung n^{ten} Grades gewähren kann, schreiten wir zur Untersuchung dieses Problems vor. Die allgemeine Gleichung n^{ten} Grades zwischen zwei Veränderlichen kann geschrieben werden

$$\begin{aligned} &A \\ &+ Bx + Cy \\ &+ Dx^2 + Exy + Fy^2 \\ &+ \ldots \\ &\ldots\ldots\ldots \\ &+ Px^n + Qx^{n-1}y + \ldots + Rxy^{n-1} + Sy^n = 0. \end{aligned}$$

Die Zahl ihrer Glieder ist offenbar die Summe der Reihe $1 + 2 + 3 + \ldots + (n+1)$ und ist daher $= \frac{1}{2}(n+1)(n+2)$, wie früher „Kegelschnitte" Art. 91 bewiesen wurde.

Wir werden die allgemeine Gleichung oft in der abgekürzten Form

$$u^{(o)} + u^{(1)} + u^{(2)} + \ldots + u^{(n)} = 0$$

anwenden, wo $u^{(p)}$ die Vereinigung der Glieder darstellt, welche in x und y vom Grade p sind, also $u^{(o)}$ das absolute Glied, $u^{(n)}$ den Inbegriff der Glieder vom höchsten Grade.

Die Gleichung in projektivischen Koordinaten kann ganz analog in der Form

$$u^{(o)}x_1{}^n + u^{(1)}x_1{}^{n-1} + u^{(2)}x_1{}^{n-2} + \ldots + u^{(n-1)}x_1 + u^{(n)} = 0$$

geschrieben werden, wenn wir unter $u^{(p)}$ eine homogene Funktion p^{ten} Grades in x_2, x_3 verstehen, weil deren Glieder in der Gleichung sämtlich den Faktor $x_1{}^{n-p}$ enthalten, den man somit ausscheiden kann. Man kann sie daher auch in der symbolischen Form einer n^{ten} Potenz des linearen Trinoms schreiben, nämlich $(a_1x_1 + a_2x_2 + a_3x_3)^n = 0$, indem man bei den Gliedern der Entwickelung wie $a_1{}^{n-p}\,a_2{}^p\,x_1{}^{n-p}\,x_2{}^p$ das Koefficientenprodukt nicht als solches, sondern als einen neuen Koefficienten fasst, den man durch $a_{11..122..2}$ bezeichnen kann, wenn hier die Anzahl der Indices 1 und 2 respektive $(n-p)$ und p ist. Die Zahl der Glieder ist offenbar in jedem Falle dieselbe wie im vorhergehend Erörterten.

27. Die Zahl der zur Bestimmung einer Kurve n^{ter} Ordnung notwendigen Bedingungen ist offenbar um Eins kleiner als die Zahl der Glieder in der allgemeinen Gleichung; sie ist also gleich $\frac{1}{2}n(n+3)$. Denn die Gleichung repräsentiert noch dieselbe Kurve, wenn wir sie mit irgend einer Konstanten multiplizieren oder dividieren; wir können sie also durch A dividieren und die Kurve wird bestimmt sein, wenn die $\frac{1}{2}n(n+3)$ Grössen $B:A$, $C:A$, etc. bestimmt worden sind. So ist eine Kurve n^{ter} Ordnung im allgemeinen bestimmt, und zwar eindeutig bestimmt, wenn $\frac{1}{2}n(n+3)$ ihrer Punkte bestimmt sind; denn die Koordinaten jedes Punktes, durch welchen die Kurve geht, liefern durch Substitution in die allgemeine Gleichung eine lineare Relation zwischen den Koefficienten, so dass wir $\frac{1}{2}n(n+3)$ Gleichungen ersten Grades zur Bestimmung derselben Zahl unbekannter Grössen erhalten; diese Bestimmung ist ein Problem, welches im allgemeinen nur eine Lösung zulässt. So lernen wir, dass eine Kurve dritter Ordnung im allgemeinen durch neun, eine der vierten

durch vierzehn Punkte, und dass im allgemeinen durch $\frac{1}{2}n(n+3)$ Punkte eine und nur eine Kurve n^{ter} Ordnung beschrieben werden kann.

28. Wenn wir sagen, dass $\frac{1}{2}n(n+3)$ Punkte eine Kurve n^{ter} Ordnung bestimmen, so darf dies nicht dahin verstanden werden, dass stets eine eigentliche Kurve n^{ter} Ordnung durch diese Punkte gehe. Denn wir haben nur bewiesen, dass eine Gleichung n^{ten} Grades existiert, die durch die gegebenen Punkte befriedigt wird; aber diese Gleichung kann das Produkt von zwei oder mehreren Gleichungen geringerer Grade sein. So bestimmen fünf Punkte im allgemeinen einen Kegelschnitt; wenn aber drei von ihnen in einer geraden Linie liegen, so ist der Kegelschnitt eine uneigentliche Kurve zweiter Ordnung, aus dieser geraden Linie und der Verbindungslinie der beiden anderen Punkte gebildet. Und allgemein ist klar, dass durch $\frac{1}{2}n(n+3)$ Punkte eine eigentliche Kurve n^{ter} Ordnung nicht beschrieben werden kann, wenn mehr als np von ihnen auf einer Kurve p^{ter} Ordnung liegen, — natürlich für $p<n$; denn wir würden sonst die Absurdität haben, dass zwei Kurven von den Ordnungen n und p sich in mehr als np Punkten schneiden könnten. (Vergl. „Kegelschnitte" Art. 246.) Das durch eine solche Gruppe von Punkten gehende System n^{ter} Ordnung besteht vielmehr aus der Kurve p^{ter} Ordnung in Verbindung mit einer Kurve von der Ordnung $(n-p)$ durch die übrigen Punkte. Wir können sofort eine obere Grenze feststellen für die Zahl der Punkte, welche unter den bestimmenden Punkten einer Kurve n^{ter} Ordnung auf einer Kurve von der Ordnung p liegen können. Diese Zahl kann nicht grösser sein als $np-\frac{1}{2}(p-1)(p-2)$. Denn wenn wir annehmen, dass ein weiterer Punkt auf ihr liege, d. h. dass $np-\frac{1}{2}(p-1)(p-2)+1$ Punkte auf einer Kurve p^{ter} Ordnung lägen, so ergiebt die Subtraktion dieser Zahl von $\frac{1}{2}n(n+3)$ für die Zahl der übrigen Punkte $\frac{1}{2}(n-p)(n-p+3)$, und es kann daher durch dieselben eine Kurve der Ordnung $(n-p)$ beschrieben werden. Sie bildet mit der Kurve p^{ter} Ordnung zusammen ein System von der Ordnung n, das durch die gegebenen Punkte geht; und es ergiebt sich aus dem

letzten Artikel, dass es im allgemeinen unmöglich ist, ein anderes System derselben Ordnung durch sie zu bestimmen.

29. Es giebt jedoch Fälle, in denen die Lösung des Art. 27 hinfällig wird, wie wir an einem einfachen Beispiel zeigen wollen. Die Zahl der zur Bestimmung einer Kurve dritter Ordnung erforderlichen Punkte ist neun, aber neun Punkte bestimmen nicht in jedem Falle eine einzige Kurve dritter Ordnung, weil ja zwei Kurven dritter Ordnung sich auch in neun Punkten durchschneiden, so dass durch diese neun Punkte sicherlich zwei und wie wir gleich sehen werden unendlich viele Kurven dritter Ordnung gehen. Die Erklärung ist folgende: Wenn wir m lineare Gleichungen zwischen m Unbekannten auflösen, so erhalten wir die Lösung im allgemeinen in der Form eines Bruches; wir erhalten z. B. $B:A = B_1:A_1$, $C:A = C_1:A_1$, etc. Nun kann es geschehen, dass die gegebenen Werte der Koordinaten der $\frac{1}{2}n(n+3)$ Punkte das gleichzeitige Verschwinden von Zähler und Nenner eines jeden dieser Brüche herbeiführen; in diesem Falle sind die gegebenen Punkte offenbar unzureichend zur Bestimmung der Kurve und es kann durch sie eine unendliche Menge von Kurven n^{ter} Ordnung gelegt werden. Der geometrische Grund des Vorkommens solcher Fälle fordert weitere Erläuterung. Beginnen wir der Einfachheit wegen mit dem Beispiel der Kurven dritter Ordnung. Seien $U=0$, $V=0$ die Gleichungen von zwei solchen Kurven, beide durch acht gegebene Punkte gehend und also je durch Hinzufügung eines willkürlichen neunten Punktes erhalten, so ist die Gleichung jeder Kurve dritter Ordnung, die durch diese Punkte geht, von der Form $U-kV=0$. Denn diese Gleichung bezeichnet nach ihrer Form eine Kurve dritter Ordnung durch die acht gegebenen Punkte und sie enthält eine willkürliche Konstante k, welche so bestimmt werden kann, dass die Kurve durch irgend einen neunten Punkt geht; man erhält nämlich $k=U':V'$, wenn U' und V' die Resultate der Substitution der Koordinaten des neunten Punktes in U und V sind. Dies giebt in jedem Falle einen bestimmten Wert für k, den einen ausgenommen, wo der fragliche neunte Punkt gleichzeitig den beiden Kurven $U=0$ und

$V=0$ angehört, die sich ja wirklich in noch einem neunten Punkte schneiden müssen. Für die Koordinaten dieses Punktes nimmt k den Wert $0:0$ an; auch zeigt ja die Form der Gleichung $U-kV=0$ das Nämliche, dass in der That jede Kurve, welche sie darstellt, durch alle Durchschnittspunkte der Kurven $U=0$ und $V=0$ hindurch gehen muss. Wir erhalten also den wichtigen Satz: Alle Kurven dritter Ordnung, welche durch acht feste Punkte gehen, enthalten noch einen neunten festen Punkt. Und wir erkennen, dass neun Punkte nicht immer hinreichend sind, um eine Kurve dritter Ordnung zu bestimmen; denn wir können durch die neun Durchschnittspunkte von zwei solchen Kurven und durch einen beliebigen zehnten Punkt eine solche Kurve beschreiben. Ebenso für Kurven dritter Klasse; die Schaar der durch acht Gerade berührten Kurven dritter Klasse besitzt noch eine neunte gemeinsame Tangente, etc.

30. Dasselbe Raisonnement bleibt auf Kurven jeder Ordnung respektive Klasse anwendbar. Wenn die Zahl gegebener Punkte um Eins kleiner ist als die zur Bestimmung der Kurven n^{ter} Ordnung notwendige Zahl, also $\{\frac{1}{2}n(n+3)-1\}$, so ist $U-kV=0$ für $U=0$ und $V=0$ als zwei bestimmte durch diese Punkte gehende Kurven n^{ter} Ordnung die allgemeinste Gleichung einer Kurve n^{ter} Ordnung, welche durch diese Punkte geht; denn die Gleichung enthält eine willkürliche Konstante, der wir einen solchen Wert beilegen können, dass die besagte Kurve durch einen beliebigen ausserdem gegebenen Punkt geht und somit vollständig bestimmt ist. Die Form der Gleichung zeigt aber, dass die Kurve durch alle die n^2 Punkte hindurch geht, welche den Kurven $U=0$, $V=0$ gemeinschaftlich sind und daher nicht nur durch $\frac{1}{2}n(n+3)-1$ gegebene feste Punkte, sondern noch durch $n^2-\frac{1}{2}n(n+3)+1$ andere feste Punkte. Also: Alle Kurven n^{ter} Ordnung, welche durch $\frac{1}{2}n(n+3)-1$ feste Punkte gehen, enthalten ausser diesen noch $\frac{1}{2}(n-1)(n-2)$ andere feste Punkte. Man nennt das System ein Büschel von Kurven n^{ter} Ordnung und die gemeinschaftlichen n^2 Punkte seine Grundpunkte; im Falle der Veränderlichen ξ_i eine Schaar von Kurven n^{ter}

Klasse etc. Beide Fälle sind in dem Ausdruck lineare Gebilde erster Stufe aus Kurven n^{ten} Grades zusammen gefasst.

31. Eine nützliche Folgerung aus dem vorhergehenden Satze lautet: Wenn von den n^2 Schnittpunkten von zwei Kurven n^{ter} Ordnung np auf einer Kurve p^{ter} Ordnung liegen ($p<n$), so liegen die übrigen $n(n-p)$ auf einer Kurve der Ordnung $(n-p)$. Wenn wir nämlich eine Kurve $(n-p)^{\text{ter}}$ Ordnung durch $\frac{1}{2}(n-p)(n-p+3)$ dieser übrigen Punkte legen, so bildet diese mit der Kurve p^{ter} Ordnung zusammen eine Kurve von der Ordnung n, welche durch $\frac{1}{2}(n-p)(n-p+3)+np$ Punkte geht; und weil diese Zahl $\{=\frac{1}{2}n(n+3)-1+\frac{1}{2}(p-1)(p-2)\}$ nicht kleiner sein kann als $\frac{1}{2}n(n+3)-1$, so muss diese Kurve alle die übrigen Punkte enthalten; weil endlich von denselben keiner auf der Kurve p^{ter} Ordnung liegen kann, so liegen sie notwendig alle auf der Kurve $(n-p)^{\text{ter}}$ Ordnung, der Behauptung entsprechend.

Es ist hier Vorteil gezogen von dem Umstande, dass die die Schnittpunkte von Kurven n^{ter} Ordnung betreffenden Sätze keineswegs bloss von eigentlichen Kurven dieser Ordnung gelten, nach der Natur des Beweises in Art. 30, der auch dann bestehen bleibt, wenn U oder V in Faktoren zerlegbar sind. Als ein Beispiel zu dem Satze dieses Artikels fügen wir den Satz bei: Wenn ein Polygon von $2n$ Seiten einem Kegelschnitt eingeschrieben ist, so liegen die $n(n-2)$ Punkte, in denen die ungeradzahligen Seiten die nicht anstossenden geradzahligen Seiten desselben durchschneiden, in einer Kurve von der Ordnung $(n-2)$. Denn das Produkt aller ungeradzahligen Seiten bildet ein System n^{ter} Ordnung und das Produkt der geradzahligen Seiten ein anderes System n^{ter} Ordnung; beide Systeme schneiden sich in n^2 Punkten, nämlich, weil jede ungeradzahlige Seite zwei anliegende und $(n-2)$ nicht anliegende geradzahlige Seiten schneidet, in den $2n$ Ecken des Polygons und den $n(n-2)$ Punkten, von welchen unser Satz spricht. Weil aber nach der Voraussetzung die $2n$ Ecken in einem Kegelschnitt liegen, so sind nach dem Hauptsatz dieses Artikels die übrigen

$n(n-2)$ Punkte in einer Kurve $(n-2)^{\text{ter}}$ Ordnung enthalten. So führt z. B. das einem Kegelschnitt eingeschriebene Achteck auf einen neuen Kegelschnitt durch acht Punkte.

32. Der Pascalsche Satz ist ein specieller Fall ($n=3$) des eben gegebenen; es mag aber zur Klarstellung des Princips der vorigen Entwickelungen von Vorteil sein, seinen Beweis in der hier einschlagenden Form auszudrücken. Bezeichnen wir die Gleichungen der Seiten des Sechsecks in ihrer natürlichen Folge mittelst der sechs ersten Buchstaben des Alphabets, $A=0$, $B=0$, ..., $F=0$, so ist $ACE-kBDF=0$ die Gleichung eines Systems von Kurven dritter Ordnung, welche durch die Punkte $A=0$, $B=0$; $B=0$, $C=0$; $C=0$, $D=0$; $D=0$, $E=0$; $E=0$, $F=0$; $F=0$, $A=0$ und überdies durch $A=0$, $D=0$; $B=0$, $E=0$; $C=0$, $F=0$ hindurch gehen. Wenn die ersten sechs Punkte auf einem Kegelschnitt $S=0$ liegen, so gilt für diejenige Kurve des Systems, welche durch die Bedingung bestimmt ist, dass sie noch einen siebenten Punkt des Kegelschnitts $S=0$ enthalte, die Bedingung

$$ACE-k'BDF=SL$$

für $L=0$ als eine in den Koordinaten lineare Gleichung. Denn diese Kurve kann keine eigentliche Kurve dritter Ordnung sein, weil eine solche Kurve nicht mehr als sechs Punkte mit einem Kegelschnitt $S=0$ gemeinsam haben kann, die gerade Linie $S=0$ wird daher die übrigen drei Punkte $A=D=0$, $B=E=0$, $C=F=0$ enthalten müssen. Wir fügen hinzu, dass gerade dieser Beweis des Pascalschen Satzes am leichtesten zu den Sätzen von Steiner und Kirkmann über die vollständige Figur desselben führt. (Vergl. „Kegelschnitte“ Art. 286). Sei

$$12.34.56-45.61.23=SL,$$

d. h. werde mit 12 die linke Seite der Gleichung der Verbindungslinie der ersten und zweiten Ecke, etc. und mit $L=0$ die Gleichung der Verbindungslinie der Schnittpunkte der Gegenseiten 12, 45; 23, 56; 34, 61 bezeichnet, und sei ebenso $12.34.56-36.25.14=SM$, so ist offenbar

$$45.61.23-36.25.14=S(M-L),$$

d. h. die Pascalsche Linie der letzteren Gleichung geht durch den Durchschnittspunkt der Pascalschen Linien, welche den beiden vorigen Gleichungen entsprechen.

Wir wollen aber auch bemerken, dass der Satz des Art. 31 in dem fraglichen Falle $n = 3$ ein specieller Fall des Satzes von Art. 30 ist, weil das System der drei ungeradzahligen Seiten eine der Kurven dritter Ordnung, und das der geradzahligen die andere von den Kurven dritter Ordnung $U = 0$, $V = 0$ des Art. 30 ist; daher können wir den Pascalschen Satz direkt aus diesem herleiten: Wir betrachten den Kegelschnitt durch die sechs Ecken und die gerade Verbindungslinie der Schnitte von zweien der drei Gegenseitenpaare als eine Kurve dritter Ordnung durch acht von jenen neun Punkten und sehen damit, dass sie auch durch den neunten Punkt gehen muss, d. h. die gerade Linie geht auch durch den Durchschnittspunkt des dritten Paares der Gegenseiten.

33. Es ist bewiesen worden, dass obwohl zwei Kurven n^{ter} Ordnung sich in n^2 Punkten durchschneiden, doch n^2 willkürlich gewählte Punkte nicht die gemeinschaftlichen Punkte von zwei solchen Kurven sein können, dass vielmehr aus $n^2 - \frac{1}{2}(n-1)(n-2)$ gegebenen unter ihnen die übrigen bestimmt sind. Ein ähnlicher Satz gilt in Bezug auf die np Durchschnittspunkte von zwei Kurven von der n^{ten} und p^{ten} Ordnung. Obgleich z. B. eine Kurve dritter Ordnung eine von der vierten in zwölf Punkten schneidet, so ist es doch im allgemeinen unmöglich, durch zwölf auf einer Kurve dritter Ordnung willkürlich gewählte Punkte eine eigentliche Kurve vierter Ordnung zu legen. Das System vierter Ordnung durch diese zwölf und durch zwei willkürlich angenommene andere Punkte ist im allgemeinen nichts anderes als die Kurve dritter Ordnung und die diese zwei letzeren Punkte verbindende Gerade. Und allgemein, jede Kurve n^{ter} Ordnung, welche durch $np - \frac{1}{2}(p-1)(p-2)$ Punkte einer Kurve p^{ter} Ordnung $(p < n)$ geht, schneidet diese Kurve in $\frac{1}{2}(p-1)(p-2)$ anderen festen Punkten. Denn wir sahen in Art. 31, dass

$$np - \tfrac{1}{2}(p-1)(p-2) + \tfrac{1}{2}(n-p)(n-p+3) = \tfrac{1}{2}n(n+3) - 1$$

ist; daher geht nach Art. 30 jedes System n^{ter} Ordnung, das durch die gegebenen Punkte und $\frac{1}{2}(n-p)(n-p+3)$ andere beschrieben wird, durch $\frac{1}{2}(n-1)(n-2)$ andere feste Punkte. Ein System der n^{ten} Ordnung, welches durch diese Punkte geht, bildet aber die gegebene Kurve p^{ter} Ordnung zusammen mit einer Kurve der Ordnung $(n-p)$ durch die hinzugefügten anderen Punkte; die $\frac{1}{2}(n-1)(n-2)$ neuen Punkte müssen daher teils auf der einen, teils auf der anderen von diesen Kurven liegen. Und es ist offenbar, dass diese Punkte so zwischen ihnen verteilt sein müssen, dass dadurch die Totalzahl der Punkte im ersten Falle zu np, im zweiten zu $n(n-p)$ gemacht wird. Damit ist die Wahrheit des angezeigten Satzes bewiesen.

34. Eine fernere Erweiterung dieses Satzes ist durch Cayley gegeben worden: Jede Kurve von der Ordnung r (für $r>m$ oder $r>n$, $r\leqq m+n-3$), welche durch alle bis auf $\frac{1}{2}(m+n-r-1)(m+n-r-2)$ von den mn Durchschnittspunkten zweier Kurven von den Ordnungen m und n hindurchgeht, enthält auch alle diese übrigen Schnittpunkte. Damit der Geist des allgemeinen Beweises deutlicher werde, schicken wir den für ein Beispiel voraus. Jede Kurve fünfter Ordnung, welche durch fünfzehn von den Durchschnittspunkten zweier Kurven vierter Ordnung geht, enthält auch den letzten Durchschnittspunkt derselben. Denn wenn wir zwei willkürliche Punkte auf jeder der Kurven vierter Ordnung annehmen, so machen diese vier mit den fünfzehn gegebenen Punkten zusammen neunzehn Punkte, und wenn verschiedene Kurven fünfter Ordnung durch dieselben gehen, so haben dieselben alle nach Art. 30 sechs andere feste Punkte gemein. Aber jede der beiden Kurven vierter Ordnung bildet zusammen mit der geraden Linie durch die beiden willkürlich gewählten Punkte der anderen Kurve ein durch die neunzehn Punkte gehendes System fünfter Ordnung. Daher liegen alle Durchschnittspunkte der gegebenen Kurven vierter Ordnung in jeder Kurve fünfter Ordnung durch die Punkte und die Behauptung ist bewiesen. Im allgemeinen Falle nehmen wir

$\frac{1}{2}(r-m)(r-m+3)$ willkürliche Punkte in der Kurve n^{ter} Ordnung an, und legen durch dieselben eine Kurve von der Ordnung $(r-m)$; wir nehmen ferner $\frac{1}{2}(r-n)(r-n+3)$ Punkte in der Kurve m^{ter} Ordnung an und legen durch sie eine Kurve von der Ordnung $(r-n)$; wir nehmen endlich so viele der mn Durchschnittspunkte beider Kurven als mit den willkürlichen Punkten zusammen $\frac{1}{2}r(r+3)-1$ ausmachen. Dann sind, weil die Kurven $(r-m)^{\text{ter}}$ und m^{ter} Ordnung ein und die Kurven $(r-n)^{\text{ter}}$ und n^{ter} Ordnung ein anderes System r^{ter} Ordnung durch die Punkte bilden, die Durchschnitte dieser beiden Systeme allen Kurven r^{ter} Ordnung gemein, welche durch die Punkte gehen. Aber es ist

$$\frac{1}{2}r(r+3)-1-\frac{1}{2}(r-m)(r-m+3)-\frac{1}{2}(r-n)(r-n+3)$$
$$=mn-\frac{1}{2}(m+n-r-1)(m+n-r-2),$$

wie man leicht bestätigt. Daraus ergiebt sich die Wahrheit des Satzes.

Damit der Beweis aber anwendbar bleibe, muss r wenigstens gleich der grössesten der beiden Zahlen m oder n und $(r-m)<n$ sein, weil es sonst nicht möglich sein würde, durch die angenommenen Punkte der Kurve n^{ter} Ordnung eine von der $(r-m)^{\text{ten}}$ Ordnung zu beschreiben, die die Kurve n^{ter} Ordnung selbst nicht als einen Teil enthielte; und weil der Satz für $r=m+n-1$ oder $r=m+n-2$ inhaltslos ist, so gilt er unter der Bedingung $r \leqq m+n-3$.[2])

II. Abschnitt.

Über die Natur der vielfachen Punkte und Tangenten der Kurven.

35. Um auf dem einfachsten Wege in die Lehre von den mit den Kurven verbundenen singulären Punkten und Geraden einzudringen, wollen wir zuerst durch Beispiele die Natur dieser Punkte und Linien erläutern, und alsdann allgemeine Gesetze begründen, nach welchen ihre Existenz im allgemeinen entdeckt werden kann.

Wir wenden die allgemeine in Art. 26 gegebene Cartesische Gleichung an. Wenn wir dieselbe durch die Substitution von $\varrho \cos\theta$, $\varrho \sin\theta$ respektive für x und y — oder für schiefwinklige Axen event. $m\varrho$ und $n\varrho$ wie in „Kegelschnitte" Art. 95 — zu Polarkoordinaten transformieren, erhalten wir eine Gleichung n^{ten} Grades in ϱ, deren Wurzeln die vom Koordinatenanfang aus gemessenen Entfernungen der n Punkte sind, wo die Kurve durch eine denselben enthaltende Gerade geschnitten wird, die den Winkel θ mit der Axe der x macht.

36. Wenn in der allgemeinen Gleichung das absolute Glied A gleich Null ist, so ist der Koordinatenanfang ein Punkt der Kurve, weil die Werte $x=0$, $y=0$ die Gleichung befriedigen. Dasselbe ergiebt sich aus der in Polarkoordinaten geschriebenen Gleichung

$$(B\cos\theta + C\sin\theta)\,\varrho + (D\cos^2\theta + E\cos\theta\sin\theta + F\sin^2\theta)\,\varrho^2 + \\ + \ldots = 0;$$

weil sie durch ϱ teilbar ist, so ist $\varrho=0$ eine der Wurzeln, unabhängig von dem Werte von θ und es fällt also einer der n Punkte, in denen eine beliebige Gerade aus dem Anfangspunkt die Kurve schneidet, mit diesem selbst zusammen. Die anderen $(n-1)$ Punkte sind im allgemeinen vom Anfangspunkt verschieden; es giebt aber einen Wert von θ, für welchen ein zweiter von diesen Punkten mit ihm zusammenfällt, nämlich derjenige, für welchen $B\cos\theta + C\sin\theta = 0$ ist. Dann ist die Gleichung

$$(D\cos^2\theta + E\sin\theta\cos\theta + F\sin^2\theta)\,\varrho^2 + \ldots = 0$$

durch ϱ^2 teilbar und es sind daher zwei ihrer Wurzeln $\varrho=0$. Die diesem Werte von θ entsprechende Gerade schneidet die Kurve in zwei im Anfangspunkt zusammenfallenden Punkten oder ist die Tangente der Kurve im Anfangspunkt. Weil eine lineare Gleichung zur Bestimmung von $\tan\theta$ dient, so existiert für einen gegebenen Punkt der Kurve im allgemeinen nur eine Tangente; ihre Gleichung ist

$$\varrho\,(B\cos\theta + C\sin\theta) = 0 \quad \text{oder} \quad Bx + Cy = 0.$$

Wenn also für den Anfangspunkt als einen Punkt der Kurve ihre Gleichung durch $u^{(1)} + u^{(2)} + \ldots = 0$ dargestellt ist, so repräsentiert $u^{(1)} = 0$ die Tangente derselben im Anfangspunkt.

Für $B=0$ ist die Axe der x diese Tangente, für $C=0$ die Axe der y.

37. Wenn wir aber voraussetzen, dass die Koefficienten A, B, C sämtlich gleich Null sind, so verschwindet der Koefficient von ϱ unabhängig von θ und also für jedes θ. Dann schneidet jede gerade Linie durch den Anfangspunkt die Kurve in zwei mit ihm zusammen fallenden Punkten; derselbe wird dann ein Doppelpunkt der Kurve genannt. Genau wie im letzten Artikel erkennen wir dann weiter, dass es in diesem Falle zwei durch den Anfangspunkt gehende Gerade giebt, welche die Kurve in drei zusammen fallenden Punkten schneiden. Denn für die Werte von θ, die den Koefficienten von ϱ^2 gleich Null machen, d. h. der Gleichung $D\cos^2\theta + E\sin\theta\cos\theta + F\sin^2\theta = 0$ genügen, wird die Polargleichung der Kurve durch ϱ^3 teilbar und enthält also die Wurzel $\varrho = 0$ dreifach. Und da $\tan\theta$ durch eine quadratische Gleichung bestimmt wird, so schliessen wir, dass durch einen Doppelpunkt zwei gerade Linien gehen, von denen jede die Kurve in drei zusammen fallenden Punkten schneidet, und deren Gleichung ist

$$\varrho^2(D\cos^2\theta + E\sin\theta\cos\theta + F\sin^2\theta) = 0$$

oder

$$Dx^2 + Exy + Fy^2 = 0.$$

Obwohl also in gewissem Sinne jede durch einen Doppelpunkt gehende Gerade als Tangente der Kurve in ihm zu betrachten ist, nämlich als eine Gerade, die in ihm mit der Kurve zwei zusammen fallende Punkte gemein hat, so giebt es doch unter allen diesen Geraden zwei, deren Berührung mit der Kurve eine innigere ist, als die aller übrigen; es ist daher gebräuchlich zu sagen, dass in einem Doppelpunkt an die Kurve zwei Tangenten gezogen werden können. Wenn die Gleichung der Kurve für den Anfangspunkt der Koordinaten als Doppelpunkt in der Form $u^{(2)} + u^{(3)} + \ldots = 0$ geschrieben wird, so ist $u^{(2)} = 0$ die Gleichung dieses Tangentenpaares.

38. Es ist notwendig, drei Arten von Doppelpunkten zu unterscheiden, je nachdem nämlich die durch $u^{(2)} = 0$ repräsentierten geraden Linien reell und verschieden, nicht reell oder zusammen fallend sind.

I. Im ersten Falle sind die Tangenten beide reell, der Doppelpunkt erscheint so, wie die Figur ihn zeigt; er gehört zwei Ästen der Kurve an, von denen jeder in ihm seine eigene Tangente hat. Die quadratische Gleichung $u^{(2)} = 0$ bestimmt die Richtungen dieser beiden Tangenten. Einen solchen Doppelpunkt nennen wir einen Knotenpunkt. Wir erhalten eine einfache Erläuterung eines solchen Doppelpunktes, wenn die gegebene Gleichung das Produkt zweier Gleichungen von geringeren Graden ist; $U = PQ$. Dann repräsentiert $U = 0$ die beiden durch $P = 0$ und $Q = 0$ dargestellten Kurven von den Ordnungen p und q. Wenn wir aber dieselben in ihrer Vereinigung als ein System von der Ordnung $u = p + q$ betrachten, so haben wir diese Kurve als mit pq Doppelpunkten in den gemeinsamen Punkten der Kurven $P = 0$ und $Q = 0$ zu betrachten und in jedem reellen unter diesen Schnittpunkten hat die Kurve $PQ = 0$ zwei reelle Tangenten, nämlich die Tangenten von $P = 0$ und $Q = 0$.

Fig. 5.

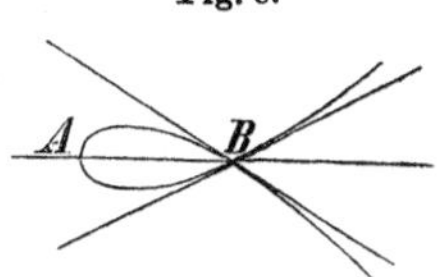

II. Die Gleichung $u^{(2)} = 0$ habe zwei nicht reelle Wurzeln. In diesem Falle ist dem Anfangspunkt der Koordinaten kein reeller Punkt in der Kurve benachbart; wir nennen denselben dann einen konjugierten oder isolierten Punkt. Seine Koordinaten genügen der Gleichung der Kurve, aber er erscheint nicht als in der Kurve liegend. Und die Existenz solcher Punkte kann in der That nur dadurch evident gemacht werden, dass man zeigt, es gebe Punkte, für welche keine der durch sie gehenden Geraden die Kurve in mehr als $(n-2)$ Punkten schneiden kann.

III. Die Gleichung $u^{(2)} = 0$ kann ein vollständiges Quadrat $v_1^2 = 0$ sein. Dann fallen die Tangenten im Doppelpunkt zusammen und die Kurve hat die in der Figur angezeigte Form. Solche Punkte werden Spitzen genannt; oft auch Rückkehrpunkte oder stationäre Punkte, weil die Vorstellung der Kurve als einer durch die Bewegung eines Punktes entstandenen Bahn für jede Spitze die Annahme fordert,

Fig. 6.

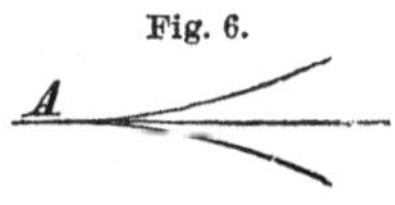

dass die Bewegung in dem einen Sinne der bezüglichen Tangente zum Stillstand komme, um dann im entgegengesetzten Sinne derselben wieder zu beginnen. Punkte dieser Art können nicht, wie etwa nach dem Beispiel unter I. erwartet werden möchte, durch die Vorstellung einer in zwei sich berührende Teile $P=0$, $Q=0$ zerfallenden Kurve $U=0$ erläutert werden; obwohl jeder solcher Berührungspunkt ein Doppelpunkt mit zusammenfallenden Tangenten ist, so muss doch ein solcher Punkt zu den Singularitäten einer höheren Ordnung als die jetzt zu betrachtenden gerechnet werden, weil die ihm entsprechende Tangente die zusammengesetzte Kurve in vier aufeinander folgenden Punkten, jede der beiden Teilkurven nämlich in zweien, durchschneidet, während in einer Spitze, wie wir sahen, die Tangente im allgemeinen die Kurve nur in drei aufeinander folgenden Punkten trifft. Damit die Tangente in einer Spitze die Kurve in vier aufeinander folgenden Punkten treffe, ist nicht nur erforderlich, dass $u^{(2)}$ ein vollständiges Quadrat v_1^2 sei, sondern auch, dass die Wurzel desselben ein Faktor in $u^{(3)}$ ist, so dass die Gleichung notwendig von der Form $v_1^2 + v_1 v^{(2)} + u^{(4)} + \ldots = 0$ sein muss. Solche Punkte entspringen aus der Vereinigung von zwei Doppelpunkten, was auch mit dem vorher erwähnten Beispiel zusammen stimmt; wenn die Kurven $P=0$, $Q=0$ sich berühren, so vertritt der Berührungspunkt die Stelle von zwei Durchschnittspunkten derselben, d. h. von zwei Doppelpunkten von $U=0$. Es ist nützlich, zu bemerken, dass der Knotenpunkt und der isolierte Punkt Formen des Doppelpunktes von gleichem Grade der Allgemeinheit sind, nur unterschieden durch die Realität und Nichtrealität ihrer Tangenten; dass dagegen in der Untersuchung selbst die Spitze sich als ein besonderer Fall des Doppelpunktes dargeboten hat; sie ist in Wahrheit eine andere Singularität, wie wir weiterhin erkennen werden.

Fig. 7.

39. Wir wollen die Sache durch das folgende Beispiel erläutern. Es sei die Kurve $y^2 = (x-a)(x-b)(x-c)$ mit $a < b < c$ zu betrachten. Sie ist offenbar zur Axe der x symmetrisch, weil jedem Werte von x gleiche und entgegengesetzte

Werte von y entsprechen; und sie schneidet die Axe der x in drei Punkten A, B, C oder respektive $x=a$, $x=b$, $x=c$. Für alle x, welche kleiner sind als a, ist y^2 negativ und somit y nicht reell; für Werte von x zwischen a und b wird y^2 positiv und für solche zwischen b und c negativ, endlich positiv für alle c überschreitenden Werte von x. Die Kurve besteht daher aus einem zwischen A und B liegenden Oval und einem bei C beginnenden und sich nach der positiven Seite der x unendlich fortsetzenden Zweige. Setzen wir insbesondere $b=c$, so dass die Gleichung wird

Fig. 8.

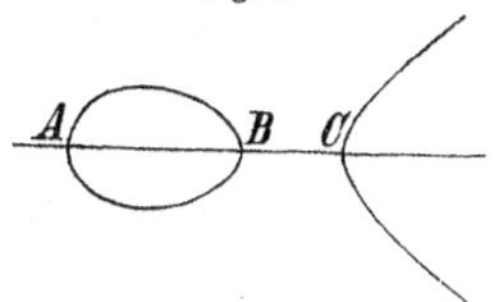

$$y^2=(x-a)(x-b)^2, \text{ mit } b>a,$$

so erscheint der Punkt B mit dem Punkte C vereinigt; mit der Annäherung von B an C schärfen sich das Oval und der unendliche Ast gegen einander zu und bei ihrer endlichen Vereinigung wird B ein Doppelpunkt mit zwei sich in ihm unter einem Winkel schneidenden Teilen, das Oval zur Schleife, die durch den Doppelpunkt hindurch in die beiden Seiten des unendlichen Zweiges stetig übergeht. Ist aber anderseits $b=a$, so wird die Gleichung $y^2=(x-a)^2(x-b)$ mit $a<b$. Das Oval hat sich in einen Punkt A zusammengezogen und die Kurve zeigt die beistehende Form. Dies Beispiel reicht aus, um die Analogie zwischen conjugierten Punkten und Knotenpunkten zu zeigen. Setzen wir endlich $a=b=c$, so dass die Gleichung $y^2=(x-a)^3$ ist, so wird der Punkt A zur Spitze (Art. 38, III) und die entsprechende Tangente schneidet die Kurve in drei aufeinander folgenden Punkten A, B, C.

Fig. 9.

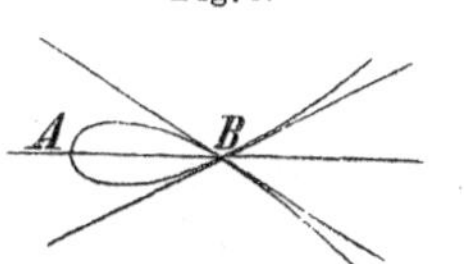

Fig. 10.

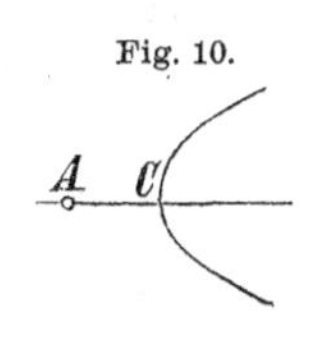

Fig. 11.

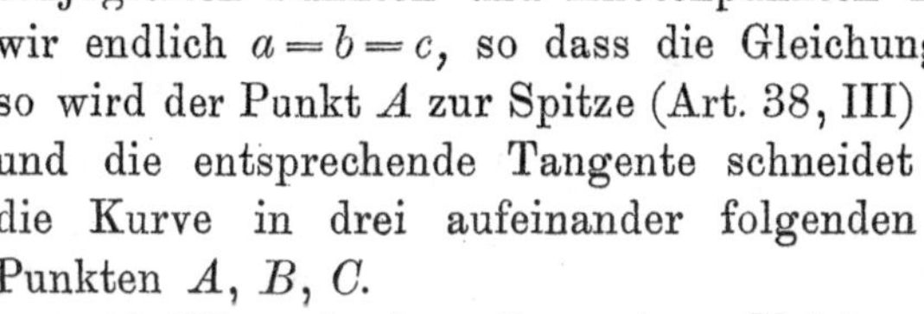

40. Wenn in der allgemeinen Gleichung $U=0$ die Koefficienten A, B, C, D, E, F sämtlich gleich Null sind, so ist der Anfangspunkt der Koordinaten ein d r e i f a c h e r P u n k t, weil jede durch ihn gehende Gerade die Kurve in drei

zusammen fallenden Punkten schneidet; und man erkennt leicht, wie vorher, dass es in einem dreifachen Punkt drei Tangenten giebt, welche mit der Kurve in ihm vier zusammen fallende Punkte gemein haben und dass diese drei Geraden durch die Gleichung $u^{(3)} = 0$ ausgedrückt werden.

Wir können auch wie vorher vier Arten oder Formen des dreifachen Punktes unterscheiden, je nachdem die drei Tangenten a) alle reell und 1. alle drei verschieden sind, oder 2. zwei zusammen fallend, oder 3. alle drei zusammen fallend; oder b) eine reell und die beiden anderen nicht reell sind. Wir können den dreifachen Punkt als aus der Vereinigung von drei Doppelpunkten entspringend betrachten, und zwar sind diese in den Fällen a) 1. drei Knotenpunkte, 2. zwei Knotenpunkte und eine Spitze, 3. ein Knotenpunkt und zwei Spitzen — wie es die beistehenden Figuren erläutern, wo wir nur die drei Doppelpunkte vollends in einen dreifachen Punkt vereinigt denken müssen. Der Fall 3. weicht kaum sichtbar von einem gewöhnlichen Punkte der Kurve ab; bei gutgezeichneter Figur ist nur eine gewisse Schärfe der Biegung im singulären Punkte zu bemerken. Im Falle b) haben wir ebenso einen reellen Teil, der durch einen konjugierten Punkt hindurchgeht und dem Auge erscheint dieser singuläre Punkt nicht verschieden von irgend einem anderen Punkte der Kurve.

Fig. 12.

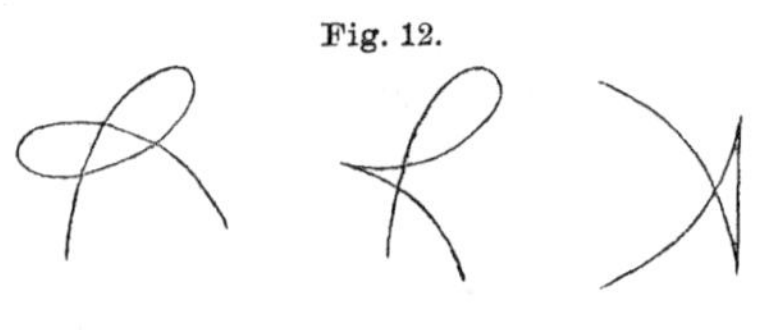

Wir können in gleicher Art die Bedingungen untersuchen, unter welchen der Anfangspunkt der Koordinaten ein vielfacher Punkt von irgend einem höheren Grade k ist. Die Koefficienten aller Glieder der Grade unter k werden verschwinden und die Gleichung ist von der Form $u^{(k)} + u^{(k+1)} + \ldots = 0$. Im vielfachen Punkte gehen k Tangenten an die Kurve, welche sämtlich durch die Gleichung $u^{(k)} = 0$ dargestellt werden und die Form, welche die Kurve im vielfachen Punkte darbietet, wechselt je nachdem die Wurzeln dieser Gleichung alle reell und ungleich oder zwei oder mehrere von ihnen gleich, oder endlich nicht reell sind. Ein vielfacher Punkt von der Ordnung k

kann angesehen werden als aus der Vereinigung von $\frac{1}{2}k(k-1)$ Doppelpunkten hervorgegangen, wie wir an dem Fall von k geraden Linien am einfachsten erläutern, die als ein System mit $\frac{1}{2}k(k-1)$ Doppelpunkten in ihren Schnittpunkten zu betrachten sind, und die, wenn sie alle durch denselben Punkt gehen, ein System mit $k$fachen Punkt bilden, der die Stelle aller der Doppelpunkte vertritt. Das Prinzip bleibt dasselbe, wenn die sich durchschneidenden Linien krumme Linien sind. Eine Kurve kann durch den Schnitt von k Zweigen mit einander $\frac{1}{2}k(k-1)$ Doppelpunkte haben und hat, wenn alle Zweige durch denselben Punkt gehen, an deren Stelle einen $k$fachen Punkt oder einen vielfachen Punkt von der Ordnung k.

41. Wenn ein gegebener Punkt ein Doppelpunkt für eine Kurve sein soll, so ist diese Bestimmung drei Bedingungen äquivalent. Denn wenn wir ihn zum Anfangspunkt der Koordinaten wählen, so verschwinden drei Glieder in der Gleichung der Kurve (Art. 37) und die Zahl der verfügbaren Konstanten ist um drei geringer als im allgemeinen Fall. Wenn dazu auch die Tangenten der Kurve im Doppelpunkt gegeben wären — gleichviel ob als zwei reelle Gerade oder als zwei nicht reelle, wenn sie im letzteren Falle als die Doppelstrahlen eines involutorischen Strahlenbüschels mit sich trennenden Paaren gegeben sind (vergl. „Kegelschnitte" Art. 301) — so ist dies zwei weiteren Bedingungen äquivalent, da nun zu $A=0$, $B=0$, $C=0$ auch die Verhältnisse $D:E$, $D:F$ gegeben sind. Die Angabe eines dreifachen Punktes ist sechs Bedingungen äquivalent, weil die sechs niedrigsten Glieder der Gleichung verschwinden, wenn man ihn zum Anfangspunkt der Koordinaten macht. Und allgemein ist die Festsetzung eines bestimmten Punktes als eines vielfachen Punktes von der Ordnung k äquivalent mit $\frac{1}{2}k(k+1)$ Bedingungen.

42. Es giebt eine Grenze für die Zahl von Doppelpunkten, welche eine Kurve n^{ter} Ordnung enthalten kann, ohne dass sie in Kurven von niederen Ordnungen zerfällt. Beispielsweise kann eine Kurve dritter Ordnung nicht zwei Doppelpunkte haben, weil die gerade Verbindungslinie von zwei Doppel-

punkten die Kurve in vier paarweise zusammenfallenden Punkten schneiden würde und nicht mehr als drei Punkte der Kurve dritter Ordnung in gerader Linie liegen können, ohne dass dieselbe in eine gerade Linie und einen Kegelschnitt zerfällt. Eine Kurve vierter Ordnung ferner kann nicht vier Doppelpunkte haben; weil, wenn sie so viele Doppelpunkte hätte, ein durch dieselben und einen beliebigen andern Punkt der Kurve gelegter Kegelschnitt mit ihr neun* Punkte gemeinsam hätte, während doch kein Kegelschnitt, der nicht selbst ein Teil der Kurve ist, mit einer Kurve vierter Ordnung mehr als 2.4 Punkte gemein haben kann. Und allgemein kann eine Kurve n^{ter} Ordnung nicht mehr als $\frac{1}{2}(n-1)(n-2)$ Doppelpunkte haben; denn wenn sie einen Doppelpunkt mehr besässe, so würde durch diese $\frac{1}{2}(n-1)(n-2)+1$ und durch $(n-3)$ andere Punkte der Kurve

* Wenn ein Durchschnittspunkt zweier Kurven ein Doppelpunkt in einer derselben ist, so muss er unter den Schnittpunkten derselben für zwei gezählt werden und die Kurven können sich ausser ihm nur noch in $(np-2)$ Punkten schneiden; ist ein Schnittpunkt ein Doppelpunkt für beide Kurven, so zählt er für vier unter den Durchschnittspunkten. Und allgemein, wenn er in der einen Kurve vielfach vom Grade k und in der andern vielfach vom Grade l ist, so zählt er für kl Schnittpunkte. So schneidet z. B. ein System von k geraden Linien ein anderes von l geraden Linien in kl Punkten, wenn aber alle Geraden des ersten Systems durch einen und denselben Punkt in einer Geraden des zweiten gehen, so zählt dieser für k Schnittpunkte und es existieren ausser ihm nur noch $k(l-1)$ andere Schnittpunkte von Linien beider Systeme. Und wenn die geraden Linien beider Systeme sämtlich durch einen Punkt gehen, so zählt derselbe für kl Schnittpunkte und die Geraden schneiden sich nirgend ausser ihm. Wenn zwei Kurven sich in ihrem Schnittpunkt berühren, so zählt der Berührungspunkt als ein Paar Durchschnittspunkte, weil er zwei auf einander folgende gemeinsame Punkte repräsentiert. Wenn der Durchschnittspunkt ein vielfacher Punkt in der einen Kurve oder in beiden Kurven ist, und wenn eine der Tangenten im vielfachen Punkt beiden Kurven gemein ist, so müssen wir zur Zahl der Durchschnittspunkte, denen der vielfache Punkt äquivalent ist, Eins addieren, weil die Kurven auch noch den in der Richtung der besagten Tangente nächstbenachbarten Punkt mit einander gemein haben. Es ist ohne Schwierigkeit die Wirkung einer beliebigen Kombination von singulären Punkten und ihrer Tangenten zu bestimmen.

eine Kurve $(n-2)^{\text{ter}}$ Ordnung beschrieben werden können (Art. 27), welche als die Kurve n^{ter} Ordnung in

$$2\{\tfrac{1}{2}(n-1)(n-2)+1\}+(n-3)$$

Punkten durchschneidend angesehen werden müsste, d. h. in $\{n(n-2)+1\}$ Punkten, oder in einem Punkte mehr als möglich ist, so lange die gegebene Kurve eine eigentliche Kurve n^{ter} Ordnung ist.

Wir bemerken, dass dieser Beweis nur zeigt, dass Kurven nicht mehr als eine gewisse Anzahl von Doppelpunkten haben können, aber nicht, was jedoch wirklich der Fall ist, dass sie auch eben so viele besitzen können.

43. Wenn die Kurve vielfache Punkte höherer Ordnung hat, so bleibt dasselbe Kriterium anwendbar, wenn wir jeden vielfachen Punkt k^{ter} Ordnung als äquivalent mit $\frac{1}{2}k(k-1)$ Doppelpunkten rechnen. Aber es giebt Einschränkungen für die Möglichkeit, für eine gewisse Zahl von Doppelpunkten einen vielfachen Punkt von höherer Ordnung zu substituieren. So kann eine Kurve fünfter Ordnung sechs Doppelpunkte haben und drei derselben können durch einen dreifachen Punkt ersetzt werden; aber es ist dann unstatthaft, auch die drei andern Doppelpunkte durch einen zweiten dreifachen Punkt zu ersetzen, weil die gerade Verbindungslinie der beiden dreifachen Punkte die Kurve in mehr als fünf Punkten schneiden würde. Und allgemeiner, wenn eine Kurve n^{ter} Ordnung einen vielfachen Punkt der Ordnung $(n-2)$ hat, so kann sie ausserdem als singuläre Punkte nur Doppelpunkte enthalten und die Zahl derselben kann nach unserm Kriterium nicht grösser sein als $(n-2)$.[3]

44. Wir wollen mit Cayley Defekt einer Kurve oder auch nach Clebsch Geschlecht derselben die Zahl D nennen, um welche ihre wirkliche Anzahl von Doppelpunkten von der ihrer Ordnung zukommenden Maximalzahl derselben übertroffen wird, eine Zahl von grosser Wichtigkeit in der Theorie der Kurven. Wenn $D=0$ ist, d. h. wenn eine Kurve die ihrer Ordnung entsprechende Maximalzahl von Doppelpunkten hat, so können die Koordinaten irgend eines Punktes

der Kurve als rationale algebraische Funktionen eines veränderlichen Parameters ausgedrückt werden. Denn die $\frac{1}{2}(n-1)(n-2)$ Doppelpunkte und $(n-3)$ andere, angenommene Punkte in der Kurve, d. i. zusammen $\frac{1}{2}(n-2)(n+2)-1$ Punkte reichen hin, um ein Büschel $U=\lambda V$ von Kurven $(n-2)^{\text{ter}}$ Ordnung zu bestimmen. Wenn wir zwischen dieser Gleichung des Büschels und der Gleichung der gegebenen Kurve die eine der Veränderlichen eliminieren, so erhalten wir zur Bestimmung der Werte der andern Koordinate für ihre Durchschnittspunkte eine Gleichung vom Grade $n(n-2)$, in welche λ im n^{ten} Grade eingeht; die Wurzeln dieser Gleichung sind bis auf eine sämtlich bekannt, denn die Durchschnittspunkte der beiden Kurven bestehen aus den zweifach zählenden Doppelpunkten, den $(n-3)$ angenommenen Punkten und nur einem andern Punkt, weil

$$(n-1)(n-2)+(n-3)+1=n(n-2)$$

ist. Wenn wir also die so bekannten Faktoren durch die Division aus der Gleichung entfernen, so wird die eine unbekannte Wurzel als eine algebraische Funktion n^{ten} Grades in λ bestimmt.

Und es ist umgekehrt wahr, dass die Kurve die Maximalzahl von Doppelpunkten hat, wenn die Koordinaten als rationale Funktionen eines Parameters ausdrückbar sind, so dass die Kurve eine Kurve vom Geschlecht Null oder nach Cayley eine Unicursal-Kurve ist. Wenn die Koordinaten x_1, x_2, x_3 als proportional zu

$$\begin{aligned}&a_1\lambda^n+b_1\lambda^{n-1}+c_1\lambda^{n-2}+\ldots,\\&a_2\lambda^n+b_2\lambda^{n-1}+\ldots,\\&a_3\lambda^n+b_3\lambda^{n-1}+\ldots\end{aligned}$$

respektive gegeben sind, so kann die Elimination von λ leicht vollzogen werden. Wir setzen

$$\begin{aligned}\theta x_1&=a_1\lambda^n+b_1\lambda^{n-1}+\ldots,\\\theta x_2&=a_2\lambda^n+b_2\lambda^{n-1}+\ldots,\\\theta x_3&=a_3\lambda^n+b_3\lambda^{n-1}+\ldots\end{aligned}$$

und multiplizieren jede dieser Gleichungen nach einander mit $\lambda, \lambda^2, \lambda^3, \ldots, \lambda^{n-1}$, so dass wir $3n$ Gleichungen erhalten, gerade genug, um alle die Grössen θ, $\theta\lambda$, ...; λ, λ^2, ... linear zu eliminieren. Die Gleichung der Kurve erscheint nun in Form einer Determinante $3n^{\text{ter}}$ Ordnung, in welcher nur n Reihen die Variabeln enthalten; sie ist somit vom Grade n in diesen und ihre Gleichung enthält die Koefficienten a_1, b_1, ... im Grade $2n$.

Zur besseren Verdeutlichung schreiben wir das Resultat für den Fall $n = 2$ ausführlich. Wir haben dann die Gleichungen

$$\theta x_1 = a_1\lambda^2 + b_1\lambda + c_1,$$
$$\theta x_2 = a_2\lambda^2 + b_2\lambda + c_2,$$
$$\theta x_3 = a_3\lambda^2 + b_3\lambda + c_3.$$

Die Multiplikation jeder von ihnen mit λ und die lineare Elimination von $\theta\lambda$, θ, λ^3, λ^2, λ^1, λ^0 zwischen den so gebildeten und den drei ursprünglichen Gleichungen giebt das Resultat als homogene Funktion zweiten Grades in der Form

$$\begin{vmatrix} x_1, & 0, & a_1, & b_1, & c_1, & 0, \\ x_2, & 0, & a_2, & b_2, & c_2, & 0, \\ x_3, & 0, & a_3, & b_3, & c_3, & 0, \\ 0, & x_1, & 0, & a_1, & b_1, & c_1, \\ 0, & x_2, & 0, & a_2, & b_2, & c_2, \\ 0, & x_3, & 0, & a_3, & b_3, & c_3, \end{vmatrix} = 0.$$

45. Aus Art. 41 folgt, dass drei beliebige Punkte als Doppelpunkte einer Kurve vierter Ordnung genommen werden können; sie vertreten neun Bedingungen. Aber man kann nicht auch alle die Tangenten der Kurve in diesen Doppelpunkten willkürlich annehmen, weil die Doppelpunkte mit den Tangenten zusammen fünfzehn Bedingungen äquivalent sind, d. h. einer mehr als zur Bestimmung der Kurve genügen. Es muss somit irgend eine diese Tangenten verbindende Relation vorhanden sein; wir werden später sehen, dass diese sechs Tangenten den nämlichen Kegelschnitt berühren, so dass durch fünf von ihnen die sechste linear bestimmt ist. Zwanzig Bedingungen bestimmen eine Kurve fünfter Ordnung; wir können also ihre sechs Doppelpunkte und für einen derselben das Paar der Tangenten willkürlich annehmen; damit ist aber

die Kurve vollständig bestimmt, d. h. es sind auch die übrigen Tangentenpaare bestimmt. Siebenundzwanzig Bedingungen bestimmen eine Kurve sechster Ordnung; es könnte daher scheinen, dass eine solche Kurve müsse beschrieben werden können, welche neun gegebene Punkte zu Doppelpunkten hat. Dies ist aber nicht der Fall; denn durch die neun gegebenen Punkte geht eine bestimmte Kurve dritter Ordnung $U = 0$ und im allgemeinen ist die einzige Kurve sechster Ordnung, welche dieselben neun Punkte zu Doppelpunkten hat, die Kurve $U^2 = 0$, d. h. die zweifach gezählte Kurve dritter Ordnung. In analoger Art müssen für Kurven höherer Ordnungen, wenn sie die Maximalzahl oder selbst eine geringere Zahl von Doppelpunkten haben, gewisse verbindende Beziehungen zwischen denselben bestehen. Den Fall der Kurven vierter Ordnung ausgenommen kennen wir aber keinen Versuch, diese Relationen geometrisch auszudrücken; es ist also noch eine ausgedehnte Klasse von Sätzen dieser Art zu entdecken.

46. Das bisher Entwickelte wird hinreichen, um dem Leser von der Natur der vielfachen Punkte der Kurven eine Anschauung zu geben. Wir gehen dazu über, zu zeigen, dass eine Kurve in gleicher Art vielfache Tangenten haben kann, mit andern Worten, dass gerade Linien existieren können, welche die Kurve in zwei oder in mehreren Punkten berühren oder mit der Kurve eine Berührung von zweiter oder von höherer Ordnung haben. Was man gewöhnlich die singulären Punkte der Kurven nennt, reduziert sich in der That auf die beiden Gruppen der vielfachen Punkte und der Berührungspunkte der vielfachen Tangenten. Da wir die Lehre von den vielfachen Punkten durch die Untersuchung des speciellen Falles begründet haben, in welchem der Anfangspunkt der Koordinaten ein solcher Punkt ist, so ist es passend, die jetzige Entwickelung mit der Untersuchung der Bedingungen zu beginnen, unter welchen die Axe $y = 0$ eine vielfache Tangente ist.

Die Schnittpunkte dieser Geraden mit der Kurve werden durch die Substitution $y = 0$ in die Gleichung der Kurve bestimmt, d. h. durch die Gleichung

$$A + Bx + Dx^2 + Gx^3 + \ldots + Px^n = 0,$$

welche auf die Form reduziert werden kann

$$P(x-a)(x-b)(x-c)(x-d)\ldots = 0,$$

in der a, b, ... diejenigen Werte der Abscisse x sind, welche den Schnittpunkten entsprechen.

Die Axe ist eine Tangente, wenn zwei dieser Punkte zusammen fallen, d. h. wenn zwischen den Wurzeln eine einfache Gleichheit $a = b$ stattfindet; die Gleichung ist dann $P(x-a)^2(x-c)\ldots = 0$ und die Axe berührt die Kurve im Punkte $y = 0$, $x = a$. Für $A = 0$, $B = 0$ berührt die Kurve die Axe $y = 0$ im Anfangspunkt der Koordinaten. Wir betrachten dabei nur den Fall eines reellen a, weil für eine reelle Gleichung eine Relation $a = b$ zwischen zwei imaginären Wurzeln, eine andere Gleichheit $c = d$ zwischen zwei weitern imaginären Wurzeln nach sich zöge.

Die Axe ist eine Doppeltangente, wenn unter den Wurzeln zwei Paare von gleichen, $a = c$, $b = d$ sind; die Gleichung ist

$$P(x-a)^2(x-b)^2(x-e)\ldots = 0$$

und man hat zwei Fälle zu unterscheiden.

I. Die Wurzeln a und b sind reell und die Axe ist eine Tangente der Kurve in den beiden reellen Punkten $x = a$ und $x = b$. Es ist offenbar, dass eine solche Tangente, welche die Kurve in zwei Paaren zusammenfallender Punkte trifft, in Kurven nicht auftreten kann, deren Ordnungszahl unter vier ist.

Fig. 13.

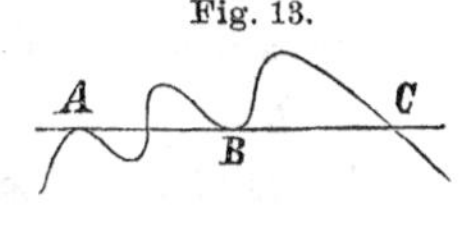

II. Die Wurzeln a und b sind imaginär, so dass die Gleichung ist

$$P(x^2 + px + q)^2(x-e)\ldots = 0$$

und wir eine Doppeltangente mit zwei nicht reellen Berührungspunkten haben.

Wir können aber ferner zwischen den Wurzeln eine Relation $a = b = c$ und damit eine Gleichung von der Form $P(x-a)^3(x-d)\ldots = 0$ haben, wobei a reell ist. Die Axe schneidet dann die Kurve in drei aufeinander folgenden Punkten

$x = a$; und da für drei aufeinander folgende Punkte im allgemeinen die Verbindungslinie des ersten und zweiten Punktes eine Tangente und die des zweiten und dritten die nächstfolgende Tangente ist, so fallen unter der gemachten Voraussetzung zwei aufeinander folgende Tangenten zusammen. Wir dürfen die Axe als eine stationäre Tangente (Wendetangente) bezeichnen, weil unter der Auffassung der Kurve als der Enveloppe einer bewegten Geraden in ihr zwei aufeinander folgende Lagen derselben zusammen fallen. Der Berührungspunkt der stationären Tangente wird ein Inflexionspunkt genannt. Für $A = 0$, $B = 0$, $D = 0$ ist der Anfangspunkt der Koordinaten ein Inflexionspunkt und die Axe $y = 0$ die zugehörige Tangente; denn die Gleichung nimmt dann die Form $Px^3(x - c) \ldots = 0$ an.

Fig. 14.

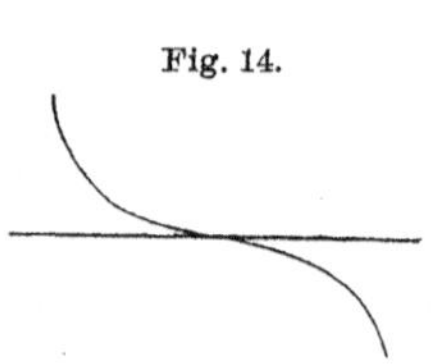

47. Der Knotenpunkt und der isolierte Punkt entsprechen genau der Doppeltangente mit reellen und der Doppeltangente mit nicht reellen Berührungspunkten, und ebenso entspricht die Spitze oder der stationäre Punkt genau der stationären Tangente. In der analytischen Darstellung ist die gleiche Korrespondenz noch nicht ersichtlich worden; denn wir haben für die Spitze eine einfache Gleichheit als speciellen Fall der ungleichen Werte, die dem Knotenpunkt und dem isolierten Punkt entsprechen; für die Inflexion aber eine doppelte Gleichheit $a = b = c$, d. i. eine von den zwei Gleichheiten $a = b$, $c = d$, die der Doppeltangente angehören, wesentlich verschiedene Relation. Allein wenn die Untersuchung des Doppelpunktes naturgemäss in Punkt-Koordinaten geführt wurde, so entsprechen der Untersuchung der Doppeltangente ebenso natürlich die Linien-Koordinaten und die analytischen Theorien stimmen überein, sobald wir diese anwenden, die stationäre Tangente zeigt sich als ein specieller Fall der Doppeltangente. Und so wie in dem Vorigen die stationäre Tangente sich als eine von der Doppeltangente verschiedene Singularität gezeigt hat, so würde im Falle der Untersuchung mit Linien-Koordinaten die Spitze als eine vom Doppelpunkt ver-

schiedene Singularität erschienen sein, wie dies schon in Art. 38 bemerkt ward.

Die Singularitäten der ebenen Kurven entsprechen einander daher wie folgt:

Dem Doppelpunkt mit reellen oder nicht reellen Tangenten	die Doppeltangente mit reellen oder nicht reellen Berührungspunkten.
Der Spitze, dem stationären oder Rückkehrpunkt	die stationäre oder Wendetangente.

Die Spitze ist aber unter einem gewissen Gesichtspunkte ein besonderer Fall des Doppelpunktes und ebenso ist unter dem reciproken Gesichtspunkte die stationäre Tangente ein besonderer Fall der Doppeltangente. Denken wir die Kurve beschrieben durch einen Punkt, der längs einer Geraden fortschreitet, während sich diese gleichzeitig um ihn dreht, so erhellt, dass in der *Spitze* eine *wirkliche Besonderheit der Bewegung* stattfindet, indem der Punkt zuerst stillsteht und dann seine Bewegung im umgekehrten Sinne fortsetzt; und ebenso in der *Wendetangente*, indem die Tangente nach eingetretenem Stillstand sich in umgekehrtem Sinne weiter dreht. Dagegen sieht man, dass im Doppelpunkt und in der Doppeltangente eine solche Besonderheit der Bewegung nicht vorhanden ist, der Punkt im ersten Falle und die gerade Linie im zweiten gehen nur während ihrer Bewegung zweimal durch eine und dieselbe Lage hindurch. *Die Spitze und die Wendetangente sind, darf man sagen, in einem strengeren Sinne Singularitäten als der Doppelpunkt und die Doppeltangente.*

48. Gewöhnlich liegt die Kurve in der Nachbarschaft des Berührungspunktes ganz auf der nämlichen Seite der Tangente, aber in einem Inflexionspunkt durchschneidet sie die Tangente und liegt *vor* demselben auf der einen und *nach* demselben auf der anderen Seite von ihr. Dies ist ein specieller Fall des allgemeinen Satzes: *Zwei Kurven, die eine gerade Zahl aufeinander folgender Punkte gemein haben, berühren sich in denselben ohne sich zu schnei-*

den; solche aber, welche eine ungerade Zahl aufeinander folgender Punkte gemein haben, durchschneiden sich in der Berührungsstelle. Seien $y = \varphi x$ und $y = \psi x$ die Gleichungen der Kurven, welche sich im Punkte $x = a$ durchschneiden; dann sind nach dem Taylorschen Satze die Werte der Ordinaten für beide Kurven bei $x = a + h$

$$y' = \varphi + \frac{d\varphi}{dx}\frac{h}{1} + \frac{d^2\varphi}{dx^2}\frac{h^2}{1.2} + \frac{d^3\varphi}{dx^3}\frac{h^3}{1.2.3} + \dots,$$

$$y'' = \psi + \frac{d\psi}{dx}\frac{h}{1} + \frac{d^2\psi}{dx^2}\frac{h^2}{1.2} + \frac{d^3\psi}{dx^3}\frac{h^3}{1.2.3} + \dots,$$

wenn wir unter φ, ψ, $\frac{d\varphi}{dx}$, ... diejenigen Werte von φx, ψx, $\frac{d\varphi x}{dx}$, ... verstehen, die dieselben für $x = a$ erhalten. Da nun nach der Voraussetzung $\varphi = \psi$ ist, weil die Kurven sich in $x = a$ durchschneiden, so folgt

$$y' - y'' = \left(\frac{d\varphi}{dx} - \frac{d\psi}{dx}\right)\frac{h}{1} + \left(\frac{d^2\varphi}{dx^2} - \frac{d^2\psi}{dx^2}\right)\frac{h^2}{1.2} + \left(\frac{d^3\varphi}{dx^3} - \frac{d^3\psi}{dx^3}\right)\frac{h^3}{1.2.3} + \dots$$

Nach den Principien der Differentialrechnung stimmt aber für unendlich kleine Werte von h das Zeichen der Summe dieser Reihe mit dem Zeichen ihres ersten Gliedes überein und wechselt also mit dem Zeichen von h; wenn also im unendlich nahen Punkte $x = a + h$ die Ordinate der Kurven $\varphi = 0$ grösser ist als die der Kurve $\psi = 0$, so wird sie im Punkte $x = a - h$ kleiner sein als die entsprechende der letzteren, d. h. wenn zwei Kurven einen Punkt gemein haben, so ist im allgemeinen diejenige von ihnen, welche vor dem Punkte über der andern liegt, d. h. die grösseren Ordinaten hat, nach dem Punkte unter ihr oder hat die kleineren Ordinaten.

Setzen wir aber $\frac{d\varphi}{dx} = \frac{d\psi}{dx}$, so ist $\left(\frac{d^2\varphi}{dx^2} - \frac{d^2\psi}{dx^2}\right)\frac{h^2}{1.2}$ das erste Glied der Reihe und dieses wechselt sein Zeichen nicht, wenn h dasselbe wechselt; dieselbe Kurve, welche auf der einen Seite des Punktes die obere ist, ist es daher auch auf seiner andern Seite. In diesem Falle sind die Kurven offenbar dichter zusammengeschlossen als im vorigen Falle, weil die Differenz ihrer Ordinaten von der ersten Potenz von h nicht mehr abhängt; es ist dies äquivalent mit dem, was wir geometrisch dadurch ausdrücken, dass wir sagen, die Kurven haben zwei aufeinander folgende Punkte gemein. Wir erläutern dieselbe Sache noch von anderer Seite. Sind x', y'; x'', y'' die rechtwinkligen Cartesischen Koordinaten von zwei Punkten einer Kurve, so ist der Quotient $\frac{y'-y''}{x'-x''}$ die trigonometrische Tangente des Winkels, den die Verbindungslinie derselben mit der Axe der x einschliesst; für das Zusammenfallen der Punkte ergiebt sich daraus, dass der Wert von $\frac{dy}{dx}$ für den gegebenen Punkt die trigonometrische Tangente des Winkels ausdrückt, den die Verbindungslinie des Punktes mit dem nächstfolgenden Punkte, d. h. die Tangente der Kurve, mit der Axe der x einschliesst. Wenn daher zwei Kurven einen Punkt gemein haben und wenn zugleich $\frac{dy}{dx}$ für diesen Punkt in Bezug auf beide Kurven denselben Wert hat, so ist auch der nächstfolgende Punkt beiden Kurven noch gemein.

49. Wenn die betrachteten Kurven drei aufeinander folgende Punkte gemein haben, so ist $\frac{d^2\varphi}{dx^2}=\frac{d^2\psi}{dx^2}$ und das erste Glied der für $y'-y''$ entwickelten Reihe ist $\left(\frac{d^3\varphi}{dx^3}-\frac{d^3\psi}{dx^3}\right)\frac{h^3}{1.2.3}$; da es sein Zeichen mit h wechselt, so durchsetzen sich die Kurven in dem gegebenen Punkte. Und allgemein, wenn der Ausdruck von $y'-y''$ mit einer geraden Potenz von h beginnt, so dass er mit h das Zeichen nicht wechselt, so berühren sich die Kurven ohne sich zu schneiden; wenn aber derselbe Ausdruck mit einer ungeraden Potenz von h beginnt, so dass er mit h das Zeichen wechselt, so berühren sich die Kurven und schneiden sich zugleich in dem betrachteten Punkte. Ein Beispiel hierzu ist aus der Konstruktion des Kreises bekannt,

welcher in einem gegebenen Punkte einen Kegelschnitt oskuliert; derselbe hat im allgemeinen drei Punkte mit der Kurve gemein und durchsetzt daher dieselbe (vergl. „Kegelschnitte" Art. 247); in den Endpunkten der Axen des Kegelschnitts hat aber der oskulierende Kreis vier aufeinander folgende Punkte mit der Kurve gemein und berührt sie daher ohne sie zu schneiden. Dieselbe Untersuchung bleibt für den Fall giltig, wo eine der Kurven eine gerade Linie ist. Die Tangente in einem Inflexionspunkt und allgemeiner jede Gerade, welche eine ungerade Anzahl aufeinander folgender Punkte mit der Kurve gemein hat, durchsetzt die Kurve an der betreffenden Stelle; in Bezug auf eine Tangente dagegen, welche eine gerade Zahl aufeinander folgender Punkte mit der Kurve gemein hat, liegt die Kurve in der Nachbarschaft des Berührungspunktes ganz auf einerlei Seite der Tangente.

50. Die Axe $y=0$ ist eine dreifache Tangente, wenn die ihre Schnittpunkte mit der Kurve bestimmende Gleichung von der Form

$$P(x-a)^2(x-b)^2(x-c)^2(x-d)\ldots=0$$

ist; eine solche Tangente kann offenbar bei einer Kurve von geringerer als der sechsten Ordnung nicht auftreten. Nach der Weise des Art. 40 unterscheiden wir vier Arten von dreifachen Tangenten, je nachdem die Berührungspunkte sämtlich reell und verschieden sind, oder zwei derselben nicht reell sind, der dritte reell, oder zwei zusammenfallend, oder alle drei in einem Punkte vereinigt. Das letztere findet statt unter Voraussetzung der Gleichungsform $P(x-a)^4(x-b)\ldots=0$ und die Axe schneidet die Kurve in vier aufeinander folgenden Punkten. Man nennt den Berührungspunkt einer solchen Tangente einen Undulationspunkt. In derselben Weise sind vielfache Tangenten höherer Ordnungen und insbesondere auch Undulationspunkte höherer Ordnungen möglich, die letztern da, wo eine gerade Linie mit der Kurve mehr als vier aufeinander folgende Punkte gemein hat. Cramer nannte die Punkte, in denen die Tangente eine ungerade Zahl aufeinander folgender Punkte mit der Kurve gemein hat, Punkte sichtbarer Inflexion und unterschied von ihnen die Undulationspunkte oder Points de Serpentement, welche für das Auge von gewöhnlichen Punkten der Kurve nicht wesentlich verschieden sind.

51. Wir haben bisher nur den Fall erläutert, wo der Anfangspunkt der Koordinaten ein vielfacher Punkt oder eine der Axen eine vielfache Tangente ist; die Form der Gleichung kann aber auch die Existenz vielfacher Punkte und Tangenten von allgemeiner Lage anzeigen.

I. Wenn die Gleichung von der Form

$$\alpha\varphi + \beta\psi = 0$$

ist, wo α, β lineare Funktionen der Koordinaten und φ, ψ beliebige Funktionen derselben sind, so ist $\alpha = 0$, $\beta = 0$ ein Punkt der Kurve. Die Tangente derselben in diesem Punkte hat die Gleichung $\alpha\varphi' + \beta\psi' = 0$, wenn wir mit φ' und ψ' die Werte bezeichnen, die die Funktionen φ und ψ für den Punkt $\alpha = 0$, $\beta = 0$ annehmen. Denn die $(n-1)$ Punkte, in denen eine beliebige Gerade $\alpha - k\beta = 0$ durch den gedachten Punkt die Kurve ferner schneidet, erhalten wir durch Substitution aus einer Gleichung von der Form

$$\beta\{k(\varphi' + M\beta + N\beta^2 + \ldots) + (\psi' + M'\beta + N'\beta^2 + \ldots)\} = 0;$$

und es muss daher $k\varphi' + \psi' = 0$ sein, damit noch eine zweite Wurzel dieser Gleichung den Wert $\beta = 0$ habe. Die Gleichung der Tangente $\alpha\varphi' + \beta\psi' = 0$ entsteht aus dieser Bedingung durch die Einsetzung des Wertes von k gleich $\frac{\alpha}{\beta}$.

II. Die durch

$$\alpha\beta\gamma\delta\ldots = \alpha_1\beta_1\gamma_1\delta_1\ldots$$

dargestellte Kurve geht durch die Punkte $\alpha = 0$, $\alpha_1 = 0$; $\alpha = 0$, $\beta_1 = 0$; $\alpha = 0$, $\gamma_1 = 0$; etc. $\beta = 0$, $\beta_1 = 0$; $\beta = 0$, $\gamma_1 = 0$; $\ldots\gamma = 0$, $\gamma_1 = 0$, $\ldots$, etc.

III. Wenn die Gleichung von der Form

$$\alpha\varphi + \beta^2\psi = 0$$

ist, so ist (vergl. „Kegelschnitte" Art. 272) $\alpha = 0$ die Gleichung der Tangente im Punkte $\alpha = 0$, $\beta = 0$; weil zwei von den Punkten hier zusammenfallen, in denen diese Linie die Kurve schneidet. Wenn $t_1 t_2 t_3 \ldots t_n + \beta^2 \varphi = 0$ die Form der Gleichung der Kurve ist, so sind $t_1 = 0$, $t_2 = 0$, etc. die Gleichungen ihrer Tangenten in den Punkten, in welchen die Gerade $\beta = 0$ die Kurve schneidet. Die Form dieser Gleichung zeigt, dass für alle die Tangenten einer Kurve n^{ter} Ordnung, deren Berührungspunkte in einer Geraden liegen, die sämtlichen übrigen Schnittpunkte mit der Kurve in einer Kurve $(n-2)^{ter}$ Ordnung $\varphi = 0$ enthalten sind.

IV. Wenn wir für die Gleichungsform

$$\alpha^2 \varphi + \alpha\beta\psi + \beta^2 \chi = 0$$

die Schnittpunkte mit irgend einer den Punkt $\alpha = 0$, $\beta = 0$ enthaltenden Geraden aufsuchen, so ergiebt sich, dass stets zwei derselben mit dem Punkte $\alpha = 0$, $\beta = 0$ zusammenfallen und somit, dass dieser Punkt ein Doppelpunkt der Kurve ist. Genau so wie in I. oben und in Art. 37 folgern wir dann, dass die Tangenten der Kurve in diesem Doppelpunkt durch die Gleichung

$$\alpha^2 \varphi' + \alpha\beta\psi' + \beta^2 \chi' = 0$$

dargestellt werden, sobald unter φ', ψ', χ' die Werte verstanden sind, welche die Funktionen φ, ψ, χ respektive für die Koordinaten des Punktes $\alpha = 0$, $\beta = 0$ erhalten.

V. Ebenso stellt die Gleichung von der Form

$$\alpha^3 \varphi + \alpha^2 \beta\psi + \alpha\beta^2 \chi + \beta^3 \omega = 0$$

eine Kurve mit einem dreifachen Punkte in $\alpha = 0$, $\beta = 0$ dar und die drei demselben entsprechenden Tangenten sind unter Beibehaltung der vorigen Bezeichnungen durch

$$\alpha^3 \varphi' + \alpha^2 \beta\psi' + \alpha\beta^2 \chi' + \beta^3 \omega' = 0$$

gegeben.

VI. Wenn die Gleichung einer Kurve die Form

$$\alpha\varphi + \beta^2 \gamma^2 \psi = 0$$

hat, so ist $\alpha = 0$ die Gleichung einer Doppeltangente derselben; ihre Berührungspunkte liegen in den Geraden $\beta = 0$, $\gamma = 0$ respektive.

VII. Eine Gleichung von der Form

$$\alpha\varphi + \beta^3 \psi = 0$$

macht eine Inflexionstangente $\alpha = 0$ ersichtlich, deren Berührungspunkt in $\beta = 0$ gelegen ist.

52. Wir wollen den letzten Artikel zuerst dadurch erläutern, dass wir zeigen, wie die Gleichung der Kurve die Natur ihrer unendlich entfernten Punkte zu untersuchen gestattet.

Wir schreiben die allgemeine Gleichung wie in Art. 26 mit $z = 0$ als der unendlich fernen Geraden

$$u^{(n)} + u^{(n-1)} z + u^{(n-2)} z^2 + \ldots = 0,$$

und erhalten somit die n unendlich fernen Punkte der Kurve durch die Substitution $z = 0$, d. h. aus der Gleichung $u^{(n)} = 0$. Lösen wir dieselbe nach $y:x$ auf, so erhalten wir die Asymptoten-Richtungen der Kurve als die Richtungen von n Geraden aus dem Koordinaten-Anfang in der Form

$$(y - m_1 x)(y - m_2 x)(y - m_3 x)\ldots(y - m_n x) = 0.$$

Eine Kurve n^{ter} Ordnung hat im allgemeinen n Asymptoten, die Tangenten in den n Punkten, in denen die unendlich ferne Gerade $x_1 = 0$ oder $z = 0$ sie schneidet. Die Gleichungen derselben bestimmen wir wie folgt, nachdem die Gleichung $u^{(n)} = 0$ für $y:x$ aufgelöst worden ist. Es ergiebt sich aus III. des letzten Artikels, dass für eine auf die Form $t_1 t_2 \ldots t_n + z^2 \varphi = 0$ reduzierte Gleichung $t_1 = 0, \ldots$ die n Asymptoten repräsentieren; die gegebene Gleichung

$$(y - m_1 x)(y - m_2 x)\ldots + z u^{(n-1)} + z^2 u^{(n-2)} + \ldots = 0$$

kann aber immer in die Form

$$(y - m_1 x + \lambda_1 z)(y - m_2 x + \lambda_2 z)\ldots = z^2 \varphi$$

übergeführt werden, da die Glieder vom n^{ten} Grade in x und y für beide Gleichungen dieselben sind und die n Konstanten $\lambda_1, \lambda_2, \ldots$ in der zweiten so bestimmt werden können, dass die n Glieder vom Grade $(n-1)$ in beiden gleichfalls übereinstimmen. Wir wenden zu grösserer Deutlichkeit die Methode auf ein Beispiel an. Die Gleichung

$$(x+y)(2x+y)(3x+y) + 17x^2 + 11xy + 2y^2 + 12x + 10y + 36 = 0$$

werde in die Form

$$(x + y + \lambda_1)(2x + y + \lambda_2)(3x + y + \lambda_3) + Ax + By + C = 0$$

gebracht. Dann gelten für die Bestimmung der λ_i die drei Gleichungen

$$6\lambda_1 + 3\lambda_2 + 2\lambda_3 = 17, \quad 5\lambda_1 + 4\lambda_2 + 3\lambda_3 = 11, \quad \lambda_1 + \lambda_2 + \lambda_3 = 2$$

und wir erhalten die gewünschte Form in

$$(x + y + 4)(2x + y - 3)(3x + y + 1) + 43x + 21y + 48 = 0.$$

Wir bemerken noch, dass die Werte λ_1, λ_2, λ_3 die Identität erfüllen

$$\frac{17x^2 + 11xy + 2y^2}{(x+y)(2x+y)(3x+y)} = \frac{\lambda_1}{x+y} + \frac{\lambda_2}{2x+y} + \frac{\lambda_3}{3x+y},$$

und dass allgemein die Werte von $\lambda_1, \lambda_2, \ldots$ durch die Zerlegung des Bruches $u^{(n-1)} : u^{(n)}$ in seine Partialbrüche erhalten werden.

53. Wenn zwei Wurzeln der Gleichung $u^{(n)} = 0$ einander gleich sind ($m_1 = m_2$), so nimmt die allgemeine Gleichung die Form $(y - m_1 x)^2 \varphi + z\psi = 0$ an, zwei der Schnittpunkte von $z = 0$ mit der Kurve fallen zusammen oder die unendlich ferne Gerade berührt die Kurve. Wären drei Wurzeln derselben Gleichung einander gleich, so hätte die unendlich ferne Gerade drei zusammenfallende Punkte mit der Kurve gemein oder berührte dieselbe in einem Inflexionspunkt. Wenn in der allgemeinen Gleichung der Koefficient von y^n gleich Null ist, so geht die Axe der y durch einen Punkt der Kurve im Unendlichen und wir erhalten nur eine Gleichung vom Grade $(n-1)$ zur Bestimmung ihrer übrigen Schnittpunkte mit der Kurve. Wenn auch der Koefficient von y^{n-1} verschwindet, so ist die Axe der y eine Asymptote. Sind zwei Faktoren von $u^{(n)}$ einander gleich und ist überdies einer derselben ein Faktor von $u^{(n-1)}$, so hat die Kurve einen Doppelpunkt im Unendlichen, denn die Form ihrer Gleichung ist

$$(y - m_1 x)^2 \varphi + (y - m_1 x) z\psi + z^2 \chi = 0.$$

54. Wie die singulären Punkte einer Kurve im allgemeinen gefunden werden können, wollen wir später entwickeln; hier wollen wir eine Auswahl von Beispielen zur Erläuterung der vorigen Artikel vereinigen, in denen die Existenz der singulären Punkte aus der Form der Gleichungen direkt erhellt, um dadurch auf die Anwendung allgemeiner Methoden vorzubereiten.[4])

1. $x^4 - ax^2y + by^3 = 0$. 2. $x^4 - 2ax^2y + 2x^2y^2 + ay^3 + y^4 = 0$. In beiden Fällen ist der Anfangspunkt ein dreifacher Punkt; die Tangenten desselben im ersten Falle giebt die Gleichung $ax^2y = by^3$; im zweiten die Gleichung $2x^2y = y^3$. Nach Art. 43 kann keine dieser Kurven einen andern vielfachen Punkt haben.

3. $ay^2 - x^3 \pm bx^2 = 0$. Der Anfangspunkt ist ein Doppelpunkt, dessen Tangenten durch die Gleichung $ay^2 \pm bx^2 = 0$ bestimmt sind, für das positive Zeichen also ein konjugierter oder isolierter Punkt.

4. $(x^2 - a^2)^2 = ay^2(2y + 3a)$ oder

$$(x - a)^2 (x + a)^2 = ay^2 (2y + 3a).$$

Hier sind offenbar $x - a = 0$, $y = 0$ und $x + a = 0$, $y = 0$ Doppelpunkte. Um die bezüglichen Tangenten zu erhalten, machen wir zuerst $x = 0$, $y = 0$ in den Faktoren von $(x - a)^2$, y^2 und erhalten $4(x - a)^2 = 3y^2$; und in der nämlichen Art für die Tangenten im andern Doppelpunkt $4(x + a)^2 = 3y^2$. Die Kurve hat aber einen dritten Doppelpunkt, dessen Existenz aus der äquivalenten Form

$$x^2(x^2 - 2a^2) = a(2y - a)(y + a)^2$$

ersichtlich wird; es ist der Punkt $x = 0$, $y + a = 0$ und die Tangenten in demselben sind durch $2x^2 = 3(y + a)^2$ gegeben. Nach Art. 42 ergiebt sich, dass die Kurve ausser den bisher nachgewiesenen keine andern singulären Punkte haben kann.

5. $(by - cx)^2 = (x - a)^5$. Der Punkt $by - cx = 0$, $x - a = 0$ ist eine Spitze von der besondern Art, dass die entsprechende Tangente die Kurve in ihm in fünf einander folgenden Punkten schneidet.

6. $x^4(x + b) = a^3y^2$. Der Anfangspunkt ist ein Doppelpunkt, dessen Tangente die Kurve in vier aufeinander folgenden Punkten schneidet; die Kurve hat auch einen dreifachen Punkt im Unendlichen, für welchen die unendlich ferne Gerade ihre einzige Tangente ist. Die Gerade $x + b = 0$ berührt die Kurve, wo sie die Axe der x schneidet und auch in einem unendlich entfernten Inflexionspunkt.

7. $x_1^{\frac{2}{3}} + x_2^{\frac{2}{3}} + x_3^{\frac{2}{3}} = 0$. Die von den Wurzeln befreite Gleichung wird

$$(x_1^2 + x_2^2 + x_3^2)^3 = 27\, x_1^2 x_2^2 x_3^2$$

und in dieser Form ist die Existenz von sechs Spitzen offenbar, denn jeder der Punkte, wo $x_i = 0$, $x_j^2 + x_k^2 = 0$ schneidet, ist ein Doppelpunkt mit der einzigen Tangente $x_i = 0$; aber diese Spitzen sind sämtlich nicht reell. Die Kurve hat auch vier Doppelpunkte, nämlich die Punkte

$$x_1 \pm x_2 = 0, \quad x_1 \pm x_3 = 0;$$

denn setzt man $x_2 \mp x_1 = u$, $x_3 \mp x_1 = v$, also $x_2 = u \pm x_1$, $x_3 = v \pm x_1$, so erhält die Gleichung durch Substitution die Form $u^2\varphi + uv\psi + v^2\chi = 0$. Die Tangenten in den Doppelpunkten werden also durch die Gleichung $u^2 \pm uv + v^2 = 0$ bestimmt und die fraglichen Doppelpunkte sind somit conjugierte Punkte; in der That sind sie die einzigen reellen Punkte der Kurve. Denn man kann die Gleichung schreiben

$$q x_1^2 \{ x_1^4 - x_1^2 (x_2^2 + x_3^2) + x_2^4 - x_2^2 x_3^2 + x_3^4 \} - (2 x_1^2 - x_2^2 - x_3^2)^3 = 0$$

oder mit den Abkürzungen $X_1 = x_2^2 - x_3^2$, $X_2 = x_3^2 - x_1^2$, $X_3 = x_1^2 - x_2^2$, $q x_1^2 (X_2^2 + X_2 X_3 + X_3^2) - (X_2 - X_3)^2 = 0$, eine von drei gleichbedeutenden Formen, welche die Doppelpunkte $X_2 = 0$, $X_3 = 0$, etc. d. h. $x_1^2 = x_2^2 = x_3^2$ in Evidenz setzen.

III. Abschnitt.

Von der graphischen Darstellung der Kurven.

55. Es erscheint zweckmässig, einige Beispiele von der Art zu geben, in welcher die Figur einer Kurve aus ihrer Gleichung ermittelt werden kann. Wenn ein bestimmter Wert a von einer der Veränderlichen x gegeben ist, so kann die aus einer Substitution in die Gleichung der Kurve entspringende numerische Gleichung für y aufgelöst werden — wenigstens durch Annäherung — und sind damit die Punkte bestimmt, in denen die gerade Linie $x = a$ die Kurve schneidet. Durch Wiederholung dieses Verfahrens für benachbarte Werte von x erhält man die Nachbarpunkte der vorigen und schliesslich durch Fortsetzung dieses Verfahrens eine hinreichende Anzahl von Punkten der Kurve, um durch Verbindung derselben durch einen stetigen Zug eine Anschauung von der Gestalt derselben zu erzeugen. Indem wir die Werte von x speciell beachten, welche die Werte von y oder einige derselben imaginär machen, können wir die Existenz von Ovalen erkennen oder bestimmen, ob die Kurve in irgend einer Richtung begrenzt ist. Wir haben früher (Art. 52) gezeigt, wie die Existenz unendlicher Äste in der Kurve zu untersuchen ist und wie ihre Asymptoten zu bestimmen sind; und wir werden im nächsten Kapitel zeigen, wie ihre vielfachen und ihre Inflexionspunkte zu finden sind. Nach Art. 48 giebt der Wert von $\frac{dy}{dx}$ in jedem Punkte die Richtung der Tangente in diesem Punkte an und indem wir die Punkte aufsuchen, für welche $\frac{dy}{dx}$ den Wert Null oder den Wert Unendlich erhält, finden wir diejenigen Punkte, in

denen die Kurve parallel läuft zur Axe der x oder der y respektive.

Wir müssen dabei streben, von allen Vereinfachungen Vorteil zu ziehen, welche die Gleichung der Kurve gestattet. Wenn wir z. B. das Büschel der zu einer Asymptote parallelen Geraden betrachten, oder das Büschel der Geraden durch einen schon bekannten Punkt der Kurve, so wird die Gleichung, welche die andern Schnittpunkte jeder dieser Geraden mit der Kurve bestimmt, von einem um Eins niedrigeren Grade als die Ordnungszahl der Kurve ist. Zeigt die Gleichung, dass die Kurve einen Doppelpunkt oder einen andern vielfachen Punkt hat, so ist es von Vorteil, das Büschel der durch diesen Punkt gehenden Linien zu benutzen, weil die fragliche Gleichung dann um zwei Dimensionen erniedrigt wird.

Es giebt kaum eine für den Studirenden nützlichere Übung als das Zeichnen von Kurven, insbesondere solcher Kurven, in deren Gleichung ein Parameter oder mehrere Parameter auftreten, welche eine Reihe verschiedener Werte zulassen. Im Fall eines einzigen Parameters kann derselbe als eine in der dritten Dimension des Raumes gemessene Ordinate z betrachtet werden, so dass die Aufgabe der Zeichnung der Kurven als die der Darstellung einer Reihe von Parallelschnitten einer krummen Fläche angesehen werden kann.

Einige Beispiele müssen hinreichen.[5])

1. $x^4 - ax^2y + by^3 = 0$. (Beisp. 1, Art. 54.) Da der Anfangspunkt der Koordinaten ein dreifacher Punkt ist, so betrachten wir das durch ihn gehende Strahlenbüschel, d. h. wir setzen $y = mx$ und erhalten $x = m(a - bm^2)$, eine Funktion, welche für von 0 bis $\pm\infty$ wachsende m von 0 für $m = 0$ zu einem Maximalwert bei $a - 3bm^2 = 0$ ansteigt, um dann abzunehmen und für $a - bm^2 = 0$ zu verschwinden, und die mit weiter wachsenden m stets wachsende negative Werte erhält. Die Kurve ist in Bezug auf die Axe der y offenbar symmetrisch. Die Figur stellt sie also dar.

Fig. 15.

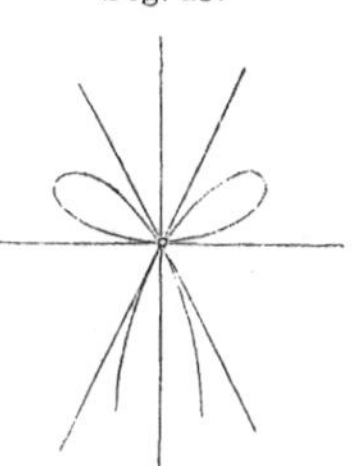

2. $(x^2 - a^2)^2 = ay^2(3a + 2y)$. (Beisp. 4, Art. 54.) Es ist

$$x^2 = a^2 \pm \sqrt{\{ay^2(3a + 2y)\}}.$$

Die Kurve ist also zur Axe der y symmetrisch und hat auf jeder Seite derselben zwei den beiden Zeichen der Wurzel entsprechende Äste.

Beide Äste schneiden sich für $y = 0$ und geben daher in den Punkten $x = \pm a$ zwei Doppelpunkte der Kurve. Mit positiven wachsenden y wächst die Wurzel unbegrenzt, es wachsen also auch die dem einen Aste jeder Seite entsprechenden Werte der x ohne Ende; indes die dem andern Aste jeder Seite entsprechenden abnehmen und den Wert Null erreichen für $a^4 = 3a^2y^2 + 2ay^3$, nämlich für $2y = a$ als die einzige positive Wurzel dieser Gleichung; über den Wert $y = \frac{1}{2}a$ erhebt sich die Ordinate dieses Astes nicht auf der positiven Seite. Für negative Werte von y erreicht die Wurzel ihren Maximalwert bei $y + a = 0$. Das eine Paar der Äste schneidet sich in einem Doppelpunkt in $y = -a$, das andere erreicht den Maximalwert seiner Abscisse für dieselbe Ordinate. Den Wert $3a + 2y = 0$ kann keine überschreiten. Die Figur giebt also die Form der Kurve an.

Fig. 16.

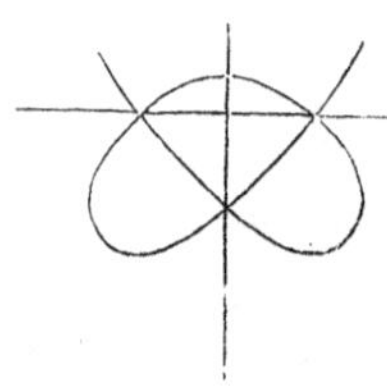

Diese Kurve kann als Beispiel der Behandlung in projektivischen Koordinaten dienen. Wenn man die Doppelpunkte als die Fundamentalpunkte — den in der Axe der y als A_2 — und den Schwerpunkt des von ihnen gebildeten Dreiecks als Einheitpunkt wählt, so geben die Schlussformeln des Art. 23 für die zum Übergang von den Cartesischen zu projektivischen Koordinaten dienenden Transformationen die folgenden Ausdrücke:

$$x = \frac{a(x_3 - x_1)}{x_1 + x_2 + x_3}, \quad y = \frac{-ax_2}{x_1 + x_2 + x_3}$$

Durch dieselben geht die Gleichung der Kurve über in

$$16x_1^2x_3^2 + 16x_1x_2x_3(x_1 + x_3) + x_2^2(x_1^2 + x_3^2 + 10x_1x_3) = 0.$$

Aus derselben bildet man (Art. 51) die Gleichungen der Tangentenpaare in den Doppelpunkten

$$\begin{aligned} x_2^2 + 16x_2x_3 + 16x_3^2 &= 0, \\ x_1^2 + 10x_1x_3 + x_3^2 &= 0, \\ 16x_1^2 + 16x_1x_2 + x_2^2 &= 0. \end{aligned}$$

Für jeden Strahl $x_1 = \mu x_3$ erhält man die zwei nicht in den Doppelpunkt fallenden Schnitte aus

$$x_2^2(\mu^2 + 10\mu + 1) + 16x_2x_3\mu(\mu + 1) + 16\mu^2x_3^2 = 0.$$

Fig. 17.

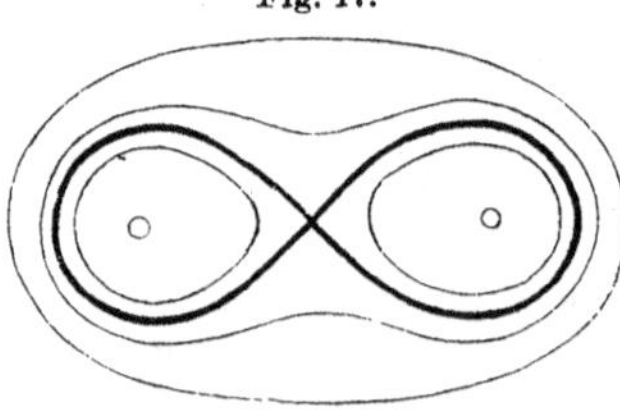

3. Wenn die Basis eines Dreiecks gleich $2c$ und das Produkt der beiden andern Seiten desselben gleich m^2 gegeben ist, so ist der Ort der Spitze das Oval von Cassini, dessen Gleichung für den Anfangspunkt der Koordinaten im Mittelpunkt der Basis durch

$$(x^2 + y^2 - c^2)^2 - 4c^2x^2 = m^4$$

ausgedrückt ist. Die Figur giebt die Gestalt der Kurve für verschiedene Werte von m; die stark eingezeichnete Linie für $m = c$ ist die Lemniscate von Bernoulli, für $m < c$ besteht die Cassinische Kurve aus zwei konjugierten Ovalen, die von der Lemniscate umschlossen sind; $m > c$ giebt ein die letztere umschliessendes Oval.

4. Wenn in einem um den festen Punkt O sich drehenden Strahl von seinem Schnittpunkt mit einer festen Geraden MN aus eine Strecke

Fig. 18.

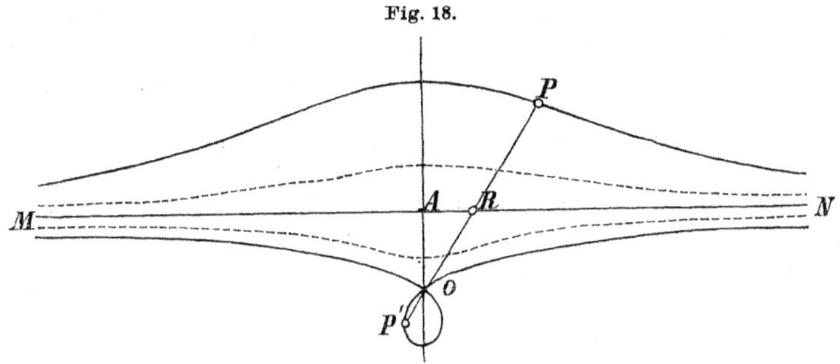

$RP = RP'$ von konstanter Länge nach beiden Seiten abgetragen wird, so ist der Ort von P die Konchoide des Nikomedes; von diesem Geometer konstruiert, um das Problem der Bestimmung von zwei mittleren Proportionalen zu lösen. Für $OA = p$, $RP = m$ ist ihre Polargleichung $(\varrho \pm m) \cos \omega = p$ und die Gleichung in rechtwinkligen Koordinaten $m^2 y^2 = (p - y)^2 (x^2 + y^2)$. Die gerade Linie MN berührt die Kurve in einem singulären Punkt in unendlicher Ferne und hat dort vier aufeinander folgende Punkte mit ihr gemein. Der Punkt O ist ein Doppelpunkt, dessen Tangenten die Gleichung $p^2 x^2 + (p^2 - m^2) y^2 = 0$ bestimmt; insbesondere also ein Knotenpunkt, ein konjugierter Punkt oder eine Spitze, je nachdem m grösser, kleiner oder gleich p ist. In der Figur repräsentiert die volle Linie den Fall $m > p$, die punktierte den Fall $m < p$.

Fig. 19.

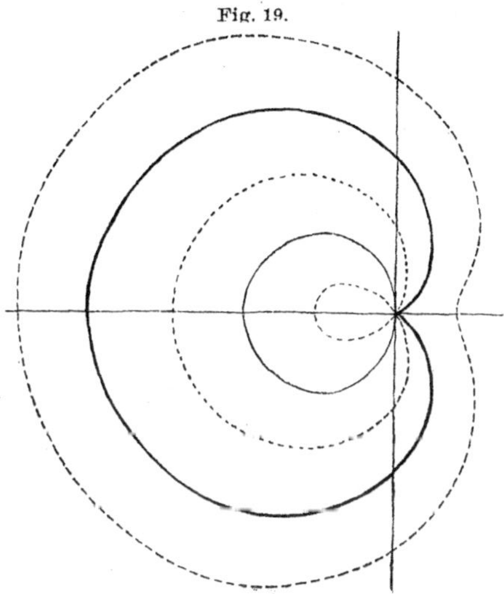

5. Der gleichgebildete Ort für einen festen Kreis und einen festen Punkt in ihm ist Pascals Schnecke (Limaçon). Ihre Polargleichung ist

$$\varrho = p \cos \omega \pm m;$$

die Gleichung in rechtwinkligen Koordinaten

$$(x^2 + y^2 - px)^2 = m^2 (x^2 + y^2).$$

Der Anfangspunkt der Koordinaten ist ein Doppelpunkt und zwar ein Knotenpunkt oder ein konjugierter Punkt, je nachdem p grösser oder kleiner als m ist; für $p = m$ wird er zur Spitze und die Kurve hat die Herzform und wird Kardioide genannt. Sie ist in der Figur stark und voll eingezeichnet; die beiden punktierten zeigen die Formen, welche den Fällen $p > m$ und $p < m$ respektive entsprechen.

6. $(x^2 - a^2)^2 + (y^2 - b^2)^2 = c^4$ mit $b < a$. Für $c = 0$ besteht die

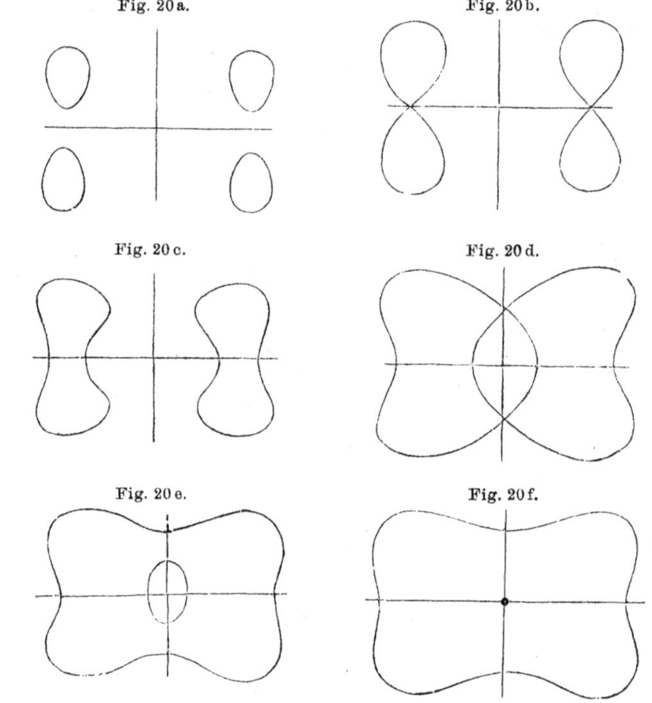

Fig. 20a. Fig. 20b. Fig. 20c. Fig. 20d. Fig. 20e. Fig. 20f.

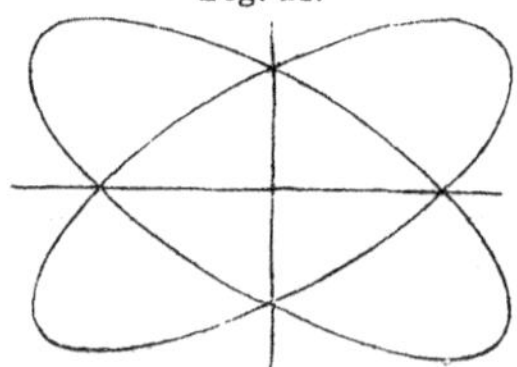

Fig. 21.

Kurve aus den vier konjugierten Punkten $x = \pm a$, $y = \pm b$. Die Figuren 20 zeigen die Fälle: a) $c < b$; b) $c = b$; c) $c \gtrless {b \atop a}$; d) $c = a$; e) $c > a$ aber $< \sqrt[4]{(a^4 + b^4)}$; f) $c = \sqrt[4]{(a^4 + b^4)}$. Für noch grössere Werte von c hat die Kurve eine ähnliche Form, wie in diesem Falle, aber ohne den konjugierten Punkt im Anfangspunkt der Koordinaten. Für $c=a=b$ zerfällt sie in zwei Ellipsen wie in Fig. 21.

56. Wir kehren noch mit einigen Betrachtungen zu dem Falle zurück, dass der Anfangspunkt der Koordinaten ein singulärer Punkt der Kurve ist. Es ist dann für die Untersuchung seiner Natur oft zweckmässig, y in eine nach steigenden Potenzen von x geordnete Reihe zu entwickeln; denn wenn die Gleichung in die Form $y=Ax^{\alpha}+Bx^{\beta}+\ldots$ mit α als dem kleinsten bei x auftretenden Exponenten gebracht ist, so wissen wir, dass in der Nachbarschaft des Anfangspunktes die Kurve sich der leicht zu konstruierenden Kurve $y=Ax^{\alpha}$ anschliesst. Um eine solche Entwickelung zu vollziehen, können wir ein von Newton angegebenes Verfahren am besten in der folgenden Form benutzen.[6]) Wir setzen in der Gleichung $y=Ax^{\alpha}$ und bestimmen die positive Grösse α durch die Bedingung, dass die Exponenten von zwei oder mehreren Gliedern gleich und kleiner als der Exponent jedes andern Gliedes sind; dies kann durch Versuche geschehen, indem man die Exponenten jedes Paars von Gliedern gleichsetzt und bemerkt, ob der resultierende Wert von α positiv ist und ob die gleichen Exponenten nicht grösser sind als der Exponent eines andern Gliedes. Hat man so α gefunden, so bestimmt man A, indem man die Grösse gleich Null setzt, welche die Glieder mit gleichen Exponenten multipliziert. Dann kann, wenn es nötig wäre, die Entwickelung durch die Substitution von $y=Ax^{\alpha}+Bx^{\beta}$ fortgesetzt werden, in der A und α die vorher gefundenen Werte haben und β und B durch ein ähnliches Verfahren bestimmt werden. Ist z. B. die Kurve durch $x^3+y^3-3axy=0$ dargestellt, wo der Anfangspunkt der Koordinaten ein Doppelpunkt ist mit den beiden Axen als seinen Tangenten, so wird die Gleichung für $y=Ax^{\alpha}$

$$x^3+A^3x^{3\alpha}-3aAx^{\alpha+1}=0.$$

Setzen wir versuchsweise $3=3\alpha$, um zwei Exponenten gleich zu machen, so wird $\alpha=1$ und die gleichen Exponenten werden grösser als der Exponent $\alpha+1$ des andern Gliedes; dieser Wert ist daher zu verwerfen. Setzen wir dann

$3 = \alpha + 1$, $\alpha = 2$, so macht dies die gleichen Exponenten kleiner als den Exponenten des andern Gliedes. Die Gleichung wird $(1 - 3aA)x^3 + A^2x^6 = 0$ und indem wir A so bestimmen, dass der Koefficient von x^3 verschwindet, erkennen wir, dass die Gleichung der Kurve in der Form $y = \frac{1}{3a}x^2 + \ldots$ dargestellt werden kann, in welcher alle andern Glieder von höherem als dem zweiten Grade sind; und dass also die Form des einen Astes der Kurve im Anfangspunkt sich an die Parabel $3ay = x^2$ anschliesst. Wir finden aber drittens durch Gleichsetzung der Exponenten 3α und $\alpha + 1$ den Wert $\alpha = \frac{1}{2}$, für welchen auch die gleichen Exponenten die niedrigsten werden; da die Koefficienten dieser Glieder A^3 und $-3aA$ sind, so ergiebt sich $A = \sqrt{3a}$ und der Ast ist $y = \sqrt{(3a)}\,x^{\frac{1}{2}} + \ldots$, so dass seine Form in der Nachbarschaft des Anfangspunktes sich der Parabel $y^2 = 3ax$ nähert. Es ist für den gegenwärtigen Zweck nicht nötig, wenn es aber wünschenswert wäre, die Entwickelung fortzusetzen, so würden wir $y = \frac{1}{3a}x^2 + Bx^\beta$ substituieren; die niedrigsten Glieder wären dann $\frac{1}{27a^3}x^6 + \frac{B}{3a^2}x^{4+\beta} - 3aBx^{\beta+1} = 0$. Wir können dann die Exponenten zweier Glieder gleich und kleiner als den Exponenten des dritten Gliedes durch $\beta = 5$ machen, und es wird $B = \frac{1}{81a^4}$. Durch das Vorige ist aber gezeigt, dass die Verzeichnung der beiden Parabeln $3ay = x^2$ und $y^2 = 3ax$ in der Nachbarschaft des Anfangspunktes die Gestalt der zu konstruierenden Kurve näherungsweise giebt.

Fig. 22.

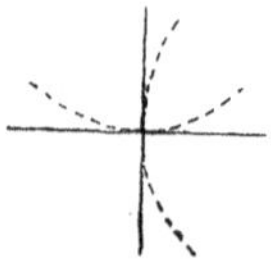

57. Dasselbe Verfahren führt zu einer Bestimmung der unendlichen Äste der Kurve. Wir entwickeln y nach absteigenden Potenzen von x und machen nachher bei dem entwickelten Vorgange die gleichen Exponenten grösser als den Exponenten jedes andern Gliedes. So haben wir in dem vorher gegebenen Beispiel durch die Gleichsetzung $3 = 3\alpha$, $\alpha = 1$ und die entsprechende Koefficientenverbindung $A^3 + 1$; indem wir uns auf den reellen Wert für

A beschränken, setzen wir ferner $y=-x+Bx^{\beta}$ und finden in gleicher Weise $\beta=0$, $B=-a$, somit den Ausdruck $y=-x-a+\ldots$, aus welchem wir sehen, dass $x+y+a=0$ eine Asymptote ist. Die beistehende Figur zeigt die Gestalt.

Fig. 23.

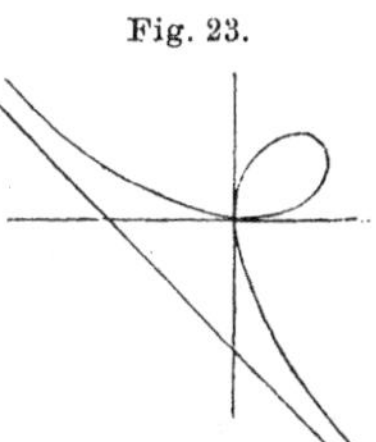

58. In dem Falle der einfachen Spitze, von welcher wir in Art. 39 ein Beispiel hatten, liegen die beiden in ihr zusammentreffenden Äste auf entgegengesetzten Seiten der gemeinschaftlichen Tangente und ihre Konvexitäten sind einander zugewendet. Aber es giebt eine Spitze, die allerdings eine Singularität höherer Ordnung ist, bei welcher die beiden Äste auf derselben Seite der Tangente liegen. So giebt z. B. die Gleichung $m(ay-x^2)^2=x^5$ für alle positiven Werte von x reelle Werte von y; und wenn wir die Gleichung in der Form $ay=x^2\pm\frac{x^{5/2}}{m^{1/2}}$ schreiben, so wird ersichtlich, dass für kleine Werte von x, als für welche das zweite Glied der rechten Seite kleiner ist als das erste, beide Werte von y positiv sind, so dass beide Äste auf der obern Seite der Axe der x als ihrer Tangente liegen — wie es die beistehende Figur zeigt.

Fig. 24.

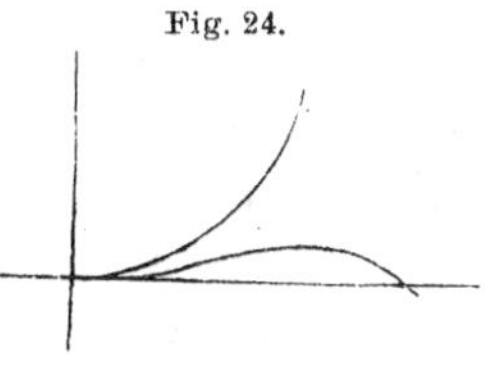

Wir haben in Art. 40 gesehen, dass gewöhnliche vielfache Punkte höherer Ordnung als aus der Vereinigung einer Anzahl von Doppelpunkten hervorgehend betrachtet werden können. Cayley hat weiter gezeigt[7]), dass jede höhere Singularität angesehen werden könne als äquivalent einer gewissen Zahl einfacher Singularitäten: Knotenpunkt, gewöhnliche Spitze, Doppeltangente und Inflexion. So ist eine Spitze der hier besprochenen Art äquivalent einem Knoten, einer Spitze, einer Doppeltangente und einer Inflexion, wie es von der beistehenden Figur aus verfolgt werden kann, indem man Knotenpunkt und Spitze sich vereinigen lässt.

Fig. 25.

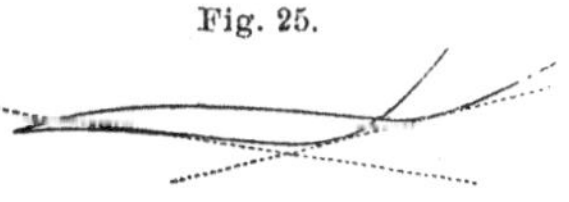

IV. Abschnitt.

Pole und Polaren.

59. Die Methode, welche wir nun anwenden wollen, um die Bedingungen zu untersuchen, unter welchen eine Kurve vielfache Punkte oder Tangenten hat, und um die Lage derselben zu erkennen, ist im Grunde genommen mit der für den Fall des Anfangspunktes früher Entwickelten identisch. Wir betrachten ein Büschel von geraden Linien, die von einem gegebenen Punkte ausgehen; wir bilden die Gleichung, welche die Koordinaten der n Punkte bestimmt, in denen ein solcher Strahl die Kurve schneidet, und untersuchen die Bedingungen, unter welchen einer oder mehrere dieser Punkte mit dem gegebenen Punkte selbst zusammenfallen. Um die Koordinaten dieser n Punkte zu bestimmen, gebrauchen wir die in den „Kegelschnitten" (4. Aufl. Art. 109, 321) entwickelte Methode von Joachimsthal. Weil die Koordinaten jedes Punktes in der geraden Verbindungslinie zweier Punkte x_i' und x_i'' von der Form $\lambda x_i' + \mu x_i''$ sind, so bestimmen wir die Schnittpunkte zweier Geraden mit irgend einer Kurve durch die Substitution dieser Werte für die x_i in die Gleichung derselben und die Bestimmung derjenigen Werte von $\lambda : \mu$, welche der resultierenden Gleichung genügen. Eine notwendige Vorbereitung der Untersuchung ist die sorgfältige Diskussion der Funktionen, welche sich bei dieser Substitution darbieten.

Wenn wir in einer homogenen Funktion U vom n^{ten} Grade in den x_i für x_i den Wert $\lambda x_i + \mu x_i'$ einsetzen, so folgt aus dem Taylorschen Satze, dass U der Koefficient von λ^n ist und dass der Koefficient von $\lambda^{n-1}\mu$ sein wird

$$x'_1 \frac{dU}{dx_1} + x'_2 \frac{dU}{dx_2} + x'_3 \frac{dU}{dx_3} \quad \text{oder} \quad x'_1 U_1 + x'_2 U_2 + x'_3 U_3,$$

wenn wir die Abkürzung U_i für den Differentialquotienten von U nach x_i gebrauchen. Wir wollen das Symbol $\triangle$ zur Bezeichnung der Operation $x'_1 \frac{d}{dx_1} + x'_2 \frac{d}{dx_2} + x'_3 \frac{d}{dx_3}$ anwenden und können damit den Koefficienten von $\lambda^{n-1}\mu$ in der Form

$\triangle U$ schreiben. In analoger Art ergiebt sich der Koefficient von

$$\lambda^{n-2}\mu = \tfrac{1}{2}\left\{x_1'^2\frac{d^2U}{dx_1^2} + x_2'^2\frac{d^2U}{dx_2^2} + x_3'^2\frac{d^2U}{dx_3^2}\right.$$
$$\left. + 2x_2'x_3'\frac{d^2U}{dx_2\,dx_3} + 2x_3'x_1'\frac{d^2U}{dx_3\,dx_1} + 2x_1'x_2'\frac{d^2U}{dx_1\,dx_2}\right\}$$

oder mit U_{ik} als Symbol für den zweiten Differentialquotienten nach x_i und x_k

$$\tfrac{1}{2}\{x_1'^2U_{11} + x_2'^2U_{22} + x_3'^2U_{33} + 2x_2'x_3'U_{23} + 2x_3'x_1'U_{31} + 2x_1'x_2'U_{12}\};$$

wir können ihn aber auch in der symbolischen Form

$$\tfrac{1}{2}\left(x_1'\frac{d}{dx_1} + x_2'\frac{d}{dx_2} + x_3'\frac{d}{dx_3}\right)^2 U \quad \text{oder} \quad \tfrac{1}{2}\triangle^2 U$$

darstellen.

In gleicher Weise wird der Koefficient von $\lambda^{n-3}\mu^3$ in der Entwickelung $\frac{1}{1.2.3}\triangle^3 U$ und so fort; die Entwickelung ist also zu schreiben durch

$$\lambda^n U + \lambda^{n-1}\mu\triangle U + \frac{1}{1.2}\lambda^{n-2}\mu^2\triangle^2 U + \frac{1}{1.2.3}\lambda^{n-3}\mu^3\triangle^3 U + \text{etc.},$$

der letzte Koefficient ist $\frac{1}{1.2\ldots n}\triangle^n U$. Es ist aber aus der Symmetrie der Substitution evident, dass dieser mit U' übereinstimmen muss und das allgemein die Koefficienten von zwei entsprechenden Gliedern der Entwickelung wie $\lambda^a\mu^b$, $\lambda^b\mu^a$ nur durch den Wechsel der gestrichenen und der ungestrichenen Variabeln x_i unterschieden sein können, so dass also $\triangle^{n-1}U$ nur durch einen numerischen Faktor von $\triangle U'$ oder

$$x_1U_1' + x_2U_2' + x_3U_3'$$

und allgemein auch

$$\left(x_1'\frac{d}{dx_1} + x_2'\frac{d}{dx_2} + x_3'\frac{d}{dx_3}\right)^{n-p} U \text{ von } \left(x_1\frac{d}{dx_1'} + x_2\frac{d}{dx_2'} + x_3\frac{d}{dx_3'}\right)^p U'$$

nur durch einen solchen Faktor verschieden sind. Wir wollen die letztere Funktion durch $\triangle^p U$ bezeichnen, so dass der dem U beigesetzte Strich eben den Wechsel der gestrichenen und ungestrichenen Variabeln andeutet.

60. Die Kurve $(n-1)^{\text{ter}}$ Ordnung $\triangle U = 0$ wird die erste Polare des Punktes x_i' in Bezug auf $U=0$ genannt; in

derselben Art heisst $\triangle^2 U = 0$ die zweite Polare, etc., so dass sich die Ordnung der aufeinander folgenden Polarkurven immer um Eins vermindert und also die $(n-2)^{te}$ Polare ein Kegelschnitt und die $(n-1)^{te}$ Polare eine gerade Linie ist. Nach der Schlussbemerkung des letzen Artikels sind die Gleichungen der Polargeraden und des Polarkegelschnitt respektive

$$\left(x_1 \frac{d}{dx'_1} + x_2 \frac{d}{dx'_2} + x_3 \frac{d}{dx'_3}\right) U' = 0,$$

$$\left(x_1 \frac{d}{dx'_1} + x_2 \frac{d}{dx'_2} + x_3 \frac{d}{dx'_3}\right)^2 U' = 0.$$

Weil $\triangle^2 U$ erhalten wird, indem man die Operation $\triangle$ an der Funktion $\triangle U$ vollzieht, so ist die zweite Polare von x'_i in Bezug $U=0$ zugleich die erste Polare desselben Punktes in Bezug auf $\triangle U = 0$; und allgemein ist die m^{te} Polarkurve eines Punktes auch eine Polarkurve desselben Punktes in Bezug auf jede k^{te} Polarkurve desselben Punktes, so lange $m > k$ ist; denn man hat $\triangle^k (\triangle^l U) = \triangle^{k+l} U$.

Für einen Fundamentalpunkt, für welchen x'_1 und x'_2 verschwinden, reduciert sich die Operation $\triangle$ auf Differentiation nach x_3; analog für die Cartesischen Koordinaten. Wir denken die Cartesische Gleichung durch Einführung der Lineareinheit homogen gemacht, also in der Form

$$u^{(0)} z^n + u^{(1)} z^{n-1} + u^{(2)} z^{n-2} + \ldots = 0$$

geschrieben und finden ohne Schwierigkeit durch Differentiation nach z für die Gleichungen der Polarlinie, des Polarkegelschnitts, etc., des Anfangspunktes

$$n u^{(0)} z + u^{(1)} = 0, \quad \tfrac{1}{2} n(n-1) u^{(0)} z^2 + (n-1) u^{(1)} z + u^{(2)} = 0, \text{ etc.}$$

61. Der Ort aller der Punkte, deren Polargeraden durch einen gegebenen festen Punkt gehen, ist die erste Polare dieses Punktes. Die Gleichung der Polargeraden

$$x_1 U'_1 + x_2 U'_2 + x_3 U'_3 = 0$$

drückt eine Relation zwischen den Koordinaten x_i eines Punktes der Polarlinie und den Koordinaten x'_i des Pols derselben aus; dass die ersteren fest und gegeben und die letzteren variabel sind, drücken wir einfach durch den Wechsel der

Accente oder Striche aus, so dass die Gleichung des fraglichen Ortes

$$x'_1 U_1 + x'_2 U_2 + x'_3 U_3 = 0$$

wird, die Gleichung der ersten Polare von x_i'.

Es giebt $(n-1)^2$ Punkte, deren Polarlinien in Bezug auf $U=0$ mit einer gegebenen Geraden zusammen fallen, oder wie wir abkürzend sagen wollen, jede gerade Linie hat in Bezug auf eine Kurve n^{ter} Ordnung $(n-1)^2$ Pole, die gemeinschaftlichen Punkte des Büschels, welches die ersten Polaren ihrer Punkte bilden. Denn wenn wir zwei Punkte in der Geraden willkürlich wählen, so liegen die Pole der Geraden offenbar in der ersten Polare eines jeden von ihnen und sind somit die Durchschnittspunkte dieser Kurven. Also haben die ersten Polaren aller Punkte einer geraden Linie $(n-1)^2$ gemeinsame Punkte, nämlich die $(n-1)^2$ Pole der geraden Linie; oder die ersten Polaren einer geraden Reihe bilden ein Büschel von Kurven $(n-1)^{\text{ter}}$ Ordnung.

In derselben Weise erkennt man als den Ort der Punkte, deren Polarkegelschnitte durch einen gegebenen Punkt gehen, die zweite Polare des Punktes u. s. w. Wenn die Polargerade oder wenn irgend eine andere Polare eines Punktes in Bezug auf eine gegebene Kurve durch den Punkt selbst hindurchgeht, so liegt dieser Punkt auf der Kurve. Denn wenn wir für die x_i' in die Gleichung der Polare die x_i substituieren, so wird sie mit der Gleichung der Kurve identisch, weil die Vollziehung der Operation $x_1 \dfrac{d}{dx_1} + x_2 \dfrac{d}{dx_2} + x_3 \dfrac{d}{dx_3}$ an einer homogenen Funktion dieselbe nur mit einem numerischen Faktor behaftet.

62. Wenn eine Kurve einen vielfachen Punkt vom Grade k hat, so ist dieser Punkt ein vielfacher Punkt vom Grade $(k-1)$ in jeder ersten Polare, vom Grade $(k-2)$ in jeder zweiten Polare, u. s. w. Denn wenn wir den Fundamentalpunkt $x_1 = 0$, $x_2 = 0$ in den vielfachen Punkt verlegen, so sind die in x_1, x_2 niedrigst-potenzierten Glieder in der Gleichung der Kurve vom Grade k, nämlich $u^{(k)} x_3^{n-k}$ und weil bei der Bildung der ersten Polare nur die ersten

Differentiale von U gebraucht werden, so sind die entsprechenden niedrigsten Glieder in ihrer Gleichung vom Grade $(k-1)$ in x_1, x_2, d. h. der betrachtete Fundamentalpunkt ist vielfach im Grade $(k-1)$ in dieser; weil die Gleichung der zweiten Polare die zweiten Differentiale von U enthält, so treten x_1, x_2 nicht niedriger als im Grade $(k-2)$ in ihr auf, u. s. w.

Wenn die Kurve einen Doppelpunkt hat, so kann die Tangente der ersten Polare eines beliebigen Punktes in ihm nach dem Satze konstruiert werden, dass sie die vierte Harmonikale ist zu den Tangenten der Kurve im Doppelpunkt und dem von ihm nach dem gegebenen Punkte gehenden Strahl. Ist $xy + u_3 + u_4 + \text{etc.} = 0$ die Kurve, so sind die niedrigsten Glieder in $x_1 \frac{dU}{dx} + y_1 \frac{dU}{dy} + z_1 \frac{dU}{dz} = 0$ $x_1 y + x y_1 = 0$ und dies liefert mit $x_1 y - x y_1 = 0$ als Gleichung jenes Verbindungsstrahles den Satz.

Wenn zwei Tangenten der Kurve im vielfachen Punkte zusammen fallen, so ist diese Gerade auch eine Tangente der ersten Polare. Denn das niedrigste Glied $u^{(k)}$ ist von der Form $a^2bcd\ldots$ mit $a, b, c, \ldots$ als in x_1, x_2 linearen Faktoren; seine ersten Differentiale enthalten daher den Faktor a, so dass derselbe auch ein Faktor der entsprechenden niedrigsten Glieder in der Gleichung der ersten Polare ist. Allgemeiner, wenn l Tangenten des vielfachen Punktes in der Kurve zusammen fallen, so sind $(l-1)$ derselben zusammenfallende Tangenten im entsprechenden vielfachen Punkte der ersten Polare, $(l-2)$ im entsprechenden vielfachen Punkte der zweiten Polare, u. s. w. Denn wenn $u^{(k)}$ einen Faktor l^{ten} Grades enthält, so ist derselbe ein Faktor der ersten Differentiale vom Grade $(l-1)$, ein Faktor der zweiten Differentiale vom Grade $(l-2)$, etc.[8])

V. Abschnitt.

Allgemeine Theorie der vielfachen Punkte und Tangenten.

63. Wir wollen die in Art. 59 entwickelte Methode zur Untersuchung der vielfachen Punkte und Tangenten einer Kurve anwenden. Um die Schnittpunkte der Kurve $U=0$ mit der

geraden Verbindungslinie der Punkte x_i', x_i'' zu finden, substituieren wir in die Gleichung derselben $\lambda x_i' + \mu x_i''$ für x_i und erhalten dadurch zur Bestimmung der den Schnittpunkten entsprechenden Werte des Verhältnisses $\lambda : \mu$ eine Gleichung $\Lambda = 0$, welche wir in der Form schreiben können

$$\lambda^n U' + \lambda^{n-1} \mu \triangle U' + \tfrac{1}{2} \lambda^{n-2} \mu^2 \triangle^2 U' + \ldots = 0,$$

wenn wir nämlich voraussetzen, dass in $\triangle U'$, etc. die x_i'' an Stelle der x_i substituiert sind. Damit aber einer der Punkte $\lambda x_i' + \mu x_i''$ mit dem Punkte x_i' zusammen falle, ist es offenbar nötig, dass eine der Wurzeln der Gleichung $\Lambda = 0$ zu $\mu = 0$ werde. Aber dies wird nicht der Fall sein, so lange nicht $U' = 0$ ist; und es ist ausserdem evident, dass die Bedingung, unter welcher x_i' in der Kurve liegt, die ist, dass die Koordinaten x_i' der Gleichung der Kurve genügen.

64. Es fallen aber zwei der Schnittpunkte der Geraden $x_i' x_i''$ mit der Kurve in den Punkt x_i', wenn die Gleichung $\Lambda = 0$ durch μ^2 teilbar ist, d. h. wenn nicht nur $U' = 0$, sondern auch $\triangle U' = 0$ ist; und weil die Verbindungslinie des Punktes x_i'' mit dem Punkte x_i' die Kurve in zwei mit dem Punkte x_i' zusammenfallenden Punkten nur schneiden kann, wenn x_i'' auf der in x_i' an die Kurve gehenden Tangente liegt (oder auf einer der Tangenten, falls deren mehrere möglich sind), so erkennen wir, dass die Gleichung

$$x_1 U'_1 + x_2 U'_2 + x_3 U'_3 = 0$$

diese Tangente darstellt, dass es also im allgemeinen in jedem Punkte der Kurve nur *eine* Tangente giebt, von welcher die eben geschriebene die Gleichung ist und *dass die Polargerade eines Punktes der Kurve und die Tangente der Kurve in diesem Punkte identisch sind.*

Alle die anderen Polarkurven desselben Kurvenpunktes x_i' berühren dann die Kurve in diesem Punkte. Denn in Art. 61 ward bewiesen, dass die Polargerade eines Punktes in Bezug auf die Kurve $U = 0$ auch die Polargerade desselben Punktes in Bezug auf alle seine Polarkurven ist; da also die Koordinaten x_i' der Gleichung einer jeden Polarkurve genügen (Art. 61), so fällt auch die Polargerade dieses

Punktes in Bezug auf jede derselben mit seiner Tangente zusammen.

65. Die Berührungspunkte der aus einem beliebigen Punkte an die Kurve gezogenen Tangenten liegen in der ersten Polare des Punktes in Bezug auf die Kurve. Dies ist ein Specialfall von dem in Art. 61 bewiesenen Satze und kann direkt in derselben Art begründet werden. Wir sahen, dass die Gleichung der Tangente der Kurve $U=0$ im Punkte x_i' durch

$$x_1 U'_1 + x_2 U'_2 + x_3 U'_3 = 0$$

dargestellt ist und erhalten durch die Vertauschung der accentuierten und der nicht accentuierten Variabeln, d. h. durch die Annahme, dass die Koordinaten eines beliebig gewählten Punktes der Tangente bekannt und die des Berührungspunktes unbekannt seien, für den Ort des letzteren die Gleichung

$$x'_1 U_1 + x'_2 U_2 + x'_3 U_3 = 0.$$

Die Kurve und ihre erste Polare durchschneiden einander in $n(n-1)$ Punkten und da in jedem derselben die Bedingungen $U=0$, $\triangle U=0$ erfüllt sind, so sehen wir, dass von einem gegebenen Punkte aus $n(n-1)$ Tangenten an eine Kurve n^{ter} Ordnung gehen; oder auch („Kegelschnitte" Art. 382), dass die Reciproke einer Kurve n^{ter} Ordnung im allgemeinen von der Ordnung $n(n-1)$ ist.

66. Im Art. 62 ist aber weiter bewiesen, dass für eine Kurve mit einem Doppelpunkt die erste Polare jedes gegebenen Punktes durch diesen Doppelpunkt hindurchgehen muss. Der Doppelpunkt zählt somit (vergl. Art. 42) unter den Durchschnittspunkten der Kurve mit ihrer ersten Polare für zwei. Die Verbindungslinie des Punktes x_i'' mit dem Doppelpunkt ist aber ferner nicht eine Tangente im gewöhnlichen Sinne des Wortes, obwohl sie ganz naturgemäss unter den Lösungen des von uns hier diskutierten Problems erscheint, eine Gerade durch x_i'' zu ziehen, welche die Kurve in zwei zusammenfallenden Punkten schneidet, weil wir ja gezeigt haben, dass jede durch den Doppelpunkt gehende Gerade als eine solche zu betrachten ist, die in ihm zwei zusammenfallende Punkte

mit der Kurve gemein hat. Wir fanden also, dass die Gesamtzahl der Lösungen dieses Problems immer $n(n-1)$ ist — nämlich die Zahl der Schnittpunkte der Kurven $U=0$ und $\triangle U=0$ — und dass die Zahl der eigentlichen Tangenten der Kurve durch jeden ihrer Doppelpunkte um zwei Einheiten vermindert wird; d. h. die Ordnung der Reciproken einer Kurve n^{ter} Ordnung mit δ Doppelpunkten ist $n(n-1)-2\delta$.

67. Für die Existenz einer Spitze in der Kurve $U=0$ haben wir im Art. 62 bewiesen, dass die erste Polare eines beliebigen Punktes nicht nur durch dieselbe hindurch geht, sondern dass auch ihre entsprechende Tangente mit der Rückkehrtangente zusammenfällt; daher zählt diese Spitze für drei unter den Durchschnittspunkten der Kurve mit ihrer ersten Polare und die Zahl der übrigen Durchschnittspunkte wird daher durch jede Spitze um drei Einheiten vermindert. Die Ordnung der reciproken Kurve einer Kurve n^{ter} Ordnung mit δ Doppelpunkten und $\varkappa$ Spitzen ist[9])

$$n(n-1)-2\delta-3\varkappa.$$

68. Dieselben Principien zeigen die Wirkung eines vielfachen Punktes von höherem Grade auf die Ordnungszahl der reciproken Kurve. Ein vielfacher Punkt vom Grade k ist nach Art. 62 vielfach im Grade $(k-1)$ in der ersten Polare und die Zahl der übrigen Schnittpunkte und somit die Ordnung der reciproken Kurve wird durch ihn daher um $k(k-1)$ vermindert. Nachdem wir aber in Art. 40 gezeigt haben, dass in dieser Hinsicht ein vielfacher Punkt vom Grade k mit $\frac{1}{2}k(k-1)$ Doppelpunkten äquivalent ist, so erhalten wir, weil jeder von diesen die Ordnung der Reciproken um zwei Einheiten vermindern würde, für das gefundene Resultat den folgenden Ausdruck: Die Wirkung eines vielfachen Punktes auf die Ordnung der reciproken Kurve ist die nämliche, wie die der äquivalenten Anzahl von Doppelpunkten. In Rücksicht auf Art. 58 können wir also sagen, dass die Wirkung eines vielfachen Punktes, welcher δ' Doppelpunkten, $\varkappa'$ Spitzen, τ' Doppeltangenten und ι' Inflexionen äquivalent ist, auf die Ordnung der reciproken Kurve durch $2\delta'+3\varkappa'$ ausgedrückt wird.

69. Die Verbindungslinie der Punkte x_i', x_i'' schneidet — so fanden wir bisher — die Kurve in zwei mit x_i' zusammenfallenden Punkten, wenn $U' = 0$ ist und wenn die x_i'' die Gleichung

$$x''_1 U'_1 + x''_2 U'_2 + x''_3 U'_3 = 0$$

erfüllen. Wenn aber die Koordinaten x_i' den drei Gleichungen $U_1 = 0$, $U_2 = 0$, $U_3 = 0$ zugleich genügen, so würde die zweite Bedingung

$$x''_1 U'_1 + x''_2 U'_2 + x''_3 U'_3 = 0$$

unabhängig von x_i'' und also für alle Werte der x_i'' erfüllt sein; dann ist der Punkt x_i' ein Doppelpunkt und jede durch ihn gehende Grade schneidet die Kurve in ihm in zwei zusammenfallenden Punkten. Wir sehen daraus, dass die durch die allgemeine Gleichung in projektivischen oder speciell Cartesischen Punkt-Koordinaten dargestellte Kurve keinen Doppelpunkt enthalten kann, ohne dass die in ihr auftretenden Koefficienten einer gewissen Bedingung genügen. Denn die drei Kurven $U_1 = 0$, $U_2 = 0$, $U_3 = 0$ haben im allgemeinen keinen zu allen gemeinsamen Punkt und die Funktionen U_1, U_2, U_3 verschwinden somit nicht gleichzeitig für dieselben Werte der Koordinaten. Wenn wir zwischen ihnen die x_i eliminieren, so entsteht eine Relation zwischen den Koefficienten, welche die Bedingung ist, unter der diese ersten Polarkurven der Fundamentalpunkte sich schneiden oder unter welcher die Kurve einen Doppelpunkt hat. Man nennt sie die Diskriminante der Gleichung der Kurve. So haben wir die Diskriminante eines Kegelschnitts („Kegelschnitte" Art. 323) durch Elimination der x_i zwischen den drei ersten Differentialen

$$a_{11}x_1 + a_{12}x_2 + a_{13}x_3 = 0,$$
$$a_{12}x_1 + a_{22}x_2 + a_{23}x_3 = 0,$$
$$a_{13}x_1 + a_{23}x_2 + a_{33}x_3 = 0,$$

denen die Koordinaten eines Doppelpunktes zugleich genügen müssen, in der Form

$$a_{11}a_{22}a_{33} + 2\,a_{23}a_{13}a_{12} - a_{11}a_{23}^2 - a_{22}a_{13}^2 - a_{33}a_{12}^2 = 0$$

gefunden. Im allgemeinen ist die Diskriminante vom Grade $3(n-1)^2$ in den Koefficienten der gegebenen Gleichung; denn die drei Derivierten sind vom Grade $(n-1)$ und ihre Resultante enthält daher die Koefficienten einer jeden im Grade $(n-1)^2$, — diese aber sind linear in den Koefficienten der Originalgleichung. (Vergl. „Vorlesungen" Art. 86.)

Beispiel. Wenn nach der am Schluss von Art. 13 gegebenen Methode $F(\chi, \psi) = 0$ die Tangentialgleichung einer Kurve ist, so sind die Bedingungen für eine Doppeltangente

$$\frac{dF}{d\psi} = 0, \quad \frac{dF}{d\chi} = 0.$$

Denn die Cartesischen Koordinaten des Berührungspunktes der Tangente χ, ψ an die Kurve $\chi = f(\psi)$ sind für $\frac{d\chi}{d\psi} = f'(\psi)$

$$x = f(\psi) + f'(\psi) \sin\psi \cos\psi,$$
$$y = -f'(\psi) \sin^2\psi,$$

und die Doppeltangente fordert $f'(\psi) = 0:0$.

70. Wir können diese Grundsätze zur Untersuchung der Bedingungen anwenden, unter welchen die erste Polare irgend eines Punktes A oder x_i' einen Doppelpunkt hat. Durch Differentiation der Gleichung

$$x'_1 U_1 + x'_2 U_2 + x'_3 U_3 = 0$$

erhalten wir für die Koordinaten eines Doppelpunktes B der ersten Polare von x_i' die Bedingungen

$$U_{11}x'_1 + U_{12}x'_2 + U_{13}x'_3 = 0,$$
$$U_{12}x'_1 + U_{22}x'_2 + U_{23}x'_3 = 0,$$
$$U_{13}x'_1 + U_{23}x'_2 + U_{33}x'_3 = 0.$$

Dieselben verbinden die Koordinaten x_i' von A mit den Koordinaten x_i' des Doppelpunktes B, welche in den U_{ik} im Grade $(n-2)$ enthalten sind. Die Vergleichung dieser Bedingungen mit den im letzten Artikel citierten Gleichungen aus der Kegelschnittstheorie zeigt, dass mit ihrer Erfüllung der Polarkegelschnitt des Punktes B

$$U_{11}x_1^2 + U_{22}x_2^2 + U_{33}x_3^2 + 2U_{23}x_2x_3 + 2U_{13}x_1x_3 + 2U_{12}x_1x_2 = 0$$

in zwei Gerade zerfällt und der Punkt x_i' oder A der Doppelpunkt desselben ist. Wir erhalten also den Satz: Wenn die erste Polare eines Punktes A einen Doppelpunkt B

hat, so hat der Polarkegelschnitt von B einen Doppelpunkt in A und umgekehrt.

Wir können aber auch zwischen den drei Bedingungsgleichungen die x_i' eliminieren und so eine Relation bilden, welche von den Koordinaten x_i des Doppelpunktes B erfüllt werden muss, nämlich

$$U_{11} U_{22} U_{33} + 2 U_{23} U_{13} U_{12} - U_{11} U_{23}^2 - U_{22} U_{13}^2 - U_{33} U_{12}^2 = 0.$$

Sie ist die Gleichung des Ortes der Punkte B und aus dem Gesagten geht hervor, dass dieser Ort entweder bezeichnet werden kann als der Ort von Punkten, welche Doppelpunkte in ersten Polarkurven der gegebenen Kurve sind, oder als der Ort von Punkten, deren Polarkegelschnitte in zwei gerade Linien zerfallen. Weil die zweiten Differentiale je vom Grade $(n-2)$ in den x_i sind, so ist die eben geschriebene Gleichung vom Grade $3(n-2)$; die von ihr dargestellte Kurve hat zur gegebenen Kurve wichtige Beziehungen — sie ist eine Kovariante derselben. (Vergl. „Vorlesungen" Art. 73.) Weil sie zuerst durch Hesse studiert worden ist, so soll sie die Hessesche Kurve von $U=0$ heissen.[10])

Wenn man aber zwischen den nämlichen drei Gleichungen die x_i eliminiert, so giebt die resultierende Gleichung in den x_i' den Ort der Punkte A, d. h. den Ort der Punkte, deren erste Polaren Doppelpunkte haben, und zugleich den Ort der Punkte, welche Doppelpunkte in Polarkegelschnitten sind. Wir werden diesen Ort nach dem Geometer Steiner die Steinersche Kurve von $U=0$ nennen.[11])

Um die Elimination in irgend einem Falle wirklich auszuführen, würde man die zweiten Differentiale von U bilden müssen; aber es ist im allgemeinen zu sagen, dass der Grad der resultierenden Gleichung in den x_i' gleich $3(n-2)^2$ ist, weil sie die Resultante von drei Gleichungen $(n-2)^{ten}$ Grades ist, von denen jede die x_i' im ersten Grade enthält.

71. Indem wir nun wieder zu der Gleichung $\Lambda = 0$ zurückkehren, erkennen wir, dass drei ihrer Wurzeln mit $\mu = 0$ übereinstimmen, oder dass die fragliche Gerade die Kurve in drei mit x_i' zusammenfallenden Punkten schneidet, wenn gleichzeitig die drei Bedingungen

$$U' = 0, \quad \Delta U' = 0, \quad \Delta^2 U' = 0$$

erfüllt werden. Betrachten wir nun zuerst den Fall, wo x_i' ein Doppelpunkt ist, so sehen wir, dass in diesem Falle U' und $\Delta U'$ unabhängig von den x_i'' verschwinden, und dass die dritte Bedingung fordert, es liege x_i'' auf dem Polarkegelschnitt von x_i'. Da nun x_i'' ein beliebiger Punkt in einer der beiden Tangenten des Doppelpunktes sein kann, weil jede derselben die Kurve in drei vereinigten Punkten schneidet, so muss der Polarkegelschnitt von x_i' mit diesen beiden Geraden identisch sein, d. h. die Gleichung des Tangentenpaares der Kurve im Doppelpunkt ist $\Delta^2 U' = 0$ oder

$$U'_{11} x_1^2 + U'_{22} x_2^2 + U'_{33} x_3^2 + 2 U'_{23} x_2 x_3 + 2 U'_{13} x_1 x_3 + \\ + 2 U'_{12} x_1 x_2 = 0.$$

Der Doppelpunkt, als ein Punkt, dessen Polarkegelschnitt in zwei gerade Linien zerfällt, liegt in der Hesseschen Kurve und es ergiebt sich auch direkt, dass er ihrer Gleichung genügt. Denn nach Eulers Satz von den homogenen Funktionen können die drei Gleichungen $U'_1 = 0$, $U'_2 = 0$, $U'_3 = 0$, die in ihm erfüllt werden, in der Form

$$U'_{11} x'_1 + U'_{12} x'_2 + U'_{13} x'_3 = 0,$$
$$U'_{12} x'_1 + U'_{22} x'_2 + U'_{23} x'_3 = 0,$$
$$U'_{13} x'_1 + U'_{23} x'_2 + U'_{33} x'_3 = 0$$

geschrieben werden und aus diesen Gleichungen entspringt durch Elimination der x_i' die Gleichung der Hesseschen Kurve, die also für den Doppelpunkt erfüllt wird.

72. Der Doppelpunkt wird zur Spitze, wenn die seine beiden Tangenten darstellende Gleichung ein vollständiges Quadrat wird, d. h. für

$$U_{22} U_{33} = U_{23}^2, \quad U_{33} U_{11} = U_{13}^2, \quad U_{11} U_{22} = U_{12}^2.$$

Diese drei Bedingungen repräsentieren nur eine neue Bedingung, weil mit der Erfüllung einer derselben bei allen endlichen Werten der Koordinaten x_i' des Doppelpunktes die andern auch erfüllt sein müssen. Denn die Bestimmung der Verhältnisse $x'_1 : x'_3$, $x'_2 : x'_3$ aus jedem Paare der Gleichungen vom Ende des letzten Artikels giebt

$$\frac{x'_1}{x'_3} = \frac{U_{12}U_{23} - U_{22}U_{13}}{U_{11}U_{22} - U_{12}^2} = \frac{U_{22}U_{33} - U_{23}^2}{U_{12}U_{23} - U_{22}U_{13}} = \frac{U_{23}U_{13} - U_{33}U_{12}}{U_{13}U_{12} - U_{11}U_{23}},$$

$$\frac{x'_2}{x'_3} = \frac{U_{13}U_{12} - U_{11}U_{23}}{U_{11}U_{22} - U_{12}^2} = \frac{U_{23}U_{13} - U_{33}U_{12}}{U_{12}U_{23} - U_{22}U_{13}} = \frac{U_{33}U_{11} - U_{13}^2}{U_{13}U_{12} - U_{11}U_{23}}.$$

Es müssen somit für $U_{11}U_{22} = U_{12}^2$ und wenn keines dieser Verhältnisse unendlich gross ist, sowohl Zähler als Nenner dieser Brüche verschwinden.

73. Der Anfangspunkt ist ein dreifacher Punkt, wenn alle zweiten Differentialquotienten in ihm verschwinden; denn dann ist $\triangle^2 U'$ Null unabhängig von den Werten der x_i'', und nach dem Satze von den homogenen Funktionen verschwinden mit den zweiten Differentialquotienten auch die ersten und somit ist auch $\triangle U' = 0$, d. h. jede gerade Linie durch den Punkt x_i' schneidet die Kurve in drei zusammenfallenden Punkten. Die drei Tangenten der Kurve in diesem Punkte werden offenbar durch die Gleichung $\triangle^3 U' = 0$ gegeben.

Die Ausdehnung derselben Betrachtungen auf vielfache Punkte von höheren Graden hat keine Schwierigkeit. Der Punkt x_i' ist ein vielfacher Punkt vom Grade k, wenn für ihn alle Differentialquotienten vom Grade $(k-1)$ verschwinden, und die Tangenten der Kurve im vielfachen Punkt werden durch die Gleichung $\triangle^k U' = 0$ ausgedrückt.

Zur Bestimmung der Schnittpunkte der Geraden XX' mit der Kurve n^{ter} Ordnung wird für X' als einen $k$fachen Punkt der Kurve identisch in der Form mit der für U als Funktion vom Grade $(n-k)$ erhaltenen n; für X' als $k$fach, X als $k$fach vom Grade $(n-k-k')$.

74. Wir untersuchen nunmehr die Bedingungen, unter welchen durch einen einfachen Punkt x_i' in der Kurve eine Gerade gezogen werden kann, welche die Kurve in drei mit x_i' zusammenfallenden Punkten schneidet, und wollen zunächst dabei voraussetzen, dass die betrachtete Kurve vielfache Punkte nicht enthalte.

Wir sahen in Art. 71, dass jeder Punkt in einer solchen Geraden die Bedingungen $\triangle U' = 0$, $\triangle^2 U' = 0$ erfüllen muss. Die erste derselben drückt aus, dass die Gerade mit der

Tangente der Kurve in x_i' identisch sein muss, wie es auch sonst evident ist; dagegen besagt die zweite, dass jeder Punkt dieser Geraden die Gleichung des Polarkegelschnitts befriedigt. Es muss somit der Polarkegelschnitt $\triangle^2 U' = 0$ in diesem Falle die Gerade $\triangle U' = 0$ als einen Teil enthalten und der Punkt x_i' muss also einer von den Punkten sein, deren Polarkegelschnitte in zwei gerade Linien degenerieren, d. h. ein Punkt der Hesseschen Kurve (Art. 70). Und umgekehrt ist jeder Punkt, welcher zugleich auf der Kurve $U = 0$ und ihrer Hesseschen Kurve liegt, ein Punkt, durch welchen eine Gerade mit drei in ihm vereinigten Schnittpunkten in der Kurve gezogen werden kann, d. h. ein Inflexionspunkt derselben. Denn der Polarkegelschnitt jedes in $U = 0$ gelegenen Punktes berührt diese Kurve in ihm und wenn der Punkt auch auf der Hesseschen Kurve $H = 0$ liegt, so dass sein Polarkegelschnitt in zwei gerade Linien zerfällt, so muss eine dieser Geraden die Tangente der Kurve in x_i' sein. Jeder Punkt in dieser Tangente genügt dann den Bedingungen $\triangle U' = 0$ und $\triangle^2 U' = 0$ zugleich. Somit sind alle die Durchschnittspunkte der Kurven $U = 0$, $H = 0$ Inflexionspunkte in $U = 0$ und es ergiebt sich, weil H vom Grade $3(n-2)$ ist, dass eine Kurve n^{ter} Ordnung im allgemeinen $3n(n-2)$ Inflexionspunkte hat.[12])

Für die Tangentialkoordinaten χ, ψ des Art. 13 und des Beispiels in Art. 69 giebt die Bestimmung der Maxima und Minima von $f(\psi)$ die Inflexionstangenten der Kurve $\chi = f(\psi)$.

75. Die Zahl der Inflexionspunkte wird aber reduziert, wenn die Kurve vielfache Punkte hat. Wir haben im Art. 71 gesehen, dass jeder Doppelpunkt der Kurve ein Punkt der Hesseschen Kurve ist, müssen aber nun des näheren zeigen, dass er ein Doppelpunkt in ihr ist, und allgemeiner, dass jeder vielfache Punkt k^{ter} Ordnung in der Kurve ein vielfacher Punkt der Ordnung $(3k-4)$ in der Hesseschen Kurve ist. Man beweist dies am einfachsten, indem man den vielfachen Punkt als Fundamentalpunkt A_3 der Koordinaten wählt, so dass die Gleichung der Kurve die Variabeln x_1 und x_2 nicht in niedrigerem als dem k^{ten} Grade enthält. Wir untersuchen

den Grad der in x_1 und x_2 niedrigsten Glieder der zweiten Differentialquotienten und finden, dass er für zwei Differentiationen nach x_1 oder nach x_2 gleich $(k-2)$, für eine Differentiation nach x_1 oder x_2 und eine nach x_3 gleich $(k-1)$ und für zwei Differentiationen nach x_3 gleich k ist, d. h. der Grad der in x_1, x_2 niedrigst potenzierten Glieder ist in

$$U_{11},\quad U_{22},\quad U_{33},\quad U_{23},\quad U_{13},\quad U_{12},$$

respektive gleich $k-2,\ k-2,\ k,\ k-1,\ k-1,\ k-2$;

es ergiebt sich daher, dass der Grad der in x_1, x_2 niedrigsten Glieder der Hesseschen Determinante

$$U_{11}U_{22}U_{33}+2\,U_{23}U_{13}U_{12}-U_{11}U_{23}{}^2-U_{22}U_{13}{}^2-U_{33}U_{12}{}^2=0$$

gleich $(3k-4)$ sein muss. Es ist aber ferner zu bemerken, dass jede Tangente der Kurve $U=0$ im vielfachen Punkte auch eine Tangente im vielfachen Punkte an $H=0$ ist; denn wenn die Gerade $x_1=0$ eine Tangente im Anfangspunkt der Koordinaten ist, und also nach Art. 40 die Glieder vom geringsten Grade in x_1 und x_2 den Faktor x_1 gemeinschaftlich haben, so ist x_1 auch ein Faktor in den niedrigsten Gliedern aller der zweiten Differentialquotienten, in welchen keine Differentiation nach x_1 stattfindet, d. h. in U_{22}, U_{33}, U_{23}; damit aber ist x_1 ein Faktor in den niedrigst potenzierten Gliedern der Hesseschen Determinante, weil jedes Glied ihrer Entwickelung eines dieser drei Differentiale enthält.

76. Das Vorige setzt uns in den Stand, den Einfluss vielfacher Punkte in $U=0$ auf die Zahl der Inflexionspunkte dieser Kurve zu ermitteln. Ein Doppelpunkt in $U=0$ ist auch ein Doppelpunkt in $H=0$ und auch seine Tangenten sind für beide Kurven dieselben, derselbe zählt also für sechs (vergl. Art. 42) unter den Schnittpunkten beider. Die Zahl der vom Doppelpunkt verschiedenen Durchschnittspunkte der Kurven $U=0$ und $H=0$ wird somit um sechs Einheiten vermindert, und es wird also durch δ Doppelpunkte, welche die Kurve n^{ter} Ordnung besitzt, die Zahl ihrer Inflexionspunkte auf $3n(n-2)-6\delta$ gebracht.

Und wenn $U=0$ einen vielfachen Punkt vom Grade k hat, so ist derselbe $(3k-4)$fach in $H=0$ und k von den

Tangenten in diesem Punkte sind beiden Kurven gemein; der vielfache Punkt zählt somit unter den Durchschnittspunkten für $k(3k-4)+k=6.\frac{1}{2}k(k-1)$ Punkte, und da wir aus Art. 70 wissen, dass hierbei ein $k$facher Punkt mit $\frac{1}{2}k(k-1)$ Doppelpunkten äquivalent ist, so können wir sagen, dass der vielfache Punkt in Bezug auf die Reduktion der Anzahl der Inflexionspunkte ganz dieselbe Wirkung hat, wie die äquivalente Anzahl von Doppelpunkten.

77. Der Fall der Spitze erfordert eine besondere Untersuchung. Wenn wir sie zum Fundamentalpunkt A_3 der Koordinaten und $x_1=0$ als die entsprechende Tangente wählen, so ist die Gleichung der Kurve von der Form

$$x_1^2 x_3^{n-2} + u^{(3)} x_3^{n-3} + \ldots = 0;$$

die niedrigsten Glieder in den zweiten Differentialquotienten sind dann von den Graden 0, 1, 2, 2, 1, 1 respektive; sie sind nämlich

$$U_{11} = 2x_3^{n-2}, \quad U_{22} = \frac{d^2u^{(3)}}{dx_2^2} x_3^{n-3},$$
$$U_{33} = (n-2)(n-3)x_1^2 x_3^{n-4},$$
$$U_{23} = (n-3)\frac{du^{(3)}}{dx_2} x_3^{n-4},$$
$$U_{13} = 2(n-2)x_1 x_3^{n-3},$$
$$U_{12} = \frac{d^2u^{(3)}}{dx_1\, dx_2} x_3^{n-3}.$$

Der Grad der niedrigsten Glieder in der Hesseschen Determinante ist daher drei, nämlich der Grad der Glieder

$$U_{11}U_{22}U_{33} \quad \text{und} \quad U_{22}U_{13}^2;$$

aber jedes dieser Glieder enthält x_1^2 als einen Faktor. Die Spitze der Kurve $U=0$ ist somit ein dreifacher Punkt in der Hesseschen Kurve und zwei der bezüglichen Tangenten fallen mit der entsprechenden Rückkehrtangente zusammen. Insofern nun dieser gemeinsame Punkt doppelt in der einen und dreifach in der andern Kurve ist, zählt er für sechs unter ihren Schnitten und das Zusammenfallen zweier der bezüglichen Tangenten beider Kurven fügt die zwei nächstfolgenden Punkte ihrer Äste als gemeinschaftlich den vorigen hinzu, so dass der Punkt für acht unter den Schnittpunkten zählt. Hat also eine Kurve n^{ter} Ordnung δ Doppelpunkte und $\varkappa$ Spitzen, so ist die Zahl ihrer Inflexionspunkte gleich

$$3n(n-2)-6\delta-8\varkappa.$$

78. Die etwas schwierigere Untersuchung der Bedingungen der Doppeltangenten von der Gleichung $\Lambda=0$ aus verschieben wir auf später und begnügen uns für jetzt damit, zu zeigen, dass die bisher erhaltenen Resultate in Verbindung mit der Theorie der Reciprokal-Kurven die Zahl der Doppeltangenten einer Kurve n^{ter} Ordnung indirekt zu bestimmen erlauben.

Dagegen liegt es nahe, die Gleichung $\Lambda=0$ zur Aufstellung der Gleichung des Systems von Tangenten zu benutzen, welche von einem Punkte x_i' aus an die Kurve gehen (vergl. „Kegelschnitte" Art. 107, 326). Weil jeder Punkt in einer solchen Tangente die Eigenschaft hat, dass die ihn mit x_i' verbindende Gerade die Kurve in zwei aufeinander folgenden Punkten schneidet, so dass die Gleichung $\Lambda=0$ zwei gleiche Wurzeln hat, so erhalten wir die Gleichung des fraglichen Tangentensystems durch die Vergleichung der Diskriminante von $\Lambda=0$ als einer binären Form in λ, μ mit Null. Sei beispielsweise $U=0$ vom dritten Grade, so dass die Gleichung $\Lambda=0$ die Form hat

$$\lambda^3 U'+\lambda^2\mu\triangle U'+\lambda\mu^2\triangle U+\mu^3 U=0,$$

so wird — mit den Abkürzungen $\triangle$ und $\triangle'$ für $\triangle U$ und $\triangle U'$ die fragliche Gleichung

$$(27\,UU'^2+4\triangle'^3-18\triangle\triangle' U')\,U=(\triangle'^2-4\triangle U')\triangle^2.$$

Da U, $\triangle$, $\triangle'$ respektive vom dritten, zweiten und ersten Grade in den x_i' sind, so ist diese Gleichung vom sechsten Grade und zeigt, dass von einem Punkte x_i' an die Kurve dritter Ordnung $U=0$ sechs Tangenten gehen, wie wir wissen.

Die Form der Gleichung zeigt, dass sie einen Ort repräsentiert, der $U=0$ in denjenigen Punkten berührt, wo derselbe von $\triangle=0$ geschnitten wird; und dass die anderen Punkte, in welchen $U=0$ von diesem Orte geschnitten wird, in der Kurve $\triangle'^2-4\triangle U'=0$ liegen. Dies giebt den Satz: Die Berührungspunkte der sechs Tangenten einer Kurve dritter Ordnung, die von irgend einem Punkt ausgehen, liegen in einem Kegelschnitt $\triangle=0$ und die sechs übrigen Schnittpunkte dieser Tangenten mit der Kurve sind in einem andern Kegelschnitt $\triangle'^2-4\triangle U'=0$ enthalten, der mit dem vorigen in den Punkten $\triangle=0$, $\triangle'=0$ eine doppelte Berührung hat.

Wenn der Punkt x_i' in der Kurve liegt, so ist $U'=0$, die Gleichung $\Lambda=0$ reduziert sich auf $\lambda^2\triangle'+\lambda\mu\triangle+\mu^2 U=0$, ihre Diskriminante liefert also als Gleichung des Tangentenbüschels $\triangle^2=4\triangle' U$, eine Gleichung vom vierten Grade in den x_i. Durch einen Punkt in der Kurve dritter Ordnung gehen nur vier Tangenten an dieselbe, die ihm selbst entsprechende Tangente zählt für zwei.

79. Ebenso im allgemeinen; die Diskriminante von Λ oder $\mu^n U+\mu^{n-1}\lambda\triangle+\mu^{n-2}\lambda^2\triangle^2+\ldots$ ist vom Grade $n(n-1)$ in den x_i und (vergl. „Vorlesungen“ Art. 68) von der Form $kU+(\triangle)^2\varphi$, wenn φ die Diskriminante des von seinem ersten Gliede befreiten Λ ist. Der durch sie dargestellte Ort berührt daher $U=0$ in seinen Schnittpunkten mit $\triangle=0$, wie wir aus dem früheren wissen.

Jede der $n(n-1)$ Tangenten schneidet die Kurve in anderen $(n-2)$ Punkten und die Form der Diskriminante zeigt, dass diese $n(n-1)(n-2)$ Punkte in einer Kurve $\varphi=0$ von der Ordnung $(n-1)(n-2)$ liegen. Endlich ist φ selbst von der Form $k'\triangle+(\triangle^2)^2\psi$ und man erkennt, dass die beiden Kurven $\varphi=0$ und $\psi=0$ einander in den Punkten berühren, wo die erste und die zweite Polare von x_i' sich durchschneiden.

Wenn wir Λ in der Form

$$\lambda^n U'+\lambda^{n-1}\mu\triangle'+\ldots$$

schreiben, so sehen wir, dass die Diskriminante auch in der Form $kU'+(\triangle')^2\varphi$ darstellbar ist. Ist somit x_i' ein Punkt der Kurve, also $U'=0$, so enthält sie den Faktor $\triangle'^2$ oder das System der Tangenten besteht aus der zweifach zählenden Tangente in x_i' und (n^2-n-2) andern Tangenten, die durch $\varphi=0$ repräsentiert sind. In derselben Weise ist φ selbst von der Form $k\triangle' + (\triangle'^2)^2\psi$; ist also der Punkt x_i' ein Doppelpunkt und somit nicht nur $U' = 0$, sondern auch $\triangle' = 0$, so enthält die Funktion $(n^2 - n - 2)^{\text{ten}}$ Grades φ den Faktor $(\triangle'^2)^2$, d. h. unter jenen $(n^2 - n - 2)$ Tangenten sind die beiden Tangenten der Kurve im Doppelpunkt je zweifach gezählt, und daher $(n^2 - n - 6)$ andere durch $\psi = 0$ dargestellte Tangenten. In derselben Weise lässt sich zeigen, dass von einem $k$fachen Punkte $n^2 - n - k(k+1)$ Tangenten an die Kurve gehen. Die vorher gegebene Theorie von dem Einfluss der vielfachen Punkte auf die Zahl der Tangenten einer Kurve n^{ter} Ordnung, die von einem beliebigen Punkte ausgehen, zeigt auch, dass die Diskriminante von Λ, welche gleich Null gesetzt diese $n(n-1)$ Tangenten repräsentiert, als Faktoren enthalten muss das Quadrat der linken Seite der Gleichung jeder Geraden, welche den Punkt x_i' mit einem Doppelpunkte der Kurve verbindet, den Kubus etc. jeder Geraden von ihm nach einer Spitze, die sechste Potenz etc. der Geraden von ihm nach einem dreifachen Punkte etc.

VI. Abschnitt.

Reciproke Kurven.

80. Wir wissen (vergl. „Kegelschnitte“ Art. 382), dass die Ordnung der reciproken Kurve stets mit der Klasse der gegebenen Kurve übereinstimmt und umgekehrt; es ist auch evident, dass einem Doppelpunkt in einer der Kurven eine Doppeltangente in der andern und einem stationären Punkt in der einen eine stationäre Tangente in der andern Kurve entspricht; allgemeiner: einem vielfachen Punkte vom Grade k eine im nämlichen Grade vielfache Tangente und den k Berührungspunkten der vielfachen Tangente die k Tangenten im vielfachen Punkte, so dass auch, wenn zwei oder mehrere der letzten zusammenfallen, ebenso viele und die entsprechenden der ersten es thun.

Und wir haben gesehen, dass die allgemeine Gleichung in Punktkoordinaten eine Kurve darstellt, die keinen doppelten Punkt und ebenso keinen höheren vielfachen Punkt hat, so lange nicht gewisse Bedingungen erfüllt werden; dass dagegen die von dieser allgemeinen Gleichung repräsentierte Kurve doppelte und stationäre Tangenten besitzt. In der That werden die Abscissen der Schnittpunkte einer Geraden $y = ax + b$ mit der Kurve durch Substitution des Wertes von y in ihre Gleichung erhalten und da wir zwei Konstanten a und b zur Disposition haben, so können wir dieselben so bestimmen, dass die resultierende Gleichung irgend zwei Bedingungen erfüllt. Durch die Verfügung über eine Konstante würden wir die Erfüllung einer Bedingung bewirken können, z. B. dass die Gleichung ein Paar gleiche Wurzeln habe. Und das Problem, bei gegebenem a die Konstante b so zu bestimmen, dass die resultierende Gleichung zwei gleiche Wurzeln haben, ist nichts anderes als das Problem, die zu $y = ax$ parallelen Tangenten zu ziehen. Die Verfügung über beide Konstanten gestattet uns, der resultierenden Gleichung zwei verschiedene Paare gleicher Wurzeln oder drei gleiche Wurzeln zu bedingen; dies sind die Probleme der Doppeltangenten und der stationären Tangenten oder Inflexionspunkte. Die doppelten und die stationären Tangenten sind so als die gewöhnlichen Singularitäten einer Kurve zu betrachten, die durch eine Gleichung in Punktkoordinaten ausgedrückt ist; alle höhern vielfachen Tangenten und alle vielfachen Punkte sind ausserordentliche Singularitäten, welche eine solche Kurve nicht besitzt, so lange nicht die Koefficienten ihrer Gleichung besondere Werte haben.

Es ist vollkommen umgekehrt für die allgemeine Gleichung in Linienkoordinaten; die durch sie repräsentierte Kurve hat gewöhnlich Doppelpunkte und stationäre Punkte oder Spitzen, aber keine singulären Tangenten. Es sind somit doppelte und stationäre Punkte einerseits und doppelte und stationäre Tangenten anderseits gleichmässig unter die gewöhnlichen Singularitäten der Kurven zu rechnen; wenn eine Kurve die einen besitzt, so enthält ihre reciproke Kurve die andern.

81. Wir wollen nun die Ordnung einer Kurve durch μ und ihre Klasse durch ν, die Zahl ihrer Doppelpunkte durch δ und die ihrer Doppeltangenten durch τ, die ihrer stationären Punkte durch $\varkappa$ und die ihrer stationären Tangenten durch ι

bezeichnen, so dass die entsprechenden Zahlen für die reciproke Kurve durch die Vertauschung von μ und ν, δ und τ, $\varkappa$ und ι erhalten werden. Wir haben in den Art. 67 und 77 die Werte von ν und ι in Funktion von μ, δ, $\varkappa$ erhalten und leiten daraus jetzt mittelst der Reciprokalkurve die Werte von μ und $\varkappa$ in Funktion von ν, τ, ι ab. Aus diesen vier Gleichungen, die, wie wir nun sehen werden, äquivalent sind drei unabhängigen Gleichungen, können wir den Wert von τ durch μ, δ, $\varkappa$ und den von δ durch ν, τ und ι ausdrücken. So entstehen Plückers sechs Gleichungen:

1) $\nu = \mu^2 - \mu - 2\delta - 3\varkappa;$

2) $\iota = 3\mu^2 - 6\mu - 6\delta - 8\varkappa;$

3) $2\tau = \mu(\mu-2)(\mu^2-9) - 2(\mu^2-\mu-6)(2\delta+3\varkappa) + 4\delta(\delta-1) + 12\delta\varkappa + 9\varkappa(\varkappa-1);$

4) $\mu = \nu^2 - \nu - 2\tau - 3\iota;$

5) $\varkappa = 3\nu^2 - 6\nu - 6\tau - 8\iota;$

6) $2\delta = \nu(\nu-2)(\nu^2-9) - 2(\nu^2-\nu-6)(2\tau+3\iota) + 4\tau(\tau-1) + 12\tau\iota + 9\iota(\iota-1).$

Wenn wir zwischen den Gleichungen 1) und 2) δ oder zwischen 4) und 5) τ eliminieren, so erhalten wir gleichmässig

7) $$\iota - \varkappa = 3(\nu - \mu),$$

woraus ersichtlich ist, dass diese vier Gleichungen drei unabhängigen äquivalent sind. Man kann dies auch schreiben

$$3\mu - \varkappa = 3\nu - \iota \quad \text{und} \quad 3\mu + \iota = 3\nu + \varkappa.$$

Die Differenz der Gleichungen 1) und 4) giebt

$$\mu^2 - 2\delta - 3\varkappa = \nu^2 - 2\tau - 3\iota$$

und indem man $\iota - \varkappa$ durch seinen Wert aus 7) ersetzt, folgt

8) $$2(\tau - \delta) = (\nu - \mu)(\nu + \mu - 9).$$

Durch Substitution der Werte von ν und ι oder von μ und $\varkappa$ in die letzte Gleichung erhält man die Gleichungen 3) und 6). Aus 7) und 8) respektive 1) und 4) erhalten wir auch

9) $\frac{1}{2}\mu(\mu+3) - \delta - 2\varkappa = \frac{1}{2}\nu(\nu+3) - \tau - 2\iota;$

10) $\frac{1}{2}(\mu-1)(\mu-2) - \delta - \varkappa = \frac{1}{2}(\nu-1)(\nu-2) - \tau - \iota;$

11) $\mu^2 - 2\delta - 3\varkappa = \nu^2 - 2\tau - 3\iota = \mu + \nu.$

Das ganze System ist äquivalent mit den Gleichungen, aus irgend dreien der sechs Grössen μ, ν, δ, τ, $\varkappa$, ι können die drei übrigen berechnet werden; z. B. erhält man ν aus μ, δ, $\varkappa$ durch 1), ι durch 2) oder leichter durch 7), τ durch 3) oder leichter durch 8).[13])

Beispiel 1. Aus $\mu = 6$, $\delta = 4$, $\varkappa = 6$ folgt nach 1) $\nu = 4$; also $\mu - \nu = 2$, $\nu - \mu = -2$ und nach 5) $\iota - \varkappa = 6$ oder $\iota = 0$; $\nu + \mu - 9 = 1$ oder $\tau - \delta = -1$, d. h. $\tau = 3$.

Beispiel 2. Aus $3\mu(\mu-2) \geqq 6\delta + 8\varkappa$ folgt für $\delta = 0$ $\varkappa \leqq \frac{3}{8}\mu(\mu-2)$. Für $\mu = 6$ und $\mu = 7$ folgt die Maximalzahl der Rückkehrpunkte gleich 9 und 13 respektive. Da bei der Maximalzahl der Spitzen ein anderer Doppelpunkt nicht existiert, so sind solche Kurven, die Fälle $\mu = 3$ und $\mu = 4$ ausgenommen, nicht rational.

82. Weil mit einer Kurve auch ihre Reciproke gegeben ist, so müssen beide durch gleichviele Bedingungen bestimmt sein. Die Festsetzung, dass eine Kurve δ Doppelpunkte habe, ist aber δ Bedingungen äquivalent, wie am einfachen Beispiel des Kegelschnittes erläutert werden kann, der im allgemeinen durch fünf Bedingungen bestimmt, im Falle eines Doppelpunktes deren nur vier, zwei Punkte etwa in jeder Geraden, gestattet. Ebenso ist die Existenz einer Spitze zwei Bedingungen äquivalent. Eine Kurve von der Ordnung μ mit δ Doppelpunkten und $\varkappa$ Spitzen ist somit durch

$$\tfrac{1}{2}\mu(\mu+3) - \delta - 2\varkappa$$

Bedingungen bestimmt; ihre reciproke aber durch

$$\tfrac{1}{2}\nu(\nu+3) - \tau - 2\iota;$$

die Gleichheit beider Zahlen besagt die Gleichung 9).

Die Gleichung 10) zeigt, dass das Geschlecht oder der Defekt einer Kurve und ihrer reciproken Kurve identisch ist. Wir werden sofort die Erweiterung dieses Satzes auf Kurven in eindeutiger Korrespondenz zeigen. Im folgenden Kapitel werden wir auch die Bedeutung der Gleichung 11) erkennen.

Wenn wir mit Cayley α zur Abkürzung für

$$3\mu + \iota = 3\nu + \varkappa$$

gebrauchen, so erhalten wir

$$\begin{aligned}
\varkappa &= \alpha - 3\nu,\\
\iota &= \alpha - 3\mu,\\
2\delta &= \mu^2 - \mu + 8\nu - 3\alpha,\\
2\tau &= \nu^2 - \nu + 8\mu - 3\alpha,
\end{aligned}$$

d. h. alle andern Charaktere sind durch μ und ν in Verbindung mit α ausdrückbar.

83. Die Gleichheit des Geschlechts für eine Kurve und ihre Reciproke ist ein specieller Fall des allgemeinen Gesetzes von der Konstanz desselben für Kurven, welche sich eindeutig entsprechen, d. h. wo jedem Punkte und jeder Tangente der einen ein Punkt respektive eine Tangente (oder umgekehrt) der andern Kurve entspricht. Dasselbe kann nach dem Vorhergehenden auf Grund des in Art. 344 der „Kegelschnitte" gegebenen Princips bewiesen werden, dass in einem Gebilde erster Stufe, also hier in einer geraden Punktreihe oder in einem ebenen Strahlenbüschel, wo zwei Reihen von Elementen sich algebraisch so entsprechen, dass jedem Element der ersten n Elemente der zweiten und jedem Element der zweiten m Elemente der ersten zugeordnet sind, $(m+n)$ Elemente existieren, welche mit einem ihrer jedesmaligen entsprechenden zusammenfallen.

Es seien C_μ und $C_{\mu'}$ zwei einander eindeutig entsprechende Kurven von den respektiven Ordnungen μ, μ' in derselben Ebene und A, A' zwei entsprechende feste, X, X' zwei entsprechende bewegliche Punkte in diesen Kurven. Dann beschreibt der Durchschnittspunkt der Strahlen AX, $A'X'$ eine Kurve von der Ordnung $(\mu + \mu' - 2)$, wie aus dem angezogenen Satze sich sofort ergiebt, wenn man die Schnittpunkte der Büschel um A, A' mit einer beliebigen Geraden betrachtet; in dieser Kurve sind A und A' vielfache Punkte von den Graden $(\mu' - 1)$ und $(\mu - 1)$ respektive; ihre Rückkehrpunkte entsprechen den von A aus an die Kurve C_μ gehenden Tangenten und ihre von A ausgehenden Tangenten den Rückkehrpunkten von C_μ, so dass die Summe der Anzahlen der von A ausgehenden Tangenten t, t^* und der Rückkehrpunkte $\varkappa$, $\varkappa^*$ für die eine und für die andere Kurve die gleiche sein muss; ebenso für A', die Kurve der Schnittpunkte und $C_{\mu'}$. Denn wenn die Gerade AX die Kurve C_μ berührt, so berührt sie auch diesen Ort; wenn sie durch einen Doppelpunkt von C_μ geht, dem ein Doppelpunkt oder zwei verschiedene Punkte in $C_{\mu'}$ entsprechen können, so geht sie auch durch einen Doppelpunkt oder durch verschiedene Punkte des Ortes, und ist keinesfalls eine gewöhnliche Tangente derselben; wenn sie endlich eine Spitze von C_μ enthält, der eine Spitze oder ein Paar zusammenfallender Punkte in $C_{\mu'}$ entsprechen, so geht sie auch entweder durch eine Spitze der Ortskurve oder ist eine gewöhnliche Tangente derselben. Die erste Polare des einfachen Punktes A in Bezug auf die Kurve C_μ schneidet diese aber in

$$\mu(\mu-1)-2\delta-3\varkappa-2$$

Punkten der Berührung und die Summe $(t+\varkappa)$ ist also

$$=\mu(\mu-1)-2\delta-2\varkappa-2.$$

Die erste Polare von A in Bezug auf die Kurve von der Ordnung $(\mu+\mu'-2)$ hat aber in A selbst einen $(\mu'-1)$fachen Punkt mit denselben Tangenten mit dieser und in A' einen $(\mu-2)$fachen Punkt; sie erzeugt also eine nach Art. 76 zu bestimmende Zahl von Schnittpunkten, nach welchen die t^* Tangenten gehen und die Summe $(t^*+\varkappa^*)$ ist gleich

$$(\mu+\mu'-2)(\mu+\mu'-3)-\mu'(\mu'-1)-(\mu-1)(\mu-2)-2\delta^*-2\varkappa^*.$$

Man erhält also die Gleichung

$$\mu(\mu-1)-2\delta-2\varkappa-2=(\mu+\mu'-2)(\mu+\mu'-3)-\mu'(\mu'-1)$$
$$-(\mu-1)(\mu-2)-2\delta^*-2\varkappa^*;$$

und analog für die Kurve $C_{\mu'}$ die andere

$$\mu'(\mu'-1)-2\delta'-2\varkappa'-2=(\mu+\mu'-2)(\mu+\mu'-3)-\mu(\mu-1)$$
$$-(\mu'-1)(\mu'-2)-2\delta^*-2\varkappa^*.$$

Aus beiden folgt aber durch Subtraktion

$$2(\delta'+\varkappa'-\delta-\varkappa)=(\mu'-1)(\mu'-2)-(\mu-1)(\mu-2),$$

d. h. die Übereinstimmung des Geschlechts der Kurven C_μ, $C_{\mu'}$, welche sich eindeutig entsprechen.[14])

Drittes Kapitel.

Theorie der Enveloppen.

---

84. Wenn eine Kurve irgendwie von einem einzigen veränderlichen Parameter abhängt, so dass die Reihe seiner Werte einer Reihe von Kurven entspricht, so berühren alle diese Kurven im allgemeinen eine Kurve, die als die Enveloppe des Systems bezeichnet wird. Jede Kurve desselben wird von der nächstfolgenden vom Parameter abhängenden in einer Gruppe von Punkten geschnitten und der Ort dieser Punkte ist die Enveloppe, wie dies für den Fall der veränderlichen Kurve als einer Geraden schon bekannt ist. (Vergl. „Kegelschnitte" Art. 314 flg.)

Die Gleichung der Kurve kann entweder einen einzigen variabeln Parameter oder sie kann deren zwei oder mehrere enthalten, welche selbst durch eine Gleichung oder durch mehrere Gleichungen mit einander verbunden sind, so dass ein einziger Parameter veränderlich bleibt. Beide Fälle sind nicht wesentlich verschieden, aber es ist oft zweckmässig, den zweiten in einer besondern Art zu behandeln, nach einer Methode unbestimmter Multiplikatoren, die wir hier entwickeln wollen. Dieser zweite Fall begegnet am häufigsten in der Form, dass die Gleichung der Kurve die Koordinaten eines veränderlichen, jedoch auf eine feste Kurve beschränkten Punktes enthält oder, wie man sagt, dass die Kurve von einem in einer parametrischen Kurve sich bewegenden parametrischen Punkte abhängt. Es ergab sich z. B. (vergl. „Kegelschnitte" Art. 395), dass das Problem, die Polarreciproke einer gegebenen Kurve in Bezug auf den Kegelschnitt $x_1^2+x_2^2+x_3^2=0$ auszudrücken, mit dem andern identisch ist, die Enveloppe der Geraden $\xi_1 x_1+\xi_2 x_2+\xi_3 x_3=0$ zu bestimmen, wenn die

ξ_i der Gleichung der gegebenen Kurve genügen; die Gleichung der veränderlichen Geraden enthält zwei variable Paramater $\xi_1 : \xi_3$, $\xi_2 : \xi_3$, welche durch die Gleichung der gegebenen Kurve mit einander verbunden sind.

85. Die Gleichung der Kurve $T = 0$ enthalte zuerst einen einzigen veränderlichen Parameter t. Wenn wir die den aufeinander folgenden Werten t, $t + dt$ des Parameters entsprechenden Kurven durch $T = 0$ und $T_1 = 0$ repräsentieren, so geben diese Gleichungen oder das Paar $T = 0$, $T_1 - T = 0$ die Koordinaten der Durchschnittspunkte der beiden aufeinander folgenden Kurven. Wir haben

$$T_1 = T + d_t T \,.\, dt + \ldots \quad \text{oder} \quad T_1 - T = d_t T \,.\, dt + \ldots$$

und in der letzten Gleichung können, weil dt unendlich klein ist, auf der rechten Seite alle nach dem ersten folgenden Glieder vernachlässigt werden. Die Gleichungen $T = 0$, $d_t T = 0$ bestimmen somit eine vom Parameter t abhängige Gruppe von Punkten, und die Elimination von t zwischen diesen Gleichungen liefert daher die Gleichung des Ortes aller solcher Gruppen von Schnittpunkten aufeinander folgender Kurven, d. h. die Gleichung der Enveloppe.

Es ist ein wichtiger besonderer Fall, wenn die Gleichung den Parameter t rational enthält; wir können dann ohne Verlust an Allgemeinheit voraussetzen, dass T eine ganze und rationale Funktion von t sei, und das soeben beschriebene Verfahren zur Bildung der Gleichung der Enveloppe kommt überein mit dem, welches zur Bildung der Diskriminante von T als Funktion von t dient. Wenn also a, b, c, ... Funktionen der Koordinaten sind und

$$T \equiv at^n + nbt^{n-1} + \tfrac{1}{2}n(n-1)ct^{n-2} + \ldots,$$

so sind die Gleichungen der Enveloppe für die am häufigsten auftretenden Fälle $n = 2$, $n = 3$, $n = 4$ respektive (vergl. „Vorlesungen“ 2. Aufl. Art. 119, 195, 207)

2) $ac - b^2 = 0$;

3) $a^2d^2 + 4ac^3 + 4b^3d - 6abcd - 3b^2c^2 = 0$;

4) $(ae - 4bd + 3c^2)^3 - 27(ace + 2bcd - ad^2 - b^2e - c^3)^2 = 0$;

wobei zur letzten dieser Gleichungen bemerkt sein mag, dass in ihrer entwickelten Form die Glieder mit c^6 und mit c^4bd sich aufheben, so dass bei der Bestimmung des Grades dieser Gleichung in den Koordinaten aus den Graden, in welchen dieselben in a, b, ... enthalten sind, die Ordnung der Enveloppe niedriger erhalten werden kann, als der Grad eines jeden der beiden Teile der Gleichung.

Wenn wir in T die Koordinaten eines Punktes x_i' einsetzen, und die resultierende Gleichung

$$a' t^n + nb' t^{n-1} + \ldots = 0$$

für t auflösen, so erhalten wir offenbar n Lösungen, d. h. das System der durch $T = 0$ repräsentierten Kurven ist von solcher Art, dass durch einen beliebig gewählten festen Punkt n derselben hindurchgehen, und es geht aus dem Entwickelten hervor, dass für einen in der Enveloppe liegenden festen Punkt zwei von diesen Kurven zusammenfallen.

Der Fall, wo T von einem parametrischen Punkt abhängt, ist auf den eben betrachteten zurückführbar, wenn die parametrische Kurve eine Gerade, ein Kegelschnitt oder irgend eine andere Unikursal-Kurve ist; denn dann können nach Art. 44 die Koordinaten des parametrischen Punktes als rationale Funktionen eines Parameters ausgedrückt werden.

Beispiel 1. Man bestimme die Enveloppe von $at^n + bt^p + c = 0$ mit a, b, c als beliebigen Funktionen der Koordinaten. (Dies letztere soll für a, b, ... auch in allen folgenden Beispielen vorausgesetzt sein.) Die Kombination der Gleichung mit ihrem Differential nach t giebt $nat^{n-p} + pb = 0$, $(n-p)bt^p + nc = 0$; durch Elimination von t erhalten wir

$$n^n a^p c^{n-p} \pm p^p (n-p)^{(n-p)} b^n = 0,$$

wo das Zeichen $+$ für ungerade und das Zeichen $-$ für gerade n zu gebrauchen ist.

Beispiel 2. Man soll die Enveloppe von $a \cos^n \theta + b \sin^n \theta = c$ für θ als den veränderlichen Parameter bestimmen.

Wir haben $\frac{1}{n} d_\theta T = -a \cos^{n-1}\theta \sin\theta + b \sin^{n-1}\theta \cos\theta = 0$, also

$$\tan\theta = a^{\frac{1}{n-2}} : b^{\frac{1}{n-2}}, \quad \cos\theta = b^{\frac{1}{n-2}} : \sqrt{\left(a^{\frac{2}{n-2}} + b^{\frac{2}{n-2}}\right)},$$

$$\sin\theta = a^{\frac{1}{n-2}} : \sqrt{\left(a^{\frac{2}{n-2}} + b^{\frac{2}{n-2}}\right)}.$$

Durch Substitution dieser Werte und nachfolgende Reduktion erhalten wir die Gleichung der Enveloppe

$$a^{\frac{2}{2-n}} + b^{\frac{2}{2-n}} = c^{\frac{2}{2-n}}.$$

Insbesondere ist (vergl. „Kegelschnitte“ Art. 314) die Enveloppe von

$$a \cos \theta + b \sin \theta = c$$

durch $a^2 + b^2 = c^2$ gegeben. Umgekehrt kann jede Tangente der Kurve $x^m + y^m = c^m$ in der Form $x \cos^{\frac{2(m-1)}{m}} \theta + y \sin^{\frac{2(m-1)}{m}} \theta = c$ ausgedrückt werden mit $x = c \cos^{\frac{2}{m}} \theta$, $y = c \sin^{\frac{2}{m}} \theta$ als Koordinaten des Berührungspunktes. Dies kann auch als Beispiel einer Enveloppe dargestellt werden, welche von einem parametrischen Punkt in einer Unikursal-Kurve abhängt. Denn wenn wir $\cos \theta = \alpha$, $\sin \theta = \beta$ setzen, so sind α, β die Koordinaten eines in dem Kreise $\alpha^2 + \beta^2 = 1$ liegenden Punktes; und da der Kreis eine Kurve vom Geschlecht Null ist, so können diese Koordinaten in Funktion eines Parameters rational ausgedrückt werden. So können wir, wenn $t = \cos \theta + i \sin \theta$ ist, für α oder $\cos \theta$ setzen $\frac{1}{2}\left(t + \frac{1}{t}\right)$ und für β oder $\sin \theta$ ebenso $\frac{1}{2i}\left(t - \frac{1}{t}\right)$ und die Gleichung z. B. $a\alpha + b\beta = c$ wird

$$(a - bi) t^2 - 2ct + (a + bi) = 0,$$

als deren Enveloppe sich wie vorher ergiebt

$$(a + bi)(a - bi) = c^2 \quad \text{d. h.} \quad a^2 + b^2 = c^2.$$

Wenn die Einführung der imaginären Einheit vermieden werden soll, so setzt man $\tan \frac{1}{2} \theta = t$ und drückt („Kegelschnitte“ Art. 314) $\cos \theta$, $\sin \theta$ rational in Funktion t aus.

Beispiel 3. Sei die Kurve

$$a \cos 2\theta + b \sin 2\theta + c \cos \theta + d \sin \theta + e = 0.$$

Wir setzen $t = \cos \theta + i \sin \theta$ und erhalten

$$a\left(t^2 + \frac{1}{t^2}\right) - bi\left(t^2 - \frac{1}{t^2}\right) + c\left(t + \frac{1}{t}\right) - di\left(t - \frac{1}{t}\right) + 2e = 0,$$

oder

$$(a - bi) t^4 + (c - di) t^3 + 2et^2 + (c + di) t + (a + bi) = 0.$$

Wenn wir auf diese Gleichung die oben gegebene Form der Diskriminante der biquadratischen Gleichung mit Binomialkoefficienten anwenden, so erhalten wir

$$\{a^2 + b^2 - \tfrac{1}{4}(c^2 + d^2) + \tfrac{1}{3} e^2\}^3 =$$
$$= 27\{\tfrac{1}{3}(a^2 + b^2) e + \tfrac{1}{24}(c^2 + d^2) e - \tfrac{1}{8} a (c^2 - d^2) - \tfrac{1}{4} bcd - \tfrac{1}{27} e^3\}^2,$$

oder mit Beseitigung der Brüche

$$\{12(a^2 + b^2) - 3(c^2 + d^2) + 4e^2\}^3$$
$$= \{72(a^2 + b^2) e + 9(c^2 + d^2) e - 27 a (c^2 - d^2) - 54 bcd - 8e^3\}^2,$$

wobei anzumerken nützlich ist, dass der entwickelte Ausdruck weder e^6 noch $(c^2 + d^2) e^4$ enthält.

Beispiel 4. Ein andres Beispiel ist die Enveloppe der Geraden in einem Kegelschnitt, die den Oskulationspunkt mit dem andern Schnittpunkt des Krümmungskreises verbindet. „Kegelschnitte" Art. 239, 2 giebt für diese Gerade die Gleichung $\frac{x}{a}\cos\alpha - \frac{y}{b}\sin\alpha = \cos 2\alpha$; also aus Beispiel 3 für $c = \frac{x}{a}$, $d = \frac{y}{b}$, $a = -1$, $b = 0$, $c = 0$ die Gleichung der Enveloppe

$$\left(\frac{x^2}{a^2} + \frac{y^2}{b^2} - 4\right)^3 + 27\left(\frac{x^2}{a^2} - \frac{y^2}{b^2}\right)^2 = 0.$$

Es ist eine Kurve sechster Ordnung mit vier Spitzen in $x = a\sqrt{2}$, $y = b\sqrt{2}$ und sechs andern Doppelpunkten; daher auch sechster Klasse mit vier Inflexionen und sechs Doppeltangenten.

Beispiel 5. Man entwickele die Gleichung der Parallelkurve eines Kegelschnitts, d. h. des Ortes der Endpunkte von gleichen in den Normalen des Kegelschnitts von ihren Fusspunkten aus abgetragenen Stücken r. Wir haben („Kegelschnitte" Art. 348, 2) diese Kurve als den Ort des Mittelpunktes eines Kreises von konstantem Radius betrachtet, der den Kegelschnitt stets berührt, sie kann aber offenbar auch als die Enveloppe eines Kreises von konstantem Radius betrachtet werden, dessen Centrum den Kegelschnitt beschreibt. Wir haben dann die Enveloppe von

$$(x-\alpha)^2 + (y-\beta)^2 - r^2 = 0$$

zu bestimmen, wo der parametrische Punkt α, β den Kegelschnitt durchläuft und, weil der Kegelschnitt eine Unikursalkurve ist, so kommt dies auf den diskutierten Fall zurück. Sei $\frac{x^2}{a^2} + \frac{y^2}{b^2} = 1$ der Kegelschnitt und setzen wir $a\cos\theta$ und $b\sin\theta$ für α und β, so erhalten wir aus

$$\alpha^2 + \beta^2 - 2\alpha x - 2\beta y + x^2 + y^2 - r^2$$

den Ausdruck

$$(a^2 - b^2)\cos 2\theta - 4ax\cos\theta - 4by\sin\theta + 2(x^2+y^2) + a^2 + b^2 - 2r^2,$$

der in der allgemeineren Form des vorletzten Beispiels mit inbegriffen ist. Von da aus erhalten wir ein Resultat, welches sich entwickelt mit dem a. a. O. gegebenen identisch erweist.

86. Wir wollen den besondern Fall etwas näher untersuchen, wo T in t algebraisch und vom ersten Grade in den Koordinaten ist, so dass es gleich Null gesetzt eine gerade Linie darstellt, d. h. wir untersuchen die Enveloppe von

$$at^n + nbt^{n-1} + \ldots = 0$$

für a, b, ... als lineare Funktionen der Koordinaten.* Dann ist die Enveloppe offenbar eine Kurve n^{ter} Klasse, weil

* Bringt man $T = 0$ auf die Normalform der Gleichung der Geraden („Kegelschnitte" Art. 34) $T^* = 0$, so giebt die Differentiation derselben die Normale im entsprechenden Punkt der Enveloppe.

nach Art. 85 durch einen beliebigen Punkt n Tangenten derselben gehen; und die Ordnungszahl der Enveloppe ist $2(n-1)$, weil die Diskriminante von $at^n + \ldots = 0$ vom Grade $2(n-1)$ in den Koefficienten $a, b, \ldots$ ist („Vorlesungen" 2. Aufl. Art. 105), die ihrerseits die Koordinaten linear enthalten. Man kann überdies zwei andere Charaktere der Enveloppe leicht bestimmen. Zuerst, sie hat im allgemeinen keine Inflexionspunkte; denn in einem Inflexionspunkt fallen zwei aufeinander folgende Tangenten zusammen, d. h. $T=0$ und $d_t T = 0$ müssen dieselbe Gerade repräsentieren; dies aber, weil es die Übereinstimmung der Konstanten ihrer Gleichungen erfordert, also für lineare Gleichungen zwei Bedingungen giebt, kann im allgemeinen nicht durch die Wahl des einzigen verfügbaren Parameters t erreicht werden.

Die Zahl der Spitzen der Enveloppe ist $3(n-2)$. Die Spitze ist als die der Inflexionstangente reciproke Singularität der Schnittpunkt von drei aufeinander folgenden Tangenten; für eine Spitze werden also die Gleichungen

$$T=0, \quad d_t T = 0, \quad d_t^2 T = 0$$

zugleich erfüllt sein, oder durch leichte Reduktion

$$T_{11} = at^{n-2} + (n-2)\, bt^{n-3} + \tfrac{1}{2}(n-2)(n-3)\, ct^{n-4} + \ldots = 0,$$
$$T_{12} = bt^{n-2} + (n-2)\, ct^{n-3} + \tfrac{1}{2}(n-2)(n-3)\, dt^{n-4} + \ldots = 0,$$
$$T_{22} = ct^{n-2} + (n-2)\, dt^{n-3} + \tfrac{1}{2}(n-2)(n-3)\, et^{n-4} + \ldots = 0;$$

wo T_{11}, T_{12}, T_{22} die drei zweiten Differentiale der durch Einführung einer zweiten Variabeln homogen gemachten Funktion T sind. Wenn wir zwischen diesen Gleichungen x und y eliminieren, welche linear in dieselben eingehen, so ist die resultierende Gleichung in t vom Grade $3(n-2)$ und giebt also ebenso viel Lösungen. In der That, wenn wir T in die Form

$$xU + yV + zW$$

setzen, in welcher U, V, W nur t und Konstanten enthalten, so giebt die Determinante

$$\begin{vmatrix} U_{11}, & V_{11}, & W_{11} \\ U_{12}, & V_{12}, & W_{12} \\ U_{13}, & V_{13}, & W_{13} \end{vmatrix} = 0$$

die den $3(n-2)$ Spitzen entsprechenden Werte von t.

Die Bestimmung der Zahl der Doppelpunkte in der Enveloppe kommt auf die Bestimmung der Ordnung des Systems von Bedingungen hinaus, unter welchen $T=0$ zwei verschiedene Paare von gleichen Wurzeln hat[15]), und das Problem der Bestimmung der Anzahl von Doppeltangenten der Enveloppe ist das von der Bestimmung der Ordnung des Systems von Bedingungen, unter welchen $T=0$ für verschiedene Werte von t dieselbe Gerade repräsentiert; oder mit andern Worten der Zahl von Arten, in welchen es möglich ist, ein Paar Werte t', t'' von t so zu bestimmen, dass die Verhältnisgleichheit

$$U':V':W'=U'':V'':W''$$

stattfindet. Es ist aber nicht nötig, die Untersuchung dieser Probleme hier zu geben, weil wir durch die Plückerschen Gleichungen aus den schon gefundenen Charakteren δ und τ bestimmen können; mit $2(n-1)$ und n für μ und ν und mit $\iota=0$ finden wir

$$\begin{aligned}\varkappa &= 3(n-2),\\ \delta &= 2(n-2)(n-3),\\ \tau &= \tfrac{1}{2}(n-1)(n-2).\end{aligned}$$

87. Wir betrachten nun den Fall, in welchem die Gleichung k Parameter enthält, die durch $(k-1)$ Gleichungen mit einander verbunden sind. Um die Ideen zu fixieren, nehmen wir an, dass die Gleichung $U=0$ die durch die zwei Gleichungen $V=0$, $W=0$ verbundenen Parameter α, β, γ enthalte. Wir können dann β, γ als Funktionen von α betrachten, die durch die beiden Gleichungen $V=0$, $W=0$ bestimmt sind. Das Verfahren zur Bestimmung der Enveloppe in seiner ursprünglichen Form besteht dann in der Elimination von α zwischen den gegebenen Gleichungen und

$$\frac{dU}{d\alpha}+\frac{dU}{d\beta}\frac{d\beta}{d\alpha}+\frac{dU}{d\gamma}\frac{d\gamma}{d\alpha}=0.$$

Es sind darin $\frac{d\beta}{d\alpha}$, $\frac{d\gamma}{d\alpha}$ Funktionen von α, die aus

$$\begin{aligned}\frac{dV}{d\alpha}+\frac{dV}{d\beta}\frac{d\beta}{d\alpha}+\frac{dV}{d\gamma}\frac{d\gamma}{d\alpha}&=0,\\ \frac{dW}{d\alpha}+\frac{dW}{d\beta}\frac{d\beta}{d\alpha}+\frac{dW}{d\gamma}\frac{d\gamma}{d\alpha}&=0\end{aligned}$$

bestimmt sind. Diese drei Gleichungen liefern

$$\nabla = \begin{vmatrix} \frac{dU}{d\alpha}, & \frac{dU}{d\beta}, & \frac{dU}{d\gamma} \\ \frac{dV}{d\alpha}, & \frac{dV}{d\beta}, & \frac{dV}{d\gamma} \\ \frac{dW}{d\alpha}, & \frac{dW}{d\beta}, & \frac{dW}{d\gamma} \end{vmatrix} = 0$$

und das Endresultat wird durch Elimination von α, β, γ zwischen $U=0$, $V=0$, $W=0$, $\nabla=0$ erhalten. Aber $\nabla=0$ ist offenbar auch das Resultat der Elimination von λ, μ zwischen den Gleichungen

$$\frac{dU}{d\alpha}+\lambda\frac{dV}{d\alpha}+\mu\frac{dW}{d\alpha}=0,$$
$$\frac{dU}{d\beta}+\lambda\frac{dV}{d\beta}+\mu\frac{dW}{d\beta}=0,$$
$$\frac{dU}{d\gamma}+\lambda\frac{dV}{d\gamma}+\mu\frac{dW}{d\gamma}=0,$$

so dass das Resultat auch durch die Elimination von α, β, γ, λ, μ zwischen diesen letzten drei Gleichungen und den ursprünglich gegebenen erhalten werden kann. Dies ist die Methode der unbestimmten Multiplikatoren, auf welche in Art. 84 hingedeutet ist.

88. Von Wichtigkeit ist der Fall, wo U in $(k+1)$ Parametern homogen ist, welche durch $(k-1)$ homogene Gleichungen verbunden sind. Er ist in Wahrheit mit dem Vorigen gleichbedeutend, weil die $(k+1)$ Parameter durch die Verhältnisse ersetzt werden können, welche k von ihnen mit dem $(k+1)^{\text{ten}}$ bilden. Aber es ist symmetrischer, die sämtlichen $(k+1)$ Gleichungen zu benutzen, welche die Methode der unbestimmten Multiplikatoren liefert und die infolge des Satzes von den homogenen Funktionen durch eine Relation verbunden sind, die sie auf k Gleichungen reduziert. Ist also z. B. U in α, β, γ, den Koordinaten des parametrischen Punktes in der Kurve $V=0$, homogen, so giebt die Methode der unbestimmten Multiplikatoren zu den beiden Originalgleichungen die drei neuen

$$\frac{dU}{d\alpha}+\lambda\frac{dV}{d\alpha}=0, \quad \frac{dU}{d\beta}+\lambda\frac{dV}{d\beta}=0, \quad \frac{dU}{d\gamma}+\lambda\frac{dV}{d\gamma}=0.$$

Aber die letzten drei sind zweien Gleichungen äquivalent, weil sie mit α, β, γ respektive multipliziert die Gleichung $mU + \lambda n V = 0$ hervorbringen, die aus den Gleichungen $U = 0$, $V = 0$ hervorgeht. Wir haben somit vier Gleichungen, aus welchen wir infolge ihrer Homogenität die vier Grössen α, β, γ, λ eliminieren und so die Gleichung der Enveloppe bilden können.

Beispiel. Die Enveloppe von

$$U \equiv (A\alpha)^m + (B\beta)^m + (C\gamma)^m = 0$$

soll unter der Voraussetzung bestimmt werden, dass α, β, γ durch die Relation

$$V \equiv (a\alpha)^n + (b\beta)^n + (c\gamma)^n = 0$$

verbunden sind.

Die Methode der unbestimmten Multiplikatoren giebt

$$mA^m \alpha^{m-1} + \lambda n a^n \alpha^{n-1} = 0,$$
$$mB^m \beta^{m-1} + \lambda n b^n \beta^{n-1} = 0,$$
$$mC^m \gamma^{m-1} + \lambda n c^n \gamma^{n-1} = 0;$$

man erhält also mit der Bezeichnung $\frac{\lambda n}{m} = -\mu^{m-n}$

$$A\alpha = \mu \left(\frac{a}{A}\right)^{\frac{n}{m-n}}, \quad B\beta = \mu \left(\frac{b}{B}\right)^{\frac{n}{m-n}}, \quad C\gamma = \mu \left(\frac{c}{C}\right)^{\frac{n}{m-n}}$$

und durch Substitution in U die Gleichung der Enveloppe

$$\left(\frac{a}{A}\right)^{\frac{mn}{m-n}} + \left(\frac{b}{B}\right)^{\frac{mn}{m-n}} + \left(\frac{c}{C}\right)^{\frac{mn}{m-n}} = 0.$$

89. Cayley hat den Fall einer Kurve $U = 0$ betrachtet, deren Gleichung zwei oder mehrere unabhängige Parameter enthält. Sind z. B. α, β die beiden Parameter, so erhalten wir aus den Gleichungen

$$U = 0, \quad \frac{dU}{d\alpha} = 0, \quad \frac{dU}{d\beta} = 0$$

durch Elimination von α, β die Gleichung einer Enveloppe. Wir bemerken aber, dass wir aus denselben Gleichungen die Koordinaten x, y eliminieren können und dass dieselben also eine Relation zwischen den Parametern $\varphi(\alpha, \beta) = 0$ implicite enthalten. Dies bestimmt in dem zweifach unendlichen System von Kurven $U = 0$ ein einfach unendliches System, für welches die Parameter dieser Bedingungsgleichung genügen. Wenn wir irgend eine Kurve des zweifachen Systems und die nächstfolgende, den Nachbarwerten $\alpha + d\alpha$, $\beta + d\beta$ der Parameter entsprechende Kurve betrachten, so schneiden sich beide in einer Gruppe von Punkten, welche im allgemeinen von dem Verhältnis $d\beta : d\alpha$ der Wachstümer der Parameter abhängig sind; gehört aber die Kurve zu dem einfachen System, so ist die Gruppe dieser Punkte von dem fraglichen Verhältnis unabhängig. Die Koordinaten der Schnittpunkte genügen den Gleichungen

$$U = 0, \quad \frac{dU}{d\alpha} = 0, \quad \frac{dU}{d\beta} = 0$$

und also auch der Gleichung

$$U + \frac{dU}{d\alpha} d\alpha + \frac{dU}{d\beta} d\beta = 0$$

für jeden Wert des Verhältnisses $d\beta : d\alpha$. So erkennen wir, dass eine Kurve des einfachen Systems durch jede folgende Kurve des doppelten Systems in der nämlichen Gruppe von Punkten geschnitten wird und dass der Ort dieser Punkte die Enveloppe liefert. In dem Fall eines einfachen Parameters ist die Enveloppe der Ort einer Gruppe von Punkten in jeder Kurve des Systems und mag als eine allgemeine Enveloppe bezeichnet werden; im Fall zweier Parameter ist die Enveloppe der Ort einer Gruppe von Punkten, die nicht in jeder Kurve des Systems, sondern nur in den Kurven des einfachen Systems liegen, für welches die Parameter der Gleichung $\varphi(\alpha, \beta) = 0$ genügen, und sie mag eine specielle Enveloppe heissen. Die nämliche Theorie ist auf den Fall einer beliebigen Zahl von Parametern anwendbar und es giebt immer ein resultierendes einfaches System von Kurven.

90. Cayley hat auch eine Schwierigkeit erklärt, der man in der in Art. 84 flg. vorgetragenen Theorie der Enveloppen begegnet, indem man der Auffassung der Enveloppe als Ort der Durchschnitte benachbarter Kurven des Systems die andere zur Seite stellt, wonach sie aufgefasst werden kann als Enveloppe der gemeinsamen Tangenten dieser benachbarten Kurven; in der That ist ja jede dieser gemeinsamen Tangenten Tangente der Enveloppe in einem gemeinsamen Punkt derselben zwei Kurven.

Wenn aber die veränderliche Kurve von der Ordnung μ und der Klasse ν ist, so ist die Zahl der gemeinsamen Punkte μ^2 und die der gemeinsamen Tangenten ν^2, während doch jene und diese paarweis zusammen gehören sollen, verbunden durch die Enveloppe. Die Erklärung hängt an den Singularitäten der veränderlichen Kurve. Nehmen wir an, sie habe δ Doppelpunkte, $\varkappa$ Spitzen, τ Doppeltangenten und ι Inflexionen, so schneidet sie die nächstbenachbarte Kurve in zwei benachbarten Punkten in jedem Doppelpunkt und in dreien in jeder Spitze, so dass $2\delta + 3\varkappa$ solche Schnittpunkte und ausserdem $\mu^2 - 2\delta - 3\varkappa$ andere existieren; und reciprok hat die Kurve in jeder Doppeltangente zwei und in jeder Inflexionstangente drei benachbarte Tangenten mit dieser Nachbarkurve gemein, so dass ausser solchen $2\tau + 3\iota$ noch $\nu^2 - 2\tau - 3\iota$ andere gemeinsame Tangenten der benachbarten Kurven vorhanden sind. Wir sahen in Art. 82, dass in der That

$$\mu^2 - 2\delta - 3\varkappa = \nu^2 - 2\tau - 3\iota = \mu + \nu$$

ist. Jeder der $\mu^2 - 2\delta - 3\varkappa$ Punkte ist nicht ein Berührungspunkt, sondern ein gewöhnlicher Schnittpunkt der beiden Kurven, hat aber eine der $\nu^2 - 2\tau - 3\iota$ gemeinsamen Tangenten derselben zugeordnet gemein, so dass die Enveloppe gleichzeitig der Ort der Systeme von $\mu^2 - 2\delta - 3\varkappa$ oder von $\mu + \nu$ Punkten und die Enveloppe der Systeme von $\nu^2 - 2\tau - 3\iota$ oder von $\mu + \nu$ Tangenten ist.

Die vollständige Enveloppe der veränderlichen Curve besteht hiernach aus der eben näher erklärten eigentlichen Enveloppe, aus dem zweifach zählenden Ort der Doppelpunkte, dem dreifach zählenden Ort der Spitzen, der zweifach zählenden Enveloppe der Doppeltangenten und der dreifach zählenden Enveloppe der Inflexionstangenten derselben. Wir bemerken, dass im vorigen die Zahlen μ, ν, δ, $\varkappa$, τ, ι von der dem allgemeinen Wert des veränderlichen Parameters entsprechenden Kurve gelten; für specielle Werte des Parameters kann die veränderliche Kurve Punkt- oder Tangenten-Singularitäten erhalten oder verlieren, so dass jene Zahlen sich ändern.

91. **Reciprokalkurven.** Es sei verlangt, die Enveloppe einer Geraden

$$\xi_1 x_1 + \xi_2 x_2 + \xi_3 x_3 = 0$$

zu bestimmen, wenn die ξ_i durch eine Relation $\Sigma = 0$ verbunden sind, mit andern Worten, aus der Gleichung $\Sigma = 0$ einer Kurve in Linienkoordinaten zu ihrer Gleichung in Punktkoordinaten überzugehen. Die Methode des Art. 88 zeigt, dass wir von den Gleichungen

$$\Sigma = 0, \quad \xi_1 x_1 + \ldots = 0$$

durch Kombination derselben mit

$$\frac{d\Sigma}{d\xi_1} + \lambda x_1 = 0, \quad \frac{d\Sigma}{d\xi_2} + \lambda x_2 = 0, \quad \frac{d\Sigma}{d\xi_3} + \lambda x_3 = 0$$

und durch Elimination von $\xi_1, \xi_2, \xi_3, \lambda$ zwischen diesen Gleichungen das Resultat erhalten.

Die Lösung des reciproken Problems, von der Gleichung der Kurve in Punktkoordinaten $S = 0$ zur Gleichung in Linienkoordinaten überzugehen, hängt von einer ganz analogen Elimination ab, nämlich von der Elimination von x_1, x_2, x_3 und λ zwischen $S = 0$, $\xi_1 x_1 + \xi_2 x_2 + \xi_3 x_3 = 0$ und

$$\frac{dS}{dx_1} + \lambda \xi_1 = 0, \quad \frac{dS}{dx_2} + \lambda \xi_2 = 0, \quad \frac{dS}{dx_3} + \lambda \xi_3 = 0;$$

man gelangt zu diesem System von Gleichungen auch unmittelbar aus der Betrachtung, dass die Identität der Geraden $\xi_1 x_1 + \ldots = 0$ mit der Tangente der Kurve im Punkte x_i nach der wohlbekannten Form der Gleichung der Tangente (Art. 64) die Proportionalität der ξ_i zu den $\frac{dS}{dx_i}$ respektive erfordert. Wir haben (Art. 84 und „Kegelschnitte" Art. 395) auch erwähnt, dass das Problem, von der Gleichung einer Kurve in Punktkoordinaten zur Gleichung derselben in Linienkoordinaten überzugehen, mit dem Problem übereinstimmt, die Gleichung der Reciprokalkurve derselben in Bezug auf die Kurve zweiten Grades $x_1^2 + x_2^2 + x_3^2 = 0$ zu bilden.[16])

Beispiel. Die Gleichung von

$$(a_1 x_1)^m + (a_2 x_2)^m + (a_3 x_3)^m = 0$$

in Linienkoordinaten abzuleiten. Wir haben in diesem Falle

$$(a_1 x_1)^{m-1} + \frac{\lambda}{m}\frac{\xi_1}{a_1} = 0, \quad (a_2 x_2)^{m-1} + \frac{\lambda}{m}\frac{\xi_2}{a_2} = 0,$$

$$(a_3 x_3)^{m-1} + \frac{\lambda}{m}\frac{\xi_3}{a_3} = 0,$$

also

$$\left(\frac{\xi_1}{a_1}\right)^{\frac{m}{m-1}} + \left(\frac{\xi_2}{a_2}\right)^{\frac{m}{m-1}} + \left(\frac{\xi_3}{a_3}\right)^{\frac{m}{m-1}} = 0.$$

92. Die soeben angezeigte Methode zur Aufstellung der Gleichung der Reciprokalkurve ist in der Praxis zumeist nicht die zweckmässigste; die folgende scheint in der Mehrzahl der Fälle den Vorzug zu verdienen. Sei die Gleichung der Kurve in der Form

$$u^{(n)} + u^{(n-1)} x_3 + u^{(n-2)} x_3^2 + \ldots = 0$$

gegeben, so können wir x_3 mittelst der Gleichung

$$\xi_1 x_1 + \xi_2 x_2 + \xi_3 x_3 = 0$$

eliminieren und erhalten

$$\xi_3^n u^{(n)} - \xi_3^{n-1}(\xi_1 x_1 + \xi_2 x_2) u^{(n-1)} + \xi_3^{n-2}(\xi_1 x_1 + \xi_2 x_2)^2 u^{(n-2)} - \ldots = 0,$$

eine in den Veränderlichen x_1, x_2 homogene Gleichung; die gleich Null gesetzte Diskriminante dieser Gleichung als einer binären Form giebt die Gleichung der Reciprokalkurve, mit dem Faktor $\xi_3^{n(n-1)}$ multipliziert.

So erhält man z. B. für die Gleichung

$$x_1^3 + x_2^3 + x_3^3 + 6 m x_1 x_2 x_3 = 0$$

durch Elimination von x_3 zunächst

$$(\xi_1 x_1 + \xi_2 x_2)^3 + 6 m x_1 x_2 \xi_3^2 (\xi_1 x_1 + \xi_2 x_2) - \xi_3^3 (x_1^3 + x_2^3) = 0,$$

oder

$$(\xi_1^3 - \xi_3^3,\ \xi_1^2 \xi_2 + 2m \xi_1 \xi_3^2,\ \xi_1 \xi_2^2 + 2m \xi_2 \xi_3^2,\ \xi_2^3 - \xi_3^3 \between x_1, x_2)^3 = 0^*,$$

deren Diskriminante durch ξ_3^6 dividiert die Gleichung der Reciprokalkurve oder die Gleichung der Kurve in Linienkoordinaten liefert:

* Wir brauchen die Bezeichnung $(a, b, \ldots \between x, y)^n$ für die binäre Form mit Binomialkoefficienten

$$a x^n + n b x^{n-1} y + \tfrac{1}{2} n (n-1) c x^{n-2} y^2 + \ldots$$

und behalten die andere $(a, b, \ldots \between x, y)^n$ für die ohne Binomialkoefficienten geschriebene Form (vergl. „Vorlesungen“ Art. 61, 104).

$$\xi_1{}^6 + \xi_2{}^6 + \xi_3{}^6 - (2 + 32m^3)(\xi_2{}^3\xi_3{}^3 + \xi_3{}^3\xi_1{}^3 + \xi_1{}^3\xi_2{}^3)$$
$$- 24m^2\xi_1\xi_2\xi_3(\xi_1{}^3 + \xi_2{}^3 + \xi_3{}^3) - (24m + 48m^4)\xi_1{}^2\xi_2{}^2\xi_3{}^2 = 0.$$

Auf demselben Wege können die Linienkoordinatengleichungen der durch die allgemeine Gleichung in Punktkoordinaten dargestellten Kurven dritter und vierter Ordnung gebildet werden, die wir später mitteilen.

93. Ein Hauptvorzug der zuletzt gegebenen Methode besteht darin, dass sie uns gestattet, die Gleichung der Reciprokalkurve in der symbolischen Form darzustellen, welche in der XIV. der „Vorlesungen" erklärt ist. Wenn die ternäre Form durch Elimination von x_3, mittelst der Gleichung $\xi_1 x_1 + \ldots = 0$, auf eine binäre reduziert ist, so gelten für die Differentiale der binären Form nach x_1 und x_2 die Regeln

$$\frac{d}{dx_1} = \frac{d}{dx_1} - \frac{\xi_1}{\xi_3}\frac{d}{dx_3}, \quad \frac{d}{dx_2} = \frac{d}{dx_2} - \frac{\xi_2}{\xi_3}\frac{d}{dx_3}.$$

Wenn wir aber diese Regeln auf das Symbol (12) anwenden, durch welches

$$\frac{d}{dx_1{}^{(1)}}\frac{d}{dx_2{}^{(2)}} - \frac{d}{dx_1{}^{(2)}}\frac{d}{dx_2{}^{(1)}}$$

repräsentiert wird, so wird dies in

$$\frac{1}{\xi_3}\left\{\xi_1\left(\frac{d}{dx_2{}^{(1)}}\frac{d}{dx_3{}^{(2)}} - \frac{d}{dx_2{}^{(2)}}\frac{d}{dx_3{}^{(1)}}\right)\right.$$
$$\left. + \xi_2\left(\frac{d}{dx_3{}^{(1)}}\frac{d}{dx_1{}^{(2)}} - \frac{d}{dx_3{}^{(2)}}\frac{d}{dx_1{}^{(1)}}\right) + \xi_3\left(\frac{d}{dx_1{}^{(1)}}\frac{d}{dx_2{}^{(2)}} - \frac{d}{dx_1{}^{(2)}}\frac{d}{dx_2{}^{(1)}}\right)\right\}$$

übergeführt; oder das auf die binäre Form angewandte Symbol weicht nur durch den Faktor ξ_3 von dem auf die ternäre Form angewendeten kontravarianten Symbol $(\xi_1 12)$ ab.

Wenn also eine Gerade $\xi_1 x_1 + \ldots = 0$ eine Kurve so schneidet, dass die Schnittpunkte einer invarianten Relation von bekannter Symbolform genügen, so kann die Gleichung ihrer Enveloppe in Linienkoordinaten in derselben Form sofort angegeben werden. Es ist z. B. die Diskriminante einer binären kubischen Form bekanntlich $(12)^2(34)^2(13)(24)$; wenn also eine gerade Linie $\xi_1 x_1 + \ldots = 0$ eine Kurve dritter Ordnung in drei Punkten von verschwindender Diskriminante schneidet, d. h. wenn sie die Kurve berührt, so müssen wir haben

$$(\xi_1\,12)^2\,(\xi_1\,34)^2\,(\xi_1\,13)\,(\xi_1\,24)=0.$$

Ebenso ist die Diskriminante einer binären biquadratischen Form bekanntlich $S^3=27\,T^2$ für S und T als zwei Invarianten, deren symbolische Formen respektive

$$(12)^4 \quad \text{und} \quad (12)^2\,(23)^2\,(31)^2$$

sind. Es folgt daraus sofort, dass die Gleichung der Reciprokalkurve einer Kurve vierter Ordnung durch $S^3=27\,T^2$ dargestellt wird, wenn S für $(\xi_1\,12)^4$ und T für

$$(\xi_1\,12)^2\,(\xi_1\,23)^2\,(\xi_1\,31)^2$$

gesetzt wird; so dass $S=0$ eine Kurve vierter Klasse darstellt, die die Enveloppe von Geraden ist, welche die Kurve vierter Ordnung in Punkten schneiden, für die die Invariante S verschwindet (vergl. „Kegelschnitte“ Art. 340), und $T=0$ eine Kurve sechster Klasse, die Enveloppe von Geraden, die die Kurve in vier harmonischen Punkten schneiden und für die daher die Invariante T verschwindet.

94. Wir gaben in Art. 78 eine Methode zur Bildung der Gleichung der Tangenten, die von einem gegebenen Punkte x_i' an eine Kurve gehen; wenn wir in Besitz der Gleichung der Reciprokalkurve oder der Gleichung derselben in Linienkoordinaten sind, so ist jenes Problem in der That gelöst, weil nur erfordert wird, in dieselbe für die ξ_i die $x_j x_k' - x_k x_j'$ zu substituieren, um die Bedingung zu erhalten, unter welcher die Verbindungslinie der Punkte x_i, x_i' die Kurve berührt, eine Bedingung, welcher offenbar durch die in den Tangenten der Kurve von x_i' aus liegenden Punkte genügt wird. (Vergl. „Kegelschnitte“ Art. 326.)

Umgekehrt wird nach dem in Art. 63 erklärten Verfahren die Gleichung des Systems von Tangenten in der Form einer homogenen Funktion der Grössen $(x_2 x'_3 - x'_2 x_3,\ x_3 x'_1 - x'_3 x_1,\ x_1 x'_2 - x'_1 x_2)$ gefunden und durch Einführung von ξ_1, ξ_2, ξ_3 für dieselben somit die Gleichung der Reciprokalkurve bestimmt.

Damit erhalten wir sofort einen zu dem Satze des Art. 92 analogen Satz, nach welchem wir aus der Gleichung der

Kurve in Linienkoordinaten die Gleichung des Ortes eines Punktes symbolisch bilden können, für welchen das System der von ihm ausgehenden Tangenten der Kurve einer gegebenen invarianten Relation genügt. Setzen wir $x_3 = 0$ in der Gleichung des Tangentenbüschels, so entsteht die Gleichung eines von dem Fundamentalpunkt $x_1 = x_2 = 0$ ausgehenden zu jenem für $x_3 = 0$ als Axe perspektivischen Büschels, welches derselben invarianten Relation genügt. Aus der soeben zur Bildung der Gleichung des Tangentenbüschels gegebenen Methode folgt aber

$$\frac{d}{dx_1} = x'_2 \frac{d}{d\xi_3} - x_3' \frac{d}{d\xi_2}, \quad \frac{d}{dx_2} = -x'_1 \frac{d}{d\xi_3} + x'_3 \frac{d}{d\xi_1},$$

also wie oben

$$\frac{d}{dx_1^{(1)}}\frac{d}{dx_2^{(2)}} - \frac{d}{dx_1^{(2)}}\frac{d}{dx_2^{(1)}} = x'_3 \left\{ x'_1 \left(\frac{d}{d\xi_2^{(1)}}\frac{d}{d\xi_3^{(2)}} - \frac{d}{d\xi_2^{(2)}}\frac{d}{d\xi_3^{(1)}} \right) \right.$$

$$\left. + x'_2 \left(\frac{d}{d\xi_3^{(1)}}\frac{d}{d\xi_1^{(2)}} - \frac{d}{d\xi_3^{(2)}}\frac{d}{d\xi_1^{(1)}} \right) + x'_3 \left(\frac{d}{d\xi_1^{(1)}}\frac{d}{d\xi_2^{(2)}} - \frac{d}{d\xi_1^{(2)}}\frac{d}{d\xi_2^{(1)}} \right) \right\},$$

so dass wir die Regel erhalten, es sei für jeden Faktor (12) in dem invarianten Symbol, welchem das Tangentenbüschel entsprechen soll, $(x'_2\, 12)$ zu substituieren und mit dem so entstehenden Symbol an der Gleichung der Kurve in Linienkoordinaten zu operieren.

95. Wenn die Gleichung einer Kurve in Polarkoordinaten gegeben ist, so kann die Gleichung ihrer reciproken Polare in Bezug auf einen Kreis mit dem Pol als Centrum direkt gefunden werden. Wenn wir auf dem Radius vektor OP ein Stück OP' abtragen, das dem nächstfolgenden Radius vektor OQ gleich ist, so ist $PP' = d\varrho$, $P'Q = \varrho\, d\omega$,

$$\tan OPQ = \frac{\varrho\, d\omega}{d\varrho}$$

und $\varrho \sin OPQ$ die Länge der Normale auf die Tangente. Ist die Gleichung der Kurve z. B. $\varrho^m = a^m \cos m\omega$, so erhalten wir durch das logarithmische Differential

$$\frac{d\varrho}{\varrho} = -\tan m\omega\, d\omega, \quad \frac{\varrho\, d\omega}{d\varrho} = -\cot m\omega,$$

und wenn θ der spitze Winkel ist, den der Radius vektor mit der Tangente macht, so wird $\theta = 90^0 - m\omega$ und die Normale zur Tangente $\varrho \sin\theta = \varrho \cos m\omega$. Der Winkel zwischen der Normale und dem Radius vektor ist $= m\omega$ und derjenige zwischen der Normalen und der Geraden, von welcher aus ω gemessen wird, ist $= (m+1)\omega$. Aber der Radius vektor der reciproken Kurve ist der Reciproke der Normale zur Tangente, die Gleichung der reciproken Kurve ist somit auch von der Form

$$\varrho^m = a^m \cos m\omega,$$

nur dass der neue Wert von m gleich $-\frac{m}{m+1}$ ist. Diese Kurvenfamilie schliesst verschiedene besonders wichtige Formen in sich: Für $m=1$ den Kreis, für $m=-1$ die gerade Linie, für $m=2$ die gewöhnliche Lemniskate, für $m=-2$ die gleichseitige Hyperbel, für $m=\frac{1}{2}$ die Kardioide, für $m=-\frac{1}{2}$ die Parabel, etc.

96. Berührung zwischen zwei Kurven. In Art. 90 bemerkten wir, dass das Problem von der Bildung der Gleichung der Reciprokalkurve mit dem andern Problem übereinstimmt, die Bedingung aufzustellen, unter welcher eine gerade Linie die gegebene Kurve berührt, weil beide gelöst werden, indem man die Enveloppe von $\xi_1 x_1 + \ldots = 0$ bestimmt, für die ξ_i als der Gleichung der Kurve genügende Parameter. Allgemeiner ist das Problem, die Bedingung zu bilden, unter denen zwei Kurven $U=0$, $V=0$ sich berühren oder die Bestimmung ihrer Berührungsinvariante, identisch mit dem andern Problem, die Enveloppe der einen Kurve zu bestimmen, unter der Voraussetzung, dass die Koordinaten als veränderliche Parameter betrachtet werden, die auch der Gleichung der andern Kurve genügen. Denn wenn die beiden Kurven sich berühren, so genügen die Koordinaten x_i des Berührungspunktes den Gleichungen von beiden und da auch ihre entsprechenden Tangenten dieselben sind, so sind die Differentialquotienten von U in diesem Punkte respektive proportional denen von V. Die Bedingung wird somit gefunden, indem man x_1, x_2, x_3, λ zwischen $U=0$, $V=0$ und

$$\frac{dU}{dx_1} = \lambda \frac{dV}{dx_2}, \quad \frac{dU}{dx_2} = \lambda \frac{dV}{dx_2}, \quad \frac{dU}{dx_3} = \lambda \frac{dV}{dx_3}$$

eliminiert; man hat also wesentlich die in Art. 88 zur Lösung des Problems der Enveloppe gegebenen Gleichungen.

97. Wenn die Ordnungen der Kurven $U=0$ und $V=0$ respektive μ und μ' sind, so kann der Grad bestimmt werden, in welchem die Koefficienten der Gleichung jeder Kurve, sagen wir $V=0$, in die Bedingung der Berührung eingehen. Seien die Koefficienten in V durch a', b', c', ... bezeichnet und sei $W=0$ eine andere Kurve von derselben Ordnung mit den entsprechenden Koefficienten a'', b'', c'', ..., so erhalten wir durch Substitution von $a'+ka''$, ... für a', ... in die Bedingung der Berührung von U und V die Bedingung, unter welcher die Kurve $V+kW=0$ die Kurve $U=0$ berührt; dieselbe enthält natürlich k in demselben Grade, in welchem die Koefficienten von V in die Bedingung der Berührung eingehen. Dieser letztere Grad wird somit durch die Zahl der Kurven $V+kW=0$ ausgedrückt, welche die Kurve $U=0$ berühren. Der Berührungspunkt muss dann wie vorher den Bedingungen

$$V_1+kW_1=\lambda U_1, \quad V_2+kW_2=\lambda U_2, \quad V_3+kW_3=\lambda U_3$$

genügen, aus denen durch Elimination von k und λ

$$\nabla = \begin{vmatrix} U_1, & V_1, & W_1 \\ U_2, & V_2, & W_2 \\ U_3, & V_3, & W_3 \end{vmatrix} = 0$$

hervorgeht. Die Durchschnittspunkte der Kurve $\nabla=0$ mit $U=0$ sind diejenigen Punkte in $U=0$, in welchen diese Kurve von einer Kurve des Büschels $V+kW=0$ berührt wird. Weil die Grade von U_i, V_i, W_i respektive $\mu-1$, $\mu'-1$, $\mu'-1$ sind, so ist der Grad von ∇ gleich $(\mu+2\mu'-3)$ und die Zahl jener Durchschnittspunkte $\mu(\mu+2\mu'-3)$. Dies ist somit auch der Grad, in welchem die Koefficienten von V in die Bedingung der Berührung eingehen; und in analoger Art ergiebt sich, dass dieselbe die Koefficienten von U im Grade $\mu'(\mu'+2\mu-3)$ enthält. Für $\mu'=1$ finden wir das schon bekannte Resultat wieder, dass die Bedingung, unter welcher die Gerade $\xi_1 x_1+\ldots=0$ eine Kurve der Ordnung μ berührt, die Grössen ξ_i im Grade $\mu(\mu-1)$ und die Koefficienten der Gleichung der Kurve im Grade $2(\mu-1)$ enthält (vergl. „Kegelschnitte“ Art. 348).

Wenn die Kurve $U=0$ einen Doppelpunkt hat, so folgt, weil $U_1=0$, $U_2=0$, $U_3=0$ durch diesen Punkt gehen und falls derselbe insbesondere eine Spitze ist, auch dieselbe Tangente mit $U=0$ haben, dass dies alles auch für $\nabla=0$ gilt; wir sehen damit, dass der Grad der Bedingung der Berührung in den Koefficienten von V für jeden Doppelpunkt um zwei und für jede Spitze von $U=0$ um drei Einheiten vermindert werden muss; dieser Grad ist somit

$$\mu(\mu+2\mu'-3)-2\delta-3\varkappa \quad \text{oder} \quad \nu+2\mu(\mu'-1).$$

98. Dieselben Resultate können noch in anderer Weise begründet werden. Denken wir eine beliebige Gerade $\xi_1 x_1+..=0$ und setzen wir die Determinante

$$\nabla = \begin{vmatrix} \xi_1, & \xi_2, & \xi_3 \\ U_1, & U_2, & U_3 \\ V_1, & V_2, & V_3 \end{vmatrix}$$

gleich Null, so repräsentiert diese Gleichung den Ort eines Punktes, für welchen die Polaren in Bezug auf die Kurven $U=0$ und $V=0$ sich auf der angenommenen Geraden schneiden. In einem zu $U=0$ und $V=0$ gemeinschaftlichen Punkte sind die Polaren die bezüglichen Tangenten und es giebt daher offenbar nur zwei Fälle, in welchen ein zu $U=0$ und $V=0$ gemeinsamer Punkt auch in $\nabla=0$ liegen kann, nämlich den einen, in welchem die angenommene Gerade einen jener Durchschnittspunkte von $U=0$ und $V=0$ enthält, und den andern, wo $U=0$ und $V=0$ einander berühren. Wenn wir also zwischen $\nabla=0$, $U=0$, $V=0$ eliminieren, so enthält die Resultante als Faktoren die Bedingung, unter welcher $\xi_1 x_1+..=0$ durch einen Durchschnittspunkt von $U=0$, $V=0$ geht, und die Bedingung, unter welcher dieselben sich berühren. In die Resultante von drei Gleichungen treten nun die Koefficienten einer jeden in einem dem Produkt der Grade der beiden andern gleichen Grade ein; es ist somit, weil ∇, U, V respektive von den Graden $\mu+\mu'-2$, μ, μ' sind, die Resultante vom Grade $\mu\mu'$ in den ξ_i, vom Grade

$$\mu\mu' + \mu'(\mu + \mu' - 2) = \mu'(2\mu + \mu' - 2)$$

in den Koefficienten von U, und vom Grade $\mu(2\mu' + \mu - 2)$ in den Koefficienten von V. Ebenso sind die Grade der Resultante von $\xi_1 x_1 + .. = 0$, $U = 0$, $V = 0$ in den verschiedenen Koefficienten respektive $\mu\mu'$, μ' und μ. Die Subtraktion dieser Zahlen von den vorhergehenden liefert wie vorher die Grade der Bedingung der Berührung in den Koefficienten von U und V respektive gleich $\mu'(2\mu + \mu' - 3)$ und $\mu(2\mu' + \mu - 3)$.[17])

99. Evoluten. Nach den ausschliesslich projektivischen Sätzen, die wir bisher mitgeteilt haben, wollen wir die Untersuchung einiger Aufgaben anschliessen, die zur Klasse der metrischen (Art. 1) gehören. Die Beziehung der Rechtwinkligkeit gehört zu diesen, weil (vergl. „Kegelschnitte" Art. 419 u. a.) zwei zu einander rechtwinklige Gerade als Linien betrachtet werden müssen, deren Richtungen mit den nicht reellen Kreispunkten im Unendlichen eine harmonische Gruppe bilden. Einige wichtige Fälle von Enveloppen, welche die Relation der Rechtwinkligkeit voraussetzen, sind hier nicht auszuschliessen und es ist zu bemerken, dass die bezüglichen Sätze projektivisch werden, wenn wir für die Kreispunkte im Unendlichen zwei beliebig gewählte Punkte I, J und an Stelle der zu einander rechtwinkligen Geraden solche setzen, welche von diesen harmonisch getrennt werden.

Eine der wichtigsten und die am frühesten untersuchte Klasse von Enveloppen bilden die Evoluten der Kurven. Die Evolute einer Kurve ist („Kegelschnitte" Art. 256) als Ort der Krümmungscentra der Kurve definiert worden, sie kann aber auch als die Enveloppe aller Normalen der Kurve aufgefasst werden. Denn der Krümmungskreis ist der durch drei aufeinander folgende Punkte der Kurve gehende Kreis und sein Centrum also der Schnittpunkt der in den Mittelpunkten der Seiten des von ihm gebildeten Dreiecks auf ihnen errichteten Perpendikel; das Krümmungscentrum ist also auch, weil die Verbindungslinien des ersten und zweiten und des zweiten und dritten Punktes zwei aufeinander folgende Tangenten sind, der Schnittpunkt von zwei aufeinander folgenden Normalen und sein Ort muss also die Enveloppe aller Normalen sein.

Beispiel 1. Die Evolute von $\frac{x^2}{a^2}+\frac{y^2}{b^2}=1$ zu finden. Die Normale ist („Kegelschnitte" Art. 180) $\frac{a^2 x}{x'}-\frac{b^2 y}{y'}=c^2$, oder für $x'=a\cos\varphi$, $y'=b\sin\varphi$ auch $\frac{ax}{\cos\varphi}-\frac{by}{\sin\varphi}=c^2$, eine Gleichung von der im Beispiel 2 des Art. 85 betrachteten Klasse, deren Enveloppe daher dargestellt wird durch

$$a^{\frac{2}{3}}x^{\frac{2}{3}}+b^{\frac{2}{3}}y^{\frac{2}{3}}=c^{\frac{4}{3}}.$$

Beispiel 2. Die Normale der Parabel ist („Kegelschnitte" Art. 221)

$$p(y-y')+2y'(x-x')=0 \quad \text{oder} \quad 2y'^3+(p^2-2px)y'-p^2y=0,$$

eine Gleichung von der im Beispiel 1 des Art. 85 betrachteten Klasse, deren Enveloppe für y' als Parameter ist

$$2(p-2x)^3+27py^2=0.$$

Beispiel 3. Berechne die Evolute der semikubischen Parabel $py^2=x^3$. Die Gleichung der Normale ist

$$3x'^2(y-y')+2py'(x-x')=0$$

und die Substitution des Wertes von y' nach der Gleichung der Kurve giebt für $x'^{\frac{1}{2}}=t$ und Division mit $x'^{\frac{3}{2}}$ die Gleichung

$$3t^4+2pt^2-3p^{\frac{1}{2}}yt-2px=0,$$

deren Enveloppe ist

$$p(p-18x)^3=(54px+\tfrac{729}{16}y^2+p^2)^2.$$

Beispiel 4. Man bestimme die Evolute der kubischen Parabel $p^2y=x^3$. Die Gleichung der Normale ist

$$3x'^2(y-y')+p^2(x-x')=0 \quad \text{oder} \quad 3x'^5-3p^2yx'^2+p^4x'-p^4x=0.$$

Die Enveloppe von

$$at^5+10dt^2+5et+f=0$$

ist aber

$$(af^2-12d^2e)^2+128(2e^2-3df)(ae^3-adef-9d^4)=0;$$

also im vorliegenden Falle

$$3p^2(x^2-\tfrac{9}{125}y^2)^2+\tfrac{128}{125}(\tfrac{2}{5}p^2-\tfrac{9}{2}xy)(\tfrac{1}{5}p^4-\tfrac{3}{2}p^2xy-\tfrac{243}{400}y^4)=0.$$

Beispiel 5. Man soll die Evolute der Cissoide $(x^2+y^2)x=ay^2$ berechnen. Die Cissoide ist eine Kurve vom Geschlecht Null und wenn man ihre Gleichung in der Form $(a-x)y^2=x^3$ schreibt, so erhellt, dass die Werte $x=\frac{a}{1+\theta^2}$, $y=\frac{a}{\theta(1+\theta^2)}$ ihr genügen. Die Gleichung der Tangente im fraglichen Punkt findet man $2\theta^3y-3\theta^2x+a-x=0$ und daher die der Normale

$$2\theta^3x+(1+3\theta^2)y=\frac{a(1+2\theta^2)}{\theta}$$

oder

$$2\theta^4x+3\theta^3y-2\theta^2a+\theta y-a=0.$$

Die Diskriminante dieser Gleichung enthält den Faktor $(x+\frac{1}{2}a)^2+y^2$ und der übrigbleibende Faktor giebt die Gleichung der Evolute in der Form

$$y^4+\tfrac{32}{3}a^2y^2+\tfrac{512}{27}a^3x=0.$$

Beispiel 6. Die Evolute von $x^{\frac{2}{3}}+y^{\frac{2}{3}}=a^{\frac{2}{3}}$ zu bestimmen. Für jeden Punkt dieser Kurve können wir schreiben (vergl. Art. 85, Beispiel 2)

$$x'=a\cos^3\varphi,\quad y'=a\sin^3\varphi;$$

die Tangente in diesem Punkte ist $\frac{x}{\cos\varphi}+\frac{y}{\sin\varphi}=a$ und die Normale also $x\cos\varphi-y\sin\varphi=a\cos 2\varphi$ oder

$$(x+y)(\cos\varphi-\sin\varphi)+(x-y)(\cos\varphi+\sin\varphi)=2a(\cos^2\varphi-\sin^2\varphi),$$

oder

$$\frac{x+y}{\sin(\varphi+45^0)}+\frac{x-y}{\cos(\varphi+45^0)}=2^{\frac{3}{2}}a,$$

deren Enveloppe nach Art. 85, 2 durch

$$(x+y)^{\frac{2}{3}}+(x-y)^{\frac{2}{3}}=2a^{\frac{2}{3}}$$

ausgedrückt wird.

100. Die folgende Untersuchung führt zu den in der Differentialrechnung üblichen Ausdrücken für die Koordinaten des Krümmungsmittelpunktes und den Radius der Krümmung — natürlich rektanguläre Cartesische Koordinaten vorausgesetzt. Sind α und β die Koordinaten eines Punktes der Tangente, x, y die des bezüglichen Berührungspunktes, so ist die Gleichung der Tangente

$$\beta-y=\frac{dy}{dx}(\alpha-x),$$

wo $\frac{dy}{dx}$ oder, wie wir es abkürzen wollen, p aus der Gleichung der Kurve zu bestimmen ist; denn die Tangente geht durch den Punkt x, y und macht mit der Axe der x einen Winkel von der trigonometrischen Tangente p (Art. 48). Die Normale als das durch den Punkt x, y zu dieser Geraden gehende Perpendikel hat die Gleichung

1) $$(\alpha-x)+p(\beta-y)=0.$$

Die Enveloppe dieser Geraden mit dem Parameter x und dem durch x mittelst der Gleichung der Kurve ausgedrückten y ist zu finden. Die Differentiation nach x und die dabei brauchbare Abkürzung $\frac{d^2y}{dx^2}=q$ zeigt, dass der Ort des Berührungspunktes der

Geraden mit ihrer Enveloppe durch Kombination mit ihrem Differential

2) $$-1-p^2+(\beta-y)\,q=0$$

gefunden wird. Aus diesen beiden Gleichungen finden wir durch Auflösung die Werte

$$\alpha-x=\frac{-p(1+p^2)}{q},\quad \beta-y=\frac{1+p^2}{q},$$

und den Krümmungsradius

$$R=\sqrt{\{(\alpha-x)^2+(\beta-y)^2\}}=\frac{(1+p^2)^{\frac{3}{2}}}{q}.$$

Die für den Durchschnittspunkt der benachbarten Normalen gefundenen Werte ergeben sich für denselben Punkt, wenn man ihn als Krümmungsmittelpunkt betrachtet. Ist dann

$$(x-\alpha)^2+(y-\beta)^2=R^2$$

die Gleichung des Kreises, so giebt die zweimalige Differentiation

$$(x-\alpha)+(y-\beta)\frac{dy}{dx}=0,$$

$$1+\left(\frac{dy}{dx}\right)^2+(y-\beta)\frac{d^2y}{dx^2}=0.$$

Wenn aber der Kreis die Kurve oskuliert, so haben (Art. 49) im Berührungspunkte $\frac{dy}{dx}$ und $\frac{d^2y}{dx^2}$ für beide dieselben Werte; wir können daher in diesen Gleichungen für die Differentialquotienten die aus der Gleichung der Kurve erhaltenen p und q substituieren und finden sie dann mit den aus der andern Auffassung hervorgehenden Gleichungen 1) und 2) identisch.

101. Weil y sehr selten als Funktion von x explicite gegeben ist, vielmehr beide in einer Gleichung $U=0$ verbunden erscheinen, so ist es notwendig, für diese Ausdrücke in p und q solche in den Differentialen von U zu bilden; setzen wir wie schon vorher

$$\frac{dU}{dx}=U_1,\quad \frac{dU}{dy}=U_2;$$

$$\frac{d^2U}{dx^2}=U_{11},\quad \frac{d^2U}{dy^2}=U_{22},\quad \frac{d^2U}{dx\,dy}=U_{12},$$

so wird, weil in der Gleichung der Tangente U_1 und U_2 die Koefficienten von x und y sind, die Gleichung der Normale

$$1)\qquad U_2(\alpha - x) - U_1(\beta - y) = 0,$$

also durch Differentiation

$$\left(U_{12} + U_{22}\frac{dy}{dx}\right)(\alpha - x) - \left(U_{11} + U_{12}\frac{dy}{dx}\right)(\beta - y) - U_2 + U_1\frac{dy}{dx} = 0;$$

aus der Gleichung der Kurve folgt $U_1 + U_2\frac{dy}{dx} = 0$, also durch Substitution für $\frac{dy}{dx}$

$$2)\qquad (U_1U_{22} - U_2U_{12})(\alpha - x) - (U_1U_{12} - U_2U_{11})(\beta - y) + U_1^2 + U_2^2 = 0.$$

Die Auflösung der Gleichungen 1) und 2) giebt

$$\alpha - x = \frac{-U_1(U_1^2 + U_2^2)}{U_{11}U_2^2 - 2U_{12}U_1U_2 + U_{22}U_1^2},$$

$$\beta - y = \frac{-U_2(U_1^2 + U_2^2)}{U_{11}U_2^2 - 2U_{12}U_1U_2 + U_{22}U_1^2}$$

und somit

$$R = \frac{\pm(U_1^2 + U_2^2)^{\frac{3}{2}}}{U_{11}U_2^2 - 2U_{12}U_1U_2 + U_{22}U_1^2}.$$

102. Durch Einführung der Lineareinheit z oder Übergang zur homogenen Gleichungsform können diese Ausdrücke in noch mehr symmetrische Formen gebracht werden. Denn das Theorem von den homogenen Funktionen giebt

$$(n-1)U_1 = U_{11}x + U_{12}y + U_{13}z,$$
$$(n-1)U_2 = U_{12}x + U_{22}y + U_{23}z,$$
$$(n-1)U_3 = U_{13}x + U_{23}y + U_{33}z;$$

also auch

$$(n-1)(U_{22}U_1 - U_{12}U_2) = (U_{11}U_{22} - U_{12}^2)x + (U_{22}U_{13} - U_{23}U_{12})z,$$
$$(n-1)(U_{11}U_2 - U_{12}U_1) = (U_{11}U_{22} - U_{12}^2)y + (U_{11}U_{23} - U_{12}U_{13})z.$$

Wenn wir die erste dieser Gleichungen mit U_1 und die zweite mit U_2 multiplizieren und die Produkte addieren, so erhalten wir

$$(n-1)(U_{22}U_1^2 - 2U_{12}U_1U_2 + U_{11}U_2^2) = (U_{11}U_{22} - U_{12}^2)(xU_1 + yU_2) + z\{(U_{22}U_{13} - U_{12}U_{23})U_1 + (U_{11}U_{23} - U_{12}U_{13})U_2\}$$

und weiter, weil nach der Gleichung der Kurve

$$xU_1 + yU_2 + zU_3 = 0$$

ist,

$$= -z\{(U_{12}U_{23} - U_{22}U_{13})\,U_1 + (U_{12}U_{13} - U_{11}U_{23})\,U_2 + (U_{11}U_{22} - U_{12}^2)\,U_3\}.$$

Durch Substitution der oben für U_1, U_2, U_3 gegebenen Werte erhalten wir endlich

$$(n-1)^2(U_{22}U_1^2 - 2U_{12}U_1U_2 + U_{11}U_2^2)$$
$$= -z^2(U_{11}U_{22}U_{33} + 2U_{23}U_{13}U_{12} - U_{11}U_{23}^2 - U_{22}U_{13}^2 - U_{33}U_{12}^2)$$
$$= -Hz^2,$$

so dass der Ausdruck des Krümmungsradius in

$$R = \pm\frac{(n-1)^2(U_1^2 + U_2^2)^{\frac{3}{2}}}{z^2 H}$$

übergeht. Für jeden Punkt der Kurve, dessen Koordinaten die Gleichung $H = 0$ erfüllen, wird der Krümmungsradius unendlich und der Krümmungsmittelpunkt liegt in unendlicher Ferne. Da dies nur stattfinden kann, wo drei aufeinander folgende Punkte der Kurve in einer Geraden liegen, so kommt man aus dem Werte des Krümmungsradius unabhängig von Art. 74 zu dem Schlusse, dass die Durchschnittspunkte der Kurven $U = 0$ und $H = 0$ Inflexionspunkte sind.

Die obige Gleichung liefert als **Bedingung der Oskulation zwischen zwei Kurven**, dass ausser den Bedingungen der gewöhnlichen Berührung $U_1 = \theta U'_1$, $U_2 = \theta U'_2$ noch überdies $\frac{H}{(n-1)^2} = \frac{\theta^3 H'}{(n'-1)^2}$ sein muss.

Das doppelte Zeichen im Ausdruck des Krümmungsradius ist ganz entsprechend dem, welches in dem Werte der Entfernung eines Punktes von einer Geraden auftritt (vergl. „Kegelschnitte" Art. 34); wenn wir übereinkommen, das Zeichen + zu brauchen, wenn der Krümmungsradius und daher die Konkavität der Kurve in einem bestimmten Sinne liegt, so müssen wir das Zeichen − wählen, wenn sie im entgegengesetzten Sinne liegen. Da jede algebraische Funktion beim Durchgange durch den Wert Null ihr Zeichen wechselt, so verändert in einem Inflexionspunkt der Krümmungsradius sein Zeichen und die Kurve geht aus Konkavität in Konvexität über und umgekehrt.

In einem Doppelpunkt nimmt der Ausdruck des Krümmungsradius die Form $\frac{0}{0}$ an und sein Wert muss nach den für solche Fälle geltenden gewöhnlichen Regeln bestimmt werden; in der That hat jeder Zweig der Kurve in diesem Punkte seine eigene Krümmung. Für eine Spitze findet man den Wert des Krümmungsradius gleich Null.

103. Die Länge eines Bogens der Evolute ist gleich der Differenz der Krümmungsradien in seinen Endpunkten. Denn wenn wir irgend drei aufeinander folgende Normalen der Kurve ziehen und den Durchschnittspunkt der beiden ersten C, den der zweiten und dritten C' nennen, so ist wegen

$$CR = CS, \quad C'S = C'T$$

das Element CC', das Wachstum des Bogens der Evolute gleich dem des Krümmungshalbmessers. Wenn man also einen biegsamen aber nicht dehnbaren auf die Evolute aufgewundenen Draht von derselben abwindet, so beschreibt jeder Punkt des letzteren eine Involute derselben, d. h. eine Kurve, von welcher CC' die Evolute ist. Unter diesem Gesichtspunkte hat Huyghens, der Erfinder der Evoluten, sie zuerst betrachtet und ihnen den Namen gegeben.

Fig. 26.

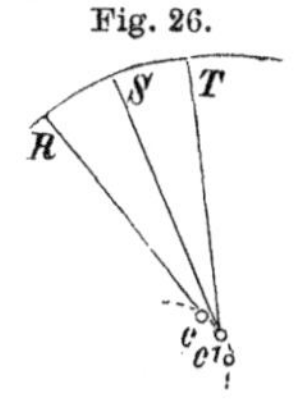

104. Wir geben hier eine zur Bestimmung des Krümmungsradius für eine durch ihre Gleichung in Polarcoordinaten gegebene Kurve oft nützliche Formel. Die Polargleichung $\varrho = f(\omega)$ kann in die Form $\varrho = f(p)$ übergeführt werden, wo p die Normale vom Pol auf die Tangente und durch die Gleichungen bestimmt ist (Art. 95)

$$p = \varrho \sin\theta, \quad \tan\theta = \varrho \frac{d\omega}{dp}.$$

Bezeichnet dann ϱ_1 die Entfernung des Krümmungscentrums vom Pol und R den Krümmungsradius, so ist

$$\varrho_1^{\,2} = \varrho^2 + R^2 - 2Rp.$$

Gehen wir zum nächstfolgenden Punkte der Kurve über, so bleiben ϱ_1 und R konstant und durch Differentiation ergiebt sich

$$R = \varrho \frac{d\varrho}{dp}$$

der bezeichnete Ausdruck für den Krümmungsradius.

Wenn in dieser Weise R in Funktion von ϱ und p ausgedrückt ist, so können wir zwischen

$$\varrho = f(p), \quad \varrho_1^2 = \varrho^2 + R^2 - 2Rp$$

und der offenbar richtigen Gleichung $p_1^2 = \varrho^2 - p^2$ die Grössen ϱ und p eliminieren und eine Relation zwischen dem ϱ_1 und p_1 der Evolute bilden; aber es ist nicht immer leicht, zu der Relation zu gelangen, welche zwischen dem ϱ_1 und ω_1 der Evolute besteht.

Als ein Beispiel wählen wir die Kurve $\varrho^m = a^m \cos m\omega$; wir finden $p = \varrho \cos m\omega$ und also $\varrho^{m+1} = a^m p$ als die Relation zwischen ϱ und p. Dann folgt

$$R = \frac{\varrho^2}{(m+1)p} = \frac{a^m}{(m+1)\varrho^{m-1}}$$

für den Krümmungsradius.

Die Gleichungen

$$\varrho_1^2 = \varrho^2 + R^2 - 2Rp, \quad p_1^2 = \varrho^2 - p^2$$

geben die Grössen ϱ_1^2, p_1^2 als Funktionen von ϱ und somit die Gleichung der Evolute in der Form $\varrho_1 = \varphi(p_1)$, ohne dass jedoch die Elimination wirklich vollzogen werden kann.

Man kann aber auch die Gleichung der Reciprokalkurve der Evolute in Bezug auf einen um den Pol als Centrum beschriebenen Kreis finden. Sei der Radius dieses Kreises gleich a, und ϱ_2 der Radius vektor der Reciprokalkurve, ω_2 die Neigung desselben zu einer gegen die Nulllinie der ω rechtwinkligen Geraden, so ist $p_1 = \varrho \sin m\omega$ und dann

$$\varrho_2 = \frac{a^2}{p_1} = \frac{a}{\cos^{\frac{1}{m}} m\omega \sin m\omega}.$$

Nach Art. 95 ist ferner $\omega_2 = (m+1)\omega$ und somit die Relation zwischen ϱ_2, ω_2 die Gleichung der Reciproken der Evolute

$$\varrho_2{}^m \cos\frac{m\,\omega_2}{m+1}\sin^m\frac{m\,\omega_2}{m+1}=a^m.$$

Man erkennt leicht, dass der Ort des Endpunktes der Polarsubtangente (vergl. „Kegelschnitte" Art. 200) einer Kurve die Reciproke von der Evolute der Reciprokalkurve ist. So ist dieser Ort eine gerade Linie für die Fokalkegelschnitte, weil die Evolute der Reciproken sich dann auf einen Punkt reduziert.

105. Aus der Gleichung einer Kurve in Linienkoordinaten $u=0$ können wir direkt die Linienkoordinaten der Normale und die entsprechende Gleichung der Evolute bilden. Denn wenn die ξ'_i die Linienkoordinaten einer Tangente sind, so ist

$$\xi_1\frac{du'}{d\xi'_1}+\xi_2\frac{du'}{d\xi'_2}+\xi_3\frac{du'}{d\xi'_3}=0$$

die Gleichung des Berührungspunktes; und wenn $v=0$ die Gleichung eines Punktepaares I, J in Linienkoordinaten repräsentiert, so ist die Gleichung des Pols der gegebenen Tangente in Bezug auf sie, d. h. des konjugiert harmonischen Punktes vom Schnitte der Tangenten mit der Geraden IJ in Bezug auf I und J,

$$\xi_1\frac{dv'}{d\xi'_1}+\xi_2\frac{dv'}{d\xi'_2}+\xi_3\frac{dv'}{d\xi'_3}=0.$$

Sind I, J die Kreispunkte im Unendlichen, so repräsentiert die letzte Gleichung die Richtung der Normale. Beide Gleichungen zusammen bestimmen in jedem Falle die Linienkoordinaten derselben und wir bilden die Gleichung der Evolute, indem wir die ξ'_i zwischen ihnen und der Gleichung der Kurve eliminieren. In dem System der Plückerschen Linienkoordinaten, welches den gewöhnlichen rechtwinkligen Koordinaten entspricht, ist die Gleichung der Kreispunkte $\xi^2+\eta^2=0$ (vergl. „Kegelschnitte" Art. 177, 1) und die zweite Gleichung $\xi_1\frac{dv'}{d\xi'_1}+\ldots=0$ wird zu der wohlbekannten Bedingung der Rechtwinkligkeit $\xi\xi'+\eta\eta'=0$.

Beispiel. Die Gleichung der Evolute des durch seine Gleichung in Linienkoordinaten $a^2\xi^2+b^2\eta^2=1$ gegebenen Centralkegelschnitts zu entwickeln. Die Gleichungen zur Bestimmung der Koordinaten der Normale sind in diesem Falle

$$a^2 \xi \xi' + b^2 \eta \eta' = 1, \quad \xi \xi' + \eta \eta' = 0, \text{ also } \xi \xi' = -\eta \eta' = \frac{1}{c^2}.$$

Substituiert man die Werte für ξ' und η' in $a^2 \xi'^2 + b^2 \eta'^2 = 1$, so erhält man die Linienkoordinatengleichung der Evolute

$$\frac{a^2}{\xi^2} + \frac{b^2}{\eta^2} = c^4.$$

106. Wir geben einige Beispiele von der Behandlung des allgemeineren Problems, in welchem das von der Evolute eingeschlossen ist, nämlich von der Bestimmung der Enveloppe des von dem Berührungspunkte ausgehenden und in Bezug auf zwei feste Punkte I, J zur Tangente konjugierten harmonischen Strahls (Art. 99). Wir wollen jenen Strahl die Quasi-Normale und ihre Enveloppe die Quasi-Evolute nennen.

Beispiel 1. Die Kurve sei ein Kegelschnitt und werde auf ein Fundamentaldreieck mit der Basis IJ bezogen, dessen dritte Ecke ihr Pol im Kegelschnitt ist, so dass seine Gleichung von der Form

$$(a x_1 + x_2)(x_1 + b x_2) = x_3{}^2$$

und die Gleichung einer Tangente

$$\theta^2 (a x_1 + x_2) - 2 \theta x_3 + (x_1 + b x_2) = 0$$

ist. Dann ist die Gleichung der zu dieser Geraden in Bezug auf

$$x_1 = 0, \quad x_2 = 0$$

harmonisch konjugierten Linie von der Form

$$\theta^2 (a x_1 - x_2) + (x_1 - b x_2) = M x_3,$$

und M wird durch die Bemerkung bestimmt, dass die Gerade den Berührungspunkt enthalte, für welchen

$$\theta (a x_1 + x_2) = x_3, \quad \theta x_3 = x_1 + b x_2$$

ist; denn es folgen

$$x_1 = \frac{x_3 (b - \theta^2)}{\theta (a b - 1)}, \qquad x_2 = \frac{x_3 (a \theta^2 - 1)}{\theta (a b - 1)}$$

und daraus

$$M = \frac{2 (b - a \theta^4)}{(a b - 1) \theta}.$$

Wenn wir nun

$$a x_1 - x_2 = X_2, \quad x_1 - b x_2 = X_1, \quad 8 x_3 = (a b - 1) X_3$$

setzen, so wird die Gleichung der Quasinormale

$$a \theta^4 X_3 + 4 \theta^3 X_2 + 4 \theta X_1 - b X_3 = 0$$

und ihre Enveloppe ist also eine Kurve vierter Klasse von der Gleichung

$$(abX_3^2 + 4X_1X_2)^3 + 27X_3^2(aX_1^2 - bX_2^2)^2 = 0;$$

die Ordnungszahl der Kurve ist also sechs, sie hat die Punkte

$$X_1 = X_3 = 0, \quad X_2 = X_3 = 0$$

zu Spitzen mit der gemeinsamen Tangente $X_3 = 0$, und enthält ausserdem vier andere Spitzen in den Schnittpunkten von

$$abX_3^2 + 4X_1X_2 = 0, \quad aX_1^2 - bX_2^2 = 0.$$

Beispiel 2. Der Kegelschnitt gehe durch einen der Punkte I, J oder sei semicirkular. Dann ist $b = 0$ und $x_1 = x_3 = 0$ ist in der Kurve, $x_1 = 0$ die bezügliche Tangente derselben. Die Gleichung der Quasinormale ist dann

$$a\theta^3X_3 + 4\theta^2X_2 + 4X_1 = 0,$$

die Enveloppe nur von der dritten Klasse; ihre Gleichung

$$64X_2^3 + 27a^2X_1X_3^2 = 0$$

zeigt sie als eine Kurve dritter Ordnung, mit $X_1 = X_3 = 0$ als Spitze und $X_1 = X_2 = 0$ als Inflexionspunkt.

Wenn die Kurve durch I und J hindurchgeht, so werden a und b gleich Null und wir sehen, dass die Gleichung der Quasinormale sich auf $\theta^2X_2 + X_1 = 0$ reduziert, dass also diese Linie durch einen festen Punkt, den Schnitt $X_1 = 0$, $X_2 = 0$ der Tangenten der Kurve in I, J respektive, hindurchgeht.

Beispiel 3. Der Kegelschnitt berühre die Gerade IJ. Wir wählen diese Gerade und die beiden andern Tangenten des Kegelschnitts durch die Punkte I, J zu den Fundamentallinien, so dass

$$x_1^2 + x_2^2 + x_3^2 - 2x_2x_3 - 2x_3x_1 - 2x_1x_2 = 0$$

oder

$$x_3(2x_1 + 2x_2 - x_3) = (x_1 - x_2)^2$$

die Gleichung des Kegelschnitts ist. Die Gleichung der Tangente desselben ist dann

$$2x_1 + 2x_2 - x_3 - 2\theta(x_1 - x_2) + \theta^2x_3 = 0,$$

und für den Berührungspunkt ist

$$x_1 - x_2 = \theta x_3, \quad 2x_1 + 2x_2 - x_3 = \theta^2x_3.$$

Die Gleichung der Quasinormale ist also

$$(x_1 - x_2) - \theta(x_1 + x_2) = x_3\{\theta - \tfrac{1}{2}\theta(1 + \theta^2)\}$$

oder

$$\theta^3x_3 - \theta(2x_1 + 2x_2 + x_3) + 2(x_1 - x_2) = 0,$$

ihre Enveloppe also von der dritten Klasse; es ist die Kurve dritter Ordnung mit Spitze

$$27x_3(x_1 - x_2)^2 = (2x_1 + 2x_2 + x_3)^3.$$

Beispiel 4. Die vorigen Beispiele können auch in der Voraussetzung behandelt werden, dass der Kegelschnitt durch die allgemeine Gleichung gegeben ist. Die Tangente im Punkte x_i' ist

$$(a_{11} x'_1 + a_{12} x'_2 + a_{13} x'_3) x_1 + (a_{12} x'_1 + a_{22} x'_2 + a_{23} x'_3) x_2 + (a_{13} x'_1 + a_{23} x'_2 + a_{33} x'_3) x_3 = 0,$$

und die Quasinormale

$$x'_3 \{ (a_{11} x'_1 + a_{12} x'_2 + a_{13} x'_3) x_1 - (a_{12} x'_1 + a_{22} x'_2 + a_{23} x'_3) x_2 \} = (a_{11} x'^2_1 - a_{22} x'^2_2 + a_{13} x'_1 x'_3 - a_{23} x'_2 x'_3) x_3;$$

es ist also die Enveloppe von

$$a_{11} x_3 x'^2_1 - a_{22} x_3 x'^2_2 + (a_{23} x_2 - a_{13} x_1) x'^2_3 + (a_{22} x_2 - a_{23} x_3 - a_{12} x_1) x'_2 x'_3 + (a_{12} x_2 + a_{13} x_3 - a_{11} x_1) x'_1 x'_3 = 0$$

zu bestimmen, wenn die Parameter x_i' durch die Bedingung

$$a_{11} x'^2_1 + a_{22} x'^2_2 + a_{33} x'^2_3 + 2 a_{23} x'_2 x'_3 + 2 a_{13} x'_1 x'_3 + 2 a_{12} x'_1 x'_2 = 0$$

verbunden sind. Nach Art. 96 wird die Enveloppe durch denselben Prozess erhalten, der zur Ermittelung der Bedingung dient, unter welcher zwei Kegelschnitte sich berühren („Kegelschnitte" Art. 348). Wir bilden die Invarianten dieses Systems von quadratischen Formen. Die Diskriminante der zweiten ist $\triangle$, die der ersten ist $2 x_3 S$ mit

$$S \equiv (a_{11} a_{22} - a_{12}^2)(a_{11} x_1^2 - a_{22} x_2^2) + (a_{22} a_{13}^2 - a_{11} a_{23}^2) x_3^2 + 2 a_{22} (a_{13} a_{12} - a_{11} a_{23}) x_2 x_3 - 2 a_{11} (a_{12} a_{23} - a_{22} a_{13}) x_1 x_3;$$

sodann ist

$$\begin{aligned} \theta \equiv & - (a_{11} a_{22} - a_{12}^2)(a_{11} x_1^2 - 2 a_{12} x_1 x_2 + a_{22} x_2^2) \\ & + (3 a_{11} a_{23}^2 + 3 a_{22} a_{13}^2 - 4 a_{11} a_{22} a_{33} - 2 a_{23} a_{13} a_{12}) x_3^2 \\ & + (4 a_{22} a_{13} a_{12} - 2 a_{11} a_{22} a_{23} - 2 a_{23} a_{12}^2) x_2 x_3 \\ & + (4 a_{11} a_{22} a_{23} - 2 a_{11} a_{22} a_{23} - 2 a_{13} a_{12}^2) x_1 x_3; \end{aligned}$$

$\theta' = 0$. Die Gleichung der Enveloppe ist daher

$$27 \triangle S^2 x_3^2 = \theta^3;$$

eine Kurve sechster Ordnung mit sechs Spitzen, von denen zwei in $x_3 = 0$ liegen, d. h. in der Verbindungslinie der Punkte I, J. Setzen wir voraus, dass $x_3 = 0$ den Kegelschnitt berühre, so ist

$$a_{11} a_{22} - a_2^2 = 0$$

und S und θ nehmen die Formen $x_3 L$ und $x_3 M$ an, für L und M als lineare Funktionen der x_i; die Gleichung der Enveloppe geht in die Form $x_3 L^2 = M^3$ über und stellt eine Kurve dritter Ordnung mit Spitze dar, für welche $x_3 = 0$ die stationäre Tangente ist. Lassen wir den Kegelschnitt ferner durch J oder $x_2 = x_3 = 0$ gehen, so wird $a_{11} = 0$, $S \equiv a_{22} (a_{12} x_2 + a_{13} x_3)^2$ und θ von der Form

$$(a_{12} x_2 + a_{13} x_3) M.$$

Die Gleichung wird durch $(a_{12} x_2 + a_{13} x_3)^3$ teilbar und von der Form

$$x_3^2 (a_{12} x_2 + a_{13} x_3) = M^3.$$

Wir bemerken, dass die Gerade $a_{12} x_2 + a_{13} x_3 = 0$ die Tangente des Kegelschnitts im Punkte J und dass sie eine Inflexionstangente der Enveloppe ist.

107. Im allgemeinen ist nach Cayleys Bemerkung für

$$U_1 x_1 + U_2 x_2 + U_3 x_3 = 0$$

als die Gleichung der Tangente im Punkte x_i' und für y_i, y_i^* als die Koordinaten der Punkte I, J die Gleichung der Quasinormale

$$(U_1 y_1^* + U_2 y_2^* + U_3 y_3^*) \begin{vmatrix} x_1, & x_2, & x_3 \\ x'_1, & x'_2, & x'_3 \\ y_1, & y_2, & y_3 \end{vmatrix}$$

$$+ (U_1 y_1 + U_2 y_2 + U_3 y_3) \begin{vmatrix} x_1, & x_2, & x_3 \\ x'_1, & x'_2, & x'_3 \\ y_1^*, & y_2^*, & y_3^* \end{vmatrix} = 0.$$

Denn die beiden Determinanten, die wir durch $\triangle$, $\triangle^*$ abkürzend bezeichnen wollen, sind die linken Seiten der Gleichungen der vom Punkte x_i' nach I und J gehenden Geraden und es muss eine Identität von der Form

$$U_1 x_1 + U_2 x_2 + U_3 x_3 \equiv A^* \triangle - A \triangle^*$$

bestehen, weil die Tangente durch ihren Schnittpunkt geht. Wenn wir in dieselbe nach einander für die x_i die y_i^* und die y_i substituieren, so ergeben sich die A^* und A als proportional zu

$$U_1 y_1^* + U_2 y_2^* + U_3 y_3^* \quad \text{und} \quad U_1 y_1 + U_2 y_2 + U_3 y_3$$

respektive; die Gleichung der zur Tangente in Bezug auf $\triangle = 0$ und $\triangle^* = 0$ harmonisch konjugierten Graden ist somit von der obigen Form.

108. Wir wollen den Fall, wo einer der Punkte I, J, sagen wir y_i, in der Kurve ist, näher untersuchen und setzen der Einfachheit wegen seine Koordinaten gleich 1, 0, 0 respektive, d. h. wir machen ihn zum Fundamentalpunkt

$$x_2 = x_3 = 0.$$

Wir denken $x_3 = 0$ als die ihm entsprechende Tangente und beweisen zunächst, dass die Enveloppe der Quasinormale den Faktor x_3 enthält. Setzen wir $y_2 = y_3 = 0$, so wird die vorige allgemeine Gleichung

$$(U_1 y_1^* + U_2 y_2^* + U_3 y_3^*)(x_2 x'_3 - x_3 x'_2$$

$$+ U_1 \{y_1^*(x_2 x'_3 - x_3 x'_2) + y_2^*(x_3 x'_1 - x_1 x'_3) + y_3^*(x_1 x'_2 - x_2 x'_1)\} = 0$$

Denken wir zugleich den zweiten Punkt als $x_1 = x_2 = 0$ oder (0, 0, 1), so wird sie

$$U_3 (x_2 x'_3 - x_3 x'_2) + U_1 (x_1 x'_2 - x_2 x'_1) = 0.$$

Sind dann die x'_i in Funktion eines Parameters t gegeben, so dass der Punkt y_i dem Werte $t = 0$ entspricht, so müssen wir t als einen Faktor im Ausdruck für x'_2 und t^2 als Faktor im Ausdruck für x'_3 haben, damit die Gleichung der Tangente sich auf $x_3 = 0$ reduziere.

Die Gleichung der Tangente als der Verbindungslinie der x'_i mit $x'_i + dx'_i$ ist allgemein

$$x_1 (x'_2 dx'_3 - x'_3 dx'_2) + x_2 (x'_3 dx'_1 - x'_1 dx'_3) \\ + x_3 (x'_1 dx'_2 - x'_2 dx'_1) = 0$$

oder

$$U_1 x_1 + \ldots = 0,$$

so dass t ein Faktor in U_2 und t^2 in U_1 ist. Ordnet man also die Gleichung der Quasinormale nach Potenzen von t, so ergiebt sich, dass sie kein von t unabhängiges Glied enthält, und dass x_3 als Faktor in den Koefficienten von t und von t^2 auftritt. Die Diskriminante einer Funktion

$$A + Bt + Ct^2 + \ldots$$

ist aber von der Form $A\varphi + B^2\psi$ (vergl. „Vorlesungen" Art. 68) und ein in A und B vorkommender Faktor ist daher ein Faktor der Diskriminante; setzen wir in der Diskriminante $B = 0$, so ist der Rest von der Form

$$A (A\varphi + C^3\psi),$$

woraus man erkennt, dass die Enveloppe die Gerade $x_3 = 0$ zur Inflexionstangente hat (vergl. Art. 99, Beisp. 4).

109. Die Beziehung der Rechtwinkligkeit kann noch weiter dadurch verallgemeinert werden, dass man an Stelle der Punkte I, J einen festen Kegelschnitt einführt, in Bezug auf welchen die quasi-rektangulären Geraden konjugiert sind, so dass die eine derselben durch den Pol der andern geht. Die Quasinormale ist dann die Gerade, welche vom Berührungspunkt in der Kurve nach dem in Bezug auf einen festen Kegelschnitt genommenen Pol der Tangente geht, oder die Gerade, welche den Punkt der Kurve mit dem entsprechenden Punkt ihrer

reciproken Polare in Bezug auf den festen Kegelschnitt verbindet. Die Kurve und ihre Reciproke haben also dann dieselben Quasinormalen. Für

$$x_1^2 + x_2^2 + x_3^2 = 0$$

als die Gleichung des festen Kegelschnitts sind die Koordinaten des Pols der Tangente einer Kurve U_1, U_2, U_3, und die Gleichung der entsprechenden Quasinormale in diesem Sinne ist

$$x_1(U_2 x'_3 - U_3 x'_2) + x_2(U_3 x'_1 - U_1 x'_3) + x_3(U_1 x'_2 - U_2 x'_1) = 0.$$

Ist die Kurve ein Kegelschnitt, so ist diese Gleichung in den x_i' vom zweiten Grade und die Enveloppe wird wie in Beisp. 4, Art. 106 gefunden.

110. Die folgenden Bemerkungen dienen als Vorbereitungen für die Untersuchung der Charaktere der Evolute einer beliebigen Kurve. Die Normale in einem unendlich fernen Punkte einer Kurve fällt mit der unendlich fernen Geraden zusammen. Wir knüpfen dies an die Erweiterung des Art. 105 für den Begriff der Normale an, nach welcher sie für den Kurvenpunkt P mit der Tangente PM, welche die gerade Verbindungslinie der festen Punkte I, J in M schneidet, der nach dem zu M in Bezug auf IJ harmonisch konjugierten Punkte M' gehende Strahl PM' ist. Diese Konstruktion zeigt, dass für P als einen Punkt der Kurve in der Geraden IJ die Gerade PM' mit dieser Linie selbst zusammenfällt. Eine Ausnahme tritt nur dann ein, wenn P mit einem der Punkte I, J selbst zusammenfällt, den also die Kurve enthält; dann fallen auch M und M' zusammen und die Normale deckt sich mit der Tangente (vergl. „Kegelschnitte" Art. 363); d. h. wenn die Kurve durch einen der unendlich fernen Kreispunkte geht, so fällt die betreffende Normale mit der Tangente zusammen.

111. Wir wollen nun zuerst die Klasse der Evolute einer gegebenen Kurve bestimmen, d. h. die Zahl von Normalen der Kurve oder Tangenten der Evolute, welche durch einen gegebenen Punkt gehen. Die Zahl der Normalen ist als unabhängig von der Lage des Punktes anzusehen und es ist daher erlaubt, statt des allgemeinen Falles den speciellen

des unendlich fernen Punktes zu untersuchen. Die Zahl der von der unendlich fernen Geraden selbst verschiedenen Normalen der Kurve, die aus einem unendlich fernen Punkte d. i. in gegebener Richtung gehen, ist aber der Zahl der Tangenten der Kurve gleich, welche die zu dieser normale Richtung haben, d. h. gleich der Klasse ν der Kurve. Überdies fallen nach dem letzten Artikel die μ Normalen der Kurve in ihren unendlich fernen Punkten mit der unendlich fernen Geraden selbst zusammen und gehen also auch durch den angenommenen Punkt. Es ist somit die Zahl der Normalen einer Kurve, welche von irgend einem Punkte ausgehen, gleich der Summe aus der Ordnungs- und Klassenzahl der Kurve oder gleich der Summe der Ordnungszahlen der Kurve und ihrer Reciproken.

Wenn die unendlich ferne Gerade eine Tangente der Kurve ist, so wird die Zahl der im Endlichen liegenden Tangenten von einer bestimmten Richtung und also auch die Zahl der Normalen um eins kleiner als im allgemeinen Falle. So gehen von einem Punkte im allgemeinen vier Normalen an einen Kegelschnitt, aber nur drei an eine Parabel.

Geht die Kurve durch einen der Kreispunkte, so lehrt Art. 110, dass die Normale derselben in diesem Punkte nicht in die unendlich ferne Gerade fällt, und wir müssen daher schliessen, dass die Zahl der Normalen für jeden Durchgang durch einen Kreispunkt um eins vermindert wird. So wird im Falle des Kreises, des durch beide Punkte I, J gehenden Kegelschnitts, die Zahl der Normalen um zwei, d. h. auf zwei vermindert. Wenn also μ und ν Ordnung und Klasse einer Kurve sind, welche ε mal durch einen Kreispunkt geht und σ mal die unendlich ferne Gerade berührt, so ist die Klasse ihrer Evolute $\nu' = \mu + \nu - \varepsilon - \sigma$. Dieselben Resultate können auch aus der Bemerkung erhalten werden, dass die Gleichung der Normale

$$U_2 (\alpha - x) = U_1 (\beta - y)$$

für α, β als gegebene und x, y als variabele Grössen die Gleichung einer Kurve μ^{ter} Ordnung giebt, deren Schnittpunkte mit der gegebenen Kurve die Fusspunkte ihrer von α, β ausgehenden Normalen bestimmen. Hat die Kurve keine vielfachen Punkte, so ist die Zahl der Schnittpunkte offenbar μ^2 d. h. $\mu + \nu$, und man zeigt ohne Schwierigkeit, dass im allgemeinen Falle für δ Doppelpunkte und $\varkappa$ Spitzen diese Zahl auf $\mu^2 - 2\delta - 3\varkappa$ oder wiederum $\mu + \nu$ kommt.

112. Wir untersuchen ferner die Ordnung der Evolute und zwar, indem wir die Zahl ihrer unendlich fernen Punkte bestimmen. Wenn aber zwei aufeinander folgende Normalen der Originalkurve einander parallel sind, so fallen die entsprechenden Tangenten derselben zusammen, d. h. die unendlich fernen Punkte der Evolute entspringen im allgemeinen aus den Inflexionspunkten der Kurve (Art. 102). Nach Art. 111 geben aber auch die unendlich fernen Punkte der Originalkurve ebenso vielen unendlich fernen Punkten der Evolute den Ursprung und wir bemerken jetzt, dass dieselben Spitzen in der Evolute sind, welche die unendlich ferne Gerade zur Tangente haben. Ist M ein Punkt der Geraden IJ und M' der ihm harmonisch zugeordnete, so war die der Normale in M entsprechende Linie IJ selbst; bezeichnen wir aber die beiden zu M nächstbenachbarten Punkte der Kurve durch L und N, so sind ihre Normalen LM' und NM', d. h. durch den Punkt M' gehen drei aufeinander folgende Tangenten der Evolute oder er ist eine Spitze derselben mit der Tangente IJ. Die μ unendlich fernen Punkte der gegebenen Kurve bedingen also ebenso viele Spitzen der Evolute, für welche die unendlich ferne Gerade die gemeinsame Tangente ist, d. h. sie bedingen 3μ unendlich ferne Punkte der Evolute. Rechnen wir sie mit den vorher gefundenen zusammen, so finden wir die Ordnung der Evolute $= \iota + 3\mu$ oder die Zahl α des Art. 83.

Wenn die Kurve durch einen der Kreispunkte geht, so geben diese Punkte, wie wir sahen, keine unendlich fernen Punkte der Evolute und die Ordnung derselben wird um drei Einheiten vermindert.

Wenn die Gerade IJ die Kurve berührt, so fallen die Normalen für die zwei aufeinander folgenden Punkte, in welchen sie die Kurve trifft, mit IJ zusammen, d. h. zwei aufeinander folgende Tangenten der Evolute decken sich oder erzeugen einen Inflexionspunkt mit IJ als der entsprechenden Wendetangente. Da derselbe an die Stelle von zwei Spitzen tritt, welche entstehen würden, wenn IJ die Kurve schnitte statt sie zu berühren, so wird die Ordnung der Evolute um drei Einheiten vermindert; wenn wir also ε und σ in dem Sinne des vorigen Artikels brauchen, so erhalten wir für die Ordnungszahl der Evolute $\mu' = \alpha - 3(\varepsilon + \sigma)$.

Diese Ergebnisse erfahren Modifikationen, wenn einer der Punkte I, J vielfach mit zwei oder mehreren zusammenfallenden Tangenten ist; für eine Spitze in einem derselben z. B. ist die Verminderung der Ordnungszahl nicht sechs, sondern vier. Die allgemeinen Werte zeigen, dass Ordnung und Klasse der Evolute einer Kurve und der Evolute ihrer Reciprokalkurve übereinstimmen, wie Art. 109 erwarten lässt.

113. Im allgemeinen giebt es keine Inflexionspunkte in der Evolute; denn für einen solchen müssten zwei aufeinander folgende Tangenten der Evolute oder Normalen der Kurve zusammenfallen, was nach der Natur der Konstruktion nur möglich ist, wenn die entsprechenden Tangenten mit ihren Normalen und mit einander zusammenfallen, d. h. in dem sehr speciellen Falle, wo eine Inflexionstangente der Originalkurve durch I oder J geht.

Wenn aber die Gerade IJ von der Kurve berührt wird, so sahen wir in Art. 112, dass dem ein Inflexionspunkt im Unendlichen entspringt, und wenn die Kurve durch I oder J hindurch geht, im Art. 108, dass die Evolute eine durch denselben Punkt gehende Inflexionstangente hat. Damit haben wir Bedingungen genug zur Bestimmung aller Charaktere der Evolute; sie sind

$$\mu' = \alpha - 3(\varepsilon + \sigma), \quad \nu' = \mu + \nu - (\varepsilon + \sigma), \quad \iota' = \varepsilon + \sigma,$$
$$\varkappa' = 3\alpha - 3(\mu + \nu) - 5(\varepsilon + \sigma), \quad \alpha' = 3\alpha - 8(\varepsilon + \sigma),$$

die letzten beiden nach den Plückerschen Formeln aus den drei ersten. Wir können ebenso die Zahl der Doppelpunkte und Doppeltangenten der Evolute bestimmen, welche letzteren offenbar Doppelnormalen der Originalkurve sind.

Der Defekt oder das Geschlecht der Evolute (Art. 44) stimmt mit dem der Originalkurve überein, wie man nach dem Ausdruck des Geschlechts

$$\tfrac{1}{2}\{\alpha - 2(\mu + \nu)\} + 1$$

leicht bestätigt. Wir wissen, dass das Geschlecht von zwei Kurven im allgemeinen dasselbe ist, wenn die eine von ihnen aus der andern so abgeleitet ist, dass jedem Punkte der einen Kurve ein Punkt der andern entspricht und umgekehrt (Art. 83).

114. Die Anzahl der Spitzen der Evolute kann auch direkt untersucht werden; denn eine Spitze derselben entsteht, wenn drei aufeinander folgende Tangenten der Evolute oder Normalen der Originalkurve sich in einem Punkte schneiden oder mit andern Worten, wenn vier aufeinander folgende Punkte derselben in einem Kreise liegen oder wenn ihr Krümmungsradius beim Übergang von einem Punkte zu dem benachbarten in ihm unverändert bleibt. Um die Bedingung zu finden, unter welcher dies stattfindet, differentiieren wir den in Art. 102 gefundenen Ausdruck und erhalten

$$(U_1^2 + U_2^2)\left(\frac{dH}{dx_1}dx_1 + \frac{dH}{dx_2}dx_1\right) = 3H\{(U_{11}U_1 + U_{12}U_2)\,dx_1 + (U_{12}U_1 + U_{22}U_2)\,dx_2\},$$

also mittelst

$$dx_1 : dx_2 = -\,U_2 : U_1,$$

und für H_1, H_2 als die Differentialquotienten von H nach x_1 und x_2 die gesuchte Bedingung

$$(U_1^2 + U_2^2)(U_2H_1 - U_1H_2) = 3H\{(U_{11} - U_{22})\,U_1U_2 + U_{12}(U_2^2 - U_1^2)\}.$$

Da in dieser Gleichung H vom Grade $3(\mu - 2)$, U_1 und U_2 vom Grade $(\mu - 1)$ und die U_{ik} vom Grade $(\mu - 2)$ sind, so repräsentiert sie eine Kurve von der Ordnung $(6\mu - 10)$, welche die gegebene Kurve in den Punkten schneidet, in denen der oskulierende Kreis eine Berührung dritter Ordnung mit ihr hat. Wenn die Kurve keine vielfachen Punkte hat, so erzeugen diese $\mu(6\mu - 10)$ Punkte mit den μ unendlich fernen Punkten zusammen $\mu(6\mu - 9)$ Spitzen der Evolute, was mit den vorigen Formeln übereinstimmt.

In analoger Weise können die Charaktere der Evolute in dem allgemeinen Sinne des Wortes von Art. 109 untersucht werden und man findet, dass die gewonnenen Formeln anwendbar bleiben, wenn man nun mit ε die Zahl von Berührungen bezeichnet, welche die gegebene Kurve mit dem festen Kegelschnitt hat, während eine dem σ entsprechende Singularität nicht mehr existiert.

115. Wir fügen als eine weitere Erläuterung zu der Theorie der Enveloppen Einiges von den Brennlinien oder Kaustiken hinzu, deren Untersuchung, obwohl durch die Optik angeregt, doch ganz der Geometrie der Kurven angehört; sie gehören zu den ältesten Beispielen von Enveloppen, welche untersucht worden sind.[18]) Wenn Licht von irgend einem Punkt aus auf eine Kurve fällt, so erhält man den reflektierten Strahl als die Gerade, welche im Fusspunkte denselben Winkel mit der Kurvennormale macht, wie der einfallende Strahl. Die Enveloppe der so reflektierten Strahlen wird die Brennlinie durch Reflexion genannt. Die allgemeine Gleichung des reflektierten Strahls ist leicht zu bilden. Wenn $T=0$ und $N=0$ die Gleichungen der Tangente und Normale im Einfallspunkte sind, so ist für T', N' als die Resultate der Substitution der Koordinaten des Leuchtpunktes in T, N die Gleichung des einfallenden Strahls

$$T'N-N'T=0;$$

daher ist die Gleichung des reflektierten Strahls als des vierten harmonischen zu diesen drei Strahlen

$$T'N+N'T=0.$$

Die Enveloppe desselben kann nach den vorhergehenden Regeln gefunden werden.

Beispiel. Man finde für einen Kreis die Brennlinie durch Reflexion. Für a und b als die Koordinaten des leuchtenden Punktes und wegen $x\cos\theta+y\sin\theta-r=0$, und $x\sin\theta-y\cos\theta=0$ als Gleichungen der Tangente und Normale ist die Gleichung des reflektierten Strahls

$$(a\cos\theta+b\sin\theta-r)(x\sin\theta-y\cos\theta)$$
$$+(x\cos\theta+y\sin\theta-r)(a\sin\theta-b\cos\theta)=0$$

oder

$$(ay + bx)\cos 2\theta + (by - ax)\sin 2\theta$$
$$+ r(x + a)\sin\theta - r(y + b)\cos\theta = 0,$$

deren Enveloppe nach Beispiel 2, Art. 85 die Gleichung hat

$$\{4(a^2 + b^2)(x^2 + y^2) - r^2[(x + \alpha)^2 + (y + \beta)^2]\}^3$$
$$= 27(bx - ay)^2(x^2 + y^2 - a^2 - b^2)^2.$$

116. Durch Quetelet ist eine Methode angegeben worden, die das Problem auf das der Evolute zurückführt, statt direkt die Enveloppe der reflektierten Strahlen zu suchen, und die daher praktisch vorteilhafter ist; denn die Brennlinie ist hinreichend bestimmt, wenn man die Kurve kennt, von welcher sie die Evolute ist. „Wenn man aus den einander folgenden Punkten der reflektierenden Kurve als Centren mit je der entsprechenden Entfernung vom leuchtenden Punkte als Radius eine Reihe von Kreisen beschreibt, so ist die Enveloppe derselben eine Kurve, deren Evolute die fragliche Brennlinie ist.“ Oder wie es Dandelin noch unmittelbarer brauchbar ausgesprochen hat: Wenn wir vom leuchtenden Punkte O die Normale OP auf die Tangente fällen und sie so verlängern, dass $PR = OP$ ist, so ist die Brennlinie die Evolute des Ortes von R. Denn RT ist offenbar die Lage des reflektierten Strahles, und wenn wir den nächstfolgenden Strahl ziehen, so ist wegen der Gleichheit der von OT, TV; OT', $T'V$ mit TT' gebildeten Winkel

Fig. 27.

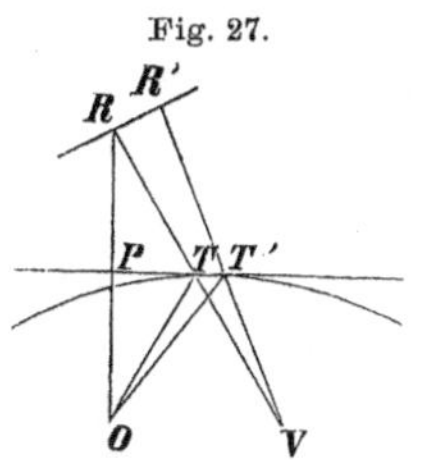

$$OT + TV = OT' + T'V$$

(vergl. „Kegelschnitte“ Art. 259), daher $VR = VR'$ und VR normal zum Orte von R. Wir nennen den Ort von P, den Ort des Fusspunktes der Normale zur Tangente in der letzteren die Fusspunktkurve der gegebenen Kurve. Der Ort von R ist offenbar eine zu dieser ähnliche Kurve und seine Gleichung kann immer gebildet werden, wenn die Gleichung der Reciproken der gegebenen Kurve in Bezug auf O bekannt ist; man hat nur für ϱ in die Polargleichung dieser Reciproken $\frac{2}{\varrho}$ zu substituieren. So ist die Brennlinie durch Reflexion für einen Kreis die Evolute der Limaçon (vergl. Art. 55, Beisp. 5), weil ihre nach der gegebenen Regel gebildete Gleichung von der Form ist

$$\varrho = p(1 + c \cos \omega).$$

117. Wenn Licht von einem Punkte aus auf eine Kurve fällt, so wird der gebrochene Strahl als die vom Fusspunkte in der Kurve ausgehende Gerade gefunden, für welche der Sinus des von ihr mit der entsprechenden Normale gebildeten Winkels in einem konstanten Verhältnis zum Sinus des Winkels des einfallenden Strahls gegen die Normale ist. Die Enveloppe aller dieser Strahlen heisst die Brennlinie durch Refraktion für die gegebene Kurve.

Quetelet hat durch den folgenden unmittelbar evidenten Satz auch diese Brennlinien als Evoluten charakterisiert: „Wenn man aus den aufeinander folgenden Punkten der brechenden Kurve als Centren mit Radien, die zu der jedesmal entsprechenden Entfernung vom leuchtenden Punkte in einem konstanten Verhältnis stehen, Kreise beschreibt, so ist die Enveloppe derselben eine Kurve, von welcher die Brennlinie durch Refraktion die Evolute ist." In der That zeigt die Methode des Unendlichkleinen leicht, dass infolge des Gesetzes der Refraktion die Inkremente des einfallenden und des gebrochenen Strahls durch die Relation

$$m d\varrho + d\varrho' = 0$$

verbunden sind; daraus folgt, dass

$$VR = VR'$$

wird, wenn man in der Verlängerung des gebrochenen Strahls

$$TR = m \,.\, OT, \quad T'R' = m \,.\, OT'$$

macht, und dass daher der gebrochene Strahl normal zu dem Orte von R ist. Wir fügen dem geometrische Untersuchungen über die beiden interessantesten Fälle der Brennlinien durch Refraktion hinzu.

1. Die Brennlinie durch Refraktion für eine gerade Linie. Fällt man ein Perpendikel von A auf die Gerade, verlängert dasselbe so, dass $AP = PB$ und führt durch A, B und den Fusspunkt R des einfallenden Strahls einen Kreis, so sei LR der gebrochene Strahl;

dann wird offenbar der Winkel ALB von demselben halbiert und es ist

$$AL + LB : AB = AL : AO = \sin AOL : \sin ALO;$$

Winkel AOL ist der vom gebrochenen Strahl mit der Normale der Geraden gebildete Winkel und $ALO = BLO = BAR$ der Winkel des einfallenden Strahles mit derselben Normale und es ist somit das Verhältnis $AL + LB : AB$ gegeben. Der Ort von L ist eine Ellipse, welche A und B zu Brennpunkten hat und für welche LR die Normale, von welcher somit die Brennlinie die Evolute ist.

Fig. 28.

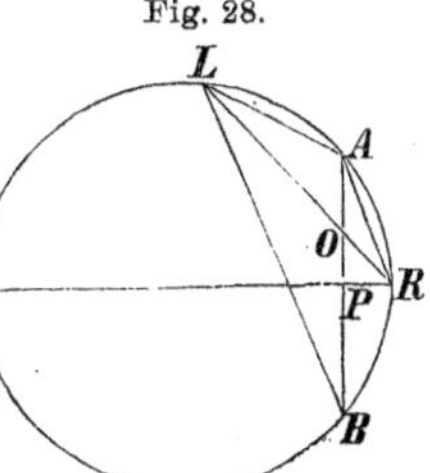

2. Die Brennlinie durch Refraktion für einen Kreis. Wenn durch den leuchtenden Punkt A und den Einfallspunkt R ein den Radius OR berührender Kreis beschrieben wird, so ist der Punkt B gegeben, weil $OA . OB = OR^2$ ist. Aus ähnlichen Dreiecken ist $RA : RB = OA : OR$; es ist ferner

$$RA : RM = \sin RBA : \sin RBM$$

und da $RBA = PRA$, d. h. gleich dem Winkel des einfallenden Strahls mit der Normale der Kurve, und $RBM = PRM$, dem Winkel des gebrochenen Strahls mit derselben Normale ist, so ist auch $RA : RM$ bekannt. Weil endlich

$$AM . RB + MB . AR = RM . AB$$

Fig. 29.

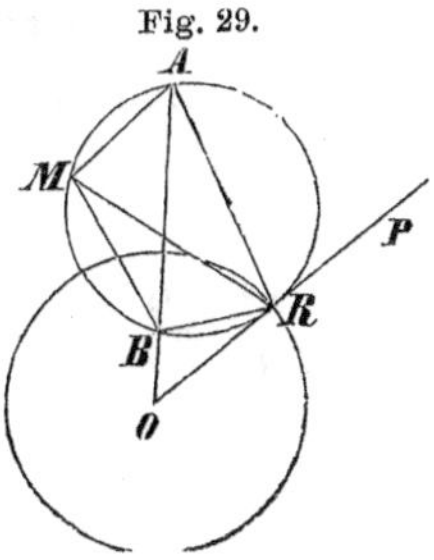

ist, so sind die Distanzen ϱ und ϱ' des Punktes M von A und B durch die Relation verbunden

$$\frac{RB}{RM}\varrho + \frac{RA}{RM}\varrho' = AB.$$

Nun wird ein Cartesisches Oval oder eine aplanetische Linie als der Ort eines Punktes definiert, dessen Entfernungen von zwei gegebenen Brennpunkten durch die Relation

$$m\varrho + n\varrho' = c$$

verbunden sind, und man beweist genau so wie bei den Kegelschnitten („Kegelschnitte“ Art. 259), dass die Normale einer solchen Kurve den Winkel zwischen den Brennstrahlen in zwei Teile zerlegt, deren Sinus im Verhältnis $m : n$ stehen. Der Ort von M ist also ein Cartesisches Oval, für welches A und B die Brennpunkte sind, und da MR normal zu diesem Orte ist, so ist die Brennlinie die Evolute dieser Kurve.[19])

Die Ellipse in 1) und das Cartesische Oval in 2) sind Kurven, welche die gebrochenen Strahlen rechtwinklig durchschneiden; man nennt solche Kurven sowohl für die gebrochenen als für die reflektierten Strahlen sekundäre Brennlinien.

118. Es bleibt übrig, kurz einiger andern Klassen von Enveloppen zu gedenken. Wir haben früher das Problem erwähnt, die Parallelkurve einer gegebenen Kurve zu bestimmen. Dasselbe kann entweder als das Problem der Bestimmung der Enveloppe einer Geraden behandelt werden, die parallel der Tangente der Kurve in fester Entfernung von derselben ist, also der Enveloppe von

$$U_1 x + U_2 y + U_3 z = kz(U_1^2 + U_2^2)^{\frac{1}{2}};$$

oder als das Problem der Bestimmung der Enveloppe des Kreises von gegebenem Radius,

$$(x - a)^2 + (y - b)^2 = k^2,$$

dessen Mittelpunkt a, b der Gleichung der Kurve genügt oder, was dasselbe ist, von der Bestimmung der Bedingung, unter welcher dieser Kreis die Kurve berührt. Das Ergebnis ist natürlich eine Funktion von k^2. In gewissen besondern Fällen kann dieselbe in Faktoren zerfallen, wie z. B. die Parallele in der Entfernung k zu einem Kreise vom Radius r aus zwei Kreisen von den Radien $(r \pm k)$ besteht. Im allgemeinen ist aber eine solche Reduktion nicht möglich und die beiden Tangenten in der Entfernung $\pm k$ von einer Tangente der Originalkurve gehören derselben Parallelkurve an. Für dieselbe ist daher die Zahl der einer gegebenen Geraden parallelen Tangenten doppelt so gross wie für die Originalkurve, d. h. $\nu' = 2\nu$. Ebenso entsprechen jeder Inflexionstangente der Originalkurve zwei solche Tangenten der Parallelcurve, $\iota' = 2\iota$. Um die Ordnung der Parallelkurve zu finden, reicht es hin, in ihrer Gleichung $k = 0$ zu machen, weil dies die Glieder von höchster Dimension in der Gleichung nicht beeinflusst; man findet allgemein wahr, was für Kegelschnitte bekannt ist („Kegelschnitte“ Art. 348, 2), dass das Resultat die zweifach gezählte Originalkurve zusammen mit den zwei Büscheln von ν Tangenten ist, die von den Punkten I, J an die Kurve gehen; die Ordnung der Parallelkurve ist also $= 2(\mu + \nu)$. Es hat keine Schwierigkeit, die Modifikationen dieser Zahlen festzustellen, welche der Berührung der Originalkurve mit der unendlich entfernten Geraden oder dem Hindurchgehen durch einen der Punkte I, J entsprechen; wir kommen so zu Cayleys Formeln

$$\mu' = 2(\mu + \nu) - 2(\varepsilon + \sigma), \quad \nu' = 2\nu,$$
$$\iota' = 2\iota = -6\mu + 2\alpha, \quad \varkappa' = 2\alpha - 6(\varepsilon + \sigma),$$
$$\varepsilon' = 2(\nu - \sigma), \quad \sigma' = 2\sigma.$$

Die Parallelkurve und die Originalkurve haben die nämlichen Normalen und dieselbe Evolute, aber jede Normale der Parallelkurve hat im allgemeinen zwei den Werten $\pm k$ entsprechende Fusspunkte in ihr.

Beispiel 1. Man bestimme die Parallelkurve der Ellipse oder Parabel (vergl. „Kegelschnitte" Art. 348).

Beispiel 2. Bestimme die Parallelkurve zu $x^{\frac{2}{3}} + y^{\frac{2}{3}} = a^{\frac{2}{3}}$. Die Gleichung einer Tangente ist (Art. 99, 6)

$$x \cos\varphi + y \sin\varphi = a \sin\varphi \cos\varphi;$$

die einer Parallelen in der Entfernung k also

$$x \cos\varphi + y \sin\varphi = k + a \sin\varphi \cos\varphi$$

und deren Enveloppe (Art. 85, 3)

$$\{3(x^2 + y^2 - a^2) - 4k^2\}^3 + \{27axy - 9k(x^2 + y^2) - 18a^2k + 8k^3\}^2 = 0.$$

Sie bietet einen von den Fällen dar, wo die den Werten $\pm k$ entsprechenden Parallelen verschiedene Kurven statt Teile derselben Kurve sind.

Die Kurve, welche der eben erhaltenen Gleichung entspricht, ist die Enveloppe einer Linie, in welcher durch zwei feste Gerade eine Strecke von konstanter Länge abgeschnitten wird. Wenn diese Geraden rechtwinklig zu einander sind, so erkennt man, indem man sie als Koordinatenaxen wählt, unmittelbar, dass die Gleichung einer Linie von der Länge a zwischen ihnen und dem Winkel φ zur Axe der x durch

$$x \sin\varphi + y \cos\varphi = a \cos\varphi \sin\varphi$$

dargestellt ist, welche die Enveloppe $x^{\frac{2}{3}} + y^{\frac{2}{3}} = a^{\frac{2}{3}}$ bildet. Betrachten wir aber für einen Augenblick den Durchmesser und eine zu ihm parallele Sehne eines Kreises, so ist evident, dass wenn eine Linie von der Länge a an irgend einem Punkte einen rechten Winkel spannt, eine zu ihr parallele Linie im Abstand $\frac{1}{2}a\cos\varphi$ den Abschnitt $a\sin\varphi$ mit einem Paar unter dem Winkel φ zu einander geneigten, zu den rechtwinkligen Geraden symmetrischen Linien bildet. Daher ist die Enveloppe einer Geraden von der Länge $a \sin\varphi$ zwischen den schiefen Geraden eine dem Werte $k = \frac{1}{2}a\cos\varphi$ entsprechende Parallelkurve zu der Enveloppe für die rechtwinkligen Geraden, d. h. zu $x^{\frac{2}{3}} + y^{\frac{2}{3}} = a^{\frac{2}{3}}$.

Beispiel 3. Für die in den Tangentialkoordinaten χ, ψ ausgedrückte Kurve $\chi = f(\psi)$ erhält man die Parallelkurve im Abstand k offenbar durch $\chi = f(\psi) \pm k \operatorname{cosec}\psi$.

119. Wenn $\xi x + \eta y + \zeta = 0$ die Tangente einer in rechtwinkligen Koordinaten ausgedrückten Kurve darstellt, so ist

$$\xi x + \eta y + \zeta + k\sqrt{(\xi^2 + \eta^2)} = 0$$

eine Tangente der Parallelkurve; ist also die gegebene Kurve in Linienkoordinaten ausgedrückt, so erhalten wir die der Parallelkurve, indem wir für ζ den Wert $\zeta + k\varrho$ substituieren, mit $\varrho = \sqrt{(\xi^2 + \eta^2)}$. Ist jene Gleichung der Originalkurve $V = 0$, so ist die der Parallelkurve

$$V + k\varrho \frac{dV}{d\zeta} + \frac{1}{1.2} k^2 \varrho^2 \frac{d^2 V}{d\zeta^2} + \ldots = 0.$$

Diese Gleichung wird von den Wurzeln befreit, indem man die Glieder mit ungeraden Potenzen von ϱ auf die eine Seite bringt und dann quadriert; der Grad der so entstehenden Gleichung ist das doppelte von dem der Originalgleichung in Übereinstimmung mit den schon gewonnenen Ergebnissen.

Beispiel 1. Man bestimme die Gleichung der Parallelkurve zu $\frac{x^2}{a^2} + \frac{y^2}{b^2} = 1$ in Linienkoordinaten. Die entsprechende Gleichung der Ellipse ist

$$a^2\xi^2 + b^2\eta^2 = \zeta^2,$$

die der Parallelkurve also

$$a^2\xi^2 + b^2\eta^2 = (\zeta + k\varrho)^2$$

oder

$$\{(a^2 - k^2)\xi^2 + (b^2 - k^2)\eta^2 - \zeta^2\}^2 = 4k^2(\xi^2 + \eta^2)\zeta^2.$$

Beispiel 2. Die Gleichung der Parallelkurve der Parabel $y^2 = px$ in Linienkoordinaten zu geben. Die entsprechende Gleichung der Parabel $y^2 = px$ ist

$$p\eta^2 = 4\xi\zeta,$$

die der Parallelkurve also

$$(p\eta^2 - 4\xi\zeta)^2 = 4k^2\xi^2(\xi^2 + \eta^2).$$

Beispiel 3. Entwickele die Gleichung der Parallelen eines Kreises in Linienkoordinaten. Der Kreis vom Mittelpunkt a, b und dem Radius c hat die Gleichung in Linienkoordinaten („Kegelschnitte“ Art. 120, 3)

$$(a\xi + b\eta + \zeta)^2 = c^2(\xi^2 + \eta^2);$$

seine Parallelkurve somit

$$(a\xi + b\eta + \zeta + k\varrho)^2 = c^2\varrho^2;$$

diese Gleichung zerfällt in Faktoren und giebt

$$a\xi + b\eta + \zeta + k\varrho = \pm c\varrho,$$

oder durch Rationalisieren

$$(a\xi + b\eta + \zeta)^2 = (c \pm k)^2(\xi^2 + \eta^2),$$

ein Paar von koncentrischen Kreisen mit den Radien $(c \pm k)$, wie es sein muss.

120. Ganz so wie im letzten Beispiel ergiebt sich, dass für jede Kurve, deren Gleichung in Linienkoordinaten von der Form

$$u^2(\xi^2+\eta^2)=v^2$$

ist, die Gleichung der Parallelkurve in zwei Teile von gleicher Form mit dem Original zerfällt, oder dass die den Werten $\pm k$ entsprechenden Parallelen verschiedene Kurven anstatt zwei Zweige derselben Kurve sind. Denn durch die Substitution $\zeta + k\varrho$ für ζ werden u und v in ganz gleicher Weise verändert, nämlich in

$$u+u'k\varrho+u''k^2\varrho^2+\ldots, \quad v+v'k\varrho+\ldots$$

und $u^2\varrho^2=v^2$ wird also zu

$$(u+u'k\varrho+u''k^2\varrho^2+\ldots)^2\varrho^2=(v+v'k\varrho+v''k^2\varrho^2+\ldots)^2,$$

was in Faktoren zerfällt, die getrennt rationalisiert werden können und das Resultat liefern

$$\{u+u''k^2\varrho^2+\ldots\pm(v'k+v'''k^3\varrho^2+\ldots)\}^2\varrho^2$$
$$=\{v+v''k^2\varrho^2+\ldots\pm(u'k\varrho^2+u'''k^3\varrho^4+\ldots)\}^2.$$

Die Gleichung, welche wir vorher für die Parallelkurve eines Kegelschnitts gegeben haben, ist von der hier betrachteten Form und wir entnehmen daraus, dass die Parallelkurve zu ihr in der Entfernung k' in zwei ihr wesentlich gleiche Teile zerfällt, nämlich in die beiden Parallelkurven des Kegelschnitts in den Enfernungen $k\pm k'$, wie geometrisch evident ist. Für die früher erwähnte Kurve $x^{\frac{2}{3}}+y^{\frac{2}{3}}=a^{\frac{2}{3}}$ zeigt die Form ihrer Gleichung in Linienkoordinaten

$$(\xi^2+\eta^2)\zeta^2=a^2\xi^2\eta^2,$$

dass ihre Parallelkurve in Faktoren zerfällt; in der That ist die Gleichung derselben in Linienkoordinaten

$$(\xi^2+\eta^2)\zeta^2=\{a\xi\eta\pm k(\xi^2+\eta^2)^2\}.$$

Wenn wir für u und v die allgemeinsten Funktionen ersten und zweiten Grades in ξ, η, ζ nehmen, so bezeichnet

$$u^2\varrho^2=v^2$$

eine Kurve vierter Klasse mit zwei Doppeltangenten also von der achten Ordnung; diese Funktionen können aber so angenommen werden, dass die Doppeltangenten zu stationären

Tangenten werden und dass die Kurve überdies eine andere doppelte oder stationäre Tangente hat, und man kann somit in dieser Art die Gleichung einer Kurve dritter und vierter Ordnung bilden, deren Parallelkurve in Faktoren zerfällt. Von dieser Art ist, wie wir später sehen werden, die Reciproke des Cartesischen Ovals.

121. Wenn wir statt der rechtwinkligen Koordinaten projektivische anwenden, so ist die Gleichung einer zur Geraden

$$\xi_1 x_1 + \xi_2 x_2 + \xi_3 x_3 = 0$$

parallelen Linie von der Form (vergl. „Kegelschnitte" Art. 61, 64)

$$\xi_1 x_1 + \xi_2 x_2 + \xi_3 x_3 + m(x_1 \sin A_1 + x_2 \sin A_2 + x_3 \sin A_3)\sqrt{(S)} = 0$$

mit

$$S = \xi_1^2 + \xi_2^2 + \xi_3^2 - 2\xi_2\xi_3 \cos A_1 - 2\xi_3\xi_1 \cos A_2 - 2\xi_1\xi_2 \cos A_3;$$

wir erkennen daraus, dass die Gleichung der Parallelen einer Kurve in Linienkoordinaten aus der Gleichung dieser Kurve selbst in Linienkoordinaten entsteht, indem man für die ξ_i die Summen $\xi_i + m\sqrt{(S)} \sin A_i$ substituiert. Wir wissen (vergl. „Kegelschnitte" Art. 363), dass $S = 0$ die Gleichung der Punkte I, J in Linienkoordinaten ist und erkennen damit, dass für $S = 0$ als die Gleichung von zwei beliebigen Punkten und

$$a_1 x_1 + a_2 x_2 + a_3 x_3 = 0$$

als die Gleichung ihrer Verbindungslinie die Enveloppe von

$$\xi_1 x_1 + \xi_2 x_2 + \xi_3 x_3 = 0$$

und von

$$\xi_1 x_1 + \xi_2 x_2 + \xi_3 x_3 + (a_1 x_1 + a_2 x_2 + a_3 x_3)\sqrt{(S)} = 0$$

parallele oder vielmehr quasi-parallele Kurven sind.

122. Wir nannten in Art. 116 den Ort des Fusspunktes der von einem gegebenen Pol oder Centrum ausgehenden Normale zur Tangente die Fusspunktlinie der gegebenen Kurve. Denken wir zu derselben abermals die Fusspunktkurve bestimmt etc., so entsteht eine Reihe von zweiten, dritten etc. Fusspunktkurven der gegebenen Kurve. Diese Reihe kann auch rückwärts fortgesetzt werden, indem man die Kurve aufsucht und als erste negative Fusspunktkurve

bezeichnet, von welcher die gegebene Kurve die Fusspunktkurve ist etc. Das Problem der Bestimmung der negativen Fusspunktkurve fordert die Bestimmung der Enveloppe einer Geraden, welche durch den Endpunkt des Radius vektor rechtwinklig zu demselben gezogen wird; in andern Worten, es fordert die Bestimmung der Enveloppe von

$$\xi x + \eta y = \xi^2 + \eta^2,$$

wo ξ, η die Gleichung der Kurve befriedigen. Wir sahen soeben, dass das Problem der Aufsuchung der Parallelkurve auf das der Bestimmung der Enveloppe von

$$2\xi x + 2\eta y + k^2 - x^2 - y^2 = \xi^2 + \eta^2$$

mit denselben Bedingungen zurückkommt; in der That hat schon Roberts bemerkt, dass diese beiden geometrischen Probleme auf dasselbe analytische Problem zurückkommen, nämlich die Bestimmung einer Enveloppe von der Form

$$A\xi + B\eta + C = \xi^2 + \eta^2,$$

und dass man aus der Gleichung der Parallelkurve die Gleichung der negativen Fusspunktkurve erhält, wenn man in ihr $k^2 = x^2 + y^2$ macht und dann $\frac{1}{2}x$ und $\frac{1}{2}y$ für x und y einsetzt. Gewöhnlich ist jedoch das Problem der Bestimmung der Parallelkurve das schwierigere von beiden; immerhin giebt die Methode unmittelbar die negative Fusspunktkurve der geraden Linie und des Kreises vom Radius a, weil die Parallelkurve für jene ein Paar von äquidistanten parallelen Geraden und für diesen ein Paar koncentrischer Kreise von den Radien $(a \pm k)$ ist, so dass die Gleichung der Parallelkurve in beiden Fällen unmittelbar gegeben ist und somit die der negativen Fusspunktkurven durch das angegebene Verfahren gebildet werden können.

Beispiel 1. Wenn $f(r, \theta) = 0$ die Fusspunktkurve einer gegebenen Kurve für einen bestimmten Anfangspunkt ist, so erhält man in

$$f\{r - r_0 \cos(\theta + \alpha), \theta\} = 0$$

die Fusspunktkurve derselben für den durch Radius vektor r_0 und Winkel $(\pi - \alpha)$ bestimmten Pol.

So erhält man für den Kreis $r = a$ die Fusspunktkurve aus dem Punkt r_0 mit

$$r = a + r_0 \cos\theta;$$

insbesondere mit $r_0 = a$ die Kardioide $r = a(1 + \cos\theta)$, weil für das Centrum es der Kreis selbst ist, und aus dem Scheitelkreis $r^2 - 2aer\cos\theta = a^2(1-e^2)$ der Hyperbel als Fusspunktkurve des Brennpunktes folgt die für einen beliebigen Punkt r_0, α

$$\{r - r_0\cos(\theta+\alpha)\}^2 - 2ae\cos\theta\{r - r_0\cos(\theta+\alpha)\} = a^2(1-e^2).$$

Mit $\alpha = 0$, $r_0 = -ae$ oder für das Centrum als Pol und mit $e = \sqrt{2}$ oder die gleichseitige Hyperbel entsteht die Lemniskate $r^2 = a^2\cos 2\theta$.

Beispiel 2. Wenn $\chi = f(\psi)$ die Tangentialgleichung einer Kurve ist (Art. 13, 69, Beispiele), so ist für die Anfangsrichtung als normal zur Axe der χ die Polargleichung der ersten Fusspunktkurve

$$\varrho = f(\psi)\sin\psi.$$

Und wenn

$$\varrho = F(\psi)$$

die Polargleichung einer Kurve ist, so erhält man mit

$$\chi = \frac{F(\psi)}{\sin\psi}$$

die Tangentialgleichung ihrer ersten negativen Fusspunktkurve.

123. Wenn man für irgend eine Kurve in jedem von einem festen Ursprung oder Centrum der Inversion O ausgehenden Radius vektor OP ein Stück OP' abträgt, welches dem reciproken Werte von OP gleich ist, so heisst der Ort von P' die Inverse der gegebenen Kurve. Daraus erhellt, dass die Fusspunktkurve einer gegebenen Kurve die Inverse ihrer reciproken Polare und dass die erste negative Fusspunktkurve die reciproke Polare ihrer Inversen ist, vorausgesetzt, dass diese reciproken Polaren in Bezug auf einen aus dem Centrum der Inversion beschriebenen Kreis gebildet sind.

Es unterliegt keiner Schwierigkeit, durch eine mit der in den andern Fällen angewendeten sehr ähnlichen Schlussweise die Charaktere der inversen Kurve einer gegebenen Originalkurve zu bestimmen, somit auch die Charaktere der Fusspunktkurve und der negativen Fusspunktkurve; es erscheint als hinreichend, die Resultate der Untersuchung mitzuteilen. Wir gebrauchen ε und σ, um dadurch wie früher auszudrücken respektive, wie viel mal die Kurve durch einen der Punkte I oder J geht, und wie viel mal sie die Gerade IJ berührt; wir bezeichnen durch ε^*, σ^* die reciproken Singularitäten, nämlich die Zahl von Berührungen einer Kurve mit einer der Geraden OI oder OJ und die Vielfachheit des Hindurchgehens durch den Ursprung O; ferner durch π_o und π_i die Zahl der zusammenfallenden Tangentenpaare für einen vielfachen Punkt in O oder in I oder J, so dass z. B. $\pi_o = 1$ wäre, falls der Ursprung eine Spitze ist; endlich durch π_o^* und π_i^* die reciproken Singularitäten. Dann erhalten wir für die inverse Kurve

$$\begin{aligned}
\mu' &= 2\mu - \varepsilon - \sigma^*,\\
\nu' &= \nu + 2\mu - 2(\varepsilon + \sigma^*) - (\varepsilon^* + \sigma) + \pi_o + \pi_i,\\
\varepsilon' &= 2\mu - \varepsilon - 2\sigma^*, \quad \sigma' = \pi_o, \quad \varepsilon^{*\prime} = \pi_i,\\
\sigma^{*\prime} &= \mu - \varepsilon, \quad \pi_o' = \sigma, \quad \pi_i' = \varepsilon^*;
\end{aligned}$$

für die Fusspunktkurve

$$\begin{aligned}
\mu' &= 2\nu - \varepsilon^* - \sigma,\\
\nu' &= \mu + 2\nu - 2(\sigma + \varepsilon^*) - (\sigma^* + \varepsilon) + \pi_o^* + \pi_i^*,\\
\varepsilon' &= 2\nu - 2\sigma - \varepsilon^*, \quad \sigma' = \pi_o^*, \quad \varepsilon^{*\prime} = \pi_i^*,\\
\sigma^{*\prime} &= \nu - \varepsilon^*, \quad \pi_o' = \sigma^*, \quad \pi_i' = \varepsilon;
\end{aligned}$$

endlich für die negative Fusspunktkurve

$$\begin{aligned}
\mu' &= \nu + 2\mu - 2(\varepsilon + \sigma^*) - (\varepsilon^* + \sigma) + \pi_o + \pi_i,\\
\nu' &= 2\mu - \varepsilon - \sigma^*, \quad \varepsilon' = \pi_i, \quad \sigma' = \mu - \varepsilon,\\
\varepsilon^{*\prime} &= 2\mu - \varepsilon - 2\sigma^*, \quad \sigma^{*\prime} = \pi_o, \quad \pi_o' = \sigma, \quad \pi_i = \varepsilon^*.
\end{aligned}$$

Beispiel 1. Man bestimme die negative Fusspunktkurve der Parabel für den Brennpunkt als Pol oder, was dasselbe ist, ihre Brennlinie durch Reflexion für Strahlen, welche zur Axe normal sind.

Sei die Gleichung

$$y^2 = 4(mx + m^2),$$

so kann jeder Punkt der Kurve dargestellt werden durch

$$x + m = \lambda^2 m, \quad y = 2\lambda m$$

und die Gleichung $\xi x + \eta y = \xi^2 + \eta^2$ wird

$$(\lambda^2 - 1)x + 2\lambda y = (\lambda^2 + 1)^2 m.$$

Die Invarianten dieser in λ biquadratischen Form sind

$$S = 3(x + 4m)^2, \quad T = (x + 4m)^3 - 54m(x^2 + y^2);$$

die Diskriminante $S^2 - 27T^2$ wird daher durch $x^2 + y^2$ teilbar und giebt die Gleichung

$$(x + 4m)^3 = 27m(x^2 + y^2).$$

Dieselbe ist der Gleichung in Polarkoordinaten $\varrho^{\frac{1}{3}} \cos\frac{\omega}{3} = m^{\frac{1}{3}}$ äquivalent, zu welcher man auch auf anderm Wege gelangen konnte, weil aus Art. 95 unmittelbar folgt, dass für eine Kurve, deren Gleichung in die Form $\varrho^m = a^m \cos m\omega$ gebracht werden kann, die Gleichungen der Fusspunktkurve und der negativen Fusspunktkurve von derselben Form sind, indem nur m respektive in $\frac{m}{1+m}$ und $\frac{m}{1-m}$ übergeht. Es mag angemerkt werden, dass die Gleichung der Tangente einer Parallelkurve zu dieser Kurve

$$(\lambda^2-1)x+2\lambda y=(\lambda^2+1)^2 m+(\lambda^2+1)k$$

ist und dass dieselbe eine Enveloppe fünfter Ordnung erzeugt, bei welcher die den Werten $\pm k$ entsprechenden Kurven verschieden sind. So sind im allgemeinen die Parallelkurven unikursal für Kurven, deren Tangente die Gleichungsform

$$(\lambda^2-1)x+2\lambda y=\varphi(\lambda)$$

hat. Nehmen wir z. B. $\varphi(\lambda)=m\lambda^3$, so erhalten wir eine Kurve dritter Klasse und vierter Ordnung, welche durch die unendlich ferne Gerade berührt wird und die Punkte I, J enthält.

Beispiel 2. Die negative Fusspunktkurve für die Ellipse $\frac{x^2}{a^2}+\frac{y^2}{b^2}=1$ zu bestimmen, wenn der Pol im Centrum derselben liegt. Setzen wir für die Koordinaten eines Punktes der Ellipse wie gewöhnlich $a\cos\varphi$ und $b\sin\varphi$, so gilt es, die Enveloppe der Geraden

$$ax\cos\varphi+by\sin\varphi=a^2\cos^2\varphi+b^2\sin^2\varphi=\tfrac{1}{2}(a^2+b^2)+\tfrac{1}{2}(a^2-b^2)\cos 2\varphi$$

zu bestimmen. Setzen wir

$$\tfrac{1}{2}(a^2+b^2)=m,\quad \tfrac{1}{2}(a^2-b^2)=n,$$

so wird die Enveloppe nach Art. 85

$$\{3(a^2x^2+b^2y^2)-4(m^2+3n^2)\}^3$$
$$+\{9(m-3n)a^2x^2+9(m+3n)b^2y^2-8m(m^2-9n^2)\}^2=0.\ ^{20})$$

Beispiel 3. Man bestimme die negative Fusspunktkurve der Ellipse für den Pol im Brennpunkt. Das vom Brennpunkt aus gemessene x ist $c+a\cos\varphi$ und der Brennstrahl $a+c\cos\varphi$; es ist also die Enveloppe von

$$x(c+a\cos\varphi)+yb\sin\varphi=(a+c\cos\varphi)^2$$

zu bestimmen, oder von

$$c^2\cos 2\varphi+a(4c-2x)\cos\varphi-2by\sin\varphi+(2a^2+c^2-2cx)=0;$$

sie ist durch

$$\{3b^2(x^2+y^2)-(2b^2+cx)^2\}^3$$
$$+\{9b^2(a^2-cx+2c^2)(x^2+y^2)-(2b^2+cx)^3\}^2=0$$

dargestellt, welche Gleichung in entwickelter Form den Faktor (x^2+y^2) abzusondern gestattet und somit eine Kurve vierter Ordnung repräsentiert, die die Geraden $x^2+y^2=0$ zu stationären Tangenten hat.

Viertes Kapitel.

Metrische Eigenschaften der Kurven.

124. Die wichtigeren metrischen Eigenschaften der Kurven sollen in diesem Kapitel entwickelt werden. Zur Untersuchung solcher Eigenschaften benutzt man am besten die rechtwinkligen Cartesischen Koordinaten, weil wir (vergl. Art. 35) durch die Substitution von $\varrho \cos \theta$ und $\varrho \sin \theta$ für x und y aus der Gleichung unmittelbar die Längen der Segmente erhalten, welche von der Kurve in irgend einer durch den Anfangspunkt der Koordinaten gehenden Geraden bestimmt werden; also auch in jeder beliebigen Geraden, weil durch Koordinaten-Transformation jeder Punkt zum Anfangspunkt gemacht werden kann.

Daraus entspringt zunächst der Satz von Newton: Wenn man durch einen Punkt O zwei Sehnen zieht, die eine Kurve n^{ter} Ordnung in den Punkten

$$R_1,\ R_2,\ \ldots,\ R_n;\ S_1,\ S_2,\ \ldots,\ S_n$$

respektive schneiden, so ist das Verhältnis

$$\frac{OR_1 \,.\, OR_2 \ldots OR_n}{OS_1 \,.\, OS_2 \ldots OS_n}.$$

der Produkte der Abschnitte in der einen und der andern Geraden konstant für alle Lagen des Punktes O, bei unveränderter Richtung der Transversalen.[21]) (Vergl. „Kegelschnitte" Art. 111.) Denn aus der Polargleichung der Kurve (Art. 36) folgt, wie a. a. O. für den Kegelschnitt, dass das Produkt aller Werte des Radiusvektor in einer durch den Anfangspunkt gehenden und unter dem Winkel θ zur Axe der x geneigten Geraden

$$= \frac{A}{P \cos^n \theta + Q \cos^{n-1} \theta \sin \theta + \ldots},$$

ist, und dass das entsprechende Produkt für eine andere unter θ' zur Axe der x geneigte Gerade den Wert

$$\frac{A}{P\cos^n\theta' + Q\cos^{n-1}\theta'\sin\theta' + \dots};$$

dass also das Verhältnis beider durch den Bruch

$$\frac{P\cos^n\theta + Q\cos^{n-1}\theta\sin\theta + \dots}{P\cos^n\theta' + Q\cos^{n-1}\theta'\sin\theta' + \dots}$$

ausgedrückt wird. Durch eine Transformation Cartesischer Koordinaten zu parallelen Axen werden aber die Koefficienten der höchsten Potenzen der Veränderlichen in der Gleichung und also auch das geschriebene Verhältnis nicht geändert. (Vergl. „Kegelschnitte" Art. 93.) Wir können denselben Satz auch so aussprechen: Wenn durch zwei feste Punkte O, O' parallele Transversalen zu einer Kurve n^{ter} Ordnung gezogen werden, so ist das Verhältnis der Segmentenprodukte

$$OR_1 \,.\, OR_2 \dots : O'R'_1 \,.\, O'R'_2 \dots$$

konstant, welches auch die Richtung der Transversalen sein mag. („Kegelschnitte" Art. 111.) Denn für A' als das absolute Glied der Gleichung der Kurve nach der Verlegung des Anfangspunktes der Koordinaten von O nach O' ist das zweite Produkt

$$= \frac{A'}{P\cos^n\theta + \dots},$$

so dass das Verhältnis der Produkte der Segmente $= A : A'$ und somit unabhängig von θ wird.

Man weiss ferner (vergl. „Kegelschnitte" Art. 93), dass das neue absolute Glied das Resultat der Substitution der Koordinaten des neuen Anfangspunktes O' in die Gleichung der Kurve ist und sieht daher, dass das Resultat einer solchen Substitution immer dem Produkt der Segmente proportional ist, die von der Kurve in einer durch O' in gegebener Richtung gezogenen Geraden abgeschnitten werden. (Vergl. „Kegelschnitte" Art. 291.)

125. Aus dem vorigen Satze ergiebt sich der von Carnot, von welchem ein Specialfall in Art. 327 der „Kegelschnitte" steht.

Jede Seite eines Polygons $ABC\ldots$ schneide eine Kurve n^{ter} Ordnung in n reellen Punkten, und seien durch $(B)'$, $'(B)$ die Produkte der n von B ausgemessenen Segmente bezeichnet, die die Kurve so auf den Seiten BC, BA bestimmt, so ist

$$(A)'.(B)'.(C)'.(D)'\ldots = '(A).'(B).'(C).'(D)\ldots$$

Denn für Radienvektoren, die durch einen beliebigen Punkt parallel zu den Seiten des Polygons gezogen werden, gelten, wenn wir ihre Segmentenprodukte in analoger Weise durch (a), (b), (c), ... bezeichnen, ohne Rücksicht auf die Vorzeichen die Relationen

$$'(B):(B)' = (a):(b), \quad '(C):(C)' = (b):(c), \quad '(D):(D)' = (c):(d), \text{ etc.}$$

und die Verbindung derselben zum Produkt beweist den ausgesprochenen Satz.

126. Bei der Anwendung des Carnotschen Satzes ist auf die Vorzeichen der Produkte sorgfältig zu achten, um Zweideutigkeiten zu vermeiden. Betrachten wir die Segmente in der Linie AB, so ist $(A)'$ das Produkt von n im Sinne von A nach B gemessenen Segmenten und $'(B)$ das Produkt von gleichfalls n im Sinne von B nach A gemessenen Segmenten, so dass nach der Regel der Zeichen (vergl. „Kegelschnitte" Art. 6, 7) jedes Segment der letztern Gruppe als von entgegengesetztem Zeichen zu jedem der erstern zu betrachten ist und also, wenn wir dem Produkt $(A)'$ das Zeichen $+$ geben, das Produkt $'(B)$ das Zeichen $(-)^n$ erhalten muss, d. i. $+$ für gerade und $-$ für ungerade n. Ist dann k die Seitenanzahl des Polygons, so muss die Gleichung des letzten Artikels, in der jede Seite aus k Faktoren wie $(A)'$ oder $'(A)$ besteht, in der Form

$$(A)'.(B)'.(C)'\ldots = (-)^{nk}\,'(A).'(B).'(C)\ldots$$

geschrieben werden, d. h. die rechte Seite hat für Kurven von gerader Ordnungszahl und für Polygone von gerader Seitenzahl das Zeichen $+$ und erhält das Zeichen $-$, wenn beide Zahlen ungerade sind.[22])

Beispiel 1. Eine gerade Linie schneide die Seiten eines Dreiecks AB, BC, CA in den Punkten C', A', B', dann ist

$$AC'.BA'.CB' = -AB'.BC'.CA'$$

(„Kegelschnitte" Art. 42) und das Zeichen sagt aus, dass eine Gerade, welche zwei Seiten des Dreiecks zwischen ihren Endpunkten schneidet, die dritte Seite ausserhalb schneiden muss. Wenn die Linien AA', BB', $CC^{*\prime}$ durch einen Punkt gehen, so wird die Relation

$$AC^{*\prime}.BA'.CB' = +AB'.BC^{*\prime}.CA'$$

erfüllt („Kegelschnitte" Art. 43) und die Gerade AB wird in den Punkten C' und $C^{*\prime}$ harmonisch geteilt.

Beispiel 2. Die Seiten des Dreiecks werden von einem Kegelschnitt in den Punkten A', B', C' berührt, wenn nach Carnots Theorem

$$AC'^2.BA'^2.CB'^2 = +AB'^2.BC'^2.CA'^2$$

und daher

$$AC'.BA'.CB' = \pm AB'.BC'.CA'$$

ist, wo das untere Zeichen dadurch ausgeschlossen ist, dass eine gerade Linie nicht drei Punkte mit einem Kegelschnitt gemein haben kann. Damit sagt aber der Satz aus, dass die Verbindungslinien der Ecken des Dreiecks mit den Berührungspunkten der Gegenseiten sich in einem Punkte schneiden.

Beispiel 3. Wenn A', B', C' Inflexionspunkte einer Kurve dritter Ordnung mit den Tangenten BC, CA, AB sind, so sagt der Carnotsche Satz, dass

$$AC'^3.BA'^3.CB'^3 = -AB'^3.BC'^3.CA'^3$$

sein muss, oder nach der einzigen reellen Wurzel

$$AC'.BA'.CB' = -AB'.BC'.CA',$$

d. h. wenn eine Kurve dritter Ordnung drei reelle Inflexionspunkte hat, so liegen dieselben immer in einer geraden Linie. Daher kann eine Kurve dritter Ordnung überhaupt nur drei reelle Inflexionspunkte haben, weil, falls sie deren mehrere hätte, dieser Satz für alle die Lage in derselben Geraden fordern würde, während doch eine Gerade eine Kurve dritter Ordnung eben nur dreimal schneiden kann.

Derselbe Schluss beweist übrigens, dass drei reelle Punkte einer Kurve von ungerader Ordnung n, in deren jedem die Tangente n Punkte mit der Kurve gemein hätte, immer in einer geraden Linie liegen müssen.

Beispiel 4. Wenn in einer Kurve vierter Ordnung drei Doppeltangenten AB, BC, CA mit den Berührungspunkten

$$C', C''; \quad A', A''; \quad B', B'',$$

betrachtet werden, so ist

$$AC'^2.AC''^2.BA'^2.BA''^2.CB'^2.CB''^2 = AB'^2.AB''^2.BC'^2.BC''^2.CA'^2.CA''^2$$

oder

$$AC'.AC''.BA'.BA''.CB'.CB'' = \pm AB'.AB''.BC'.BC''.CA'.CA''.$$

Dies giebt mit Rücksicht auf das doppelte Vorzeichen den Satz: Für drei Doppeltangenten einer Kurve vierter Ordnung geht der Kegelschnitt, welcher fünf ihrer Berührungspunkte enthält, entweder auch durch den sechsten Berührungspunkt oder durch den ihm in der betreffenden Seite des Dreiecks der Doppeltangenten harmonisch konjugierten Punkt. Somit giebt es zwei verschiedene Arten von Triaden der Doppeltangenten einer Kurve vierter Ordnung, welche diese geometrischen Kennzeichen von einander trennen.

127. Es giebt besondere Fälle, in denen der Carnotsche Satz eine Modifikation verlangt. Zuerst, wenn eine der Ecken des Polygons, z. B. A unendlich fern wäre, oder zwei Nachbarseiten desselben parallel, so ist in der Grenze $(A)' = '(A)$ und somit die Gleichung des Carnotschen Satzes

$$(B)' . (C)' \ldots = '(B) . '(C) \ldots$$

Wenn zweitens eine der Ecken, z. B. A in der Kurve läge, so würde einer der n Faktoren in jedem der Produkte $(A)'$ und $'(A)$ verschwinden; wir können aber, wegen

$$AR : AR' = \sin RR'A : \sin R'RA,$$

für das Verhältnis dieser verschwindenden Faktoren das Verhältnis der sinus der Winkel setzen, welche die Seiten des Polygons in A mit der Tangente der Kurve in A machen, so dass die Carnotsche Formel wird

$$(A)' . (B)' . (C)' \ldots : \sin \alpha = '(A) . '(B) . '(C) \ldots : \sin \alpha',$$

wo nun $(A)'$ und $'(A)$ nur je $(n-1)$ Faktoren haben, und α, α' die Winkel bezeichnen, welche die Seiten der Geraden, in denen $(A)'$ und $'(A)$ respektive gemessen sind, mit der Tangente in A machen. In dieser Art folgt z. B. der Satz: „Wenn ein Polygon einem Kegelschnitt eingeschrieben ist, so ist das stetige Produkt der sinus der Winkel, welche die Seiten desselben mit der Kegelschnittstangente am jedesmaligen rechten Ende bilden, gleich dem Produkt der sinus der Winkel, welche sie mit der Tangente am linken Ende einschliessen.

128. Wenn in einer geraden Linie n Punkte liegen, so nennt man denjenigen Punkt in ihr, für welchen die algebraische Summe seiner Entfernungen von ihnen verschwindet, das Centrum der mittlern Entfernung der gegebenen Punkte. Ist die Entfernung des Centrums von irgend einem gegebenen Punkte O der Linie y und sind die Entfernungen desselben Punktes O von den n angenommenen Punkten

$$y_1, \quad y_2, \quad \ldots, \quad y_n,$$

so sind die Entfernungen des Centrums von den n Punkten

$$y - y_1, \quad y - y_2, \quad \ldots, \quad y - y_n$$

und die durch die Definition gegebene Bedingung ist

$$\Sigma(y - y_1) = 0 \quad \text{oder} \quad ny = \Sigma(y_1);$$

d. h. die Entfernung eines angenommenen Punktes vom Centrum ist gleich der durch die Zahl der Punkte dividierten Summe seiner Entfernungen von den gegebenen Punkten oder gleich der mittleren Entfernung des angenommenen Punktes von den letzteren. So ist für zwei Punkte das Centrum der mittlern Entfernungen der Mittelpunkt der von ihnen begrenzten Strecke und die Entfernung jedes Punktes von ihm ist gleich der halben Summe seiner Entfernungen von den beiden Punkten der Gruppe.

Die wohlbekannten Eigenschaften der Durchmesser der Kegelschnitte wurden in dem hierdurch begründeten Sinne von Newton[23]) im folgenden für alle algebraischen Kurven giltigen Satze erweitert: Wenn man eine Kurve n^{ter} Ordnung durch ein System von Parallelen schneidet und in jeder derselben das Centrum der mittlern Entfernungen ihrer n Schnittpunkte mit der Kurve bestimmt, so ist der Ort dieses Centrums eine gerade Linie, welche als der dem gegebenen System paralleler Sehnen entsprechende der Richtung desselben konjugierte Durchmesser der Kurve bezeichnet werden kann. Wir benutzen zum Beweis die in dem speciellen Falle der Kegelschnitte angewendete Methode (vergl. „Kegelschnitte“ Art. 100). Der Anfangspunkt der Koordinaten ist das Centrum der mittlern Entfernungen für eine Sehne unter dem Winkel θ zur Axe der x, wenn θ so bestimmt ist, dass durch die dem Übergang zu Polarkoordinaten entsprechende Substitution $\varrho\cos\theta$, $\varrho\sin\theta$ oder im Falle schiefwinkliger Axen $m\varrho$, $n\varrho$ für x und y der Koefficient von ϱ^{n-1} verschwindet. Wir suchen dann die Bedingung auf, unter welcher ein anderer Punkt $x'y'$ das Centrum der mittlern Entfernungen für eine zur vorigen parallele Sehne ist, indem wir zu neuen Axen durch diesen Punkt $x'y'$ und parallel zu den alten transformieren; der neue Koefficient von ϱ^{n-1} muss für denselben Wert von θ verschwinden. Wenn aber die Gleichung $U=0$ zu parallelen Axen durch die Substitution

$$x+x', \quad y+y'$$

für x und y transformiert wird, so wird sie

$$U+x'\frac{dU}{dx}+y'\frac{dU}{dy}$$
$$+\tfrac{1}{2}\left(x'^2\frac{d^2U}{dx^2}+2x'y'\frac{d^2U}{dx\,dy}+y'^2\frac{d^2U}{dy^2}\right)+\ldots=0;$$

hier enthalten nur die drei ersten Glieder die Variabeln in der $(n-1)^{\text{ten}}$ Potenz und weil in diesen Gliedern x', y' nur im ersten Grade vorkommt, so muss der fragliche Ort eine gerade Linie sein. Ihre Gleichung ist

$$u^{(n-1)}+x\frac{du^{(n)}}{dx}+y\frac{du^{(n)}}{dy}=0,$$

wenn wir in $u^{(n)}$, $u^{(u-1)}$ für x und y entweder $\cos\theta$ und $\sin\theta$ oder m und n substituiert denken.

129. Newton hat auch bemerkt, dass der nämliche Punkt das Centrum der mittlern Entfernungen in einer Geraden ist für das System ihrer Schnittpunkte mit der Kurve und für das ihrer Schnittpunkte mit den Asymptoten derselben, und dass daher die algebraische Summe der Abschnitte zwischen der Kurve und ihren Asymptoten gleich Null ist — auch die Erweiterung eines wohlbekannten Satzes („Kegelschnitte" Art. 205). Die Wahrheit derselben folgt aus der im letzten Artikel gegebenen Gleichung eines Durchmessers und aus Art. 52, wonach die Glieder $u^{(n)}$ und $u^{(n-1)}$ in der Gleichung der Kurve und der Gleichung ihrer Asymptoten übereinstimmen.

130. Wir können in analoger Weise den Ort eines Punktes suchen, für welchen die Summe der Produkte in Paaren Null ist für die in gegebener Richtung gemessenen Abschnitte zwischen ihm und der Kurve. Der Anfangspunkt der Koordinaten ist ein solcher Punkt, wenn der Koefficient von ϱ^{n-2} für den gegebenen Wert von θ ver-

schwindet; der Ort solcher Punkte wird also wie in Art. 128 gefunden, indem man untersucht, welche Relation zwischen x' und y' stattfinden muss, damit der Koefficient von ϱ^{n-2} in der transformierten Gleichung verschwindet. Weil aber die Glieder $(n-2)^{\text{ten}}$ Grades in x und y keine höheren als die zweiten Potenzen von x' und y' enthalten, so ist der fragliche Ort ein Kegelschnitt, den wir den Diametralkegelschnitt nennen wollen. Seine Gleichung ist

$$u^{(n-2)} + x\frac{du^{(n-1)}}{dx} + y\frac{du^{(n-1)}}{dy}$$
$$+\tfrac{1}{2}\left(x^2\frac{d^2u^{(n)}}{dx^2} + 2xy\frac{d^2u^{(n)}}{dx\,dy} + y^2\frac{d^2u^{(n)}}{dy^2}\right) = 0,$$

wenn wir in $u^{(n-2)}$ etc. $\cos\theta$ und $\sin\theta$ für x und y substituiert denken. Wenn die Entfernungen irgend eines Punktes vom Diametralkegelschnitt durch y und von der Kurve durch y_1, y_2, .. bezeichnet sind, so haben wir nach der Definition

$$\Sigma(y-y_1)(y-y_2) = 0,$$

eine Summe von so viel Gliedern als Kombinationen zu zweien zwischen n Elementen, also von $\frac{1}{2}n(n-1)$ Gliedern. Denken wir dieselbe entwickelt und nach Potenzen von y geordnet, so ist der Koefficient von y^2 eben gleich $\frac{1}{2}n(n-1)$; der Koefficient von y besteht dann aus $\frac{1}{2}n(n-1)$ Gliedern von der Form $-(y_1+y_2)$ und muss somit, weil er in den n Grössen $y_1, y_2, \ldots$ symmetrisch sein muss, durch

$$-(n-1)\,\Sigma(y)$$

dargestellt sein. Es ist also

$$\Sigma(y-y_1)(y-y_2) = \tfrac{1}{2}n(n-1)y^2 - (n-1)y\,\Sigma(y_1) + \Sigma(y_1y_2) = 0.$$

Diese quadratische Gleichung giebt die Entfernungen eines beliebigen Punktes vom Diametralkegelschnitt, wenn wir seine Entfernungen von der Kurve wissen. Das $\frac{1}{2}n(n-1)$ fache dieses Produktes ist gleich $\Sigma(y_1y_2)$, d. h. das Produkt der Entfernungen vom Diametralkegelschnitt ist gleich dem mittlern Produkt der Distanzen von der Kurve in Paaren, weil ja die Zahl der Produkte dieser Art ebenfalls $\frac{1}{2}n(n-1)$ ist. Die Summe der Enfernungen vom Diametralkegelschnitt ist gleich $\frac{2}{n}\Sigma(y)$. Die mittlere Entfernung ist daher für beide Kurven dieselbe, weil in dem einen Falle zwei, im andern n Distanzen auftreten; die beiden Kurven haben also denselben Durchmesser.

131. Man erkennt ohne Schwierigkeit, dass eine Kurve n^{ter} Ordnung krummlinige Durchmesser von jeder Ordnung bis zur $(n-1)^{\text{ten}}$ haben kann. Der Ort eines Punktes, für welchen die Summe der Produkte zu dreien Null ist für die in gegebener Richtung gemessenen Distanzen von der Kurve wird z. B. gefunden, indem man den Koefficienten von ϱ^{n-3} in der transformierten Gleichung gleich Null setzt. Wir finden ebenso wie vorher, dass

$$\Sigma(y-y_1)(y-y_2)(y-y_3)=\tfrac{1}{6}n(n-1)(n-2)y^3$$
$$-\tfrac{1}{2}(n-1)(n-2)y^2\Sigma(y_1)+(n-2)y\Sigma(y_1y_2)-\Sigma(y_1y_2y_3)$$

ist und erkennen, dass die Kurve und ihr kubischer Durchmesser dieselbe mittlere Entfernung, dasselbe mittlere Produkt in Paaren und dasselbe mittlere Produkt zu dreien für die Entfernungen haben. Ebenso für Durchmesser höherer Ordnungen. Die folgenden Betrachtungen werden über diese krummlinigen Durchmesser weiteres Licht geben.

132. Zunächst fügen wir dem von den Durchmessern gesagten einiges von den Centren an. Wenn alle Glieder vom Grade $(n-1)$ in der Gleichung verschwinden, so verschwindet die algebraische Summe aller Radienvektoren durch den Anfangspunkt der Koordinaten und man könnte denselben in diesem Sinne als ein Centrum benennen. Man wendet jedoch die Benennung Centrum gewöhnlich nur auf den Fall an, wo jedem Werte des Radiusvektor ein gleicher und entgegengesetzter Wert entspricht. In diesem Falle muss die zu Polarkoordinaten transformierte Gleichung eine Funktion von ϱ^2 sein. Ist die Kurve also von gerader Ordnungszahl, so kann ihre Gleichung in x und y für das Centrum als Anfangspunkt keine der ungeraden Potenzen der Variabeln enthalten und muss von der Form

$$u^{(0)} + u^{(2)} + u^{(4)} + \ldots = 0$$

sein. Ist die Kurve aber von ungerader Ordnungszahl, so muss ihre Polargleichung durch Division mit ϱ auf eine Funktion von ϱ^2 reduzierbar sein, und die Gleichung in x und y kann keine der geraden Potenzen der Veränderlichen enthalten und muss die Form

$$u^{(1)} + u^{(3)} + u^{(5)} + \ldots = 0$$

haben. Diese Form zeigt, dass das Centrum einer Kurve von ungerader Ordnung notwendig ein Inflexionspunkt sein muss.

Es ist offenbar, dass eine Kurve von höherer als der zweiten Ordnung nur ausnahmsweise ein Centrum haben kann, weil es im allgemeinen nicht möglich ist, durch Transformation der Koordinaten so viele Glieder aus der Gleichung der Kurve zu entfernen, wie zu ihrer Reduktion auf eine der obigen Formen erforderlich wäre.[24])

133. Von Cotes rührt der wichtige Satz her: Wenn in jedem durch einen festen Punkt O gehenden Radiusvektor der Kurve ein Punkt R so bestimmt wird, dass

$$\frac{n}{OR} = \frac{1}{OR_1} + \frac{1}{OR_2} + \frac{1}{OR_3} + \ldots$$

ist, so ist der Ort von R eine gerade Linie.[25]) Denn für O als Anfangspunkt der Koordinaten ist die Bestimmungsgleichung der n Radienvektoren von der Form

$$A\frac{1}{\varrho^n} + (B\cos\theta + C\sin\theta)\frac{1}{\varrho^{n-1}}$$
$$+ (D\cos^2\theta + E\cos\theta\sin\theta + F\sin^2\theta)\frac{1}{\varrho^{n-2}} + \ldots = 0,$$

und somit

$$\frac{n}{OR} = -\frac{B\cos\theta + C\sin\theta}{A}$$

oder mit Wiederherstellung der x und y

$$Bx + Cy + nA = 0.$$

Dies ist die in Art. 60 für die Polargerade A des Anfangspunktes gefundene Gleichung und die eben bewiesene Eigenschaft ist die Erweiterung der wohlbekannten harmonischen Eigenschaft von Pole und Polare bei Kegelschnitten. (Vergl. „Kegelschnitte“ Art. 108.)

134. Man begründet dieselbe Eigenschaft durch eine Methode, die der in „Kegelschnitte" Art. 124 angewendeten analog ist, auch ohne den Punkt O zum Anfangspunkt der Koordinaten zu machen. Wir sahen in Art. 63, dass für zwei Punkte O oder x_i' und R oder x_i die Gleichung $\Lambda = 0$ oder

$$\lambda^n U' + \lambda^{n-1}\mu \triangle U' + \tfrac{1}{2}\lambda^{n-2}\mu^2 \triangle^2 U' + \ldots = 0$$

die Verhältnisse $RR_1 : OR_1, \ldots$ bestimmt, nach welchen die Verbindungslinie dieser zwei Punkte durch die Kurve geteilt wird. Aus der Theorie der Gleichungen folgt dann, dass $\triangle U' = 0$ die Bedingung ausdrückt, unter welcher die Summe der Wurzeln der Gleichung $\Lambda = 0$ verschwindet, d. h. dass $\triangle U' = 0$ den Ort eines Punktes R darstellt, für welchen

$$\frac{RR_1}{OR_1} + \frac{RR_2}{OR_2} + \ldots = 0$$

ist. Indem man RR_i durch $(OR_i - OR)$ ersetzt, wird diese Gleichung übergeführt in

$$\frac{n}{OR} = \frac{1}{OR_1} + \frac{1}{OR_2} + \ldots.$$

Mit Bezug auf die Schlussbemerkung von Art. 73 erhält man: Jede Gerade durch den $(n-2)$fachen Punkt einer Kurve n^{ter} Ordnung wird durch sie und seine erste Polare harmonisch geteilt.

135. Man erkennt in gleicher Art, dass der Polarkegelschnitt $\triangle^2 U' = 0$ der Ort eines Punktes ist, für den

$$\Sigma\left(\frac{RR_1}{OR_1}\cdot\frac{RR_2}{OR_2}\right) = 0$$

oder

$$\Sigma\left(\frac{1}{OR} - \frac{1}{OR_1}\right)\left(\frac{1}{OR} - \frac{1}{OR_2}\right) = 0$$

ist. Und jede Gerade durch den $(n-3)$fachen Punkt einer Kurve n^{ter} Ordnung macht in dieser und in seiner zweiten Polare Abschnitte von der gleichen Relation. Ähnlich auch für die Polarkurven höherer Ordnungen. Die Polarkurve k^{ter} Ordnung besitzt die Eigenschaften

$$\frac{1}{n}\Sigma\frac{1}{OR}=\frac{1}{k}\Sigma\frac{1}{OR^*},$$
$$\frac{1.2}{n(n-1)}\Sigma\frac{1}{OR_1.OR_2}=\frac{1.2}{k(k-1)}\Sigma\frac{1}{OR_1^*.OR_2^*},$$
$$\frac{1.2.3}{n(n-1)(n-2)}\Sigma\frac{1}{OR_1.OR_2.OR_3}=\frac{1.2.3}{k(k-1)(k-2)}\Sigma\frac{1}{OR_1^*.OR_2^*.OR_3^*},$$
etc.,

wo wir mit OR einen Radiusvektor der Kurve und mit OR^* einen der Polarkurve bezeichnet haben.

Sind die Fundamentalpunkte O und R respektive k und k' fach in der Kurve, so dass die Gleichung $\Lambda=0$ auf den Grad $(n-k-k')$ kommt, so wird für $k+k'=n-2$ die Gerade OR für die Schnittpunkte der Kurven $U=0$, $\Delta^{k+1}U=0$ harmonisch geteilt; durch jeden Punkt einer Kurve vierter Ordnung gehen fünf derartige Gerade.

136. Wenn der Punkt O ein unendlich ferner Punkt ist, so können die von ihm aus gemessenen Entfernungen als im Verhältnis Eins zu einander stehend und die Nenner der Brüche $\frac{RR_1}{OR_1}$, $\frac{RR_2}{OR_2}$, ... als einander gleich betrachtet werden. Die Gleichung $\Sigma\frac{RR_1}{OR_1}=0$, welche die Eigenschaft der Polarlinie ausdrückt, reduziert sich dann auf $\Sigma(RR_1)=0$, d. h. die Summe der Abschnitte zwischen der Polare und der Kurve in allen den nach O gehenden parallelen Sehnen verschwindet. Die Polarlinie eines unendlich fernen Punktes ist der Durchmesser des Systems paralleler Sehnen, welche denselben zur Richtung haben.

Die Gleichung $\Sigma\left(\frac{RR_1}{OR_1}\cdot\frac{RR_2}{OR_2}\right)=0$ des Polarkegelschnitts reduziert sich für einen unendlich fernen Punkt O auf

$$\Sigma(RR_1\,.\,RR_2)=0$$

oder

$$\Sigma(OR-OR_1)(OR-OR_2)=0,$$

die Gleichung, welche nach Art. 130 den Diametralkegelschnitt bestimmt. Und so ist allgemein der krummlinige Durchmesser irgend einer Ordnung mit der Polarkurve derselben Ordnung identisch, für welche die Richtung desjenigen Systems paralleler Sehnen der Pol ist, dem der Durchmesser entspricht.

137. Mac Laurin hat[26]) einen Satz gegegeben, welcher die Erweiterung des Satzes von Newton in Art. 129 ist: Wenn man durch einen Punkt O eine gerade Linie zieht, die die Kurve in n Punkten schneiden, so werden die Tangenten der Kurve in diesen Punkten in Punkten R_1^*, R_2^*, ... so geschnitten, dass sie mit den Schnittpunkten R_1, R_2, ... derselben Geraden aus O mit der Kurve der Relation $\Sigma \frac{1}{OR} = \Sigma \frac{1}{OR^*}$ genügen.

Offenbar wird die gerade Polare durch zwei Punkte bestimmt; wenn also zwei der von O ausgehenden Geraden zwei Kurven in denselben Punkten R_1, R_2, ..., S_1, S_2, ... schneiden, so ist die gerade Polare von O für beide dieselbe, weil die Punkte R und S ihr für beide Kurven angehören. Weil dies auch für unendlich nahe Strahlen des Büschels O gilt, so entsteht der Satz: Wenn zwei Kurven n^{ter} Ordnung einander in n Punkten einer geraden Linie berühren, so hat jeder Punkt dieser Geraden für beide die nämliche gerade Polare. Wenn ein beliebiger Radiusvektor aus einem solchen Punkte beide Kurven schneidet, so ist $\Sigma \frac{1}{OR}$ für beide von gleichem Wert.

138. Man weiss, dass das Centrum eines Kegelschnitts als der Pol der unendlich fernen Geraden in Bezug auf denselben zu betrachten ist und bemerkt sofort, dass für Kurven höherer Ordnungen, als in denen jeder geraden Linie $(n-1)^2$ Pole entsprechen (Art. 61), ein einzelner Punkt von der Bedeutung des Centrums für einen Kegelschnitt nicht existiert. Es ergiebt sich aber ein solcher für Kurven höherer Klassen, d. h. wenn man die vorhergehenden Untersuchungen, wie sie offenbar zu thun gestatten, auf Linienkoordinaten anwendet. Dann ergiebt sich für jede Gerade ein Pol, eine Polarkurve zweiter, dritter etc. Klasse bis zu einer Polarkurve $(n-1)^{\text{ter}}$ Klasse aufwärts, die von den n Tangenten der Originalkurve in ihren Schnittpunkten mit der Geraden

berührt wird. Wir finden also bei der Untersuchung in Linienkoordinaten auch als den Pol der unendlich fernen Geraden einen einzigen bestimmten Punkt.

Untersuchen wir nun die metrischen Eigenschaften des Pols einer Geraden in diesem Sinne und insbesondere des Pols der unendlich fernen Geraden. Wir benutzen das System des Art. 19, in welchem die Koordinaten ξ_i einer geraden Linie den Perpendikeln proportional sind, die von drei festen Punkten auf sie gefällt werden; dann bezeichnet offenbar $l:m$ das Verhältnis der Sinus der Winkel, in welche die Gerade

$$l\xi_1 + m\xi'_1, \quad l\xi_2 + m\xi'_2, \quad l\xi_3 + m\xi'_3$$

den Winkel teilt, den die Geraden

$$\xi_1, \ \xi_2, \ \xi_3 \text{ und } \xi'_1, \ \xi'_2, \ \xi'_3$$

mit einander bilden. Die der Gleichung $\Lambda = 0$ entsprechende Gleichung bestimmt das Verhältnis der Sinus der Teile, in welche jener Winkel durch jede der Tangenten zerlegt wird, die man von seinem Scheitel an die Kurve n^{ter} Klasse ziehen kann. Und wie in Art. 134 besitzt der Pol R einer Geraden die Eigenschaft

$$\Sigma\left(\frac{\sin RPR_1}{\sin R_1PO}\right) = 0,$$

für P als einen veränderlichen, O als einen festen Punkt der gegebenen Geraden und R_1, R_2, ... als die Berührungspunkte der von ihm ausgehenden Tangenten. So ist z. B. für eine Kurve zweiter Klasse diese Relation

$$\frac{\sin RPR_1}{\sin R_1PO} + \frac{\sin RPR_2}{\sin R_2PO} = 0,$$

d. h. wenn man von einem Punkte P in der festen Geraden OP Tangenten PR_1, PR_2 an den Kegelschnitt und sodann die Gerade PR so zieht, dass $\{P.OR_1RR_2\}$ ein harmonisches Büschel ist, so geht PR durch einen festen Punkt — die fundamentale Abhängigkeit von Pol und Polare in Bezug auf einen Kegelschnitt als Kurve zweiter Klasse. Wir können die Relation

$$\Sigma\left(\frac{\sin RPR_1}{\sin R_1PO}\right) = 0$$

in die Form

$$\Sigma\left(\frac{M_1 R_1}{R_1 O_1}\right) = 0$$

setzen, wenn wir M_1 als den Fusspunkt der Senkrechten von R_1 auf die Gerade RP und O_1 als den Fusspunkt der Senkrechten von demselben Punkt auf die Gerade OP bezeichnen. Denken wir dann speciell die Gerade OP als unendlich fern, so werden die Nenner in der letztern Summe einander gleich und wir erhalten einfacher $\Sigma(M_1 R_1) = 0$, d. h. die Summe der Perpendikel ist Null, die man von den Berührungspunkten eines Systems paralleler Tangenten auf eine gleichgerichtete Gerade durch R fällen kann. Mit andern Worten: Das Centrum der mittlern Entfernungen der Berührungspunkte eines Systems von parallelen Tangenten einer gegebenen Kurve ist ein fester Punkt, welcher als Centrum derselben betrachtet werden kann — ein Satz von Chasles.[27]) In einem Kegelschnitt ist es der Mittelpunkt in der Verbindungslinie der Berührungspunkte paralleler Tangenten, in einer Kurve dritter Klasse der Schwerpunkt des von diesen Berührungspunkten gebildeten Dreiecks etc.

139. Es ist bekannt (vergl. „Kegelschnitte" Art. 310), dass die Brennpunkte der Kegelschnitte die Eigenschaft besitzen, dass die von ihnen nach den Kreispunkten im Unendlichen I, J gehenden Geraden die Kurve berühren. Dies leitet zu der allgemeinen Erklärung der Brennpunkte von Plücker:[28]) Ein Punkt F heisst ein Brennpunkt einer Kurve, wenn die geraden Linien FI, FJ die Kurve berühren, oder wie wir sagen wollen, wenn er der Durchschnitt einer I-Tangente mit einer J-Tangente ist. Eine Kurve ν^{ter} Klasse hat dann im allgemeinen ν^2 Brennpunkte, nämlich die Durchschnittspunkte der ν I-Tangenten mit den ν J-Tangenten. Es sind aber nur ν von diesen Brennpunkten reell, so lange die Kurve reell ist; denn wenn die Gleichung einer der I-Tangenten $A + iB = 0$ ist, mit A und B als linearen Funktionen der Koordinaten, so hat eine unter den J-Tangenten die Gleichung $A - iB = 0$ und diese beiden durchschneiden einander in dem reellen Punkte $A = 0$, $B = 0$, während auf keiner von beiden ein anderer reeller Punkt möglich ist. So hat

ein Kegelschnitt $\nu = 2$ vier Brennpunkte, von denen zwei reell sind.

Das Vorige gilt in der Voraussetzung, dass die Punkte I, J keine specielle Lagenbeziehung zur Kurve haben. Denken wir aber die Gerade I, J als gewöhnliche oder singuläre Tangente in einem Punkt A oder mehreren Punkten A, B, ..., welche von I, J selbst verschieden sind, also z. B. σ fach unter den von I oder J ausgehenden Tangenten der Kurve, so werden die I-Tangenten von der σ fach zählenden Linie IJ und von $(\nu - \sigma)$ andern Tangenten gebildet und ebenso die J-Tangenten. Die einzigen Brennpunkte, welche nicht im Unendlichen liegen, sind dann die Schnittpunkte der $(\nu - \sigma)$ I und der ebenso vielen J-Tangenten; also giebt es $(\nu - \sigma)^2$ endliche Brennpunkte, von denen $(\nu - \sigma)$ reell sind. Die Gesamtzahl der ν^2 Brennpunkte wird gebildet von den $(\nu - \sigma)^2$ Brennpunkten in Verbindung mit den je $\sigma(\nu - \sigma)$ fach zählenden Punkten I und J, sowie den σ^2 Schnittpunkten der σ I-Tangenten, welche mit IJ und der σ J-Tangenten, welche mit JI zusammenfallen. Jene zählen nämlich $\sigma(\nu - \sigma)$ fach, als Durchschnitte von jeder der $(\nu - \sigma)$ I- oder J-Tangenten mit jeder der σ I- oder J-Tangenten, welche mit IJ zusammenfallen; im Falle der mit IJ zusammenfallenden σ Tangenten aus I und aus J ist für irgend eine von ihnen IA ihr Berührungspunkt A als ihr Schnittpunkt mit der entsprechenden Tangente JA anzusetzen, indess ihr Durchschnittspunkt mit jeder andern J-Tangente JB unbestimmt ist.

Wenn also die unendlich ferne Gerade die Kurve σ mal in reellen Punkten berührt, so giebt es ν reelle Brennpunkte, von denen $(\nu - \sigma)$ im Endlichen als eigentliche Brennpunkte anzusehen und σ die Berührungspunkte mit der unendlich fernen Geraden sind.* So hat die Parabel ($\nu = 2$, $\sigma = 1$) einen endlich angebbaren Brennpunkt und der andere reelle Brennpunkt fällt mit der Richtung ihrer Axe zusammen.

---

* Cayley betrachtet es als den natürlichern Gesichtspunkt, die $(\nu - \sigma)^2$ als die einzigen und somit die $(\nu - \sigma)$ als die einzigen reellen Brennpunkte anzusehen.

Ist ferner der Punkt I in der Kurve, so muss, so lange die Kurve reell ist, auch J in der Kurve liegen und wenn I singulär in der Kurve ist, so muss J ein singulärer Punkt derselben von der nämlichen Art sein. Denken wir beide zunächst als einfache Punkte der Kurve, so bestehen die $(\nu - \sigma)$ I-Tangenten aus der zweifach zählenden Tangente in I und $(\nu - \sigma - 2)$ andern Tangenten; und ebenso für die J-Tangenten. Die $(\nu - \sigma)^2$ Brennpunkte bestehen dann aus folgenden Gruppen: Dem reellen vierfach zählenden Schnittpunkt der Tangenten in I und J, den je für zwei zählenden $(\nu - \sigma - 2)$ nicht reellen Schnitten der Tangente in I mit den $(\nu - \sigma - 2)$ J-Tangenten und den ebenso vielen nicht reellen Schnittpunkten der Tangente in J mit den I-Tangenten; den $(\nu - \sigma - 2)^2$ Schnittpunkten der beiden Büschel von je $(\nu - \sigma - 2)$ I- und J-Tangenten, von welchen Punkten wie vorher nur $(\nu - \sigma - 2)$ reell sein können, so dass die zwei letzten reellen Brennpunkte in dem Schnitt der Tangenten in I und J vereinigt sind. Betrachtet man nur die reellen Brennpunkte, so ist also dieser Punkt als ein doppelter Brennpunkt zu zählen und wir halten es für vorteilhaft, ihn so zu bezeichnen, dürfen aber nicht vergessen, dass er vierfach ist, wenn wir zugleich die nicht reellen Brennpunkte zählen wollen. So ist im Falle des Kreises das Centrum der einzige Brennpunkt, welcher als vierfach zu denken ist, wenn wir beachten, dass in ihm die vier Brennpunkte eines Kegelschnitts vereinigt sind, und den wir als Doppelbrennpunkt bezeichnen, insofern die beiden r e e l l e n Brennpunkte in ihm zusammenfallen.

Wenn ferner jeder der Punkte I, J ein ε facher Punkt der Kurve ist, so zeigt die analoge Überlegung, dass es ε^2 Brennpunkte giebt, welche vierfach zählen und von denen ε reell sind; ferner $2\varepsilon(\nu - \sigma - 2\varepsilon)$ nicht reelle Brennpunkte, deren jeder für zwei zählt und $(\nu - \sigma - 2\varepsilon)^2$ einfache Brennpunkte, von denen $(\nu - \sigma - 2\varepsilon)$ reell sind. Betrachten wir dann sowohl die reellen als die nicht reellen Brennpunkte, so sind ε^2 vierfache, $2\varepsilon(\nu - \sigma - 2\varepsilon)$ doppelte und $(\nu - \sigma - 2\varepsilon)^2$ einfache Brennpunkte zu zählen; beachten wir ausschliesslich die reellen, so giebt es von solchen ε doppelte, $\nu-\sigma-2\varepsilon$ einfache und σ, welche in unendlicher Ferne liegen.

Wenn die Punkte I und J Inflexionspunkte oder Spitzen sind, so zählt die Tangente in I und J dreifach unter den I- oder J-Tangenten und es gehen von jedem dieser Punkte $(\nu-\sigma-3)$ andere Tangenten aus. Die $(\nu-\sigma)^2$ Brennpunkte setzen sich dann zusammen aus einem neunfach zählenden, aus $(\nu-\sigma-3)+(\nu-\sigma-3)$ dreifach zählenden und $(\nu-\sigma-3)^2$ einfach zählenden. Von diesen letztern sind $(\nu-\sigma-3)$ reell und der einzige andere reelle Brennpunkt ist der Durchschnitt der Tangenten in I und J, der als unter den reellen Brennpunkten dreifach zählend, gewöhnlich als dreifacher Brennpunkt betrachtet wird, während er bei Zählung der reellen und imaginären neunfach gezählt werden muss. In der Ausdehnung dieser Theorie auf die Fälle, in welchen I und J singuläre Punkte von höheren Graden der Vielfachheit mit verschiedenen vereinigten Tangenten sind, oder in welchen dieselben Punkte sind, in denen die Tangente mehr als zwei Punkte mit der Kurve gemein hat, oder endlich, in welchen sie gewöhnliche oder singuläre Punkte sind, die die Gerade IJ zu ihrer gemeinsamen Tangente haben, liegt keine Schwierigkeit.

Beispiel. Jeder einfache Brennpunkt der Originalkurve ist ein Doppelbrennpunkt ihrer Parallelkurven.

140. Wenn A, A' zwei reelle Brennpunkte der Kurve sind, so schneiden sich die Geraden AI, AJ; $A'I$, $A'J$ in zwei imaginären Punkten B, B', welche auch Brennpunkte der Kurve sind. Zwischen beiden Paaren von Punkten findet die Beziehung statt, dass die Geraden AA', BB' sich in einem Punkte O rechtwinklig halbieren, so dass

$$OA = OA' = i\,.\,OB = i\,.\,OB'$$

ist. Man hat die Punkte A, A' und B, B' als Anti-Punkte bezeichnet. Ihre Beziehung ist eine in der Geometrie der Ebene häufig begegnende: Ein Kegelschnitt besitzt zwei Paare von Brennpunkten, welche Anti-Punkte bilden; jeder durch A, A' gehende Kreis schneidet jeden durch B, B' gehenden unter rechten Winkeln. Wir fügen bei, dass aus ν reellen Brennpunkten $\frac{1}{2}\nu(\nu-1)$ Paare entstehen, von denen jedes ein Paar von Anti-Punkten liefert, so dass wir die $(\nu^2-\nu)$ übrigen Brennpunkte erhalten.

141. Man erhält die Koordinaten der Brennpunkte einer Kurve, indem man die Gleichungen der Tangenten bildet, welche von dem Punkte I an die Kurve gehen. Dieselbe wird von der Form $P+iQ=0$ sein, während die entsprechende Gleichung für den Punkt J die Form $P-iQ=0$ haben muss, so dass die Durchschnittspunkte der beiden Systeme durch die Gleichungen $P=0$, $Q=0$ gegeben sind. Bezeichnen wir wie schon früher die ersten Differentiale des Polynoms U der Kurvengleichung nach x, respektive y durch U_1 und U_2 und die zweiten Differentiale durch U_{11}, U_{12}, U_{22} etc., so ist nach Art. 78 die Gleichung des vom Punkte $1, i, 0$ ausgehenden Tangentensystems zu erhalten durch Bildung der Diskriminante von

$$\lambda^n U+\lambda^{n-1}(U_1+iU_2)+\tfrac{1}{2}\lambda^{n-2}(U_{11}+2iU_{12}-U_{22})+\ldots=0.$$

Ist also z. B. die Kurve ein Kegelschnitt, so hat man den reellen und den mit dem Faktor i behafteten Teil von

$$\{U_1^2-U_2^2-2U(U_{11}-U_{22})\}+2i(U_1U_2-2UU_{12})$$

getrennt gleich Null zu setzen, um zwei die Brennpunkte enthaltende Örter zu finden. Die Kombination dieser Gleichungen zeigt, dass die Brennpunkte in zwei geraden Linien liegen, deren Gleichung ist

$$U_{12}(U_1^2-U_2^2)-(U_{11}-U_{22})\,U_1U_2=0;$$

diese sind die Axen.

Ganz dieselben Gleichungen bestimmen auch die Brennpunkte einer durch die Punkte I und J gehenden Kurve dritter Ordnung, sowie die einer Kurve vierter Ordnung, welche diese Punkte zu Doppelpunkten hat etc.; denn man sieht in allen diesen Fällen leicht, dass alle oben nicht geschriebenen Glieder der Gleichung $\Lambda=0$, deren Diskriminante man zu bilden hat, wirklich verschwinden. Die Gleichungen für die Brennpunkte der allgemeinen Kurven dritter Ordnung, die wir der Länge wegen nicht schreiben, gelten auch für Kurven vierter Ordnung, die die Kreispunkte enthalten, und für Kurven sechster Ordnung, die sie zu dreifachen Punkten haben.

142. Wir können die Brennpunkte auch durch die Aufstellung der Bedingung bestimmen, unter welcher die Gerade

$$(x-x')+i(y-y')=0$$

die Kurve berührt (vergl. „Kegelschnitte" Art. 310) oder mit andern Worten durch die Substitution von 1, i, $-(x'+iy')$ für ξ_1, ξ_2, ξ_3 oder ξ, η, ζ in die Gleichung für Linienkoordinaten. Die Koordinaten der Brennpunkte ergeben sich aus den Gleichungen, die durch die Gleichsetzung des reellen und des mit dem Faktor i behafteten Teils der so entstehenden Gleichung mit Null entstehen.

Es ist nicht schwer, für jede dieser Gleichungen eine geometrische Interpretation zu finden. Denken wir die Bedingung der Berührung der Kurve durch

$$x-x'+p(y-y')=0$$

in der Form erhalten

$$ap^n+bp^{n-1}+cp^{n-2}+\ldots=0,$$

in welcher $a, b, \ldots$ Funktionen von x', y' sind, so sind nach der Theorie der Gleichungen $-b:a$, $c:a$ etc. die Summe, die Summe der Produkte in Paaren etc. für die trigonometrischen Tangenten der Winkel, welche die von x', y' ausgehenden Tangenten der Kurve mit der Axe der x bilden. Setzen wir $p=i$, und den reellen und den mit i behafteten Teil der Gleichung getrennt gleich Null, so erhalten wir die beiden Gleichungen

$$a-c+e-\ldots=0, \quad b-d+f-\ldots=0;$$

nach der bekannten Formel für die Tangente der Summe, drückt die zweite dieser Gleichungen aus, dass die Summe der mit der Axe der x von den aus $x'y'$ gehenden Tangenten der Kurve gebildeten Winkel Null oder ein Vielfaches von π ist; und die erste besagt, dass die Summe der Winkel ein ungerades Vielfaches von $\frac{1}{2}\pi$ ist. Der Ort eines Punktes, für welchen die Summe der Winkel der Tangenten gegeben ist, die die von ihm ausgehenden Tangenten einer Kurve n^{ter} Klasse mit einer festen Geraden bilden, ist daher eine Kurve n^{ter} Ordnung, deren Gleichung für die feste Gerade als Axe der x

$$(a-c+e-\ldots)\tan\theta = b-d+f-\ldots$$

ist; und welches auch immer die feste Gerade oder der Winkel θ sei, so enthält dieser Ort die Brennpunkte der Kurve. Dies kann paradox erscheinen, weil man daraus schliessen muss, dass die Summe der von den Tangenten der Kurve aus einem Brennpunkte mit irgend einer Geraden gebildeten Winkel jeder gegebenen Grösse gleich sein muss. Dies ist aber darin begründet, dass die Tangenten von zweien dieser Winkel $\pm i$ sind und die Tangente ihrer Differenz daher die Form $0:0$ annimmt, die in der That jeden beliebigen Wert darstellen kann. In der That kann für $\tan\varphi = i$ der Winkel φ als ein unendlicher Winkel betrachtet werden, weil er die Eigenschaft besitzt, dass

$$\sin\varphi = \cos\varphi = \infty \quad \text{und} \quad \tan(\varphi+\alpha) = \tan\varphi$$

ist; denn die Differenz zweier unendlichen Grössen ist unbestimmt.

Wir sahen in Art. 110, dass jede Tangente durch einen der Punkte I, J mit der Normale zusammenfällt; wir schliessen daraus, dass jeder Brennpunkt einer Kurve auch für ihre Evolute und für alle ihre Involuten oder Evolventen ein Brennpunkt ist.

143. Eine wichtige Eigenschaft der von den Brennpunkten auf eine beliebige Tangente zu fällenden Perpendikel ergiebt sich sofort aus der Gleichung der Kurve in solchen Linienkoordinaten (Art. 19 und „Kegelschnitte“ Art. 318, 3), welche die Entfernung der Geraden von drei festen Punkten sind. Seien durch $\alpha=0$, $\beta=0$, $\gamma=0$, $\delta=0$, … die ν Brennpunkte und durch $\omega=0$, $\omega^*=0$ die Punkte I, J dargestellt, so muss die Gleichung der Kurve in Linienkoordinaten von der Form

$$\alpha\beta\gamma\delta\ldots = \omega\omega'\varphi$$

sein, mit φ als einer Funktion $(\nu-2)^{ten}$ Grades in den Veränderlichen, weil $\alpha\omega$, $\alpha\omega'$ etc. Tangenten der Kurve sind.

Für die Kurven zweiter Klasse giebt dies die Eigenschaft, dass das Produkt der Senkrechten von den Brennpunkten auf eine Tangente konstant ist, weil für $\omega\omega'$ eine Konstante substituiert werden kann („Kegelschnitte" Art. 318, 2).

Ebenso wird mit Ersetzung von $\omega\omega'$ durch eine Konstante die allgemeine Gleichung der Kurven dritter Klasse

$$\alpha\beta\gamma = k\delta \text{ für } \alpha = 0,\ \beta = 0,\ \gamma = 0$$

als die drei Brennpunkte und $\delta = 0$ als einen vierten Punkt, der dadurch bestimmt ist, dass die drei einzigen Tangenten, die von den Brennpunkten ausser den nach I, J gehenden Geraden an die Kurve gehen, sich in ihm schneiden. (Für das dualistisch entsprechende projektivisch allgemeine Theorem in Bezug auf Kurven dritter Ordnung vergl. Art. 149.) Die Gleichung sagt aus, dass das Produkt der drei Brennpunktsabstände einer Tangente zur Entfernung derselben Tangente vom Punkte $\delta = 0$ ein konstantes Verhältnis hat. Wenn die Kurve durch die Punkte I, J geht, so hat sie einen Doppelbrennpunkt und die Gleichung nimmt die Form

$$\alpha^2\beta = k\delta$$

an, deren Bedeutung gleichfalls offenbar ist.

Wenn ein Brennpunkt A im Unendlichen liegt, so lässt sich die entsprechende Modifikation der Gleichung erkennen, indem man zuerst für die Koordinate α die mit AB dividierte senkrechte Entfernung von A zu einer beliebigen Tangente nimmt und sodann für das unendlich ferne A als Richtung von AB den $\cos\theta$ dafür nimmt, wo θ der Winkel ist, den AB mit der Richtung der Normalen zur Tangente macht. So wird die Gleichung eines Kegelschnitts $\alpha\beta = k^2$ in dem Falle der Parabel, wo A in unendlicher Ferne liegt, $\beta\cos\theta = k$ und lehrt, dass der Ort des Fusspunktes der vom Brennpunkt auf die Tangente gefällten Normalen eine gerade Linie ist. Ebenso wird für eine Kurve dritter Klasse die Gleichung $\alpha\beta\gamma = k\delta$ in $\beta\gamma\cos\theta = k\delta$ übergeführt, welche in der Form

$$\beta\gamma = k\delta'$$

geschrieben werden kann, wenn δ' den von der veränderlichen Tangente in einer durch D parallel zu AB gezogenen Geraden bestimmten Abschnitt bezeichnet.

Die Gleichung von Kurven vierter Klasse ist

$$\alpha\beta\gamma\delta = k^2\varphi,$$

wenn $\varphi = 0$ den Kegelschnitt bezeichnet, welcher nach dieser Gleichung von den acht Brennpunktstangenten berührt wird, die nicht durch die Punkte I oder J gehen. Wenn aber $\varepsilon = 0$, $\zeta = 0$ die Brennpunkte dieses Kegelschnitts bezeichnen, so geht die Gleichung in die Form von leicht erkennbarer geometrischer Bedeutung über

$$\alpha\beta\gamma\delta = k^2\varepsilon\zeta + l^4.$$

Diese Gleichung schliesst die speciellere

$$\alpha\beta\gamma\delta = l^4 \quad \text{oder} \quad = \omega^2\omega'^2$$

ein, welche eine Kurve darstellt, die die Punkte

$$\alpha = 0, \quad \beta = 0, \quad \gamma = 0, \quad \delta = 0$$

zu Doppelbrennpunkten hat; ebenso die Form

$$\alpha^3\beta = \omega^2\omega'^2,$$

für welche die Punkte I, J Inflexionspunkte sind, etc.

So giebt im allgemeinen die Gleichung einer Kurve ν^{ter} Klasse in Linienkoordinaten eine Relation ersten Grades zwischen dem Produkt der ν Normalen von den Brennpunkten, von $(\nu - 2)$ andern Normalen, von $(\nu - 4)$ ferneren Normalen etc. und man kommt so zuletzt entweder auf eine einfache Normale oder auf ein konstantes Glied.

144. Aus diesen die Brennpunktsentfernungen einer Tangente verbindenden Relationen können Relationen unter den Winkeln der Brennstrahlen mit der Tangente leicht abgeleitet werden. Denn wenn AP die Normale α auf die Tangente der Kurve im Punkte R ist und $d\varphi$ der Winkel zwischen zwei aufeinander folgenden Tangenten ist, so ist $d\alpha = RP.d\varphi$. Ebenso ist $d\beta = RP'.d\varphi$ etc., so dass wir in dem Differential der die Brennpunktsdistanzen der Tangente verbindenden Relation für jedes $d\alpha$ den entsprechenden Abschnitt der Tangente zwischen dem Fusspunkt der Brennpunktsnormale und dem Berührungspunkt substituieren können. So leiten wir aus $\alpha\beta\gamma = k^2\delta$ die Gleichung

$$\frac{d\alpha}{\alpha}+\frac{d\beta}{\beta}+\frac{d\gamma}{\gamma}-\frac{d\delta}{\delta}=0$$

ab, also

$$\frac{RP}{AP}+\frac{RP'}{BP'}+\frac{RP''}{CP''}-\frac{RP'''}{DP'''}=0$$

oder

$$\cot\theta+\cot\theta'+\cot\theta''-\cot\theta'''=0$$

für $\theta=ARP$, dem Neigungswinkel der Tangente zum Brennstrahl AR etc.

145. Das Beispiel der Kegelschnitte führt zu der Erwartung, dass sich einfache Relationen unter den Entfernungen eines Punktes der Kurve von den Brennpunkten ergeben müssten. Eine allgemeine Theorie solcher Relationen ist nicht ersichtlich, aber man kann leicht besondere Kurven finden, für welche sie existieren; es ist nur nötig, irgend eine Relation zwischen den Entfernungen eines veränderlichen Punktes von festen Punkten zu schreiben und den Ort aufzusuchen, für welchen sie erfüllt ist. Jede in Funktion der Koordinaten ausgedrückte Entfernung enthält eine Quadratwurzel und wenn, wie gewöhnlich geschieht, die von Wurzeln befreite Gleichung von der Form

$$u\varrho^2=v^2w$$

ist, so sind die beiden durch $\varrho^2=0$ dargestellten nicht reellen Geraden Tangenten der Kurve und der feste Punkt F, den sie bestimmen, ist ein Brennpunkt.

In dieser Weise können die Relationen

$$\varrho\ +m\varrho'=d,\quad l\varrho+m\varrho'+n\varrho''=0,$$
$$\varrho\varrho'=d^2,\quad a\varrho^2+b\varrho\varrho'+c\varrho'^2=d^2,\ \text{etc.}$$

untersucht werden. Die erste derselben giebt eine Ellipse oder Hyperbel für $m=\pm 1$, einen Kreis für $d=0$, in andern Fällen ein Cartesisches Oval; die zweite im allgemeinen eine Kurve vierter Ordnung mit den Punkten I, J als Doppelpunkten oder eine bicirkulare Kurve vierter Ordnung; insbesondere aber für $l\pm m\pm n=0$ eine durch die Punkte I, J gehende oder cirkulare Kurve dritter Ordnung. Die dritte giebt eine Cassinische Kurve (Art. 55); die vierte im allgemeinen eine Kurve vierter Ordnung und in der speciellen Voraussetzung

$$a \pm b + c = 0,$$

wo die linke Seite der Gleichung durch $\varrho \pm \varrho'$ teilbar ist, eine Kurve dritter Ordnung. Wir verschieben die weitere Untersuchung dieses Gegenstandes bis zur specielleren Behandlung dieser Kurven.

Aus einer die Brennpunktsdistanzen verbindenden Relation kann immer eine solche zwischen den Winkeln der Brennstrahlen gegen die Tangente abgeleitet werden; denn man beweist, wie in Art. 95, dass jedes $d\varrho$ gleich $\cos\theta\, ds$ ist für θ als den Winkel zwischen Brennstrahl und Tangente. So folgt aus

$$\varrho + m\varrho' = d$$

die Relation

$$\cos\theta + m\cos\theta' = 0 \text{ etc.}$$

Aus dem im letzten Artikel für $d\alpha$ etc. gegebenen Werte ergiebt sich auch

$$R\,d\alpha = \varrho\, d\varrho \text{ etc.}$$

für R als den Krümmungsradius. So folgt z. B. aus der Bedingung, dass

$$l\alpha + m\beta + \ldots$$

einer Konstanten gleich sei, dass auch

$$l\varrho^2 + m\varrho'^2 + \ldots$$

eine Konstante ist.

146. Wenn wir durch N die Zahl von Bedingungen bezeichnen, welche zur Bestimmung einer Kurve von gegebener Ordnung nötig ist (Art. 27), so bringt die Voraussetzung, dass eine solche Kurve cirkular sei, d. h. dass sie durch die Punkte I, J geht, und dass man von ihr $N-3$ andere Punkte kenne, mit sich, dass der Ort ihres Doppelbrennpunktes oder des Schnittes ihrer Tangenten in I und J ein Kreis ist. Denn es giebt nur eine durch N Punkte bestimmte Kurve ihrer Ordnung, wenn zu den obigen Bedingungen ein zu I benachbarter Punkt, d. h. die Tangente FI in I hinzugefügt wird, und es ist somit dann auch die Tangente in J bestimmt. Der Punkt F ist also der Schnittpunkt der ent-

sprechenden Strahlen von zwei projektivischen Büscheln („Kegelschnitte“ Art. 298), weil jedem Strahl des einen ein und nur ein Strahl des andern entspricht und umgekehrt; sein Ort ist also ein Kegelschnitt, welcher I, J, d. h. die Scheitel der Büschel enthält, und somit ein Kreis. Dieser Kegelschnitt zerfällt überdies in die Gerade IJ und eine andere Gerade, wenn der Strahl IJ, der beiden Büscheln gemeinschaftlich ist, sich selbst entspricht. Dies ist im gegenwärtigen Beispiel für $\nu = 2$ der Fall, weil IJ einen durch I und J gehenden Kegelschnitt nicht berühren kann, ohne dass dieser in zwei Gerade zerfällt; es ergiebt sich dann der Satz, dass die Centra der durch zwei feste Punkte gehenden Kreise in einer Geraden liegen. Wenn ν grösser ist als zwei, so ist der Ort im allgemeinen ein Kreis.

147. Wenn für eine Kurve von bestimmter Klasse $N-1$ Tangenten gegeben sind, so wird dieselbe durch eine Tangente FI, die man hinzufügt, vollkommen bestimmt, die Schlüsse des letzten Artikels sind anwendbar und der Ort des Brennpunkts ist ein Kreis, wenn die Bedingungen von solcher Art sind, dass an die durch sie bestimmte Kurve vom Punkte J nur eine Tangente gezogen werden kann. Dies findet statt, wenn unter den gegebenen Bedingungen Vielfachheit der Linie IJ als Tangente im Grade $(\nu-1)$ ist, da dann von jedem Punkte dieser Linie aus nur *eine* weitere Tangente an die Kurve geht. Wir sahen in Art. 41, dass ein vielfacher Punkt vom Grade k mit $\frac{1}{2}k(k+1)$ Doppelpunkten äquivalent war und schliessen, dass die Bestimmung der Geraden IJ als einer $(\nu-1)$fachen Tangente mit der Angabe von $\frac{1}{2}\nu(\nu-1)$ Tangenten äquivalent ist. Indem man dann bemerkt, dass

$$N-\tfrac{1}{2}\nu(\nu-1)=2\nu$$

ist, sieht man, *dass für eine Kurve ν^{ter} Klasse bei $(2\nu-1)$ gegebenen Tangenten und der unendlich fernen Geraden als einer $(\nu-1)$fachen Tangente der Ort des Brennpunktes* — es giebt in diesem Falle nur einen — *ein Kreis ist.* Darnach ist für die Parabeln zu drei festen Tangenten der Ort der Brennpunkte ein Kreis. Er ist auch ein

Kreis für die Kurven dritter Klasse mit fünf festen Tangenten und der unendlich fernen Geraden als Doppeltangente.

Von diesem System ist das zusammengesetzte ein specieller Fall, welches von der Richtung der einen unter fünf Geraden und von der Parabel, welche die andern vier berühren, gebildet wird, und der Brennpunkt der Parabel ist der Brennpunkt des zusammengesetzten Systems. So erhält man den Satz[29]), dass die Brennpunkte der fünf Parabeln in einem Kreise liegen, welche durch je vier von fünf Geraden bestimmt sind (vergl. „Kegelschnitte" Art. 284, 2).

Fünftes Kapitel.

Kurven dritter Ordnung.

148. Es ist in Art. 42 bewiesen worden, dass eine Kurve dritter Ordnung einen Doppelpunkt, aber dann keinen andern vielfachen Punkt haben kann und damit die fundamentale Teilung dieser Kurven in solche ohne Doppelpunkt, solche mit einem Doppelpunkt, dessen beide Tangenten verschieden sind, und solche mit einem Rückkehr- oder stationären Punkt, gegeben. Die Plückerschen Zahlen (Art. 81) für diese drei Fälle sind respektive

μ	δ	$\varkappa$	ν	τ	ι
3	0	0	6	0	9
3	1	0	4	0	3
3	0	1	3	0	1

Diese Kurven sind also respektive von der sechsten, vierten oder dritten Klasse, d. h. von einem willkürlichen Punkte aus können sechs, vier oder drei Tangenten an dieselben gezogen werden; liegt der fragliche Punkt in der Kurve, so zählt ihre Tangente in ihm für zwei unter diesen Tangenten (Art. 79) und die Zahl der ausser ihr von ihm an die Kurve gehenden Tangenten ist also vier, zwei oder eins; ist derselbe ein Inflexionspunkt der Kurve, so zählt die zugehörige stationäre Tangente für drei unter den von ihm ausgehenden Kurven-Tangenten und die Zahl der von ihr verschiedenen wird noch um eine Einheit mehr vermindert.

Die Kurven dritter Ordnung mit Doppelpunkt zerfallen (Art. 38) naturgemäss weiter in solche, bei denen die Tangenten im Doppelpunkt reell, und solche, bei denen sie nicht reell sind, also mit Knotenpunkt und mit isoliertem

Punkt respektive. Wir werden später sehen, dass eine analoge Untereinteilung für die Kurven dritter Ordnung ohne singulären Punkt existiert; aber für jetzt brechen wir die Diskussion der Einteilung der Kurven dritter Ordnung hier ab, weil die Kenntnis einiger allgemeinen Eigenschaften dieser Kurven für das Verständnis derselben von wesentlichem Vorteil ist. Wir verschieben ebenso die Diskussion der allgemeinen Gleichung und die Untersuchung ihrer Invarianten und beginnen damit, die Anwendung früher entwickelter allgemeiner Sätze über die algebraischen Kurven auf den Fall der Kurven dritter Ordnung zu zeigen; zunächst entsprechend dem ersten Abschnitt des II. Kapitels in Bezug auf die Durchschnitte der Kurven.

I. Abschnitt.

Durchschnitt einer gegebenen Kurve dritter Ordnung mit andern Kurven.

149. Wir haben in Art. 9 bewiesen, dass alle Kurven dritter Ordnung, welche durch acht Punkte einer gegebenen Kurve dieser Art gehen, einen neunten festen Punkt derselben enthalten. Dies ist ein Fundamentalsatz, der zu dem grössern Teil der Eigenschaften der Kurven dritter Ordnung leitet.

Wenn insbesondere zwei gerade Linien von den Gleichungen

$$A=0,\quad B=0$$

eine Kurve dritter Ordnung in Punkten

$$A,\ A',\ A'';\quad B,\ B',\ B''$$

respektive schneiden und wenn die Geraden

$$AB,\quad A'B',\quad A''B'',$$

deren Gleichungen wir durch

$$D=0,\quad E=0,\quad F=0$$

dargestellt denken wollen, die Kurve ferner in den Punkten C, C', C'' respektive schneiden, so geht die Gerade $C=0$, welche zwei dieser Punkte C, C' verbindet, auch durch den dritten. Denn die Geraden

$$D=0,\quad E=0,\quad F=0$$

bilden eine Kurve dritter Ordnung durch diese neun Punkte und die Geraden

$$A=0, \quad B=0, \quad C=0$$

eine zweite, welche durch acht von denselben geht und daher auch den neunten C'' enthält, der, weil er nicht in den schon je drei Punkte der Kurve enthaltenden Geraden $A=0$, $B=0$ liegen kann, in der Geraden $C=0$ liegen muss.

Weil die gegebene Kurve dritter Ordnung durch die Durchschnitte der Örter

$$ABC=0, \quad DEF=0$$

geht, so muss ihre Gleichung in der Form

$$DEF-kABC=0$$

darstellbar sein.

150. Setzen wir voraus, dass die Geraden $A=0$, $B=0$ zusammenfallen, so folgt als Specialfall des vorigen der Satz: Wenn eine gerade Linie $A=0$ die Kurve in drei Punkten A, A', A'' schneidet, so schneiden die Tangenten der Kurve in diesen Punkten,

$$D=0, \quad E=0, \quad F=0$$

die Kurve respektive in drei weitern Punkten C, C', C'', welche in einer geraden Linie $C=0$ liegen. Die Gleichung der Kurve kann in die Form

$$DEF-kA^2C=0$$

gesetzt werden.

Der Punkt C, in welchem die Tangente im Punkte A die Kurve schneidet, wird der Tangentialpunkt von A genannt und die gerade Linie $C=0$, in welcher die Tangentialpunkte von drei Punkten (A, A', A'') einer Geraden liegen, heisst die Begleiterin (Satellite) der Geraden ($A=0$). Wir werden später zeigen, wie aus der Gleichung

$$A=0 \text{ oder } \xi_1 x_1+\ldots=0$$

die Gleichung $C=0$ gebildet werden kann; eine Gerade hat stets eine reelle Begleiterin, nämlich auch dann, wenn sie die Kurve nicht in drei reellen, sondern in zwei nicht reellen Punkten und einem reellen Punkte schneidet; die Tangenten in den ersten beiden erscheinen in der Form

$$P \pm iQ = 0$$

und das Produkt ihrer Gleichungen ist reell, die Gleichung der Kurve kann in der Form

$$D(P^2 + Q^2) = kA^2C$$

geschrieben werden.

Zwei besondere Fälle unseres Satzes sind bemerkenswert. Wenn zuerst die Linie $A = 0$ die unendlich ferne Gerade der Ebene ist, so sind die Tangenten der Kurve

$$D = 0, \quad E = 0, \quad F = 0$$

in ihren Schnittpunkten mit derselben die Asymptoten der Kurve; jede derselben schneidet die Kurve in einem weitern Punkte und wir lernen, dass diese drei Punkte in einer Geraden liegen, der Begleiterin der unendlich fernen Geraden. In diesem Falle ist die Gleichung der Kurve auf die Form

$$DEF = kC$$

reduzierbar, welche aussagt, dass das Produkt der senkrechten Entfernungen eines Kurvenpunktes von den Asymptoten zu seiner Entfernung von der Geraden $C = 0$ in einem konstanten Verhältnis ist.

Wenn zweitens die Punkte A, A' Inflexionspunkte sind, so fallen ihre respektiven Tangentialpunkte mit ihnen selbst zusammen und die begleitende Gerade $C = 0$ ist somit von $A = 0$ nicht verschieden, d. h. der dritte Punkt derselben in der Kurve A'' ist auch ein Inflexionspunkt. (Vergl. Art. 126, Beisp. 3.) Die Gleichung der Kurve ist auf die Form

$$DEF = kA^3$$

reduzierbar, für $A = 0$ als die Gleichung der durch die Inflexionspunkte gehenden Geraden und

$$D = 0, \quad E = 0, \quad F = 0$$

als die respektiven Gleichungen der drei Tangenten in denselben.

151. Der Satz des vorigen Artikels lautet, wenn man von der Linie $C = 0$ anstatt von $A = 0$ ausgeht, so: Für drei in einer Geraden liegende Punkte C, C', C'' einer Kurve dritter Ordnung geht die Verbindungslinie des Berührungspunktes A

einer der Tangenten der Kurve aus dem ersten C mit dem Berührungspunkt A' einer der Tangenten aus dem zweiten C' immer auch durch den Berührungspunkt einer der Tangenten aus dem dritten Punkte C''. Weil nur eine Tangente in einem Punkte an eine Kurve gezogen werden kann, so entspricht jeder Lage von $A=0$ nur eine Lage von $C=0$; weil aber im Falle der Kurve dritter Ordnung ohne singulären Punkt vier Tangenten von einem Punkte der Kurve aus an dieselbe gehen, so entsprechen einer Lage von $C=0$ sechzehn Lagen von $A=0$. Die zwölf Berührungspunkte liegen in den sechzehn Linien $A=0$, nämlich drei in jeder und durch jeden Berührungspunkt gehen vier derselben.

Betrachten wir specieller den Fall, wo $C=0$ die Kurve berührt, wo also zwei der Punkte, sagen wir C, C', zusammenfallen, so sehen wir, dass die gerade Linie, welche einen der Berührungspunkte A''_1 der Tangenten von C'' mit einem der Berührungspunkte A_1 der Tangenten von C verbindet, auch durch einen der andern Berührungspunkte A_2 der Tangenten von C gehen muss; und in gleicher Art die Gerade $A''_1 A_3$ durch A_4. So dass der Satz gilt: Die vier Berührungspunkte A_1, A_2, A_3, A_4 der von einem Punkte C in der Kurve ausgehenden Tangenten derselben sind die Ecken eines Vierecks, dessen drei Gegenseiten-Schnittpunkte oder Diagonalpunkte auch in der Kurve liegen; und die Tangenten der Kurve in diesen Punkten so wie die Tangente derselben in C schneiden sie sämtlich in demselben Punkte C''.

152. Wir kommen auf den Fall zurück, wo $C=0$ die Kurve nicht berührt und nehmen an, dass die Berührungspunkte der von C ausgehenden Tangenten A_1, A_2, A_3, A_4 und die der von C' ausgehenden A'_1, A'_2, A'_3, A'_4 seien. Gehen wir dann von zwei Punkten der ersten Gruppe aus, z. B. von A_1, A_2, so erhellt, indem wir die Punkte der zweiten Gruppe in einer bestimmten Art in Paare trennen, z. B. A'_1, A'_2 und A'_3, A'_4 und dann das Paar A_1, A_2 zuerst mit A'_1, A'_2 verbinden, dass die Linien $A_1 A'_1$, $A_2 A'_2$ sich in einem Punkte der Kurve und die Linien $A_1 A'_2$, $A_2 A'_1$ sich in einem andern

Punkte der Kurve schneiden; und ferner, wenn wir A_1, A_2 mit A'_3, A'_4 verbinden, dass $A_1 A'_3$, $A_2 A'_4$ in einem dritten und $A_1 A'_4$ und $A_2 A'_3$ in einem vierten Punkte der Kurve zusammenlaufen, — nämlich so, dass die vier neuen Punkte die Berührungspunkte der von C'' ausgehenden Tangenten der Kurve sind. Wenn wir dann zwei Punkte als korrespondierend bezeichnen, deren Tangenten sich in der Kurve schneiden, so ist klar, dass jede zwei der Punkte A_1, A_2, A_3, A_4 und ebenso jede zwei der Punkte A'_1, A'_2, A'_3, A'_4 korrespondierend sind. Von den zwei Punkten A_1, A_2 aus können aber insbesondere die Punkte A'_1, A'_2 oder A'_3, A'_4 als korrespondierende Punkte derselben Art mit A_1, A_2 bezeichnet werden, auf Grund der Eigenschaft, dass aus zwei Paaren derselben Art durch Verbindung jedes Punktes des einen mit jedem des andern ein Vierseit entsteht, dessen zwei neue Ecken gleichfalls Punkte der Kurve und zwar selbst korrespondierende Punkte von der nämlichen Art mit den gegebenen Paaren sind. Es folgt daraus, dass drei Arten korrespondierender Punkte existieren, nämlich die von der Art A_1A_2 oder A_3A_4, der Art A_1A_3 oder A_2A_4 und der Art A_1A_4 oder A_2A_3; und dass wir aus einem Paare A_1A_2 das ganze System der entsprechenden Punkte derselben Art erhalten, indem wir einen veränderlichen Punkt K der Kurve immer mit A_1 und A_2 durch gerade Linien verbinden, die dann die Kurve ausserdem in korrespondierenden Punkten derselben Art A_1A_2 durchschneiden.

Da diese Theorie zum grössten Teil von Maclaurin herrührt[30]), so mag sie als Maclaurins Theorie der korrespondierenden Punkte einer Kurve dritter Ordnung benannt werden.

153. Sind dann, immer für den Fall, wo $C=0$ die Kurve nicht berührt,

$$D_1=0, \quad E_1=0, \quad F_1=0$$

Tangenten durch die Punkte C, C', C'' respektive, so sahen wir, dass die Gleichung der Kurve immer in die Form

$$D_1E_1F_1 - A_1^2 C=0$$

gebracht werden kann. Sind ferner

$$D_2=0, \quad E_2=0$$

ein anderes Paar der durch C, C' gehenden Tangenten, so dass ihre Berührungssehne durch den Berührungspunkt von $F_1=0$ geht, so kann die Gleichung auch in die Form

$$D_2E_2F_1 - A_2^2C = 0$$

gesetzt werden; daraus folgt aber die Identität

$$(D_1E_1 - D_2E_2)F_1 = (A_1^2 - A_2^2)C,$$

deren rechte Seite gleich Null gesetzt drei gerade Linien darstellt und deren linke Seite daher dieselben drei Geraden ausdrücken muss. Infolge dessen muss einer der Faktoren von

$$D_1E_1 - D_2E_2 = 0$$

mit $C=0$ übereinstimmen, welches durch die Punkte

$$D_1D_2, \quad E_1E_2$$

geht; der andre Faktor, welcher die Verbindungslinie von D_1E_2 mit D_2E_1 darstellt, muss mit $A_1 \pm A_2 = 0$ übereinstimmen, wenn $F_1=0$ mit $A_1 \mp A_2 = 0$ sich deckt. Wir sehen, dass die letztern beiden Geraden und die Sehnen $A_1=0$, $A_2=0$ ein harmonisches Büschel bilden, dessen Scheitel der Berührungspunkt von $F=0$ ist.

Wir werden später diesen Satz auf den Fall anwenden, wo die Punkte C, C' die imaginären Kreispunkte I, J im Unendlichen sind; die Punkte D_1E_2, D_2E_1 sind dann Brennpunkte und $F_1=0$ ist eine Tangente parallel der einzigen reellen Asymptote der Kurve.

Wenn die Punkte C, C' zusammenfallen, so bilden die Gerade von C nach dem Berührungspunkt von $F_1=0$, $F_1=0$ selbst und die beiden Sehnen $A_1=0$, $A_2=0$ ein harmonisches Büschel.

154. Daraus ergiebt sich ein anderer Satz von Maclaurin: Jede Gerade durch einen Punkt A in der Kurve dritter Ordnung wird harmonisch geteilt in den Punkten β, γ der Kurve, die sie ausserdem enthält, und in den zwei Punkten δ, δ', in denen sie ein Paar der Sehnen schneidet, welche die Berührungspunkte der von A an die Kurve gehenden Tangenten verbinden. Denn wenn die Gerade die Tangente $C=0$ im Punkte E schneidet, so ist, weil sie $A_1=0$ und $B_1=0$ in A trifft nach Art. 137

$$\frac{1}{\delta A} + \frac{1}{\delta \beta} + \frac{1}{\delta \gamma} = \frac{2}{\delta A} + \frac{1}{\delta E}$$

oder

$$\frac{1}{\delta \beta} + \frac{1}{\delta \gamma} = \frac{1}{\delta A} + \frac{1}{\delta E};$$

und da nach dem letzten Artikel $\delta \delta'$ ein harmonisches Mittel zwischen δA und δE ist, so ist es auch ein solches zwischen $\delta \beta$ und $\delta \gamma$.

Wenn die Kurve einen Doppelpunkt hat, so können nur zwei Tangenten von einem ihrer Punkte an die Kurve gezogen werden; aber der eben bewiesene Satz behält seine Geltung, wenn wir für die zweite der Sehnen die gerade Linie substituieren, welche den Doppelpunkt mit dem dritten Schnittpunkte der ersten Sehne mit der Kurve verbindet.

155. Wir fügen eine weitere Anwendung des Satzes hinzu, dass alle Kurven dritter Ordnung, welche durch acht feste Punkte einer solchen Kurve gehen, einen neunten festen Punkt derselben enthalten. Wenn durch vier feste Punkte einer Kurve dritter Ordnung ein Kegelschnitt beschrieben wird, so geht die gerade Verbindungslinie der zwei übrigen Schnittpunkte derselben mit der Kurve durch einen festen Punkt derselben. Denken wir einen Kegelschnitt durch die Gruppe (α) der vier Punkte und sei (β) die Gruppe von zwei Punkten, in denen er die Kurve ferner schneidet, (β') aber die entsprechende Gruppe der letztern für einen andern die (α) enthaltenden Kegelschnitt. Dann bilden der erste Kegelschnitt und die gerade Verbindungslinie der Punkte β' ein System dritter Ordnung durch die acht Punkte α, β, β'; und der zweite Kegelschnitt und die gerade Verbindungslinie der β ein zweites System derselben Art durch dieselben acht Punkte; es muss also der neunte Durchschnittspunkt mit der Kurve beiden Systemen gemein sein, d. h. die Verbindungslinien der Punkte β und der Punkte β' respektive schneiden die Kurve in dem nämlichen Punkt.

Das Gleiche zeigt die Verbindung der Gleichungen

$$k a_x b_x c_x = d_x e_x f_x \quad \text{und} \quad k' a_x b_x = d_x e_x,$$

in denen $a_x \ldots . f_x$ homogene Polynome ersten Grades in den

Veränderlichen x_1, x_2, x_3 vertreten; denn sie giebt $k'f_x = kc_x$. Die Kurve dritter Ordnung erscheint als der Ort der Durchschnittspunkte der Kegelschnitte eines Büschels mit den entsprechenden Strahlen eines zu ihm projektivischen Strahlenbüschels, ebenso entsteht die Kurve dritter Klasse aus einer Kegelschnittschar und einer zu ihr projektivischen geraden Punktreihe.

Ich habe diesen Punkt, den Scheitel des Strahlbüschels, früher den Gegenpunkt des Systems der vier Punkte, der Grundpunkte des Kegelschnittbüschels, genannt; wegen der Übereinstimmung mit der Nomenklatur von Sylvesters Theorie der Reste, die jetzt entwickelt werden soll, soll er der beigeordnete Rest des Systems der vier Punkte heissen. Man konstruiert diesen Punkt leicht, indem man unter den durch die vier Punkte gehenden Kegelschnitten eines der Linienpaare benutzt; wenn die geraden Verbindungslinien der Punkte 12 und 34 respektive die Kurve dritter Ordnung in den Punkten 5 und 6 schneiden, so schneidet die Gerade 56 die Kurve ausserdem in dem gesuchten Punkt. Die Konstruktion ist also in drei verschiedenen Wegen ausführbar, entsprechend den drei paarweisen Gruppierungen der vier Punkte.

Aus dem Satze folgt offenbar als Specialfall, dass durch vier Punkte einer Kurve dritter Ordnung vier Kegelschnitte möglich sind, die die Kurve ausserdem berühren, nämlich diejenigen, welche durch die Berührungspunkte der vier vom beigeordneten Rest der Gruppe ausgehenden Tangenten hindurchgehen.

156 Wir wollen die gefundene Regel für die Konstruktion des beigeordneten Restpunktes auf die Gruppe von vier auf einander folgenden Punkten der Gruppe anwenden. Dann ist die Verbindungslinie der Punkte 1, 2 eine Tangente und der Punkt 5, in welchem sie die Kurve ferner schneidet, ist der Tangentialpunkt des Punktes 1; ferner ist der weitere Schnittpunkt 6 der Geraden 34 mit der Kurve der auf 5 folgende Punkt der Kurve; der gesuchte beigeordnete Rest ist daher der Punkt, wo die Tangente im Tangentialpunkt 5 von 1 die Kurve ferner schneidet, d. h. er ist der Tangentialpunkt des

Tangentialpunktes oder, wie wir sagen wollen, der zweite Tangentialpunkt.

Wenn also z. B. gefordert wird, einen Kegelschnitt zu bestimmen, der durch vier auf einander folgende Punkte der Kurve geht, d. h. in einem gegebenen Punkte eine vierpunktige Berührung mit ihr hat, während er sie zugleich an anderer Stelle einfach, d. h. zweipunktig berührt, so folgt, dass dieser letztere Berührungspunkt ein Berührungspunkt einer der Tangenten sein muss, welche vom zweiten Tangentialpunkt des ersten an die Kurve gehen; da einer von diesen der Tangentialpunkt des ersten ist und für diesen der fragliche Kegelschnitt offenbar in zwei gerade Linien degeneriert, so geben nur die drei andern eigentliche Lösungen des Problems.

Man konstruiert ferner einen Kegelschnitt durch fünf auf einander folgende Punkte der Kurve oder in fünfpunktiger Berührung mit ihr in einem Punkte 1, indem man den sechsten Schnittpunkt desselben mit der Kurve bestimmt, nämlich den dritten Schnittpunkt der Kurve mit der geraden Verbindungslinie des Punktes 1 mit seinem zweiten Tangentialpunkt.

Wenn dieser letzte Punkt mit dem Punkt 1 zusammenfallen soll, so muss die Verbindungslinie von 1 mit seinem zweiten Tangentialpunkt die Kurve in 1 berühren, d. h. der erste und der zweite Tangentialpunkt müssen zusammenfallen; da nun ein Punkt, dessen Tangentialpunkt mit ihm zusammenfällt, notwendig ein Inflexionspunkt ist, so folgt: Es giebt in einer Kurve dritter Ordnung ohne singulären Punkt siebenundzwanzig Punkte, in deren jedem ein Kegelschnitt mit sechspunktiger Berührung mit der Kurve konstruiert werden kann, nämlich die Berührungspunkte der neun mal drei Tangenten, welche an die Kurve von ihren Inflexionspunkten aus noch gezogen werden können.

157. Der bisher angewendete Fundamentalsatz des Art. 29 ist in Art. 33 verallgemeinert worden und wird in der dort gewonnenen Gestalt auf unsern Fall bezogen, indem wir $p=3$ setzen: Jede Kurve der Ordnung n, welche durch $(3n-1)$

feste Punkte einer Kurve dritter Ordnung geht, enthält ausserdem einen festen Punkt derselben. Es ist dazu zu bemerken, dass für $n=1$ und $n=2$ nur eine Kurve n^{ter} Ordnung durch bezeichnete $(3n-1)$ Punkte möglich ist und daher der Satz die Bedeutung verliert, die er für alle Fälle hat, wo $n>2$ ist. Wenn in diesen Fällen durch $3n$ willkürlich gewählte Punkte einer Kurve dritter Ordnung eine Kurve n^{ter} Ordnung gelegt werden sollte, so würde dieselbe (vergl. Art. 33) im allgemeinen keine eigentliche Kurve ihrer Ordnung sein, sondern zusammengesetzt aus der Kurve dritter Ordnung selbst und einer Kurve von der Ordnung $(n-3)$.

158. Wenn von den $3(m+n)$ Durchschnittspunkten einer Kurve der Ordnung $(m+n)$ mit einer Kurve dritter Ordnung $3m$ in einer Kurve m^{ter} Ordnung U_m liegen, so sind die übrigen $3n$ in einer Kurve der n^{ten} Ordnung erhalten. Denn nach der soeben gemachten Bemerkung kann durch $(3n-1)$ von diesen Punkten eine Kurve n^{ter} Ordnung U_n stets beschrieben werden, und diese bildet mit U_m zusammen ein System der Ordnung $(m+n)$, welches nach dem vorigen Artikel durch den letzten Punkt gehen muss, der, weil er nicht in U_m liegen kann, als welche die Kurve dritter Ordnung bereits in $3m$ Punkten schneidet, notwendig in U_n liegen muss.

159. Wir wollen nun mit Sylvester von zwei Systemen von Punkten, welche zusammen den vollständigen Durchschnitt der Kurve dritter Ordnung mit einer algebraischen Kurve bilden, immer das eine System als den Rest des andern Systems bezeichnen. Da die Gesamtzahl der Schnittpunkte ein Vielfaches von 3 sein muss, so muss die Zahl der Punkte des Systems α durch $3p+1$, die der Punkte des Systems β durch $3q-1$ ausdrückbar sein und umgekehrt, und jenes System kann als ein positives, dieses als ein negatives bezeichnet werden, so dass der Rest eines positiven Systems ein negatives System ist und umgekehrt. Das einfachste positive System besteht aus einem Punkt und entspricht dem $p=0$; das einfachste negative System bilden zwei Punkte entsprechend $q=1$;

das eine erscheint als Rest des andern, wenn die drei Punkte in gerader Linie sind. Weil durch ein gegebenes System von Punkten α eine Unendlichkeit von Kurven verschiedener Ordnungen beschrieben werden kann, so ist deutlich, dass ein solches System α unendlich viele Reste β, β', β'',... hat. Zwei Systeme β, β' sollen beigeordnete Reste heissen, wenn sie beide demselben System α als Reste entsprechen. So können im Falle des Art. 155 unendlich viele Kegelschnitte durch ein System von vier Punkten α in der Kurve dritter Ordnung gelegt werden, welche die Kurve ferner in Punktepaaren β, β',... schneiden, von denen jedes ein Rest von α ist und die daher alle einander beigeordnete Reste sind. Wenn ferner die Verbindungslinie des Paares β die Kurve überdies im Punkte α' schneidet, so wird dieser ebenso wie die vier ursprünglichen Punkte ein Rest der Gruppe β sein und der Punkt α' ist daher, wie wir ihn schon bezeichneten, beigeordneter Rest des Systems α. Es ist offenbar, dass zwei beigeordnete Restsysteme entweder zugleich positiv oder zugleich negativ sind. Mit dieser Terminologie lautet der Satz des Art. 157: Zwei Punkte der Kurve dritter Ordnung müssen zusammenfallen, wenn sie beigeordnete Reste sind. In der That zeigten wir dort, dass, wenn durch dieselben $(3p-1)$ Punkte α eine Kurve U_p gelegt wird, welche die Kurve dritter Ordnung im Restpunkt β schneidet, und eine andere Kurve derselben p^{ten} Ordnung, die den Restpunkt β' bestimmt, diese beigeordneten Reste β, β', welche auf beiden Wegen entstehen, in demselben Punkt vereinigt sind.

160. Wenn zwei Restsysteme β, β' einander beigeordnet sind, so ist jedes System α', welches für das eine ein Rest ist, auch ein Rest für das andere. Denken wir durch ein System α zwei Kurven U_p, U_q beschrieben, welche die Kurve dritter Ordnung ferner in Punktsystemen β, β' schneiden, so dass diese beigeordnete Reste sind; so wird behauptet, dass die α' Punkte, in denen eine durch das System β' gehende Kurve U_r die Kurve dritter Ordnung ferner schneidet, mit dem System β zusammen den vollständigen Durchschnitt einer Kurve mit der gegebenen Kurve dritter Ordnung bilden.

Denn da die Systeme α und β zusammen den Durchschnitt einer Kurve U_p mit ihr bilden, und ebenso α', β' den einer einer andern Kurve U_r, so repräsentieren alle vier vereinigt den Durchschnitt der Kurve dritter Ordnung mit einer Kurve von der Ordnung $p+r$; da nun die vereinigten Systeme α, β' den Schnitt mit der Kurve U_q von der Ordnung q darstellen, so müssen (Art. 158) die vereinigten Systeme α', β den Schnitt der Kurve dritter Ordnung mit einer Kurve von der $p+r-q$ repräsentieren.

Infolgedessen sind auch zwei Systeme, welche als beigeordnete Reste desselben dritten auftreten, beigeordnete Reste zu einander. Wenn β und β' beigeordnete Reste sind und also einen gemeinsamen Rest α haben, und wenn β' und β'' den gemeinsamen Rest α' besitzen, dann ist nach dem eben Bewiesenen α auch ein Rest von β'' und α' von β, d. h. wenn β, β'' beigeordnete Reste mit β' sind, so sind sie es zu einander, denn α, α' sind gemeinschaftliche Reste von β, β''.

161. Wir können nun von dem Satze des Art. 155 einen Beweis geben, welcher zu Sylvesters Erweiterung des Satzes natürlich leitet. Ein durch vier Punkte α der Kurve dritter Ordnung gehender Kegelschnitt schneidet die Kurve noch in zwei Punkten β, welche einen Rest des Systems α bilden; die durch die beiden Punkte β gehende Gerade schneidet die Kurve noch in einem Punkte α', welcher Rest zu β und daher beigeordneter Rest zu α ist. Wiederholen wir dasselbe Verfahren mit einem andern Kegelschnitt, so kommen wir zu einem Punkte α'', welcher ebenfalls beigeordneter Rest zu α und daher zu α' ist; somit fallen α', α'' nach Art. 159 zusammen.

Die Schlüsse dieses Beweises bleiben aber offenbar giltig, wenn wir anstatt von der Gruppe von vier Punkten von irgend einem positiven System von $(3p+1)$ Punkten P ausgehen; eine durch diese Punkte geführte Kurve von der Ordnung $(p+1)$ schneidet die Kurve dritter Ordnung in zwei weiteren Punkten und die Verbindungslinie der letztern thut dies in einem dritten Punkte, welcher beigeordneter Rest zu P und unveränderlich ist, welches auch die Kurve der Ordnung $(p+1)$ sei. Wir können aber ferner zu dem beigeordneten Restpunkt der Gruppe P anstatt in zwei Schritten in irgend einer geraden Zahl von Schritten gelangen; wir legen durch die $(3p+1)$ Punkte P eine Kurve U_{p+r} und erhalten als Rest das negative System N von $(3r-1)$ Punkten; wir beschreiben durch N eine Kurve U_{r+s} und erhalten einen Rest P' von $(3s+1)$ Punkten. Aus P' leiten wir in gleicher Weise einen Rest von $(3t-1)$ Punkten ab, etc. Wenn wir dann bei irgend einem negativen Restsysteme von $(3t-1)$ Punkten angekommen eine Kurve U_t der Ordnung t durch dasselbe legen, so erhalten wir als Rest einen einzigen Punkt. Dass dieser Punkt in allen Fällen derselbe ist, durch welche Stufen der Restbildung man auch zu ihm gelangt sei, ist die Erweiterung, welche Sylvester dem Satze des Art. 155 gegeben hat. In der That, das System N ist ein Rest von P; P' ist ein Rest von N und beigeordneter Rest von P; N' ist ein Rest zu P', also beigeordnet zu N und daher auch Rest zu P, und so fort. Jedes positive System in der Reihe ist Rest zu jedem negativen System und beigeordneter Rest zu jedem positiven System. Der Punkt, zu welchem wir zuletzt gelangen, ist beigeordneter Rest zu dem ursprünglichen positiven System und muss mit dem auf irgend einem andern Wege erhaltenen beigeordneten Reste desselben Systems identisch sein.

Wenn wir z. B. durch vier Punkte eine Kurve dritter Ordnung beschreiben, die die Kurve in fünf andern Punkten schneidet, durch diese fünf eine andere Kurve dritter Ordnung, welche einen Rest von vier Punkten giebt, durch diese sodann eine Kurve vierter Ordnung mit einem Rest von acht Punkten und durch diese endlich eine neue Kurve dritter Ordnung, welche die Originalkurve in einem weitern Punkte schneidet, so ist dieser letztere Punkt notwendig derselbe, wie der nach dem Verfahren des Art. 155 aus den ursprünglichen vier Punkten konstruierte Gegenpunkt.

Und wir können endlich ebenso von irgend einem negativen Systeme N von $(3q-1)$ Punkten beginnend nach einer ungeraden Zahl von Operationen zu einem einzigen Punkt kommen, welcher der Rest des Originalsystems und von der besondern Weise der Restbildung unabhängig ist.

162. Die entwickelten Principien erlauben uns, durch lineare Konstruktionen den Punkt zu finden, welcher der Rest oder der beigeordnete Rest zu einem gegebenen negativen oder positiven System ist. Wenn z. B. verlangt wäre, den Restpunkt zu acht gegebenen Punkten der Kurve zu finden, so verbinden wir dieselben auf irgend eine Weise in Paaren durch vier Gerade und erhalten ein System vierter Ordnung und vier neue Schnittpunkte desselben mit der Kurve, welche einen Rest zu den gegebenen bilden; verbinden wir diese abermals in Paaren, so erhalten wir eine Gruppe von zwei Punkten als beigeordneten Rest der acht gegebenen; der Punkt, wo die Verbindungslinie der letztern die Kurve zum dritten mal schneidet, ist der verlangte Restpunkt.

Oder wir können irgend vier der gegebenen Punkte durch ihren beigeordneten Rest ersetzen, den wir wie in Art. 155 konstruieren, und das Problem ist so auf die Aufsuchung des Restes zu einem System von fünf Punkten zurückgeführt; ersetzen wir dann irgend vier von diesen durch ihren beigeordneten Rest, so ist die Aufgabe auf die Konstruktion des Restes zu einem System von zwei Punkten reduziert. Auf jedem dieser Wege erkennt man, dass der beigeordnete Rest eines Systems von acht auf einander folgenden Punkten in einem gegebenen Punkte der Kurve dritter Ordnung der dritte Tangentialpunkt dieses Punktes ist; sowie dass der Rest eines Systems von zweimal vier auf einander folgenden Punkten in der Verbindungslinie der zweiten Tangentialpunkte der beiden gegebenen Punkte liegt.

Bei der entwickelten linearen Konstruktion des neunten Punktes, welchen alle die durch acht gegebene Punkte gehenden Kurven dritter Ordnung enthalten, ist vorausgesetzt, dass eine dieser Kurven durch die acht Punkte gegeben ist; und die Aufgabe ist dadurch von der verschieden, welche verlangt, dass jener neunte Punkt konstruiert werde, wenn nur die acht Punkte bekannt sind. Hart hat gezeigt, dass auch im letztern Fall dieser Punkt linear konstruiert werden kann, wenn auch durch ein komplizierteres Verfahren.[31])

163. Wir schliessen diesen Abschnitt mit einigen Bemerkungen über Systeme von Kurven dritter Ordnung, welche gewisse Punkte gemein haben. Zuerst, wenn acht Punkte der Kurve gegeben sind, oder acht lineare Relationen zwischen den Koefficienten der allgemeinen Gleichung in Punktkoordinaten, so können dieselben alle bis auf einen eliminiert und die Gleichung damit auf die Form gebracht werden

$$U + kV = 0.$$

Wenn sodann sieben Punkte oder sieben lineare Relationen gegeben sind, so kann die allgemeine Gleichung auf die Form

$$U + kV + lW = 0$$

gebracht werden, in welcher

$$U = 0, \quad V = 0, \quad W = 0$$

drei Kurven dritter Ordnung bezeichnen, die die sieben Bedingungen erfüllen, und die beiden Konstanten k, l, welche zur Disposition sind, die Erfüllung von zwei andern Bedingungen erlauben. Die vorige Gleichung repräsentiert ein Büschel, die letzte ein Bündel oder Netz von Kurven dritter Ordnung, eine einfach oder zweifach unendliche Reihe von solchen Kurven, d. i. ein lineares Gebilde erster oder zweiter Stufe aus solchen, entsprechend den Wert-Kombinationen der Konstanten. Die allgemeine Form der Gleichung der durch sechs gegebene Punkte gehenden Kurven dritter Ordnung (lineares Gebilde dritter Stufe) ist ebenso

$$U + kV + lW + mS = 0.$$

Wir können für U, V, ... Systeme von drei Geraden setzen, von denen jede durch zwei der gegebenen Punkte geht; sind also

$$A, B, C, D, E, F$$

die sechs Punkte und repräsentiert $ab = 0$ die Gleichung der geraden Verbindungslinie A und B, so ist eine Form der Gleichung der Kurve dritter Ordnung durch jene

$$ab.cd.ef + k.ac.be.df + l.ad.bf.ce + m.ae.bd.cf = 0.$$

Weil diese Gleichung drei unbestimmte Konstanten enthält, so muss jedes andere System dritter Ordnung durch die gegebenen sechs Punkte, z. B. die Verbindung der drei Geraden

$$AF,\ BC,\ DE,$$

durch sie ausdrückbar sein, und die vorige Gleichung würde also an Allgemeinheit nicht gewinnen, wenn man ihr ein Glied $n.af.bc.de$ hinzufügen wollte, weil dieses selbst gleich der Summe der mit gewissen Faktoren respektive multiplizierten vorigen vier Glieder sein muss.

In derselben Art, wie die Doppelverhältnisgleichheit der Punkte eines Kegelschnitts aus der Gleichung

$$ab.cd = k.ac.bd$$

abgeleitet wird (vergl. „Kegelschnitte" Art. 288), können wir aus der soeben geschriebenen Gleichung das folgende Gesetz als die Ausdehnung des erwähnten auf Kurven dritter Ordnung ableiten: Wenn sechs Punkte einer Kurve dritter Ordnung mit einem siebenten Punkte derselben durch gerade Linien verbunden werden, so besteht zwischen den durch die Schnittpunkte

$$A,\ B,\ C,\ D,\ E,\ F$$

seiner Strahlen in irgend einer Geraden bestimmten Segmenten die Relation

$$AB.CD.EF + k.AC.BE.DF + l.AD.BF.CE \\ + m.AE.BD.CF = 0,$$

in welcher k, l, m für jede besondere Kurve dritter Ordnung durch die sechs Punkte vollkommen bestimmte Konstanten sind. Der Satz umfasst zahlreiche besondere Fälle, welche man leicht in analoger Weise wie in der „Anal. Geom. d. Kegelschn." Art. 295 ableiten kann durch specielle Voraussetzungen über die Lage der Transversale, etc.

164. Eine Kurve dritter Ordnung mit Doppelpunkt entsteht, wie in Art. 155 die allgemeine aus einem Kegelschnittbüschel und einem zu ihm projektivischen Strahlbüschel unter der speciellen Annahme, dass ein Grundpunkt des Kegelschnittbüschels mit dem Scheitel des Strahlenbüschels zusammenfällt. Insofern aber ein Kegelschnittbüschel, wenn er aus Linienpaaren durch einen Punkt besteht, nichts anderes ist als eine Involution im Strahlenbüschel, entspringt die Erzeugung der Kurven dritter Ordnung aus solchen Involutionen, welche zu vorzugsweis bequemen Konstruk-

tionen führt. Mit a_x und a'_x als Symbolen für homogene lineare Polynome in den Veränderlichen x_1, x_2, x_3 und für k, l als Konstante bezeichnet

$$(a_x + k a'_x)(a_x + l a'_x) = 0$$

ein Linienpaar durch den Schnittpunkt von $a_x = 0$ mit $a'_x = 0$ und für λ als einen veränderlichen Parameter

$$a_x a'_x + \lambda (a_x + k a'_x)(a_x + l a'_x) = 0$$

eine Involution im Strahlenbüschel; dann ist für $b_x = 0$, $b'_x = 0$ als die den beiden Paaren entsprechenden Strahlen

$$b_x - \lambda b'_x = 0$$

ein zu dieser Involution projektivisches Strahlbüschel und als der Ort der Schnittpunkte zweier Strahlen mit den entsprechenden Paaren ergiebt sich die Kurve dritter Ordnung mit Doppelpunkt im Scheitel der Involution

$$a_x a'_x b'_x - (a_x + k a'_x)(a_x + l a'_x) b_x = 0.$$

Diese führt zu den Gleichungen von zwei projektivischen Involutionen

$$a_x a'_x + \lambda (a_x + k a'_x)(a_x + l a'_x) = 0,$$
$$b_x b'_x + \lambda (b_x + k' b'_x)(b_x + l' b'_x) = 0$$

und ihrem Erzeugnis

$$a_x a'_x (b_x + k' b'_x)(b_x + l' b'_x) - b_x b'_x (a_x + k a'_x)(a_x + l a'_x) = 0,$$

einer **Kurve vierter Ordnung** mit **Doppelpunkten** in den Scheiteln beider Involutionen. Wenn aber der Verbindungsstrahl der Scheitel zu entsprechenden Paaren beider Involutionen gehört — oder wenn er im vorigen Falle im einfachen Büschel dem Paar der Involution entspricht —, so ist er ein Teil des Erzeugnisses und der Rest im jetzigen Falle eine **allgemeine Kurve dritter Ordnung**, im vorigen speciellen offenbar ein Kegelschnitt.

Wir sahen in Art. 41, dass die Angabe eines Doppelpunktes äquivalent war mit drei Bedingungen. Sind also ausser dem Doppelpunkt fünf andere Punkte gegeben, so würde eine einzige weitere Bedingung die Kurve bestimmen und dieselbe kann daher in der Form

$$S - kS' = 0$$

dargestellt werden, wo $S=0$, $S'=0$ zwei besondere Kurven des Systems sind. Wir können sie in die Form

$$(oabcd)\,oe - k\,.\,(oabce)\,od = 0$$

setzen, wenn $(oabcd)$ die linke Seite der Gleichung des durch den Doppelpunkt O und die vier Punkte A, B, C, D gehenden Kegelschnittes repräsentiert.

Ebenso kann die Gleichung einer Kurve dritter Ordnung durch den Doppelpunkt O und vier andere Punkte A, B, C, D in der Form geschrieben werden

$$oa\,.\,ob\,.\,cd + k\,.\,ob\,.\,oc\,.\,ad + l\,.\,oc\,.\,oa\,.\,bd = 0;$$

und es besteht die nämliche Relation wie im letzten Artikel zwischen den Abschnitten, welche in irgend einer Transversale durch die Strahlen gebildet werden, die einen beliebigen Punkt der Kurve mit diesen gegebenen Punkten verbinden.

165. Indem wir das Doppelverhältnis eines Büschels mittelst der senkrechten Entfernungen seines Scheitels von den Seiten eines Vierecks ausdrücken, dessen Ecken einzeln in den vier Strahlen desselben liegen (vergl. „Kegelschn.“ Art. 288), können wir den Ort des gemeinsamen Scheitels zweier Büschel finden, deren Doppelverhältnis dasselbe ist und deren Strahlen durch feste Punkte gehen, sofern zwei von diesen beiden Büscheln gemein sind. Denn wenn $ab=0$ die Gleichung der Verbindungslinie der Punkte A und B bedeutet, so erhalten wir eine Gleichung von der Form

$$\frac{ao\,.\,bp}{ab\,.\,po} = \frac{co\,.\,dp}{cd\,.\,op} \quad \text{oder} \quad ao\,.\,bp\,.\,cd = ab\,.\,co\,.\,dp.$$

Wenn O und P die beiden nicht reellen Kreispunkte im Unendlichen sind, so giebt uns dies (vergl. a. a. O. Art. 420) den Ort des gemeinsamen Scheitels zweier Dreiecke von gegebenen Basen und gleichen Winkeln an der Spitze und wir sehen, dass dieser Ort eine durch die besagten Kreispunkte gehende Kurve dritter Ordnung ist. Eine solche Kurve ist der Ort der Brennpunkte der Kegelschnitte einer Schar („Kegelschnitte“ Art. 310, 9); denn die Paare der Tangenten, die von jedem der Kreispunkte an die einem festen Vierseit eingeschriebenen Kegelschnitte geben, bilden eine Involution und die beiden so um die Kreispunkte entstehenden

Involutionen haben die unendlich ferne Gerade entsprechend gemein, weil sie die Parabel der Schar berührt. Die Brennpunkte eines Kegelschnitts haben in unserer Kurve denselben Tangentialpunkt; der Tangentialpunkt der imaginären Kreispunkte ist der Brennpunkt der der Schar angehörigen Parabel.

Wenn statt dessen die Differenz der Winkel an der Spitze gegeben wäre, so wäre dies nach der angeführten Stelle durch das Verhältnis von zwei Doppelverhältnissen ausdrückbar und leitet zu einer Gleichung von der Form

$$\frac{ao\,.\,bp}{ap\,.\,bo} = k \cdot \frac{co\,.\,dp}{cp\,.\,do},$$

welche eine Kurve vierter Ordnung darstellt, die die beiden Kreispunkte zu Doppelpunkten hat.

II. Abschnitt.

Pole und Polaren.

166. Die früher entwickelten Sätze über Pole und Polaren sind zunächst für den bestimmten Fall der Kurven dritter Ordnung zu wiederholen und anzuwenden. Jeder Punkt O hat in Bezug auf eine Kurve dritter Ordnung eine gerade Polare oder Polarlinie und eine konische Polare oder einen Polarkegelschnitt; ihre Gleichungen sind respektive

$$x\frac{dU'}{dx'} + y\frac{dU'}{dy'} + z\frac{dU'}{dz'} = 0, \quad x'\frac{dU}{dx} + y'\frac{dU}{dy} + z'\frac{dU}{dz} = 0$$

oder

$$\Sigma x_i \frac{dU'}{dx'_i} = 0 \quad \text{und} \quad \Sigma x_i' \frac{dU}{dx_i} = 0,$$

oder endlich

$$\Sigma x_i U'_i = 0, \quad \Sigma x'_i U_i = 0.$$

Wenn man die Gleichung des Polarkegelschnitts nach den Potenzen der Variabeln ordnet, so ist sie

$$a'x^2 + b'y^2 + c'z^2 + 2f'yz + 2g'zx + 2h'xy = 0$$

oder

$$\Sigma U'_{ik} x_i x_k = 0,$$

wenn a', b', ... respektive U'_{ik} die zweiten Differentialquotienten in den gestrichenen Variabeln bezeichnen.

Der Polarkegelschnitt ist der Ort der Pole aller der geraden Linien, welche durch den Pol gehen, und es besitzt daher jede gerade Linie in Bezug auf eine Kurve dritter Ordnung ohne Doppelpunkt vier Pole, nämlich die Durchschnittspunkte der Polarkegelschnitte von irgend zweien ihrer Punkte.

Der Polarkegelschnitt geht durch die Berührungspunkte der sechs Tangenten, welche im allgemeinen von O an die Kurve gezogen werden können. Im Falle der Kurve dritter Ordnung mit Doppelpunkt geht er durch den Doppelpunkt und schneidet die Kurve nur in vier Punkten ausserdem und jede gerade Linie besitzt nur drei Pole, weil von den Grundpunkten des Büschels der Polarkegelschnitte für die Punkte der Geraden nur drei verschieden sind vom Doppelpunkt der Kurve. Im Falle der Kurve mit Rückkehrpunkt geht der Polarkegelschnitt jedenfalls durch diesen stationären Punkt und berührt die Rückkehrtangente, er schneidet also die Kurve ausserdem nur noch in drei Punkten; es schneiden sich daher auch zwei Polarkegelschnitte ausserdem nur noch in zwei Punkten, den beiden Polen der Verbindungslinie ihrer Pole O.

Wenn die Kurve dritter Ordnung in einen Kegelschnitt und eine Gerade zerfällt, so geht der Polarkegelschnitt jedes Punktes O durch ihre Schnittpunkte und eine beliebige Gerade besitzt zwei Pole; der Polarkegelschnitt geht auch durch die Durchschnittspunkte des gegebenen Kegelschnitts mit der in Bezug auf ihn genommenen Polare von O. Denn man sieht leicht, dass der Vollzug der Operation $\triangle$ oder

$$x'_1 \frac{d}{dx_1} + x'_2 \frac{d}{dx_2} + x'_3 \frac{d}{dx_3}$$

an dem Produkte LS einer linearen und einer quadratischen homogenen Funktion von drei Variabeln das Resultat

$$L'S + L \triangle S$$

giebt. Wenn die Kurve in drei gerade Linien zerfällt,

$$x_1 x_2 x_3 = 0,$$

so geht jeder Polarkegelschnitt durch die Ecken des von denselben gebildeten Dreiecks und eine gerade Linie hat nur einen

Fig. 30.

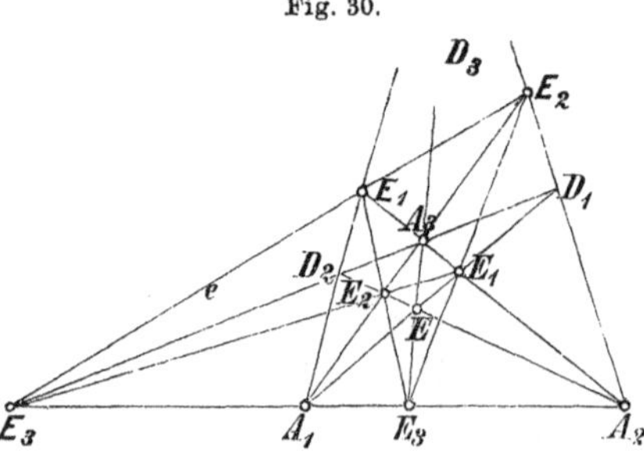

Pol. In diesem Falle sind die Gleichungen der Polargeraden und des Polarkegelschnitts respektive

$$x_1 x'_2 x'_3 + x_2 x'_3 x'_1 + x_3 x'_1 x'_2 = 0$$

und

$$x'_1 x_2 x_3 + x'_2 x_3 x_1 + x'_3 x_1 x_2 = 0,$$

oder

$$\frac{x_1}{x'_1} + \frac{x_2}{x'_2} + \frac{x_3}{x'_3} = 0 \quad \text{und} \quad \frac{x'_1}{x_1} + \frac{x'_2}{x_2} + \frac{x'_3}{x_3} = 0.$$

Die gegebene Gleichung der Polarlinie führt sogleich zu einer geometrischen Konstruktion derselben, denn aus Art. 60, 2 der „Anal. Geom. d. Kegelschn.“ folgt, dass für x'_i als den Punkt E der Figur die Linie $\mathsf{E}_1 \mathsf{E}_2 \mathsf{E}_3$ die durch die besagte Gleichung dargestellte Gerade ist. Die Tangente des Polarkegelschnitts im Punkte $x_1 = x_2 = 0$ ist nach Art. 56 a. a. O. durch $\frac{x_1}{x'_1} + \frac{x_2}{x'_2} = 0$ ausgedrückt und wird daher als die Verbindungslinie des Punktes A_3 mit dem Durchschnittspunkt E_3 der Polarlinie mit der Gegenseite $A_1 A_2$ erhalten.

167. Wenn eine durch den Pol O gezogene Gerade die Kurve dritter Ordnung in Punkten A, B, C schneidet, so wird ihr Schnittpunkt P mit der Polarlinie von O nach Art. 134 durch die Gleichung

$$\frac{3}{OP} = \frac{1}{OA} + \frac{1}{OB} + \frac{1}{OC}$$

bestimmt. Wenn eine zweite gerade Linie aus O in der Kurve die Punkte A', B', C' giebt, so ist auch ihr Punkt P' in der Polarlinie damit gegeben und also diese selbst bestimmt und muss die nämliche bleiben für alle durch die sechs Punkte

$$A,\ B,\ C,\ A',\ B',\ C'$$

gehenden Kurven dritter Ordnung. Wir können daher die Polarlinie O in Bezug auf eine Kurve dritter Ordnung linear konstruieren, wenn wir die Schnittpunkte

$$A,\ B,\ C,\ A',\ B',\ C'$$

zweier von O ausgehenden Geraden mit der Kurve als bekannt voraussetzen; denn sie ist die Polare von O in Bezug auf das durch die Geraden

$$AA',\ BB',\ CC'$$

gebildete Dreieck. Die im Art. 135 gegebenen metrischen Relationen zeigen auch, dass mit den Punkten A, B, C die zwei Punkte des Polarkegelschnitts in ihrer Verbindungslinie bestimmt sind, und dass daher durch drei vom Pol O ausgehende Gerade und die Gruppen ihrer Schnittpunkte

$$A, B, C; A', B', C'; A'', B'', C''$$

mit der Kurve dieselbe bestimmt und somit für alle durch diese neun Punkte gehenden Kurven dritter Ordnung dieselbe ist. Da die Punkte A, A', A'' als Punkte einer Geraden gewählt werden können, so ist das Problem der Konstruktion des Polarkegelschnitts in Bezug auf eine Kurve dritter Ordnung reduziert auf das seiner Konstruktion für das aus einer Geraden L und den durch die übrigen sechs Punkte gehenden Kegelschnitt S gebildete System. Wegen der Relation von pag. 184 geht dieser letzte Polarkegelschnitt durch die Schnittpunkte von L und S, sowie durch die Schnittpunkte von S mit der Polare von O in Bezug auf S, und die Polare vou O in Bezug auf ihn ist bekannt.

Wir behandeln speciell die Fälle 1) wo O ein Punkt der Kurve dritter Ordnung und 2) wo O ein Punkt ihrer Hesseschen Kurve ist.

168. Wenn wir aus zwei auf einander folgenden Punkten O, O' der Kurve dritter Ordnung die beiden Reihen von Tangenten an dieselbe

$$OA, OB, OC, OD; O'A, O'B, O'C, O'D$$

ziehen, so schneidet jede Tangente OA die nächstfolgende Tangente $O'A$ in ihrem Berührungspunkt A. Nun liegen die vier Berührungspunkte A, B, C, D im Polarkegelschnitt des Punktes O, welcher die Kurve dritter Ordnung in diesem Punkte O berührt (Art. 64), d. h. die sechs Punkte

$$O, O', A, B, C, D$$

liegen in demselben Kegelschnitt und das Doppelverhältnis des Büschels

$$O.ABCD$$

ist somit dasselbe wie das des Büschels

$$O'.ABCD.$$

Weil endlich dies Verhältnis dasselbe bleibt, wenn wir von einem Punkte der Kurve zum nächstfolgenden Punkte derselben gehen, so erkennen wir, dass das Doppelverhältnis des Büschels konstant ist, welches die von irgend einem Punkte einer Kurve dritter Ordnung an sie gehenden Tangenten mit einander bilden.[32]) Zu einem algebraischen Beweis dieses Satzes gelangen wir später dadurch, dass das Doppelverhältnis des Büchels von vier durch eine homogene biquadratische Gleichung zwischen zwei Variabeln ausgedrückten Geraden in Funktion des Verhältnisses der Invarianten S^3 und T^2 der biquadratischen Form ausgedrückt werden kann und dass diese absolute Invariante des Büschels in dem Falle, wo dasselbe von den vier Tangenten einer Kurve dritter Ordnung aus einem ihrer Punkte gebildet ist, als Funktion einer absoluten Invariante der kubischen Form erscheint, die sie ausdrückt, also unveränderlich bleibt für alle Lagen des Punktes in der Kurve. Diese absolute Invariante ist eine numerische Charakteristik der Kurve, welche durch Projektion und durch lineare Transformation nicht verändert wird. Es wird in der Algebra nachgewiesen, dass man durch den Wert dieser Invariante diejenigen biquadratischen Gleichungen, welche zwei reelle und zwei imaginäre Wurzeln haben, von denen unterscheiden kann, deren Wurzeln sämtlich reell oder imaginär sind; man sieht daraus, dass, wenn für irgend einen Punkt einer Kurve dritter Ordnung von den vier von ihm ausgehenden Tangenten derselben zwei reell und zwei imaginär sind, notwendig für alle Punkte derselben Kurve das Gleiche stattfindet; und ebenso, dass jene vier Tangenten für alle Punkte der Kurve entweder sämtlich reell oder sämtlich imaginär sind, wenn sie in irgend einem ihrer Punkte sämtlich reell oder sämtlich imaginär sind. Darauf gründet sich eine fundamentale Einteilung der Kurven dritter Ordnung ohne singulären Punkt in zwei Klassen; die einen, in welchen von jedem Punkte der Kurve aus zwei und nur zwei reelle Tangenten der Kurve an dieselbe gehen, die andern, in welchen die vier Tangenten aus einem Punkte entweder sämtlich reell oder sämtlich nicht reell sind.

Diese Bemerkung wird in dem Abschnitt über die Klassifikation der Kurven dritter Ordnung ihre weitere Ausführung finden, und es wird sich dabei ergeben, dass im zweiten Falle die Kurve dritter Ordnung immer aus zwei getrennten Teilen besteht, in deren einem die Punkte mit vier reellen Tangenten und in deren anderem die Punkte mit vier nicht reellen Tangenten liegen.

169. Aus dem Satze des Art. 168 folgt, dass für O, P als zwei beliebige Punkte der Kurve dritter Ordnung stets ein Kegelschnitt existiert, der sie mit denjenigen vier Punkten verbindet, in denen die vier Tangenten aus dem ersten je ihre entsprechenden aus dem zweiten durchschneiden. Da das Doppelverhältnis von vier Punkten durch die Vertauschungen von $ABCD$ in $BADC$, $CDAB$, $DCBA$ nicht geändert wird, so können die Strahlen des zweiten Büschels nach einander in jeder von diesen vier Ordnungen mit denen des ersten Büschels in der Ordnung $ABCD$ kombiniert werden und die sechzehn Durchschnittspunkte der ersten Reihe von Tangenten mit der zweiten liegen somit in vier Kegelschnitten, welche sämtlich die Punkte O und P enthalten. Ist die Kurve cirkular, d. h. geht sie durch die nicht reellen Kreispunkte I, J im Unendlichen, so ergiebt sich, indem man diese für die Punkte O und P wählt, dass die sechzehn Brennpunkte einer cirkularen Kurve dritter Ordnung in vier Kreisen, zu je vier in einem derselben, gelegen sind — ein von Hart[33]) auf anderm Wege erhaltener Satz, der den Verfasser auf den Hauptsatz des vorigen Artikels führte.

170. Wenn O ein Punkt der Kurve ist, so wird jede durch ihn gehende Sehne in der Kurve und im Polarkegelschnitt von O in Bezug auf dieselbe harmonisch geteilt. Denn wir sahen, dass die Durchschnittspunkte der Kurve dritter Ordnung mit der geraden Verbindungslinie von zwei gegebenen Punkten durch die Gleichung

$$\lambda^3 U' + \lambda^2\mu \triangle U' + \lambda\mu^2 \triangle U + \mu^3 U = 0$$

bestimmt werden; für x'_i als einen Punkt der Kurve ist aber $U' = 0$ und diese Gleichung durch μ teilbar, und wenn ferner die Punkte x_i und x'_i durch die Relation $\Delta U=0$ verbunden wären, d. h. wenn der eine auf dem Polarkegelschnitt des andern liegt, so würde die übrigbleibende quadratische Gleichung die Form

$$\lambda^2 \Delta U' + \mu^2 U = 0$$

und somit zwei gleiche und entgegengesetzte Wurzeln haben, d. h. nach Art. 123 der „Anal. Geom. d. Kegelschn.“ die Verbindungslinie der beiden Punkte wird durch die Kurve harmonisch getrennt. Man beweist das Nämliche auch, indem man den Punkt O zum Anfangspunkt der Koordinaten macht und den Ort der harmonischen Mittel auf allen von ihm ausgehenden Radien vektoren bestimmt. Indem man genau wie in Art. 133 verfährt und $A=0$ setzt, findet man unmittelbar

$$2(Bx+Cy)+Dx^2+Exy+Fy^2=0,$$

d. h. die Gleichung des Polarkegelschnitts für den Anfangspunkt der Koordinaten als Pol.

Man beweist ferner wie in Art. 137, dass die Tangente des Polarkegelschnitts in seinem Durchschnittspunkt mit irgend einer Sehne aus dem in der Kurve gelegenen Pol auch durch den Durchschnittspunkt der Tangenten der Kurve dritter Ordnung in den beiden Punkten dieser Sehne geht und zur Verbindungslinie ihres Schnittpunktes mit dem Punkte O harmonisch konjugiert ist.

171. Wir untersuchen ferner insbesondere den Fall, in welchem der Punkt O ein Inflexionspunkt der Kurve ist. In Art. 74 wurde gezeigt, dass der Polarkegelschnitt eines Inflexionspunktes in zwei gerade Linien zerfällt, von denen die eine die Tangente in diesem Punkte ist.

Das Nämliche ergiebt sich auch aus der Gleichung für den Polarkegelschnitt des Anfangspunktes der Koordinaten, die wir soeben geschrieben haben; denn damit der Anfangspunkt ein Inflexionspunkt und die Axe $y=0$ seine Tangente sei, muss (vergl. Art. 46) nicht nur $A=0$, sondern auch $B=0$, $D=0$ sein und die Gleichung des Polarkegelschnitts aus Art. 170 wird somit

$$y(2C+Ex+Fy)=0.$$

Da der Faktor y offenbar für das Problem des Ortes der harmonischen Mittel seine Bedeutung verliert, so ergiebt sich, dass für alle durch einen Inflexionspunkt der Kurve dritter Ordnung gehenden Radien vektoren der Ort der harmonischen Mittel eine gerade Linie ist, ein Satz von Maclaurin.[34]) Und umgekehrt: Wenn der Ort der harmonischen Mittel eine gerade Linie ist, so ist der Punkt O ein Inflexionspunkt. Denn nach Art. 74 kann der Polarkegelschnitt nur in dem andern Falle in zwei gerade Linien degenerieren, wenn O ein Doppelpunkt ist, und dieser Fall hat auf das Problem der harmonischen Mittel keine Anwendung, weil die durch den Doppelpunkt gehenden Radien vektoren die Kurve nur in einem weitern Punkt schneiden.

Wir wollen die soeben gefundene Linie die harmonische Polare des Inflexionspunktes O nennen, um sie von der gewöhnlichen Polare zu unterscheiden, welche die entsprechende Inflexionstangente ist.

172. Der Punkt O besitzt in Bezug auf die harmonische Polare Eigenschaften, welche analog sind den Eigenschaften von Pol und Polare bei den Kegelschnitten. Wenn wir durch O zwei gerade Linien ziehen, so schneiden sich die Paare der Verbindungslinien ihrer vier Schnittpunkte mit der Kurve in der harmonischen Polare — unmittelbare Folge der harmonischen Eigenschaften des Vierecks. Wenn wir insbesondere in den Schnittpunkten eines durch O gehenden Strahls mit der Kurve die Tangenten derselben ziehen, so liegt ihr Schnittpunkt in der harmonischen Polare. Die harmonische Polare geht auch durch die Berührungspunkte der von O aus an die Kurve gehenden Tangenten, weil für $OR'RR''$ als eine harmonische Gruppe das Zusammenfallen von R' mit R'' auch das Zusammenfallen von R' mit R nach sich zieht. Somit liegen die Berührungspunkte der drei von einem Inflexionspunkt aus an die Kurve gehenden Tangenten in einer geraden Linie. Wenn die Kurve einen Doppelpunkt hat, so folgt genau in derselben Weise, dass er in der harmonischen Polare liegen muss.

Man kann den ersten Satz des Artikels auch so aussprechen: Wenn drei Punkte A', B', C' der Kurve in einer geraden Linie liegen und die sie mit O verbindenden Geraden die Kurve ferner in A'', B'', C'' schneiden, so liegen diese auch in einer Geraden, und diese beiden Geraden schneiden die harmonische Polare in demselben Punkte. Denken wir insbesondere A', B', C' als zusammenfallend, so kommen wir zu dem Satze, dass die Verbindungslinie zweier Inflexionspunkte durch einen dritten Inflexionspunkt gehen muss und dass die Tangenten der Kurve in zweien derselben sich in der harmonischen Polare des dritten schneiden.

173. Wenn man durch einen Inflexionspunkt O drei gerade Linien zieht, die die Kurve in A_1, A_2; B_1, B_2; C_1, C_2 ferner schneiden, so hat jede durch die sieben Punkte O, A_1, A_2, B_1, B_2, C_1, C_2 gehende Kurve dritter Ordnung im Punkte O einen Inflexionspunkt. Denn die Schnittpunkte dieser drei Geraden mit der harmonischen Polare sind den Örtern der harmonischen Mittel des Punktes O für alle durch diese sieben Punkte gehenden Kurven dritter Ordnung gemein und dieselben enthalten also alle eine und dieselbe gerade Linie, während sie im allgemeinen Kegelschnitte wären, nach Art. 171 muss daher der Punkt O für alle die bezeichneten Kurven ein Inflexionspunkt sein.

174. Wir haben im Art 74 gesehen, dass die Inflexionspunkte einer Kurve dritter Ordnung $U=0$ ihre Durchschnittspunkte mit einer Kurve $H=0$ sind, die auch von der dritten Ordnung ist; eine Kurve dritter Ordnung hat daher im allgemeinen neun Inflexionspunkte, von welchen jedoch (vergl. Beisp. 3 in Art. 126) nur drei reell sind. Und da wir seitdem auch bewiesen haben, dass die gerade Verbindungslinie von zwei Inflexionspunkten durch einen dritten Inflexionspunkt derselben Kurve gehen muss, so ergiebt sich, dass man durch jeden Inflexionspunkt vier gerade Linien ziehen kann, welche die übrigen acht Inflexionspunkte enthalten. Als einen Specialfall zu dem Satze des letzten Artikels erhalten wir dann den Satz: Jede Kurve dritter Ordnung, welche durch die neun Inflexionspunkte einer solchen

Kurve geht, hat diese Punkte selbst zu Inflexionspunkten.[35])

175. Die Zahl der geraden Linien, von denen jede drei Inflexionspunkte enthält, ist

$$=\tfrac{1}{3}(4\times 9)=12,$$

weil je vier von ihnen sämtliche Inflexionspunkte enthalten; wir können auch daraus schliessen (vergl. Art. 126), dass die Inflexionspunkte nicht sämtlich reell sein können, weil durch neun reelle Punkte nur zehn Gerade gehen können, welche sie zu je dreien enthalten, aber nicht eine grössere Anzahl von Geraden.

Der Versuch, ein Schema dieser Linien zu bilden, führt auf folgendes, von welchen jedes andere nur durch die Bezeichnung abweichen kann:

$$\begin{matrix} 123, & 456, & 789, \\ 147, & 258, & 369, \\ 159, & 267, & 348, \\ 168, & 249, & 357, \end{matrix} \qquad \begin{vmatrix} 1, & 2, & 3, \\ 4, & 5, & 6, \\ 7, & 8, & 9, \end{vmatrix}$$

und dessen Beziehung zu den Gliedern in der Entwickelung der daneben stehenden Determinante leicht erkannt wird; die sechs letzten Gruppen des Schemas sind diese selbst, die sechs ersten die Gruppen der Elemente einer Zeile oder Reihe. Es folgt daraus, dass jede Kurve dritter Ordnung durch irgend sieben dieser Punkte einen derselben ihrerseits zum Inflexionspunkt haben muss; denn irgend sieben der Punkte liegen nach der Tabelle in drei Geraden, z. B. die ersten sieben in 147, 267, 357, welche sich in einem Punkte der Kurve schneiden, und es ist somit nach dem letzten Artikel dieser gemeinschaftliche Punkt 7 ein Inflexionspunkt für alle diese Kurven. Aus der Übersicht dieser Geraden geht hervor, dass sie in vier Reihen von drei Geraden geordnet werden können, von denen jede Reihe sämtliche Punkte enthält; oder dass, wenn wir die Gleichung

$$U+\lambda H=0$$

bilden, drei Werte von λ existieren, für welche die Gleichung sich auf die Gleichung eines Systems von drei geraden Linien reduziert. Einen direkten Beweis davon geben wir im letzten Abschnitt dieses Kapitels.

176. Wir betrachten ferner den Fall, wo der Punkt x'_i in der Hesseschen Kurve liegt und somit sein Polarkegelschnitt in zwei gerade Linien zerfällt. In Art. 70 wurde als allgemeines Gesetz bewiesen, dass immer, wenn die erste Polare eines Punktes A einen Doppelpunkt B hat, der Polarkegelschnitt von B einen Doppelpunkt A besitzt. Im Falle der Kurven dritter Ordnung ist die erste Polare eben der Polarkegelschnitt und der Satz lautet: Wenn der Polarkegelschnitt von A in zwei gerade Linien zerfällt, die sich in B schneiden, so zerfällt auch der Polarkegelschnitt von B in zwei Gerade, die sich in A schneiden. In der That, wenn der Polarkegelschnitt von x'_i in zwei gerade Linien zerfällt, so genügen die drei Koordinaten x_i des Durchschnittspunktes der letztern den drei Gleichungen, welche durch Differentiation der Gleichung des Polarkegelschnitts entstehen. Den äquivalenten Formen der letzten (Art. 165)

$$\Sigma x'_i U_i = 0 \quad \text{oder} \quad \Sigma U'_{ik} x_i x_k = 0$$

entspringen die äquivalenten Formen der fraglichen Differentiale

$$\begin{aligned}
U_{11}x'_1 + U_{12}x'_2 + U_{13}x'_3 &= 0,\\
U_{12}x'_1 + U_{22}x'_2 + U_{23}x'_3 &= 0,\\
U_{13}x'_1 + U_{23}x'_2 + U_{33}x'_3 &= 0;\\
U'_{11}x_1 + U'_{12}x_2 + U'_{13}x_3 &= 0,\\
U'_{12}x_1 + U'_{22}x_2 + U'_{23}x_3 &= 0,\\
U'_{13}x_1 + U'_{23}x_2 + U'_{33}x_3 &= 0.
\end{aligned}$$

Dieselben zeigen sich als symmetrisch in Bezug auf die x_i und die x'_i und beweisen daher, dass die Beziehung zwischen diesen Punkten eine gegenseitige ist. Aber A und B sind offenbar Punkte der Hesseschen Kurve, und zwar als entsprechende Punkte derselben zu bezeichnen; wir werden jetzt zeigen, dass sie dies auch in dem in Art. 152 erklärten Sinne sind, d. h. dass die Tangenten der Hesseschen Kurve in A und B sich in einem andern Punkte dieser Kurve begegnen. Wir werden später sehen, dass es drei Kurven dritter Ordnung giebt, welche dieselbe Kurve zu ihrer Hesseschen Kurve haben und dass für jede dieser drei die Korrespondenz der Punkte A und B in ihr eine andere von den drei Arten der Korrespondenz ist, welche wir in

Art. 152 flg. kennen gelernt haben. Hier ergiebt sich zunächst, dass im Falle der Kurven dritter Ordnung die Steinersche (Art. 70) und die Hessesche Kurve derselben in einer Kurve vereinigt sind.

177. Die Gleichung des Polarkegelschnitts eines durch die Koordinaten y_i bestimmten Punktes

$$\Sigma y_i U_i = 0$$

zeigt, dass das System der Polarkegelschnitte aller Punkte der Ebene in Bezug auf eine Kurve dritter Ordnung ein solches System (Netz) von Kegelschnitten bildet, wie es in Art. 360 flg. der „Anal. Geom. d. Kegelschn." diskutiert worden ist, nämlich ein System, dessen Gleichung zwei unbestimmte Parameter linear enthält. Die Gleichung der Polare des Punktes A in Bezug auf einen Kegelschnitt des Systems ist

$$y_1(U_{11}x'_1 + U_{12}x'_2 + U_{13}x'_3) + y_2(U_{12}x'_1 + U_{22}x'_2 + U_{23}x'_3) + y_3(U_{13}x'_1 + U_{23}x'_2 + U_{33}x'_3) = 0$$

und wird also durch die Koordinaten des Punktes B erfüllt; die Polare jedes der Punkte A, B geht somit durch den andern Punkt und die Hessesche Kurve der Kurve dritter Ordnung ist somit zugleich die Jacobische Kurve (a. a. O. Art. 360) des Systems der Polarkegelschnitte. Weil A und B in Bezug auf jeden Kegelschnitt des Systems konjugierte Pole sind, so werden sie in ihrer Verbindungslinie von allen den besagten Kegelschnitten harmonisch getrennt, d. h. diese Punktepaare bilden eine Involution, deren Doppelpunkte in A und B liegen. Somit können auch die beiden Punkte, in welchen diese Gerade je einen Kegelschnitt des Systems schneidet, nur in A oder in B zusammenfallen; und somit kann für das Zerfallen in zwei gerade Linien, die sich in AB durchschneiden, nur entweder A oder B der Schnittpunkt derselben sein, wenn nicht AB selbst eine dieser Linien ist. Die Hessesche Kurve einer Kurve dritter Ordnung ist selbst eine Kurve dritter Ordnung und wird also von der geraden Linie AB in drei Punkten, d. h. noch in einem dritten Punkte C ausser A und B geschnitten. Jeder Punkt der Hesseschen Kurve ist, wie wir gesehen, der Durchschnitt von zwei Geraden, in welche ein gewisser Polarkegelschnitt des Systems zerfällt, und es folgt somit aus dem soeben bewiesenen, dass von den zwei Geraden dieser Art, welche sich in C durchschneiden, AB selbst die eine sein muss. Damit entspringt aus dem System der Punkte, deren Ort die Hessesche Kurve ist, ein System von Geraden, nämlich der Paare von Linien, welche die Polarkegelschnitte der Punkte der Hesseschen Kurve sind. Jede Linie des Systems schneidet die Hessesche Kurve in drei Punkten, von denen zwei entsprechende Punkte der Hesseschen Kurve sind und deren dritter C, den Durchschnittspunkt der Geraden mit ihrer konjugierten, wir als den ergänzenden Punkt bezeichnen können.

178. Die von dem System der eben erwähnten Geraden umhüllte Kurve ist von Cayley studiert worden und Cremona hat sie deshalb als die Cayleysche Kurve der Kurve dritter Ordnung bezeichnet.[36]) Sie ist von der dritten Klasse, weil durch einen beliebigen Punkt P der Ebene nicht mehr als drei von jenen Geraden gehen können. Ein Punkt M nämlich, dessen Polarkegelschnitt durch P geht, liegt nach Art. 61 notwendig in der Polarlinie von P und, damit der Polarkegelschnitt in gerade Linien zerfalle, muss M in der Hesseschen Kurve liegen; es giebt daher immer nur drei Punkte M, deren Polarkegelschnitt sich auf ein Paar von geraden Linien reduziert, von denen die eine durch P geht. Da die Kurve keine Doppeltangente und keine stationäre Tangente besitzen kann, so ist sie von der sechsten Ordnung. Jede Linie des Systems verbindet ein Paar entsprechende Punkte der Hesseschen Kurve (Art. 177); die Cayleysche Kurve kann daher eben so gut betrachtet werden als die Enveloppe der geraden Linien, in welche die Polarkegelschnitte der Punkte der Hesseschen Kurve zerfallen, wie als die Enveloppe der Geraden, welche die korrespondierenden Punkte der Hesseschen Kurve verbinden. Im Falle der Kurven höherer Ordnung jedoch ist die Enveloppe der Verbindungslinien der entsprechenden Punkte A, B (Art. 70) von der Enveloppe der geraden Linien verschieden, in welche Polarkegelschnitte zerfallen können.

Man sieht daraus z. B., dass die Brennpunktskurve einer Kegelschnittschar im Art. 165 zur Enveloppe der Axen dieser

Schar in der Beziehung der Hesseschen zur Cayleyschen Kurve steht; die unendlich ferne Gerade gehört zu den Tangenten der Enveloppe.

Die Cayleysche Kurve kann auch als die Enveloppe der Geraden betrachtet werden (Art. 177), welche vom System der Polarkegelschnitte in Involution geschnitten werden. Es ist aus Art. 337 der „Kegelschnitte“ ersichtlich, wie die Gleichung dieser Enveloppe gebildet werden kann und dass sie von der dritten Klasse ist (vergl. a. a. O. Art. 361).

179. Wir suchen ferner die vier Pole einer Tangente der Hesseschen Kurve mit Berührungspunkt A in Bezug auf die Kurve dritter Ordnung; sie sind offenbar die Durchschnittspunkte des Polarkegelschnitts von A mit dem Polarkegelschnitt des nächstfolgenden Punktes A' der Hesseschen Kurve. Der Polarkegelschnitt von A ist das Paar der geraden Linien BL, BN und der Polarkegelschnitt von A' ist ein demselben nächstbenachbartes Linienpaar; nun schneidet BL die nächstfolgende Gerade zu BN im Punkte B und BN die nächstfolgende Gerade zu BL in demselben Punkte und BL, BN schneiden die ihnen respektive zunächst folgenden Geraden in den Berührungspunkten derselben mit ihrer Enveloppe; d. h. die gesuchten vier Pole sind der zweifach zählende Punkt B und die Berührungspunkte der Cayleyschen Kurve mit den Geraden BL, BN.

Insbesondere ist also die Polarlinie eines Punktes der Hesseschen Kurve in Bezug auf die Kurve dritter Ordnung die Tangente der Hesseschen Kurve im korrespondierenden Punkt. Man kann aus dem eben Entwickelten direkt zeigen, dass die Cayleysche Kurve von der sechsten Ordnung ist (Art. 178), denn die Gleichung des Ortes der Pole der Tangenten der Hesseschen Kurve in Bezug auf die Kurve dritter Ordnung wird gefunden, indem man die Bedingung ausdrückt, dass

$$x_1 U_1 + x_2 U_2 + x_3 U_3 = 0$$

die Hessesche Kurve berührt. Diese Bedingung enthält die Grössen U_i im sechsten Grade und der fragliche Ort ist somit von der zwölften Ordnung; und weil nach dem Bewiesenen die Hessesche Kurve zweifach zählend dem Orte angehört, also auch als zweifach auftretender Faktor seiner Gleichung angehört, so ist der Rest, den die Cayleysche Kurve repräsentiert, von der Ordnung sechs.

180. Der Ort der Punkte, deren Polarlinien in Bezug auf eine Kurve $U=0$ eine andere Kurve $V=0$ berühren, schneidet die erste Kurve notwendig in ihren Berührungspunkten mit denjenigen Tangenten, die sie mit der zweiten gemeinschaftlich hat, weil die Polarlinie eines Punktes von $U=0$ die Tangente von $U=0$ in diesem Punkte ist und nach der Voraussetzung für einen Punkt des Ortes die Polarlinie auch $V=0$ berührt. Wir sahen aber soeben, dass für $U=0$ als eine Kurve dritter Ordnung und $V=0$ als ihre Hessesche Kurve der Ort aus der Cayleyschen und der zweifach zählenden Hesseschen Kurve zusammengesetzt ist. Die Kurve dritter Ordnung und die Hessesche Kurve haben als je von der sechsten Klasse sechsunddreissig gemeinschaftliche Tangenten und wir sehen nun, dass dieselben aus den achtzehn Tangenten von $U=0$ in den Schnittpunkten dieser Kurve mit der Cayleyschen Kurve und aus den Tangenten von $U=0$ in ihren Schnittpunkten mit der Hesseschen Kurve bestehen, wobei die letzten, d. i. die neun stationären Tangenten, je für zwei zu zählen sind. Und in der That haben wir schon in Art. 46 bemerkt, dass jede stationäre Tangente einer Kurve als eine Doppeltangente derselben zu betrachten sei, weil sie sowohl den ersten mit dem zweiten, als den zweiten mit dem dritten Punkt verbindet; bei Zählung der gemeinschaftlichen Punkte oder Tangenten zweier Kurven zählt ein Rückkehrpunkt wie ein Doppelpunkt und respektive eine stationäre wie eine Doppeltangente für zwei (vergl. Art. 47).

Der Polarkegelschnitt eines Inflexionspunktes A besteht nach Art. 171 aus der Inflexionstangente selbst und der harmonischen Polare von A, und der dem Punkte A korrespondierende Punkt B ist daher der Durchschnittspunkt der Inflexionstangente mit der harmonischen Polare. Und die Tangente der Hesseschen Kurve in B ist die Polare von A in Bezug auf die Kurve dritter Ordnung, d. h. die Inflexionstangente selbst. Somit sind die neun Punkte, wo die Inflexionstangenten die Hessesche Kurve berühren, diejenigen Punkte, wo jede Inflexionstangente die entsprechende harmonische Polare schneidet.

Es kann aus dem Bewiesenen geschlossen, wird aber später unabhängig gezeigt werden, dass das Problem, eine Kurve dritter Ordnung zu finden, von welcher eine gegebene Kurve dritter Ordnung die Hessesche Kurve ist, drei Lösungen hat. Denn weil die Inflexionspunkte beiden Kurven gemein sind (Art. 174), so kennt man neun Punkte der fraglichen Kurve dritter Ordnung, welche für acht Bedingungen zählen, und dieselbe wäre somit durch die Kenntnis der Tangente in einem dieser Punkte A vollständig bestimmt. Was aber soeben bewiesen wurde, zeigt, dass diese Tangente jede von den drei Tangenten sein kann, welche von A an die Kurve gelegt werden können (Art. 172).

181. Die Tangenten der Hesseschen Kurve in korrespondierenden Punkten A, B schneiden sich in einem Punkte derselben Kurve. Wenn die Linien BL, BN den Polarkegelschnitt von A und die Linien AR, AN den Polarkegelschnitt von B bilden, so sind die Punkte L, M, N, R die vier Pole der Linie AB und die gemeinschaftlichen Punkte sämtlicher den Punkten von AB entsprechenden Polarkegelschnitte. Wenn also dieser Polarkegelschnitt in zwei gerade Linien zerfallen soll, so können diese nur die Geraden LR, MN sein und der Durchschnittspunkt D derselben ist also ein Punkt der Hesseschen Kurve und der korrespondierende zu dem dritten Schnittpunkt C der geraden Linie AB mit derselben. Aber die Tangente der Hesseschen Kurve in B ist die Po-

Fig. 31.

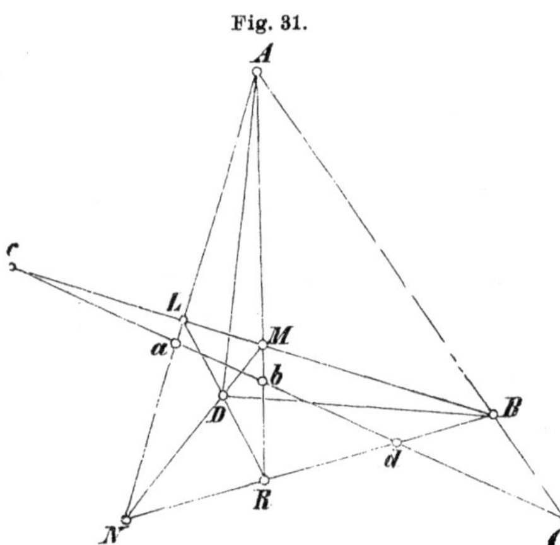

lare von A in Bezug auf die Kurve dritter Ordnung, welche nach Art. 60 auch seine Polare in Bezug auf den Polarkegelschnitt von A, d. h. das Linienpaar BL, BN ist, d. h. diese Tangente ist nach den harmonischen Eigenschaften des vollständigen Vierecks die Linie BD; und in gleicher Art ist die Tangente in A die Linie AD.

Wenn die Hessesche Kurve und ein Punkt A in ihr gegeben sind, so gestattet das Problem, den entsprechenden Punkt B zu finden, drei Lösungen (vergl. Art. 152); denn wenn wir die Tangente in A ziehen, welche die Kurve überdies in D schneidet, so kann B der Berührungspunkt einer der drei von AD verschiedenen Tangenten sein, welche von D aus an die Kurve gehen. Diese drei Lösungen entsprechen den drei verschiedenen Kurven dritter Ordnung, für welche die gegebene Kurve die Hessesche Kurve sein kann.

182. Die Berührungspunkte der Cayleyschen Kurve mit den vier geraden Linien BL, BN, AR, AN liegen in einer Geraden. Die Pole von AD in Bezug auf die Kurve dritter Ordnung sind die Durchschnittspunkte der Polarkegelschnitte von A und D, d. h. des Paares BL, BN mit dem aus AB und einer durch C gehenden konjugierten Geraden Ca bestehenden Paare; die vier Pole sind daher der zweifach zählende Punkt B und die beiden Punkte, in welchen Ca die Geraden BL, BN schneidet. Da aber AD eine Tangente der Hesseschen Kurve ist, so folgt aus Art. 179, dass die letzten beiden Pole die Berührungspunkte der Geraden BL, BN mit ihrer Enveloppe sind. Und in gleicher Weise liegen die Berührungspunkte von AR, AN in derselben geraden Linie. Da diese gerade Linie selbst eine Tangente der Cayleyschen Kurve ist, so sind ihre sechs Schnittpunkte mit derselben damit vollständig nachgewiesen. Mit andern Worten: Jede Tangente der Cayleyschen Kurve ist die eine von einem Paar von Geraden, das einen Polarkegelschnitt repräsentiert, und dessen andere Linie zwei entsprechende Punkte der Hesseschen Kurve mit einander verbindet; die vier geraden Linien, welche die Polarkegelschnitte dieser zwei Punkte bilden, gehen

respektive durch die vier Punkte, in welchen die gegebene Tangente die Cayleysche Kurve noch weiter schneidet.

Um ferner den Berührungspunkt einer gegebenen Tangente mit der Cayleyschen Kurve zu bestimmen, verbinden wir den ergänzenden Punkt in der gegebenen Tangente mit dem korrespondierenden Punkt der Hesseschen Kurve und bestimmen zu dieser Geraden die konjugierte; sie schneidet die gegebene Tangente in dem verlangten Punkte. Aber wir können sofort eine noch einfachere Regel ableiten. Denn da die beiden letzterwähnten Linien einen Polarkegelschnitt bilden und jeder Polarkegelschnitt die Verbindungslinie korrespondierender Punkte harmonisch teilt, so haben wir nur die drei Punkte zu nehmen, in welchen die gegebene Tangente die Hessesche Kurve schneidet, nämlich die beiden korrespondierenden Punkte und den ergänzenden Punkt, und den dem letztern in Bezug auf die beiden erstern harmonisch konjugierten Punkt zu bestimmen.

183. Wir wollen die vorstehend entwickelten Regeln auf den Fall anwenden, wo A ein Inflexionspunkt ist und B der korrespondierende Punkt, somit der Durchschnittspunkt der Inflexionstangente mit der harmonischen Polare. Dann ist der Polarkegelschnitt von B ein durch A gehendes Linienpaar und der von A besteht aus der Inflexionstangente und der harmonischen Polare. Um die Punkte zu finden, in welchen diese vier Linien die Cayleysche Kurve berühren, nehmen wir den Punkt, in welchem die Linie AB die Hessesche Kurve zum dritten mal schneidet, d. h. den Punkt B, weil AB die Hessesche Kurve berührt, und die durch B gehende zu AB konjugierte Linie, in welcher die vier Berührungspunkte liegen, ist die harmonische Polare. Somit ist der Berührungspunkt der Inflexionstangente mit der Cayleyschen Kurve ihr Durchschnittspunkt mit der harmonischen Polare oder (Art. 180) die Cayleysche und die Hessesche Kurve berühren einander, und haben die neun Inflexionstangenten zu ihren gemeinschaftlichen Tangenten. Die Cayleysche Kurve als eine Kurve dritter Klasse ohne Singularität hat neun Rückkehrpunkte und die

eben entwickelte Konstruktion zeigt, dass die harmonischen Polaren die neun entsprechenden Rückkehrtangenten sind.

184. Es ist gezeigt worden, dass die Tangente der Hesseschen Kurve in irgend einem Punkte A diese Kurve ferner in dem Punkte D schneidet, wo sie die Polare von A in Bezug auf die Kurve dritter Ordnung trifft. Wir schliessen daraus, dass die Tangente einer Kurve dritter Ordnung in irgend einem Punkte A diese Kurve überdies in dem Punkte schneidet, wo sie die Polare von A in Bezug auf eine Kurve trifft, die die gegebene zu ihrer Hesseschen Kurve hat. Da eine solche Kurve dritter Ordnung durch die Inflexionspunkte der gegebenen Kurve geht, so ist ihre Gleichung von der Form

$$\alpha U + \beta H = 0$$

und die Gleichung der Polare eines beliebigen Punktes x_i in Bezug auf sie ist

$$\alpha \left(x_1 \frac{dU'}{dx'_1} + x_2 \frac{dU'}{dx'_2} + x_3 \frac{dU'}{dx'_3} \right)$$
$$+ \beta \left(x_1 \frac{dH'}{dx'_1} + x_2 \frac{dH'}{dx'_2} + x_3 \frac{dH'}{dx'_3} \right) = 0.$$

So ergiebt sich, dass der weitere Durchschnittspunkt einer Kurve dritter Ordnung mit einer ihrer Tangenten durch Kombination der Gleichungen — wir bezeichnen die Differentiale durch Indices —

$$x_1 U'_1 + x_2 U'_2 + x_3 U'_3 = 0,$$
$$x_1 H'_1 + x_2 H'_2 + x_3 H'_3 = 0,$$

bestimmt ist; in andern Worten, dass der Tangentialpunkt eines Punktes x'_i in der Kurve dritter Ordnung der Durchschnittspunkt der Tangente der Kurve mit der Polare desselben Punktes in Bezug auf die Hessesche Kurve ist; wir können auch direkt die Koordinaten x_i des Tangentialpunktes in Funktion der x'_i ausdrücken, denn sie sind offenbar den Determinanten

$$U_2 H_3 - U_3 H_2, \quad U_3 H_1 - U_1 H_3, \quad U_1 H_2 - U_2 H_1$$

proportional, welche Funktionen vierten Grades in den x'_i sind.

185. Die Polarlinien der Punkte einer gegebenen Geraden

$$\xi_1 x_1 + \xi_2 x_2 + \xi_3 x_3 = 0$$

umhüllen einen Kegelschnitt, den wir als den Polarkegelschnitt der Geraden bezeichnen können. Die Gleichung der Polare eines Punktes x'_i kann in der Form

$$U_{11}x'^2_1 + U_{22}x'^2_2 + U_{33}x'^2_3 + 2U_{23}x'_2x'_3 + 2U_{31}x'_3x'_1 + 2U_{12}x'_1x'_2 = 0$$

geschrieben werden, und das Problem, die Enveloppe dieser Linie unter der Bedingung

$$\xi_1 x'_1 + \xi_2 x'_2 + \xi_3 x'_3 = 0$$

zu finden, ist identisch (Art. 96) mit dem der Aufstellung der Bedingung, unter welcher eine gerade Linie einen Kegelschnitt berührt. Die Gleichung der fraglichen Enveloppe ist daher

$$\mathfrak{U}_{11}\xi_1^2 + \mathfrak{U}_{22}\xi_2^2 + \mathfrak{U}_{33}\xi_3^2 + 2\mathfrak{U}_{23}\xi_2\xi_3 + 2\mathfrak{U}_{31}\xi_3\xi_1 + 2\mathfrak{U}_{12}\xi_1\xi_2 = 0,$$

wenn wir den $\mathfrak{U}_{ik}$ dieselbe Bedeutung beilegen wie den A_{ik} in der Theorie der Kegelschnitte nämlich, dass

$$\mathfrak{U}_{11} = U_{22}U_{33} - U_{23}^2, \quad \mathfrak{U}_{22} = U_{33}U_{11} - U_{31}^2, \quad \text{u. s. w.}$$

sind; also Funktionen zweiten Grades in den Koordinaten x_i. Es ist offenbar, dass der Polarkegelschnitt einer Linie auch als der Ort derjenigen Punkte hätte definiert werden können, deren Polarkegelschnitte die gegebene Linie berühren.

Wenn die Methode des Art. 88 zur Bestimmung dieser Enveloppe angewendet wird, so hängt die Lösung von den Gleichungen

$$U_{11}x'_1 + U_{12}x'_2 + U_{13}x'_3 = \lambda\xi_1,$$
$$U_{12}x'_1 + U_{22}x'_2 + U_{23}x'_3 = \lambda\xi_2,$$
$$U_{13}x'_1 + U_{23}x'_2 + U_{33}x'_3 = \lambda\xi_3,$$

ab, welche nach Art. 324 der „Anal. Geom. d. Kegelschn.“ die Gleichungen sind, durch die der Pol der gegebenen Geraden in Bezug auf

$$x'_1U_1 + x'_2U_2 + x'_3U_3 = 0$$

bestimmt wird. Der Polarkegelschnitt einer geraden Linie ist also auch der Ort der Pole dieser Geraden in Bezug auf die Polarkegelschnitte aller ihrer Punkte, wie auch aus geometrischen Betrachtungen geschlossen werden konnte.

186. Weil die Polarlinie eines Punktes einer Geraden in Bezug auf eine Kurve dritter Ordnung dieselbe ist, wie die in Bezug auf das Dreieck der Tangenten der Kurve in ihren

Schnittpunkten mit diesen geraden Linien, so ist auch der Polarkegelschnitt der Linie der nämliche in Bezug auf dies Dreieck wie in Bezug auf die Kurve. Wenn die fraglichen drei Tangenten durch

$$x_1 x_2 x_3 = 0$$

dargestellt sind, so wird der Polarkegelschnitt einer Linie (Art. 166) als die Enveloppe von

$$x_1 x'_2 x'_3 + x_2 x'_3 x'_1 + x_3 x'_1 x'_2 = 0$$

unter der Bedingung

$$\xi_1 x'_1 + \xi_2 x'_2 + \xi_3 x'_3 = 0$$

gefunden; und diese ist (vergl. „Kegelschn.“ Art. 157)

$$(\xi_1 x_1)^{\frac{1}{2}} + (\xi_2 x_2)^{\frac{1}{2}} + (\xi_3 x_3)^{\frac{1}{2}} = 0.$$

Man sieht daraus, dass für P, Q, R als die Schnittpunkte der Kurve dritter Ordnung mit der gegebenen Geraden und für ABC als das von den entsprechenden Tangenten der Kurve gebildete Dreieck der Polarkegelschnitt der geraden Linie die Seiten dieses Dreiecks in den Punkten D, E, F berührt, welche den Punkten P, Q, R in Bezug auf die Paare BC, CA, AB respektive harmonisch konjugiert sind. Dass der Polarkegelschnitt durch die Tangenten der Kurve dritter Ordnung in P, Q, R berührt wird, ist a priori offenbar, weil dieselben besondere Lagen der Linie sind, deren Enveloppe gesucht wird.

Fig. 32.

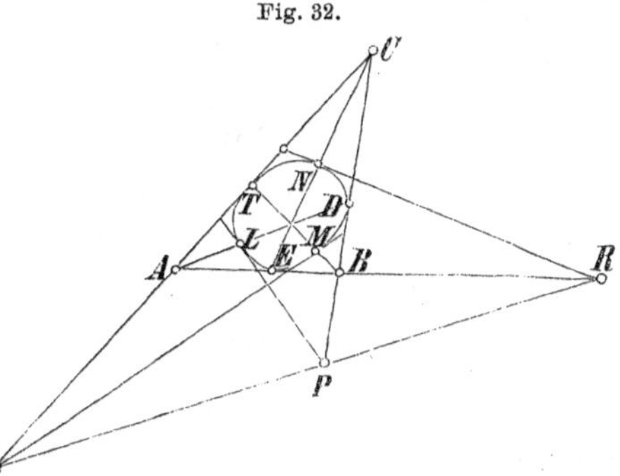

187. Es folgt aus der Definition, dass die von einem Punkte aus an den Polarkegelschnitt einer Geraden gehenden Tangenten die Polaren der beiden Punkte sind, in denen der Polarkegelschnitt des Punktes die gerade Linie schneidet. Der Polarkegelschnitt eines Punktes schneidet somit eine gegebene gerade Linie in reellen oder nicht reellen Punkten, je nach-

dem der Punkt ausser- oder innerhalb des Polarkegelschnitts der Geraden liegt, weil ein Punkt als ausserhalb eines Kegelschnitts gelegen bezeichnet wird, so lange von ihm zwei reelle Tangenten an denselben gehen. Wir haben schon früher bemerkt, dass für einen Punkt des Polarkegelschnitts einer geraden Linie der Polarkegelschnitt diese gerade Linie berührt.

Da nun speciell der Polarkegelschnitt eines Doppelpunktes das Tangentenpaar der Kurve in demselben ist, so liegt für den Polarkegelschnitt jeder beliebigen Geraden in Bezug auf eine Kurve dritter Ordnung mit Knotenpunkt der Knotenpunkt ausserhalb, für den in Bezug auf eine Kurve dritter Ordnung mit konjugiertem oder isoliertem Punkt innerhalb; hat die Kurve aber einen Rückkehrpunkt, so geht der Polarkegelschnitt jeder Geraden durch denselben hindurch.

188. Aus den vorhergehenden Definitionen und aus Art. 136 folgt, dass für die gegebene Linie als die unendlich entfernte Gerade der Ebene der Polarkegelschnitt zu erklären ist als die Enveloppe der Durchmesser der Kurve dritter Ordnung, als der Ort der Centra der Diametralkegelschnitte derselben und als der Ort derjenigen Punkte, deren Polarkegelschnitt eine Parabel ist. Seine Gleichung wird gefunden, indem man in der Formel des Art. 185 ξ_1 und ξ_2 gleich Null setzt, und ist somit

$$\mathbf{U}_{33}=0 \quad \text{oder} \quad U_{11}\,U_{22}-U_{12}^2=0.$$

Und man sieht aus Art. 186, dass dies die Gleichung der Ellipse ist, welche die drei Seiten des Dreiecks der Asymptoten in ihren Mittelpunkten berührt.

189. Wenn die gegebene Gerade die Kurve dritter Ordnung berührt, so fällt sie, weil sie selbst die Polare des Berührungspunktes ist, mit einer der Lagen der umhüllenden Linie des Art. 185 zusammen und berührt also den Polarkegelschnitt; und eine gerade Linie kann ihren Polarkegelschnitt in Bezug auf eine Kurve dritter Ordnung ohne singulären Punkt nur in dieser Voraussetzung berühren. Deshalb kann hiervon zur Bildung der Gleichung der Kurve dritter Ordnung in Linienkoordinaten Gebrauch gemacht werden. Weil $\mathbf{U}_{11}$, $\mathbf{U}_{22}$, ...

Funktionen zweiten Grades in den Koordinaten sind, so kann die Gleichung

$$\mathfrak{U}_{11}\xi_1^2 + \ldots = 0$$

des Polarkegelschnitts in der Form

$$\mathfrak{U}'_{11}x_1^2 + \mathfrak{U}'_{22}x_2^2 + \mathfrak{U}'_{33}x_3^2 + 2\mathfrak{U}'_{23}x_2x_3 + 2\mathfrak{U}'_{31}x_3x_1 + 2\mathfrak{U}'_{12}x_1x_2 = 0$$

geschrieben werden, wo $\mathfrak{U}'_{11}, \ldots$ Funktionen vom zweiten Grade in den ξ_i sind; und die Bedingung, unter welcher derselbe die gerade Linie ξ_i berührt, ist

$$(\mathfrak{U}'_{22}\mathfrak{U}'_{33} - \mathfrak{U}'^2_{23})\xi_1^2 + \ldots = 0,$$

vom sechsten Grade in den ξ_i, die Bedingung der Berührung der Geraden mit der Kurve dritter Ordnung.

Wenn die gegebene Gerade die Cayleysche Kurve berührt, so geht, weil sie mit einer andern geraden Linie zusammen den Polarkegelschnitt eines gewissen Punktes bildet, der Polarkegelschnitt jedes ihrer Punkte durch diesen Punkt und die Enveloppe des Art. 185 reduziert sich folglich auf einen Punkt.

190. Indem wir zur Betrachtung von zwei Kurven dritter Ordnung $U=0$, $V=0$ vorgehen, erörtern wir zuerst das Problem der Bestimmung eines Punktes, der in Bezug auf beide dieselbe Linie zur Polare hat oder, was dasselbe ist, dessen Polare in Bezug auf alle die Kurven dritter Ordnung $U + \lambda V = 0$ dieselbe ist. Damit

$$x_1U_1 + x_2U_2 + x_3U_3 = 0$$

und

$$x_1V_1 + x_2V_2 + x_3V_3 = 0$$

dieselbe gerade Linie darstellen, müssen wir haben

$$\frac{U_1}{V_1} = \frac{U_2}{V_2} = \frac{U_3}{V_3}$$

oder

$$U_1V_2 - U_2V_1 = 0, \quad U_2V_3 - U_3V_2 = 0, \quad U_3V_1 - U_1V_3 = 0;$$

und wir ersehen aus der ersten Form dieser Gleichungen, dass die drei Gleichungen in der zweiten Form zwei Gleichungen äquivalent sind, und dass die Kurven vierter Ordnung, welche die Gleichungen der zweiten Form repräsentieren, gemeinsame Punkte besitzen müssen. Es sind aber nicht alle ihre Durchschnittspunkte ihnen gemeinsam, weil alle die Werte, welche Zähler und Nenner irgend eines der drei Brüche verschwinden machen, zweien der resultierenden Gleichungen genügen, aber nicht der dritten Gleichung. Rechnen wir also von den sechzehn gemeinsamen Punkten zweier Kurven dritter Ordnung, z. B. den durch die ersten beiden Gleichungen dargestellten, die der dritten nicht auch angehörigen ab, nämlich die vier den Kegelschnitten $U_2 = 0$, $V_2 = 0$ gemeinsamen, so bleiben die zwölf Punkte übrig, welche allen gemeinsam sind und das vorgelegte Problem lösen. Wir wollen bemerken, dass allgemein für U_i als Funktionen m^{ten} und die V_i als Funktionen n^{ten} Grades in den Koordinaten das System

$$U_1 : V_1 = U_2 : V_2 = U_3 : V_3$$

drei Kurven der Ordnung $(m + n)$ darstellt, welche

$$m^2 + mn + n^2$$

gemeinschaftliche Punkte haben.

191. Weil die Diskriminante einer kubischen Form vom zwölften Grade in den Koefficienten derselben ist (Art. 69), so giebt es im allgemeinen zwölf Werte von λ, für welche die Diskriminante von

$$U + \lambda V = 0$$

verschwindet, weil die Bestimmungsgleichung für λ durch Substitution von $a + \lambda a'$ für jeden Koefficienten a als eine Gleichung zwölften Grades erhalten wird (vergl. „Anal. Geom. d. Kegelschn.“ Art. 270). Die Koordinaten des Doppelpunktes in irgend einer durch die vorige Gleichung dargestellten Kurve dritter Ordnung genügen nach Art. 69 den drei Gleichungen

$$U_1 + \lambda V_1 = 0, \quad U_2 + \lambda V_2 = 0, \quad U_3 + \lambda V_3 = 0.$$

Und das System von Gleichungen, welches durch die Elimination von λ zwischen je zweien derselben entsteht, ist genau das des vorigen Artikels, so dass man den Satz erhält: Durch die Durchschnittspunkte zweier Kurven dritter Ordnung $U = 0$, $V = 0$ gehen zwölf Kurven dritter Ordnung mit singulärem Punkt und die Polare eines jeden der zwölf Punkte ist dieselbe für alle Kurven des

Büschels $U+\lambda V=0$. Die Punkte sind die kritischen Centra des Büschels genannt worden.

192. Wenn drei Kurven dritter Ordnung

$$U=0, \quad V=0, \quad W=0$$

gegeben sind, so genügen die Koordinaten des Doppelpunktes irgend einer Kurve dritter Ordnung in dem System

$$\lambda U+\mu V+\nu W=0$$

— Netz oder Bündel, Gebilde zweiter Stufe — den Gleichungen

$$\lambda U_1+\mu V_1+\nu W_1=0, \quad \lambda U_2+\mu V_2+\nu W_2=0,$$
$$\lambda U_3+\mu V_3+\nu W_3=0,$$

und durch Elimination von λ, μ, ν erhalten wir als den Ort dieser Doppelpunkte die Jacobische Kurve des Netzes

$$U_1(V_2 W_3-V_3 W_2)+U_2(V_3 W_1-V_1 W_3)$$
$$+U_3(V_1 W_2-V_2 W_1)=0.$$

Wenn die drei Kurven dritter Ordnung

$$U=0, \quad V=0, \quad W=0$$

einen gemeinsamen Punkt haben, so ist dieser ein Doppelpunkt in ihrer Jacobischen Kurve; denn wenn die in x und y niedrigsten Glieder in U, V, W respektive sind

$$ax+by, \quad a'x+b'y, \quad a''x+b''y,$$

so sind die in die Jacobische Determinante eintretenden Glieder unter dem zweiten Grade in x und y

$$\begin{vmatrix} a, & b, & ax+by \\ a', & b', & a'x+b'y \\ a'', & b'', & a''x+b''y \end{vmatrix}$$

und ihre Gesamtheit verschwindet identisch. Daher ist der Ort der Doppelpunkte aller Kurven dritter Ordnung mit Doppelpunkten, welche durch sieben feste Punkte möglich sind, eine Kurve sechster Ordnung, die diese sieben Punkte zu Doppelpunkten hat, weil man

$$U=0, \quad V=0, \quad W=0$$

als irgend drei der durch diese sieben Punkte gehenden Kurven dritter Ordnung denken darf. Und die Doppelpunkte der Kurven dritter Ordnung durch acht gegebene Punkte können als die gemeinsamen Punkte zweier Örter sechster Ordnung bestimmt werden, welche im eben bezeichneten Sinne den ersten sieben und den letzten sieben gegebenen Punkten entsprechen; da sie sechs gemeinschaftliche Doppelpunkte besitzen, so ist die Anzahl ihrer übrigen gemeinsamen Punkte $= 36 - 24$, d. h. zwölf, in Übereinstimmung mit dem Resultat des letzten Artikels.

193. In manchen Fällen kann die Lage einiger unter den zwölf kritischen Centren leicht nachgewiesen werden. So ist es für das System

$$\lambda x_1 x_2 x_3 + uvw = 0,$$

wo

$$u = 0, \quad v = 0, \quad w = 0$$

gerade Linien darstellen; denn

$$x_1 x_2 x_3 = 0 \quad \text{und} \quad uvw = 0$$

sind Kurven des Systems und ihre Doppelpunkte

$$x_1 x_2 = 0, \quad x_2 x_3 = 0, \quad x_2 x_1 = 0,$$
$$uv = 0, \quad vw = 0, \quad wu = 0,$$

sind Doppelpunkte desselben und somit sechs von seinen kritischen Centren. Wir wollen etwas genauer das System

$$\lambda x_1 x_2 x_3 + u^2 v = 0$$

untersuchen, indem wir zeigen, dass es ausser den Punkten

$$x_1 x_2, \quad x_2 x_3, \quad x_3 x_1, \quad uv$$

nur drei kritische Centra hat; es ist dies dieselbe Gleichung, aus welcher für den Fall, wo $u = 0$ die unendlich entfernte Gerade ist, und also $v = 0$ ihre beigeordnete Gerade, und wo

$$x_1 = 0, \quad x_2 = 0, \quad x_3 = 0$$

die Asymptoten der Kurve sind, von Plücker eine Klassifikation der Kurven dritter Ordnung hergeleitet worden ist. Wir können für irgend eine Lage der Linien

$$x_1 = 0, \quad x_2 = 0, \quad x_3 = 0, \quad v = 0$$

die Formen studieren, welche die Kurve annimmt für verschiedene Werte des Parameters λ; und man übersieht leicht, dass jeder Kurve mit Knotenpunkt in der Reihe ein Formenwechsel der Kurven entspricht. So sahen wir in Art. 39, dass eine Kurve dritter Ordnung mit isoliertem Punkt der Grenzfall einer Kurve ist, die ein Oval als Teil enthält; und wenn für einen gewissen Wert der Konstanten die Kurve zwei reelle Äste hat, die sich in einem Knotenpunkt durchschneiden, so macht das Beispiel der Kegelschnitte leicht deutlich, dass für ein kleines Wachstum im Werte der Konstanten die Kurve getrennte Teile in zweien der durch die vorher sich schneidenden Äste gebildeten Scheitelwinkel und für eine geringe Abnahme desselben Wertes getrennte Teile im andern Paar dieser Scheitelwinkel zeigen kann. Daraus erhellt die Wichtigkeit der kritischen Centra für diese Art der Untersuchung der Formen der Kurven dritter Ordnung.

194. Weil die Polare irgend eines Punktes in Bezug auf $u^2 v = 0$ durch den Punkt

$$u = 0, \quad v = 0$$

geht, so muss jeder Punkt, der dieselbe Polare in Bezug auf

$$x_1 x_2 x_2 = 0$$

hat, im Polarkegelschnitt von

$$u = 0, \quad v = 0$$

in Bezug auf

$$x_1 x_2 x_3 = 0$$

liegen und dieser letztere ist daher a priori ein Ort der kritischen Centra. Um dieselben vollständig zu bestimmen, setzen wir

$$u \equiv x_1 + x_2 + x_3, \quad v \equiv a_1 x_1 + a_2 x_2 + a_3 x_3,$$

und bemerken überdies, dass unser Resultat in passendster Form erscheint, wenn wir

$$\lambda x_1 x_2 x_3 + u^2 v$$

vor der Differentiation durch u^2 dividieren; denn wir erhalten dann durch die Differentiation nach x_1, x_2, x_3 respektive

$$\frac{\lambda x_2 x_3 (x_1 - x_2 - x_3)}{(x_1 + x_2 + x_3)^3} = a_1, \quad \frac{\lambda x_2 x_3 (x_2 - x_3 - x_1)}{(x_1 + x_2 + x_3)^3} = a_2,$$

$$\frac{\lambda x_2 x_3 (x_3 - x_1 - x_2)}{(x_1 + x_2 + x_3)^3} = a_3,$$

also

$$\frac{a_1 x_1}{x_1 - x_2 - x_3} = \frac{a_2 x_2}{x_2 - x_3 - x_1} = \frac{a_3 x_3}{x_3 \quad x_1 - x_2};$$

und die Form der Gleichungen zeigt, dass das Problem auf die Auffindung der kritischen Centra eines Systems von zwei

Kegelschnitten zurückgeführt ist und dass die drei geforderten Punkte die Ecken des gemeinschaftlichen sich selbst konjugierten Dreiecks oder das gemeinsame Tripel harmonischer Pole der Kegelschnitte

$$a_1 x_1^2 + a_2 x_2^2 + a_3 x_3^2 = 0,$$
$$x_1^2 + x_2^2 + x_3^2 - 2 x_2 x_3 - 2 x_3 x_1 - 2 x_1 x_2 = 0$$

sind; wo überdies der letztere Kegelschnitt der Polarkegelschnitt von $u = 0$ in Bezug auf

$$x_1 x_2 x_3 = 0$$

ist, d. h. insbesondere für u als unendlich entfernt der das Asymptoten-Dreieck in den Mittelpunkten seiner Seiten berührende Kegelschnitt. Es können zwei kritische Centra zusammenfallen, wenn dieser Kegelschnitt von dem andern

$$a_1 x_1^2 + a_2 x_2^2 + a_3 x_3^2 = 0$$

berührt wird, d. h. der Ort solcher kritischer Doppelcentra für ein veränderliches v ist der Polarkegelschnitt von $u = 0$ für

$$x_1 x_2 x_3 = 0.$$

Die Bedingung der Berührung dieser beiden Kegelschnitte ist aber nach der gewöhnlichen Regel

$$(a_2 a_3 + a_3 a_1 + a_1 a_2)^3 = 27 a_1^2 a_2^2 a_3^2,$$

oder unter Ersetzung der a_i durch die ξ_i

$$\xi_1^{-\frac{1}{3}} + \xi_2^{-\frac{1}{3}} + \xi_3^{-\frac{1}{3}} = 0;$$

dies ist die Tangentialgleichung der Enveloppe der begleitenden Geraden von $u = 0$ für das Zusammenfallen von zwei kritischen Centren; sie entspricht (vergl. das Beispiel des Art. 90) der Gleichung in Punktkoordinaten

$$x_1^{\frac{1}{4}} + x_2^{\frac{1}{4}} + x_3^{\frac{1}{4}} = 0.$$ [37])

195. Ein beliebiger Punkt der Kurve

$$\lambda x_1 x_2 x_3 + u^2 v = 0$$

kann als Durchschnitt von $x_3 = \theta v$ mit

$$\theta \lambda x_1 x_2 + u^2 = 0$$

bestimmt werden. Für $u = 0$ als die unendlich entfernte Gerade bezeichnet die letzte Gleichung ein System von Hyperbeln, welche

$$x_1 = 0, \quad x_2 = 0$$

zu Asymptoten haben, und nach einer bekannten Eigenschaft der Hyperbel haben somit die durch diese Hyperbeln in einer geraden Linie $x_3 = \theta v$ bestimmten Segmente einen gemeinschaftlichen Mittelpunkt, nämlich den Berührungspunkt dieser Linie mit einer der Hyperbeln des Systems. Wenn die gerade Linie $x_3 = \theta v$ die Kurve dritter Ordnung berührt oder durch einen ihr angehörigen Doppelpunkt geht, so muss sie die Hyperbel berühren und im letztern Falle ist das kritische Centrum eben der Berührungspunkt. Wenn man also eines der kritischen Centra mit den im Endlichen liegenden Schnittpunkten der Asymptoten mit der Kurve durch gerade Linien verbindet, so sind die übrigen kritischen Centren die Mittelpunkte der Sehnen, welche die Kurve dritter Ordnung in diesen Linien bestimmt.

III. Abschnitt.

Klassifikation der Kurven dritter Ordnung.

196. Wir wollen zuerst zeigen, dass die Gleichung jeder Kurve dritter Ordnung in die Form

$$x_3 x_2^2 = a x_1^3 + 3b x_1^2 x_3 + 3c x_1 x_3^2 + d x_3^3$$

gebracht werden kann. Jede reelle Kurve dritter Ordnung hat einen reellen Inflexionspunkt, weil die nicht reellen in Paaren auftreten müssen und die Gesamtzahl der Inflexionspunkte in allen Fällen ungerade ist, nämlich nach Art. 148 neun, drei oder eins. Denken wir nun die Gerade $x_3 = 0$ als Tangente im Inflexionspunkt und $x_1 = 0$ als eine andere durch diesen Punkt gehende Gerade, so nimmt die Gleichung der Kurve nach Art. 51, VII die Form an

$$x_3 \varphi = a x_1^3,$$

in welcher φ eine Funktion zweiten Grades ist, setzen wir

$$x_2^2 + 2l x_2 x_3 + 2m x_2 x_1 + p x_1^2 + 2q x_1 x_3 + r x_3^2.$$

Indem wir dann die Fundamentallinie x_2 so verändern, dass das neue x_2 die Gerade

$$x_2 + l x_3 + m x_1 = 0$$

des ersten Systems ist, bewirken wir das Verschwinden derjenigen Glieder von φ, die x_2 nur im ersten Grade enthalten, und die Gleichung nimmt die vorausgesetzte Form an. Die geometrische Bedeutung der ausgeführten Transformation ist, dass wir für $x_1 = 0$, wie gesagt, die Tangente in einem reellen Inflexionspunkt $x_1 = 0$, $x_3 = 0$ und für $x_2 = 0$ die harmonische Polare (Art. 171) dieses Inflexionspunktes wählen; denn wenn wir untersuchen, wo eine durch den Inflexionspunkt gehende Gerade die durch die obige Gleichung dargestellte Kurve schneidet, so erhalten wir durch die Substitution $x_3 = \lambda x_1$ für x_2 Werte, welche die Form $\pm \mu x_1$ haben und damit zeigen, dass die Schnittpunkte dieser Geraden mit der Kurve in Bezug auf den Inflexionspunkt und ihren Schnittpunkt mit der Linie $x_2 = 0$ harmonisch konjugiert sind.

197. Bei der Klassifikation von Kurven können diejenigen Unterscheidungen als fundamental betrachtet werden, welche unzerstörbar sind durch Projektion, oder mit andern Worten, welche nicht nur Kurven, sondern Kegel derselben Ordnung von einander unterscheiden. Unter den Kurven zweiter Ordnung giebt es solche Unterschiede nicht, weil nur eine Art von Kegeln zweiten Grades existiert. Um zu erkennen, ob solche Unterschiede für die Kurven dritter Ordnung existieren, reicht es hin, die Form ihrer Gleichung, in welche nach dem Beweis des letzten Artikels die Gleichung jeder solchen Kurve übergeführt werden kann, darauf zu untersuchen, ob und welche durch Projektion unzerstörbare Verschiedenheiten zwischen den durch sie dargestellten Kurven existieren. Und da es sich nur um Verschiedenheiten handeln soll, welche durch Projektion unzerstörbar sind, so können wir die Gerade $x_3 = 0$ im Unendlichen voraussetzen und die Form

$$x_2^2 = ax_1^3 + 3bx_1^2 + 3cx_1 + d$$

oder

$$y^2 = ax^3 + 3bx^2 + 3c\hat{x} + d$$

diskutieren als eine solche, welche eine Projektion jeder gegebenen Kurve dritter Ordnung darstellt. Wir bemerken, dass für einen im Unendlichen gelegenen Inflexionspunkt ein System durch ihn gehender Sehnen zum System paralleler Ordinaten und seine harmonische Polare zu einem dieselben halbierenden

Durchmesser wird, wie denn in der That die obige Gleichung für jeden Wert von x zwei gleiche und entgegengesetzte Werte von y liefert.

Die vorige Gleichung ist früher in Art. 39 zum Teil diskutiert worden und aus dem dort Gesagten erhellt, dass die durch sie dargestellten Kurven in folgende fünf Hauptklassen geteilt werden können: Die rechte Seite der Gleichung kann in drei ungleiche Faktoren zerlegbar sein und diese Faktoren können I) alle reell sein. Die Kurve besteht dann aus einem Oval und einem unendlichen Ast (Art. 39). Oder II) zwei Faktoren sind nicht reell und der dritte Faktor allein ist reell; das Oval verschwindet und der unendliche Ast bleibt allein übrig.

Die rechte Seite der Gleichung ist zerlegbar in zwei gleiche Faktoren und einen dritten davon verschiedenen Faktor, also von der Form $(x-\alpha)^2(x-\beta)$. Dem entspringen die Fälle III), $\alpha<\beta$, das Oval ist auf einen isolierten oder konjugierten Punkt reduziert; und IV) $\alpha>\beta$, die Kurve hat einen Knotenpunkt, das Oval und der unendliche Ast bilden eine kontinuierliche sich selbst durchschneidende Kurve.

Die Faktoren der rechten Seite sind sämtlich gleich V) und die Kurve hat einen stationären oder Rückkehrpunkt (Art. 39).

Newton hat den in diesem Artikel betrachteten Kurven den Namen divergierende Parabeln gegeben und sein soeben begründeter Satz[38]) über dieselben sprach aus, dass jede Kurve dritter Ordnung in eine der fünf divergierenden Parabeln projiciert werden kann.

198. Anstatt wie im letzten Artikel vorauszusetzen, dass die stationäre Tangente in unendlicher Ferne projiciert sei, können wir auch die harmonische Polare so projiciert voraussetzen; der Inflexionspunkt wird dann ein Centrum und jede durch ihn gehende Sehne wird in ihm halbiert. Vertauschen wir in der Gleichung des Art. 196 die Variabeln x_3 und x_2 und setzen wir dann $x_3=1$ und ebenso wie dort

$$x_1=x,\quad x_2=y,$$

so erhalten wir die Gleichung für diesen Fall

$$y = ax^3 + 3bx^2y + 3cxy^2 + dy^3,$$

die Gleichung einer Centralkurve (Art. 132). Wie im vorigen Artikel erkennen wir daraus die Existenz von fünf Arten der Centralkurven nach der Natur der Faktoren der rechten Seite dieser Gleichung und begründen so die von Chasles[39]) gegebene Ergänzung des Newtonschen Satzes, dass nämlich jede Kurve dritter Ordnung in eine der fünf Centralkurven dieser Ordnung projiciert werden kann.

199. Entsprechend diesen fünf Arten der Kurven dritter Ordnung giebt es fünf wesentlich verschiedene Arten von Kegeln dritter Ordnung. Ein Kegel von irgend einer Ordnung kann zwei verschiedene Formen seines Mantels darbieten, nämlich 1) einen Mantel, welcher eine koncentrische Kugel in zwei geschlossenen Kurven so schneidet, dass jedem Punkte der einen Kurve ein Punkt der andern Kurve diametral gegenüber liegt — wie eben der Kegel zweiter Ordnung es zeigt; und 2) einen Mantel, welcher eine koncentrische Kugel in einer geschlossenen Kurve schneidet, so dass jedem Punkte der Kurve ein anderer Punkt der Kurve diametral gegenüber liegt — die Ebene bietet das Beispiel eines solchen Kegels. Der Parabel I) des Art. 197 entspricht ein Kegel, welcher einen Mantel der ersten und einen Mantel der zweiten Art vereinigt, der der Parabel II) entsprechende zeigt nur den Mantel der zweiten Art. Die Singularitäten des Knotenpunktes, des isolierten und des stationären Punktes übertragen sich natürlich auf die Kegel.

Die eben besprochene Klassifikation der Kegel dritter Ordnung kann leicht weiter fortgesetzt werden, wenn man will. Bei den Kegeln zweiter Ordnung giebt es nicht allein nur eine Art, sondern mit einigen Einschränkungen können auch je zwei gegebene Kurven zweiter Ordnung als Schnitte eines und desselben Kegels angesehen werden. Dies ist nicht der Fall bei Kurven dritter Ordnung; wir haben in Art. 168 gesehen, dass jede Kurve dritter Ordnung eine gewisse numerische Charakteristik hat, das Doppelverhältnis der vier Tangenten, welche von irgend einem Punkte der Kurve an dieselbe gehen, und welches durch das Verhältnis der Invarianten $S^3 : T^2$ der biquadratischen Form ausgedrückt wird, welche diese Tangenten bestimmt. Weil diese Charakteristik durch Projektion unverändert bleibt, so können zwei Kurven dritter Ordnung, für welche sie nicht denselben Wert hat, nicht aus demselben Kegel geschnitten werden; und der fragliche Parameter kann somit als eine Charakteristik nicht nur der Kurve, sondern auch des Kegels dritter Ordnung betrachtet werden, aus welchem jene geschnitten ist. Die fünf Arten von Kegeln dritter Ordnung, welche wir aufgezählt haben, können daher nach dem Werte dieses Parameters beliebig weiter eingeteilt werden. Man hat solche Untereinteilungen gemacht, aber es kann ihre weitere Besprechung hier erspart werden. Im letzten Abschnitt dieses Kapitels werden jedoch die Fälle $S=0$, $T=0$ diskutiert werden und es ist dafür hiermit festgestellt, dass dieselben Familien nicht nur von Kurven, sondern von Kegelflächen dritter Ordnung repräsentieren.

200. Wir wollen nun etwas genauer als in Art. 39 die Figur der Kurve dritter Ordnung untersuchen, welche die in Art. 197 betrachtete Gleichung ausdrückt; dazu erscheint es zweckmässig, den Koordinatenanfang in die Mitte des Durchmessers des Ovals zu legen, so dass die Gleichung in der Form

$$ay^2=(x^2-m^2)(x-n)$$

geschrieben werden kann, mit $n>m$. Durch Differentiation finden wir, dass die den Maximalwerten von y entsprechenden Werte von x — für Punkte, deren Tangente der Axe der x parallel ist — durch die Gleichung

$$3x^2-2nx-m^2=0$$

bestimmt sind, also

$$x=\tfrac{1}{3}\{n\pm\sqrt{(n^2+3m^2)}\}.$$

Wenn wir der Wurvel das negative Zeichen geben, so erhalten wir den dem höchsten Punkte des Ovals entsprechenden Wert der Abscisse und wir sehen aus dem negativen Zeichen desselben, dass das Oval nicht wie die Ellipse in Bezug auf beide Axen symmetrisch ist; sein höchster Punkt liegt auf derjenigen Seite der Axe, auf der sich der unendliche Ast nicht befindet. Das Oval ist symmetrisch in Bezug auf die Axe der

x, nicht in Bezug auf die Axe der y, es steigt steiler auf an der einen und weniger steil an der andern Seite derselben. Je grösser n für einen gegebenen Wert von m ist, d. h. je grösser im Verhältnis die Distanz zwischen dem Oval und dem unendlichen Aste wird, desto mehr nähert sich das Oval der elliptischen zweifach symmetrischen Form, während anderseits seine Abweichung von dieser am grössten ist, wenn es sich mit dem unbegrenzten Teil zusammenschliesst, d. h. wenn die Kurve einen Knotenpunkt hat; dann hat die Ordinate des höchsten Punktes ihren Fusspunkt in einem Drittel der Axe.

Wenn wir der Wurzel das positive Zeichen beilegen, so liegt der entsprechende Wert von x zwischen m und n und der zugehörige Wert von y ist nicht reell. Dazu zeigt die Form der Gleichung, dass der Berührungspunkt der Kurve mit der unendlich fernen Geraden in der Geraden $x=0$ — nicht wie bei der Parabel $y^2=px$ in der Geraden $y=0$ — gelegen ist; die unendlichen Äste der Kurve dritter Ordnung nähern sich fortwährend dem Parallelismus mit der Axe y und es muss daher in endlicher Entfernung auf jeder Seite des Durchmessers ein Inflexionspunkt liegen, in welchem die Kurve aus der Konkavität gegen die Axe x in die Konvexität übergeht. Daher der Name „divergierende Parabel". Die Form der Kurve ist dann durch das Oval in Verbindung mit dem in der Figur rechts liegenden unendlichen Ast bezeichnet.

Fig. 33.

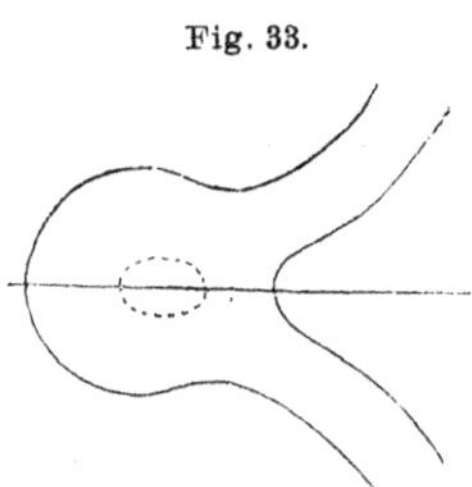

Wenn aber in der Gleichung $+m^2$ statt $-m^2$ steht, so giebt es kein Oval und der unendliche Ast ist entweder von der rechts oder von der links in der Figur angezeigten Form, d. h. es giebt oder es giebt nicht Punkte, für welche y ein Maximum ist und in welchen die Tangente der Axe x parallel geht, natürlich je nachdem $3m^2 \lessgtr n^2$ ist. Und es existiert überdies der Übergangsfall $3m^2=n^2$, in welchem an jeder Seite der Axe x ein Inflexionspunkt mit zu ihr paralleler Tangente liegt.

Die Figuren der mit singulärem Punkt begabten Formen dürften eine weitere als die schon im Art. 39 gegebene Erläuterung nicht nötig machen.

201. Wir kehren zu dem Falle zurück, in welchem die Kurve ein Oval hat. Es ist offenbar, dass im allgemeinen eine gerade Linie eine geschlossene Figur in einer geraden Zahl reeller Punkte schneiden muss, und dass daher jede gerade Linie, die das Oval der Kurve dritter Ordnung einmal trifft, es noch zum zweiten mal und nicht öfter schneiden muss; denn eine Linie, die nach dem Innern des Ovals eintrat, muss dasselbe beim Austritt wieder durchsetzen und sie kann das Oval der Kurve dritter Ordnung nicht viermal schneiden. Jede solche Gerade muss daher überdies den unbegrenzten Teil der Kurve einfach schneiden. Es folgt auch, dass keine Tangente der Kurve das Oval ferner schneiden kann und daher, dass keiner der Inflexionspunkte im Oval liegen kann. Die Ansicht der Figur lehrt, dass von jedem ausserhalb des Ovals gelegenen Punkt zwei Tangenten an dasselbe gehen.

Das Oval erscheint somit als eine stetige Reihe von Punkten, aus deren keinem, ausser der Tangente im Punkte selbst, eine reelle Tangente an die Kurve gezogen werden kann; es ist daher jede Kurve dritter Ordnung, die ein Oval enthält, von der im Art. 168 bezeichneten Klasse, wo die vier Tangenten von jedem Punkte der Kurve an dieselbe entweder sämtlich reell oder sämtlich nicht reell sind. Die Tangenten aus den Punkten des Ovals sind sämtlich nicht reell, die Tangenten aus jedem Punkte des unendlichen Astes sind sämtlich reell, zwei gehören dem Oval und zwei andere dem unendlichen Aste selbst an. In der That, jede Tangente in einem Punkte des unendlichen Astes muss denselben weiterhin schneiden, weil der dritte ihr und der Kurve gemeinsame Punkt nicht in dem Oval liegen kann.

202. Das eben Gesagte kann dazu dienen, die wesentliche Eigenschaft der Unikursalkurven oder Kurven vom Geschlecht Null zu erläutern (Art. 44). Die Koordinaten eines Punktes in einer solchen Kurve können rational als Funktionen eines Parameters ausgedrückt werden, so dass wir alle Punkte der

Kurve in einer stetigen Folge mit stets reellen Koordinaten erhalten, indem wir diesen Parameter in stetiger Folge alle Werte vom negativ Unendlichen bis zum positiv Unendlichen durchlaufen lassen. Im gegenwärtigen Beispiel ist es im Gegenteil geometrisch evident, dass wir von irgend einem Punkte im Oval aus stetig fortschreitend zu ihm selbst zurückkommen, ohne durch irgend einen Punkt des unendlichen Astes zu gehen; und es ist algebraisch unmöglich, die Koordinaten irgend eines Punktes in Funktion eines Parameters anders als mit Hilfe einer Wurzelgrösse auszudrücken. Wir können z. B. setzen

$$z = 1, \quad x = \theta, \quad y = \sqrt{(a\theta^3 + 3b\theta^2 + 3c\theta + d)}.$$

Wir nennen darum die betrachtete Kurve eine zweiteilige Kurve, nämlich aus zwei getrennten stetigen Punktreihen bestehend.

Eine Kurve der zweiten im Art. 197 betrachteten Art hat kein Oval und ist einteilig, weil alle reellen Punkte der Kurve in einer stetigen Reihe einander folgen; aber die Kurve ist nicht aus diesem Grunde unikursal oder vom Geschlecht Null, denn die Koordinaten eines Punktes können nicht rational in Funktion eines Parameters ausgedrückt werden; eine einteilige Kurve ist etwa ebenso wenig notwendig unikursal, wie eine Gleichung, die nur eine reelle Wurzel hat, notwendig eine lineare Gleichung ist. Eine Kurve dritter Ordnung mit Knotenpunkt anderseits ist unikursal und einteilig, alle Punkte der Kurve folgen einander in einer bestimmten Ordnung in einfacher Reihe. Die Kurve kann aber auch als aus einer Schleife und einem durch dieselbe in zwei Teile getrennten unendlichen Ast zusammengesetzt betrachtet werden; dann zeigt die Begründung des Art. 201, dass in der Schleife kein Inflexionspunkt liegen und keine Tangente dieselbe überdies schneiden kann. Die Schleife enthält daher eine Reihe von Punkten, von deren keinem eine reelle Tangente an die Kurve geht; während von jedem andern Punkte der Kurve aus zwei reelle Tangenten an die Kurve gehen, von denen die eine den Berührungspunkt in der Schleife, die andere im unendlichen Ast hat. So sind auch eine Kurve dritter Ordnung mit isoliertem Punkt und eine solche mit Rückkehrpunkt gleichzeitig einteilig und vom Geschlecht oder Defekt Null.

203. Nachdem wir die Kurven dritter Ordnung in fünf Arten geteilt haben, gehen wir dazu weiter, diese Arten in Spezies zu teilen nach der Natur ihrer unendlichen Äste. Es ist offenbar, dass wir in jeder Art wenigstens vier Spezies haben werden, je nachdem die unendlich ferne Gerade die Kurve schneidet a) in drei reellen und verschiedenen Punkten, b) in einem reellen Punkte und zwei nicht reellen, c) in einem reellen und zwei zusammenfallenden Punkten, d) in drei zusammenfallenden Punkten. Wir müssen aber überdies für die Kurven dritter Ordnung mit einem singulären Punkt bei c) unterscheiden, ob die unendlich ferne Gerade eine eigentliche Tangente der Kurve ist oder ob sie durch den Doppelpunkt derselben geht; und im Falle der Kurven mit Knoten oder Rückkehrpunkt bei d), ob die unendlich ferne Gerade Tangente in einem Inflexionspunkt oder ob sie Tangente im Rückkehrpunkt oder eine der Tangenten im Doppelpunkt ist. Weiter ist es im Falle der zweiteiligen Kurve dritter Ordnung oder der mit einem isolierten Punkt versehenen von Wichtigkeit, bei a) und c) zu unterscheiden, ob die drei Punkte der Kurve in der unendlich fernen Geraden sämtlich zum unendlichen Ast, oder ob zwei von ihnen zum Oval oder der Schleife gehören, und nur der dritte zu dem unendlichen Aste. Die so in den Formen der Kurve auftretenden Unterschiede sind so gross, dass die beiden Fälle wohl als verschiedene Spezies zu fassen sind. Aber damit sind auch die Verschiedenheiten aufgezählt, welche im folgenden als Gründe für die Unterscheidung der Spezies benutzt worden sind.

Die einzigen andern Verschiedenheiten, welche ähnliche Ansprüche zu einer solchen Geltung haben dürften, betreffen die Frage, ob dic unendlich fernen Punkte der Kurve sämtlich gewöhnliche Punkte oder ob einer ein Inflexionspunkt oder alle drei Inflexionspunkte sind. Da aber die Veränderungen geringer sind, welche durch sie in den Formen der Kurve bedingt werden, und eine geringere Zahl der Spezies höchst wünschenswert ist, so habe ich vorgezogen, die Kurven nur nach den vorerwähnten Gesichtspunkten zu klassifizieren und die auf den letztgedachten Umstand zu gründende Unterscheidung als Varietät statt als Spezies zu behandeln.

Es erhellt übrigens, dass es in einigem Betracht willkürlich ist, wie viel Spezies von Kurven dritter Ordnung unterschieden werden sollen, und dass viel von dem Gesichtspunkt abhängt, unter welchem sie studiert werden.

204. Für den Fall, wo die unendlich ferne Gerade eine stationäre Tangente der Kurve ist, haben wir die Formen derselben früher studiert und die Figuren für andere Fälle können als Projektionen von je einer der Figuren dieses Falles betrachtet werden. Wir wollen mit zweiteiligen Kurven beginnen und zuerst die Projektion des Ovals betrachten. Wenn die in unendliche Ferne hinaus projicierte Linie das Oval nicht schneidet, so bleibt das Oval eine geschlossene Kurve, während seine Projektion, falls diese Linie es berührt oder in zwei reellen Punkten schneidet, dieselbe Art von roher Ähnlichkeit zu einer Parabel oder Hyperbel respektive erhält, welche das Oval selbst zur Ellipse hat, d. h. dass die Projektion im erstern Falle wie die Parabel eine einfache Kurve ist, deren Zweige in einer gemeinschaftlichen Richtung ins Unendliche gehen, ohne der Berührung mit einer unendlichen Geraden zuzustreben, und dass sie im letztern Falle ein Paar von Kurven bildet, welche zwei gemeinsame Asymptoten haben und in zweien der durch dieselben gebildeten Scheitelwinkel liegen — während sie allerdings in diesem wie in jenem Falle die Symmetrie der Kegelschnitte nicht besitzen. Die beiden so entstehenden unendlichen Äste wollen wir kurz ein hyperbolisches Paar nennen, weil sie in der That nach wie vor als ein Ganzes von stetigem Zusammenhange bildend anzusehen sind. Die gewöhnliche Asymptote einer Kurve hat einen positiven und negativen Ast derselben auf entgegengesetzten Seiten von ihr. Die Theorie der Projektion lehrt uns die Enden einer geraden Linie im positiv Unendlichen und im negativ Unendlichen als Projektion des nämlichen Punktes betrachten und zeigt uns ebenso die Äste einer Kurve, welche dieselbe Asymptote im positiven und im negativen Unendlichen berühren, als mit einander

zusammenhängend. Sowie das Oval eine geschlossene Kurve ist, in der man von irgend einem ihrer Punkte aus in stetigem Laufe durch alle ihre Punkte zur Ausgangsstelle zurückkommt, so gilt dies auch für alle Projektionen des Ovals, und die hyperbolischen Äste sind als eine kontinuierliche Kurve zu betrachten, nämlich der Teil des einen Astes, welcher die Asymptote an ihrem positiven Ende berührt, als zusammenhängend mit dem Teil des andern Astes, welcher dieselbe Asymptote an ihrem negativen Ende berührt. Die Asymptoten selbst sind die Bilder derjenigen Tangenten des Ovals, deren Berührungspunkte mit demselben der ins Unendliche projicierten Geraden angehören.

205. Wir betrachten ferner die Projektion des unendlichen Astes der Kurve (Art. 197), welcher von jeder Geraden entweder in einem reellen Punkte oder in drei solchen Punkten geschnitten wird. Sei zuerst die ins Unendliche projicierte Gerade eine solche, die die Kurve nur einfach schneidet; dann werden die Äste der projicierten Kurve anstatt unbegrenzt auseinander zu gehen, der Berührung mit einer endlichen Asymptote in der Weise zustreben, wie dies die links liegende Kurve der Figur zeigt. Diese Kurve, welche wir weiterhin kurz als S e r p e n t i n e bezeichnen wollen, muss offenbar drei Inflexionspunkte haben; denn sie ist konvex gegen die Asymptote im positiv Unendlichen an der einen und ebenso konvex gegen dieselbe Asymptote im negativ Unendlichen an ihrer andern Seite, weil jede Kurve zu ihrer Tangente an beiden Seiten des Berührungspunktes konvex ist; sie muss aus der erstern Konvexität in Konkavität übergehen, um sodann die Asymptote zu durchschneiden; sie muss sich neuerdings wenden, um sich nicht ohne Ende von der Asymptote zu entfernen und zum dritten Male, um der andern Seite der Asymptote an deren negativem Ende ihre Konvexität zuzuwenden. Die Punkte der durch diese Figur bezeichneten Kurve bilden eine stetige Reihe, denn es wird aus dem im letzten Art. 204 Entwickelten erhellen, dass

Fig. 34.

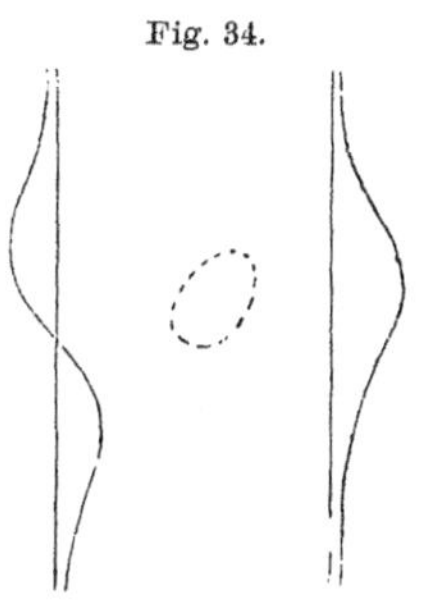

die Äste der Kurve in ihrer Berührung mit der Asymptote im positiv und negativ Unendlichen als zusammenhängend zu betrachten sind. Der Punkt im Unendlichen der Serpentine ist als ein gewöhnlicher Punkt zu denken. Wenn derselbe aber ein Inflexionspunkt wäre, so würden die Äste der Kurve gegen das positiv und negativ Unendliche hin nicht wie in diesem Falle auf entgegengesetzten Seiten der Asymptote liegen, sondern an der nämlichen Seite derselben, wie es in der rechts verzeichneten Form der Fall ist. Wir wollen dieselbe als die konchoidale Form bezeichnen.

206. Wir denken zweitens die ins Unendliche projicierte Gerade als eine den unendlichen Ast in drei gewöhnlichen Punkten schneidende. Eine solche Gerade teilt die Kurve in drei Teile, von denen der eine keinen Inflexionspunkt, der zweite einen und der dritte zwei Inflexionspunkte enthält. Die Projektion der Kurve zerfällt daher in drei unendliche Äste, von denen der eine, den wir eine einfache Hyperbel nennen wollen, keinen Inflexionspunkt hat und seine Asymptoten nicht durchschneidet; während der zweite, welchen wir als einfach inflektierte Hyperbel bezeichnen können, die eine Asymptote durchsetzt und somit einen Inflexionspunkt hat, und der dritte, eine zweifach inflektierte Hyperbel nach derselben Redeweise, beide Asymptoten durchsetzt und daher zwei Inflexionen hat.[40]) Keine zwei von diesen Teilen bilden ein hyperbolisches Paar, wohl aber bilden alle drei zusammen eine kontinuierliche Reihe. So gehen wir in der Figur beginnend mit dem Niedersteigen im vertikalen Aste der zweifach inflektierten Hyperbel durch das negativ Unendliche nach dem positiv Unendlichen derselben Asymptote, durch den einfach inflek-

Fig. 35.

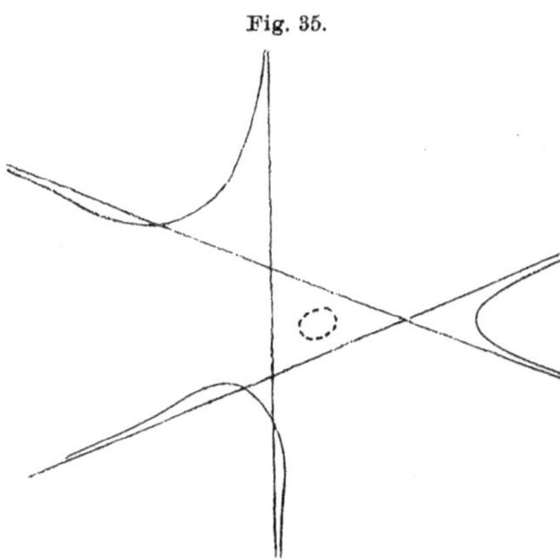

tierten Ast ins Unendliche der zweiten Asymptote, von da durch die einfache Hyperbel zum Unendlichen der dritten Asymptote und mit der zweifach inflektierten Hyperbel zum Ausgangspunkt zurück.

Wenn einer der unendlich entfernten Punkte ein Inflexionspunkt ist, so wird entweder die einfach inflektierte Hyperbel zur einfachen oder die doppelt inflektierte zur einfach inflektierten; wenn alle drei Inflexionspunkte im Unendlichen liegen, so besteht die Kurve aus drei einfachen Hyperbeln.

Kurven dritter Ordnung mit drei hyperbolischen Zweigen nannte Newton überschüssig hyperbolisch, weil sie einen solchen Zweig mehr als die Kegelschnitte enthalten; die mit einem unendlichen Ast wie im letzten Artikel nannte er unvollständig hyperbolisch und die durch die unendlich ferne Gerade berührten, welche ausserdem eine endlich angebbare Asymptote haben, parabolisch-hyperbolische Kurven dritter Ordnung.

207. Wir können nun die folgenden sechs Spezies der zweiteiligen Kurven dritter Ordnung aufstellen.

1. Die im Unendlichen projizierte Gerade schneidet das Oval zweifach und den andern Teil der Kurve einfach; wenn der letzte Punkt a) ein gewöhnlicher Punkt ist, so besteht die Kurve aus einer Serpentine und einem hyperbolischen Paar, wie in der Figur. Wenn der letzte Punkt b) ein Inflektionspunkt wäre, so wird nur die Serpentine in die konchoidale Form übergeführt.

Fig. 36.

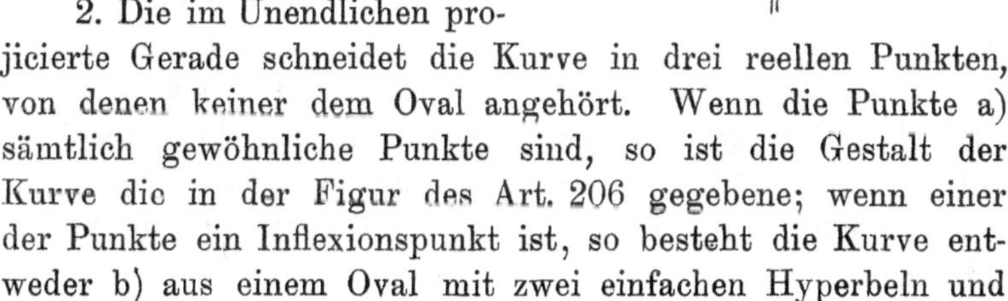

2. Die im Unendlichen projicierte Gerade schneidet die Kurve in drei reellen Punkten, von denen keiner dem Oval angehört. Wenn die Punkte a) sämtlich gewöhnliche Punkte sind, so ist die Gestalt der Kurve die in der Figur des Art. 206 gegebene; wenn einer der Punkte ein Inflexionspunkt ist, so besteht die Kurve entweder b) aus einem Oval mit zwei einfachen Hyperbeln und

einer doppelt inflektierten Hyperbel oder c) aus einem Oval mit einer einfachen Hyperbel und zwei einfach inflektierten Hyperbeln. In allen diesen Fällen liegt das Oval innerhalb des von den Asymptoten gebildeten Dreiecks und die Kurven können ferner unterschieden werden nach der Lage der Hyperbeln in den Winkeln, welche das Asymptotendreieck enthalten oder wie in der Figur in den Scheitelwinkeln derselben.

Fig. 37.

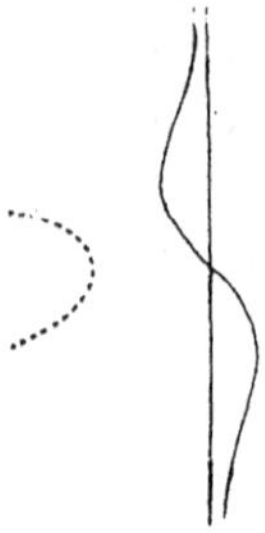

3. Die im Unendlichen projicierte Gerade schneidet die Kurve in zwei nicht reellen Punkten, und wir erhalten a) ein Oval mit einer Serpentine oder b) mit einem konchoidalen Ast (Art. 205).

4. Die unendlich ferne Gerade berührt das Oval, welches dann eine parabolische Form annimmt und a) von einer Serpentine oder b) von einem konchoidalen Zweige begleitet wird.

5. Die unendlich ferne Gerade berührt den andern Teil der Kurve und das Oval bleibt eine geschlossene Figur, während der andere Teil der Kurve in parabolischer Form auseinander geht. Wenn a) der dritte Punkt im Unendlichen ein gewöhnlicher ist, so durchsetzt der eine Zweig die Asymptote und hat zwei Inflexionen, während der andere Zweig nur eine Inflexion besitzt. Wenn derselbe b) ein Inflexionspunkt wäre, so haben beide Äste die Asymptote an derselben Seite und jeder derselben zeigt nur eine Inflexion.

Fig. 38.

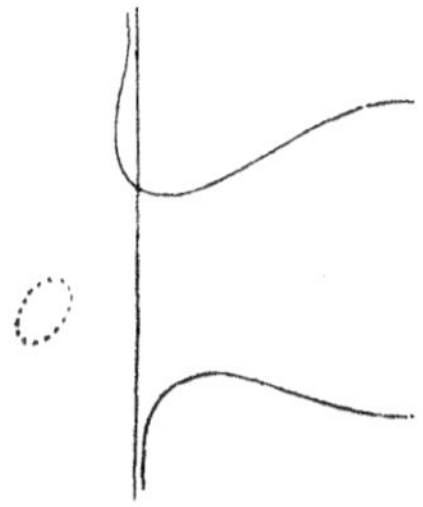

6. Die unendlich ferne Gerade schneidet die Kurve in drei zusammenfallenden Punkten, der Fall, von welchem wir im Art. 200 ausgegangen sind.

208. Wir kommen nun zur Klassification der einteiligen Kurven dritter Ordnung ohne singuläre Punkte und erkennen zunächst, dass nichts den Spezies 1) und 4) des letzten Artikels Entsprechendes hier existieren kann. Wir haben somit nur vier Spezies solcher einteiliger Kurven, nämlich überschüssig und unvollständig hyperbolische, parabolisch-hyperbolische und die divergierende Parabel, je nachdem die

Punkte der Kurve im Unendlichen sämtlich reell und verschieden sind, oder zwei nicht reell, zwei zusammenfallend, alle drei zusammenfallend. Bei jeder Spezies können dieselben Varietäten aufgezählt werden wie im letzten Artikel und die Figuren desselben können sie darstellen, wenn wir das Oval in ihnen unterdrücken. Aber zur fernern Erläuterung geben wir eine Figur für einen Fall, wo die begleitende Gerade die Sei-

Fig. 39.

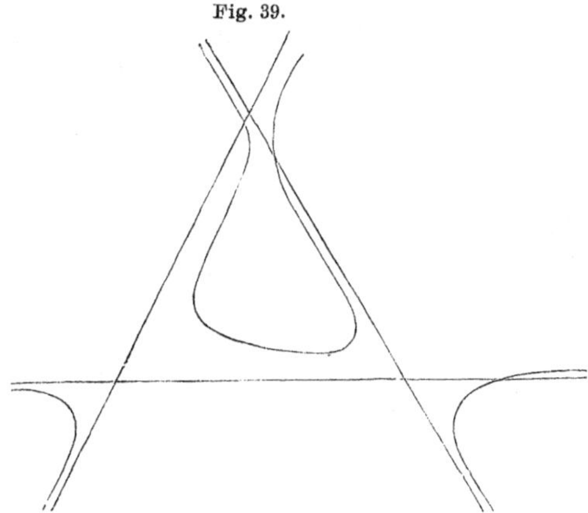

ten des Asymptoten-Dreiecks schneidet und wo zwei kritische Centra (Art. 193) im Innern des Dreiecks liegen. Wir haben dann einen Teil der doppelt inflektierten Hyperbel in sackähnlicher Form im Innern des Dreiecks und es ist leicht zu erkennen, dass durch eine Änderung im Werte der Konstanten die Öffnung des Sackes geschlossen und ein Doppelpunkt in dem einen der kritischen Centra erzeugt werden kann, während durch eine weitere Änderung derselben ein getrenntes Oval entstehen mag, welches zuletzt in den konjugierten Punkt im andern kritischen Centrum zusammenschrumpft.

In gleicher Art haben wir dieselben vier Spezies von Kurven dritter Ordnung mit einem isolierten Punkt und dazu eine fünfte, für welche der isolierte Punkt im Unendlichen ist. Die Figuren für zweiteilige Kurven dritter Ordnung reichen zur Illustration dieser Klasse hin, wenn wir das Oval in einem konjugierten Punkt zusammengezogen voraussetzen. Die Formen, welche dem Fall des unendlich fernen isolierten Punktes entsprechen, weichen nicht bedeutend von denen ab, für welche die unendlich ferne Gerade die Kurve in einem reellen Punkte und zwei nicht reellen Punkten schneidet.

209. Von Kurven dritter Ordnung mit Knotenpunkt haben wir die folgenden Spezies.

1. Die unendlich ferne Gerade schneidet die Schleife in zwei reellen Punkten; dem entspricht die Verbindung von zwei einfachen Hyperbeln und einer inflektierten Hyperbel, wie in der links stehenden Figur. Die Verfolgung der Kurve in ihrem

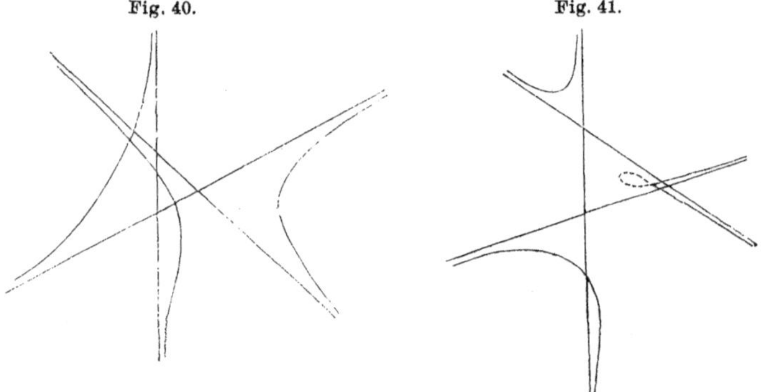

Fig. 40. Fig. 41.

Gange durch das Unendliche zeigt, dass sie aus einem kontinuierlichen Zuge besteht. Es entstehen zwei Varietäten, je nachdem der dritte Punkt der unendlich fernen Geraden ein gewöhnlicher oder ein Inflexionspunkt ist; im letzten Falle sind alle die Hyperbeln einfache.

2. Von den drei reellen Punkten im Unendlichen liegt keiner in der Schleife; es entsteht eine eingeschriebene, eine gemischte und eine umgeschriebene Hyperbel, von denen die letzte im Innern des Asymptotendreiecks eine Schleife bildet. Zwei Varietäten, je nachdem im Unendlichen eine Inflexion ist oder nicht.

3. Die unendlich ferne Gerade schneidet die Kurve in zwei nicht reellen Punkten; mit zwei Varietäten wie vorher (Fig. 42).

4. Die unendlich ferne Gerade berührt die Schleife und

5. Sie berührt den sich ausbreitenden Teil der Kurve. Die Figuren erklären sich selbst und wir bemerken nur, dass im ersten Falle zwei Varietäten entspringen, indem die Kurve

ganz auf derselben Seite der Asymptote liegt, wenn sie im Unendlichen eine Inflexion hat.

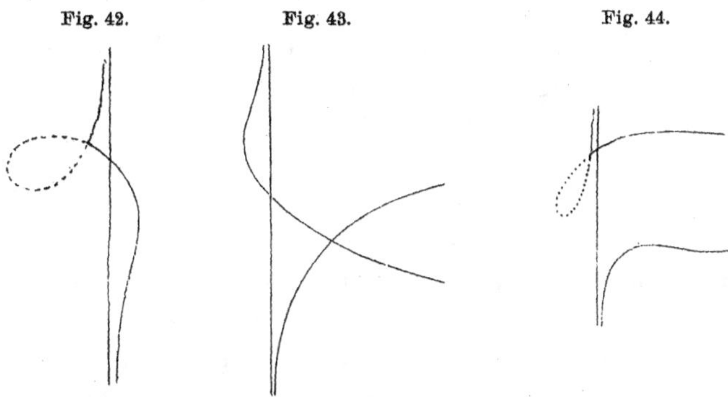

Fig. 42. Fig. 43. Fig. 44.

Ist ein Doppelpunkt im Unendlichen und giebt es folglich zwei parallele Asymptoten, so liegt der dritte unendlich ferne Punkt entweder

6. Auf dem sich ausbreitenden Teil oder

7. In der Schleife. Im ersten Falle ist der Inflexionspunkt ausserhalb der parallelen Asymptoten, im letzten Falle

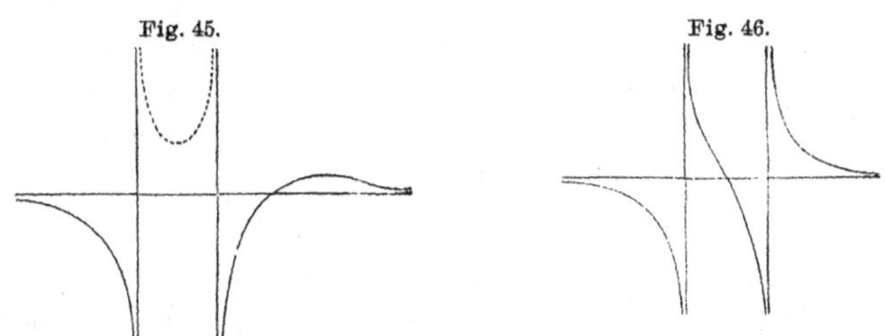

Fig. 45. Fig. 46.

zwischen denselben. Wenn auch die Inflexion im Unendlichen wäre, so würden beide Zweige im ersten Falle auf derselben Seite der Asymptote liegen.

8. Die unendlich entfernte Gerade berührt in einem Inflexionspunkt und wir erhalten die divergierende Parabel vom Art. 200.

Fig. 47.

9. Die unendlich entfernte Gerade berührt in einem Doppelpunkt und wir erhalten eine Kurve von vorstehend gegebener Form, die man die Trident-Kurve nennt.

210. Von den Kurven dritter Ordnung mit Rückkehrpunkt giebt es offenbar keine Spezies, welche denen unter 1), 4) und 7) des letzten Artikels entsprechen. Die Spezies dieser Kurven sind daher:

1. Drei reelle Punkte im Unendlichen, zwei Varietäten.

2. Ein reeller Punkt und zwei nicht reelle Punkte im Unendlichen, zwei Varietäten.

3. Die unendlich ferne Gerade als gewöhnliche Tangente, zwei Varietäten.

4. Die Spitze im Unendlichen, zwei Varietäten.

5. Die unendlich ferne Gerade als stationäre Tangente.

6. Die unendlich ferne Gerade als Rückkehrtangente. Die Figuren für die Fälle 1), 2), 3) können mit Hilfe der Figuren des letzten Artikels leicht vergegenwärtigt werden, indem man die in diesen Figuren punktierte Schleife unterdrückt und den Knoten- in einen Rückkehrpunkt überführt. Die Figur für den Fall 4) entsteht aus der links liegenden Figur des Art. 209 mit zwei parallelen Asymptoten, indem man diese vereinigt und den zwischen ihnen gelegenen Zweig unterdrückt denkt. Wir haben dann eine einfache Asymptote mit zwei unendlichen Ästen auf entgegengesetzten Seiten, aber an dem nämlichen Ende derselben. Die Figur des Falles 5), die semikubische Parabel $my^2 = x^3$, ist in Art. 39 gegeben worden. Endlich geben wir hier die Figur des Falles 6), die kubische Parabel $m^2y = x^3$.

Fig. 48.

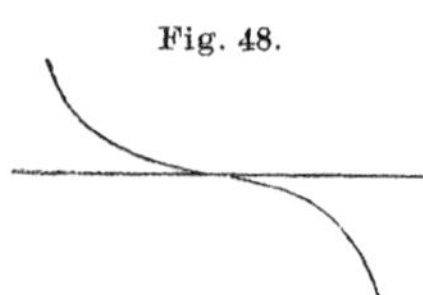

211. Trotz der schon ziemlich grossen Zahl der Spezies wird es nicht schwierig erscheinen, die entwickelte Klassifikation zu übersehen und zu erinnern, wenn man bemerkt, dass nichts Anderes gethan worden ist, als die Fünf-Teilung des Art. 197 mit der Teilung des Art. 203 nach der Natur der unendlich fernen Punkte zu kombinieren. Es bleibt übrig, einiges über frühere Klassifikationen der Kurven dritter Ordnung zu sagen. Die erste wurde von Newton in dem Werke „Enumeratio linearum tertii ordinis“[41]) gemacht und ist im wesentlichen mit der hier gegebenen übereinstimmend, ausgenommen darin, dass er, was wir als Varietäten bezeichnet

haben, zu eigenen Spezies macht, und darin, dass wir in dem Falle eines durch zwei Asymptoten berührten hyperbolischen Astes nicht beachtet haben, in welchem der durch dieselben gebildeten Scheitelwinkel der Ast liegt, während Newton die Fälle unterscheidet, wo er in dem durch die dritte Asymptote durchsetzten oder in dem Scheitelwinkel desselben liegt. Die Fälle, wo drei reelle Asymptoten sich in einem Punkte schneiden, sind als besondere Spezies betrachtet. Durch die Beachtung dieser Unterscheidungen ist die Zahl der Spezies auf achtundsiebenzig erhöht. Newton geht den umgekehrten Weg der Entwicklung insofern, als er nicht wie wir die Fünf-Teilung zur primären macht und die von den unendlichen Ästen abhängende zur sekundären.

Newtons Methode der Reduktion der allgemeinen Gleichung ist die folgende: Wenn eine der Axen parallel zur reellen Asymptote genommen wird, so verschwindet der Koefficient sagen wir von y^3 und die Gleichung der Kurve hat die Form

$$y^2(ax+b)+y(fx^2+gx+h)+px^3+qx^2+rx+s=0.$$

Nun ist der Ort der Mittelpunkt der der Asymptote parallelen Sehnen offenbar

$$2axy+2by+fx^2+gx+h=0,$$

und wenn wir die Axen zu den Asymptoten dieser Hyperbel transformiert voraussetzen, so verschwinden die Glieder b, f, g und dies zeigt an, dass dieselbe Transformation die Gleichung der Kurve dritter Ordnung auf die Form

$$xy^2+hy=px^3+qx^2+rx+s$$

oder mit Newtons Buchstaben

$$xy^2+ey=ax^3+bx^2+cx+d$$

zurückführt. Dies ist Newtons allgemeinste Form. Wenn jedoch in der Gleichung, wie wir sie geschrieben haben, a und b verschwinden, so ist der Ort nicht eine Hyperbel, sondern eine gerade Linie und je nachdem diese 1) die Linie $x=0$ oder 2) eine willkürliche Gerade ist, welche man für $y=0$ wählen kann, oder 3) die unendlich ferne Gerade, wird die Gleichung der Kurve auf die respektiven Formen

$$xy = ax^3 + bx^2 + cx + d, \quad y^2 = ax^3 + bx^2 + cx + d,$$
$$y = ax^3 + bx^2 + cx + d$$

gebracht. Der einzige scheinbar abweichende Fall ist der, wo die Gleichung in der von uns gewählten Form $a = 0$ hat und der Ort der Mittelpunkte paralleler Sehnen eine Parabel ist; aber in diesem Fall giebt es eine andere reelle Asymptote, für welche der Ort der Mittelpunkte der zu ihr parallelen Sehnen eine Hyperbel ist, und die Reduktion vollzieht sich wie im ersten Falle, nur dass der Koefficient von x^3 in der transformierten Gleichung verschwindet. Newtons Resultate sind aus der Diskussion dieser vier Formen erhalten. Wenn $y = \varphi(x)$ die Gleichung irgend einer Kurve ist, so nannte Newton die Kurve $xy = \varphi(x)$ einen Hyperbolismus dieser Kurve; so nannte er also Kurven dritter Ordnung, die einen Doppelpunkt im Unendlichen haben, und deren Gleichung daher in die Form

$$xy^2 + ey = cx + d$$

gesetzt werden kann, Hyperbolismen der Ellipse, Hyperbel oder Parabel, weil die eben geschriebene Gleichung auf die eines Kegelschnitts zurückkommt, wenn man darin xy durch y ersetzt.

212. Wir haben früher der in seinem „System der analytischen Geometrie“ enthaltenen Diskussion der Kurven dritter Ordnung von Plücker Erwähnung gethan. In derselben ist die Natur der unendlich fernen Punkte der primäre Grund der Klassifikation. Indem er mit dem Falle von drei reellen Asymptoten beginnt, wo die Gleichung der Kurve von der Form

$$x_1 x_2 x_3 = ku^2 v$$

ist, werden zuerst die Fälle unterschieden, wo die Asymptoten sich in einem Punkte schneiden und wo sie ein Dreieck bilden; dann werden alle möglichen Lagen der begleitenden Linie $v = 0$ untersucht, ob sie das Dreieck durchsetzt, oder durch eine Ecke geht oder ausserhalb desselben bleibt, ob zwei kritische Centra (Art. 193) zusammenfallen u. s. w. Er bezeichnet alle die Kurven, die durch die obige Gleichung für irgend eine gegebene Lage der Geraden $x_i = 0$, $v = 0$, dargestellt werden können, als eine Gruppe und indem dem k alle möglichen Werte erteilt werden, treten die in derselben Gruppe enthaltenen Spezies hervor. Man wird das an der Figur der ersten Plückerschen Gruppe besser übersehen, die wir hier reproduzieren und die dem Falle entspricht, wo die begleitende Linie alle drei Seiten des asymptotischen Dreiecks in der Verlängerung schneidet, und wo drei reelle kritische Centren, das eine im Innern und zwei ausserhalb des Dreiecks vorhanden sind. Fig. 49, 1 repräsentiert eine zweiteilige Kurve

Fig. 49.

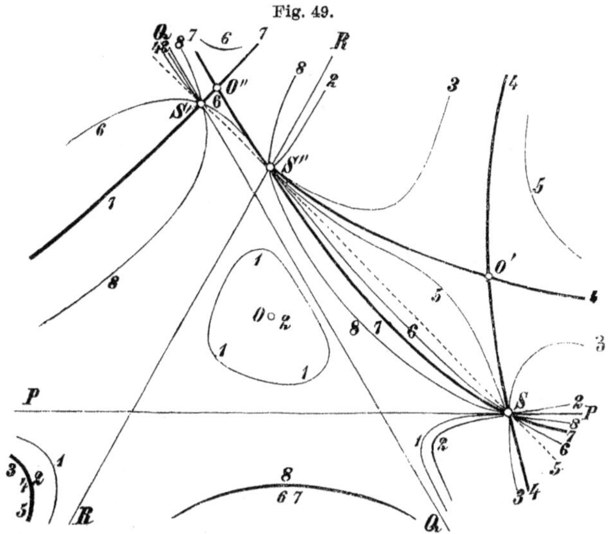

von der oben mit I, 2 bezeichneten Spezies. Durch einen Wechsel im Werte von k zieht sich das Oval in einen Punkt zusammen, und wir erhalten 2, die Kurve mit isoliertem Punkt III, 1. Mit weiterer Änderung von k wird die Kurve 3 einteilig, nämlich II, 1 und die Äste entfernen sich weiter von ihren Asymptoten. In 4 durchsetzen die Äste die andern Asymptoten und die Kurve erhält einen Knotenpunkt, IV, 2.

Kurve 5 ist zweiteilig I, 1. Kurve 6 ist in unserer Aufzählung die Spezies 5, Kurve 7 ist 4. Kurve 8 ist 3, nur mit anderer Lage der Äste in Bezug auf das asymptotische Dreieck.

Plückers Gruppeneinteilung ist durch Cayley wieder untersucht worden[42]) und derselbe hat auch eine Vergleichung zwichen den Spezies von Newton und von Plücker gegeben, welcher letzte 219 zählt. Eine genaue Aufzählung dieser Klassifikation kann hier nicht gegeben werden. Es muss die Erwähnung hinreichen, dass im Falle der parabolischen Kurven die oskulierende asymptotische Parabel eine wichtige Rolle spielt, eine Parabel, welche durch fünf auf einander folgende Punkte der Kurve in ihrem Berührungspunkt mit der unendlich entfernten Geraden geht. Die Gleichung der Kurve kann in der Form

$$x_1 (x_2^2 + 2 x_3 x_1 + x_3^2) = x_3^2 (a x_2 + b x_3)$$

gebracht werden, wo offenbar die Parabel

$$x_2^2 + 2 x_3 x_1 + x_3^2 = 0$$

die Kurve in dem fünffach zählenden Punkte $x_2 = 0$, $x_3 = 0$ schneidet. Die Gruppen werden dann durch die Lage der oskulierenden Parabel in Bezug auf die lineare Asymptote $x_1 = 0$ und die begleitende Linie

$$a x_2 + b x_3 = 0$$

gebildet.

IV. Abschnitt.

Kurven dritter Ordnung vom Geschlecht Null.

213. Wir haben in „Anal. Geom. d. Kegelschn.“ Art. 237 flg. gesehen, wie sehr die Rechnung dadurch erleichtert wird, dass die Koordinaten eines Punktes der Kurve als Funktionen eines Parameters ausgedrückt werden können und es ist in Art. 44 bewiesen worden, dass dies im Falle einer Kurve vom Geschlecht oder Defekt Null oder einer Unikursal-Kurve stets möglich ist. Von der Anwendung dieses Princips auf Kurven dritter Ordnung geben wir hier Beispiele. Die Gleichung einer Kurve dritter Ordnung mit Rückkehrpunkt kann stets auf die Form

$$x_1^2 x_3 = x_2^3$$

reduziert werden, wo $x_1 = 0$, $x_2 = 0$ der Rückkehrpunkt, $x_1 = 0$ die Rückkehrtangente und $x_3 = 0$ die stationäre Tangente ist. Ein beliebiger Punkt der Kurve kann daher als der Durchschnittspunkt der Strahlen

$$\theta x_1 = x_2, \quad \theta^2 x_2 = x_3,^*$$

oder mit andern Worten, die Koordinaten eines Punktes der Kurve können durch 1, θ, θ^3 repräsentiert werden, wenn θ ein veränderlicher Parameter ist. Die gerade Verbindungslinie zweier Punkte θ, θ' der Kurve hat dann die Gleichung

$$\theta\theta'(\theta + \theta')x_1 - (\theta^2 + \theta\theta' + \theta'^2)x_2 + x_3 = 0$$

und für das Zusammenfallen von θ und θ' ergiebt sich die Gleichung der Tangente

$$2\theta^3 x_1 - 3\theta^2 x_2 + x_3 = 0.$$

Wenn wir die Durchschnittspunkte einer geraden Linie

$$a_1 x_1 + a_2 x_2 + a_3 x_3 = 0$$

mit der Kurve suchen, so erhalten wir durch die Substitution 1, θ, θ^3 für x_1, x_2, x_3 die Gleichung

$$a_1 + a_2\theta + a_3\theta^3 = 0$$

und da in dieser kubischen Gleichung das zweite Glied fehlt, so lernen wir, dass die Parameter von drei Punkten der Kurve in einer Geraden durch die Relation

$$\theta + \theta' + \theta'' = 0$$

verbunden sind. Insbesondere ist der Tangentialpunkt von θ durch -2θ und der Berührungspunkt der von θ ausgehenden Tangente durch $-\frac{1}{2}\theta$ gegeben.

Wenn wir ebenso die Substitution 1, θ, θ^3 für x_1, x_2, x_3 in die Gleichung einer Kurve p^{ter} Ordnung machen, so wird das Glied θ^{3p-1} in der Gleichung fehlen und die Relation, welche die Parameter der $3p$ Durchschnittspunkte dieser Kurve mit der Kurve dritter Ordnung verbindet, besteht in dem Verschwinden ihrer Summe. Daher ist der Parameter des Restpunktes zu einem Punktesystem die negative Summe und der

---

* Diese Gleichungen als auf Tangential- oder Linienkoordinaten bezogen geben den Satz: Wenn J der Inflexionspunkt, C der Rückkehrpunkt und T der Durchschnitt ihrer Tangenten ist, so schneidet eine beliebige Tangente AB die Seiten des Dreiecks JCT so, dass

$$\overline{JA}^2 : \overline{AT}^2 = k\,(TB : BC)$$

ist. Für die unendlich ferne Gerade als eine Tangente ist $k = 1$ (vergl. „Anal. Geom. d. Kegelschn." Art. 295).

des beigeordneten Restes die Summe der Parameter der verschiedenen Punkte desselben; und die die Theorie der Reste betreffenden Sätze der Art. 159 flg. erhellen so als unmittelbar evident für Kurven dritter Ordnung mit Rückkehrpunkt. Wenn man die Parameter der Punkte A, B, ... durch a, b, ... bezeichnet, so ist z. B. die Bedingung dafür, dass sechs Punkte der Kurve in einem Kegelschnitt liegen,

$$a+b+c+d+e+f=0,$$

welches sogleich den Satz des Art. 155 giebt, dass für vier feste Punkte einer Kurve dritter Ordnung A, B, C, D die Verbindungslinie der Punkte E, F, in welchen ein durch jene Punkte gehender Kegelschnitt die Kurve ferner schneidet, durch den festen Punkt

$$a+b+c+d$$

geht, und dass dieser Punkt konstruiert werden kann, indem man die Punkte durch eine Gerade verbindet, in welchen die geraden Linien

$$AB, \quad CD$$

die Kurve ferner schneiden, weil

$$-(a+b)-(c+d)+(a+b+c+d)=0$$

ist. So werden ferner verschiedene Konstruktionen für den neunten Durchschnittspunkt der Kurve mit einer durch acht ihrer Punkte gehenden Kurve dritter Ordnung aus der Betrachtung der Gleichung

$$(a+b+c+d)+(e+f+g+h)+i=0$$

erhalten.

214. Die Parameter der Punkte, deren Tangenten durch einen gegebenen Punkt x_i gehen, werden durch Substitution seiner Koordinaten in

$$2\theta^3 x_1 - 3\theta^2 x_2 + x_3 = 0$$

gefunden; und da in der erhaltenen kubischen Gleichung der Koefficient von θ verschwindet, so ist die Summe der reciproken Werte ihrer Wurzeln Null, d. h. die Parameter θ, θ', θ'' von drei Punkten der Kurve, deren Tangenten ein Büschel bilden, genügen der Relation

$$\theta^{-1}+\theta'^{-1}+\theta''^{-1}=0.$$

Und da in derselben Art die Bedingung, unter welcher

$$2\theta^3 x_1 - 3\theta^2 x_2 + x_3 = 0$$

eine Kurve p^{ter} Klasse berührt, eine Relation p^{ten} Grades unter den Koefficienten $2\theta^3$, $3\theta^2$, 1 ist, und auch das Glied θ nicht enthalten kann, so ergiebt sich allgemein, dass die $3p$ Punkte, deren Tangenten eine feste Kurve p^{ter} Klasse berühren, durch die Relation $\Sigma(\theta^{-1}) = 0$ verbunden sind. Wir geben einige Anwendungen dieser Methode.

Beispiel 1. Man soll den Ort der Durchschnittspunkte derjenigen Tangentenpaare einer Kurve dritter Ordnung mit Rückkehrpunkt finden, deren Berührungssehnen durch einen festen Punkt γ der Kurve gehen. Man hat zwischen den drei Gleichungen

$$2\alpha^3 x_1 - 3\alpha^2 x_2 + x_3 = 0, \quad 2\beta^3 x_1 - 3\beta^2 x_2 + x_3 = 0, \quad \alpha + \beta + \gamma = 0$$

mit bekanntem γ die Grössen α, β zu eliminieren und findet

$$\gamma(2\gamma x_1 + 3x_2)^2 + 2x_1 x_3 = 0,$$

die Gleichung eines Kegelschnitts.

Beispiel 2. Wenn ein Polygon von gerader Seitenzahl in eine Kurve dritter Ordnung mit Rückkehrpunkt eingeschrieben ist, und alle seine Seiten bis auf eine durch feste Punkte der Kurve gehen, so geht auch die letzte Seite durch einen festen Punkt der Kurve. Bezeichnen wir die Parameter der Ecken durch a_1, a_2, ... und die der festen Punkte durch b_1, b_2, ... und wählen wir der Einfachheit wegen den Fall eines Vierecks, weil der allgemeine Beweis daraus erhellt, so haben wir die Gleichungen

$$a_1 + b_1 + a_2 = 0, \quad a_2 + b_2 + a_3 = 0, \quad a_3 + b_3 + a_4 = 0, \quad a_4 + b_4 + a_1 = 0.$$

Durch Addition und Subtraktion erhalten wir

$$b_1 + b_3 = b_2 + b_4,$$

d. h. die Verbindungslinien der Punkte B_1, B_3 und B_2, B_4 schneiden sich in der Kurve, oder wenn drei der Punkte bekannt sind, so ist es auch der vierte. Der Satz ist für alle Kurven dritter Ordnung wahr, weil der gegebene Beweis sich sofort in die Sprache der Theorie der Reste übertragen lässt; die Punktepaare B_1, B_3; B_2, B_4 sind beigeordnete Reste, für welche das System der Ecken A_1, A_2, A_3, A_4 ein gemeinschaftlicher Rest ist.

Es ergiebt sich als ein spezieller Fall dieses Satzes, dass für ein Polygon von ungerader Seitenzahl, dessen Seiten durch feste Punkte der Kurven gehen, auch die Tangente in jeder Ecke durch einen festen Punkt der Kurve geht, und dass somit das Problem, ein solches Polygon zu konstruieren, dessen Seiten durch feste Punkte einer Kurve dritter Ordnung ohne singulären Punkt gehen, vier Lösungen gestattet.

Beispiel 3. Man soll die Quasi-Evolute bestimmen unter der Voraussetzung, dass die beiden festen Punkte in der Kurve liegen (vergl. Beisp. 5, Art. 99). Die Gleichung der Quasi-Normale ist nach Art. 107

$$(\beta^2+\beta\theta-2\theta^2)\{\theta\alpha(\theta+\alpha)x_1-(\theta^2+\theta\alpha+\alpha^2)x_2+x_3\}$$
$$+(\alpha^2+\alpha\theta-2\theta^2)\{\theta\beta(\theta+\beta)x_1-(\theta^2+\theta\beta+\beta^2)x_2+x_3\}=0.$$

Wenn wir sie durch die Substitution $\theta=\dfrac{\alpha-\beta\lambda}{1-\lambda}$ umformen, so erhalten wir in Übereinstimmung mit Art. 108 eine biquadratische Gleichung in λ, in welcher die beiden äussersten Glieder an jedem Ende nur respektive durch einen konstanten Faktor sich unterscheiden und deren Diskriminante daher neben den die Tangenten in α und β repräsentierenden Faktoren eine Kurve von der vierten Ordnung darstellt.

215. Es erübrigt, einige bemerkenswerte besondere Fälle von Kurven dritter Ordnung und dritter Klasse zu erwähnen. Wir haben früher die semi-kubische Parabel erwähnt, welche die Evolute der Parabel zweiten Grades ist. Ihre Gleichung

$$py^2=x^3$$

zeigt, dass der Rückkehrpunkt im Anfangspunkt der Koordinaten und der Inflexionspunkt im Unendlichen liegt. In der kubischen Parabel anderseits

$$p^2y=x^3$$

liegt der Inflexionspunkt im Anfangspunkt und der Rückkehrpunkt im Unendlichen. In der kubischen Parabel ist der Anfangspunkt ein Centrum und alle Durchmesser der Kurve fallen mit der Axe der y zusammen; denn wenn wir eine Gerade $y=mx+n$ ziehen, so ist die Summe der Werte der x gleich Null.

Zu den Kurven dritter Ordnung mit Rückkehrpunkt gehört auch die Cissoide des Diocles, welche dieser Geometer zur Bestimmung der zwei mittlern Proportionalen erdacht hat. Sie kann als der Ort eines Punktes M' definiert werden, wo der Radius vektor des Kreises AM durch eine Ordinate $P'M'$ geschnitten wird, für die $AP'=BP$ ist. Wir müssen haben

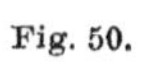
Fig. 50.

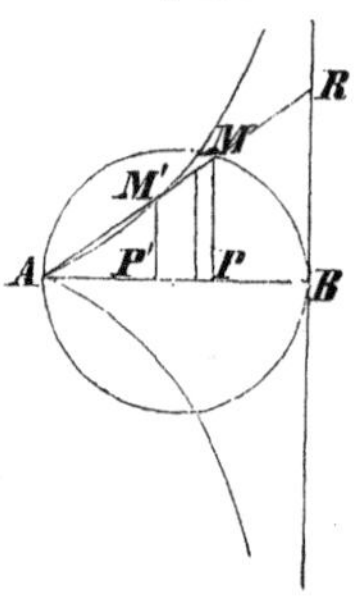

$$AM'=RM$$

und daher

$$\varrho=AR-AM$$

oder

$$\varrho=2r\sec\omega-2r\cos\omega=2r\tan\omega\sin\omega$$

oder in rechtwinkligen Koordinaten

$$x(x^2 + y^2) = 2ry^2$$

oder

$$(2r - x)y^2 = x^3.$$

Daher ist der Anfangspunkt der Koordinaten ein Rückkehrpunkt und $x = 2r$ eine Asymptote, welche die Kurve in einem unendlich fernen Inflexionspunkt trifft. Newton hat für die Erzeugung der Kurve durch eine stetige Bewegung folgende elegante Konstruktion gegeben. Für einen rechten Winkel FGH habe der Schenkel FG eine feste Länge und der Punkt F bewege sich längs einer festen Geraden CJ, während der Schenkel GH durch einen festen Punkt E geht. Ein im Mittelpunkt von FG angebrachter Stift beschreibt die Cissoide. Der Beweis bleibt dem Leser überlassen.[43]) Die Cissoide ist auch der Ort, den man erhält, wenn man in jedem vom Scheitel ausgehenden Radius vektor der Parabel den reciproken Wert seiner Länge abträgt; sie ist also auch der Ort des Fusspunktes der Normalen vom Scheitel der Parabel auf die Tangenten derselben; oder mit andern Worten: Wenn eine Parabel auf einer ihr gleichen Parabel rollt, so ist der Ort ihres Scheitels die Cissoide.

Fig. 51.

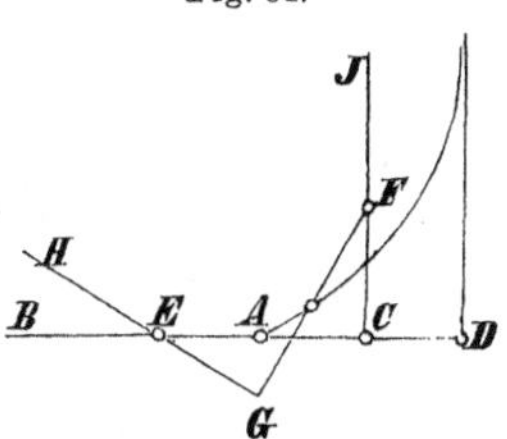

216. Wir können in wesentlich analoger Art auch die Koordinaten eines Punktes in einer Kurve dritter Ordnung mit Knoten- oder isoliertem Punkt mittelst eines einzigen Parameters ausdrücken. Für den Doppelpunkt als Anfangspunkt ist die Gleichung von der Form

$$ax^3 + 3bx^2y + 3cxy^2 + dy^3 + 3fx^2 + 6gxy + 3hy^2 = 0$$

und wir erhalten also für $y = \theta x$ rationale Ausdrücke für x und y in Funktion von θ.

Die Diskussion gestaltet sich aber einfacher, wenn wir die Gleichung, wie stets möglich ist, in die Form transformiert denken

$$(x_1^2 \pm x_2^2)x_3 = x_1^3.$$

Dann ist $x_3 = 0$ die Tangente in dem einen reellen Inflexionspunkt, den die Kurve haben muss, $x_1 = 0$ ist die Verbindungslinie des Inflexionspunktes mit dem Doppelpunkte und

$$x_1^2 \pm x_2^2 = 0$$

sind die Tangenten der Kurve im Doppelpunkt, so dass das obere Zeichen dem Falle der Kurve mit isoliertem Punkt, das untere dem Falle der Kurve mit Knotenpunkt entspricht. Die Koordinaten eines beliebigen Punktes der Kurve sind proportional zu

$$(1 \pm \theta^2), \quad \theta(1 \pm \theta^2), \quad 1.$$

Die Substitution dieser Grössen in die Gleichung einer willkürlichen Geraden

$$\xi_1 x_1 + \xi_2 x_2 + \xi_3 x_3 = 0$$

giebt zur Bestimmung der Parameter ihrer Schnittpunkte mit der Kurve

$$(\xi_1 + \xi_3) + \xi_2 \theta \pm \xi_1 \theta^2 \pm \xi_2 \theta^3 = 0,$$

und diese Parameter θ', θ'', θ''' sind somit durch die Relation verbunden

$$\theta'\theta'' + \theta''\theta''' + \theta'''\theta' = \pm 1.$$

Wenn die Gerade in einem Inflexionspunkt berührt, so ist $\theta' = \theta'' = \theta'''$ und daher $\theta^2 = \pm \frac{1}{3}$, d. h. eine Kurve dritter Ordnung mit isoliertem Punkt hat drei reelle Inflexionspunkte und eine solche mit Doppelpunkt einen reellen und zwei nicht reelle.

Die Gleichung der Verbindungslinie von zwei Punkten θ, θ' ist

$$(\theta^2 + \theta\theta' + \theta'^2 \pm 1) x_1 - (\theta + \theta') x_2 = \pm (1 \pm \theta^2)(1 \pm \theta'^2) x_3$$

und daher die Gleichung einer Tangente

$$(3\theta^2 \pm 1) x_1 - 2\theta x_2 = \pm (1 \pm \theta^2)^2 x_3.$$

Wir erkennen daraus, dass für vier Punkte, deren Tangenten ein Büschel bilden, die Summe der entsprechenden Parameter verschwindet und dass für zwei derselben als gegeben die quadratische Bestimmungsgleichung der Parameter der beiden andern sofort gebildet werden kann. Die Anwendung dieser Methode auf Beispiele bietet keine Schwierigkeit. Wir haben in Art. 123, 1 die Kurve dritter Ordnung mit Knotenpunkt von der Polargleichung

$$\varrho^{\frac{1}{3}} \cos \tfrac{1}{3}\omega = m^{\frac{1}{3}}$$

bemerkt, deren Gleichung in rechtwinkligen Koordinaten

$$27(x^2 + y^2) m = (4m - x)^3$$

ist, eine Kurve mit drei Inflexionspunkten im Unendlichen, einem reellen und den beiden andern in den nicht reellen Kreispunkten der Ebene; der Knotenpunkt liegt in der Axe der x bei $x = -8m$.

Wenn eine Kurve dritter Ordnung mit Doppelpunkt drei reelle Inflexionspunkte hat, so ist der isolierte Punkt der Pol ihrer Verbindungslinie in Bezug auf das Dreieck ihrer Tangenten. Sei

$$(x_1 + x_2 + x_3)^3 = m x_1 x_2 x_3$$

die Gleichung der Kurve, so müssen die Koordinaten des Doppelpunktes, falls ein solcher existiert, den durch Differentiation daraus entstehenden Gleichungen

$$3(x_1 + x_2 + x_3)^2 = m x_2 x_3 = m x_3 x_1 = m x_1 x_2$$

genügen; wir erhalten aus ihnen

$$x_1 = x_2 = x_3,$$

welches nach Art. 166 den angezeigten Satz ausspricht und wir haben somit für die Kurve mit Doppelpunkt $m = 27$. Die Gleichung der Kurve kann daher auch in der Form

$$x_1^{\frac{1}{3}} + x_2^{\frac{1}{3}} + x_3^{\frac{1}{3}} = 0$$

geschrieben werden. Dann werden die Koordinaten eines Punktes proportional zu

$$\theta^3, \quad (1-\theta)^3, \quad -1$$

und die Gleichung der entsprechenden Tangente ist[44])

$$(1-\theta)^2 x_1 + \theta^2 x_2 + \theta^2 (1-\theta)^2 x_3 = 0.$$

217. Wenn wir von den allgemeinsten Ausdrücken für die Koordinaten eines Punktes der rationalen oder unikursalen Kurve dritter Ordnung in Funktion eines Parameters $\lambda_1 : \lambda_2$ ausgehen, also von

$$x_1 = a_1 \lambda_1^3 + 3 b_1 \lambda_1^2 \lambda_2 + 3 c_1 \lambda_1 \lambda_2^2 + d_1 \lambda_2^3,$$
$$x_2 = a_2 \lambda_1^3 + 3 b_2 \lambda_1^2 \lambda_2 + 3 c_2 \lambda_1 \lambda_2^2 + d_2 \lambda_2^3,$$
$$x_3 = a_3 \lambda_1^3 + 3 b_3 \lambda_1^2 \lambda_2 + 3 c_3 \lambda_1 \lambda_2^2 + d_3 \lambda_2^3,$$

so können wir wie in Art. 44 die Gleichung der Kurve sofort in Form einer Determinante niederschreiben. Wir erhalten aber insbesondere drei lineare Funktionen der x_i, deren Ausdrücke in λ_1, λ_2 vollkommene Kuben sind; denn die Einsetzung der Werte der x_i in

$$\xi_1 x_1 + \xi_2 x_2 + \xi_3 x_3 = (\alpha_1 \lambda_1 + \alpha_2 \lambda_2)^3$$

liefert durch Vergleichung der Koefficienten von λ_1^3, $\lambda_1^2\lambda_2$, $\lambda_1\lambda_2^2$ und λ_2^3 und lineare Elimination von ξ_1, ξ_2, ξ_3 zwischen den entstandenen Gleichungen die Bedingung

$$\begin{vmatrix} \alpha_1^3, & a_1, & a_2, & a_3 \\ \alpha_1^2\alpha_2, & b_1, & b_2, & b_3 \\ \alpha_1\alpha_2^2, & c_1, & c_2, & c_3 \\ \alpha_2^3, & d_1, & d_2, & d_3 \end{vmatrix} = 0,$$

eine kubische Gleichung, die Kanonizante

$$A\alpha_1^3 + 3B\alpha_1^2\alpha_2 + 3C\alpha_1\alpha_2^2 + D\alpha_2^3 = 0$$

zur Bestimmung des Verhältnisses $\alpha_1 : \alpha_2$, wenn die Determinanten des Systems

$$\begin{Vmatrix} a_1, & b_1, & c_1, & d_1 \\ a_2, & b_2, & c_2, & d_2 \\ a_3, & b_3, & c_3, & d_3 \end{Vmatrix}$$

durch A, $3B$, $3C$, D bezeichnet werden. Ihren drei Wurzeln $\alpha'_1 : \alpha'_2$, $\alpha''_1 : \alpha''_2$, $\alpha'''_1 : \alpha'''_2$ entsprechen drei Werte von $\xi_1 x_1 + ..$ und wenn man in den bezüglichen Gleichungen

$$\xi'_1 x_1 + \xi'_2 x_2 + \xi'_3 x_3 = (\alpha'_1 \lambda_1 + \alpha'_2 \lambda_2)^3, \text{ u. s. w.}$$

die Kubikwurzeln beider Seiten bildet und λ_1 und λ_2 linear eliminiert, so erhält man die Gleichung der Kurve in der Form einer linearen Relation zwischen den Kubikwurzeln der gefundenen drei linearen Funktionen. Setzen wir

$$\begin{aligned} X_1 &= (\alpha'_1 \lambda_1 + \alpha'_2 \lambda_2)^3 (\alpha''_1 \alpha'''_2 - \alpha'''_1 \alpha''_2)^3, \\ X_2 &= (\alpha''_1 \lambda_1 + \alpha''_2 \lambda_2)^3 (\alpha'''_1 \alpha'_2 - \alpha'_1 \alpha'''_2)^3, \\ X_3 &= (\alpha'''_1 \lambda_1 + \alpha'''_2 \lambda_2)^3 (\alpha'_1 \alpha''_2 - \alpha''_1 \alpha'_2)^3, \end{aligned}$$

so erhalten wir die Gleichung der Kurve in der Form vom Schlusse des Art. 216

$$X_1^{\frac{1}{3}} + X_2^{\frac{1}{3}} + X_3^{\frac{1}{3}} = 0,$$

eine Kurve dritter Ordnung mit Doppelpunkt in $X_1 = X_2 = X_3$ mit $X_1 = 0$, $X_2 = 0$, $X_3 = 0$ als den Inflexionstangenten und $X_1 + X_2 + X_3 = 0$ als der Verbindungslinie der Inflexionspunkte.

Dieselbe kubische Gleichung erhalten wir noch in andern Arten, deren Betrachtung nützlich sein mag. Die Bedingung der Lage von drei Punkten x'_i, x''_i, x'''_i in gerader Linie, das Verschwinden der Determinante ihrer Koordinaten, liefert durch Einsetzung von $x'_1 = a_1\lambda'^3_1 + 3b_1\lambda'^2_1\lambda'_2 + 3c_1\lambda'_1\lambda'^2_2 + d_1\lambda'^3_2$, u. s. w. die Bedingung für die kollineare Lage von drei Punkten λ', λ'' λ''' der Kurve. Die bezügliche Determinante ist in Partialdeterminanten zerlegbar, welche sämtlich durch

$$(\lambda'_1\lambda''_2 - \lambda''_1\lambda'_2)(\lambda''_1\lambda'''_2 - \lambda'''_1\lambda''_2)(\lambda'''_1\lambda'_2 - \lambda'_1\lambda'''_2)$$

teilbar sind, und die Bedingung kann daher in der Form geschrieben werden

$$A\lambda'_2\lambda''_2\lambda'''_2 + B(\lambda'_1\lambda''_2\lambda'''_2 + \lambda''_1\lambda'''_2\lambda'_2 + \lambda'''_1\lambda'_2\lambda''_2)$$
$$+ C(\lambda''_1\lambda'''_1\lambda'_2 + \lambda'''_1\lambda'_1\lambda''_2 + \lambda'_1\lambda''_1\lambda'''_2) + D\lambda'_1\lambda'_2\lambda'_3 = 0,$$

wenn A, B, C, D dieselbe Bedeutung haben, wie in der vorigen Entwickelung. Oder, wenn die $\lambda_1 : \lambda_2$ der drei Punkte als Wurzeln der kubischen Gleichung

$$A'\lambda_1^3 + 3B'\lambda_1^2\lambda_2 + 3C'\lambda_1\lambda_2^2 + D\lambda_2^3 = 0$$

bestimmt sind, so ist die Bedingung ihrer kollinearen Lage die Relation

$$(AD' - A'D) - 3(BC' - B'C) = 0.$$

Für $\lambda'_1 = \lambda''_1 = \lambda'''_1$ und $\lambda'_2 = \lambda''_2 = \lambda'''_2$ erhalten wir einen Inflexionspunkt und kommen auf die Gleichung

$$A\lambda_2^3 + 3B\lambda_2^2\lambda_1 + 3C\lambda_2\lambda_1^2 + D\lambda_1^3 = 0$$

zurück.

Oder wir betrachten die Determinantenform der Gleichung der Verbindungslinie zweier Punkte als Punkte der rationalen Kurve, substituieren also für die x_i die Ausdrücke in Funktion des Parameters; dann ist insbesondere die Gleichung der Tangente in einem Punkte λ der Kurve

$$\begin{vmatrix} x_1, & x_2, & x_3, \\ x_1^{(1)}, & x_2^{(1)}, & x_3^{(1)} \\ x_1^{(2)}, & x_2^{(2)}, & x_3^{(2)} \end{vmatrix} = 0,$$

wenn wir durch die obern Indices 1 und 2 die Differentiation des Parameterausdrucks nach λ_1, respektive λ_2 bezeichnen; und drei aufeinanderfolgende Punkte liegen in einer geraden Linie für

$$\begin{vmatrix} x_1^{(11)}, & x_2^{(11)}, & x_3^{(11)} \\ x_1^{(12)}, & x_2^{(12)}, & x_3^{(12)} \\ x_1^{(22)}, & x_2^{(22)}, & x_3^{(22)} \end{vmatrix} = 0,$$

wo die obern Doppelindices die zweifache Differentiation nach den durch sie bezeichneten λ anzeigen. Für den betrachteten Fall der rationalen Kurve dritter Ordnung werden daher die Inflexionen bestimmt durch

$$\begin{vmatrix} a_1\lambda_1 + b_1\lambda_2, & b_1\lambda_1 + c_1\lambda_2, & c_1\lambda_1 + d_1\lambda_2 \\ a_2\lambda_1 + b_2\lambda_2, & b_2\lambda_1 + c_2\lambda_2, & c_2\lambda_1 + d_2\lambda_2 \\ a_3\lambda_1 + b_3\lambda_2, & b_3\lambda_1 + c_3\lambda_2, & c_3\lambda_1 + d_3\lambda_3 \end{vmatrix} = 0,$$

welches leicht als identisch mit der obigen kubischen Gleichung erkannt wird.

218. Ein Doppelpunkt der Kurve ist als zu zwei verschiedenen Werten $\lambda'_1 : \lambda'_2$, $\lambda''_1 : \lambda''_2$ des Verhältnisses $\lambda_1 : \lambda_2$ gehörig charakterisiert; welchen andern Punkt $\lambda'''_1 : \lambda'''_2$ der Kurve man also auch hinzufügen mag, immer ist die Bedingung der kollinearen Lage durch die drei Parameterwerte erfüllt, d. h. die mit λ'''_1 und λ'''_2 multiplizierten Teile dieser Bedingung müssen getrennt verschwinden oder es bestehen die Gleichungen

$$B\lambda'_2\lambda''_2 + C(\lambda''_1\lambda'_2 + \lambda'_1\lambda''_2) + D\lambda'_1\lambda''_1 = 0,$$
$$A\lambda'_2\lambda''_2 + B(\lambda''_1\lambda'_2 + \lambda'_1\lambda''_2) + C\lambda'_1\lambda''_1 = 0;$$

und da überdies die quadratische Gleichung, welche die Parameter-Werte des Doppelpunktes bestimmt, durch

$$\lambda_1^2\lambda'_2\lambda''_2 - \lambda_1\lambda_2(\lambda''_1\lambda'_2 + \lambda'_1\lambda''_2) + \lambda_2^2\lambda'_1\lambda''_1 = 0$$

ausgedrückt wird, so erhält man ihren Ausdruck durch lineare Elimination von $\lambda'_2\lambda''_2$, $\lambda''_1\lambda'_2 + \lambda'_1\lambda''_2$ und $\lambda'_1\lambda''_1$ in der Form

$$\begin{vmatrix} \lambda_1^2, & -\lambda_1\lambda_2, & \lambda_2^2 \\ A, & B, & C \\ B, & C, & D \end{vmatrix} = 0,$$

d. h. als Hessesche Kovariante unserer kanonischen kubischen Gleichung (vergl. Art. 195 der „Vorlesungen").

Wenn wir in die Bedingung des letzten Art. $\lambda''_1 : \lambda''_2 = \lambda'_1 : \lambda'_2$ einführen, so erhalten wir die Relationen, welche den Parameter eines Punktes mit dem seines Tangentialpunktes verbinden, und man erkennt, dass die Faktoren von λ'''_1, λ'''_2 respektive die Differentiale der kubischen Gleichung nach λ_1 und λ_2 sind.[45])

Wir haben im vorigen die Wurzeln der kanonischen kubischen Form als ungleich vorausgesetzt und wollen nun noch in der einfachsten Form den Fall betrachten, wo sie zwei gleiche Wurzeln besitzt. Seien x_1 und x_2 zwei der angehörigen linearen Funktionen, d. h. etwa $x_1 = \lambda_1^3$, $x_2 = \lambda_2^3$, und sei wie vorher

$$x_3 = a_3 \lambda_1^3 + 3 b_3 \lambda_1^2 \lambda_2 + 3 c_3 \lambda_1 \lambda_2^2 + d_3 \lambda_2^3,$$

so ist die Kanonizante

$$\alpha_1 \alpha_2 (b_3 \alpha_2 - c_3 \alpha_1) = 0$$

und diese hat zwei gleiche Wurzeln nur in der Voraussetzung, dass entweder b_3 oder c_3 gleich Null ist. In diesem Falle können wir aber durch lineare Substitution die dritte Gleichung auf die Form

$$x_3 = \lambda_1^2 \lambda_2$$

bringen und erhalten die Gleichung der Kurve dritter Ordnung als

$$x_3^3 = x_1^2 x_2,$$

d. h. die Kurve dritter Ordnung mit stationärem Punkt.

Clebsch hat gezeigt[46]), dass im allgemeinen die Gleichung vom Grade $3(n-2)$, welche die Parameter der Inflexionspunkte bestimmt, für jeden Übergang eines Doppelpunktes in eine Spitze ein Paar gleiche Wurzeln annimmt.

Wenn die Kanonizante drei gleiche Wurzeln hat, so zerfällt die Kurve in eine gerade Linie und einen Kegelschnitt.

V. Abschnitt.

Invarianten und Kovarianten der Kurven dritter Ordnung.

219. Die Gleichung einer Kurve dritter Ordnung ohne singulären Punkt kann immer auf die kanonische Form

$$x_1^3 + x_2^3 + x_3^3 + 6 m x_1 x_2 x_3 = 0$$

reduziert werden, in welcher (Art. 23) jedes der x_i drei Konstanten implicite enthält, so dass in ihr mit Einschluss der Konstanten m die zehn Konstanten vorhanden sind, die nach dem Kennzeichen des Art. 24 eine kubische Form enthalten muss, um jede beliebige Kurve dritter Ordnung darstellen zu können. Wir wollen jetzt zeigen, wie die Gleichung einer beliebigen Kurve dritter Ordnung auf die bezeichnete Form reduziert werden kann. Wenn ω eine imaginäre dritte Wurzel der Einheit bezeichnet, so kann die reduzierte Gleichung in der Form geschrieben werden

$$(x_1+x_2-2mx_3)(\omega x_1+\omega^2 x_2-2mx_3)(\omega^2 x_1+\omega x_2-2mx_3) \\ +(1+8m^3)x_3^3=0,$$

aus welcher ersichtlich ist, dass die Linie

$$x_3=0$$

drei Inflexionspunkte verbindet und zugleich, dass das nämliche für $x_1=0$ und $x_2=0$ ebenso nachgewiesen werden kann. Somit bilden diese drei Geraden eins der vier Systeme von drei Linien, welche, wie wir in Art. 175 sahen, durch die neun Inflexionspunkte gezogen werden können, und wir sehen so voraus, dass das Problem der Reduktion der allgemeinen Gleichung der Kurve dritter Ordnung auf die kanonische Form vier Lösungen hat (Art. 228). Diese Form ist die, welche wir in unsern Untersuchungen über Kurven dritter Ordnung immer gebrauchen wollen; zuvor müssen wir aber mindestens für den Nachweis der Reduzierbarkeit die Invarianten der Gleichung in der allgemeinen Form bilden und wollen diese letztere schreiben wie folgt

$$ax_1^3+bx_2^3+cx_3^3+3a_2x_1^2x_2+3a_3x_1^2x_3+3b_1x_2^2x_1 \\ +3b_3x_2^2x_3+3c_1x_3^2x_1+3c_2x_3^2x_2+6mx_1x_2x_3=0,$$

indem wir die Koëfficienten als a, b oder c schreiben, je nachdem die höchst potenzierte Variable des Gliedes die erste, zweite oder dritte ist, und den Index der andern Variabeln beifügen, die das Glied noch enthält, bei dem Produkt aller drei Variabeln aber, welches sich dieser Regel entzieht, einfach m setzen.[47])

Beispiel. Jede Kurve des Büschels mit gemeinsamen Inflexionspunkten $x_1^3+x_2^3+x_3^3+6mx_1x_2x_3=0$ wird durch die Substitutionen wie $(\omega x_2, \omega^2 x_1, x_3)$ für (x_1, x_2, x_3) in sich selbst transformiert, in diesem Falle für den Inflexionspunkt $x_3=0$, $x_1+\omega x_2=0$ als Centrum —

die zwei nicht durch ihn gehenden Seiten des Inflexionsdreiecks vertauschen ihre Rollen oder gehen in einander über. Die zugehörigen Axen oder harmonischen Polaren der Inflexionspunkte $x_1 - \omega x_2 = 0$ bilden die Gesamtheit

$$(x_1^3 - x_2^3)(x_2^3 - x_3^3)(x_3^3 - x_1^3) = 0$$

und den Ort der Punkte der Kurven des Büschels, in welchen dieselben von Kegelschnitten sechspunktig berührt werden (Art. 171, 156).

220. Wir bilden zuerst die Gleichung der Hesseschen Kurve. Die zweiten Differentialquotienten der kubischen Form sind mit Unterdrückung des gemeinschaftlichen Faktors sechs

$$\begin{aligned} U_{11} &= a x_1 + a_2 x_2 + a_3 x_3, & U_{23} &= m x_1 + b_3 x_2 + c_2 x_3, \\ U_{22} &= b_1 x_1 + b x_2 + b_3 x_3, & U_{13} &= a_3 x_1 + m x_2 + c_1 x_3, \\ U_{33} &= c_1 x_1 + c_2 x_2 + c x_3, & U_{12} &= a_2 x_1 + b_1 x_2 + m x_3; \end{aligned}$$

für die Diskriminante

$$H = U_{11} U_{22} U_{33} + 2 U_{23} U_{13} U_{12} - U_{11} U_{23}^2 - U_{22} U_{13}^2 - U_{33} U_{12}^2$$

erhält man daraus eine kubische Form mit den Koefficienten

$$\mathbf{a},\ \mathbf{b},\ \mathbf{c},\ \mathbf{a}_2,\ \mathbf{a}_3,\ \mathbf{b}_1,\ \mathbf{b}_3,\ \mathbf{c}_1,\ \mathbf{c}_2,\ \mathbf{m}$$

von folgenden Werten

$$\begin{aligned} \mathbf{a} &= a b_1 c_1 + 2 m a_2 a_3 - a m^2 - b_1 a_3^2 - c_1 a_2^2, \\ \mathbf{b} &= b a_2 c_2 + 2 m b_3 b_1 - b m^2 - c_2 b_1^2 - a_2 b_3^2, \\ \mathbf{c} &= c b_3 a_3 + 2 m c_1 c_2 - c m^2 - a_3 c_2^2 - b_3 c_1^2, \end{aligned}$$

$$\begin{aligned} 3\mathbf{a}_2 &= a b c_1 - 2 a b_3 m + a b_1 c_2 - a_3^2 b + a_2 m^2 - a_2 b_1 c_1 + 2 a_2 a_3 b_3 - a_2^2 c_2, \\ 3\mathbf{a}_3 &= a c b_1 - 2 a c_2 m + a b_3 c_1 - a_2^2 c + a_3 m^2 - a_3 b_1 c_1 + 2 a_2 a_3 c_2 - a_3^2 b_3, \\ 3\mathbf{b}_1 &= a b c_2 - 2 a_3 b m + b a_2 c_1 - a b_3^2 + b_1 m^2 - b_1 a_2 c_2 + 2 b_1 b_3 a_3 - b_1^2 c_1, \\ 3\mathbf{b}_3 &= a_2 b c - 2 b c_1 m + b a_3 c_2 - c b_1^2 + b_3 m^2 - b_3 a_2 c_2 + 2 b_1 b_3 c_1 - a_3 b_3^2, \\ 3\mathbf{c}_1 &= a b_3 c - 2 a_2 c m + c a_3 b_1 - a c_2^2 + c_1 m^2 - c_1 a_3 b_3 + 2 c_1 c_2 a_2 - b_1 c_1^2, \\ 3\mathbf{c}_2 &= a_3 b c - 2 b_1 c m + c a_2 b_3 - b c_1^2 + c_2 m^2 - c_2 a_3 b_3 + 2 c_1 c_2 b_1 - a_2 c_2^2, \\ 6\mathbf{m} &= a b c - (a b_3 c_2 + b c_1 a_3 + c a_2 b_1) + 2 m^3 - 2 m (b_1 c_1 + c_2 a_2 + a_3 b_3) \\ &\quad + 3 (a_2 b_3 c_1 + a_3 b_1 c_2). \end{aligned}$$

Insbesondere wird die Hessesche Kurve von

$$x_1^3 + x_2^3 + x_3^3 + 6 m x_1 x_2 x_3 = 0$$

durch

$$- m^2 (x_1^3 + x_2^3 + x_3^3) + (1 + 2 m^3) x_1 x_2 x_3 = 0$$

dargestellt.

Wir können ebenso die Gleichung der Cayleyschen Kurve bilden. Diese Kontravariante drückt die Bedingung aus, unter welcher die gerade Linie

$$\xi_1 x_1 + \xi_2 x_2 + \xi_3 x_3 = 0$$

von den Kegelschnitten

$$U_1 = 0, \quad U_2 = 0, \quad U_3 = 0$$

und von dem ganzen durch sie bestimmten Netze von Kegelschnitten in Involution geschnitten wird. Man hat

$$\begin{aligned}
U_1 &= a x_1^2 + b_1 x_2^2 + c_1 x_3^2 + 2 m x_2 x_3 + 2 a_3 x_1 x_3 + 2 a_2 x_1 x_2, \\
U_2 &= a_2 x_1^2 + b x_2^2 + c_2 x_3^2 + 2 b_3 x_2 x_3 + 2 m x_1 x_3 + 2 b_1 x_1 x_2, \\
U_3 &= a_3 x_1^2 + b_3 x_2^2 + c x_3^2 + 2 c_2 x_2 x_3 + 2 c_1 x_1 x_3 + 2 m x_1 x_2,
\end{aligned}$$

und die fragliche Bedingung ist nach „Kegelschn.“ Art. 337, 356

$$\begin{vmatrix}
c_1 \xi_1^2 - 2 a_3 \xi_3 \xi_1 + a \xi_3^2, & c_1 \xi_2^2 - 2 m \xi_3 \xi_2 + b_1 \xi_3^2, & c_1 \xi_1 \xi_2 - m \xi_3 \xi_1 - a_3 \xi_3 \xi_2 + a_2 \xi_3^2 \\
c_2 \xi_1^2 - 2 m \xi_3 \xi_1 + a_2 \xi_3^2, & c_2 \xi_2^2 - 2 b_3 \xi_3 \xi_2 + b \xi_3^2, & c_2 \xi_1 \xi_2 - b_3 \xi_3 \xi_1 - m \xi_3 \xi_2 + b_1 \xi_3^2 \\
c \xi_1^2 - 2 c_1 \xi_3 \xi_1 + a_3 \xi_3^2, & c \xi_2^2 - 2 c_2 \xi_3 \xi_2 + b_3 \xi_3^2, & c \xi_1 \xi_2 - c_2 \xi_3 \xi_1 - c_1 \xi_3 \xi_2 + m \xi_3^2
\end{vmatrix} = 0$$

oder in entwickelter Form

$$\begin{aligned}
P = A \xi_1^3 + B \xi_2^3 + C \xi_3^3 + 3 A_2 \xi_1^2 \xi_2 + 3 A_3 \xi_1^2 \xi_3 + 3 B_1 \xi_2^2 \xi_1 \\
+ 3 B_3 \xi_2^2 \xi_3 + 3 C_1 \xi_3^2 \xi_1 + 3 C_2 \xi_1^2 \xi_2 + 6 M \xi_1 \xi_2 \xi_3
\end{aligned}$$

mit folgenden Werten der Koefficienten

$$\begin{aligned}
A &= b c m - b c_1 c_2 - c b_1 b_3 - b_3 c_2 m + b_1 c_2^2 + c_1 b_3^2, \\
B &= c a m - c a_2 a_3 - a c_1 c_2 - a_3 c_1 m + a_2 c_1^2 + c_2 a_3^2, \\
C &= a b m - a b_1 b_3 - b a_2 a_3 - b_1 a_2 m + b_3 a_2^2 + a_3 b_1^3, \\
3 A_2 &= - b c a_3 - c b_1 m + b c_1^2 + 2 c a_2 b_3 + 2 c_2 m^2 - 3 b_3 c_1 m + c_2 a_3 b_3 \\
&\qquad + b_1 c_1 c_2 - 2 a_2 c_2^2, \\
3 A_3 &= - b c a_2 - b c_1 m + c b_1^2 + 2 b a_3 c_2 + 2 b_3 m^2 - 3 c_2 b_1 m + b_3 a_2 c_2 \\
&\qquad + b_1 c_1 b_3 - 2 a_3 b_3^2, \\
3 B_1 &= - c a b_3 - c a_2 m + a c_2^2 + 2 c a_3 b_1 + 2 c_1 m^2 - 3 a_3 c_2 m + c_1 a_3 b_3 \\
&\qquad + a_2 c_1 c_2 - 2 b_1 c_1^2, \\
3 B_3 &= - c a b_1 - a c_2 m + c a_2^2 + 2 a b_3 c_1 + 2 a_3 m^2 - 3 c_1 a_2 m + a_3 b_1 c_1 \\
&\qquad + a_2 c_2 a_3 - 2 b_3 a_3^2, \\
3 C_1 &= - a b c_2 - b a_3 m + a b_3^2 + 2 b a_2 c_1 + 2 b_1 m^2 - 3 a_2 b_3 m + b_1 a_2 c_2 \\
&\qquad + a_3 b_1 b_3 - 2 c_1 b_1^2, \\
3 C_2 &= - a b c_1 - a b_3 m + b a_3^2 + 2 a b_1 c_2 + 2 a_2 m^2 - 3 a_3 b_1 m + a_2 b_1 c_1 \\
&\qquad + a_2 a_3 b_3 - 2 c_2 a_2^2, \\
6 M &= a b c - (a b_3 c_2 + b c_1 a_3 + c a_2 b_1) - 4 m^3 \\
&\qquad + 4 m (b_1 c_1 + c_2 a_2 + a_3 b_3) - 3 (a_2 b_3 c_1 + a_3 b_1 c_2).
\end{aligned}$$

Für

$$x_1^3 + x_2^3 + x_3^3 + 6 m x_1 x_2 x_3 = 0$$

ist die Gleichung der Cayleyschen Kurve speziell

$$m (\xi_1^3 + \xi_2^3 + \xi_3^3) + (1 - 4 m^3) \xi_1 \xi_2 \xi_3 = 0.$$

221. Wenn wir in der eben entwickelten Kontravariante für die ξ_1, ξ_2, ξ_3 Symbole der Differentiation nach x_1, x_2, x_3 respektive einsetzen und mit dem so gebildeten Symbol an der gegebenen kubischen Form U operieren, so ist nach Art. 94 der „Vorlesungen“ das Resultat eine Invariante. Sie ist vom vierten Grade in den Koefficienten und wird durch S bezeichnet; ihre entwickelte Form ist

$$\begin{aligned}S = abcm &- (bca_2a_3 + cab_1b_3 + abc_1c_2) - m(ab_3c_2 + bc_1a_3 + ca_2b_1)\\ &+ (ab_1c_2^2 + bc_2a_3^2 + ac_1b_3^2 + ba_2c_1^2 + cb_3a_2^2 + ca_3b_1^2) - m^4\\ &+ 2m^2(b_1c_1 + c_2a_2 + a_3b_3) - 3m(a_2b_3c_1 + a_3b_1c_2)\\ &- (b_1^2c_1^2 + c_2^2a_2^2 + a_3^2b_3^2) + (c_2a_2a_3b_3 + a_3b_3b_1c_1 + b_1c_1c_2a_2),\end{aligned}$$

oder nach der Schreibung von Aronhold

$$\begin{aligned}-S = (b_1c_1 - m^2)^2 &+ (c_1a - a_3^2)(bc_2 - b_3^2) + (ab_1 - a_2^2)(b_3c - c_2^2)\\ &+ (a_2a_3 - ma)(bc - b_3c_2) + (a_2m - a_3b_1)(b_3c_1 + b_1c - 2c_2m)\\ &+ (ma_3 - a_2c_1)(b_1c_2 + c_1b - 2mb_3).\end{aligned}$$

Wir drücken dieselbe Sache nur anders aus, wenn wir sagen, dass die Gleichung der Cayleyschen Kurve in der Form

$$\begin{aligned}\Big(\xi_1^3\frac{d}{da} + \xi_2^3\frac{d}{db} + \xi_3^3\frac{d}{dc} + \xi_1^2\xi_2\frac{d}{da_2} + \xi_1^2\xi_3\frac{d}{da_3} + \xi_2^2\xi_1\frac{d}{db_1}\\ + \xi_2^2\xi_3\frac{d}{db_3} + \xi_3^2\xi_1\frac{d}{dc_1} + \xi_3^2\xi_2\frac{d}{dc_2} + \xi_1\xi_2\xi_3\frac{d}{dm}\Big)S = 0\end{aligned}$$

geschrieben werden kann. Wir haben in Art. 162 der „Vorlesungen“ die symbolische Methode erwähnt[48]), durch welche Aronhold diese Invariante S zuerst erhalten hat; brauchen wir für dieselbe das dort entwickelte Symbol

$$(123)\,(234)\,(341)\,(412),$$

so ist das entsprechende Symbol ihrer Evektante die linke Seite der Gleichung der Cayleyschen Kurve

$$(123)\,(\xi 23)\,(\xi 31)\,(\xi 12).$$

Für die kanonische Form ist

$$S = m - m^4$$

und weil infolgedessen S mit $m = 0$ verschwindet, oder wenn diese Gleichung die Form

$$x_1^3 + x_2^3 + {}_3^3 = 0$$

hat, so entspricht das Verschwinden von S der Reduzierbarkeit der Gleichung auf die Summe von drei Kuben.

222. Wenn eine Form

$$U = ax_1^n + bx_2^n + cx_3^n + \cdots$$

und eine Kovariante V derselben von gleichem Grade

$$\mathfrak{a}x_1^n + \mathfrak{b}x_2^n + \mathfrak{c}x_3^n + \cdots$$

bekannt sind, so kann man aus jeder Invariante von U die entsprechende Invariante von $U + \lambda V$ bilden und erhält in den Koefficienten der verschiedenen Potenzen von λ in ihrer Entwickelung neue Invarianten; man kann also in dem vorausgesetzten Falle aus jeder Invariante von U eine neue bilden, indem man an ihr die Operation

$$\mathfrak{a}\frac{d}{da} + \mathfrak{b}\frac{d}{db} + \mathfrak{c}\frac{d}{dc} + \cdots$$

vollzieht. Wenn wir dies Prinzip auf die kubische Form und ihre Hessesche Kovariante anwenden, so können wir aus der Invariante S eine neue Invariante T vom sechsten Grade in den Koefficienten ableiten; oder was dasselbe sagt, wir können die neue Invariante T bilden, indem wir in die Gleichung der Cayleyschen Kurve an Stelle der ξ_i Differentialsymbole substituieren und mit dem entstandenen Symbol an der Hesseschen Kovariante operieren. So erhalten wir für T den Wert

$$\begin{gathered}
a^2b^2c^2 - 6abc(ab_3c_2 + bc_1a_3 + ca_2b_1) - 20abcm^3 \\
+ 12abcm(b_1c_1 + c_2a_2 + a_3b_3) + 6abc(a_2b_3c_1 + a_3b_1c_2) \\
+ 4(a^2bc_2^3 + a^2cb_3^3 + b^2ca_3^3 + b^2ac_1^3 + c^2ab_1^3 + c^2ba_2^3) \\
+ 36m^2(bca_2a_3 + cab_1b_3 + abc_1c_2) \\
- 24m(bcb_1a_3^2 + bcc_1a_2^2 + cac_2b_1^2 + caa_2b_3^2 + aba_3c_2^2 + abb_3c_1^2) \\
- 3(a^2b_3^2c_2^2 + b^2c_1^2a_3^2 + c^2a_2^2b_1^2) \\
+ 18(bcb_1c_1a_2a_3 + cac_2a_2b_3b_1 + aba_3b_3c_1c_2) \\
- 12(bcc_2a_3a_2^2 + bcb_3a_2a_3^2 + cac_1b_3b_1^2 + caa_3b_1b_3^2 + aba_2c_1c_2^2 + abb_1c_2c_1^2) \\
- 12m^3(ab_3c_2 + bc_1a_3 + ca_2b_1) \\
+ 12m^2(ab_1c_2^2 + ac_1b_3^2 + ba_2c_1^2 + bc_2a_3^2 + cb_3a_2^2 + ca_3b_1^2) \\
- 60m(ab_1b_3c_1c_2 + bc_1c_2a_2a_3 + ca_2a_3b_1b_3) \\
+ 12m(aa_2b_3c_2^2 + aa_3c_2b_3^2 + bb_3c_1a_3^2 + bb_1a_3c_1^2 + cc_1a_2b_1^2 + cc_2b_1a_2^2) \\
+ 6(ab_3c_2 + bc_1a_3 + ca_2b_1)(a_2b_3c_1 + a_3b_1c_2) \\
+ 24(ab_1b_3^2c_1^2 + ac_1c_2^2b_1^2 + bc_2c_1^2a_2^2 + ba_2a_3^2c_2^2 + ca_3a_2^2b_3^2 + cb_3b_1^2a_3^2) \\
- 12(aa_2b_1c_2^3 + aa_3c_1b_3^3 + bb_3c_2a_3^3 + bb_1a_2c_1^3 + cc_1a_3b_1^3 + cc_2b_3a_2^3) \\
- 8m^6 + 24m^4(b_1c_1 + c_2a_2 + a_3b_3) - 36m^3(a_2b_3c_1 + a_3b_1c_2)
\end{gathered}$$

$$-12m^2(b_1c_1c_2a_2+c_2a_2a_3b_3+a_3b_3b_1c_1)-24m^2(b_1{}^2c_1{}^2+c_2{}^2a_2{}^2+a_3{}^2b_3{}^2)$$
$$+36m(a_2b_3c_1+a_3b_1c_2)(b_1c_1+c_2a_2+a_3b_3)-6b_1c_1c_2a_2a_3b_3$$
$$+8(b_1{}^3c_1{}^3+c_2{}^3a_2{}^3+a_3{}^3b_3{}^3)-27(a_2{}^2b_3{}^2c_1{}^2+a_3{}^2b_1{}^2c_2{}^2)$$
$$-12(b_1{}^2c_1{}^2c_2a_2+b_1{}^2c_1{}^2a_3b_3+c_2{}^2a_2{}^2a_3b_3+c_2{}^2a_2{}^2b_1c_1+a_3{}^2b_3{}^2b_1c_1+a_3{}^2b_3{}^2c_2a_2).$$

Für die kanonische Form reduziert sich diese Invariante auf

$$(1-20m^3-8m^6);$$

ihre symbolische Form ist

$$(123)(124)(235)(316)(456)^2.$$

Wir können aus ihr eine Evektante

$$\xi_1{}^3\frac{dT}{da}+\xi_2{}^3\frac{dT}{db}+\cdots=0$$

bilden, deren Koefficienten in entwickelter Form zu geben unnötig ist. Für die kanonische Form wird diese Kontravariante, die wir Q nennen wollen,

$$(1-10m^3)(\xi_1{}^3+\xi_2{}^3+\xi_3{}^3)-(30m^2+24m^5)\xi_1\xi_2\xi_3=0.$$

Jede andere Invariante der kubischen Form kann als eine rationale Funktion von S und T ausgedrückt werden. Man kann dies in derselben Art beweisen, wie der entsprechende Satz für die binäre biquadratische Form bewiesen worden ist[49]) („Vorlesungen" Art. 215); wie denn überhaupt zwischen den Theorien der binären biquadratischen und der ternären kubischen Formen viele Analogien bestehen.

223. Die Methode zur Bildung der Gleichung der Reciproken einer Kurve dritter Ordnung ist im Art. 91 erläutert worden. Wir geben hier das Resultat ihrer Anwendung auf die allgemeine Gleichung, jedoch nur die entwickelte Form derjenigen Glieder, welche von einander wesentlich verschieden sind und aus denen die fehlenden durch symmetrische Buchstabenvertauschung abgeleitet werden können.

$$\xi_1{}^6\{b^2c^2-6bcb_3c_2+4bc_2{}^3+4cb_3{}^3-3b_3{}^2c_2{}^2\}+\cdots$$
$$+6\xi_1{}^5\xi_2\{-bc^2b_1+2bcmc_2+bcb_3c_1-4mcb_3{}^2+3cc_2b_3b_1-2bc_1c_2{}^2$$
$$+2mb_3c_2{}^2+b_3{}^2c_1c_2-2b_1c_2{}^3\}+\cdots$$
$$+3\xi_1{}^4\xi_2{}^2\{2bc^2a_2-4mbcc_1+3c^2b_1{}^2-2bcc_2a_3+16m^2cb_3-12mcb_1c_2$$
$$+4bc_1{}^2c_2+4ca_3b_3{}^2-6ca_2b_3c_2-6cb_1b_3c_1-4m^2c_2{}^2-8mb_3c_1c_2$$
$$-b_3{}^2c_1{}^2-2a_3b_3c_2{}^2+4a_2c_2{}^3+12b_1c_1c_2{}^2\}+\cdots$$
$$+6\xi_1{}^4\xi_2\xi_3\{bc(-4m^2+5b_1c_1-2a_3b_3-2c_2a_2)$$

$$+b(2mc_1c_2+4a_3c_2^2-3b_3c_1^2)+c(2mb_1b_3+4a_2b_3^2-3c_2b_1^2)-8m^2b_3c_2$$
$$+10m(b_3^2c_1+c_2^2b_1)-2a_3c_2b_3^2-2a_2b_3c_2^2-11b_1b_3c_1c_2\}+\cdots$$
$$+2\xi_1^3\xi_2^3\{-abc^2-9c^2a_2b_1+3bcc_1a_3+3acb_3c_2-2ac_2^3-2bc_1^3-16cm^3$$
$$+cm(18b_1c_1+18c_2a_2-24a_3b_3)+9c(a_2b_3c_1+a_3b_1c_2)+12m^2c_1c_2$$
$$+6m(a_3c_2^2+b_3c_1^2)+6a_3b_3c_1c_2-18b_1c_1^2c_2-18a_2c_1c_2^2\}+\cdots$$
$$+6\xi_1^3\xi_2^2\xi_3\{abcc_2+6bcma_3-4bca_2c_1-2acb_3^2+ab_3c_2^2+2mbc_1^2$$
$$-5bc_1c_2a_3+4cm^2b_1-10cma_2b_3+2cb_1a_3b_3-6cb_1^2c_1+9ca_2c_2b_1$$
$$+8m^3c_2-16m^2b_3c_1+12ma_3b_3c_2-8ma_2c_2^2-2mb_1c_1c_2-4a_3b_3^2c_1$$
$$+10b_1b_3c_1^2+13a_2b_3c_1c_2-11a_3b_1c_2^2\}+\cdots$$
$$+6\xi_1^2\xi_2^2\xi_3^2\{-4abcm+(bca_2a_3+cab_1b_3+abc_1c_2)$$
$$-8m(ab_3c_2+bc_1a_3+ca_2b_1)$$
$$+5(ab_1c_2^2+ac_1b_3^2+bc_2a_3^2+ba_2c_1^2+cb_3a_2^2+ca_3b_1^2)-8m^4$$
$$+4m^2(b_1c_1+c_2a_2+a_3b_3)+18m(a_2b_3c_1+a_3b_1c_2)+4(b_1^2c_1^2+c_2^2a_2^2+a_3^2b_3^2)$$
$$-19(b_1c_1c_2a_2+c_2a_2a_3b_3+a_3b_3b_1c_1)\}=0.$$

Diese Kontravariante ist die zweite Evektante von T, d. h. die Gleichung der Reciprokalkurve kann in der Form geschrieben werden:

$$\Big(\xi_1^3\frac{d}{da}+\xi_2^3\frac{d}{db}+\xi_3^3\frac{d}{dc}+\xi_1^2\xi_2\frac{d}{da_2}+\xi_1^2\xi_3\frac{d}{da_3}+\xi_2^2\xi_3\frac{d}{db_3}$$
$$+\xi_2^2\xi_1\frac{d}{db_1}+\xi_3^2\xi_1\frac{d}{dc_1}+\xi_3^2\xi_2\frac{d}{dc_2}+\xi_1\xi_2\xi_3\frac{d}{dm}\Big)^2T=0.$$

In Art. 91 ward schon die Gleichung für die kanonische Form gegeben

$$\xi_1^6+\xi_2^6+\xi_3^6-(2+32m^3)(\xi_2^3\xi_3^3+\xi_3^3\xi_1^3+\xi_1^3\xi_2^3)$$
$$-24m^2\xi_1\xi_2\xi_3(\xi_1^3+\xi_2^3+\xi_3^3)-(24m+48m^4)\xi_1^2\xi_2^2\xi_3^2=0.$$

224. Die Invarianten der kubischen Form können auch mit Hilfe der Differentialgleichungen berechnet werden, welchen Invarianten genügen müssen (vergl. „Vorlesungen“ Art. 144). Es ist dazu zweckmässig, die Gleichung nach einer der Variabeln zu ordnen und sie also etwa zu schreiben

$$rx_3^3+3(a_0x_1+a_1x_2)x_3^2+3(b_0x_1^2+2b_1x_1x_2+b_2x_2^2)x_3$$
$$+(c_0x_1^3+3c_1x_1^2x_2+3c_2x_1x_2^2+c_3x_2^3)=0.$$

Wenn wir dann eine Invariante bilden wollen, deren Ordnung und Gewicht vorgeschrieben sind, so können wir ihren litteralen Teil ohne Rechnung schreiben; so muss z. B. S von der Form

$$r(c^2b)+(c^2a^2)+(cb^2a)+(b^4)$$

sein, wenn wir durch (c^2b) eine Funktion bezeichnen, die vom zweiten Grade in den Koefficienten c und vom ersten Grade in den Koefficienten b ist; wir wissen auch, dass sie eine Invariante dieser Ordnung von

$$b_0 x_1^2 + \cdots \quad \text{und} \quad c_0 x_1^3 + \cdots$$

oder von einer binären quadratischen und kubischen Form sein muss. Die Theorie der binären Formen erlaubt uns also die Form dieses Gliedes zu bestimmen und das Gleiche gilt für die übrigen Glieder. Die Invariante muss aber auch der Differentialgleichung

$$r\frac{d}{da_0} + \left(2a_0\frac{d}{db_0} + a_1\frac{d}{db_1}\right) + \left(3b_0\frac{d}{dc_0} + 2b_1\frac{d}{dc_1} + b_2\frac{d}{dc_2}\right) = 0$$

genügen, die ihre Koefficienten bestimmt. So findet man also

$$S = -r(c^2b) + (c^2a^2) + (cb^2a) - (b^2)^2$$

mit folgenden Werten:

$$\begin{aligned}
(c^2b) &= (c_0c_2 - c_1^2)\,b_2 - (c_0c_3 - c_1c_2)\,b_1 + (c_1c_3 - c_2^2)\,b_0;\\
(c^2a^2) &= (c_0c_2 - c_1^2)\,a_1^2 - (c_0c_3 - c_1c_2)\,a_1a_0 + (c_1c_3 - c_2^2)\,a_0^2,\\
(cb^2a) &= a_0c_0b_2^2 - (c_0a_1 + 3c_1a_0)\,b_2b_1 + (a_0c_2 + a_1c_1)(2b_1^2 + b_0b_2)\\
&\quad - (a_0c_3 + 3a_1c_2)\,b_0b_1 + a_1c_3b_0^2; \quad (b)^2 = b_0b_2 - b_1^2.
\end{aligned}$$

In analoger Art findet man

$$\begin{aligned}
T = r^2(c^4) - 6r(c^3ba) + 4(c^3a^3) + 4r(c^2b^3) - 3(c^2b^2a^2)\\
- 12(b^2)(cb^2a) + 8(b^2)^3
\end{aligned}$$

mit

$$\begin{aligned}
(c^4) &= c_0^2c_3^2 + 4c_0c_2^3 + 4c_3c_1^3 - 3c_1^2c_2^2 - 6c_0c_1c_2c_3,\\
(c^3ba) &= a_0b_0(c_0c_3^2 + 2c_2^3 - 3c_1c_2c_3)\\
&\quad + (a_1b_0 + 2a_0b_1)(2c_3c_1^2 - c_1c_2^2 - c_0c_2c_3)\\
&\quad + (a_0b_2 + 2a_1b_1)(2c_0c_2^2 - c_2c_1^2 - c_0c_1c_3)\\
&\quad + a_1b_2(c_3c_0^2 + 2c_1^3 - 8c_0c_1c_2),\\
(c^3a^3) &= a_0^3(c_0c_3^2 + 2c_2^3 - 3c_1c_2c_3)\\
&\quad + 3a_0^2a_1(2c_3c_1^2 - c_1c_2^2 - c_0c_2c_3)\\
&\quad + 3a_0a_1^2(2c_0c_2^2 - c_2c_1^2 - c_0c_1c_3)\\
&\quad + a_1^3(c_3c_0^3 + 2c_1^3 - 3c_0c_1c_2),\\
(c^2b^3) - 3(b^2)(c^2b) &= c_0^2b_2^3 - 6c_0c_1b_1b_2^2 + 6c_0c_2b_2(2b_1^2 - b_0b_2)\\
&\quad + c_0c_3(6b_0b_1b_2 - 8b_1^3) + 9c_1^2b_0b_2^2\\
&\quad - 18c_1c_2b_0b_1b_2 + 6c_1c_3b_0(2b_1^2 - b_0b_2)\\
&\quad + 9c_2^2b_0^2b_2 - 6c_2c_3b_1b_0^2 + c_3^2b_0^3,\\
(c^2b^2a^2) &= c_0^2b_2^2a_1^2 - 2c_0c_1(b_2^2a_1a_0 + 2b_1b_2a_1^2)\\
&\quad - 2c_0c_2(b_0b_2a_1^2 + 2b_1^2a_1^2 - 10b_1b_2a_0a_1 + 4b_2^2a_0^2)
\end{aligned}$$

$$+ 2c_0c_3(4b_0b_1a_1^2 + 4b_1b_2a_0^2 - 6b_1^2a_0a_1 - 3b_0b_2a_0a_1)$$
$$+ c_1^2(8b_1^2a_1^2 + 9b_2^2a_0^2 - 12b_1b_2a_0a_1 + 4b_0b_2a_1^2)$$
$$+ 2c_1c_2(b_0b_2a_0a_1 + 2b_1^2a_0a_1 - 6b_1b_2a_0^2 - 6b_0b_1a_1^2)$$
$$- 2c_1c_3(b_0b_2a_0^2 + 2b_1^2a_0^2 - 10b_0b_1a_0a_1 + 4b_0^2a_1^2)$$
$$+ c_2^2(8b_1^2a_0^2 + 9b_0^2a_1^2 - 12b_0b_1a_0a_1 + 4b_0b_2a_0^2)$$
$$- 2c_2c_3(b_0^2a_0a_1 + 2b_0b_1a_0^2) + c_3^2b_0^2a_0^2;$$

wo das letztere geschrieben werden kann

$$(c^2b^2a^2) = (cba)^2 + 4(c^2a^2)(b^2) - 8(c^2b)(a^2b)$$

mit

$$(cba) = c_3a_0b_0 - c_2(a_1b_0 + 2a_0b_1) + c_1(a_0b_2 + 2a_1b_1) - c_0a_1b_2,$$
$$(a^2b) = b_2a_0^2 - 2b_1a_0a_1 + b_0a_1^2.$$

225. Wenn die Kurve einen Doppelpunkt enthält, so kann man denselben zum Anfangspunkt der Koordinaten wählen und erhält damit

$$r = a_0 = a_1 = 0,$$

so dass sich die Invariante S auf $-(b^2)^2$ und die Invariante T auf $8(b^2)^3$ reduziert; in der Bezeichnung des Art. 218 giebt dies die analoge Reduktion für S auf $-(a_3b_3 - m^2)^2$ und für T auf $8(a_3b_3 - m^2)^3$, so dass für beiderlei Ausdrucksformen sich ergiebt, dass die Existenz eines Doppelpunktes $T^2 + 64S^3$ verschwinden macht. Diese Funktion ist somit die Diskriminante der kubischen Form, wie sich später noch in andern Arten ergeben wird. Wenn die Kurve eine Spitze hat, so verschwindet (b^2) und daher sowohl S als T. Daher gehen durch sieben Punkte (Art. 163) viermal sechs Kurven dritter Ordnung mit Spitze. Für die kanonische Form wird die Diskriminante

$$T^2 + 64S^3 = (1 + 8m^3)^3.$$

226. In den folgenden Artikeln setzen wir die kanonische Form voraus. Aus Art. 219 sehen wir, dass die Gleichung der Hesseschen Kurve von

$$x_1^3 + x_2^3 + x_3^3 + 6mx_1x_2x_3 = 0$$

dieselbe Form hat und nur durch den Wert von m davon unterschieden wird, und dass somit das System der drei Fundamentallinien

$$x_1 = 0, \quad x_2 = 0, \quad x_3 = 0$$

durch die Schnittpunkte der Kurve dritter Ordnung mit ihrer Hesseschen Kurve hindurchgeht, wie dies auch in anderer

Weise in Art. 219 gezeigt wurde. Es ergiebt sich auch, dass die Gleichung der Hesseschen Kurve für die Hessesche Kurve abermals von der nämlichen Form ist, dass also, wie ebenfalls schon im Art. 174 bewiesen worden ist, die Inflexionspunkte einer Kurve dritter Ordnung auch die Inflexionspunkte ihrer Hesseschen Kurve sind.

Jede Gleichung von der Form

$$\alpha(x_1^3 + x_2^3 + x_3^3) + \beta x_1 x_2 x_3 = 0$$

kann auf die Form

$$\lambda U + \mu H = 0$$

reduziert werden. Denn es ist

$$x_1^3 + x_2^3 + x_3^3 + 6m x_1 x_2 x_3 = U,$$
$$-m^2(x_1^3 + x_2^3 + x_3^3) + (1 + 2m^3) x_1 x_2 x_2 = H;$$

also auch

$$(1 + 8m^3)(x_1^3 + x_2^3 + x_3^3) = (1 + 2m^3) U - 6mH,$$
$$(1 + 8m^3) x_1 x_2 x_3 = m^2 U + H$$

und somit

$$(1 + 8m^3)\lambda = \alpha(1 + 2m^3) + \beta m^2,$$
$$(1 + 8m^3)\mu = -6m\alpha + \beta.$$

Bilden wir aber die Gleichung der Hesseschen Kurve von

$$\lambda U + 6\mu H = 0,$$

d. h. von

$$(\lambda - 6\mu m^2)(x_1^3 + x_2^3 + x_3^3) + 6\{\lambda m + \mu(1 + 2m^3)\} x_1 x_2 x_3 = 0,$$

so erhalten wir

$$-(\lambda - 6\mu m^2)\{\lambda m + \mu(1 + 2m^3)\}^2 (x_1^3 + x_2^3 + x_3^3)$$
$$+ [(\lambda - 6\mu m^2)^3 + 2\{\lambda m + \mu(1 + 2m^3)\}^3] x_1 x_2 x_3 = 0,$$

welches nach dem eben Bewiesenen von der Form

$$\lambda' U + \mu' H = 0$$

ist mit

$$(1 + 8m^2)\lambda' = -(1 + 2m^3)(\lambda - 6\mu m^2)\{\lambda m + \mu(1 + 2m^3)\}^2$$
$$+ m^2[(\lambda - 6\mu m^2)^3 + 2\{\lambda m + \mu(1 + 2m^3)\}^3],$$
$$(1 + 8m^3)\mu' = 6m(\lambda - 6\mu m^2)\{\lambda m + \mu(1 + 2m^3)\}^2$$
$$+ [(\lambda - 6\mu m^2)^2 + 2\{\lambda m + \mu(1 + 2m^3)\}^3].$$

Mit den Werten der Invarianten

$$S = m(1 - m^3), \quad T = 1 - 20m^3 - 8m^6$$

ergiebt sich, dass man hat

$$\lambda' = -2S\lambda^2\mu - T\lambda\mu^2 + 8S^2\mu^3,$$
$$\mu' = \lambda^3 + 12S\lambda\mu^2 + 2T\mu^3$$

und da hiermit die λ', μ' in Funktion der Invarianten ausgedrückt sind, so gelten diese Relationen für alle durch Transformation entstehenden Formen der Gleichung der Kurve u. s. w., und es ist somit die Hessesche Kurve von

$$\lambda U + 6\mu H = 0$$

für U und H als die allgemeinen Werte der Art. 218, 219 durch die Gleichung

$$\lambda' U + \mu' H = 0$$

dargestellt, wo λ' und μ' die eben gegebenen Werte haben.[50])

Das Verhältnis $\lambda : \mu$ bestimmt sich aus dem Verhältnis $\lambda' : \mu'$, falls dasselbe gegeben ist, durch die Auflösung einer kubischen Gleichung, d. h. es giebt drei Kurven dritter Ordnung, für welche eine gegebene Kurve dritter Ordnung Hessesche Kurve ist, wie schon im Art. 182 bemerkt wurde.

Weil sich als ein Spezialfall des vorigen die Gleichung der Hesseschen Kurve von der Hesseschen Kurve einer Kurve dritter Ordnung

$$H(HU) \equiv 8S^2 U + 2TH = 0$$

ergiebt, so folgt, dass $T = 0$ die Bedingung ausdrückt, unter welcher die zweite Hessesche Kurve mit der Originalkurve selbst zusammenfällt. Für $S = 0$, d. h. nach Art. 221 wenn die Gleichung auf die Summe von drei Kuben reduzierbar ist, fällt die Hessesche Kurve der Hesseschen Kurve mit dieser selbst zusammen und die letztere besteht somit aus drei geraden Linien, wie wir sogleich zeigen werden.

227. Die Hessesche Kurve schneidet die Originalkurve immer in den Inflexionspunkten, d. h. überall dort, wo drei aufeinanderfolgende Punkte derselben in einer geraden Linie liegen. Wenn die Kurve keine eigentliche Kurve ihrer Ordnung ist und eine gerade Linie als Teil enthält, so ist jeder Punkt der letztern auch ein Punkt der Hesseschen Kurve; wenn insbesondere eine Kurve dritter Ordnung aus drei geraden Linien besteht, so bilden diese Linien auch ihre Hessesche Kurve. Man bestätigt dies, indem man die Hessesche Determinante von

$$x_1 x_2 x_3 = 0$$

bildet. Infolgedessen kann man das System von Bedingungen, unter welchem die allgemeine Gleichung dritten Grades drei Gerade darstellt, sofort aufstellen, indem man ausdrückt, dass die Koefficienten in der Gleichung der Hesseschen Kurve (Art. 219) den entsprechenden Koefficienten der Originalgleichung proportional sind; also

$$\frac{\mathfrak{a}}{a}=\frac{\mathfrak{b}}{b}=\frac{\mathfrak{c}}{c}=\frac{\mathfrak{a}_2}{a_2}=\frac{\mathfrak{a}_3}{a_3}=\frac{\mathfrak{b}_1}{b_1}=\frac{\mathfrak{b}_3}{b_3}=\frac{\mathfrak{c}_1}{c_1}=\frac{\mathfrak{c}_2}{c_2}=\frac{\mathfrak{m}}{m},$$

fünfundvierzig Gleichungen, die mit neun Gleichnngen äquivalent scheinen und doch in Wirklichkeit nur drei unabhängige Gleichungen vertreten. Denn nach Art. 91 der „Kegelschnitte" genügen drei Bedingungen, damit eine Gleichung dritten Grades mit neun unabhängigen Konstanten ein System von drei geraden Linien mit nur sechs unabhängigen Konstanten repräsentiert. Mittelst der im Art. 219 gegebenen Werte von $\mathfrak{a}, \mathfrak{b}, \ldots$ kann man leicht bestätigen, dass diese fünfundvierzig Gleichungen sich in dieser Weise reduzieren lassen.

228. Da die Hessesche Kurve von

$$\lambda U + 6\mu H = 0$$

durch

$$\lambda' U + \mu' H = 0$$

dargestellt wird, so repräsentiert die erste Gleichung drei gerade Linien, wenn

$$6\mu : \lambda = \mu' : \lambda'$$

ist, d. h. nach Art. 226, wenn die Gleichung

$$\lambda^4 + 24 S \lambda^2 \mu^2 + 8 T \lambda \mu^3 - 48 S^2 \mu^4 = 0$$

erfüllt wird. Damit ist bewiesen, was gleichfalls früher schon ausgesprochen wurde, dass durch die Schnittpunkte der Kurven $U=0$ und $H=0$ vier Systeme von drei geraden Linien gezogen werden können. Wenn man diese biquadratische Gleichung nach dem gewöhnlichen Verfahren auflöst[51]), so erhält man

$$\frac{\lambda}{\mu} = \sqrt{t_1} + \sqrt{t_2} + \sqrt{t_3},$$

wo t_1, t_2, t_3 die drei Wurzeln der kubischen Gleichung

$$t^3 + 12 S t^2 + 48 S^2 t - T^2 = 0$$

oder

$$(t + 4S)^3 = T^2 + 64 S^3$$

sind. Damit lässt sich die Reduktion auf die kanonische Form durchführen. Ist die Gleichung einer Kurve dritter Ordnung ohne Doppelpunkt gegeben, so bilden wir nach Art. 219 die Gleichung ihrer Hesseschen Kurve und berechnen nach Art. 221, 222 die Werte ihrer Invarianten S und T. Dann lehrt uns das Vorige eine Gleichung

$$\lambda U + 6\mu H = 0$$

bilden, welche in drei lineare Faktoren zerlegbar ist. Durch Auflösung einer kubischen Gleichung bestimmen wir diese Faktoren X_1, X_2, X_3 und erhalten endlich durch Vergleichung der gegebenen Gleichung mit

$$a X_1^3 + b X_2^3 + c X_3^3 + 6m X_1 X_2 X_3 = 0$$

zur Berechnung von a, b, c, m die hinreichende Anzahl von linearen Gleichungen. Das ist die Reduktion der Gleichung einer Kurve dritter Ordnung ohne singulären Punkt auf die kanonische Form.

229. Von den vier Tangenten, welche von einem Punkt der Kurve dritter Ordnung an dieselbe gezogen werden können, fallen nur dann zwei zusammen, wenn die Kurve einen Doppelpunkt hat, weil eine Kurve dritter Ordnung Doppeltangenten nicht haben kann. Die Gleichung der vier Tangenten ist aber nach Art. 78

$$\triangle^2 = 4\triangle' U$$

und für

$$U \equiv x_1^3 + x_2^3 + x_3^3 - 6m x_1 x_2 x_3$$

sind

$$\triangle = 3\{x'_1(x_1^2 + 2m x_2 x_3) + x'_2(x_2^2 + 2m x_3 x_1) + x'_3(x_3^2 + 2m x_1 x_2)\},$$

$$\triangle' = 3\{x_1(x'^2_1 + 2m x'_2 x'_3) + x_2(x'^2_2 + 2m x'_3 x'_1) + x_3(x'^2_3 + 2m x'_1 x'_2)\}.$$

Indem wir in $\triangle^2 = 4\triangle' U$ die Variable x_3 gleich Null setzen, erhalten wir eine biquadratische Gleichung, welche die vier Schnittpunkte der Tangenten in der Fundamentallinie $x_3 = 0$ darstellt, und zwar

$$3(x'_1 x_1^2 + x'_2 x_2^2 + 2m x'_3 x_1 x_2)^2$$
$$= 4(x_1^3 + x_2^3)\{x_1(x'^2_1 + 2m x'_2 x'_3) + x_2(x'^2_2 + 2m x'_3 x'_1)\}$$

oder

$$(x'^2_1 + 8m x'_2 x'_3) x_1^4 + 4(x'^2_2 - m x'_3 x'_1) x_1^3 x_2$$
$$- 6(x'_1 x'_2 + 2m^2 x'^2_3) x_1^2 x_2^2 + 4(x'^2_1 - m x'_2 x'_3) x_1 x_2^3$$
$$+ (x'^2_2 + 8m x'_3 x'_1) x_2^4 = 0.$$

Aus dem Gesagten erhellt, dass die Diskriminante dieser biquadratischen Form die Diskriminante der kubischen Gleichung als einen Faktor enthalten muss. In Erinnerung daran, dass

$$x_1'^3 + x_2'^3 + x_3'^3 + 6 m x_1' x_2' x_3' = 0$$

ist, finden wir die Invarianten s und t der biquadratischen Gleichung

$$s = 12 (m^4 - m) x_3'^4 = -12 x_3'^4 S,$$
$$t = -(1 - 20 m^3 - 8 m^6) x_3'^6 = -x_3'^6 T.$$

Die Diskriminante $27 t^2 - s^3$ der biquadratischen Gleichung ist also

$$27 x_3'^2 (T^2 + 64 S^3)$$

und in der That ist die Diskriminante der kubischen Gleichung

$$T^2 + 64 S^3.$$

230. Das Doppelverhältnis der vier durch die biquadratische Gleichung des letzten Artikels bestimmten Punkte stimmt mit dem Doppelverhältnis des Büschels der vier Tangenten überein. Bezeichnen wir aber durch α, β, γ, δ die vier Wurzeln dieser Gleichung, so ist bis auf das Vorzeichen („Kegelschnitte" Art. 338) das Doppelverhältnis der durch sie bestimmten Elemente eines der Verhältnisse der Grössen

$$(\alpha - \beta)(\gamma - \delta), \quad (\alpha - \gamma)(\beta - \delta), \quad (\alpha - \delta)(\beta - \gamma).$$

Wir können aber nach der Methode der symmetrischen Funktionen die Gleichung bilden, welche diese Grössen bestimmt, und erhalten dieselbe für

$$a_0, \ 4a_1, \ 6a_2, \ 4a_3 \text{ und } a_4$$

als die Koefficienten der biquadratischen Gleichung in der Form

$$a_0^3 y^3 - 12 a_0 s y + 16 \sqrt{(s^3 - 27 t^2)} = 0.$$

Da die gegenseitigen Verhältnisse der Wurzeln sich nicht ändern, wenn wir sie mit einem Faktor multiplizieren, so können wir setzen

$$a_0 y = 2 z s^{\frac{1}{2}}$$

und erkennen, dass die Doppelverhältnisse die gegenseitigen Verhältnisse der Wurzeln der Gleichung

$$z^3 - 3z + 2 \sqrt{\left(1 - \frac{27 t^2}{s^3}\right)} = 0$$

oder

$$z^3 - 3z + 2 \sqrt{\left(1 + \frac{T^2}{64 S^3}\right)} = 0$$

sind. Dieselben hängen somit nur von dem Verhältnis $T^2:S^3$ ab und sind unabhängig von der Lage des Punktes in der Kurve, von welchem aus die Tangenten gezogen sind (Art. 168). Für $T=0$ wird die eben gefundene Gleichung

$$z^3-3z+2=0,$$

und hat somit zwei gleiche Wurzeln, so dass eines der Verhältnisse derselben gleich der Einheit und das bezügliche Doppelverhältnis gleich -1 oder ein harmonisches Verhältnis wird.

Für $S=0$ reduziert sich die Gleichung in y auf

$$y^3=\text{const.}=m^3$$

und ihre Wurzeln sind von der Form $y_1=m$, $y_2=m\omega$, $y_3=m\omega^2$ mit ω als imaginäre Kubikwurzel der Einheit, so dass der gemeinsame Wert der drei Doppelverhältnisse gleich ω ist.

Beispiel 1. Die durch die Ecken, die Gegenseitenschnittpunkte und Diagonalpunkte eines Vierecks gehenden Kurven dritter Ordnung werden für das Dreieck der Gegenseitenschnittpunkte als Fundamentaldreieck und eine der Ecken als Einheitpunkt der projektivischen Koordinaten durch die Gleichung

$$a_1x_1(x_2^2-x_3^2)+a_2x_2(x_3^2-x_1^2)+a_3x_3(x_1^2-x_2^2)=0$$

dargestellt. Man hat für sie

$$S=-(a_1^4+a_2^4+a_3^4-a_1^2a_2^2-a_2^2a_3^2-a_3^2a_1^2),$$

$$T=-\tfrac{1}{2}^5(2a_1^2-a_2^2-a_3^2)(2a_2^2-a_3^2-a_1^2)(2a_3^2-a_1^2-a_2^2)$$

und somit für ω als eine imaginäre dritte Wurzel der Einheit

$$S=-(a_1^2+\omega a_2^2+\omega^2a_3^2)(a_1^2+\omega^2a_1^2+\omega a_3^2),$$

$$T=-\tfrac{15}{2}\{(a_1^2+\omega a_2^2+\omega^2a_3^2)^3+(a_1^2+\omega^2a_2^2+\omega a_3^2)^3\}$$

und bildet daraus die Diskriminante

$$R=\{3\omega(1-\omega)(a_1^2-a_2^2)(a_2^2-a_3^2)(a_3^2-a_1^2)\}^2,$$

so dass die Kurve einen Doppelpunkt hat, wenn zwei, und eine Spitze, wenn alle drei Koefficienten gleich gross sind; und dass sie harmonisch ist, wenn die halbe Summe der Quadrate von zweien gleich dem Quadrat des dritten ist.

Beispiel 2. Kurven dritter Ordnung mit gleichen fundamentalen Doppelverhältnissen sind im Zusammenhang mit der auf ein Dreieck durch die Inflexionspunkte bezogenen Gleichung

$$x_1^3+x_2^3+x_3^3+6mx_1x_2x_3=0$$

die acht Kurven, welche durch

$$x_1{}^3 + \theta x_2{}^3 + \theta' x_3{}^3 = 0,$$
$$x_1 x_2{}^2 + \theta x_2 x_3{}^2 + \theta' x_3 x_1{}^2 = 0,$$
$$x_1{}^2 x_2 + \theta x_2{}^2 x_3 + \theta' x_3{}^2 x_1 = 0,$$

und durch

$$x_1 x_2{}^2 + x_2 x_3{}^2 + x_3 x_1{}^2 = 0, \quad x_1{}^2 x_2 + x_2{}^2 x_3 + x_3{}^2 x_1 = 0$$

dargestellt werden, wenn man in den ersten drei Gleichungen nach einander $\theta = \omega$, $\theta' = \omega^2$ und $\theta = \omega^2$, $\theta' = \omega$ substituiert. Wir wollen ihre Beziehungen zum Grundkurvenbüschel kurz angeben.

Mit X_i als den laufenden Koordinaten ist die Tangente der Grundkurve im Punkte x_i ausgedrückt durch

$$x_1{}^2 X_1 + x_2{}^2 X_2 + x_3{}^2 X_3 + 2m(x_1 x_2 X_3 + x_2 x_3 X_1 + x_3 x_1 X_2) = 0$$

und wird für $X_1 = x_1$, $X_2 = \omega x_2$, $X_3 = \omega^2 x_3$, d. h. für eine Substitution, welche die Seiten des fundamentalen Inflexionsdreiecks unverändert lässt und die der übrigen Inflexionsdreiecke cyklisch vertauscht, noch befriedigt, wenn

$$x_1{}^3 + \omega x_2{}^3 + \omega^2 x_3{}^3 = 0$$

ist. Liegt also der Punkt x_i auf dieser Kurve, so findet sich der ihm nach unserer Substitution entsprechende x_i' nicht nur wieder auf ihr, sondern auch auf der zu ihm gehörigen Tangente der Grundkurve; die Tangente der letzten in x_i' geht also auch durch den in der gleichen Transformation zu x_i' entsprechenden x_i'' und die Tangente in diesem durch den entsprechenden zu x_i'', d. h. durch x_i selbst; sodass das Dreieck der Punkte x_i, x_i', x_i'' der Grundkurve gleichzeitig ein- und umgeschrieben ist. Oder das erste Paar unserer Kurven schneidet jede der Grundkurven in zweimal neun Punkten, welche die Ecken von zweimal drei der Kurve ein- und umgeschriebenen Dreiecken sind, oder Punkte neunpunktiger Berührung zwischen derselben und einer andern Kurve dritter Ordnung. So erhält man insgesamt 24 Dreiecke, die zugleich um- und eingeschrieben sind; der Ort ihrer Ecken für alle Kurven des betrachteten Büschels wird von jenen acht Kurven dritter Ordnung mit gleichen fundamentalen Doppelverhältnissen gebildet. (Siehe Art. 233, 3.)

231. Mit Hilfe der kanonischen Form können wie in Art. 226 die Invarianten S und T von

$$\lambda U + 6\mu H = 0$$

oder von

$$(\lambda - 6\mu m^2)(x_1{}^3 + x_2{}^3 + x_3{}^3) + 6\{m\lambda + \mu(1 + 2m^3)\} x_1 x_2 x_3 = 0$$

gebildet werden und wir finden ohne Schwierigkeit

$$S(\lambda U + 6\mu H) = S\lambda^4 + T\lambda^3\mu - 24 S^2\lambda^2\mu^2 - 4 ST\lambda\mu^3 - (T^2 + 48 S^3)\mu^4$$

und

$$\begin{aligned} T(\lambda U + 6\mu H) = {} & T\lambda^6 - 96 S^2\lambda^5\mu - 60 ST\lambda^4\mu^2 \\ & - 20 T^2\lambda^3\mu^3 + 240 S^2 T\lambda^2\mu^4 \\ & - 48(ST^2 + 96 S^4)\lambda\mu^5 - 8(72 S^3 T + T^3)\mu^6. \end{aligned}$$

Es giebt also in dem Büschel der durch die Gruppe der Inflexionspunkte gehenden Kurven dritter Ordnung vier, deren Hessesche Kurve aus drei Geraden besteht, und sechs harmonische Kurven dritter Ordnung, wenn wir so die Kurven von der Charakteristik -1 bezeichnen. Diese bilden drei Paare so, dass in jedem derselben die eine Kurve die Hessesche der andern ist. Wenn wir mit Hilfe der erhaltenen Werte von S und T die Diskriminante R oder $T^2 + 64S^3$ bilden, so erhalten wir

$$R(\lambda U + 6\mu H) = R(\lambda^4 + 24S\lambda^2\mu^2 + 8T\lambda\mu^3 - 48S^2\mu^4)^3;$$

der die ursprüngliche Diskriminante multiplizierende Faktor ist der Kubus der in λ, μ biquadratischen Funktion des Art. 228, wie zu erwarten und vorauszusehen war, weil so lange nicht die Originalkurve dritter Ordnung einen Doppelpunkt hat, die einzigen Kurven dritter Ordnung mit Doppelpunkten in dem durch die Inflexionspunkte gehenden Büschel die vier Systeme der sie verbindenden Geraden sind.

Die soeben für die Invarianten S und T von $\lambda U + 6\mu H$ gegebenen Werte sind Kovarianten dieser biquadratischen Form in λ, μ, nur durch die Faktoren 4 und 2 respektive von der Hesseschen Kovariante und von der Kovariante J des Art. 209 der „Vorlesungen“ abweichend; und die Koefficienten von U und H im Werte von $H(\lambda U + 6\mu H)$ (Art. 226) differieren nur durch numerische Faktoren von den Differentialen derselben biquadratischen Form nach λ und nach μ respektive.

Alle kovarianten Kurven dritter Ordnung können in der Form

$$\lambda U + \mu H = 0$$

dargestellt werden, wie die folgenden Beispiele erläutern mögen.

Beispiel 1. Wenn U_{11}, U_{22}, ... die zweiten Differentiale und $\mathbf{U}_{11}$, $\mathbf{U}_{22}$, ... die Minoren $U_{22}U_{33} - U_{23}^2$, u. s. w. ihrer Determinante bezeichnen, wie in Art. 185, und wenn wir durch H_{11}, ..., $\mathbf{H}_{11}$, ..., die entsprechenden Grössen für die Hessesche Kovariante ausdrücken, so ist

$$\mathbf{U}_{11}H_{11} + \mathbf{U}_{22}H_{22} + \mathbf{U}_{33}H_{33} + 2\mathbf{U}_{23}H_{23} + 2\mathbf{U}_{31}H_{31} + 2\mathbf{U}_{12}H_{12} = 0$$

eine kovariante kubische Form. Wir benutzen die Werte

$$U_{ii} = x_i, \quad U_{ik} = mx_j; \quad \mathbf{U}_{ii} = x_jx_k - m^2x_i^2, \quad \mathbf{U}_{ik} = m^2x_ix_k - mx_j^2;$$

$$H_{ii} = -6m^2x_i, \quad H_{ik} = (1 + 2m^3)x;$$

$$\mathbf{H}_{ii} = 36m^4x\,x_k - (1 + 2m^3)x_i^2, \quad \mathbf{H}_{ik} = (1 + 2m^3)^2x_ix_k + 6m^2(1 + 2m^3)x_j^2,$$

und erhalten die fragliche Kovariante $= -2SU$. In der That konnte vorausgesehen werden, dass sie von SU nur durch einen numerischen Faktor verschieden sei; denn sie ist eine Kovariante vom fünften Grade in den Koefficienten und es muss also, damit sie von der Form

$$aU + bH$$

sei, a vom vierten und b vom zweiten Grade in den Koefficienten sein; aber es giebt keine Invariante vom zweiten Grade und S ist die einzige Invariante vom vierten Grade.

Beispiel 2. Berechne in derselben Weise die Kovariante

$$\mathbf{H}_{11} U_{11} + \mathbf{H}_{22} U_{22} + \mathbf{H}_{33} U_{33} + 2\mathbf{H}_{23} U_{23} + 2\mathbf{H}_{31} U_{31} + 2\mathbf{H}_{12} U_{12}.$$

Sie ist

$$= -TU + 12SH.$$

232. Der Grad jeder Kovariante einer kubischen Form in den Variabeln ist ein Vielfaches von drei und allgemeiner, wenn der Grad einer ternären Form ein Vielfaches von drei ist, so gilt dies auch für alle ihre Kovarianten. Dies ergiebt sich unmittelbar aus der in der XIV. der „Vorlesungen“ entwickelten symbolischen Darstellungsmethode; denn jedes Symbol (123) vermindert den Grad der Funktion, an welcher man damit operiert, um drei und der Grad derselben ist bei Anwendung dieser Methode ein Vielfaches vom Grade der Originalfunktion.

Man erkennt leicht, dass die Gleichung jeder kubischen Kovariante von

$$x_1^3 + x_2^3 + x_3^3 + 6mx_1x_2x_3 = 0$$

von der Form

$$\alpha(x_1^3 + x_2^3 + x_3^3) + \beta x_1 x_2 x_3 = 0$$

sein muss, die, wie wir sahen, auf die Form

$$\lambda U + \mu H = 0$$

reducibel ist. Um aber Kovarianten von höhern Graden ausdrücken zu können, ist es nötig, eine dritte fundamentale Kovariante zu bilden. Die, welche wir wählen wollen, kann in folgender Art definiert werden: Betrachten wir den Polarkegelschnitt eines Punktes

$$U_{11}x_1^2 + \cdots = 0$$

und den Polarkegelschnitt

$$H_{11}x_1^2 + \cdots = 0$$

desselben Punktes in Bezug auf die Hessesche Kurve, so giebt es einen zu diesen beiden Kegelschnitten kovarianten Kegelschnitt von der Gleichung

$$(\mathbf{U}_{22}\mathbf{H}_{33}+\mathbf{H}_{22}\mathbf{U}_{33}-2\,\mathbf{U}_{23}\mathbf{H}_{23})x_1^{\,2}+\cdots=0$$

(„Kegelschnitte“ Art. 354); und die Bedingung, unter welcher derselbe durch den Pol geht, ist eine Kovariante der kubischen Form. Weil $\mathbf{U}_{22}$, $\mathbf{U}_{33}$, u. s. w. die Variabeln im zweiten Grade enthalten, so ist diese Kovariante vom sechsten Grade in den Veränderlichen und weil $\mathbf{U}_{22}, \mathbf{U}_{33}, \ldots$ vom zweiten und $\mathbf{H}_{22}, \mathbf{H}_{33}, \ldots$ vom sechsten Grade in den Koefficienten sind, so ist sie vom achten Grade in den Koefficienten. Der Wert dieser Kovariante für die allgemeine Gleichung der Kurve dritter Ordnung ist noch nicht ermittelt worden; wenn wir aber die für $\mathbf{U}_{11}, \mathbf{U}_{22}, \ldots$ im letzten Artikel gegebenen Werte benutzen, so erhalten wir als ihren der kanonischen Form entsprechenden Wert 4Θ mit

$$\begin{aligned}\Theta \equiv\ & 3m^3(1+2m^3)(x_1^{\,3}+x_2^{\,3}+x_3^{\,3})^2\\ & -m(1-20m^3-8m^6)(x_1^{\,3}+x_2^{\,3}+x_3^{\,3})\,x_1x_2x_3\\ & -3m^2(1-20m^3-8m^6)\,x_1^{\,2}x_2^{\,2}x_3^{\,2}\\ & -(1+8m^3)^2(x_2^{\,3}x_3^{\,3}+x_3^{\,3}x_1^{\,3}+x_1^{\,3}x_2^{\,3})\end{aligned}$$

oder

$$\begin{aligned}\equiv\ & m^3(2+m^3)\,U^2-m(1+2m^3)\,UH+3m^2H\\ & -(1+8m^3)^2(x_2^{\,3}x_3^{\,3}+x_3^{\,3}x_1^{\,3}+x_1^{\,3}x_2^{\,3}).\end{aligned}$$

Es giebt noch zwei andere Kovarianten, die von den nämlichen Graden in Variabeln und Koefficienten sind, wie θ, und welche gleichen Verteil für die Wahl als fundamentale Kovariante sechster Ordnung haben. Die erste von ihnen repräsentiert den Ort eines Punktes, dessen Polarlinie in Bezug auf die Hessesche Kurve den Polarkegelschnitt desselben Punktes in Bezug auf die Originalkurve dritter Ordnung berührt; ihre Gleichung ist also für

$$H_1,\ H_2,\ H_3$$

als die Differentialquotienten der Hesseschen Kurve

$$\begin{aligned}\mathbf{U}_{11}H_1^{\,2}+\mathbf{U}_{22}H_2^{\,2}+\mathbf{U}_{33}H_3^{\,2}+2\,\mathbf{U}_{23}H_2H_3+2\,\mathbf{U}_{31}H_3H_1&\\ +2\,\mathbf{U}_{12}H_1H_2=0.&\end{aligned}$$

Man kann diese Kovariante mit Hilfe der Formel $\Theta S' - F$ im Art. 356 Beisp. 1 der „Kegelschnitte" als Funktion von Θ ausdrücken; denn man hat für Θ, S' und F respektive zu setzen

$$-2SU, \quad 6H, \quad 4\Theta$$

und erhält so ihren Wert

$$= -4(\Theta + 3SUH).$$

Endlich ist eine dritte Kovariante derselben Art der Ausdruck für den Ort eines Punktes, dessen Polare in Bezug auf die Kurve dritter Ordnung seinen Polarkegelschnitt in Bezug auf die Hessesche Kurve derselben berührt; von der Gleichung

$$\mathbf{H}_{11} U_1^2 + \mathbf{H}_{22} U_2^2 + \mathbf{H}_{33} U_3^2 + 2\mathbf{H}_{23} U_2 U_3 + 2\mathbf{H}_{31} U_3 U_1 + 2\mathbf{H}_{12} U_1 U_2 = 0,$$

welche nach der Formel $\Theta' S - F$ a. a. O. berechnet wird, indem man Θ', S, F durch

$$-TU + 12SH, \quad U, \quad 4\Theta$$

ersetzt, so dass sie also wird

$$-(TU^2 - 12SUH + 4\Theta).$$

233. Jede Kovariante von

$$x_1^3 + x_2^3 + x_3^3 + 6m x_1 x_2 x_3$$

ist offenbar eine symmetrische Funktion von x_1, x_2, x_3 und kann daher in Funktion von

$$x_1^3 + x_2^3 + x_3^3, \quad x_1 x_2 x_3, \quad x_2^3 x_3^3 + x_3^3 x_1^3 + x_1^3 x_2^3$$

also auch in Funktion von U, H, Θ in Verbindung mit den Invarianten ausgedrückt werden. Allein nicht jede Kovariante ist eine rationale Funktion von U, H, Θ; in der That können wir wie in Art. 211 der „Vorlesungen" eine Kovariante bilden, von der das Quadrat, jedoch nicht sie selbst, eine rationale Funktion dieser Grössen ist.[52]) Sind die Koefficienten der kubischen Gleichung

$$\varrho^3 - (1 + 8m^3)(x_1^2 + x_2^2 + x_3^2)\varrho^2 + (1 + 8m^3)^3 (x_2^3 x_3^3 + x_3^3 x_1^3 + x_1^3 x_2^3)\varrho - (1 + 8m^3)^3 x_1^3 x_2^3 x_3^3 = 0$$

durch p, q, r respektive bezeichnet, so ist nach der Theorie der kubischen Gleichungen für

$$J = (1 + 8m^3)^3 (x_2^3 - x_3^3)(x_3^3 - x_1^3)(x_1^3 - x_2^3)$$

$$J^2 = p^2 q^2 + 18pqr - 27r^2 - 4q^3 - 4rp^3.$$

Mittelst der Ausdrücke von p, q, r in Funktion von U, H, Θ finden wir durch Substitution

$$J^2 = 4\Theta^3 + TU^2\Theta^2$$
$$+\Theta(-4S^3U^4 + 2STU^3H - 27S^2U^2H^2 - 18TUH^3 + 108SH^4)$$
$$-16S^4U^5H - 11S^2TU^4H^2 - 4T^2U^3H^3 + 54STU^2H^4$$
$$-432S^2UH^5 - 27TH^6.$$

Man kann diese Identität in der Form schreiben

$$4\Theta(\Theta + \lambda U^2)(\Theta + \mu U^2) = J^2 + H\Phi,$$

aus welcher man erkennt, dass das System

$$\Theta(\Theta + \lambda U^2)(\Theta + \mu U^2) = 0$$

von $H = 0$ berührt wird, so dass die Kurve $H = 0$ jede der durch die drei Faktoren dargestellten Kurven berührt oder durch die je zweien von ihnen gemeinschaftlichen Punkte hindurchgeht. Da aber $\Theta = 0$, $U = 0$ und $H = 0$ keinen zu allen dreien gemeinsamen Punkt haben, so muss $\Theta = 0$ von $H = 0$ berührt werden. Das System $J = 0$, welches durch die Berührungspunkte geht, besteht aus den harmonischen Polaren der neun Inflexionspunkte.

Wir geben zur Erläuterung der Art, wie alle andern Kovarianten in Funktion von U, H, Θ ausgedrückt werden können, drei Beispiele.

Beispiel 1. Man soll die Gleichung der neun Inflexionstangenten bilden. Wir sahen im Art. 218, dass die Inflexionstangenten durch

$$U - (1 + 8m^3)x_1{}^3 = 0, \quad U - (1 + 8m^3)x_2{}^3 = 0, \quad U - (1 + 8m^3)x_3{}^3 = 0$$

dargestellt werden. Die Multiplikation dieser drei Faktoren giebt

$$U^3 - (1 + 8m^3)(x_1{}^3 + x_2{}^3 + x_3{}^3)U^2$$
$$+ (1 + 8m^3)^2(x_2{}^3x_3{}^3 + x_3{}^3x_1{}^3 + x_1{}^3x_2{}^3)U - (1 + 8m^3)^3x_1{}^3x_2{}^3x_3{}^3 = 0$$

und wenn wir für

$$(1 + 8m^3)(x_1{}^3 + x_2{}^3 + x_3{}^3), \quad (1 + 8m^3)^2(x_2{}^3x_3{}^3 + x_3{}^3x_1{}^3 + x_1{}^3x_2{}^3)$$

und

$$(1 + 8m^3)x_1x_2x_3$$

die vorher angezogenen Werte einsetzen, so finden wir als die verlangte Gleichung der neun Tangenten

$$5SU^2H - H^3 - U\Theta = 0;$$

wir ersehen aus derselben, dass die Kurven $H = 0$ und $\Theta = 0$, von denen wir vorher bewiesen, dass sie sich berühren, die neun Inflexionstangenten zu ihren gemeinsamen Tangenten haben.

Beispiel 2. Man soll die Gleichung der Cayleyschen Kurve in Punktkoordinaten entwickeln. Wir haben die Reciproke von

$$m(\xi_1{}^3+\xi_2{}^3+\xi_3{}^3)+(1-4m^3)\xi_1\xi_2\xi_3=0$$

zu bilden, welche nach Art. 220 ihre Gleichung in Linienkoordinaten ist, und bilden dieselbe nach Art. 223; die Grössen

$$x_1{}^3+x_2{}^3+x_3{}^3, \text{ u. s. w.}$$

können dann in Funktion von U, H, Θ ausgedrückt werden und man erhält das Resultat in der Form

$$4S\Theta-TH^2-16S^2UH=0.$$

Beispiel 3. Das Produkt der Gleichungen der beiden ersten Kurven des Beispiels 2 in Art. 230 ist

$$(x_1{}^3-x_2{}^3)^2+(x_2{}^3-x_3{}^3)^2+(x_3{}^3-x_1{}^3)^2=0 \quad \text{oder} \quad \theta+qm^2H^2=0,$$

und die drei letzten Paare der dort betrachteten Kurven treten zu drei zu den Produkten

$$x_1{}^6x_2{}^3+\cdots-3x_1{}^3x_2{}^3x_3{}^3 \quad \text{und} \quad x_1{}^3x_2{}^6+\cdots-3x_1{}^3x_2{}^3x_3{}^3$$

oder mittelst der Invarianten ausgedrückt ist der ganze Ort (siehe Art. 232)

$$\Theta^4+54S\Theta^2H^4-27T\Theta H^6-243S^2H^8=0$$

eine homogene Funktion vierten Grades in Θ und H^2 und daher in Faktoren zerlegbar. Setzt man $a=\sqrt[3]{1+8m^3}$, so kann der erste Faktor in sechs lineare Faktoren zerlegt werden, nämlich

$$x_1\sqrt[3]{1-a}+x_2\sqrt[3]{1-\omega a}+x_3\sqrt[3]{1-\omega^2 a}, \quad x_1\sqrt[3]{1-a}+\omega x_2\sqrt[3]{1-\omega a}+\omega^2x_3\sqrt[3]{1-\omega^2 a},$$

$$x_1\sqrt[3]{1-a}+\omega^2x_2\sqrt[3]{1-\omega a}+x_3\sqrt[3]{1-\omega^2 a}; \quad x_1\sqrt[3]{1-a}+x_2\sqrt[3]{1-\omega^2 a}+x_3\sqrt[3]{1-\omega a},$$

$$x_1\sqrt[3]{1-a}+\omega x_2\sqrt[3]{1-\omega^2 a}+\omega^2x_3\sqrt[3]{1-\omega a},$$

$$x_1\sqrt[3]{1-a}+\omega^2x_2\sqrt[3]{1-\omega^2 a}+\omega x_3\sqrt[3]{1-\omega a}.$$

Und auch die übrigen kubischen Faktoren können in lineare zerlegt werden, wenn man m durch $\frac{1+\sqrt{3}\cot\!\text{an}\,\alpha}{4}$ ersetzt und die drei Werte von $\sin\frac{\alpha}{3}$, welche daraus entspringen, durch $\sigma_1{}^3$, $\sigma_2{}^3$, $\sigma_3{}^3$ bezeichnet denkt; die Faktoren sind dann von der Form

$$\frac{\sigma_1}{\sigma_2}x_1+\frac{\sigma_2}{\sigma_3}x_1+\theta\frac{\sigma_3}{\sigma_1}x_3, \quad \frac{\sigma_2}{\sigma_3}x_1+\frac{\sigma_3}{\sigma_1}x_2+\theta\frac{\sigma_1}{\sigma_2}x_3, \quad \frac{\sigma_3}{\sigma_1}x_1+\frac{\sigma_1}{\sigma_2}x_2+\theta\frac{\sigma_2}{\sigma_3}$$

und

$$\frac{\sigma_2}{\sigma_1}x_1+\frac{\sigma_3}{\sigma_2}x_2+\theta\frac{\sigma_1}{\sigma_3}x_3, \cdots$$

mit θ respektive gleich 1, gleich ω und gleich ω^2. Jedem der vier Faktoren der Hauptgleichung entsprechen achtzehn Punkte neunpunktiger Berührung, die zu drei in achtzehn Geraden liegen, während durch jeden dieser Punkte zugleich drei dieser Geraden gehen. Von den 72 Punkten dieser Art sind nur sechs reell und diese liegen paarweis in den drei Abschnitten desjenigen Kurventeils, der alle Tangentialpunkte enthält, in die derselbe durch die reellen Inflexionspunkte zerfällt.[53])

234. In analoger Art kann jede Kontravariante der kubischen Form in Funktion von drei fundamentalen Kontravarianten ausgedrückt werden und wir können als solche drei die drei früher entwickelten wählen, nämlich die Evektanten von S und T aus den Art. 220, 222, die wir P und Q nannten und durch welche jede kontravariante kubische Form ausgedrückt werden kann; und die Reciproke F aus Art. 223.

Wir können wie in Art. 231 die Invarianten von

$$\lambda P + \mu Q = 0$$

bilden, d. h. in der kanonischen Form für

$$\{m\lambda + (1 - 10m^3)\mu\}(\xi_1{}^3 + \xi_2{}^3 + \xi_3{}^3)$$
$$+ \{(1 - 4m^3)\lambda - 6m^2\mu(5 + 4m^3)\}\xi_1\xi_2\xi_3 = 0;$$

und wir finden

$$S(\lambda P + \mu Q) \equiv (192S^3 - T^2)\lambda^4 + 768S^2T\lambda^3\mu$$
$$+ 216(3ST^2 - 64S^4)\lambda^2\mu^2 + 216(T^3 - 64TS^3)\lambda\mu^3$$
$$- 1296(5S^2T^2 + 64S^5)\mu^4;$$

$$T(\lambda P + \mu Q) \equiv (T^3 + 576S^3T)\lambda^6 + 288(5S^2T^2 - 192S^5)\lambda^5\mu$$
$$+ 540(3ST^3 - 320S^4T)\lambda^4\mu^2 + 540(T^4 - 448S^3T^2)\lambda^3\mu^3$$
$$- 19440(7S^2T^3 - 64S^5T)\lambda^2\mu^4$$
$$- 11664(3ST^4 - 32S^4T^2 + 2048S^7)\lambda\mu^5$$
$$- 5832(T^5 + 40S^3T^3 + 2560S^6T)\mu^6;$$

$$R(\lambda P + \mu Q) \equiv \{S\lambda^4 + T\lambda^3\mu + 72S^2\lambda^2\mu^2 + 108ST\lambda\mu^3$$
$$+ 27(T^2 - 16S^3)\mu^4\}^3 R^2.$$

Wieder sind dabei, wie in Art. 231, die Funktionen vom vierten und sechsten Grade in λ, μ, welche in den Werten von S und T auftreten, die Kovarianten der biquadratischen Form, deren Kubus in dem Werte von

$$R(\lambda P + \mu Q)$$

erscheint. Ferner ist

$$H(\lambda P + \mu Q) \equiv \{T\lambda^3 + 144S^2\lambda^2\mu + 324ST\lambda\mu^2$$
$$+ 108(T^2 - 16S^3)\mu^3\}P - \{4S\lambda^3 + 3T\lambda^2\mu + 144S^2\lambda\mu^2$$
$$+ 108ST\mu^3\}Q$$

und die Faktoren von P und Q in diesem Ausdruck sind die Differentiale derselben biquadratischen Form nach μ und λ.

235. In derselben Art können wir die Kontravarianten P und Q von $\lambda U + 6\mu H$ bilden und finden

$$P(\lambda U + 6\mu H) = \lambda^3 P + \lambda^2 \mu Q - 12 SP\lambda\mu^2 + 4(SQ - TP)\mu^3,$$

$$Q(\lambda U + 6\mu H) = \lambda^5 Q + 60 SP\lambda^4\mu - 30 TP\lambda^3\mu^2 - 10 TQ\lambda^2\mu^3$$
$$+ 120(2S^2Q - STP)\lambda\mu^4 + 24\{STQ - (T^2 + 24S^3)P\}\mu^5.$$

Wenn wir nun die Werte der Invarianten S und T von $\lambda U + 6\mu H$ in Art. 231 durch s und t bezeichnen, so ergiebt sich, dass die vorigen Werte nur durch die Faktoren

$$3(T^2 - 64S^3) \quad \text{und} \quad (T^2 + 64S^3)$$

respektive von

$$(48S^2P + TQ)\frac{ds}{d\lambda} + (3TP - 4SQ)\frac{ds}{d\mu}$$

und

$$(48S^2P + TQ)\frac{dt}{d\lambda} + (3TP - 4SQ)\frac{dt}{d\mu}$$

verschieden sind.

Indem wir ferner ebenso die Kontravarianten P und Q von $\lambda P + \mu Q$ bilden, erhalten wir die Resultate

$$P(\lambda P + \mu Q) = \lambda^3(8S^2U - TH) + 18\lambda^2\mu(STU + 8S^2H)$$
$$+ 9\lambda\mu^2\{(T^2 - 32S^3)U + 12STH\}$$
$$- 54\mu^3\{4S^2TU - (T^2 + 32S^3)H\};$$

$$Q(\lambda P + \mu Q) = \lambda^5\{16S^2TU + (T^2 + 192S^3)H\}$$
$$+ 30\lambda^4\mu\{S(T^2 - 64S^3)U + 16S^2TH\}$$
$$+ 15\lambda^3\mu^2\{T(T^2 - 320S^3)U + 48ST^2H\}$$
$$- 270\lambda^2\mu^3\{16S^2T^2U - T(T^2 - 64S^3)H\}$$
$$- 1620\lambda\mu^4\{ST^3U + 4S^2(T^2 - 64S^3)H\}$$
$$- 324\mu^5\{(T^4 + 24T^3S^3 + 512S^6)U - 6ST(T^2 + 128S^3)H\}.$$

Wenn wir dann die Invarianten S und T von $(\lambda P + \mu Q)$ in Art. 234 durch s und t respektive bezeichnen, so differieren diese letzterhaltenen Werte nur durch Faktoren von

$$(48S^2U + 18TH)\frac{ds}{d\lambda} + (TU - 24SH)\frac{ds}{d\mu}$$

und respektive

$$(48S^2U + 18TH)\frac{dt}{d\lambda} + (TU - 24SH)\frac{dt}{d\mu}.$$

Zu diesen Formeln fügen wir endlich die Ausdrücke der Reciproken von $(\lambda U + 6\mu H)$ und $(\lambda P + \mu Q)$ hinzu, welche respektive sind

$$(\lambda^4 + 24S\lambda^2\mu^2 + 8T\lambda\mu^3 - 48S^2\mu^4)F - 24\mu(\lambda^3 + 2T\mu^3)P^2 \\ - 24\mu^2(\lambda^2 - 4S\mu^2)PQ - 8\lambda\mu^3 Q^2$$

und

$$4\{S\lambda^4 + T\lambda^3\mu + 72S^2\lambda^2\mu^2 + 108ST\lambda\mu^3 + 27(T^2 - 16S^3)\mu^4\}\Theta \\ -\{T\lambda^4 + 216ST\lambda^2\mu^2 + 108(T^2 - 64S^3)\lambda\mu^3 - 3888TS^2\mu^4\}H^2 \\ -\{16S^2\lambda^4 + 32ST\lambda^3\mu + 18T^2\lambda^2\mu^2 + 216S(T^2 + 32S^3)\mu^4\}UH \\ +\{64S^3\lambda^3\mu + 144S^2T\lambda^2\mu^2 + 108ST^2\lambda\mu^3 + 27T(T^2 + 16S^3)\mu^4\}U^2.$$

236. Wir entwickeln ferner eine nützliche **identische Gleichung**. Wenn man in die kubische Form an Stelle der Variabeln x_1, x_2, x_3 die $x_i + \lambda x'_i$ einsetzt, so kann das Resultat der Substitution in der Form

$$U + 3\lambda S_x + 3\lambda^2 P_x + \lambda^3 U'$$

geschrieben werden, nach welcher $S_x = 0$ den Polarkegelschnitt und $P_x = 0$ die Polargerade des Punktes x'_i in Bezug auf die Kurve dritter Ordnung $U = 0$ darstellen. Für die kanonische Form ist also

$$S_x \equiv (x_1{}^2 + 2m x_2 x_3)\,x'_1 + (x_2{}^2 + 2m x_3 x_1)\,x'_2 + (x_3{}^2 + 2m x_1 x_2)\,x'_3$$

und

$$P_x \equiv (x'_1{}^2 + 2m x'_2 x'_3)x_1 + (x'_2{}^2 + 2m x'_3 x'_1)x_2 + (x'_3{}^2 + 2m x'_1 x'_2)\,x_3.$$

Wenn wir dann das Resultat einer gleichen Substitution in die Gleichung der Hesseschen Kurve $H = 0$ in der analogen Form

$$H + 3\lambda\Sigma_x + 3\lambda^3\Pi_x + \lambda^3 H'$$

schreiben, d. h. wenn wir durch $\Sigma_x = 0$ und $\Pi_x = 0$ den Polarkegelschnitt und die Polarlinie von x'_i in Bezug auf die Hessesche Kurve darstellen, so bestätigt die Benutzung der kanonischen Form ohne Schwierigkeit die identische Gleichung

$$3(S_x\Pi_x - \Sigma_x P_x) \equiv H'U - HU'.$$

Daraus folgt, dass für x'_i als einen Punkt der Kurve, d. h. $U' = 0$ die Gleichung der Kurve $U = 0$ in der Form

$$S_x\Pi_x - \Sigma_x P_x = 0$$

geschrieben werden kann.

Aus dieser Form ziehen wir unmittelbar die folgenden Ergebnisse:

a) Die geraden Linien $P_x = 0$ und $\Pi_x = 0$ schneiden sich in der Kurve dritter Ordnung, d. h. der Tangentialpunkt von

x'_i oder der dritte Schnittpunkt der ihm entsprechenden Tangente mit der Kurve ist der Durchschnittspunkt von $P_x = 0$ mit der Polare $\Pi_x = 0$ von x'_i in Bezug auf die Hessesche Kurve (vergl. Art. 184).

b) Die Berührungspunkte der vier vom Punkte x'_i noch an die Kurve dritter Ordnung gehenden Tangenten, d. h. die Durchschnittspunkte der Kurven $S_x = 0$ und $U = 0$ sind auch die Durchschnittspunkte von $S_x = 0$ mit $\Sigma_x = 0$, d.h. die Schnittpunkte der beiden Polarkegelschnitte von x'_i in Bezug auf die Kurve selbst und ihre Hessesche Kurve.

c) Die Gleichung

$$S_x \Pi_x - \Sigma_x P_x = 0$$

entspringt durch Elimination des Parameters θ zwischen den Gleichungen

$$S_x + \theta \Sigma_x = 0 \quad \text{und} \quad P_x + \theta \Pi_x = 0,$$

von denen die erste einen Kegelschnitt in dem durch die Schnittpunkte von $S_x = 0$ und $\Sigma_x = 0$ gehenden Büschel und die zweite die Polare des Punktes x'_i in Bezug auf ihn bezeichnet. Somit kann die gegebene Kurve dritter Ordnung als der Ort der Berührungspunkte der Tangenten betrachtet und hervorgebracht werden, welche von einem Punkte x'_i an die Kegelschnitte eines Büschels gezogen werden können.

d) Wenn die Gleichung $S_x + \theta \Sigma_x = 0$ zwei gerade Linien repräsentiert, so geht die durch $P_x + \theta \Pi_x = 0$ dargestellte Gerade durch den Durchschnittspunkt derselben; dieser Durchschnittspunkt ist daher ein Punkt der Kurve dritter Ordnung und $P_x + \theta \Pi_x = 0$ bezeichnet die Tangente derselben in ihm. Die vier Berührungspunkte der von x'_i aus an die Kurve gehenden Tangenten bilden somit ein Viereck, dessen drei Diagonalpunkte in der Kurve dritter Ordnung liegen und die mit x'_i kotangentialen Punkte sind (vergl. Art. 151), d. h. die Punkte, deren Tangenten sich mit der seinigen an demselben Punkte der Kurve durchschneiden.

e) Wenn wir die Durchschnittspunkte einer geraden Linie, z. B. $x_3 = 0$, mit der Kurve dritter Ordnung und ihrer Hesseschen Kurve betrachten, so giebt unsere Identität

$$\mathbf{a} b - \mathbf{b} a = 3(\mathbf{a}_2 b_1 - \mathbf{b}_1 a_2),$$

d. h. die Invariante T der beiden binären kubischen Formen verschwindet („Vorlesungen" Art. 199). Daraus erhellt von Neuem, dass die Kurve und ihre Hessesche sich in den Inflexionspunkten schneiden; denn wegen $T=0$ reduziert sich die Resultante der zwei binären kubischen Formen nach Art. 200 der „Vorlesungen" auf $Q=0$, d. h. für einen der Durchschnittspunkte ist in $\mu+\lambda u'$ ein vollständiger Kubus enthalten.

237. Diese identische Gleichung kann[54]) dazu dienen, die Gleichung des Kegelschnitts zu bilden, der durch fünf auf einander folgende Punkte der Kurve dritter Ordnung hindurchgeht. Weil $S_x=0$ die Kurve berührt und $P_x=0$ die gemeinschaftliche Tangente beider Kurven bezeichnet, so ist die allgemeine Gleichung eines die Kurve dritter Ordnung $U=0$ in x'_i berührenden Kegelschnitts

$$S_x-\xi_x P_x=0$$

für ξ_x als das Polynom

$$a_1x_1+a_2x_2+a_3x_3,$$

welches durch Vergleichung mit Null eine beliebige Gerade ausdrückt. Unter Benutzung der entwickelten Identität kann aber die Gleichung der Kurve dritter Ordnung in der Form geschrieben werden

$$\Pi_x(S_x-\xi_x P_x)=P_x(\Sigma_x-\xi_x\Pi_x),$$

aus welcher wir erkennen, dass die vier Punkte, in welcher der berührende Kegelschnitt

$$S_x-\xi_x P_x=0$$

die Kurve ferner schneidet, seine Schnittpunkte mit dem Kegelschnitt

$$\Sigma_x-\xi_x\Pi_x=0$$

sind; so dass, wenn dieser letzte Kegelschnitt durch den Punkt x'_i geht, der erste drei auf einander folgende Punkte der Kurve dritter Ordnung enthält. Durch Substitution der x'_i für die x_i erhalten wir aber $\Sigma'_x=\Pi'_x=H'$ und die Bedingung, unter welcher $\Sigma_x-\xi_x\Pi_x=0$ durch den Punkt x'_i geht, ist somit $\xi'_x=1$. Damit dann

$$S_x-\xi_x P_x=0$$

durch vier auf einander folgende Punkte der Kurve geht, muss

$$\Sigma_x - \xi_x \Pi_x = 0$$

die Gerade $P_x = 0$ zur Tangente im Punkte x'_i haben; die Tangente von

$$\Sigma_x - \xi_x \Pi_x = 0$$

oder die Polare von x'_i in Bezug auf diese Kurve ist aber durch

$$2\Pi_x - \xi'_x \Pi_x - \xi_x \Pi'_x = 0$$

oder wegen $\xi'_x = 1$ und $\Pi'_x = H'$ durch $\Pi_x - H'\xi_x = 0$ dargestellt und damit die linke Seite dieses Ausdrucks zu P_x proportional sei, muss man haben

$$\xi_x = \theta P_x + \frac{1}{H'} \Pi_x.$$

Die allgemeine Gleichung eines durch vier auf einander folgende Punkte der Kurve gehenden Kegelschnitts ist somit

$$S_x - \theta P_x^2 - \frac{1}{H'} P_x \Pi_x = 0$$

und

$$\Sigma_x - \theta P_x \Pi_x - \frac{1}{H'} \Pi_x^2 = 0$$

geht durch die beiden Punkte, in denen der erste Kegelschnitt die Kurve dritter Ordnung ferner schneidet; die Gleichung derselben ist damit als ruducibel auf die Form

$$\Pi_x \left(S_x - \theta P_x^2 - \frac{1}{H'} P_x \Pi_x \right) = P_x \left(\Sigma_x - \theta P_x \Pi_x - \frac{1}{H'} \Pi_x^2 \right)$$

erkannt.

238. Weil diese beiden Kegelschnitte die Gerade $P_x = 0$ zur gemeinschaftlichen Tangente im nämlichen Punkte haben, so kann durch Addition ihrer mit passenden Konstanten multiplizierten Gleichungen ein durch P_x teilbares Resultat erhalten werden und der andere Faktor desselben repräsentiert dann die gerade Linie, welche die beiden letzten Schnittpunkte des Kegelschnitts mit der Kurve dritter Ordnung verbindet. Es ist dazu nötig, μ so zu bestimmen, dass

$$\mu S_x + \Sigma_x - \frac{1}{H'} \Pi_x^2$$

durch P_x teilbar wird und wir thun dies, indem wir die Diskriminante dieser Grösse gleich Null setzen. Die Berechnung dieser Diskriminante giebt aber

$$\mu^3 H' + 4\mu^2 \frac{\Theta'}{H'}$$

und unsere Grösse zerfällt also in Faktoren, wenn

$$\mu = -\frac{4\Theta'}{H'^2}$$

ist. Da einer der Faktoren P_x ist, so gilt für M_x als den andern die Identität

$$\mu S_x + \Sigma_x - \frac{1}{H'}\Pi_x^2 = M_x P_x.$$

Mit Hilfe dieser Gleichung kann die am Ende des letzten Artikels gegebene Gleichung der Kurve dritter Ordnung in die Form

$$(\Pi_x + \mu P_x)\left(S_x - \theta P_x^2 - \frac{1}{H'} P_x \Pi_x\right)$$
$$= P_x^2 \left\{M_x - \frac{\mu}{H'}\Pi_x - \theta(\Pi_x + \mu P_x)\right\}$$

transformiert werden, deren Form aussagt, dass

$$\Pi_x + \mu P_x = 0$$

die Tangente im Tangentialpunkt des gegebenen Punktes der Kurve dritter Ordnung ist und dass $M_x - \frac{\mu}{H'}\Pi_x = 0$ durch den zweiten Tangentialpunkt des gegebenen Punktes hindurchgeht (vergl. Art. 156).

239. Damit der Kegelschnitt durch fünf auf einander folgende Punkte der Kurve geht, müssen die Koordinaten x'_i der Gleichung

$$M_x - \frac{\mu}{H'}\Pi_x - \theta(\Pi_x + \mu P_x) = 0$$

genügen. Die einzige Schwierigkeit liegt darin, das Resultat der Substitution von x'_i in die Funktion M_x zu bestimmen. Wenn wir aber die Gleichung

$$\mu S_x + \Sigma_x - \frac{1}{H'}\Pi_x^2 = M_x P_x$$

nach x_1, x_2 oder x_3 differentiieren, und in das Ergebnis die x'_i für die x_i einsetzen, indem wir bemerken, dass

$$\frac{dS'_x}{dx'_1} = 2\frac{dP'_x}{dx'_1}, \quad \frac{d\Sigma'_x}{dx'_1} = 2\frac{d\Pi'_x}{dx'_1}$$

ist, erhalten wir $M'_x = 2\mu$ und es ist also das Resultat der Substitution der x_i' für die x_i in

$$M_x = \frac{\mu}{H'}\Pi_x - \theta(\Pi_x + \mu P_x) = 0$$

durch $\mu - \theta H' = 0$ ausgedrückt, so dass, weil μ gleich $-\frac{4\Theta'}{H'^2}$ bestimmt wurde, $\theta = -\frac{4\Theta'}{H'^3}$ sich ergiebt. Damit ist das Problem vollständig gelöst.

240. Wir erwähnen schliesslich eine andere allgemeine Form, auf welche die Gleichung einer Kurve dritter Ordnung gebracht werden kann, nämlich die Form

$$a_1x_1^3 + a_2x_2^3 + a_3x_3^3 + a_4x_4^3 = 0$$

für

$$x_1 + x_2 + x_3 + x_4 = 0$$

(Art. 10). Der Polarkegelschnitt eines beliebigen Punktes x'_i ist nun durch

$$a_1x'_1x_1^2 + a_2x'_2x_2^2 + a_3x'_3x_3^2 + a_4x'_4x_4^2 = 0$$

gegeben und wird für den Punkt

$$x'_1 = 0, \quad x'_2 = 0$$

ein Linienpaar durch den Schnittpunkt von

$$x_3 = 0, \quad x_4 = 0, \text{ u. s. w.};$$

man erkennt also, dass die Punkte

$$x_1x_2,\ x_3x_4;\quad x_1x_3,\ x_2x_4;\quad x_1x_4,\ x_2x_3$$

entsprechende Punktepaare in der Hesseschen Kurve sind.

Diese Form der Gleichung enthält elf Konstanten implicite und ist daher eine, auf welche die allgemeine Gleichung einer Kurve dritter Ordnung in unendlich vielen Arten reduziert werden kann.

Die Werte der Invarianten für diese Form sind

$$S = -a_1a_2a_3a_4,$$

$$T = a_2^2a_3^2a_4^2 + a_3^2a_4^2a_1^2 + a_4^2a_1^2a_2^2 + a_1^2a_2^2a_3^2$$
$$-2a_1a_2a_3a_4(a_1a_2 + a_1a_3 + a_1a_4 + a_2a_3 + a_2a_4 + a_3a_4);$$

man bildet die Diskriminante durch Elimination der x_i zwischen den nach x_1, x_2, x_3, x_4 genommenen Differentialen

$$a_1 x_1^2 = a_4 x_4^2, \quad a_2 x_2^2 = a_4 x_4^2, \quad a_3 x_3^2 = a_4 x_4^2,$$

und erhält die x_i proportional den Reciproken von

$$a_1^{\frac{1}{2}}, \quad a_2^{\frac{1}{2}}, \quad a_3^{\frac{1}{2}}, \quad a_4^{\frac{1}{2}};$$

damit aber durch Substitution in

$$x_1 + x_2 + x_3 + x_4 = 0$$

die Diskriminante

$$(a_2 a_3 a_4)^{\frac{1}{2}} + (a_3 a_4 a_1)^{\frac{1}{2}} + (a_4 a_1 a_2)^{\frac{1}{2}} + (a_1 a_2 a_3)^{\frac{1}{2}} = 0,$$

welche von den Wurzeln befreit wie vorher giebt

$$R = T^2 + 64 S^3 = 0.$$

Die Hessesche Kovariante ist in diesem Falle

$$\Sigma a_2 a_3 a_4 x_2 x_3 x_4 = 0,$$

die Evektante von S oder die Cayleysche Kurve ist

$$\Sigma a_2 a_3 a_4 (\xi_1 - \xi_2)(\xi_1 - \xi_3)(\xi_1 - \xi_4) = 0,$$

die erste Evektante von T ebenso

$$\Sigma a_3^2 a_4^2 (a_1 - a_2)(\xi_1 - \xi_2)^3$$
$$- \Sigma a_1 a_2 a_3 a_4^2 (2\xi_1 - \xi_2 - \xi_3)(2\xi_2 - \xi_3 - \xi_1)(2\xi_3 - \xi_1 - \xi_2) = 0$$

und die zweite Evektante von T oder die Reciprokalkurve

$$\Sigma a_3^2 a_4^2 (\xi_1 - \xi_2)^6 - 2 \Sigma a_2 a_3 a_4^2 (\xi_1 - \xi_2)^3 (\xi_1 - \xi_3)^3$$
$$+ 2 a_1 a_2 a_3 \{(\xi_1 - \xi_3)(\xi_2 - \xi_4) - (\xi_1 - \xi_4)(\xi_2 - \xi_3)\}$$
$$\times \{(\xi_1 - \xi_4)(\xi_3 - \xi_2) - (\xi_1 - \xi_2)(\xi_3 - \xi_4)\}$$
$$\times \{(\xi_1 - \xi_2)(\xi_4 - \xi_3) - (\xi_1 - \xi_3)(\xi_4 - \xi_2)\}.$$ [55])

241. Endlich wollen wir mit einigen Bemerkungen über den Fall schliessen, wo die Kurve dritter Ordnung in einen Kegelschnitt und eine Gerade zerfällt. Wenn eine Kurve entweder zwei Doppelpunkte oder eine Spitze besitzt, so verschwindet nicht nur ihre Diskriminante, sondern es verschwinden auch die Funktionen, welche man aus ihrem allgemeinen Ausdruck in den Koefficienten der Originalgleichung durch Differentiation nach jedem dieser Koefficienten erhält (vergl. „Vorlesungen“ Art. 103, 113). In der That folgt aus dem Ausdruck der Diskriminante

$$T^2 + 64 S^3 = 0$$

der kubischen Form, dass ihre Differentiale durch

$$2T\frac{dT}{da}+192S^2\frac{dS}{da},\quad 2T\frac{dT}{db}+192S^2\frac{dS}{db},\ \text{u. s. w.}$$

dargestellt werden und also bei der Existenz einer Spitze, d. h. mit $S=0$, $T=0$ (Art. 225) sämtlich verschwinden. Wenn die Kurve zwei Doppelpunkte hat, d. h. wenn die Kurve dritter Ordnung in einen Kegelschnitt und eine Gerade zerfällt, so besteht die Gleichheit der Verhältnisse

$$\frac{dT}{da}:\frac{dS}{da}=\frac{dT}{db}:\frac{dS}{db}=\frac{dT}{dc}:\frac{dS}{dc},\ \text{u. s. w.};$$

diese Gleichungen, jede vom Grade acht in den Koefficienten, bilden das System der Bedingungen, unter welchen die allgemeine Gleichung dritten Grades in zwei Faktoren zerlegbar ist.

242. Die vorigen Bedingungen können in einer andern bemerkenswerten Form geschrieben werden. Sie entspringt aus der Bemerkung, dass jeder Doppelpunkt einer Kurve auch ein Doppelpunkt ihrer Hesseschen Kurve ist, so dass seine Koordinaten den durch Differentiation der Gleichungen der Kurve und ihrer Hesseschen Kurve nach den x_i entstehenden Gleichungen genügen müssen. Im Falle der Kurve dritter Ordnung sind aber diese Differentiale sämtlich vom zweiten Grade in den Variabeln und man kann zwischen ihnen die Grössen

$$x_1^2,\ x_2^2,\ x_3^2,\ x_2x_3,\ x_3x_1,\ x_1x_2$$

linear eliminieren und erhält die Diskriminante in Form einer Determinante

$$\begin{vmatrix} a, & b_1, & c_1, & m, & a_3, & a_2 \\ a_2, & b, & c_2, & b_3, & m, & b_1 \\ a_3, & b_3, & c, & c_2, & c_1, & m \\ \mathfrak{a}, & \mathfrak{b}_1, & \mathfrak{c}_1, & \mathfrak{m}, & \mathfrak{a}_3, & \mathfrak{a}_2 \\ \mathfrak{a}_2, & \mathfrak{b}, & \mathfrak{c}_2, & \mathfrak{b}_3, & \mathfrak{m}, & \mathfrak{b}_1 \\ \mathfrak{a}_3, & \mathfrak{b}_3, & \mathfrak{c}, & \mathfrak{c}_2, & \mathfrak{c}_1, & \mathfrak{m} \end{vmatrix}=0.$$

Wir haben auch in Art. 227 gesehen, dass die Bedingungen für die Existenz von drei Doppelpunkten in der Kurve ausgedrückt werden, indem man eine der drei ersten Reihen und die entsprechende unter den letzten drei horizontalen Reihen dieser Determinante nimmt und jede Determinante gleich Null setzt, welche aus zwei Vertikalreihen dieses Systems gebildet ist. In derselben Art werden die Bedingungen, unter denen die Kurve zwei Doppelpunkte hat, dadurch ausgedrückt, dass man irgend zwei unter den ersten drei Horizontalreihen mit den entsprechenden zweien der letzten drei verbindet und die aus irgend vier Vertikalreihen dieses Systems gebildete Determinante gleich Null setzt. Zum Beweise bemerken wir, dass für $U = \xi_x V$ mit

$$\xi_x = \xi_1 x_1 + \xi_2 x_2 + \xi_3 x_3$$

und $V = 0$ als Gleichung eines Kegelschnittes die Hessesche Kurve von $U = 0$ in der Form

$$\lambda U + \mu \xi_x^3 = 0$$

erscheint, wie wir im nächsten Artikel beweisen wollen. Dann haben wir aber

$$\frac{dH}{dx_1} = \lambda \frac{dU}{dx_1} + 3\mu \xi_1 \xi_x^2, \quad \frac{dH}{dx_2} = \lambda \frac{dU}{dx_2} + 3\mu \xi_2 \xi_x^2$$

und somit
$$\xi_2 \frac{dH}{dx_1} - \xi_1 \frac{dH}{dx_2} - \xi_2 \lambda \frac{dU}{dx_1} + \xi_1 \lambda \frac{dU}{dx_2} = 0,$$

d. h. die Differentiale von H und U nach x_1 und x_2 respektive sind durch eine lineare identische Relation verbunden und daher verschwindet die Determinante, welche man aus den Koefficienten von vier entsprechenden Gliedern in diesen Gleichungen bildet.

243. Die Hessesche Kovariante von $\xi_x U = 0$, für $\xi_x = 0$ als eine Gerade und $U = 0$ als eine Kurve beliebiger Ordnung kann in verschiedenen Wegen gebildet werden. Die zweiten Differentiale von $\xi_x U$ sind

$$\xi_x U_{11} + 2\xi_1 U_1, \quad \xi_x U_{22} + 2\xi_2 U_2, \quad \xi_x U_{33} + 2\xi_3 U_3,$$
$$\xi_x U_{23} + \xi_2 U_3 + \xi_3 U_2, \quad \xi_x U_{31} + \xi_3 U_1 + \xi_1 U_3, \quad \xi_x U_{12} + \xi_1 U_2 + \xi_2 U_1;$$

bildet man mit denselben die Hessesche Determinante und benutzt man zur Reduktion die Gleichungen für homogene Funktionen

$$(n-1) U_1 = U_{11} x_1 + U_{12} x_2 + U_{13} x_3, \text{ u. s. w.},$$

so erhält man für die Hessesche Kovariante von $\xi_x U = 0$ den Ausdruck

$$\frac{n^2}{(n-1)^2}\,\xi_x^{\,3}\,U - \frac{n}{(n-1)}\,\xi_x\,U F,$$

in welchem F die Funktion

$$(U_{22}U_{33}-U_{23}^{\,2})\,\xi_1^{\,2}+\cdots$$

(Art. 185) bezeichnet, welche geometrisch dargestellt wird durch den Ort der Punkte, deren Polarkegelschnitte die gegebene Gerade berühren.

Allgemeiner findet man für die Hessesche Kovariante von UV nach demselben Verfahren den Ausdruck

$$\frac{(n+n'-1)^2}{(n'-1)^2}\,U^3H' + \frac{(n+n'-1)^2}{(n-1)^2}\,V^3H$$
$$-\frac{(n+n'-1)}{(n-1)(n'-1)}\,(UV^2\Theta + U^2V\Theta')$$
$$+\frac{(n+n'-1)(n+n'-2)}{(n-1)(n'-1)}\,UVW,$$

in welchem wie in Art. 346 der „Kegelschnitte" Θ, Θ' respektive

$$(U_{22}U_{33}-U_{23}^{\,2})\,U'_{11}+\cdots,\quad (U'_{22}U'_{33}-U'^{\,2}_{23})\,U_{11}+\cdots$$

repräsentieren und W die Kovariante

$$(U_{22}U'_{33}+U'_{22}U_{33}-2\,U_{23}U'_{23})\,U_1U'_1+\cdots$$

bezeichnet. Diese Form zeigt, dass die Durchschnittspunkte von $U=0$ mit $V=0$ Doppelpunkte der Hesseschen Kurve sind und dass die Tangenten der letzten in ihnen die bezüglichen Tangenten von $U=0$ und $V=0$ sind.[56])

Sechstes Kapitel.

Kurven vierter Ordnung.

244. Wir haben die Einteilung der Kurven dritter Ordnung durch die Kombination der Unterscheidung nach projektivischen Charakteren mit der Unterscheidung nach der Natur ihrer unendlichen Äste begründet und können dieselben Klassifikationsprinzipien auf die Kurven vierter Ordnung anwenden. Aber die Zahl der Arten ist so gross und die Arbeit der Diskussion ihrer Formen so bedeutend, dass es nutzlos erscheint, den Versuch einer Aufzählung zu unternehmen. Es wird hinreichend sein, die Aufmerksamkeit auf diejenigen Punkte zu lenken, welche bei einer vollständigen Aufzählung hauptsächlich in Betracht kommen. Eine Kurve vierter Ordnung ist entweder ohne vielfache Punkte, oder sie hat einen Doppelpunkt, oder zwei oder drei Doppelpunkte, die einzeln oder alle zu Spitzen werden können. Danach entstehen zehn Arten, deren Plückersche Charaktere und Defekte sind

	μ	δ	$\varkappa$	ν	τ	ι	D
I.	4	0	0	12	28	24	3
II.	4	1	0	10	16	18	2
III.	4	0	1	9	10	16	2
IV.	4	2	0	8	8	12	1
V.	4	1	1	7	4	10	1
VI.	4	0	2	6	1	8	1
VII.	4	3	0	6	4	6	0
VIII.	4	2	1	5	2	4	0
IX.	4	1	2	4	1	2	0
X.	4	0	3	3	1	0	0;

in jedem der letzten vier Fälle ist die Kurve unikursal.

Jede Kurve vierter Ordnung kann als einer dieser Arten angehörig betrachtet werden, aber es ist nötig, einige besondere Formen zu beachten, welche aus der Vereinigung von Knotenpunkten und Spitzen hervorgehen.

1. Zwei zusammenfallende Knotenpunkte bringen eine Singularität hervor, die wir als Berührungsknoten bezeichnen wollen, in der That eine gewöhnliche zweipunktige Berührung von zwei Ästen der Kurve. Wir bemerken, dass die gemeinschaftliche Tangente derselben in diesem Punkt unter den Doppeltangenten der Kurve zweifach zu zählen ist. Die Kurve gehört somit, wenn ausser dem Berührungsknoten keine andern singulären Punkte vorhanden sind, zur vierten unter den obigen Arten; aber $\delta = 2$ bedeutet eben den Berührungsknoten und $\tau = 8$ bezeichnet als Doppeltangenten die zweifach zu zählende Tangente in diesem letzten und sechs andere Doppeltangenten.

Fig. 52.

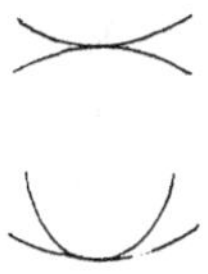

2. Ein Knotenpunkt und eine Spitze erzeugen durch ihre Vereinigung die Singularität, welche als Knotenspitze bezeichnet werden kann und in Art. 58 als Schnabelspitze bezeichnet worden ist. Die betreffende Tangente zählt als Doppeltangente

Fig. 53. Fig. 54.

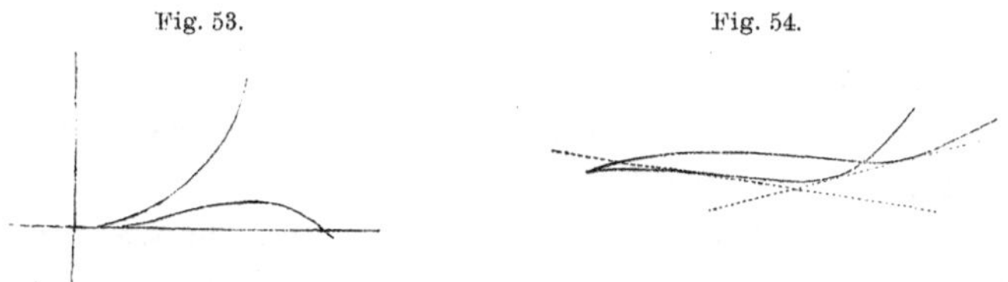

und als stationäre Tangente je einmal. Wenn also andere singuläre Punkte fehlen, so gehört eine Kurve vierter Ordnung mit Knoten- oder Schnabelspitze zur V. Art mit den obigen Charakteristiken; $\delta = 1$, $\varkappa = 1$ bezeichnen aber beide eben die Knotenspitze und $\tau = 4$ die betreffende Tangente und drei andere Doppeltangenten, $\iota = 10$ dieselbe Tangente in der Spitze und neun andere stationäre Tangenten.

3. Drei Knotenpunkte können als auf einander folgende Punkte einer Kurve von endlicher Krümmung zusammenfallen und erzeugen einen Oskulationsknoten, einen Punkt, in wel-

chem dreipunktige Berührung oder Oskulation zwischen zwei Ästen der Kurve stattfindet. Die Tangente im Oskulationsknoten zählt als Doppeltangente der Kurve dreifach; die Kurve ist von der VII. Art mit den angegebenen Charakteren, so jedoch, dass $\delta = 3$ den Oskulationsknoten bezeichnet und $\tau = 4$ ausser der ihm entsprechenden Tangente nur eine andere Doppeltangente anzeigt.

4. Zwei Knotenpunkte und eine Spitze oder ein Berührungsknoten und eine Spitze als auf einander folgende Punkte einer Kurve von endlicher Krümmung erzeugen gleichfalls nicht einen dreifachen Punkt, sondern die Singularität, die wir eben Berührungsknotenspitze nennen wollen, eine Oskulation oder ein vierpunktiger Schnitt der beiden Äste der Kurve, die in einer Spitze sich verbinden. Die Kurve ist von der VIII. Art; $\delta = 2$, $\varkappa = 1$ bezeichnen den singulären Punkt, $\tau = 2$ die entsprechende Tangente, die als Doppeltangente zweifach zählt, und $\iota = 4$ dieselbe Tangente als stationäre und ausser ihr drei andere stationäre Tangenten.

5. Drei Knotenpunkte können als Ecken eines unendlich kleinen Dreiecks zusammenfallen und erzeugen dann einen dreifachen Punkt mit drei verschiedenen Tangenten. Die Kurve gehört zur VII. Art und von den obigen Charakteren bezeichnet $\delta = 3$ eben den dreifachen Punkt.

6. Zwei Knotenpunkte und eine Spitze geben in Vereinigung einen dreifachen Punkt besonderer Art, in welchem ein gewöhnlicher Zweig der Kurve durch eine Spitze hindurch geht. Die Kurve gehört zur VIII. Art und unter ihren Charakteren bezeichnen $\delta = 2$, $\varkappa = 1$ eben den dreifachen Punkt.

7. Wenn endlich ein Knotenpunkt und zwei Spitzen vereinigt sind, so entsteht ein dreifacher Punkt, der sich nicht sichtbar von einem gewöhnlichen Punkt der Kurve unterscheidet; die Kurve ist von IX. Art und von ihren Charakteren bezeichnen $\delta = 1$, $\varkappa = 2$ eben den besondern dreifachen Punkt.[57])

245. Um die Unterscheidungen zwischen den verschiedenen hier aufgezählten Arten von Doppelpunkten zu erläutern, wollen wir voraussetzen, dass der Anfangspunkt der Koordinaten ein Doppelpunkt sei, dessen beide Tangenten mit der Geraden

$y=0$ zusammenfallen; dann ist die Gleichung der Kurve vierter Ordnung von der Form

$$y^2+u^{(3)}+u^{(4)}=0$$

mit

$$u^{(3)}=ax^3+bx^2y+cxy^2+dy^3,$$
$$u^{(4)}=ex^4+fx^3y+\cdots$$

Wir gehen nun wie in Art. 36 vor: Um die Form der Kurve in der Nähe des Anfangspunktes zu bestimmen, substituieren wir $y=mx^\beta$ und bestimmen β so, dass zwei oder mehrere von den Exponenten des x gleich und kleiner als der Exponent irgend eines andern Gliedes sind und beachten nur die Glieder vom niedrigsten Grade in x.

Sei dann zuerst a nicht gleich Null; so finden wir

$$\beta=\tfrac{3}{2},$$

die Form der Kurve in der Nähe des Anfangspunktes ist dieselbe wie die der Kurve

$$y^2+ax^3=0$$

und der Anfangspunkt ist eine gewöhnliche Spitze.

1. Sei $a=0$. Es wird $\beta=2$ und m wird durch die quadratische Gleichung

$$m^2+bm+e=0$$

bestimmt; die Kurve hat zwei Äste, deren Formen in der Nähe des Anfangspunktes mit denen der Kurven

$$y=m_1x^2, \quad y=m_2x^2$$

übereinstimmen, für m_1, m_2 als die Wurzeln der obigen Gleichung. Diese Äste berühren einander und der Anfangspunkt ist ein Berührungsknoten.

2. Wenn die erhaltene quadratische Gleichung gleiche Wurzeln hat, so ist die Form der Gleichung der Kurve

$$(y-mx^2)^2+cxy^2+dy^3+fx^3y+\cdots=0$$

und für den bisher benutzten Grad der Annäherung fallen die beiden Äste in der Nachbarschaft des Anfangspunktes zusammen. Um sie zu unterscheiden, setzen wir

$$y=mx^2+nx^\gamma$$

und bestimmen n und γ wie vorher m und β. Wir finden dann

$$\gamma=\tfrac{5}{2}, \quad n^2=-(cm^2+fm).$$

In der Nähe des Anfangspunktes ist daher die Form der Kurve die von der Kurve

$$y = mx^2 + nx^{\frac{5}{2}},$$

welche in Art. 58 erörtert wurde. Der Anfangspunkt ist also eine Schnabelspitze oder Knotenspitze.

3. Wenn jedoch in Hinzufügung zu den vorigen Bedingungen

$$f = -cm$$

ist, so erhält die Gleichung der Kurve die Form

$$(y - mx^2)^2 + cxy(y - mx^2) + dy^3 + gx^2y^2 + \cdots = 0$$

und wir erhalten durch die Substitution

$$y = mx^2 + nx^\gamma$$

den Wert $\gamma = 3$ und zur Bestimmung von n die quadratische Gleichung

$$n^2 + cmn + m^2(dm + g) = 0.$$

Wenn n_1, n_2 die Wurzeln derselben sind, so besteht die Kurve in der Nähe des Anfangspunktes aus zwei sich oskulierenden Ästen, deren Formen durch die Gleichungen

$$y = mx^2 + n_1x^3, \quad y = m^2 + n_2x^3$$

dargestellt werden; oskulierend, weil die Differenz dieser Werte von y mit einer ungeraden Potenz von x beginnt und somit die Äste sich im Anfangspunkt sowohl berühren als durchsetzen. Der Anfangspunkt ist ein Oskulationsknoten.

4. Wenn aber wieder in Hinzufügung zu den frühern Bedingungen die letzterwähnte quadratische Gleichung gleiche Wurzeln hat, oder wenn überdies

$$dm + g = \tfrac{1}{4}c^2$$

ist, so ist die Gleichung der Kurve von der Form

$$(y - mx^2 - cxy - dy^2)^2 = Axy^3 + By^4$$

und wir finden auf dem vorher verfolgten Wege, dass ihre Form in der Nähe des Anfangspunktes durch die Gleichung

$$y = mx^2 + cmx^3 + px^{\frac{7}{2}}$$

bestimmt wird. Der Anfangspunkt ist dann eine Berührungsknotenspitze. Eine höhere Singularität kann in einer eigentlichen Kurve vierter Ordnung der Knotenpunkt nicht haben, weil der nächste weitere Schritt A verschwinden machen und die Gleichung in zwei Gleichungen vom zweiten Grade zerfallen liesse.

Der Fall, in welchem der Anfangspunkt ein dreifacher Punkt ist, scheint der Erläuterung nicht weiter zu bedürfen.

Wir haben bisher die Unterscheidung zwischen reell und nicht reell ausser Betracht gelassen und wollen das Erforderliche nachtragen. Unter der Voraussetzung, dass die Kurve vierter Ordnung selbst reell ist, können nicht reelle Doppelpunkte oder Spitzen nur in Paaren auftreten, d. h. man kann die Fälle unterscheiden von einem reellen Doppelpunkt, von zwei reellen oder zwei nicht reellen Doppelpunkten und von drei rellen oder von einem reellen und zwei nicht reellen Doppelpunkten, und ebenso für die Spitzen. Ein reeller Doppelpunkt ist aber immer entweder ein Knotenpunkt oder ein konjugierter Punkt. Infolge der Notwendigkeit des Auftretens der nicht reellen Singularitäten in Paaren können die Unterscheidungen zwischen reell und nicht reell sich kaum bei den vorher besprochenen speziellen Singularitäten manifestieren, ausser etwa bei dem gewöhnlichen dreifachen Punkt, welcher ein Punkt mit drei reellen verschiedenen oder ein Punkt mit nur einer reellen Tangente neben zwei nicht reellen Tangenten sein kann, wo also im ersten Falle drei reelle Äste der Kurve sich in ihm schneiden, während er im letzten Fall der Durchschnitt von einem reellen Aste mit zwei nicht reellen Ästen der Kurve ist, oder ein konjugierter Punkt, durch welchen ein reeller Ast der Kurve hindurch geht. Ein solcher Punkt ist nicht sichtbar verschieden von einem gewöhnlichen Punkt der Kurve und erinnert in dieser Beziehung an den speziellen dreifachen Punkt unter 7 in Art. 244, unterscheidet sich von demselben aber wesentlich darin, dass im Falle des konjugierten Punktes im reellen Aste neben zwei nicht reellen Tangenten nur eine reelle Tangente, im Falle des speziellen dreifachen Punktes aber drei reelle zusammenfallende Tangenten vorhanden sind.

246. Wir haben aber noch von einigen andern Spezialitäten zu reden. Ein Knotenpunkt kann in Bezug auf

einen der Äste, die durch ihn hindurch gehen, ein Inflexionspunkt sein, d. h. die Tangente des einen Astes im Doppelpunkt mit diesem drei (mit der Kurve also vier) auf einander folgende Punkte gemein haben; und er kann zugleich ein Inflexionspunkt in beiden Ästen sein. Ein solcher Doppelpunkt kann als die Vereinigung eines gewöhnlichen Doppelpunktes mit einem Inflexionspunkt oder andernfalls mit zwei Inflexionspunkten betrachtet werden und man kann ihn darnach entweder als einen einfachen oder als einen doppelten Inflexionsknoten bezeichnen. Die so mit dem Knoten zusammenfallenden Inflexionen sind natürlich unter den Inflexionen der Kurve zu zählen. Ein doppelter Inflexionsknoten besitzt Eigenschaften, die den in den Art. 171 flg. begründeten Eigenschaften der Inflexionspunkte in Kurven dritter Ordnung analog sind. Wenn wir im allgemeinen den Ort der harmonischen Mittel in den durch einen Doppelpunkt der Kurve vierter Ordnung gehenden Radien vektoren suchen, so erhalten wir aus der ihm als Koordinatenanfangspunkt entsprechenden Gleichung der Kurve

$$u^{(4)} + u^{(3)} + u^{(2)} = 0$$

seine Gleichung in der Form

$$u^{(3)} + 2u^{(2)} = 0.$$

Der fragliche Ort wird daher eine gerade Linie, wenn $u^{(2)}$ als ein Faktor in $u^{(3)}$ enthalten ist und der Doppelpunkt hat, weil eine harmonische Polare ihm entspricht, die in Art. 171 entwickelten Eigenschaften. Die Berührungspunkte der von ihm aus an die Kurve gehenden Tangenten liegen in einer Geraden und es ist möglich, die Kurve so zu projizieren, dass dieser Punkt ein Centrum wird, oder auch so, dass alle Sehnen von einer gewissen festen Richtung in den Punkten einer Geraden halbiert werden. Im letztern Fall ist die Form der Gleichung im allgemeinen

$$y^2 (x-a)(x-b) = \pm A (x-c)(x-d)(x-e)(x-f).$$

Es unterliegt keinen Schwierigkeiten, wie in Art. 39, 200 die verschiedenen möglichen Formen von Kurven zu diskutieren, welche dieser Gleichung entsprechen, je nach der Realität und nach den Grössenverhältnissen der a, b, ..., und daraus die möglichen verschiedenen Formen ihrer Projektionen abzuleiten.

Eine Kurve vierter Ordnung kann als eine bei der Klassifikation zu beachtende Singularität einen Undulationspunkt haben, d. h. einen Punkt, in welchem die Tangente vier auf einander folgende Punkte mit der Kurve gemein hat. Die Tangente der Kurve in einem solchen Punkte vertritt zwei stationäre Tangenten und eine Doppeltangente. Eine Kurve vierter Ordnung kann vier reelle Undulationspunkte haben, wie man aus der Gleichungsform

$$x_1 x_2 x_3 x_4 = S^2$$

ersieht, in welcher $S = 0$ einen von den vier Geraden

$$x_1 = 0, \quad x_2 = 0, \quad x_3 = 0, \quad x_4 = 0$$

berührten Kegelschnitt darstellt.

247. Damit ist die Aufzählung der durch Projektion unzerstörbaren Charaktere der Kurven vierter Ordnung noch nicht geschlossen, welche bei einer vollständigen Klassifikation Beachtung finden müssen. Wir erinnern uns, dass die Kurven dritter Ordnung ohne singuläre Punkte in einteilige und zweiteilige Kurven zerfielen, je nachdem die reellen Punkte der Kurve in einer stetigen Reihe geordnet erscheinen oder nicht. Es muss vorausgesetzt werden, dass ähnliche Unterschiede bei den Kurven vierter Ordnung vorkommen und man kann leicht eine obere Grenze der Vielteiligkeit einer solchen Kurve bestimmen.

Die möglichen Formen der allgemeinen Kurven vierter Ordnung sind von Zeuthen im Detail untersucht worden.[58]) Er bemerkt, dass die Zweige oder Äste einer Kurve in solche von ungerader und solche von gerader Ordnung zerfallen nach der Zahl der Punkte, in denen eine gerade Linie sie schneidet. Wir bezeichneten die Äste der letzten Art in Art. 201 als Ovale, indem wir nicht nur die Ovale im gewöhnlichen Sinne des Wortes, sondern auch alle ihre Centralprojektionen darunter verstanden, so dass also in demselben Sinne alle Kegelschnitte als Ovale zu benennen sind. Zeuthen bewies nun, dass eine Kurve ohne singuläre Punkte nicht mehr als einen Ast von ungerader Ordnung haben kann und dass daher eine Kurve von gerader Ordnungszahl einen solchen überhaupt nicht besitzt; dass also insbesondere auch eine Kurve vierter Ordnung nur Ovale haben kann.

Es erhellt sogleich, dass zwei Ovale, von denen das eine ganz vom andern umschlossen ist, die ganze reelle Kurve darstellen, weil jeder andere reelle Punkt unter den durch ihn gehenden Geraden solche gestatten würde, die fünf Punkte mit der Kurve gemein hätten. Aus demselben Grunde kann auch das innere Oval keine Doppeltangenten und keine Inflexionen besitzen. Eine Kurve vierter Ordnung von dieser Art mag eine ringförmige genannt werden. Damit ist aber der Fall von mehr als zwei Ovalen, von denen keines die andern oder ein anderes umschliesst, durchaus nicht ausgeschlossen; wenn jedoch vier solche Ovale vorhanden wären, so ist sicher, dass sie die ganze reelle Kurve darstellen, denn ein Kegelschnitt durch vier auf dieselben verteilte Punkte schneidet sie in acht Punkten und kann nicht einen neunten Punkt der Kurve ausserhalb derselben enthalten, während man ihn doch durch einen solchen legen könnte, falls einer vorhanden wäre. Wir schliessen daraus, dass eine Kurve vierter Ordnung ohne singuläre Punkte höchstens vierteilig ist, weil kein Grund ersichtlich ist, weshalb sie nicht aus vier solchen getrennten Ovalen bestehen könnte. In der That ist die Existenz solcher Kurven durch das in Art. 55 benutzte Beispiel der Gleichung

$$(x^2-a^2)^2+(y^2-b^2)^2=c^4$$

mit $c<b$ ebenso wie durch folgendes von Plücker zum Nachweis der 28 reellen Doppeltangenten einer Kurve vierter Ordnung gegebene Beispiel bewiesen. Wenn

$$\Omega=(y^2-x^2)(x-1)(x-\tfrac{3}{2})-2\{y^2+x(x-2)\}^2$$

ist, so wird durch $\Omega=0$ eine Kurve vierter Ordnung mit drei Doppelpunkten dargestellt, wie sie die umstehende Figur in der stärkern Linie zeigt; die Gleichung $\Omega=k$ bezeichnet dann aber eine Kurve, welche die Kurve $\Omega=0$ in keinem endlichen

Punkte schneidet und um so weniger von ihrer Form abweicht, je kleiner wir k voraussetzen, die aber ferner ganz innerhalb oder ausserhalb der Kurve $\Omega = 0$ liegt, je nach dem Vorzeichen der Grösse k. Diese Kurve ist einteilig, wenn sie ganz ausserhalb der Kurve $\Omega = 0$ gelegen ist; liegt sie ganz innerhalb derselben, so zerfällt sie in vier meniskenförmige Ovalen mit je zwei Inflexionsstellen, welche in den vier von der Kurve $\Omega = 0$ umschlossenen Räumen liegen, von denen jedoch, wie man leicht sieht, je nach dem Werte der Konstanten eines und eventuell ein zweites nicht reell werden kann. Es kann also eine Kurve vierter Ordnung ohne singuläre Punkte entweder einteilig oder zweiteilig oder dreiteilig oder endlich vierteilig sein. Nach dem Vorhergehenden kann eine zweiteilige Kurve vierter Ordnung aus zwei einander umschliessenden Ovalen bestehen, aber es kann weder eine vierteilige noch eine dreiteilige Kurve vierter Ordnung zwei solche Ovale als einen Teil enthalten.

Fig. 55.

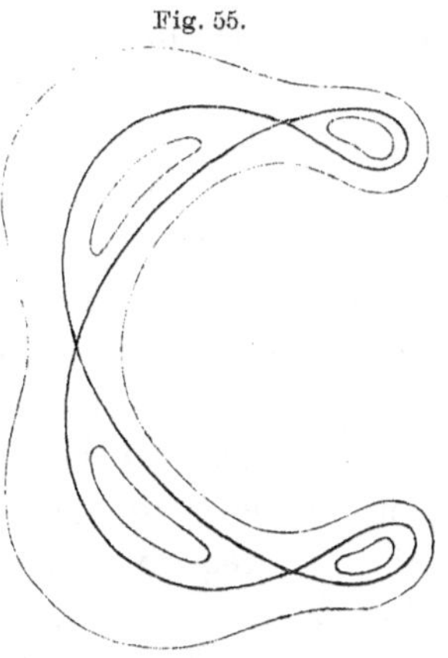

In ganz analoger Art kann begründet werden, dass eine Kurve vierter Ordnung mit einem Doppelpunkt entweder einteilig, zwei- oder dreiteilig sein muss und eine solche Kurve mit zwei Doppelpunkten nur entweder einteilig oder zweiteilig sein kann.* Man wird zugleich nicht übersehen, dass dies nur ein sehr unvollständiger Abriss einer allgemeinen Theorie ist, in welche noch nicht eigentlich eingegangen worden ist.

248. Zeuthen benutzt als Grundlage seiner Klassifikation der Kurven vierter Ordnung die reellen Doppeltangenten der Kurve, welche er in zwei Klassen teilt. Wenn eine Kurve vierter Ordnung ein Paar einander nicht umschliessen-

* Die Maximalzahl der „Teile“ einer Kurve in diesem Sinne ist allgemein um Eins grösser als der Defekt.

der Ovale hat, so sieht man, dass dieselben ganz wie zwei Kegelschnitte vier gemeinsame Tangenten besitzen und nicht mehr als vier derselben zulassen; diese sind Zeuthens Doppeltangenten zweiter Art; ihre Zahl ist vier im Falle von zwei, zwölf im Falle von drei und vierundzwanzig im Falle von vier ausser einander liegenden Ovalen.

Die Doppeltangenten erster Art sind a) solche, welche einen und denselben Teil der Kurve zweimal berühren und b) solche, deren Berührungspunkte imaginär sind.

Und Zeuthen hat bewiesen, dass jede Kurve vierter Ordnung vier reelle Doppeltangenten von einer oder der andern dieser zwei Arten besitzt; zählt man zu diesen vier, wir wollen sagen Zeuthenschen Doppeltangenten die 0, 4, 12 oder 24 Doppeltangenten der zweiten Art, so erhält man als Zahl der reellen Doppeltangenten der Kurve entweder 4, 8, 16 oder 28. Er betrachtet das Büschel $S + \lambda S' = 0$ von Kurven vierter Ordnung für $S = 0$ und $S' = 0$ als zwei Kurven vierter Ordnung ohne singuläre Punkte und bemerkt, dass die Zahl der reellen Doppeltangenten der Kurven derselben bei stetiger Änderung des Parameters λ nur bei denjenigen Werten desselben sich ändern kann, für die die Kurve einen singulären Punkt erhält; er zeigt, dass mit dem Durchgang von λ durch den Wert, welchem eine Kurve mit Doppelpunkt entspricht, nur reelle Doppeltangenten der zweiten Art verloren werden oder hinzutreten, und dass bei keiner der gewöhnlichen Singularitäten Doppeltangenten der ersten Art in solche der zweiten übergehen oder umgekehrt.

Betrachten wir aber eine Doppeltangente der ersten Art, welche denselben Teil der Kurve in zwei Punkten berührt, so können diese Punkte mit der Veränderung des Parameters sich einander nähern, indem der zwischen ihnen liegende Bogen der Kurve verkürzt wird; sie können sich sodann vereinigen und einen Undulationspunkt der Kurve hervorbringen, so dass bei weiterer Veränderung die Berührungspunkte der Doppeltangente imaginär werden. So sehen wir, dass bei Erreichung des Parameterwertes, für welchen die Kurve des Büschels einen Undulationspunkt bekommt, Zeuthensche Doppeltangenten von der Form a) in solche von der Form b) übergehen oder umgekehrt. Infolgedessen ist die Gesamtzahl solcher Doppeltangenten die nämliche für alle Kurven des Büschels $S + \lambda S' = 0$ und daher die nämliche für jede Kurve vierter Ordnung; das Beispiel von Plück'er zeigt sogleich, dass diese Zahl vier ist.

Wenn ein Teil der Kurve eine in zwei reellen Punkten ihn berührende Doppeltangente besitzt, so ist offenbar, dass in jedem dieser Punkte der Kurvenbogen seine Konvexität der Tangente zuwendet und dass zwischen beiden ein Bogenstück liegen muss, welches gegen die Tangente konkav ist — also auch, dass das konkave Stück von den es einschliessenden konvexen Stücken durch einen Inflexionspunkt auf jeder Seite getrennt sein muss. Jede solche Doppeltangente bedingt also zwei reelle Inflexionspunkte und man sieht leicht, dass auch das umgekehrte richtig ist. Eine Kurve vierter Ordnung kann also, weil höchstens vier solche Tangenten auch höchstens acht reelle Inflexionen haben — wie in der vorigen Ausgabe dieses Buches aus den bekannten Beispielen vermutet wurde. Zeuthen verwendet den Namen Oval nur für Teile der Kurve ohne reelle Doppeltangente und also ohne Inflexionen und nennt einen solchen Teil mit einer reellen Doppeltangente ein Unifolium, einen mit zwei, drei oder vier solchen Doppeltangenten respektive ein Bifolium, Trifolium und Quadrifolium —, so dass in dem Plückerschen Beispiel 7 die vier innern Kurven Unifolia sind und die äussere Kurve ein Quadrifolium ist, während Fig. 20c auf pag. 58 zwei Bifolia und Fig. 20e ebendort eine ringförmige Kurve vierter Ordnung, ein Quadrifolium mit innerem Oval zeigt.

249. Zeuthen beweist ferner nach der von uns im Beispiel 4 des Art. 126 auf die Frage angewendeten Methode, dass die Berührungspunkte von irgend drei seiner Doppeltangenten in einem Kegelschnitt liegen und dass es derselbe Kegelschnitt ist, welcher durch die Berührungspunkte aller vier Doppeltangenten hindurchgeht. Wenn also x_1, x_2, x_3, x_4 durch Vergleichung mit Null vier gerade Linien repräsentieren

und $V = 0$ einen Kegelschnitt liefert, so ist die Gleichung der Kurve vierter Ordnung von der Form

$$x_1 x_2 x_3 x_4 = V^2.$$

Und Zeuthens Analyse der möglichen Formen der Kurven vierter Ordnung gründet sich nun auf die Unterscheidung der Lagen, welche die Schnittpunkte der vier Geraden mit dem Kegelschnitt in Beziehung zu dem von ihnen gebildeten Vierseit haben können. Für die Realität aller acht Schnittpunkte der vier Geraden x_i mit dem Kegelschnitt V zählt er folgende Fälle auf: 1) Ringförmige Kurve oder Quadrifolium mit innerem Oval; 2) Quadrifolium und zwei Ovale; 3) vier Unifolia; 4) Trifolium, Unifolium und ein Oval; 5) Bifolium, zwei Unifolia und ein Oval; 6) zwei Bifolia und ein Oval; 7) zwei Bifolia und zwei Ovale; 8) ein Bifolium und zwei Unifolia; 9) ein Trifolium, ein Unifolium und zwei Ovale. Er gelangt so zu sechsunddreissig Fällen im Ganzen; aber die Figuren, welche er für die neun vorerwähnten Fälle giebt, reichen zur Erläuterung der übrigen hin, da eine geringe Modifikation ein Unifolium in ein Oval verwandelt u. s. w. Diese Klassifikation beruht nur auf projektivischen Eigenschaften und hat keinen Bezug zur unendlich fernen Geraden in der Ebene der Kurve oder sie ist zugleich eine Klassifikation der projicierenden Kegel; wir erörtern weiterhin (Art. 250) die Grundsätze, nach welchen diese Klassen der Kurven vierter Ordnung in Spezies eingeteilt werden können, wenn man die Natur der unendlichen Äste in Betracht zieht.

Dieselbe Methode der Klassifikation lässt sich auch auf die Kurven vierter Ordnung mit singulären Punkten als Grenzfälle der allgemeinen anwenden und Zeuthen registriert und diskutiert die folgenden Fälle: a) konjugierte oder isolierte Punkte als Grenzfälle von Ovalen; b) Knoten, welche bei Grenzfällen von ringförmigen Kurven vierter Ordnung entstehen, wenn der innere Teil den äussern schneidet, Knoten ohne reelle anderswo berührende Tangenten, — in beiden Fällen bleiben die Zeuthenschen Doppeltangenten unbeeinflusst; c) Knoten, welche entstehen, wenn zwei ausser einander liegende Teile zum Schnitt kommen, Knoten, bei denen die Tangenten vom Doppelpunkt zwei Doppeltangenten der ersten Art absorbieren; d) Knoten aus dem Zerfallen eines Teils von gerader Ordnung in den Schnitt zweier Teile von ungerader Ordnung; e) zwei imaginäre Doppelpunkte — in ihrer Verbindungslinie sind zwei Doppeltangenten der ersten Art vereinigt. In den Fällen, wo die Zeuthenschen Doppeltangenten beeinflusst werden, wird die Untersuchung durch Betrachtung der Formen geführt, welche die Gleichung

$$x_1 x_2 x_3 x_4 = V^2$$

dann liefert, wenn V den Schnittpunkt von zwei der Geraden enthält oder wenn zwei derselben sich decken.

250. Um die Einteilung der Kurven vierter Ordnung bezüglich ihrer unendlichen Äste zu überblicken, bemerken wir, dass die unendlich ferne Gerade einer Kurve vierter Ordnung schneiden kann

a) in vier reellen Punkten,
b) in zwei reellen und zwei nicht reellen,
c) in vier nicht reellen,
d) in zwei zusammenfallenden und zwei reellen,
e) in zwei zusammenfallenden und zwei nicht reellen,
f) zweimal in zwei zusammenfallenden Punkten, welche reell sind, oder
g) welche nicht reell sind,
h) in drei zusammenfallenden Punkten und einem einzelnen reellen Punkte,
i) in vier zusammenfallenden Punkten;

wobei in den Fällen d), e), f), g) weiter zu unterscheiden wäre, ob die unendlich ferne in zwei zusammenfallenden Punkten schneidende Linie eine gewöhnliche Tangente, oder eine Gerade durch einen Doppelpunkt ist, der entweder ein Knotenpunkt oder ein isolierter Punkt, eine Spitze oder ein singulärer Punkt von einer der im Art. 244 erwähnten Arten sein kann. Ebenso kann im Falle h) die unendlich ferne Gerade entweder eine gewöhnliche stationäre Tangente oder die Tangente in einer Spitze oder in einem Doppelpunkte sein oder auch eine durch einen dreifachen Punkt gehende Gerade und im Falle i) die Tangente in einem Undulationspunkt oder in einem Doppelpunkt besonderer Art oder in einem dreifachen Punkte. Endlich kann ein Punkt, der unter den Schnitten mit der unendlich fernen Geraden einfach zählt, ein Inflexions- oder Undulationspunkt in der Kurve sein und auch dies wird, wenn es stattfindet, eine Veränderung in der Gestalt der Kurve bedingen, die bei der vollständigen Klassifikation zu berücksichtigen ist.

251. Wir haben früher (Art. 70) gezeigt, wie die Gleichung der Hesseschen Kurve für eine Kurve vierter Ordnung zu bilden ist, als einer Kurve sechster Ordnung, die sich mit ihr in den vierundzwanzig Inflexionspunkten schneidet. Wir sahen auch in Art. 92, dass die Gleichung der Reciproken einer Kurve vierter Ordnung von der Form

$$S^3 = 27\,T^2$$

ist, wo $S=0$ eine Kurve vierter und $T=0$ eine Kurve sechster Klasse darstellt, von welchen die Form der Gleichung zeigt, dass dieselben die vierundzwanzig stationären Tangenten der Kurve zu ihren gemeinsamen Tangenten haben. Die Lösung des Problems, die Gleichung der Kurve zu bilden, welche durch die Berührungspunkte der Doppeltangenten einer gegebenen Kurve hindurch geht, ist einem spätern Kapitel vorbehalten worden und wir werden dort zeigen, dass für den Fall der Kurve vierter Ordnung die Gleichung einer solchen Kurve in der Form

$$\Theta = 3\,H\Phi$$

geschrieben werden kann, in welcher Θ die Kovariante

$$\mathfrak{U}_{11} H_1^{\,2} + \cdots$$

bedeutet, die im Art. 232 erwähnt ist, mit $H_1, \ldots$ als den ersten Differentialen der Hesseschen Determinante und den $\mathfrak{U}_{11}, \ldots$ als den

$$U_{22}\,U_{33} - U_{23}^{\,2}, \cdots$$

aus den zweiten Differentialen von U; und in gleicher Art Φ die Kovariante $\mathfrak{U}_{11} H_{11} + \cdots$ des Beisp. 1 im Art. 231. In den nächsten Artikeln geben wir die Theorie der Doppeltangenten in der besondern Form, welche den Kurven vierter Ordnung entspricht.

252. Es ist zweckmässig, diese Untersuchung mit der Darlegung einer allgemeineren Theorie zu beginnen, in welcher die Theorie der Doppeltangenten mit enthalten ist. Wir betrachten die Gleichungsform

$$UW = V^2,$$

unter der Voraussetzung, dass $U=0$, $V=0$, $W=0$ Kegelschnitte repräsentieren, eine Form mit sechzehn impliciten Konstanten, auf welche also die Gleichung jeder Kurve vierter Ordnung in verschiedenen Arten zurückgeführt werden kann, wie wir es weiterhin vollständiger übersehen werden. Die Form der Gleichung zeigt, dass jeder der Kegelschnitte $U=0$, $W=0$ die Kurve vierter Ordnung in vier Punkten berührt, nämlich in den Schnittpunkten, die er mit dem Kegelschnitt $V=0$ erzeugt. Wir haben früher („Kegelschn." Art. 304 flg.) die Gleichung

$$UW = V^2$$

für den Fall diskutiert, in welchem $U=0$, $V=0$, $W=0$ gerade Linien darstellen und bemerken jetzt, dass die dort gefundenen Resultate giltig bleiben, wenn sie Kegelschnitte repräsentieren, so bald man die geeigneten Modifikationen anbringt; d. h. so bald man bedenkt, dass zwei durch Gleichungen von der Form

$$\lambda U + \mu V + \nu W = 0$$

dargestellte Kegelschnitte sich statt in einem Punkte in vier Punkten durchschneiden und dass, wenn für einen Kegelschnitt von solcher Gleichung ein Punkt gegeben ist, drei andere Punkte mit bestimmt sind, weil für

$$\lambda U' + \mu V' + \nu W' = 0$$

der Kegelschnitt

$$\lambda U + \mu V + \nu W = 0$$

durch die vier Punkte geht, welche durch die Gleichungen

$$U : U' = V : V' = W : W'$$

gegeben sind. Aus der soeben erinnerten Diskussion in der Theorie der Kegelschnitte folgt, dass die Kurve vierter Ordnung $UW = V^2$ als die Enveloppe des veränderlichen Kegelschnittes

$$\lambda^2 U + 2\lambda V + W = 0$$

mit λ als Parameter betrachtet werden kann, welcher die gegebene Kurve in den vier durch

$$\lambda U + V = 0, \quad \lambda V + W = 0$$

bestimmten Punkten berührt. Die zwei Gruppen von vier Punkten, in welchen irgend zwei der umhüllenden Kegelschnitte die Kurve berühren, liegen in einem andern Kegelschnitt, wie es die Gleichungsform

$$(\lambda^2 U + 2\lambda V + W)(\mu^2 U + 2\mu V + W) \\ = \{\lambda\mu U + (\lambda + \mu) V + W\}^2$$

lehrt, die mit $UW = V^2$ identisch ist. Ebenso können die Eigenschaften der Pole und der Polaren auf die betrachtete Kurve ausgedehnt werden. Durch jeden Punkt oder durch eine Gruppe von vier Punkten, wie wir sagen können, gehen zwei Kegelschnitte des Systems

$$\lambda^2 U + 2\lambda V + W = 0,$$

deren zweimal vier Berührungspunkte auf einem Kegelschnitt

$$UW' + WU' - 2VV' = 0$$

liegen, den man als die Polare des gegebenen Punktes oder der gegebenen Punktegruppe bezeichnen kann. Dann zeigt die Symmetrie dieser Gleichungen, dass die Polare in diesem Sinne des Wortes für irgend einen Punkt des letztern Kegelschnitts durch den gegebenen Punkt geht („Kegelschn.“ Art. 106). Umgekehrt schneidet irgend ein Kegelschnitt

$$aU + bV + cW = 0$$

die Kurve vierter Ordnung in zwei Gruppen von vier Punkten, durch deren jede ein die Kurve vierfach berührender Kegelschnitt gelegt werden kann; und die beiden letztern Kegelschnitte schneiden sich in einer Gruppe von Punkten, die den Pol von

$$aU + bV + cW = 0$$

in dem entwickelten Sinne des Wortes bilden.

253. Wir erinnern uns ferner der im Art. 360 der „Kegelschnitte“ begründeten Eigenschaften eines Systems von Kegelschnitten von der Gleichung

$$y_1 U + y_2 V + y_3 W = 0.$$

Wenn diese Gleichungen ein Paar von geraden Linien repräsentiert, so liegt der Schnittpunkt derselben in einer festen Kurve dritter Ordnung, der Jacobischen Determinante der drei Kegelschnitte

$$U = 0, \quad V = 0, \quad W = 0,$$

welche auch als der Ort eines Punktes definiert ist, dessen Polaren in Bezug auf alle Kegelschnitte des Systems

$$y_1 U + y_2 V + y_3 W = 0$$

durch einen und denselben Punkt gehen. Wenn wir zwei Kegelschnitte dieses Systems betrachten, so ist die Gleichung jedes durch ihre Schnittpunkte gehenden Kegenschnittes von derselben Form und die Schnittpunkte jedes der drei Paare von geraden Linien, welche diese vier Punkte verbinden, liegen somit auch in der Jacobischen Kurve. Wenn die Kegelschnitte einander berühren, so fallen zwei dieser Schnittpunkte mit dem Berührungspunkte zusammen; wenn also zwei Kegelschnitte des Systems

$$y_1 U + y_2 V + y_3 W = 0$$

einander berühren, so liegt der Berührungspunkt in der Jacobischen Kurve. Dasselbe System

$$y_1 U + y_2 V + y_3 W = 0$$

kann ferner als das System der Polarkegelschnitte des veränderlichen Punktes y_i in Bezug auf eine gewisse feste Kurve dritter Ordnung betrachtet werden, welche die Jacobische Kurve des Systems zu ihrer Hesseschen Kurve hat, und deren Gleichung aus denen der drei Kegelschnitte gebildet werden kann. Alle die geraden Linien der Paare von solchen endlich, welche durch die Gleichung

$$y_1 U + y_2 V + y_3 W = 0$$

dargestellt werden, berühren eine Kurve dritter Klasse, die Cayleysche Kurve der zuletzt erwähnten Kurve dritter Ordnung.

254. Da insbesondere jeder der umhüllenden Kegelschnitte

$$\lambda^2 U + 2\lambda V + W = 0$$

und der entsprechend durch die vier Berührungspunkte desselben mit der Kurve gehende Kegelschnitt in der Form

$$y_1 U + y_2 V + y_3 W = 0$$

enthalten sind, so folgt, dass die Schnittpunkte der drei Paare von Geraden, welche die Berührungspunkte der Enveloppe $UW = V^2$ mit einem der umhüllenden Kegelschnitte verbinden, auf einer festen Kurve dritter Ordnung liegen, nämlich in der erwähnten Jacobischen Kurve; indes die Geraden selbst sämtlich von einer festen Kurve dritter Klasse, der Cayleyschen Kurve berührt werden.

Wenn ferner die beiden Kegelschnitte

$$\lambda U + V = 0 \quad \text{und} \quad \lambda V + W = 0$$

einander berühren, so hat der Kegelschnitt

$$\lambda^2 U + 2\lambda V + W = 0,$$

anstatt die Kurve vierter Ordnung in vier verschiedenen Punkten zu berühren, eine zweifache gewöhnliche Berührung mit ihr und schneidet sie also in vier aufeinander folgenden Punkten. Nach dem eben Entwickelten liegt dieser Punkt einer Berührung höherer Ordnung auf der Jacobischen Kurve und es giebt zwölf Kegelschnitte in dem System

$$\lambda^2 U + 2\lambda V + W = 0,$$

welche mit der Kurve vierter Ordnung eine solche höhere Berührung eingehen; denn durch jeden der Schnittpunkte der Jacobischen Kurve mit der Kurve vierter Ordnung geht einer derselben.

255. Es giebt in dem System

$$\lambda^2 U + 2\lambda V + W = 0$$

sechs Kegelschnitte, welche sich auf gerade Linien reduzieren; denn die Diskriminante dieser Gleichung ist als Funktion vom dritten Grade in ihren Koefficienten vom sechsten in λ, so dass sechs Werte von λ existieren, für die sie verschwindet. Wenn aber einer der umhüllenden Kegelschnitte in gerade Linien zerfällt, so liegen seine vier Berührungspunkte paarweis in den ihn bildenden Geraden und jede derselben ist somit eine Doppeltangente der Kurve vierter Ordnung. Es erhellt dann aus Art. 246, dass für

$$a = 0, \quad b = 0; \quad c = 0, \quad d = 0$$

als die Ausdrücke von irgend zweien unter diesen sechs Paaren von Doppeltangenten die Gleichung der Kurve vierter Ordnung in die Form

$$abcd = V^2$$

gebracht werden, welche aussagt, dass die acht Berührungspunkte auf einem Kegelschnitte $V = 0$ liegen. So sehen wir, dass die Form

$$\lambda^2 U + 2\lambda V + W = 0$$

sechs Paare von Doppeltangenten der Kurve vierter Ordnung einschliesst, welche zwölf Doppeltangenten sämtlich eine Kurve dritter Klasse, die Cayleysche Kurve des Systems, berühren, während zugleich die Durchschnittspunkte der einzelnen Paare auf der Jacobischen Kurve dritter Ordnung liegen; dass ferner die jedesmaligen beiden andern Paare der Verbindungslinien der Berührungspunkte je eines dieser Paare von Doppeltangenten die Cayleysche Kurve gleichfalls berühren und ihre Durchschnittspunkte auf der Jacobischen Kurve liegen. Man kann dies in etwas modifizierter Form ausdrücken, wenn man von der Kurve dritter Ordnung $S = 0$ ausgeht, von welcher die Kegelschnitte

$$U = 0, \quad V = 0, \quad W = 0$$

Polarkegelschnitte sind. Wenn dann die Gleichung einer Kurve vierter Ordnung eine in U, V, W quadratische Funktion ist, so ergiebt sich daraus, dass das Verschwinden einer solchen Funktion die Bedingung ausdrückt, unter welcher die Linie

$$x_1 U + x_2 V + x_3 W = 0$$

einen festen Kegelschnitt berührt, das Resultat, dass die Kurve vierter Ordnung als der Ort eines Punktes definiert werden kann, dessen Polare in Bezug auf eine Kurve dritter Ordnung $S = 0$ einen festen Kegelschnitt berührt; oder mit andern Worten, dass man sie als den Ort der Pole der Tangenten dieses festen Kegelschnitts in Bezug auf die Kurve dritter Ordnung und endlich als die Enveloppe der Polarkegelschnitte der Punkte dieses festen Kegelschnitts in Bezug auf dieselbe auffassen kann. Dann entsprechen die Doppeltangenten der Kurve vierter Ordnung den Punkten, in welchen dieser Kegelschnitt die Hessesche Kurve von $S = 0$ durchschneidet.

256. Wir betrachten nun irgend zwei unter den Doppeltangenten einer Kurve vierter Ordnung als Fundamentallinien

$$x_1 = 0, \quad x_2 = 0;$$

da für $x_1 = 0$ die Gleichung der Kurve auf ein vollständiges Quadrat, sagen wir

$$(x_3^2 + a x_2 x_3 + b x_2^2)^2$$

und für $x_2 = 0$ auf ein anderes

$$(x_3^2 + c x_1 x_3 + d x_1^2)^2$$

reduziert werden muss, so schliessen wir, dass die Gleichung der Kurve vierter Ordnung von der Form

$$x_1 x_2 U = (x_3^2 + a x_2 x_3 + b x_2^2 + c x_1 x_3 + d x_1^2)^2$$

ist, d. h. von der Form

$$x_1 x_2 U = V^2,$$

welche wir soeben diskutiert haben. Wir können sie auch in die Form

$$x_1 x_2 (\lambda^2 U + 2 \lambda V + x_1 x_2) = (x_1 x_2 + \lambda V)^2$$

setzen. Es giebt, wie wir gesehen haben, ausser dem Werte $\lambda = 0$, welcher dem Paar $x_1 = 0$, $x_2 = 0$ entspricht, fünf andere Werte von λ, für welche

$$\lambda^2 U + 2 \lambda V + x_1 x_2 = 0$$

ein Paar von Geraden darstellt und man kann somit die Gleichung in fünf verschiedenen Arten auf die Form

$$x_1 x_2 x_3 x_4 = V^2$$

reduzieren. Oder durch die vier Berührungspunkte von irgend zwei Doppeltangenten einer Kurve vierter Ordnung können fünf Kegelschnitte beschrieben werden, von denen jeder durch die vier Berührungspunkte zweier andern Doppeltangenten geht.

Eine Kurve vierter Ordnung ohne singuläre Punkte hat 28 Doppeltangenten und es giebt daher für sie $\frac{1}{2} \cdot 28 \cdot 27 = 378$ Paare von Doppeltangenten; jedes dieser Paare giebt fünf verschiedenen Kegelschnitten den Ursprung, aber jeder derselben kann aus jedem der sechs verschiedenen Paare entspringen, welche die vier ihm entsprechenden Doppeltangenten erzeugen; es giebt also überhaupt $\frac{5}{6} \cdot 378$ oder 315 Kegelschnitte, von denen jeder durch die Berührungspunkte von vier Doppeltangenten einer Kurve vierter Ordnung geht.[59])

257. Wir fanden, dass jedes Paar von Doppeltangenten mit fünf andern Paaren verbunden eine Gruppe von sechs Paaren bildet, für welche die Berührungspunkte von irgend zweien dieser Paare auf einem Kegelschnitt liegen und es folgt daraus, dass die 378 Paare in 63 solcher Gruppen von sechs zerfallen. Die zwölf Doppeltangenten jeder Gruppe berühren dieselbe Kurve dritter Klasse, und diese Kurve wird auch von den geraden Linien berührt, welche direkt und kreuzweis die vier Berührungspunkte jedes dieser Paare verbinden. Die Durchschnittspunkte der Doppeltangentenpaare, und ebenso die der Paare der besagten Verbindungslinien liegen auf einer Kurve dritter Ordnung. Jeder Gruppe entsprechen zwölf Kegelschnitte, von denen jeder mit der Kurve vierter Ordnung eine zweifache Berührung erster Ordnung hat und sie überdies in vier aufeinander folgenden Punkten schneidet; die zwölf Punkte dieser Berührung höherer Ordnung liegen gleichfalls in der erwähnten Kurve dritter Ordnung. Es ist offenbar, dass aus den 63 Gruppen 756 solcher Kegelschnitte entspringen.

258. Um zu einer Übersicht über die 315 Kegelschnitte zu gelangen, bezeichnen wir vorläufig die ersten 26 Doppeltangenten durch die Buchstaben unseres Alphabets und die letzten beiden durch die Buchstaben φ und ψ; wir repräsentieren auch den durch die acht Berührungspunkte der Doppeltangenten a, b, c, d gehenden Kegelschnitt durch $abcd$. Wenn dann $abcd$, $abef$ zwei der 315 Kegelschnitte sind, so gehören die Paare ab, cd, ef zu derselben Gruppe und nach dem Entwickelten ist $cdef$ ein anderer von ihren Kegelschnitten. Dies kann direkt wie folgt bewiesen werden. Sei

$$abcd = V^2$$

die Gleichung der Kurve vierter Ordnung oder in anderer Form

$$ab(cd + 2\lambda V + \lambda^2 ab) = (V + \lambda ab)^2,$$

so können wir λ so bestimmen, dass

$$cd + 2\lambda V + \lambda^2 ab = ef$$

wird; die Substitution des Wertes von V aus dieser Gleichung in die der Kurve vierter Ordnung giebt

$$\lambda^4 a^2 b^2 + c^2 d^2 + e^2 f^2 - 2\lambda^2 abcd - 2\lambda^2 abef - 2cdef = 0$$

oder

$$4cdef = (cd + ef - \lambda^2 ab)^2,$$

eine Form, welche den ausgesprochenen Satz beweist. Man erkennt so, dass für drei gegebene Paare von geraden Linien als Doppeltangenten einer Kurve vierter Ordnung von derselben Gruppe die Gleichung der Kurve von der Form

$$l\sqrt{(ab)} + m\sqrt{(cd)} + n\sqrt{(ef)} = 0$$

sein muss, so dass für zwei weitere gegebene Punkte eine einzige Kurve vierter Ordnung gefunden werden könnte, die den vorgeschriebenen Bedingungen genügt.

Da jeder Gruppe fünfzehn Kegelschnitte entsprechen, welche respektive durch die Berührungspunkte jeder zwei von den sechs Paaren der Gruppe hindurchgehen, so könnte es scheinen, dass $63 . 15 = 945$ derartige Kegelschnitte existieren; da aber jeder Kegelschnitt $abcd$ dabei dreifach gezählt ist, nämlich als den drei Gruppen

$$ab,\ cd, \ldots;\quad ac,\ bd, \ldots;\quad ad,\ bc, \ldots$$

angehörend, so kommt die Gesamtzahl der Kegelschnitte wie vorher zurück auf 315.

259. Betrachten wir nun irgend einen Kegelschnitt $abcd$, so können die Gruppen

$$ab,\ cd, \ldots \quad \text{und} \quad ac,\ bd, \ldots$$

keine andere Doppeltangente gemein haben, so lange die Kurve vierter Ordnung ohne singuläre Punkte vorausgesetzt wird. Wenn also z. B. $abef$ ein Kegelschnitt der ersten Gruppe ist, so kann $aceg$ nicht ein Kegelschnitt der zweiten Gruppe sein. Denn nach Art. 257 kann der durch die Berührungspunkte von a, b, c, d gehende Kegelschnitt in der Form

$$\lambda ab + \frac{1}{\lambda}(cd - ef) = 0$$

ausgedrückt werden und wenn $aceg$ ein anderer Kegelschnitt wäre, so müsste dies mit

$$\mu ac + \frac{1}{\mu}(bd - eg) = 0$$

identisch sein. Aus dieser Identität wäre zu schliessen, dass

$$(\lambda b - \mu c)(a - \frac{1}{\lambda\mu} d) = e\left(\frac{1}{\lambda} f - \frac{1}{\mu} g\right)$$

sei und dass folglich e als identisch mit einem der Faktoren, in welche die linke Seite zerfällt, entweder durch den Schnittpunkt von b und c oder durch den von a und d geht; in jedem dieser Fälle wäre aber der Punkt, durch welchen e gehen müsste, ein Doppelpunkt in der Kurve

$$4\lambda^2 abcd = (\lambda^2 ab + cd - ef)^2,$$

und die Kurve vierter Ordnung hätte also der Voraussetzung entgegen einen singulären Punkt. In genau demselben Wege sehen wir, dass wenn $abef$, $acmn$ zwei der Kegelschnitte sind, eine Identität

$$(\lambda b - \mu c)\left(a - \frac{1}{\lambda\mu} d\right) = \frac{1}{\lambda} ef - \frac{1}{\mu} mn$$

besteht und dass also von den Diagonalen des Vierseits $efmn$ eine durch ad und die andere durch bc geht; d. h. die Durchschnittspunkte der Paare der Doppeltangenten liegen nach einer bestimmten Regel zu drei in einer Geraden.

Wenn ein Schema der 315 Kegelschnitte gemacht wäre, so hat die Unterscheidung keine Schwierigkeit, welche der Diagonalen durch ad und welche durch bc geht; z. B. wenn erkannt ist, dass

$$aemu, \quad afnv \quad \text{und} \quad aduv$$

Kegelschnitte des Systems sind, so erkennen wir in derselben Art wie vorher, dass die Diagonalen des Vierseits $emfn$ durch ad und uv gehen und erfahren also, dass ad in der geraden Verbindung von en, fm liegt. Betrachten wir dann einen Kegelschnitt $abcd$, so gehört derselbe zu den drei Gruppen

$$ab,\ cd,\ \ldots;\quad ac,\ bd,\ \ldots;\quad \text{und}\quad ad,\ bc,\ \ldots.$$

und jedes der sechzehn Vierseite, welche man erhält, indem man eines der vier andern Paare der Gruppe ac, bd mit einem der Paare aus der Gruppe ad, bc kombiniert, hat eine durch ab gehende Diagonale. Nun gehört das Paar ab zu fünf verschiedenen Kegelschnitten und es giebt somit 80 Vierseite, welche eine durch ab gehende Diagonale besitzen. Aber man findet, dass diese Vierseite in Paare geteilt werden, welche eine Diagonale gemein haben und es gehen deshalb durch jeden der 378 Punkte ab 40 Gerade, von denen jede durch zwei andere unter denselben Punkten geht und deren Gesamtzahl somit gleich 5040 ist.

260. Wir sind nun in der Lage, ein Schema der 315 Kegelschnitte aufzustellen, in welchem nur die Bezeichnung willkürlich ist. Beginnen wir mit der Aufschreibung der Gruppe

$$ab,\ cd,\ ef,\ gh,\ ij,\ kl,$$

so können die Gruppen

$$ac,\ bd \quad \text{und} \quad ad,\ bc,$$

weil sie weder mit einander noch mit der vorigen Gruppe eine Doppeltangente gemein haben können, geschrieben werden:

$$ac,\ bd,\ mn,\ op,\ qr,\ st; \quad ad,\ bc,\ uv,\ wx,\ yz,\ \varphi\psi.$$

Um sodann die Gruppe ae, bf zu bilden, erinnern wir, dass dieselbe keine Doppeltangente aus der Gruppe ab enthalten kann, dass aber in jedem ihrer Paare eine der Doppeltangenten aus der Gruppe ac mit einer aus der Gruppe ad kombiniert sein muss. Da nun die Bezeichnung der Paare dieser Gruppen in unserm Belieben stand, so ist es gleichfalls nur Sache der Bezeichnung und schliesst nicht irgend eine geometrische Bedingung ein, wenn wir diese Gruppen in der Form

$$ae,\ bf,\ mu,\ ow,\ qy,\ s\varphi$$

schreiben. Ebenso ist es nur Sache der Bezeichnung, wenn wir voraussetzen, dass die Doppeltangenten so bezeichnet seien, dass

$$ag \text{ und } mx, \quad ai \text{ und } mz, \quad ak \text{ und } m\psi$$

respektive zur nämlichen Gruppe gehören sollen. Wenn also dies vorausgesetzt wird, so findet man, dass die Gruppe af, be notwendig ist

$$uv,\ px,\ rz,\ t\psi$$

und kann so Schritt für Schritt zur Bildung des ganzen Systems gelangen. Eine Tafel der 315 Kegelschnitte mitzuteilen, erscheint nicht mehr nötig, seit Hesse einen Algorithmus angegeben und Cayley denselben eingehend diskutiert hat, der in einer leicht erkennbaren Weise die gegenseitigen Beziehungen der 28 Doppeltangenten ausdrückt.[60]) Hesses Methode fusst auf Betrachtungen aus der Geometrie von drei Dimensionen. Er vergleicht mit Null die Diskriminante von

$$y_1 U + y_2 V + y_3 W = 0$$

für

$$U = 0, \quad V = 0, \quad W = 0$$

als die Gleichungen von drei Flächen zweiten Grades; da dieselbe eine Funktion vom vierten Grade in den y_i ist, so bezeichnet ihr Verschwinden eine ebene Kurve vierter Ordnung, wenn man die y_i als Veränderliche betrachtet. Für jede Wertgruppe der y_i, für welche die Diskriminante verschwindet, ist aber

$$y_1 U + y_2 V + y_3 W = 0$$

die Gleichung eines Kegels vom zweiten Grade, so dass jeder Punkt der ebenen Kurve vierter Ordnung einem Punkt im Raume, nämlich dem Scheitel dieses Kegels entspricht; und Hesses Methode verbindet die Doppeltangenten der ebenen Kurve vierter Ordnung mit den geraden Verbindungslinien der acht Punkte des Raumes, welche die Schnittpunkte von drei Flächen zweiten Grades sind.[61]) Wir wollen nun die Bezeichnung benutzen, welche Hesses Methode darbietet, aber von Sätzen aus der Geometrie des Raumes keinen Gebrauch machen.

261. Die Kombination der acht Zeichen

$$1,\ 2,\ 3,\ 4,\ 5,\ 6,\ 7,\ 8$$

in Paaren giebt uns 28 Symbole

$$12,\ 13, \ldots\ldots 78,$$

welche wir zur Bezeichnung der 28 Doppeltangenten benutzen. Diese Bezeichnung erlaubt, die geometrischen Beziehungen der 28 Doppeltangenten auszudrücken, während sie freilich die Symmetrie des ganzen Systems nicht darstellt, weil erwartet werden möchte, dass die Doppeltangente 12 in anderer Weise mit den Doppeltangenten 13, 14, u. s. w. als mit 34, 56, u. s. w. verbunden sei, während in der That keinerlei Unterschied zwischen den geometrischen Beziehungen der verschiedenen Paare besteht. Wir setzen die Zeichen aber so gebraucht voraus, dass 12, 34, 56, 78 vier Doppeltangenten bezeichnen, deren acht Berührungspunkte auf einem Kegelschnitt liegen und dass jede Gruppe von vier Doppeltangenten dieselbe Eigenschaft habe, deren vier Doppeltangenten sämtliche acht Zeichen enthalten. Die Zählung ergiebt aber sofort, dass nur 105 Anordnungen der 8 Zeichen in Reihen wie 12, 34, 56, 78 möglich sind und dass daher die übrigen 210 Kegelschnitte, welche vier Doppeltangenten entsprechen, nicht in dieser Weise dargestellt werden können. Wir bilden ihre Symbole so, dass die Zeichenpaare aus irgend einer Anordnung von vier der acht Zeichen cyklisch geordnet sind, wie z. B. 12, 23, 34, 41; es lassen sich in der That 210 solcher Tetraden aufstellen.

Dann besteht die zu dem Paar 12, 34 gehörende Gruppe aus

56, 78; 57, 68; 58, 67; 13, 24; 14, 23

und die zu einem Paare wie 12, 13 gehörige aus

24, 34; 25, 35; 26, 36; 27, 37; 28, 38.

In dieser Weise wird die Vereinigung der Doppeltangenten in Gruppen durch die Bezeichnung vollständig angegeben. Es könnte aber erwartet werden, dass die 105 Kegelschnitte von der Form

12, 34, 56, 78

in ihren Eigenschaften von den 210 Kegelschnitten der Form

12, 23, 34, 41

abweichen, während dies in der That nicht der Fall ist und vielmehr die 315 Tetraden ein untrennbares System bilden.

262. Aus den Untersuchungen von Hesse hat Cayley die folgende allgemeine Regel gezogen: Eine zweiseitige Substitution lässt die geometrischen Beziehungen der durch irgend eine Reihe von Symbolen dargestellten Doppeltangenten ungeändert. Wenn wir ein Substitutionssymbol wie 1234.5678 bilden, so bezeichnet eine zweiseitige Substitution irgend welche Vertauschung der Paare

12, 34; 13, 24; 14, 23

und der Paare

56, 78; 57, 68; 58, 67,

bei unveränderter Belassung solcher Paare wie 15, 36, in denen ein Zeichen der ersten Gruppe von vieren mit einem der zweiten Gruppe verbunden ist. Die Zahl solcher zweiseitigen Substitutionen ist 35 und, wenn wir die unveränderte Belassung aller Paare einschliessen, 36.

Wenn wir z. B. die zweiseitige Substitution 1234.5678 auf das Paar 12, 34 anwenden, so erhalten wir dasselbe Paar in entgegengesetzter Ordnung, aus 12, 13 erhalten wir 34, 24, ein Paar von dem nämlichen Typus mit 12, 13; aus 12, 15 entsteht 34, 15, ein Paar von scheinbar verschiedenem Typus, aber nicht vom ursprünglichen verschieden in geometrischer Hinsicht. Wenn wir also dieselbe zweiseitige Substitution auf die Tetrade 15, 67, 28, 34, d. i. eine der 105 ersten anwenden, so entsteht

15, 58, 82, 21,

eine der 210 zweiten, die also nach der Regel die nämlichen geometrischen Eigenschaften besitzt.

263. Die nachstehende Tabelle über die geometrischen Beziehungen der Doppeltangenten der Kurven vierter Ordnung ist von Cayley gegeben worden bis auf die nach Riemann-Weber hinzugefügte Gruppe der Heptaden.[62]) Die beigefügten geometrischen Zeichen setzen voraus, dass die Zeichen 1, 2, 3, 4, 5, 6, 7, 8 als Punkte betrachtet werden und dass jedes Paar derselben durch eine die zwei entsprechenden Punkte verbindende Gerade angezeigt wird. So ist $\triangle$ das Symbol für das Glied 12, 23, 31. Mit Hilfe dieser Bezeichnung können wir sogleich übersehen, dass das Symbol irgend einer Gruppe in dem System von 15120 Gliedern eines der Symbole $|||$, $\sqcup$ enthalten muss, d. h. dass unter den acht Berührungspunkten der Doppeltangenten einer Gruppe immer sechs sind, welche auf einem Kegelschnitt liegen; während dagegen in den geometrischen Zeichen der Gruppen des Systems von 5040 Gruppen der letzten Art die Zeichen $|||$, $\sqcup$ nicht als Teile auftreten.

In demselben Sinne können dann die beiden Gruppen von Hexaden von Doppeltangenten am Schlusse der Tabelle aufgestellt und bezeichnet werden.

Geometrisches Zeichen.	Zahl der Glieder.		Repräsentierendes Glied.	Geometrischer Charakter.
I	28	28	12.	Doppeltangenten.
V	168	378	12. 13.	Paare von Doppeltangenten.
II	210		12. 34.	
⊔	840	1260	12. 23. 34.	Triaden von Doppeltangenten, deren 6 Berührungspunkte einem Kegelschnitt angehören.
III	420		12. 34. 56.	
Δ	56		12. 23. 31.	Triaden, deren 6 Berührungspunkte nicht in einem Kegelschnitt liegen.
VI	1680	2016	12. 23. 45.	
Ѵ	280	3276	12. 23. 14.	
IIII	105	315	12. 34. 56. 78.	Tetraden von Doppeltangenten, deren 8 Berührungspunkte in einem Kegelschnitt liegen.
□	210		12. 23. 34. 41.	
IIV	2520		12. 34. 56. 67.	Tetraden von Doppeltangenten, für welche 6 der 8 Berührungspunkte auf einem Kegelschnitt liegen.
I⊔	5040		12. 34. 45. 56.	
LΓ	3360	15120	12. 23. 34. 45.	
Δ/	840		12 23. 31. 14.	
Ѵ\	3360		12. 13. 14. 45.	
ΔI	560		12. 34. 45. 53.	Tetraden von Doppeltangenten, für welche keine 6 der 8 Berührungspunkte auf einem Kegelschnitt gelegen sind.
Ѵ∟	280	5040	12. 13. 14. 15.	
IѴ	1680		12. 34. 35. 36.	
VV	2520	20475	12. 13. 45. 46.	
✳	8	280	12. 13. 14. 15. 16. 17. 18.	Heptaden von Doppeltangenten, von denen keine 3 ihre 6 Berührungspunkte auf einem Kegelschnitt haben.
Δ Ѵ	280		12. 23. 31. 45. 46. 47. 48.	

Geometrisches Zeichen.	Zahl der Glieder.		Repräsentierendes Glied.
Δ Δ	280		12. 23. 31. 45. 56. 64.
I Ѱ	168	1008	12. 34. 35. 36. 37. 38.
Ѵ Ѵ	560		12. 13. 14. 56. 57. 58.
⧄	840		12. 23. 31. 14. 45. 51.
⬡	1680	5040	12. 23. 34. 45. 56. 61.
IVV	2520		12. 34. 35. 36. 67. 68.

Es sind die 1008 und 5040 Hexaden, welche von Hesse und Steiner als solche Doppeltangenten studiert worden sind, deren jedesmal zwölf Berührungspunkte auf einer eigentlichen Kurve dritter Ordnung liegen, indes für die erste Reihe derselben keine sechs derselben auf einem Kegelschnitte liegen, während für die letzten die zwölf Berührungspunkte in zwei Gruppen von sechs auf je einem Kegelschnitte zerfallen. Es ist hinzuzufügen, dass die sechs Tangenten jeder der 1008 Hexaden des ersten Systems denselben Kegelschnitt berühren, wie es aus Aronholds in den folgenden Artikeln darzustellenden Untersuchungen sich ergeben hat; während die sechs Tangenten einer jeden unter den 5040 Hexaden des zweiten Systems in drei Paare so zerfallen, dass ihre drei Durchschnittspunkte in einer geraden Linie liegen, wie es aus Art. 259 sich ergiebt.

264. Aronhold[63]) hat bewiesen, dass für sieben willkürlich gegebene gerade Linien eine Kurve vierter Ordnung gefunden werden kann, die dieselben zu Doppeltangenten hat und dass deren andere Doppeltangenten durch lineare Konstruktionen bestimmbar sind. Die Methode der Untersuchung geht von den Eigenschaften eines Systems von Kurven dritter Klasse aus, welche sieben gemeinschaftliche Tangenten besitzen und es erscheint daher zweckmässig, hier zuerst die Eigenschaften des dem Leser vertrauteren reciproken Systems, des Systems von Kurven dritter Ordnung durch sieben feste Punkte zusammenzustellen.

1. Betrachten wir irgend eine Kurve des Systems, so geht die gerade Linie, welche ihren achten und neunten Schnittpunkt mit irgend einer andern Kurve desselben verbindet, durch einen festen Punkt der ersten, nämlich den beigeordneten Rest der sieben gegebenen Punkte in derselben (Art. 161).

2. Durch einen willkürlich angenommenen Punkt 8 kann eine und nur eine Kurve dritter Ordnung beschrieben werden, in welcher dieser Punkt der beigeordnete Rest der sieben gegebenen Punkte ist. Denn alle Kurven des Systems, welche diese acht Punkte enthalten, gehen durch einen festen neunten Punkt, und nach der Definition ist der in Rede stehende beigeordnete Rest der Punkt, in welchem die Verbindungslinie

von 8 und 9 die Kurve ferner schneidet. Wenn also der beigeordnete Rest mit dem Punkte 8 zusammenfällt, so muss die Kurve dritter Ordnung die gerade Linie 89 zu ihrer Tangente im Punkte 8 haben.

3. Es giebt vier Kurven im System, welche eine gegebene Kurve des Systems berühren, und die zugehörigen Berührungspunkte sind die Berührungspunkte der Tangenten, welche von dem beigeordneten Restpunkte in ihr an die gegebene Kurve gehen.

4. Wenn die Punkte 8 und 9 zusammenfallen, d. h. wenn Kurven dritter Ordnung, welche dem System angehören, einander berühren, so ist die Enveloppe der gemeinschaftlichen Tangente 89 eine Kurve vierter Klasse, weil durch einen angenommenen Punkt P im allgemeinen vier solcher Geraden gehen. In der That, setzen wir eine Kurve dritter Ordnung durch P und die Punkte 8, 9 voraus, so ist nach der Definition P der beigeordnete Rest der Fundamentalpunkte in derselben und diese Kurve ist daher nach 2), weil sie P zum beigeordneten Restpunkt hat, eine bekannte Kurve dritter Ordnung; dann aber folgt aus 3), dass die fragliche Enveloppe von der vierten Klasse ist, weil die vier vom Punkte P ausgehenden Tangenten derselben durch die Aufsuchung der Kurve dritter Ordnung im System bestimmt werden, welche diesen Punkt P zu ihrem beigeordneten Rest hat.

5. Der Punkt P ist ein Punkt der fraglichen Enveloppe, wenn zwei der von ihm ausgehenden Tangenten derselben zusammenfallen; es ergiebt sich aber aus der eben angegebenen Konstruktion, dass dies nur dann geschehen kann, wenn die Kurve dritter Ordnung, welche diesen Punkt zum beigeordneten Rest hat, einen Doppelpunkt besitzt. Diese Enveloppe kann daher auch als der Ort der beigeordneten Reste des gegebenen Systems von Punkten in denjenigen Kurven des Systems bezeichnet werden, welche einen Doppelpunkt haben.

6. Wenn die durch die sieben Punkte gehende Kurve dritter Ordnung in einen Kegelschnitt durch fünf derselben und eine gerade Linie durch die beiden übrigen zerfällt, so

hat sie die beiden Schnittpunkte des Kegelschnitts mit der Geraden zu Doppelpunkten. Jede andere Kurve des Systems schneidet diese zusammengesetzte Kurve desselben in zwei weiteren Punkten, von denen einer auf der erwähnten Geraden und einer auf dem Kegelschnitte liegt, so dass der beigeordnete Rest der Punkt P ist, in welchem die Verbindungslinie dieser beiden Punkte den Kegelschnitt zum zweiten Male schneidet. In diesem Falle ist P ein Doppelpunkt und die beiden Tangenten in ihm sind die Geraden, welche ihn mit den Durchschnittspunkten der geraden Linie und des Kegelschnitts verbinden. Es können aber sieben Punkte in einundzwanzig verschiedenen Arten in zwei Gruppen von zwei und fünf Punkten verteilt werden. Die betrachtete Kurve vierter Klasse enthält daher 21 Doppelpunkte, und zwar einen solchen in jedem der 21 Kegelschnitte, welche durch je fünf der gegebenen Punkte bestimmt sind.

7. Ausserdem sind die sieben gegebenen Punkte selbst Doppelpunkte derselben Kurve; denn durch jede sechs der gegebenen Punkte lässt sich eine Kurve dritter Ordnung beschreiben, welche den siebenten von ihnen zum Doppelpunkt hat und man erkennt leicht, dass derselbe Doppelpunkt der beigeordnete Rest des Systems für diese Kurve ist. Die vier von ihm an die Kurve dritter Ordnung gehenden Tangenten reduzieren sich auf zwei Paare von zusammenfallenden, nämlich die Tangenten der beiden Äste der Kurve im Doppelpunkte.

Die Enveloppe vierter Klasse hat somit 28 Doppelpunkte, von denen sieben in den gegebenen Punkten liegen, während zugleich ihre Tangenten in denselben die Tangenten der respektiven Kurven dritter Ordnung sind, welche dem System angehören und den fraglichen Punkt zum Doppelpunkt haben.

265. Die Eigenschaften des Systems von Kurven dritter Klasse mit sieben gemeinsamen Tangenten folgen hieraus nach dem Prinzipe der Reciprocität. Für irgend eine Kurve des Systems durchschneiden sich dann

1. Die Tangenten, die sie mit einer andern Kurve desselben gemein hat, in einer festen Tangente der gewählten

Kurve, die als der beigeordnete Rest der sieben gegebenen Tangenten in Bezug auf diese Kurve bezeichnet werden kann.

2. Für jede beliebige Gerade giebt es eine Kurve des Systems, in Bezug auf welche diese Gerade der beigeordnete Rest der sieben festen Tangenten ist.

3. Jede feste Kurve des Systems wird durch vier andere Kurven desselben berührt, und die zugehörigen Berührungspunkte sind die vier Punkte, in welchen die beigeordnete Resttangente die Kurve ferner schneidet; ihre Zahl ist vier, weil die Kurve als eine allgemeine Kurve dritter Klasse von der sechsten Ordnung ist.

4. Der Ort der Punkte, in welchen zwei Kurven des Systems einander berühren, ist eine Kurve vierter Ordnung, weil die Punkte, in denen eine angenommene gerade Linie diesen Ort schneidet, die vier Punkte sind, die sie mit derjenigen Kurve dritter Klasse ausser dem Berührungspunkte gemein hat, für welche sie der beigeordnete Rest der sieben festen Tangenten ist.

5. Wenn die Kurve dritter Klasse eine Doppeltangente hat, so berührt die ihr entsprechende beigeordnete Resttangente den bezeichneten Ort in demjenigen Punkte, wo sie die Doppeltangente schneidet.

6. Wenn die Kurve aus einem Kegelschnitte mit fünf der gegebenen Geraden als Tangenten und einem Punkte, nämlich dem Schnittpunkte der beiden letzten Geraden, besteht, so ist die beigeordnete Restgerade für dies System eine Doppeltangente des Ortes. Es giebt 21 solcher Doppeltangenten.

7. Zu diesen kommen die sieben gegebenen Geraden selbst als Doppeltangenten des Ortes hinzu; ihre Berührungspunkte mit ihm sind dieselben Punkte, in denen jede von ihnen die Kurve dritter Klasse berührt, welche dem System angehört und sie zur Doppeltangente hat.

Da so die Berührungspunkte der gegebenen sieben Geraden mit der Kurve vierter Ordnung gegeben sind, so kennt man vierzehn Punkte derselben, welche allein sie vollständig bestimmen; und es giebt also nur eine Kurve vierter Ordnung, welche diesen Bedingungen genügt. Wir bemerken aber, dass mehrere Kurven vierter Ordnung möglich sind, welche sieben gegebene Gerade zu Doppeltangenten haben; aber keine andere als die hier definierte, für welche diese sieben Tangenten unverbunden sind durch Zusammengehörigkeit von irgend dreien unter ihnen zu einer Gruppe.

266. Man kann nun weiter, wie gesagt, aus den sieben gegebenen Doppeltangenten die übrigen durch lineare Konstruktionen finden, nämlich jede durch einmalige Anwendung des Satzes von Brianchon. Denn wir haben nur die beigeordnete Resttangente für jedes der Systeme 12345.67, u. s. w. zu ermitteln, wenn wir durch 12345 den Kegelschnitt bezeichnen, welchen die fünf ersten der sieben Geraden bestimmen, und durch 67 den Durchschnittspunkt der beiden letzten unter ihnen. Die beiden Systeme

12345.67 und 12346.57

haben aber sieben gemeinsame Tangenten und die beiden letzten gemeinsamen Tangenten derselben sind die Tangenten der Kegelschnitte 12345 und 12346 aus den Punkten 57, 67 respektive, welche man beide nach dem Brianchonschen Satze linear bestimmt. Von ihrem Durchschnittspunkte aus geht noch eine wieder nach demselben Satze linear zu bestimmende Tangente an den Kegelschnitt 12345 und eine an den Kegelschnitt 12346 und diese sind die fraglichen beigeordneten Reste und daher zwei der übrigen Doppeltangenten.

Oder wir bestimmen für die drei Systeme

12345.67; 12346.57; 12347.56

in der eben beschriebenen Art die achte und neunte Tangente, welche jedem Paar derselben gemeinsam sind, und erhalten durch die geraden Verbindungslinien der drei Schnittpunkte dieser Paare drei der fraglichen übrigen Doppeltangenten.

Wir können aber die Doppeltangente, welche der beigeordnete Rest des Systems 12345.67 ist, als die Doppeltangente 67 bezeichnen und somit die einundzwanzig Doppeltangenten der Betrachtung durch Kombination der Zeichen 1, 2, 3, 4, 5, 6, 7 darstellen. Dazu treten dann die sieben gegebenen Linien selbst und wenn wir, der Symmetrie wegen ein neues Zeichen 8 hinzufügend, sie durch

$$18,\ 28,\ 38,\ 48,\ 58,\ 68,\ 78$$

bezeichnen, so sind wir durch die Methode von Aronhold zu dem Algorithmus von Hesse geführt.

267. Der Durchschnittspunkt der achten und neunten Tangente, welche irgend zwei Kurven des Systems gemeinschaftlich sind, ist ein Punkt, durch den die beigeordnete Resttangente für jede dieser Kurven geht. Betrachten wir dann die zusammengesetzten Systeme dritter Ordnung

$$12.34567;\quad 34.12567,$$

so ist die Verbindungslinie der Punkte 12, 34 eine ihrer gemeinsamen Tangenten, d. h. in dem eben wieder gewonnenen und früher ausführlich behandelten Algorithmus die Verbindungslinie der Durchschnittspunkte

$$18,\ 28 \quad \text{und} \quad 38,\ 48.$$

Und wir sehen nun, dass diese Gerade durch den Schnittpunkt der beigeordneten Reste der bezeichneten Systeme geht, d. h. durch den Punkt 12, 34. Somit erhalten wir den im Art. 259 bewiesenen Satz wieder, dass die Durchschnittspunkte der Paare

$$18,\ 28;\quad 38,\ 48;\quad 12,\ 34$$

in einer geraden Linie liegen. Und Art. 262 zeigt dann, dass wir durch eine gewöhnliche oder zweiseitige Substitution 5040 gerade Linien finden können, die die nämliche Eigenschaft besitzen.

268. Die algebraische Untersuchung, welche Aronhold von der so erzeugten Kurve vierter Ordnung gegeben hat, ist im wesentlichen die folgende. Wir denken Linienkoordinaten ξ_i angewendet und bezeichnen durch u, v, w irgend welche lineare Funktionen derselben

$$a_1\xi_1 + a_2\xi_2 + a_3\xi_3, \text{ u. s. w.};$$

dann repräsentieren die Gleichungen

$$\xi_2 v - \xi_3 w = 0, \quad \xi_3 w - \xi_1 u = 0, \quad \xi_1 u - \xi_2 v = 0$$

drei Kegelschnitte derselben Schar oder mit vier gemeinsamen Tangenten und von denen jeder eine der Seiten des Fundamentaldreiecks berührt. Ferner repräsentieren

$$\xi_1(\xi_2 v - \xi_3 w) = 0, \quad \xi_2(\xi_3 w - \xi_1 u) = 0 \quad \text{und} \quad \xi_3(\xi_1 u - \xi_2 v) = 0$$

drei Kurven dritter Klasse mit sieben gemeinschaftlichen Tangenten, nämlich den vier gemeinsamen Tangenten der Kegelschnitte und den Seiten des Fundamentaldreiecks. Dann kann jede andere Kurve dritter Klasse mit denselben sieben gemeinsamen Tangenten in der Form

$$u'\xi_1(\xi_2 v - \xi_3 w) + v'\xi_2(\xi_3 w - \xi_1 u) + w'\xi_3(\xi_1 u - \xi_2 v) = 0$$

dargestellt werden, in welcher u', v', w' willkürliche Konstanten sind, die wir von der Form

$$a_1\xi'_1 + a_2\xi'_2 + a_3\xi'_3, \ldots$$

voraussetzen für ξ'_i als die Koordinaten einer beliebigen Geraden. Wenn wir die vorige Gleichung in der Form

$$\begin{vmatrix} u, & u', & \xi_2\xi_3 \\ v, & v', & \xi_3\xi_1 \\ w, & w', & \xi_1\xi_2 \end{vmatrix} = 0$$

schreiben, so erkennen wir, dass dieselbe durch die Koordinatenwerte ξ'_1, ξ'_2, ξ'_3 befriedigt wird, welche somit die Koordinaten einer Tangente dieser Kurve sind. Diese Tangente ist aber zugleich der beigeordnete Rest des Systems für die betrachtete Kurve. Denn wir finden die beiden andern Tangenten derselben, die von irgend einem Punkte dieser Linie ausgehen, indem wir in die Gleichung für die ξ_i die

$$\lambda\xi'_i + \mu\xi''_i$$

substituieren; die entstehende Gleichung ist durch μ teilbar und wird nach der Division

$$\lambda^2 \begin{vmatrix} u', & u'', & \xi'_2\xi'_3 \\ v', & v'', & \xi'_3\xi'_1 \\ w', & w'', & \xi'_1\xi'_2 \end{vmatrix} + \lambda\mu \begin{vmatrix} u', & u'', & \xi'_2\xi''_3 + \xi''_2\xi'_3 \\ v', & v'', & \xi'_3\xi''_1 + \xi''_3\xi'_1 \\ w', & w'', & \xi'_1\xi''_2 + \xi''_1\xi'_2 \end{vmatrix}$$
$$+ \mu^2 \begin{vmatrix} u', & u'', & \xi''_2\xi''_3 \\ v', & v'', & \xi''_3\xi''_1 \\ w', & w'', & \xi''_1\xi''_2 \end{vmatrix} = 0.$$

Die Symmetrie dieser Gleichung zeigt aber, dass diese Tangentenpaare dieselben sind, die vom Durchschnittspunkte der Geraden ξ'_i, ξ''_i an die beiden Kurven

$$\begin{vmatrix} u, & u', & \xi_2\xi_3 \\ v, & v', & \xi_3\xi_1 \\ w, & w', & \xi_1\xi_2 \end{vmatrix} = 0 \quad \text{und} \quad \begin{vmatrix} u, & u'', & \xi_2\xi_3 \\ v, & v'', & \xi_3\xi_1 \\ w, & w'', & \xi_1\xi_2 \end{vmatrix} = 0$$

gezogen werden. Daher sind die Tangenten ξ'_i, ξ''_i als die respektiven dritten Tangenten jeder Kurve aus dem Schnittpunkte ihrer gemeinschaftlichen achten und neunten Tangente nach der Definition die beigeordneten Resttangenten.

Die beiden betrachteten Kurven berühren einander, wenn die quadratische Gleichung in $\lambda:\mu$ gleiche Wurzeln hat, oder mit der Abkürzung P, Q, R für die drei Koefficienten dieser Gleichung, wenn

$$Q^2 = 4PR$$

ist. Bezeichnen wir aber die Minoren der vorigen Determinanten

$$v'w'' - v''w', \quad w'u'' - w''u', \quad u'v'' - u''v',$$

weil sie den Elementen

$$\xi_2\xi_3, \quad \xi_3\xi_1, \quad \xi_1\xi_2$$

respektive entsprechen, nach der Reihe durch

$$X_1, \; X_2, \; X_3,$$

so haben wir

$$\begin{aligned}
P &= \xi'_2\xi'_3 X_1 + \xi'_3\xi'_1 X_2 + \xi'_1\xi'_2 X_3,\\
Q &= (\xi'_2\xi''_3 + \xi''_2\xi'_3) X_1 + (\xi'_3\xi''_1 + \xi''_3\xi'_1) X_2 + (\xi'_1\xi''_2 + \xi''_1\xi'_2) X_3,\\
R &= \xi''_2\xi''_3 X_1 + \xi''_3\xi''_1 X_2 + \xi''_1\xi''_2 X_3.
\end{aligned}$$

Wir können dann

$$\xi'_k\xi''_l - \xi''_k\xi'_l$$

als die Punktkoordinaten x_i des Durchschnittspunktes der beiden Geraden ξ'_i, ξ''_i betrachten und erkennen so, dass die Gleichung

$$Q^2 = 4PR$$

äquivalent ist mit

$$x_1^2 X_1^2 + x_2^2 X_2^2 + x_3^2 X_3^2 - 2x_2x_3 X_2X_3 - 2x_3x_1 X_3X_1 - 2x_1x_2 X_1X_2 = 0$$

oder

$$\sqrt{(x_1X_1)} + \sqrt{(x_2X_2)} + \sqrt{(x_3X_3)} = 0.$$

Wenn wir endlich in die Unterdeterminanten X_i für die

$$u', \ldots, u'', \ldots$$

ihre Werte

$$\begin{aligned}
u' &= a_1\xi'_1 + a_2\xi'_2 + a_3\xi'_3,\\
v' &= a'_1\xi'_1 + a'_2\xi'_2 + a'_3\xi'_3,\\
w' &= a''_1\xi'_1 + a''_2\xi'_2 + a''_3\xi'_3,\\
u'' &= a_1\xi''_1 + a_2\xi''_2 + a_3\xi''_3,\\
v'' &= a'_1\xi''_1 + a'_2\xi''_2 + a'_3\xi''_3,\\
w'' &= a''_1\xi''_1 + a''_2\xi''_2 + a''_3\xi''_3
\end{aligned}$$

einsetzen, so erhalten wir

$$X_1 = (a'_2 a''_3 - a''_2 a'_3) x_1 + (a'_3 a''_1 - a''_3 a'_1) x_2 + (a'_1 a''_2 - a''_1 a'_2) x_3,$$
$$X_2 = (a''_2 a_3 - a_2 a''_3) x_1 + (a''_3 a_1 - a_3 a''_1) x_2 + (a''_1 a_2 - a_1 a''_2) x_3,$$
$$X_3 = (a_2 a'_3 - a'_2 a_3) x_1 + (a_3 a'_1 - a'_3 a_1) x_2 + (a_1 a'_2 - a'_1 a_2) x_3.$$

Somit repräsentieren die
$$X_1 = 0, \quad X_2 = 0, \quad X_3 = 0$$
bekannte gerade Linien, nämlich die Seiten des Dreiecks, dessen Ecken durch
$$u = 0, \quad v = 0, \quad w = 0$$
dargestellt sind. Wir bemerken endlich, dass die Koefficienten in X_1, X_2, X_3 die Elemente der Reciprokal-Determinante oder des adjungierten Systems von der Determinante sind, welche die Koefficienten von u, v, w bilden, so dass, wenn die X_i ursprünglich gegeben waren, die u, v, w durch analoge Formeln gefunden werden könnten.

269. Dieselbe Untersuchung gilt auch für
$$b_1 \xi_1 u = b_2 \xi_2 v = b_3 \xi_3 w$$
als die Gleichungen der drei Kegelschnitte. Man erhält die Werte von X_1, X_2, X_3 in derselben Art wie vorher, aber es wird
$$P = b_2 b_3 \xi'_2 \xi'_3 X_1 + b_3 b_1 \xi'_3 \xi'_1 X_2 + b_1 b_2 \xi'_1 \xi'_2 X_3, \text{ u. s. w.};$$
und die Gleichung der Kurve vierter Ordnung wird
$$\sqrt{(b_2 b_3 x_1 X_1)} + \sqrt{(b_3 b_1 x_3 X_2)} + \sqrt{(b_1 b_2 x_3 X_3)} = 0.$$
Dies ist die allgemeinste Gleichung einer Kurve vierter Ordnung, welche drei gegebene Paare von Geraden x_1, X_1, u. s. w. als Doppeltangentenpaare derselben Gruppe besitzt. Die Konstanten b_1, b_2, b_3 werden vollständig bestimmt, wenn eine siebente Doppeltangente gegeben wird; denn die von den Koordinaten dieser letzten Doppeltangente zu erfüllenden Gleichungen
$$b_1 \xi'_1 u' = b_2 \xi'_2 v' = b_3 \xi'_3 w'$$
bestimmen $b_2 b_3$, $b_3 b_1$, $b_1 b_2$ als den Grössen
$$\xi'_1 u', \quad \xi'_2 v', \quad \xi'_3 w'$$
proportional. Daher können wir, wenn verlangt ist, eine Kurve vierter Ordnung mit sieben gegebenen Geraden als Doppeltangenten zu beschreiben, ausser der in Art. 266 bestimmten einen Kurve, für welche keine zwei der gegebenen Doppeltangenten derselben Gruppe angehören, 7 . 15, d. h. 105 andere Kurven vierter Ordnung nach der Methode dieses Artikels kon-

struieren, indem wir irgend eine der sieben Graden ausscheiden und die sechs übrigen in drei Paare gruppieren, was bekanntlich in 15 verschiedenen Arten möglich ist.

270. Ausser in Bezug auf die Doppeltangenten ist die Theorie der Kurven vierter Ordnung ohne singuläre Punkte noch wenig studiert und wir wollen, was wir sonst noch darüber mitzuteilen haben, auf den Abschnitt von den Invarianten und Kovarianten versparen. Um die Theorie der Doppeltangenten zu vervollständigen, müssten wir die Modifikationen untersuchen, welche diese Theorie erfährt, wenn die Kurve einen Doppelpunkt oder mehrere Doppelpunkte besitzt. Aber auch den Fall, in welchem eine Kurve vierter Ordnung einen Doppelpunkt hat, wollen wir hier nicht erörtern.[64]) Die Kurven vierter Ordnung mit zwei Doppelpunkten sind für den Fall, wo diese die unendlich fernen Kreispunkte sind, den Fall der bicirkularen Kurven vierter Ordnung, in besonders eingehender Art untersucht worden[65]) und es sollen einige der wichtigsten von den erhaltenen Resultaten mitgeteilt werden. Natürlich können die für diese Kurven gefundenen projektivischen Eigenschaften als Eigenschaften der Kurven vierter Ordnung mit zwei Doppelpunkten ausgesprochen und bewiesen werden; wir finden es aber passend, mehrere von ihnen in ihrer ursprünglichen Form zu geben, da der Leser keiner Schwierigkeit in ihrer Verallgemeinerung begegnen wird. Kurven vierter Ordnung, welche die unendlich fernen Kreispunkte zu Spitzen haben, sind unter dem Namen der Cartesischen Ovalen gleichfalls viel studiert worden[66]) und ihre Eigenschaften können ebenso verallgemeinert und als Eigenschaften von Kurven vierter Ordnung mit zwei Spitzen ausgesprochen werden. Wenn eine Kurve vierter Ordnung den einen der Kreispunkte zum Doppelpunkt und den andern zur Spitze haben soll, so kann sie nicht reell sein; infolgedessen ist dieser Fall wenig studiert worden und wir haben über die Eigenschaften der Kurven vierter Ordnung mit einem Doppelpunkt und einer Spitze wenig mitzuteilen.

271. Aus jedem der beiden Doppelpunkte einer Kurve vierter Ordnung mit zwei Doppelpunkten gehen nach Art. 79

vier Tangenten an die Kurve und wir werden jetzt beweisen, dass die Doppelverhältnisse dieser beiden Büschel von vier Tangenten einander gleich sind.

Die allgemeine Gleichung einer Kurve vierter Ordnung, welche die Fundamentalpunkte in der Geraden $x_3 = 0$, also ihre Schnittpunkte mit den Geraden $x_1 = 0$, $x_2 = 0$ zu Doppelpunkten hat, ist

$$x_1^2 x_2^2 + 2 x_1 x_2 x_3 (l x_1 + m x_2)$$
$$+ x_3^2 (a x_1^2 + b x_2^2 + c x_3^2 + 2 f x_2 x_3 + 2 g x_3 x_1 + 2 h x_1 x_2) = 0;$$

und die Paare der Tangenten dieser Kurve in den Doppelpunkten sind durch

$$x_1^2 + 2 m x_1 x_3 + b x_3^2 = 0, \quad x_2^2 + 2 l x_2 x_3 + a x_3^2 = 0$$

gegeben. Wir vermindern die Allgemeinheit nicht, indem wir $l = m = 0$ setzen, weil wir damit als die Geraden $x_1 = 0$ und $x_2 = 0$ nur die Geraden wählen, welche zu der Verbindungslinie der Doppelpunkte $x_3 = 0$ in Bezug auf das jedesmalige Tangentenpaar harmonisch konjugiert sind. Wenn wir aber nun die Gleichung der Kurve in der Form

$$x_2^2 (x_1^2 + b x_3^2) + 2 x_2 x_3^2 (f x_3 + h x_1) + x_3^2 (a x_1^2 + 2 g x_3 x_1 + c x_3^2) = 0$$

schreiben, so sehen wir unmittelbar, dass die vier Tangenten der Kurve aus dem Doppelpunkt $x_3 = x_1 = 0$ durch die Gleichung

$$(x_1^2 + b x_3^2)(a x_1^2 + 2 g x_3 x_1 + c x_3^2) = x_3^2 (f x_3 + h x_1)^2$$

oder

$$a x_1^4 + 2 g x_1^3 x_3 + (c + ab - h^2) x_1^2 x_3^2 + 2 (bg - hf) x_1 x_3^3$$
$$+ (bc - f^2) x_3^4 = 0$$

ausgedrückt sind. Die Invarianten dieser biquadratischen Gleichung sind

$$I = abc - af^2 - bg^2 + fgh + \tfrac{1}{12} (c + ab - h^2)^2,$$
$$6J = (abc - af^2 - bg^2 - \tfrac{1}{2} fgh)(c + ab - h^2)$$
$$- \tfrac{3}{2} h^2 (af^2 + bg^2) + 3abfgh + \tfrac{3}{2} f^2 g^2 - \tfrac{1}{36} (c + ab - h^2)^3.$$

Indem wir bemerken, dass diese Werte in Bezug auf a und b, f und g symmetrisch sind, erkennen wir, dass sie mit den Invarianten der biquadratischen Gleichung übereinstimmen, welche dem Büschel der Tangenten aus dem Doppelpunkt

$$x_2 = x_3 = 0$$

entspricht und damit, dass diese beiden Tangentenbüschel projektivisch sind.

272. Daraus ergiebt sich wie in Art. 169, dass durch die beiden Doppelpunkte und die vier Schnittpunkte jeder Tangente aus dem einen mit der entsprechenden Tangente aus dem andern ein Kegelschnitt geht, und weil die Strahlen des zweiten Büschels in vier verschiedenen Ordnungen genommen werden können, ohne dass das Doppelverhältnis geändert wird, dass die sechzehn Schnittpunkte der Tangenten der ersten Reihe mit den Tangenten der zweiten Reihe in vier Kegelschnitten liegen, welche alle durch die beiden Doppelpunkte gehen. Ist die Kurve vierter Ordnung bicirkular oder sind die beiden Doppelpunkte die unendlich fernen Kreispunkte, so sagt der Satz, dass die sechzehn Brennpunkte einer bicirkularen Kurve vierter Ordnung zu je vier in vier Kreisen liegen.[67]) Wir bemerken, dass einer von den bezeichneten vier Kegelschnitten durch die Doppelpunkte in zwei gerade Linien degenerieren kann, von denen die eine die Doppelpunkte verbindet, dass also insbesondere vier von den Brennpunkten einer bicirkularen Kurve vierter Ordnung in einer Geraden liegen können.

273. Wir haben früher bemerkt, dass die Gleichung einer Kurve vierter Ordnung in unendlich vielen Arten in die Form

$$aU^2 + bV^2 + cW^2 + 2fVW + 2gWU + 2hUV = 0$$

gebracht werden kann, in welcher $U=0$, $V=0$, $W=0$ Kegelschnitte repräsentieren. Hat die Kurve keinen singulären Punkt, so haben die drei Kegelschnitte keinen gemeinsamen Punkt, da jeder Punkt, welcher denselben allen gemeinschaftlich wäre, ein Doppelpunkt in der Kurve vierter Ordnung sein müsste, welche dieser Gleichung entspricht. In dem Falle der Kurve mit zwei Doppelpunkten können $U=0$, $V=0$, $W=0$ als Kegelschnitte betrachtet werden, welche durch die Doppelpunkte gehen, und als Kreise somit, wenn diese Doppelpunkte die unendlich fernen Kreispunkte sind. Wir verlieren nichts an Allgemeinheit, wenn wir unsere Untersuchung auf die Gleichung

$$UW = V^2$$

richten, auf welche wie in der Theorie der Kegelschnitte die vorige Gleichung in unendlich vielen Arten reduziert werden kann. Wir können sie z. B. schreiben

$$(aU+gW+hV)^2=(h^2-ab)V^2+2(gh-af)VW+(g^2-ac)W^2,$$

in welcher Form die rechte Seite der Gleichung in Faktoren zerfällt.

Bicirkulare Kurven vierter Ordnung und allgemeiner solche mit zwei Doppelpunkten können somit durch Untersuchung der Gleichung

$$UW=V^2$$

studiert werden, d. h. indem man sie als Enveloppe des Systems

$$\lambda^2 U+2\lambda V+W=0$$

betrachtet, in welchem $U=0$, $V=0$, $W=0$ Kreise respektive Kegelschnitte durch die beiden Doppelpunkte sind. Und man hat nur zu untersuchen, in welcher Weise diese Beschränkung die früher erhaltenen Resultate modifiziert (vergl. Art. 252flg.).

274. Wenn drei Kegelschnitte zwei Punkte gemein haben, so zerfällt ihre Jacobische Kurve in die gerade Verbindungslinie dieser Punkte und einen gleichfalls durch diese Punkte gehenden Kegelschnitt; und wenn insbesondere die drei Kegelschnitte Kreise sind, so ist der Jacobische Kegelschnitt auch ein Kreis, und zwar der Orthogonalkreis der drei gegebenen (vergl. „Kegelschn." Art. 360). Weil die Jacobische Kurve durch eine Determinante dargestellt wird, so ist die von

$$y_1 U+y_2 V+y_3 W=0$$

dieselbe wie die von

$$U=0, \quad V=0, \quad W=0$$

und wenn diese Kreise sind, so haben alle in der vorigen Gleichung dargestellten Kreise denselben Orthogonalkreis.

Wenn

$$U=0, \quad V=0, \quad W=0$$

Kreise sind, deren Centra als die Punkte $x_i^{(1)}$, $x_i^{(2)}$, $x_i^{(3)}$ bestimmt sind, so sind die Koordinaten des Centrums von

$$\lambda^2 U+2\lambda V+W=0$$

durch

$$\lambda^2 x_1^{(1)}+2\lambda x_1^{(2)}+x_1^{(3)}, \quad \lambda^2 x_2^{(1)}+2\lambda x_2^{(2)}+x_2^{(3)},$$
$$\lambda^2 x_3^{(1)}+2\lambda x_3^{(2)}+x_3^{(3)}$$

ausdrückbar und der Ort, den das Centrum mit veränderlichem λ durchläuft, ist ein Kegelschnitt. Die Kurve vierter Ordnung

$$UW = V^2$$

kann also als die Enveloppe eines Kreises betrachtet werden, dessen Mittelpunkt sich auf einem festen Kegelschnitte F bewegt und der einen festen Kreis J immer orthogonal durchschneidet. Die Brennpunkte dieses festen Kegelschnittes sind zugleich die Doppelbrennpunkte der Kurve vierter Ordnung.[68])

Denn wenn eine Tangente vom Punkte J an den Kegelschnitt F ihn in den unendlich nahe benachbarten Punkten P, P' trifft, so ist JP eine gemeinsame Normale der aus P und P' durch J beschriebenen Kreise; für J als einen der Kreispunkte sind also die Tangenten von J zu F zugleich Normalen und daher Tangenten der Kurve vierter Ordnung*.

Und allgemeiner ist die Kurve vierter Ordnung mit zwei Doppelpunkten

$$UW - V^2 = 0 \text{ für } U = 0, \ V = 0, \ W = 0$$

als Kegelschnitte durch dieselben die Enveloppe des veränderlichen Kegelschnittes

$$\lambda^2 U + 2\lambda V + W = 0,$$

welcher die festen Doppelpunkte auch enthält und ein System von gemeinsamem Jacobischen Kegelschnitt beschreibt, während der in Bezug auf ihn genommene Pol der die Doppelpunkte verbindenden Geraden einen festen Kegelschnitt F durchläuft.

275. Durch jede besondere Relation zwischen der Jacobischen Kurve und dem Kegelschnitte F wird die Natur der entstehenden Kurve vierter Ordnung modifiziert. Wenn F dieselbe berührt, so ist der Berührungspunkt ein neuer Doppelpunkt der Kurve vierter Ordnung; findet zweimalige Berührung zwischen denselben statt, so zerfällt die Kurve vierter Ordnung

* Da das Argument für jede Kurve F oder für jedes Gesetz über die Lage der Kreiscentra oder der Konstruktion der Kreise gilt, so beweist es zugleich den Satz im Beispiele des Art. 139 pag. 154.

als vier Doppelpunkte enthaltend in zwei Kegelschnitte, welche durch dieselben gehen. Geht F durch einen der festen Doppelpunkte, so wird derselbe insbesondere zu einer Spitze der Kurve. vierter Ordnung und wir erhalten somit, wenn F durch beide hindurchgeht, eine Kurve vierter Ordnung mit zwei Spitzen. So wird die bicirkulare Kurve vierter Ordnung, wenn auch F, der Ort der Centra, ein Kreis ist, zu einer solchen Kurve mit Spitzen in den Kreispunkten, d. h. zu einer Cartesischen Kurve.

Wenn der Kegelschnitt F die Verbindungsgerade der Doppelpunkte berührt, so wird diese Linie ein Teil der Kurve vierter Ordnung; im Falle der bicirkularen Kurven zerfällt also die Kurve vierter Ordnung in die unendlich ferne Gerade und eine cirkulare Kurve dritter Ordnung, wenn der Kegelschnitt F eine Parabel ist.

Wenn die Centra der drei Kegelschnitte

$$U=0, \quad V=0, \quad W=0$$

in einer geraden Linie liegen, so reduziert sich die Jacobische Kurve auf diese Gerade.

276. Wir kehren zur Gleichung

$$UW=V^2$$

zurück. Es giebt, wie wir sahen, im allgemeinen sechs Werte von λ, für welche

$$\lambda^2 U+2\lambda V+W$$

in Faktoren zerfällt und die durch die verschiedenen Faktoren repräsentierten Geraden sind Doppeltangenten der Kurve

$$UW=V^2.$$

Wenn aber die Kegelschnitte

$$U=0, \quad V=0, \quad W=0$$

sämtlich durch zwei feste Punkte gehen, so muss

$$\lambda^2 U+2\lambda V+W=0$$

als Gleichung einer durch dieselben Punkte gehenden Kurve, insofern sie gerade Linien darstellt, entweder zwei Gerade ausdrücken, von denen jede durch einen dieser Punkte geht, oder die gerade Verbindungslinie derselben zusammen mit einer andern Geraden. Im ersten Falle sind die beiden Geraden keine eigentlichen Doppeltangenten der Kurve vierter Ordnung

$$UW = V^2,$$

sondern gewöhnliche Tangenten derselben aus einem ihrer Doppelpunkte — da ja jede durch einen Doppelpunkt gehende Gerade eine uneigentliche Tangente der Kurve ist; im letzten Falle ist eine der beiden Geraden eine eigentliche Doppeltangente, während die andere die Verbindungslinie der Doppelpunkte ist. So entsprechen von den sechs Werten von λ nur zwei dem Falle eigentlicher Doppeltangenten. Denn für $L = 0$ als die Gleichung der gemeinschaftlichen Sehne der Kegelschnitte

$$U = 0, \quad V = 0, \quad W = 0$$

sind die letzten beiden Gleichungen von der Form

$$aU + LM = 0, \quad bU + LN = 0,$$

und

$$\lambda^2 U + 2\lambda V + W$$

hat L zu dem einen Faktor, wenn λ eine der Wurzeln der Gleichung

$$\lambda^2 + 2\lambda a + b = 0$$

ist. So giebt es im Falle bicirkularer Kurven vierter Ordnung für

$$U = 0, \quad V = 0, \quad W = 0$$

als Kreise zwei Werte von λ, für welche der Koefficient von $x^2 + y^2$ in

$$\lambda^2 U + 2\lambda V + W = 0$$

verschwindet und für jeden dieser Werte bezeichnet diese Gleichung eine gerade Linie, welche die Kurve

$$UW = V^2$$

doppelt berührt.

Wir können dasselbe Ergebnis aus der Konstruktion des Art. 274 geometrisch ableiten. Wenn der Kreis

$$\lambda^2 U + 2\lambda V + W = 0$$

eine gerade Linie wird, so liegt das Centrum desselben im Unendlichen, also in einem der beiden unendlich fernen Punkte des Kegelschnittes F, und die beiden Doppeltangenten sind also die vom Centrum der Jacobischen Kurve auf die Asymptoten desselben gefällten Normalen.

In jedem der vier andern Fälle, wo die Diskriminante der Gleichung

$$\lambda^2 U + 2\lambda V + W = 0$$

verschwindet, bezeichnet diese ein Paar von Tangenten der Kurve vierter Ordnung, von denen jede durch einen der unendlich fernen Kreispunkte geht und deren Durchschnittspunkt also ein Brennpunkt der Kurve ist; oder was dasselbe ist,

$$\lambda^2 U + 2\lambda V + W = 0$$

ist die Gleichung eines unendlich kleinen Kreises, dessen Centrum der Brennpunkt ist und der mit der Kurve vierter Ordnung in doppelter Berührung ist. Wenn von zwei zu einander orthogonalen Kreisen der eine sich auf einen Punkt reduziert, so muss dieser Punkt auf dem andern liegen; wenn also

$$\lambda^2 U + 2\lambda V + W = 0$$

sich auf einen Punkt reduziert, so muss derselbe auf dem Jacobischen Kreise von

$$U = 0, \quad V = 0, \quad W = 0$$

liegen. Wir erhalten somit vier Brennpunkte, nämlich die Durchschnitte dieses Jacobischen Kreises mit dem Kegelschitt F, welcher der Ort der Centra der im System

$$\lambda^2 U + 2\lambda V + W = 0$$

enthaltenen Kreise ist und daher als ein Fokalkegelschnitt bezeichnet werden kann.

Die vier Punkte, in denen der Jacobische Kreis die Kurve vierter Ordnung schneidet, sind cyklische Punkte, d. h. solche, in welchen Kreise des Systems

$$\lambda^2 U + 2\lambda V + W = 0$$

die Kurve vierter Ordnung in vier aufeinander folgenden Punkten treffen (Art. 252).

Es giebt vier Wege, in welchen die Gleichung einer gegebenen bicirkularen Kurve vierter Ordnung auf die Form

$$UW = V^2$$

reduziert werden kann; jedem derselben entsprechen vier Brennpunkte, zwei Doppeltangenten und vier cyklische Punkte oder Punkte der Kurve, wo vier aufeinander folgende Punkte derselben auf dem nämlichen Kreise liegen (Art. 114). Diese Kurven haben also in allem 16 Brennpunkte, 8 Doppeltangenten und 16 cyklische Punkte.

277. Wenn einer der Brennpunkte der Kurve als Anfangspunkt der Cartesischen Koordinaten genommen wird, so muss die Gleichung derselben von der Form

$$(x^2+y^2)W=V^2$$

sein, für $W=0$ und $V=0$ als zwei Kreise; die Kurve vierter Ordnung ist die Enveloppe von

$$x^2+y^2+2\lambda V+\lambda^2 W=0.$$

Ausser dem Werte $\lambda=0$ giebt es drei andere Werte von λ, für welche dieser veränderliche Kreis sich auf einen Punkt reduziert; und einer dieser Werte muss reell sein. Wir können daher die Gleichung schreiben

$$(x^2+y^2)(x^2+y^2+2\lambda V+\lambda^2 W)=(x^2+y^2+\lambda V)^2,$$

oder mit andern Worten, wenn wir einen Brennpunkt kennen, so kann die Gleichung der Kurve vierter Ordnung auf die Form

$$AB=V^2$$

gebracht werden, in welcher $A=0$ und $B=0$ Punktkreise sind.

Wir können die bicirkularen Kurven vierter Ordnung in zwei Klassen teilen, je nachdem die beiden andern Werte von λ, für welche

$$A+2\lambda V+\lambda^2 B=0$$

sich auf die Gleichung eines Punktkreises reduziert, reell oder nicht reell sind, oder mit andern Worten, je nachdem die vier reellen Brennpunkte in einem Kreise liegen oder nicht. Ist im ersten Falle $C=0$ einer der beiden Punktkreise, so eliminieren wir wie in Art. 258 die Grösse V zwischen den Gleichungen

$$AB=V^2 \quad \text{und} \quad A+2\lambda V+\lambda^2 B=C$$

und erkennen, dass die Gleichung der Kurve vierter Ordnung in der Form

$$l\sqrt{(A)}+m\sqrt{(B)}+n\sqrt{(C)}=0$$

dargestellt werden kann, d. h. dass die Kurve der Ort eines Punktes ist, dessen Entfernungen von drei festen Punkten durch die Relation

$$l\varrho + m\varrho' + n\varrho'' = 0$$

verbunden sind.

Die Bedingung, unter welcher

$$l\sqrt{(A)} + m\sqrt{(B)} + n\sqrt{(C)} = 0$$

durch

$$\lambda A + \mu B + \nu C = 0$$

berührt wird, ist (vergl. „Kegelschnitte“ Art. 159)

$$\frac{l^2}{\lambda} + \frac{m^2}{\mu} + \frac{n^2}{\nu} = 0$$

und wenn

$$A = 0, \quad B = 0, \quad C = 0$$

Punktkreise sind und a, b, c die Längen der sie verbindenden Geraden bezeichnen, so kann leicht bestätigt werden, dass die Diskriminante von

$$\lambda A + \mu B + \nu C = 0$$

verschwindet, wenn

$$\frac{a^2}{\lambda} + \frac{b^2}{\mu} + \frac{c^2}{\nu} = 0$$

ist. Die zwei so erhaltenen Gleichungen bestimmen λ, μ, ν und daher den vierten Brennpunkt.

Wir wissen aber (vergl. „Kegelschn.“ Art. 126), dass für vier Punktkreise A, B, C, D um die Punkte A', B', C', D' die identische Relation besteht

$$B'C'D'.A + C'D'A'.B + D'A'B'.C + A'B'C'.D = 0,$$

wenn $A'B'C'$ u. s. w. die Flächenzahlen der Dreiecke der Punkte A', B', C', u. s. w. bezeichnen. Demnach sind λ, μ, ν den Inhalten der Dreiecke proportional, welche vom vierten Brennpunkt mit jedem Paar der drei andern Brennpunkte gebildet werden. Im Falle, wo die drei Punkte

$$A', B', C'$$

in einer geraden Linie liegen, beweist man leicht, dass die Quadrate der Entfernungen irgend eines Punktes von vier Punkten einer Geraden durch die Gleichung mit einander verbunden sind

$$\frac{A}{A'B'.A'C'.A'D'} + \frac{B}{B'A'.B'C'.B'D'} + \frac{C}{C'A'.C'B'.C'D'} + \frac{D}{D'A'.D'B'.D'C'} = 0.$$

Dann sind die Reciproken von λ, μ, ν zu den Produkten

$$A'B'.A'C'.A'D', \quad B'A'.B'C'.B'D', \quad C'A'.C'B'.C'D'$$

proportional und wir erhalten die Gleichung

$$l^2.A'B'.A'C'.A'D' + m^2.B'A'.B'C'.B'D' + n^2.C'A'.C'B'.C'D' = 0.$$

Insbesondere liegt für

$$l^2.A'B'.A'C' + m^2.B'A'.B'C' + n^2.C'A'.C'D' = 0$$

der vierte Brennpunkt im Unendlichen und die Kurve ist eine Cartesische Kurve.

278. Wenn vier koncyklische Brennpunkte für eine bicirkulare Kurve vierter Ordnung gegeben sind, so gehen durch einen beliebigen Punkt zwei sich rechtwinklig durchschneidende Kurven dieser Art.

Wenn der vierte Brennpunkt gegeben ist, so sind die Werte von λ, μ, ν bekannt, für welche die Kurve

$$\lambda A + \mu B + \nu C = 0$$

sich auf einen Punkt reduziert; und es können offenbar zwei Systeme von Werten der l, m, n gefunden werden, welche den Gleichungen

$$\frac{l^2}{\lambda} + \frac{m^2}{\mu} + \frac{n^2}{\nu} = 0$$

und

$$l\varrho + m\varrho' + n\varrho'' = 0$$

genügen, in deren letzter die ϱ, ϱ', ϱ'' oder $\sqrt{(A)}$, $\sqrt{(B)}$, $\sqrt{(C)}$ die Entfernungen eines gegebenen Kurvenpunktes von den drei Brennpunkten bezeichnen.

Zwei Kurven vierter Ordnung

$$l\sqrt{(A)} + m\sqrt{(B)} + n\sqrt{(C)} = 0,$$
$$l'\sqrt{(A)} + m'\sqrt{(B)} + n'\sqrt{(C)} = 0$$

sind konfokal, wenn

$$a^2(m^2n'^2 - m'^2n^2) + b^2(n^2l'^2 - n'^2l^2) + c^2(l^2m'^2 - l'^2m^2) = 0$$

ist, wie man durch Elimination von λ, μ, ν zwischen den drei Gleichungen

$$\frac{l^2}{\lambda} + \frac{m^2}{\mu} + \frac{n^2}{\nu} = 0, \quad \frac{l'^2}{\lambda} + \frac{m'^2}{\mu} + \frac{n'^2}{\nu} = 0, \quad \frac{a^2}{\lambda} + \frac{b^2}{\mu} + \frac{c^2}{\nu} = 0$$

sofort erkennt.

Um sodann die Bedingung aufzustellen, unter welcher diese Kurven vierter Ordnung sich rechtwinklig durchschneiden, schicken wir voraus, was man leicht bestätigen wird, dass für A, B, C als Punktkreise und a, b, c als von der vorher bezeichneten Bedeutung die Bedingung des rechtwinkligen Durchschnittes für

$$\lambda A + \mu B + \nu C = 0, \quad \lambda' A + \mu' B + \nu' C = 0$$

in der Gleichung

$$a^2(\mu\nu' + \mu'\nu) + b^2(\nu\lambda' + \nu'\lambda) + c^2(\lambda\mu' + \lambda'\mu) = 0$$

ausgedrückt wird. Wir bemerken ferner (vergl. „Kegelschn." Art. 159), dass die Kurve vierter Ordnung

$$l\sqrt{(A)} + m\sqrt{(B)} + n\sqrt{(C)} = 0$$

in einem Punkte, für welchen ϱ, ϱ', ϱ'' die Werte von

$$\sqrt{(A)}, \quad \sqrt{(B)}, \quad \sqrt{(C)}$$

bezeichnen, von dem Kreise

$$\frac{l}{\varrho} A + \frac{m}{\varrho'} B + \frac{n}{\varrho''} C = 0$$

berührt wird. Endlich ist die Bedingung, unter welcher dieser Kreis den Berührungskreis von

$$l'\sqrt{(A)} + m'\sqrt{(B)} + n'\sqrt{(C)} = 0$$

in demselben Punkte rechtwinklig durchschneidet

$$a^2\frac{mn' + m'n}{\varrho'\varrho''} + b^2\frac{nl' + n'l}{\varrho''\varrho} + c^2\frac{lm' + l'm}{\varrho\varrho'} = 0.$$

Durch Auflösung der Gleichungen

$$l\varrho + m\varrho' + n\varrho'' = 0, \quad l'\varrho + m'\varrho' + n'\varrho'' = 0$$

ergeben sich aber die ϱ, ϱ', ϱ'' respektive proportional zu den Grössen

$$(mn' - m'n), \quad (nl' - n'l), \quad (lm' - l'm)$$

und somit durch Substitution in die vorige Gleichung die Bedingung der Orthogonalität der Kurven vierter Ordnung

$$a^2(m^2n'^2 - m'^2n^2) + b^2(n^2l'^2 - n'^2l^2) + c^2(l^2m'^2 - l'^2m^2) = 0;$$

dieselbe, welche die Konfokalität der nämlichen Kurven ausspricht.

Die Giltigkeit des Beweises erscheint von der Realität des C unabhängig und es gilt also der Satz, dass konfokale Kurven vierter Ordnung sich rechtwinklig schneiden, auch dann, wenn die vier reellen Brennpunkte nicht in einem Kreise liegen.

279. Der Satz des vorigen Artikels wurde von Hart durch geometrische Betrachtungen zuerst für den Fall der cirkularen Kurve dritter Ordnung begründet. Wenn wir den Ort eines Punktes suchen, für welchen seine Entfernungen von drei festen Punkten durch die Relation

$$l\varrho + m\varrho' + n\varrho'' = 0$$

verbunden sind, so wird der Koefficient von $(x^2+y^2)^2$ durch

$$(l+m+n)(m+n-l)(n+l-m)(l+m-n)$$

ausgedrückt; der fragliche Ort, welcher im allgemeinen eine bicirkulare Kurve vierter Ordnung ist, reduziert sich also auf eine cirkulare Kurve dritter Ordnung für

$$l \pm m \pm n = 0$$

und es gelten daher die vorher entwickelten Sätze auch für diese Kurven, welche auch sechzehn Brennpunkte haben, die im allgemeinen in vier Kreisen liegen. Hart beweist, dass die Punkte O, P, Q, als die Schnittpunkte der Gegenseitenpaare oder die Centra des von den vier Brennpunkten A, B, C, D der Kurve dritter Ordnung gebildeten Vierecks, auf der Kurve liegen und eine der Halbierungslinien des von dem betreffenden Gegenseitenpaare gebildeten Winkels zur Tangente haben, welche zugleich der reellen Asymptote der Kurve parallel ist; sowie dass die Kurve auch durch den Mittelpunkt R des Fokalkreises hindurchgeht und hier ebenfalls die Parallele zur reellen Asymp-

Fig. 56.

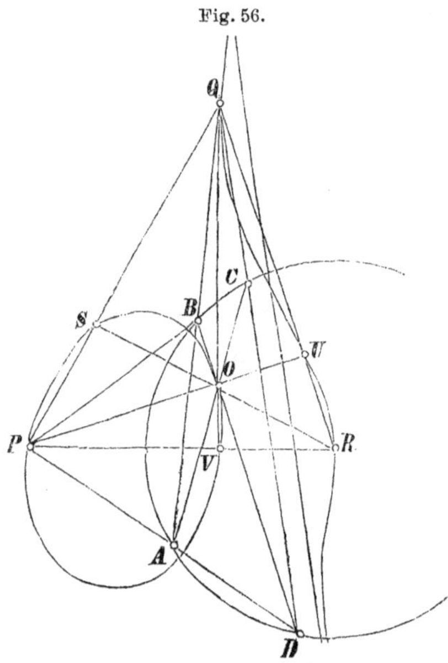

tote berührt. (Die Centra der vier Fokalkreise der cirkularen Kurve dritter Ordnung sind also die Berührungspunkte der der reellen Asymptote parallelen Tangenten oder liegen auf einer Hyperbel, für die diese gleichfalls Asymptote ist.) Weil aber O, P, Q, R die Berührungspunkte der von demselben Punkt der Kurve an dieselbe gehenden Tangenten sind, so ist der Schnittpunkt von OP mit QR oder der Fusspunkt der Normalen von O auf QR gleichfalls ein Punkt der Kurve (Art. 151); und das Gleiche gilt für die Schnittpunkte von OQ mit PR und von OR mit PQ. Und man zeigt überdies, dass die Tangenten der beiden Kurven dritter Ordnung, welche durch diese Punkte gehen, in ihnen zu einander rechtwinklig sind. So sind die sieben den beiden Kurven dritter Ordnung mit A, B, C, D als Brennpunkten gemeinschaftlichen Punkte durch einfache Konstruktionen bestimmt, und wir können von da aus durch die Methode der Projektion zu Sätzen gelangen, von denen einige früher entwickelt worden sind; z. B. (vergl. Art. 153) wenn in irgend einer Ordnung entsprechende Tangenten aus zwei Punkten I, J einer Kurve dritter Ordnung sich in den Punkten A, B, C, D durchschneiden, so sind die Gegenseitenschnittpunkte des von ihnen gebildeten Vierecks gleichfalls Punkte der Kurve und haben den Punkt, in welchem die Gerade IJ die Kurve überdies schneidet, zu ihrem gemeinschaftlichen Tangentialpunkt; der Berührungspunkt der vierten Tangente aus diesem ist der Pol der Geraden IJ in in Bezug auf den durch die Punkte A, B, C, D, I, J gehenden Kegelschnitt.

280. Die Beweismethode von Hart bestand in dem Nachweis, dass bei gegebenen Brennpunkten die im Art. 277 begründeten Relationen in Verbindung mit der Bedingung

$$l + n = m$$

zur Bestimmung von l, m, n hinreichen und dass für a, b, c, d als die Entfernungen der vier Brennpunkte von O die Kurve entweder die durch

$$(b + c)\,\varrho \pm (a - b)\,\varrho'' = \pm (a + c)\,\varrho'$$

oder die durch

$$(c - b)\,\varrho \pm (a + b)\,\varrho'' = \pm (a + c)\,\varrho'$$

ausgedrückte Eigenschaft haben muss. Jeder Koefficient hat hier ein doppeltes Zeichen, weil in der Gleichung

$$l\varrho + m\varrho' + n\varrho'' = 0$$

nach Entfernung der Wurzeln nur die Quadrate von l, m, n vorkommen. Die beiden Gleichungen entsprechen zwei verschiedenen Kurven dritter Ordnung, welche die nämlichen Brennpunkte haben; die verschiedenen Zeichen entsprechen verschiedenen Ästen derselben Kurve.

Die oberen Zeichen gehören insbesondere zu einem ins Unendliche gehenden Aste, weil bei ihrer Geltung die Gleichung für

$$\varrho = \varrho' = \varrho''$$

erfüllt wird, welche einem unendlich fernen Punkte entsprechen; in diesem Aste liegt das Centrum des Fokalkreises. Die untern Zeichen gehören dagegen zu einem Oval, weil sie mit $\varrho = \varrho' = \varrho''$ unverträglich sind. Weil die Gleichungen für a, b, c als die Werte von ϱ, ϱ', ϱ'' erfüllt werden, so gehört der Punkt O zur Kurve dritter Ordnung.

In gleicher Art haben wir die Relationen

$$(c-d)\,\varrho \pm (a+d)\,\varrho'' = \pm (a+c)\,\varrho'''$$

oder

$$(c+d)\,\varrho \pm (a-d)\,\varrho'' = \pm (a+c)\,\varrho''',$$

also durch Kombination

$$\frac{\varrho + \varrho''}{a+c} = \frac{\varrho' + \varrho'''}{b+d},$$

oder die beiden Kurven dritter Ordnung bilden den Ort der Durchschnitte zweier ähnlicher Kegelschnitte, die A und C, B und D zu ihren respektiven Brennpunkten haben. Die sich in O durchschneidenden ähnlichen Kegelschnitte haben offenbar eine der Halbierungslinien des bezüglichen Winkels zur gemeinschaftlichen Tangente und diese Halbierungslinien sind daher, wie wir schon angaben, die Tangenten der beiden den Ort bildenden und sich daher rechtwinklig durchschneidenden Kurven dritter Ordnung.

281. Kurven vierter Ordnung mit zwei Spitzen können als Grenzfall solcher Kurven mit zwei Doppelpunkten

aufgefasst werden. Man nennt solche Kurven Cartesische, wenn die unendlich fernen Kreispunkte I, J diese Spitzen sind; des Cartes studierte diese als Cartesisches Oval bezeichnete Kurve als den Ort eines Punktes O, dessen Entfernungen von zwei festen Punkten A, B durch die Relation

$$l\varrho \pm m\varrho' = c$$

verbunden sind. Chasles zeigte, und man kann es ohne Schwierigkeit bestätigen, dass immer, wenn diese Relation erfüllt ist, ein dritter Punkt C in der Linie AB existiert, für welchen die Entfernung von O eine Relation von der Form

$$l\varrho \pm n\varrho'' = c'$$

erfüllt, oder mit andern Worten, dass das Oval ausser den beiden von des Cartes betrachteten Brennpunkten noch einen dritten Brennpunkt von der gleichen Eigenschaft besitzt. Wir wollen nun die Bezeichnung Cartesische Kurve in etwas weiterem Sinne gebrauchen. Wir werden zeigen, dass für eine Kurve vierter Ordnung, welche die Punkte I, J zu Spitzen hat, drei Brennpunkte in gerader Linie existieren; sind dieselben reell, so ist die Kurve mit der von des Cartes studierten identisch; wenn aber zwei von ihnen nicht reell sind, so wollen wir die Kurve noch als eine Cartesische bezeichnen, obwohl die Cartesische Erzeugungsweise nicht länger gilt.

Die Gleichung der Cartesischen Kurve kann für

$$S = 0 \quad \text{und} \quad L = 0$$

als Gleichungen eines Kreises und einer Geraden respektive und für k als eine Konstante oder $k = 0$ als Ausdruck der unendlich fernen Geraden in die Form

$$S^2 = k^3 L$$

gesetzt werden, aus welcher ersichtlich ist, dass die Schnittpunkte von $S = 0$ und $k = 0$ Spitzen sind, deren Tangenten sich im Mittelpunkte von S durchschneiden, so dass dieser der dreifache Brennpunkt der Kurve ist; die Gerade $L = 0$ ist eine Doppeltangente derselben. Wir wollen bemerken, dass diese Kurve von Cayley unter der Gleichungsform

$$(x^2 + y^2 - a^2)^2 + 16A(x - m) = 0$$

studiert worden ist.

Die Form $S^2 = k^3 L$ lässt die Kurve als die Enveloppe des veränderlichen Kreises

$$\lambda^2 k L + 2\lambda S + k^2 = 0$$

erscheinen, dessen Mittelpunkt sich längs einer zu $L = 0$ normalen geraden Linie bewegt. Durch Vergleichung der Diskriminante desselben mit Null erkennt man, dass es drei Werte von λ giebt, für welche der Kreis sich auf einen Punkt reduziert, oder mit andern Worten drei Brennpunkte. Nach der vorher entwickelten Theorie kann aber für

$$A = 0, \quad B = 0, \quad C = 0$$

als irgend drei Lagen des veränderlichen Kreises die Gleichung der Enveloppe in der Form

$$l\sqrt{(A)} + m\sqrt{(B)} + n\sqrt{(C)} = 0$$

dargestellt werden; und wir haben daher für ϱ, ϱ', ϱ'' als die Entfernungen von den drei Brennpunkten die Eigenschaft

$$l\varrho + m\varrho' + n\varrho'' = 0$$

oder, weil $k^2 = 0$ ein Kreis des Systems ist, der dem Werte $\lambda = 0$ entspricht, wir haben

$$l\varrho + m\varrho' = nk.$$

Eine Cartesische Kurve kann auch als Ort der Spitze eines Dreiecks erzeugt werden, dessen Basisecken sich in zwei festen Kreisen bewegen, während die Seiten und die Basis sich um die Centra und einen festen Punkt in der Centrallinie derselben drehen.

Wenn eine Sehne die Cartesische Kurve in vier Punkten schneidet, so ist die Summe der Entfernungen dieser letzten von einem der Brennpunkte konstant. Denn die Polargleichung der Kurve für den Brennpunkt als Pol ergiebt sich in der Form

$$\varrho^2 - 2(a + b\cos\omega)\varrho + c^2 = 0$$

und durch die Elimination von ω zwischen dieser und der Gleichung einer beliebigen Geraden erhalten wir für ϱ eine biquadratische Gleichung, in welcher der Koefficient des zweiten Gliedes durch $-4a$ gegeben ist.

Wenn $c = 0$ ist, so wird die vorige Gleichung

$$\varrho = a + b\cos\omega$$

und die Kurve hat ausser den Spitzen in I und J im Anfangspunkt der Koordinaten einen Knotenpunkt. Man nennt sie dann die Pascalsche Schnecke oder Limaçon und kann sie offenbar dadurch erzeugen, dass man in den Radien vektoren des Kreises aus einem Punkte desselben konstante Längen von ihren Endpunkten aus abträgt. Wenn noch specieller $a = b$ ist, so erhält die Kurve eine dritte Spitze und heisst die Cardioide; die abzutragende konstante Länge ist dem Durchmesser des Kreises gleich. Die Gleichung kann in der Form

$$\varrho^{\frac{1}{2}} = m^{\frac{1}{2}}\cos\tfrac{1}{2}\omega$$

geschrieben werden.

282. Die Brennpunkts-Eigenschaften, die wir soeben erörterten, können durch die Methode der Inversion nach Art. 123 untersucht werden. Man zeigt mit Leichtigkeit, dass jedem Brennpunkt einer Kurve ein Brennpunkt der inversen Kurve entspricht und dass das Centrum der Inversion ein Brennpunkt ist, wenn die unendlich fernen Punkte I, J Spitzen sind.

So ist für die Cartesische Kurve mit drei in einer Geraden liegenden Brennpunkten die Inverse in Bezug auf irgend einen Punkt eine bicirkulare Kurve vierter Ordnung mit vier Brennpunkten in einem Kreise, nämlich dem Centrum der Inversion und der entsprechenden der drei gegebenen Brennpunkte. Da nun aber für O als Centrum der Inversion und A', B' als die entsprechenden Punkte zu A, B die Relation besteht

$$AB = \frac{A'B'}{OA'.OB'},$$

so tritt an Stelle einer Relation von der Form

$$\lambda . AP + \mu . BP = c$$

eine solche von der Form

$$\lambda'. A'P' + \mu'. B'P' = c'. OP',$$

und wir erhalten somit die Fundamentaleigenschaft der bicirkularen Kurve vierter Ordnung, indem wir sie als die Inverse einer Cartesischen Kurve betrachten. In derselben Weise entspringt aus jeder Relation

$$\lambda . AP + \mu . BP + \nu . CP = 0$$

eine Relation

$$\lambda' . A'P' + \mu' . B'P' + \nu' . C'P' = 0.$$

Die inverse Kurve einer bicirkularen Kurve vierter Ordnung für einen ihrer Punkte als Centrum der Inversion ist eine cirkulare Kurve dritter Ordnung und diese besitzt daher dieselben Fokaleigenschaften wie jene. In Bezug auf jeden der Punkte O, P, Q, R (Fig. des Art. 279) ist eine bicirkulare Kurve dritter Ordnung und eine bicirkulare Kurve vierter Ordnung zu sich selbst invers, d. h. jeder ihrer Punkte entspricht einem andern.

Da der Winkel, unter welchem zwei Kurven sich schneiden, durch Inversion nicht geändert wird, so gilt der Satz vom rechtwinkligen Durchschnitt konfokaler Kurven dieser Art für die der vierten, sobald er für die von der dritten bewiesen ist und umgekehrt. Die inverse Kurve eines Kegelschnittes ist eine bicirkulare Kurve vierter Ordnung, welche das Centrum der Inversion zum dritten Doppelpunkt hat, und man schliesst daher aus der Brennpunktseigenschaft der Kegelschnitte unmittelbar, dass solche Kurven vierter Ordnung die durch die Relation

$$\frac{A'P'}{OA'} + \frac{B'P'}{OB'} = c . OP'$$

ausgedrückte Eigenschaft haben für A', B' als zwei ihrer Brennpunkte und O als den reellen Doppelpunkt. Die Beziehung der Punkte der Kegelschnitte zu Brennpunkt und Directrix giebt daher unmittelbar eine andere von Hart bemerkte Konstruktion zur Erzeugung dieser Art von Kurven vierter Ordnung. Wenn der von dem festen Punkte C ausgehende Radius vektor CE eines durch diesen Punkt gehenden Kreises die Kurve in P schneidet, so ist $PA = PE$ für A als einen andern festen Punkt.

283. Für Kurven vierter Ordnung mit zwei Doppelpunkten lässt sich eine Theorie der Einschreibung von Polygonen in vollkommener Analogie zu Poncelets Theorie derselben für Kegelschnitte entwickeln.[69]) Seien A und B die Doppelpunkte, so verbinde man den einen derselben A mit einem

beliebigen Punkte P der Kurve, den neuen Schnittpunkt Q dieser Geraden mit der Kurve mit dem andern Doppelpunkte B, den neuen Schnittpunkt R dieser Geraden mit dem ersten Doppelpunkte A, so dass man einen Punkt der Kurve S erhält; u. s. w. So entsteht im allgemeinen ein ungeschlossenes Polygon $PQRS\ldots$, dessen eine Schar alternierender Seiten PQ, RS, ... durch A geht, während die andere Schar QR, ... durch B geht. Es giebt nun für eine beliebige Kurve vierter Ordnung mit zwei Doppelpunkten keinen Punkt P von solcher Lage in ihr, dass in dieser Weise ein geschlossenes Polygon von gerader Seitenzahl entstünde, z. B. ein Viereck $PQRS$, dessen Seitenpaar PQ, RS durch A geht, während QR, ST durch B gehen. Aber die Kurve vierter Ordnung kann so beschaffen sein, dass ein Polygon der fraglichen Art existiert; und wenn dies der Fall ist, so existieren unendlich viele solche Polygone, d. h. jeder Punkt P in der Kurve kann als erste Ecke gewählt werden und das in der angegebenen Weise gebildete Polygon schliesst sich immer. Dass die Kurve so beschaffen sein kann, ist für das Viereck evident; denn ist $PQRS$ ein beliebiges Viereck und wird der Schnittpunkt von PQ und RS mit A und der von PS, QR mit B bezeichnet, so giebt es immer eine durch P, Q, R, S gehende Kurve vierter Ordnung, welche die Punkte A und B zu Doppelpunkten hat.

284. Die Kurven vierter Ordnung mit drei Doppelpunkten erlauben eine rationale Parameterdarstellung durch Einführung des Büschels von Kegelschnitten, welches durch die drei Doppelpunkte geht und z. B. die Kurve in einem derselben nach ihrem einen Aste berührt; denn ein solcher Kegelschnitt kann, weil er sieben feste Punkte mit der Kurve gemein hat, sie nur in einem weitern durch seinen Parameter im Büschel bestimmten Punkte schneiden. So ergiebt sich z. B. für die Lemniskate von Bernoulli mittelst der im reellen Doppelpunkt den einen Ast berührenden Kreise der brauchbare Parameterausdruck[70])

$$x = a\,\frac{\lambda\,(1+\lambda^2)}{1+\lambda^4}, \quad y = a\,\frac{\lambda\,(1-\lambda^2)}{1+\lambda^4},$$

und ähnlich in andern Fällen. Wir wollen jedoch von dieser schon genügend erläuterten Methode hier absehen und zwei einheitliche andere Behandlungsweisen entwickeln, zuerst die durch die Theorie der Inversion.

Wenn man die drei Doppelpunkte einer unikursalen oder rationalen Kurve vierter Ordnung als Fundamentalpunkte des Koordinatensystems nimmt, so ist die Gleichung der Kurve notwendig von der Form

$$a_{11}x_2^2x_3^2 + a_{22}x_3^2x_1^2 + a_{33}x_1^2x_2^2 + 2a_{23}x_1^2x_2x_3 + 2a_{31}x_2^2x_3x_1 + 2a_{12}x_3^2x_1x_2 = 0$$

oder

$$a_{11}\left(\frac{1}{x_1}\right)^2 + a_{22}\left(\frac{1}{x_2}\right)^2 + a_{33}\left(\frac{1}{x_3}\right)^2 + 2a_{23}\frac{1}{x_2x_3} + 2a_{31}\frac{1}{x_3x_1} + 2a_{12}\frac{1}{x_1x_2} = 0.$$

Wir sehen also, dass die Gleichung einer solchen Kurve vierter Ordnung aus der Gleichung eines Kegelschnitts dadurch entsteht, dass man die Variabeln durch ihre reciproken Werte ersetzt. Man kann die entsprechende geometrische Transformation als Inversion bezeichnen, wenn man dies Wort in einem weitern als dem vorher angenommenen Sinne fasst.

Man drückt diese Transformation leicht durch eine geometrische Konstruktion aus. Wenn die Koordinaten den senkrechten Abständen von den Seiten des Fundamentaldreiecks proportional sind, so gilt für zwei Punkte

$$P(x_1,\ x_2,\ x_3) \quad \text{und} \quad P'(x'_1,\ x'_2,\ x'_3),$$

die durch die reciproken Relationen

$$x_1 : x_2 : x_3 = x'_2x'_3 : x'_3x'_1 : x'_1x'_2,$$
$$x'_1 : x'_2 : x'_3 = x_2x_3 : x_3x_1 : x_1x_2$$

verbunden sind, nach Art. 55 der „Kegelschnitte", dass die geraden Linien von ihnen nach den Ecken des Fundamentaldreiecks z. B. PA_1, $P'A_1$ mit den anstossenden Seiten, also A_1A_2, A_1A_3, gleiche Winkel einschliessen, d. h. nach Art. 329, 13 ibid. es sind P und P' die beiden Brennpunkte eines Kegelschnitts, welcher die Fundamentallinien berührt. Im allgemeinen Falle tritt an Stelle der in Rücksicht auf die bezüglichen Fundamentallinien oder die Halbierungslinien der von ihnen gebildeten Winkel symmetrischen Paarung der aus den Fundamentalpunkten nach P, P' gehenden Strahlen die involutorische, nämlich in der Weise, dass die Geraden A_iP, A_iP' ein Paar einer Involution bilden, die durch das Paar A_iA_k, A_iA_l und den Doppelstrahl A_iE (für E als den Einheitspunkt der Koordinaten) bestimmt ist.

Immer entspricht im allgemeinen einer Lage von P eine einzige bestimmte Lage von P'. Wenn aber $x'_1 = 0$ ist oder P' in der geraden Linie A_2A_3 liegt, so werden x_2 und x_3 beide Null und P fällt mit A_1 zusammen; und umgekehrt entspricht dem Punkte A_1 jeder Punkt in A_2A_3. Es ist jedoch das Verhältnis der einem bestimmten Werte von x'_1 entsprechenden Werte von x_2 und x_3 immer gleich

$$x'_3x'_1 : x'_1x'_2,$$

also auch für verschwindendes x'_1 noch gleich $x'_3 : x'_2$, d. h. jedem Punkt P' in A_2A_3 entspricht ein zu A_1 unendlich naher Punkt P in bestimmter Richtung von A_1 aus, nämlich so, dass wie im allgemeinen Fall A_1P, A_1P' mit den Fundamentallinien A_1A_2, A_1A_3 gleiche Winkel machen oder ein Paar der Involution bilden, welche durch diese und den Doppelstrahl A_1E bestimmt ist. Wir wollen in der Folge den ersten Fall voraussetzen.

Wenn der Punkt P irgend einen Ort beschreibt, so durchläuft P' einen entsprechenden Ort; wenn z. B. der Ort von P eine gerade Linie

$$a_1x_1 + a_2x_2 + a_3x_3 = 0$$

ist, so ist der von P' der Kegelschnitt

$$a_1x'_2x'_3 + a_2x'_3x'_1 + a_3x'_1x'_2 = 0$$

und umgekehrt (vergl. „Kegelschnitte" a. a. O.); für $a_1 = 0$ d. h. wenn die Gerade durch A_1 geht, reduziert sich der entsprechende Kegelschnitt auf

$$x'_1(a_2x'_3 + a_3x'_2) = 0$$

und besteht also aus den Geraden

$$x'_1 = 0 \quad \text{und} \quad a_2x'_3 + a_3x'_2 = 0,$$

von welcher letzten wir sagen können, dass sie der Geraden

$$a_2x_2 + a_3x_3 = 0$$

entspreche. Allgemeiner entspricht wie gesagt einem Kegelschnitt eine Kurve vierter Ordnung mit drei Doppelpunkten, d. i. wie dieser vom Geschlecht 0, in Übereinstimmung mit Art. 83.

285. Das Entsprechen des Kegelschnitts und der Kurve vierter Ordnung kann im einzelnen erörtert werden; davon folgendes: Der Kegelschnitt schneidet jede Seite des Fundamentaldreiecks z. B. $A_2 A_3$ in zwei Punkten; denselben entsprechen zwei zu A_1 in bestimmten Richtungen benachbarte Elemente, d. h. also die Tangenten der Kurve vierter Ordnung im Doppelpunkt A_1. Je nachdem also der Kegelschnitt die

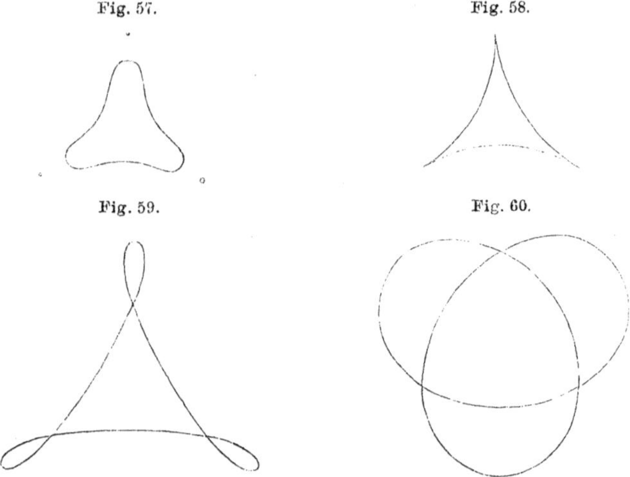

Fig. 57. Fig. 58. Fig. 59. Fig. 60.

Gerade $A_2 A_3$ in zwei nicht reellen oder in zwei reellen Punkten schneidet oder in einem Punkte berührt, hat die Kurve vierter Ordnung in A_1 einen isolierten Punkt, einen Knotenpunkt oder eine Spitze; ebenso für die andern Seiten und Ecken. So ist für eine Ellipse oder einen Kreis, welche ganz im Innern des Fundamentaldreiecks liegen, die Kurve vierter Ordnung eine Kurve mit drei isolierten Punkten, in den Fundamentalpunkten und einer nach denselben hin ausgebauchten dadurch dreieckähnlichen geschlossenen Kurve im Innern des Fundamentaldreiecks (Fig. 57). Wenn die Ellipse dem Dreieck eingeschrieben ist, so hat die Kurve vierter Ordnung drei

Spitzen (Fig. 58) in den Fundamentalpunkten. Schneidet aber die Ellipse jede Seite in zwei reellen Punkten, so hat die entstehende Kurve vierter Ordnung drei Knotenpunkte in den Fundamentalpunkten, und zwar in der Form der Fig. 59, wenn die Schnittpunkte der Ellipse in jeder Seite zwischen den bezüglichen Ecken und nach dem Typus der Fig. 60, wenn diese Schnittpunkte ausserhalb der bezüglichen Ecken liegen. Es ist zu bemerken, dass beim Übergang aus der einen Form in die andere die Ellipse nach einander durch die Ecken des Dreiecks gehen muss, so dass der Übergang nicht, wie man erwarten konnte, durch die Form einer Kurve vierter Ordnung mit einem dreifachen Punkte hindurchgeht; wenn die Ellipse durch eine Ecke geht, so zerfällt die Kurve in eine gerade Linie und eine Kurve dritter Ordnung. Die vollständige Diskussion der verschiedenen Formen ist interessant und nicht schwierig, würde aber ziemlich vielen Raum erfordern; man hätte die Kegelschnitte zu betrachten, welche in jeder Figur der unendlich fernen Geraden in der Ebene der andern Figur entsprechen. Die Anwendung derselben Theorie auf sphärische Figuren wird dadurch wesentlich vereinfacht, dass solche Kegelschnitte nicht auftreten.

286. Die besprochene Art der Erzeugung der Kurve vierter Ordnung mit drei Doppelpunkten führt sogleich zu verschiedenen Eigenschaften der Kurve. Es ist bekannt, dass die sechs Geraden, welche die Ecken eines Dreiecks mit den Schnittpunkten seiner respektiven Gegenseiten mit einem Kegelschnitt verbinden, einen Kegelschnitt berühren und man weist leicht nach, dass die sechs Geraden, welche den vorigen für das Dreieck als Fundamentaldreieck nach dem Gesetz der Inversion entsprechen, die Gegenseiten wieder in sechs Punkten eines Kegelschnittes schneiden und also, dass die sechs inversen Geraden gleichfalls einen Kegelschnitt berühren. In der That, wenn die Geraden

$$x_1 = \alpha x_2, \quad x_1 = \alpha' x_2; \quad x_2 = \beta x_3, \quad x_2 = \beta' x_3; \quad x_3 = \gamma x_1, \quad x_3 = \gamma' x_1$$

die Seiten

$$x_3 = 0, \quad x_1 = 0, \quad x_2 = 0$$

in sechs Punkten eines Kegelschnittes schneiden, so muss

$$\alpha\alpha'\beta\beta'\gamma\gamma' = 1$$

sein und diese Relation wird durch Einführung der reciproken Werte von

$$\alpha,\ \beta,\ \gamma,\ \alpha',\ \beta',\ \gamma'$$

statt derselben nicht gestört. Nach dem vorgehenden sind aber die Tangenten der durch Inversion aus einem Kegelschnitt entstehenden Kurve vierter Ordnung im Doppelpunkt A_1 die inversen Geraden zu den Verbindungslinien von A_1 mit den Schnittpunkten der Seite A_2A_3 mit dem Originalkegelschnitt, d. h. die Tangenten der Kurve in den Doppelpunkten A_1, A_2, A_3 berühren einen und denselben Kegelschnitt, was sich auch aus der Gleichung der Kurve direkt ergiebt.

Wenn man von den Fundamentalpunkten A_1, A_2, A_3 Tangenten an einen Kegelschnitt zieht, so sind die sechs inversen Geraden wieder Tangenten eines Kegelschnittes. Bei der Inversion des ersten Kegelschnittes in die Kurve vierter Ordnung mit drei Doppelpunkten in A_1, A_2, A_3 geben aber jene Tangenten in ihren inversen die von den Doppelpunkten an die Kurve gehenden Tangenten, deren Anzahl gleich 2 ist, weil sie im allgemeinen durch $\nu - 4$ ausgedrückt wird. Wir erhalten somit den Satz: Die sechs Tangenten, welche von den Doppelpunkten an die Kurve vierter Ordnung gehen, sind Tangenten desselben Kegelschnittes.

287. Den Doppeltangenten der Kurve vierter Ordnung entsprechen Kegelschnitte, welche dem Fundamentaldreieck umschrieben sind und den Originalkegelschnitt doppelt berühren; den stationären Tangenten derselben solche Kegelschnitte, welche jenen stationär berühren. Man zeigt ohne Schwierigkeit, dass vier Kegelschnitte der ersten und sechs der zweiten Art existieren, übereinstimmend mit den Charakteren $\tau = 4$, $\iota = 6$. Das Resultat rücksichtlich der Doppeltangenten lässt sich aber auch unmittelbar aus der Gleichung der Kurve ableiten, die man in der Form schreiben kann

$$\left\{x_2x_3\sqrt{(a_{11})} + x_3x_1\sqrt{(a_{22})} + x_1x_2\sqrt{(a_{33})}\right\}^2$$
$$= 2x_1x_2x_3\left[\left\{\sqrt{(a_{22}a_{33})} - a_{23}\right\}x_1 + \left\{\sqrt{(a_{33}a_{11})} - a_{31}\right\}x_2\right.$$
$$\left. + \left\{\sqrt{(a_{11}a_{22})} - a_{12}\right\}x_3\right].$$

In derselben bezeichnet der Faktor von $2x_1x_2x_3$ gleich Null gesetzt eine Doppeltangente, und der Wechsel der Zeichen bei den Wurzelgrössen giebt die vier Doppeltangenten der Kurve. Setzen wir dann abkürzend

$$a_{23}x_1 + a_{31}x_2 + a_{12}x_3 = y,$$
$$x_1\sqrt{(a_{22}a_{33})} = y_1, \quad x_2\sqrt{(a_{33}a_{11})} = y_2, \quad x_3\sqrt{(a_{11}a_{22})} = y_3$$

und repräsentieren die Gleichung der vier Doppeltangenten durch $\Theta = 0$, so haben wir

$$\begin{aligned}\Theta &= (y-y_1-y_2-y_3)(y-y_1+y_2+y_3)(y+y_1-y_2+y_3)(y+y_1+y_2-y_3)\\ &= (y^2-y_1^2-y_2^2-y_3^2)^2 - 4(y_2^2y_3^2+y_3^2y_1^2+y_1^2y_2^2+2y_1y_2y_3y)\\ &= (y^2-y_1^2-y_2^2-y_3^2)^2 - 4a_{11}a_{22}a_{33}U\end{aligned}$$

für U als die linke Seite der Gleichung der Kurve. Man kann somit die Gleichung der Kurve auch in der Form schreiben

$$\{(a_{23}x_1+a_{31}x_2+a_{12}x_3)^2 - a_{22}a_{33}x_1^2 - a_{33}a_{11}x_2^2 - a_{11}a_{22}x_3^2\}^2 - \Theta = 0,$$

welche aussagt, dass die acht Berührungspunkte der Doppeltangenten auf einem Kegelschnitt liegen.

Wenn die vier Doppeltangenten durch $t_1 = 0$, $t_2 = 0$, $t_3 = 0$, $t_4 = 0$ ausgedrückt werden, so kann die Gleichung der Kurve vierter Ordnung durch

$$t_1^{\frac{1}{2}} + t_2^{\frac{1}{2}} + t_3^{\frac{1}{2}} + t_4^{\frac{1}{2}} = 0$$

oder

$$(t_1^2+t_2^2+t_3^2+t_4^2-2t_1t_2-2t_1t_3-2t_1t_4-2t_2t_3-2t_2t_4-2t_3t_4)^2 = 64t_1t_2t_3t_4$$

dargestellt werden, aus welcher Form erhellt, dass die $t_i = 0$ Doppeltangenten sind, deren Berührungspunkte auf einem Kegelschnitt liegen, und mit welcher man zeigt, dass die Punkte

$$t_1 - t_2 = 0, \quad t_3 - t_4 = 0; \quad t_1 - t_3 = 0, \quad t_2 - t_4 = 0;$$
$$t_1 - t_4 = 0, \quad t_2 - t_3 = 0$$

die drei Doppelpunkte sind.[71])

288. Wir haben soeben gezeigt, wie die Gleichung der Kurve vierter Ordnung auf die Form

$$UW = V^2$$

reduziert werden kann, und bemerken nun, dass für

$$u = 0, \quad w = 0 \quad \text{und} \quad v = 0$$

als die Gleichungen von zwei Tangenten und der entsprechenden Berührungssehne des Kegelschnitts aus der Gleichung

$$uw = v^2$$

desselben, die Gleichung der Kurve vierter Ordnung in der Form

$$UW = V^2$$

für U, V, W als lineare Funktionen von

$$x_2 x_3, \quad x_3 x_1, \quad x_1 x_2$$

unmittelbar entspringt. Endlich ergiebt sich daraus, dass die Koordinaten x'_i eines Punktes des Kegelschnitts als quadratische Funktionen eines Parameters θ ausgedrückt werden können, für die Kurve vierter Ordnung, welche aus ihm durch Inversion entsteht, die Ausdrückbarkeit der Koordinaten

$$x'_2 x'_3, \quad x'_3 x'_1, \quad x'_1 x'_2$$

ihrer Punkte durch biquadratische Funktionen desselben Parameters. Die Kurve ist also einläufig nach Art. 44.

Die vorige Theorie der Kurven vierter Ordnung mit drei Doppelpunkten überträgt sich auch auf den Fall, wo diese Punkte alle oder zum Teil Spitzen sind. Die Kurve mit drei Spitzen ist durch

$$x_1^{-\frac{1}{2}} + x_2^{-\frac{1}{2}} + x_3^{-\frac{1}{2}} = 0$$

darstellbar und die Rückkehrtangenten werden durch die Gleichungen

$$x_1 = x_2 = x_3$$

ausgedrückt, gehen also durch einen Punkt. Die Reciproke dieser Kurve ist von der dritten Ordnung und hat die Gleichung

$$x_1^{\frac{1}{3}} + x_2^{\frac{1}{3}} + x_3^{\frac{1}{3}} = 0,$$

welche das Vorige bestätigt (Art. 216). Wenn die Kurve zwei Spitzen und einen Knotenpunkt hat, so gehen die geraden Verbindungslinien der beiden Spitzen und der beiden Inflexionspunkte durch einen Punkt der Doppeltangente.

Nur die im Art. 245 bezeichneten Fälle des Vorkommens höherer Singularitäten erfordern eine besondere Untersuchung.

289. Die Gleichung einer Kurve vierter Ordnung mit einem Berührungsknoten ist nach Art. 245

$$x_2^2 x_3^2 + b x_1^2 x_2 x_3 + c x_1 x_2^2 x_3 + d x_2^3 x_3 + e x_1^4 + f x_1^3 x_2 + g x_1^2 x_2^2 + h x_1 x_2^3 + i x_2^4 = 0,$$

wenn der Punkt $x_1 = x_2 = 0$ der Berührungsknoten und die Gerade $x_2 = 0$ die entsprechende Tangente ist. Hat die Kurve einen weitern Doppelpunkt, so kann derselbe als Fundamentalpunkt $x_3 = x_1 = 0$ genommen werden und es muss dann $d = h = i = 0$ sein, so dass die Gleichung eine quadratische Funktion von

$$x_1 x_2, \quad x_1^2, \quad x_2 x_3$$

wird, nämlich

$$(x_2 x_3)^2 + b x_1^2 . x_2 x_3 + c x_1 x_2 . x_2 x_3 + e x_1^4 + f x_1^2 . x_1 x_2 + g (x_1 x_2)^2 = 0.$$

Wir erhalten somit die Gleichung einer Kurve vierter Ordnung mit einem Berührungsknoten und einem Doppelpunkt aus der allgemeinen Gleichung eines Kegelschnitts, indem wir die $x_1 x_2$, x_1^2, $x_2 x_3$ für x_1, x_2, x_3 respektive substituieren. Da nun die Relationen

$$x'_1 : x'_2 : x'_3 = x_1 x_2 : x_1^2 : x_2 x_3,$$

die andern

$$x_1 : x_2 : x_3 = x'_1 x'_3 : x'^2_1 : x'_2 x'_3$$

bedingen, so ergiebt sich eine ganz analoge Theorie für diese Kurven vierter Ordnung wie für die mit drei verschiedenen Doppelpunkten. Die Konstanten können so bestimmt werden, dass der Doppelpunkt zur Spitze oder der Berührungsknoten zur Knotenspitze wird, oder dass beides zugleich eintritt; und die Theorie erweitert sich so auf die Kurven vierter Ordnung mit zwei verschiedenen singulären Punkten, Doppelpunkt oder Spitze und Berührungsknoten oder Knotenspitze.

Die Gleichung der Kurve vierter Ordnung mit einem Oskulationsknoten ist nach Art. 245

$$(x_2 x_3 - m x_1^2)^2 + c x_1 x_2 (x_2 x_3 - m x_1^2) + d x_2^3 x_3 + g x_1^2 x_2^2 + h x_1 x_2^3 + i x_2^4 = 0,$$

eine quadratische Funktion von

$$x_2 x_3 - m x_1^2, \quad x_1 x_2, \quad x_2^2.$$

Und da aus

$$x'_1 : x'_2 : x'_3 = x_1 x_2 : x_2^2 : x_2 x_3 - m x_1^2$$

die Relationen

$$x_1 : x_2 : x_3 = x'_1 x'_2 : x'^2_2 : x'_2 x'_3 + m x'^2_1$$

folgen, so existiert auch für diesen Fall eine Theorie, welche der der Kurven mit drei Doppelpunkten analog ist. Die Konstanten können so specialisiert werden, dass der Oskulationsknoten zur Berührungsknotenspitze wird und die Theorie für diese Kurven giltig bleibt.

In allen diesen Fällen haben wir die Koordinaten x_i eines veränderlichen Punktes der Kurve vierter Ordnung als quadratische Funktionen der x'_i, d. h. der Koordinaten eines veränderlichen Punktes eines Kegelschnitts ausgedrückt oder, da die letzten bekanntlich quadratische Funktionen eines Parameters θ sind, als biquadratische Funktionen desselben Parameters.

290. Es bleibt endlich der Fall der Kurve vierter Ordnung mit dreifachem Punkt von allgemeiner oder spezieller Art zu erwähnen, für welchen die in den letzten Artikeln gebrauchte Behandlungsweise nicht anwendbar ist, während wir doch leicht in anderer Weise die Koordinaten als rationale Funktionen eines Parameters ausdrücken können. Denken wir den Punkt $x_1 = x_2 = 0$ als den dreifachen Punkt, so ist die Gleichung der Kurve notwendig von der Form

$$x_3 u^{(3)} = u^{(4)} \quad \text{für} \quad u^{(3)} \text{ und } u^{(4)}$$

als homogene Funktionen dritten und vierten Grades in x_1, x_2. Setzen wir dann

$$x_2 = \theta x_1,$$

so wird

$$x_3 \Theta^{(3)} = x_1 \Theta^{(4)} \quad \text{für} \quad \Theta^{(3)}, \Theta^{(4)}$$

als Funktionen dritten und vierten Grades von dem Parameter θ; es sind also x_1, x_2, x_3 respektive proportional zu $\Theta^{(3)}$, $\theta\Theta^{(3)}$, $\Theta^{(4)}$.

Diese Methode entspricht genau den allgemeinen Grundsätzen des Art. 44. Die veränderliche Gerade $x_2 = \theta x_1$, die durch den dreifachen Punkt geht, schneidet die Kurve in nur einem andern Punkt, dessen Koordinaten daher in θ rational ausdrückbar sind. Und wir würden zu denselben Ergebnissen gelangt sein, wie wir sie entwickelten, wenn wir in den vorher untersuchten Fällen die nämliche Methode angewendet hätten; wenn wir also im Falle der Kurve mit drei Doppelpunkten den veränderlichen Punkt als den beweglichen Schnittpunkt der Kurve mit einem Kegelschnitt betrachteten, der durch die Doppelpunkte und einen weitern festen Punkt der Kurve geht.

Wir heben endlich den Fall einer Kurve vierter Ordnung mit dreifachem Punkt $x_1^3 x_2 = x_3^4$ besonders hervor, weil er genau in der Weise des Art. 213 behandelt werden kann. Die Kurve hat ausser dem dreifachen Punkt nur einen Undulationspunkt und ihre Reciproke ist eine Kurve von derselben Art.

291. Die rationalen Kurven vierter Ordnung können aber natürlich auch nach der algebraischen Methode des Art. 217 behandelt werden; man kann setzen

$$x_1 = a_1 \lambda_1^4 + 4 b_1 \lambda_1^3 \lambda_2 + 6 c_1 \lambda_1^2 \lambda_2^2 + 4 d_1 \lambda_1 \lambda_2^3 + e_1 \lambda_2^4,$$
$$x_2 = a_2 \lambda_1^4 + 4 b_2 \lambda_1^3 \lambda_2 + 6 c_2 \lambda_1^2 \lambda_2^2 + 4 d_2 \lambda_1 \lambda_2^3 + e_2 \lambda_2^4,$$
$$x_3 = a_3 \lambda_1^4 + 4 b_3 \lambda_1^3 \lambda_2 + 6 c_3 \lambda_1^2 \lambda_2^2 + 4 d_3 \lambda_1 \lambda_2^3 + e_3 \lambda_2^4$$

und bildet daraus nach Art. 44 die Gleichung der entsprechenden Kurve. Die Gleichung, welche die Parameter der Inflexionspunkte bestimmt und die Relation zwischen den Parametern von drei Punkten der Kurve in einer geraden Linie können wie a. a. O. ermittelt werden; man erhält sie aber auch in folgender Art.

Wenn man die geschriebenen Koordinatenwerte in die Gleichung

$$\xi_1 x_1 + \xi_2 x_2 + \xi_3 x_3 = 0$$

einsetzt, so entsteht eine biquadratische Gleichung zur Bestimmung der Parameterwerte λ, λ', λ'', λ''' der Punkte, in welchen die gerade Linie ξ_i die Kurve vierter Ordnung schneidet — und wir wollen sogleich anmerken, dass die Diskriminante derselben die Tangentialgleichung der Kurve oder die Gleichung ihrer Reciproken in der Form $S^3 = T^2$ liefert. Dann liefert uns die Theorie der Gleichungen die fünf Relationen

$$\xi_1 a_1 + \xi_2 a_2 + \xi_3 a_3 = \lambda_2 \lambda'_2 \lambda''_2 \lambda'''_2,$$
$$-4(\xi_1 b_1 + \xi_2 b_2 + \xi_3 b_3) = \lambda_1 \lambda'_2 \lambda''_2 \lambda'''_2 + \lambda_2 \lambda'_1 \lambda''_2 \lambda'''_2 + \lambda_2 \lambda'_2 \lambda''_1 \lambda'''_2 + \lambda_2 \lambda'_2 \lambda''_2 \lambda'''_1,$$
$$6(\xi_1 c_1 + \xi_2 c_2 + \xi_3 c_3) = \lambda_1 \lambda'_1 \lambda''_2 \lambda'''_2 + \lambda_2 \lambda'_2 \lambda''_1 \lambda'''_1 + \lambda_1 \lambda''_1 \lambda'_2 \lambda'''_2 + \lambda_2 \lambda''_2 \lambda'_1 \lambda'''_1 + \lambda_1 \lambda'''_1 \lambda'_2 \lambda''_2 + \lambda_2 \lambda'''_2 \lambda'_1 \lambda''_1,$$

$$-4(\xi_1 d_1+\xi_2 d_2+\xi_3 d_3) = \lambda_2\lambda'_1\lambda''_1\lambda'''_1+\lambda_1\lambda'_2\lambda''_1\lambda'''_1+\lambda_1\lambda'_1\lambda''_2\lambda'''_1 + \lambda_1\lambda'_1\lambda''_1\lambda'''_2,$$

$$\xi_1 e_1+\xi_2 e_2+\xi_3 e_3 = \lambda_1\lambda'_1\lambda''_1\lambda'''_1;$$

und man erhält aus ihnen durch lineare Elimination von ξ_1, ξ_2, ξ_3, λ'''_1, λ'''_2 die Relation zwischen den Parametern von drei Punkten der Kurve, die in einer Geraden liegen; mit den Abkürzungen

$$A=\lambda_2\lambda'_2\lambda''_2,\quad B=\lambda_1\lambda'_2\lambda''_2+\lambda'_1\lambda_2\lambda''_2+\lambda''_1\lambda_2\lambda'_2,$$
$$C=\lambda_2\lambda'_1\lambda''_1+\lambda'_2\lambda_1\lambda''_1+\lambda''_2\lambda_1\lambda'_1,\quad D=\lambda_1\lambda'_1\lambda''_1$$

in der Form

$$\begin{vmatrix} a_1, & a_2, & a_3, & A, & 0 \\ -4b_1, & -4b_2, & -4b_3, & B, & A \\ 6c_1, & 6c_2, & 6c_3, & C, & B \\ -4d_1, & -4d_2, & -4d_3, & D, & C \\ e_1, & e_2, & e_3, & 0, & D \end{vmatrix} = 0.$$

Durch die Annahme, dass $\lambda_1:\lambda_2=\lambda'_1:\lambda'_2=\lambda''_1:\lambda''_2$ sei, finden wir die Parameter der Inflexionspunkte als bestimmt durch

$$\begin{vmatrix} a_1, & a_2, & a_3, & \lambda_2^3, & 0 \\ -4b_1, & -4b_2, & -4b_3, & 3\lambda_2^2\lambda_1, & \lambda_2^3 \\ 6c_1, & 6c_2, & 6c_3, & 3\lambda_2\lambda_1^2, & 3\lambda_2^2\lambda_1 \\ -4d_1, & -4d_2, & -4d_3, & \lambda_1^3, & 3\lambda_2\lambda_1^2 \\ e_1, & e_2, & e_3, & 0, & \lambda_1^3 \end{vmatrix} = 0.$$

Man kann die erste Determinante in entwickelter Form nach bekannter Symbolik schreiben

$$24\,(a_1b_2c_3)\,D^2+16\,(a_1b_2d_3)\,CD+4\,(a_1b_2e_3)\,(C^2-BD)$$
$$+\,24\,(a_1c_2d_3)\,BD+6\,(a_1c_2e_3)\,(BC-AD)+96\,(b_1c_2d_3)\,AD$$
$$+\;4\,(a_1d_2e_3)\,(B^2-AC)+24\,(b_1c_2e_3)\,AC+16\,(b_1d_2e_3)\,AB$$
$$+\,24\,(c_1d_2e_3)\,A^2=0$$

und die zweite wird nach Division mit 24 zu der die Inflexionspunkte bestimmenden Gleichung sechsten Grades

$$(a_1b_2e_3)\lambda_1^6+2\,(a_1b_2d_3)\,\lambda_1^5\lambda_2+\{(a_1b_2c_3)+3\,(a_1c_2e_3)\}\,\lambda_1^4\lambda_2^2$$
$$+\{2(a_1c_2e_3)+4(b_1c_2d_3)\}\,\lambda_1^3\lambda_2^3+\{(a_1d_2e_3)+3(b_1c_2e_3)\}\,\lambda_1^2\lambda_2^4$$
$$+2\,(b_1d_2e_3)\,\lambda_1\lambda_2^5+(c_1d_2e_3)\,\lambda_2^6=0.$$

Wenn man in der vorhergehenden Relation nur zwei der Parameter einander gleich setzt, so erhält man die Relation, welche den Parameter eines Punktes A der Kurve mit dem Parameter eines der Punkte B verbindet, in welchen die Tangente in A die Kurve ferner schneidet; indem man für D, C, B, A respektive schreibt

$$\lambda_1^2\lambda'_1, \quad 2\lambda_1\lambda_2\lambda'_1+\lambda_1^2\lambda'_2, \quad \lambda'_1\lambda_2^2+2\lambda_1\lambda_2\lambda'_2, \quad \lambda_2^2\lambda'_2,$$

folgt die in λ' quadratische und in λ biquadratische Gleichung

$$\begin{aligned}\lambda'^2_1[24(a_1b_2c_3)\lambda_1^4&+12(a_1b_2d_3)\lambda_1^3\lambda_2+\{12(a_1b_2e_3)+24(a_1c_2d_3)\}\lambda_1^2\lambda_2^2\\&+12(a_1c_2e_3)\lambda_1\lambda_2^3+4(a_1d_2e_3)\lambda_2^4]\\+2\lambda'_1\lambda'_2[8(a_1b_2d_3)\lambda_1^4&+\{4(a_1b_2e_3)+24(a_1c_2d_3)\}\lambda_1^3\lambda_2\\&+\{12(a_1c_2e_3)+48(b_1c_2d_3)\}\lambda_1^2\lambda_2^2\\&+\{4(a_1d_2e_3)+24(b_1c_2e_3)\}\lambda_1\lambda_2^3+8(b_1d_2e_3)\lambda_2^4]\\+\lambda'^2_2[4(a_1b_2e_3)\lambda_1^4&+12(a_1c_2e_3)\lambda_1^3\lambda_2+\{12(a_1d_2e_3)+24(b_1c_2e_3)\}\lambda_1^2\lambda_2^2\\&+32(b_1d_2e_3)\lambda_1\lambda_2^3+24(c_1d_2e_3)\lambda_2^3]=0.\end{aligned}$$

Sie liefert entweder die Parameter der zwei Punkte B, welche dem Punkte A entsprechen, oder die der vier Punkte A, welche aus einem Punkte B erhalten werden. Wenn wir die Bedingung bilden, unter welcher die quadratische Gleichung in λ' gleiche Wurzeln hat, so erhalten wir eine Gleichung achten Grades zur Bestimmung von $\lambda_1:\lambda_2$, welche die Parameter der acht Berührungspunkte der vier Doppeltangenten der Kurve bestimmt.

Und wenn bewiesen ist, dass man vier lineare Funktionen t_1, t_2, t_3, t_4 von x_1, x_2, x_3 finden kann, welche durch vollkommene Quadrate in $\lambda_1:\lambda_2$ ausgedrückt werden, so wird durch Wurzelausziehung und lineare Elimination von λ_1^2, $\lambda_1\lambda_2$ und λ_2^2 evident, dass die Gleichung der Kurve in der Form

$$A_1t_1^{\frac{1}{2}}+A_2t_2^{\frac{1}{2}}+A_3t_3^{1}+A_4t_4^{\frac{1}{2}}=0$$

geschrieben werden kann.

292. Bedingungen, welche durch die Parameter eines Doppelpunktes erfüllt werden müssen, erhält man wie in Art. 218 durch die Bemerkung, dass die Parameterbedingung der Kollinearität von drei Punkten erfüllt sein muss, wenn zwei dieser Parameter demselben Doppelpunkt entsprechen, während der dritte einen beliebigen Punkt der Kurve bezeichnet. Wir setzen

$$\lambda'_2\lambda''_2 = \alpha_1,\quad \lambda'_1\lambda''_2 + \lambda''_1\lambda'_2 = \alpha_2,\quad \lambda'_1\lambda''_1 = \alpha_3,$$

somit

$$A = \lambda_2\alpha_1,\quad B = \lambda_1\alpha_1 + \lambda_2\alpha_2,\quad C = \lambda_1\alpha_2 + \lambda_2\alpha_3,\quad D = \lambda_1\alpha_3$$

und erhalten durch Substitution dieser Werte in die Determinante des letzten Art. und durch die getrennte Vergleichung der Koefficienten von λ_1^2, $\lambda_1\lambda_2$ und λ_2^2 mit Null die drei Bedingungen

$$\begin{vmatrix} a_1, & a_2, & a_3, & \alpha_1, & 0 \\ -4b_1, & -4b_2, & -4b_3, & \alpha_2, & \alpha_1 \\ 6c_1, & 6c_2, & 6c_3, & \alpha_3, & \alpha_2 \\ -4d_1, & -4d_2, & -4d_3, & 0, & \alpha_3 \\ e_1, & e_2, & e_3, & 0, & 0 \end{vmatrix} = 0,$$

$$\begin{vmatrix} a_1, & a_2, & a_3, & 0, & 0 \\ -4b_1, & -4b_2, & -4b_3, & \alpha_1, & 0 \\ 6c_1, & 6c_2, & 6c_3, & \alpha_2, & \alpha_1 \\ -4d_1, & -4d_2, & -4d_3, & \alpha_3, & \alpha_2 \\ e_1, & e_2, & e_3, & 0, & \alpha_3 \end{vmatrix} = 0,$$

$$\begin{vmatrix} a_1, & a_2, & a_3, & \alpha_1, & 0 \\ -4b_1, & -4b_2, & -4b_3, & \alpha_2, & 0 \\ 6c_1 & 6c_2, & 6c_3, & \alpha_3, & \alpha_1 \\ -4d_1, & -4d_2, & -4d_3, & 0, & \alpha_2 \\ e_1, & e_2, & e_3, & 0, & \alpha_3 \end{vmatrix} = 0;$$

und in entwickelter Form

$$24(a_1b_2c_3)\alpha_3^2 + 16(a_1b_2d_3)\alpha_2\alpha_3 + 4(a_1b_2e_3)(\alpha_2^2 - \alpha_1\alpha_3) + 24(a_1c_2d_3)\alpha_1\alpha_3 + 6(a_1c_2e_3)\alpha_1\alpha_2 + 4(a_1d_2e_3)\alpha_1^2 = 0,$$

$$4(a_1b_2e_3)\alpha_3^2 + 6(a_1c_2e_3)\alpha_2\alpha_3 + 4(a_1d_2e_3)(\alpha_2^2 - \alpha_1\alpha_3) + 24(b_1c_2e_3)\alpha_1\alpha_3 + 16(b_1d_2e_3)\alpha_1\alpha_2 + 24(c_1d_2e_3)\alpha_1^2 = 0,$$

$$16(a_1b_2d_3)\alpha_3^2 + 4(a_1b_2e_3)\alpha_2\alpha_3 + 24(a_1c_2d_3)\alpha_2\alpha_3 + 6(a_1c_2e_3)\alpha_2^2 + 96(b_1c_2d_3)\alpha_1\alpha_3 + 4(a_1d_2e_3)\alpha_1\alpha_2 + 24(b_1c_2e_3)\alpha_1\alpha_2 + 16(b_1d_2e_3)\alpha_1^2 = 0.$$

Wir kombinieren mit diesen Gleichungen die drei andern, die durch die Multiplikation von α_1, α_2, α_3 mit

$$\lambda_1^2\alpha_1 - \lambda_1\lambda_2\alpha_2 + \lambda_2^2\alpha_3 = 0$$

erhalten werden und eliminieren die Grössen α_1^2, α_2^2, α_3^2, $\alpha_2\alpha_3$, $\alpha_3\alpha_1$, $\alpha_1\alpha_2$ linear aus dem System; wir erhalten damit eine

Gleichung sechsten Grades zur Bestimmung der Parameter der drei Knoten.

Man kann endlich in analoger Art wie in Art. 218 die verschiedenen Fälle untersuchen, in welchen diese Gleichung sechsten Grades gleiche Wurzeln hat und so zu den verschiedenen speziellen Fällen der rationalen Kurven vierter Ordnung gelangen, welche wir schon aufgezählt und behandelt haben.[72])

Invarianten und Kovarianten von Kurven vierter Ordnung.

293. Wenn wir die Gleichung einer Kurve vierter Ordnung in voller Länge schreiben müssen, so wollen wir sie in der Form schreiben

$$\begin{aligned} & a x_1^4 + b x_2^4 + c x_3^4 + 6 f x_2^2 x_3^2 + 6 g x_3^2 x_1^2 + 6 h x_1^2 x_2^2 \\ & + 12 l x_1^2 x_2 x_3 + 12 m x_2^2 x_3 x_1 + 12 n x_3^2 x_1 x_2 \\ & + 4 a_2 x_1^3 x_2 + 4 a_3 x_1^3 x_3 \\ & + 4 b_1 x_2^3 x_1 + 4 b_3 x_2^3 x_3 + 4 c_1 x_3^3 x_1 + 4 c_2 x_3^3 x_2 = 0. \end{aligned}$$

Die Konkomitante der niedrigsten Ordnung in den Koefficienten ist die Kontravariante des Art. 93, vom zweiten Grade in den Koefficienten, deren symbolischer Ausdruck $(\xi 12)^4$ ist und durch deren Verschwinden ausgedrückt wird, dass die gerade Linie ξ_i die Kurve vierter Ordnung in vier Punkten schneidet, für welche die Invariante S verschwindet („Kegelschnitte" Art. 340, $J_{4,2}$). Wir werden diese Kontravariante σ nennen; sie ist vom vierten Grade in den ξ_i und wir schreiben ihre Koefficienten A, B, u. s. w. und geben in folgendem ihre Werte:

$$\begin{aligned} A &= bc + 3f^2 - 4 b_3 c_2, \\ B &= ca + 3 g^2 - 4 c_1 a_3, \\ C &= ab + 3 h^3 - 4 a_2 b_1; \end{aligned}$$

$$\begin{aligned} F &= af + gh + 2 l^2 - 2 a_2 n - 2 a_3 m, \\ G &= bg + hf + 2 m^2 - 2 b_3 l - 2 b_1 n, \\ H &= ch + fg + 2 n^2 - 2 c_1 m - 2 c_2 l; \end{aligned}$$

$$\begin{aligned} L &= 2 fl - mn - g b_3 - h c_2 + b_1 c_1, \\ M &= 2 gm - nl - h c_1 - f a_3 + c_2 a_2, \\ N &= 2 hn - lm - f a_2 - g b_1 + a_3 b_3; \end{aligned}$$

$$A_2 = 3mc_2 - 3nf - cb_1 + b_3c_1,$$
$$A_3 = 3nb_3 - 3mf - bc_1 + b_1c_2;$$
$$B_3 = 3na_3 - 3lg - ac_2 + c_1a_2,$$
$$B_1 = 3lc_1 - 3ng - ca_2 + c_2a_3;$$
$$C_1 = 3lb_1 - 3mh - ba_3 + a_2b_3,$$
$$C_2 = 3ma_2 - 3lh - ab_3 + a_3b_1.$$

294. Die eben entwickelte Kontravariante ist die Evektante der einfachsten Invariante **A**, welche vom dritten Grade in den Koefficienten ist und die den symbolischen Ausdruck $(123)^4$ hat; d. h. aus welcher σ hervorgeht durch Vollzug der Operation

$$\xi_1^4 \frac{d}{da} + \xi_2^4 \frac{d}{db} + \xi_3^4 \frac{d}{dc} + \xi_2^2 \xi_3^2 \frac{d}{df} + \text{u. s. w.};$$

so dass umgekehrt aus den vorher gefundenen Werten der Koefficienten von σ die von **A** abgeleitet werden können. Es ist

$$\begin{aligned}\mathbf{A} = abc &+ 3(af^2 + bg^2 + ch^2) - 4(ab_3c_2 + bc_1a_3 + ca_2b_1) \\ &+ 12(fl^2 + gm^2 + hn^2) + 6fgh - 12lmn \\ &- 12(a_2nf + a_3mf + b_1ng + b_3lg + c_1mh + c_2lh) \\ &+ 12(lb_1c_1 + mc_2a_2 + na_3b_3) + 4(a_2b_3c_1 + a_3b_1c_2).\end{aligned}$$

In der Bezeichnung des Art. 224 erscheint **A** in der Form

$$r(d^2) + 4(dca) + 3(db^2) - 12(c^2b)$$

mit

$$\begin{aligned}(d^2) &= d_0d_4 - 4d_1d_3 + 3d_2^2, \\ (dca) &= a_0\{d_1c_3 - 3d_2c_2 + 3d_3c_1 - d_4c_0\} \\ &\qquad + a_1\{d_3c_0 - 3d_2c_1 + 3d_1c_2 - d_0c_3\}, \\ (db^2) &= d_0b_2^2 - 4d_1b_1b_2 + 4d_2b_1^2 + 2d_2b_0b_2 - 4d_3b_0b_1 + d_4b_0^2, \\ (c^2b) &= b_2(c_0c_2 - c_1^2) - b_1(c_0c_3 - c_1c_2) + b_0(c_1c_3 - c_2^2);\end{aligned}$$

wo die Invarianten (d^2), (dca), u. s. w. aus der Theorie der binären Formen wohlbekannt sind.

295. Die nächst einfache Invariante ist vom sechsten Grade in den Koefficienten. Man kann sie aus den sechs Gleichungen, die durch zweifache Differentiation der gegebenen Gleichung nach den x_i entstehen, durch dialytische Elimination der sechs Grössen x_1^2, x_2^2, x_3^2, x_3x_1, x_1x_2, x_2x_3 bilden; wir bezeichnen sie durch **B** und ihre Determinantenform ist also

$$\begin{vmatrix} a, & h, & g, & l, & a_3, & a_2 \\ h, & b, & f, & b_3, & m, & b_1 \\ g, & f, & c, & c_2, & c_1, & n \\ l, & b_3, & c_2, & f, & n, & m \\ a_3, & m, & c_1, & n, & g, & l \\ a_2, & b_1, & n, & m, & l, & h \end{vmatrix}.$$

Wir merken an, dass Clebsch diese Invariante gebraucht hat, um zu zeigen, dass die Form

$$p^4 + q^4 + r^4 + s^4 + t^4 = 0$$

mit p, q, r, s, t als fünf linearen Funktionen der Koordinaten nicht jede beliebige Kurve vierter Ordnung darstellen kann. Sie enthält vierzehn unabhängige Konstanten, weil die p, q, u. s. w. je drei beliebige Konstanten enthalten, und kann daher auf den ersten Blick als eine kanonische Form angesehen werden, auf die jede ternäre biquadratische Form gebracht werden kann. Aber indem man für sie die Invariante **B** bildet, findet man, dass dieselbe verschwindet und dass diese Form daher nur eine Familie von Kurven vierter Ordnung darzustellen vermag, für die eben die charakteristische Relation besteht **B** = 0. Und wenn die ersten Minoren von **B** sämtlich verschwinden, so ist die Kurve durch die Summe der vierten Potenzen von vier linearen Funktionen darstellbar. Dagegen kann jede ternäre biquadratische Form auf dreifach unendlich viele Arten als Summe von sechs Biquadraten ausgdrückt werden.[73])

296. Bei Berechnung des Wertes von **B** ist es vorteilhaft, den folgenden Wert einer symmetrischen Determinante mit sechs Reihen und Zeilen zu benutzen, deren Elemente durch a^2, ab, ac, u. s. w.; ba, b^2, u. s. w. bezeichnet sind, nämlich

$$\begin{aligned} a^2b^2c^2d^2e^2f^2 &- \Sigma a^2b^2c^2d^2(ef)^2 + 2\Sigma a^2b^2c^2.de.ef.fd \\ &+ \Sigma a^2b^2(cd)^2(ef)^2 - 2\Sigma a^2b^2.cd.de.ef.fc \\ &+ 2\Sigma a^2.bc.cd.de.ef.fb - 2\Sigma a^2(bc)^2de.ef.fd \\ &+ 2\Sigma(ab)^2cd.de.ef.fc - \Sigma(ab)^2(cd)^2(ef)^2 \\ &- 2\Sigma ab.bc.cd.de.ef.fa + 2\Sigma ab.bc.ca.de.ef.fd. \end{aligned}$$

Der entwickelte Wert von **B** ist folgender: Wir deuten die Glieder meist nur durch Punkte an, welche durch Buchstaben- und gleichzeitige Indicesverschiebung, wo Indices auftreten, aus den nächstvorhergehenden entspringen, wobei a, b, c; f, g, k; l, m, n; und die a_i, b_j, c_k cyklische Gruppen bilden.

$$abc(fgh - fl^2 - gm^2 - hn^2 + 2lmn) + bc\{l^4 - l^2gh$$
$$+ 2(gm - nl)a_2 l + 2(hn - ml)a_3 l + (n^2 - fg)a_2^2$$
$$+ (m^2 - fh)a_3^2 + 2(fl - mn)a_2 a_3\} + \cdots$$
$$-(af^2 + bg^2 + ch^2)(fgh - fl^2 - gm^2 - hn^2 + 4lmn)$$
$$+ 3(afm^2n^2 + bgn^2l^2 + chl^2m^2) + 2af^2(b_1 gn + c_1 hm) + \cdots$$
$$- 2af(b_1 n^3 + c_1 m^3) - \cdots + 2afl(b_3 n^2 + c_2 m^2) + \cdots$$
$$- 2afmn(b_3 g + c_2 h) - \cdots - 2a(b_3 mn^3 + c_2 m^3 n) - \cdots$$
$$+ a(b_3^2 gn^2 + c_2^2 hm^2) + \cdots + 2afl(mb_3 c_1 + nb_1 c_2) + \cdots$$
$$+ 2amn(mb_3 c_1 + nb_1 c_2) + \cdots - 2af(hnb_3 c_1 + gmb_1 c_2) - \cdots$$
$$+ 2(fgh + lmn)(ab_3 c_2 + bc_1 a_3 + ca_2 b_1) - 2afl^2 b_3 c_2 - \cdots$$
$$- 2(af^2 lb_1 c_1 + bg^2 mc_2 a_2 + ch^2 na_3 b_3)$$
$$- 2ab_3 c_2(b_1 gn + c_1 hm) - \cdots + 2ab_1 c_1(c_2 m^2 + b_3 n^2) + \cdots$$
$$- 2al(mb_1 c_2^2 + nc_1 b_3^2) - \cdots + a(hb_3^2 c_1^2 + gb_1^2 c_2^2) + \cdots$$
$$+ afb_1^2 c_1^2 + \cdots + 2alb_3 c_2 b_1 c_1 + \cdots$$
$$- 2ab_1 c_1(mc_1 b_3 + nb_1 c_2) - \cdots + 2f^2g^2h^2$$
$$- fgh(fl^2 + gm^2 + hn^2) + 10fghlmn - (fl^2 + gm^2 + hn^2)^2$$
$$+ 2lmn(fl^2 + gm^2 + hn^2) - l^2m^2n^2$$
$$+ 2(b_1 gn + c_1 hm)(gm^2 + hn^2 - 2fl^2 - fgh - lmn) + \cdots$$
$$+ (gh - l^2)(b_3 g - c_2 h)^2 + \cdots + 2a_2 a_3 f^2(2mn - fl) + \cdots$$
$$+ 2lb_1 c_1(fgh + lmn + fl^2 - gm^2 - hn^2) + \cdots$$
$$- 2ghmnb_1 c_1 - \cdots + 2(b_1 c_2 gm + b_3 c_1 hn)(gh + 2l^2) + \cdots$$
$$- 2(a_2^2 c_1 f^2 m + b_3^2 a_2 g^2 n + c_1^2 b_3 h^2 l + a_3^2 b_1 f^2 n + b_1^2 c_2 g^2 l + c_2^2 a_3 h^2 m)$$
$$+ 2fmn(a_2^2 c_2 + a_3^2 b_3) + \cdots$$
$$- 2(a_2 b_3 c_1 + a_3 b_1 c_2)(fl^2 + gm^2 + hn^2 + lmn)$$
$$- 2fa_2 a_3(c_2 m^2 + b_3 n^2) - \cdots + 2(fl - mn)(gb_1 c_2 a_2 + hc_1 a_3 b_3) + \cdots$$
$$- (l^2 b_1^2 c_1^2 + m^2 c_2^2 a_2^2 + n^2 a_3^2 b_3^2)$$
$$+ 2(b_3 c_1 a_2 - c_2 a_3 b_1)(b_2 gl + c_1 hm + a_2 fn - c_2 hl - a_3 fm - b_1 gn)$$
$$+ 2(b_1 c_1 a_2 a_3 f^2 + c_2 a_2 b_3 b_1 g^2 + a_3 b_3 c_1 c_2 h^2)$$
$$- 2gh(b_3^2 a_3 c_1 + c_2^2 a_2 b_1) - \cdots + (4fl - 2mn)c_2 a_2 a_3 b_3 + \cdots$$
$$+ 2(a_2 b_3 c_1 + a_3 b_1 c_2)(lb_1 c_1 + mc_2 a_2 + na_3 b_3) - (a_2 b_3 c_1 + a_3 b_1 c_2)^2.$$

297. In der Bezeichnung der Art. 224, 294 ist der Wert von **B**

$$r(d^3)(b^2) - r(d^2c^2b) + r(dc^4) - (d^3)(ba^2) + (d^2c^2a^2) + 2(d^2cb^2a)$$
$$- (b^2)(d^2b^2) - 2(dc^3ba) + (dc^2b^3) - (c^2b)^2$$

mit folgenden Werten der einzelnen Teile

$$(d^3) = d_0 d_2 d_4 + 2 d_1 d_2 d_3 - d_0 d_3^2 - d_4 d_1^2 - d_2^3;$$

$$\begin{aligned}(d^2 c^2 b) = b_0 \{ & c_3^2 (d_0 d_2 - d_1^2) + 2 c_3 c_2 (d_1 d_2 - d_0 d_3) \\ & + 2 c_1 c_3 (d_1 d_3 - d_2^2) + c_2^2 (d_0 d_4 - d_2^2) + 2 c_1 c_2 (d_2 d_3 - d_1 d_4) \\ & + c_1^2 (d_2 d_4 - d_3^3) \} + b_2 \{ c_0^2 (d_2 d_4 - d_3^2) + 2 c_0 c_1 (d_2 d_3 - d_1 d_4) \\ & + 2 c_0 c_2 (d_1 d_3 - d_2^2) + c_1^2 (d_0 d_4 - d_2^2) + 2 c_1 c_2 (d_1 d_2 - d_0 d_3) \\ & + c_2^2 (d_0 d_2 - d_1^2) \} - 2 b_1 \{ c_0 c_1 (d_2 d_4 - d_3^2) \\ & + c_0 c_2 (d_2 d_3 - d_1 d_4) + c_0 c_3 (d_1 d_3 - d_2^2) + c_1^2 (d_2 d_3 - d_1 d_4) \\ & + c_1 c_2 (d_0 d_4 + d_1 d_3 - 2 d_2^2) + (c_1 c_3 + c_2^2)(d_1 d_2 - d_0 d_3) \\ & + c_2 c_3 (d_0 d_2 - d_1^2) \};\end{aligned}$$

hieraus entsteht $(d^2 c^2 a^2)$, indem man a_0^2, a_1^2, $a_0 a_1$ für b_0, b_2, b_1 einsetzt. Sodann

$$\begin{aligned}(dc^4) = & \, d_0 (c_1 c_3 - c_2^2)^2 - 2 d_0 (c_0 c_3 - c_1 c_2)(c_1 c_3 - c_2^2) \\ & + d_2 \{ (c_0 c_3 - c_1 c_2)^2 + 2 (c_0 c_2 - c_1^2)(c_1 c_3 - c_2^2) \} \\ & - 2 d_3 (c_0 c_2 - c_1^2)(c_0 c_3 - c_1 c_2) + d_4 (c_0 c_2 - c_1^2)^2;\end{aligned}$$

$$(b a^2) = b_2 a_0^2 - 2 b_1 a_0 a_1 + b_0 a_1^2;$$

$$\begin{aligned}(d^2 c b^2 a) = & \{ b_0 a_1 c_1 - b_1 (a_1 c_0 + a_0 c_1) + b_2 a_0 c_0 \} P + \{ b_0 a_1 c_2 - b_1 (a_1 c_1 + a_0 c_2) \\ & + b_2 a_0 c_1 \} Q + \{ b_0 a_1 c_3 - b_1 (a_1 c_2 + a_0 c_3) + b_2 a_0 c_2 \} R\end{aligned}$$

mit den Werten

$$\begin{aligned}P &= b_0 (d_2 d_4 - d_3^2) - b_1 (d_1 d_4 - d_2 d_3) + b_2 (d_1 d_3 - d_2^2), \\ Q &= b_0 (d_2 d_3 - d_1 d_4) - b_1 (d_2^2 - d_0 d_4) + b_2 (d_1 d_2 - d_0 d_3), \\ R &= b_0 (d_1 d_3 - d_2^2) - b_1 (d_0 d_3 - d_1 d_2) + b_2 (d_0 d_2 - d_1^2).\end{aligned}$$

Ferner

$$\begin{aligned}(d^2 b^2) = & (d_2 d_4 - d_3^2) b_0^2 + (d_0 d_4 - d_2^2) b_1^2 + (d_0 d_2 - d_1^2) b_3^2 \\ & + 2 b_1 b_2 (d_1 d_2 - d_0 d_3) + 2 b_2 b_0 (d_1 d_3 - d_2^2) + 2 b_0 b_1 (d_2 d_3 - d_1 d_4);\end{aligned}$$

$$\begin{aligned}(dc^3 b a) = & \, a_0 \{ P (c_1 c_3 - c_2^2) + Q (c_2 c_1 - c_0 c_3) + R (c_0 c_2 - c_1^2) \} \\ & + a_1 \{ P' (c_0 c_2 - c_1^2) + Q' (c_1 c_2 - c_0 c_3) + R' (c_1 c_3 - c_2^2) \}\end{aligned}$$

mit den Werten

$$\begin{aligned}P &= b_0 (c_2 d_2 - c_3 d_1) + b_1 (c_3 d_0 - c_1 d_2) + b_2 (c_1 d_1 - c_2 d_0), \\ Q &= b_0 (c_2 d_3 - c_3 d_2) + b_1 (c_3 d_1 - c_1 d_3) + b_2 (c_1 d_2 - c_2 d_1), \\ R &= b_0 (c_2 d_4 - c_3 d_3) + b_1 (c_3 d_2 - c_1 d_4) + b_2 (c_1 d_3 - c_2 d_2), \\ P' &= b_0 (c_2 d_3 - c_1 d_4) + b_1 (c_0 d_4 - c_2 d_2) + b_2 (c_1 d_2 - c_0 d_3), \\ Q' &= b_0 (c_2 d_2 - c_1 d_3) + b_1 (c_0 d_3 - c_2 d_1) + b_2 (c_1 d_1 - c_0 d_2), \\ R' &= b_0 (c_2 d_1 - c_1 d_2) + b_1 (c_0 d_2 - c_2 d_0) + b_2 (c_1 d_0 - c_0 d_1).\end{aligned}$$

Endlich

$$\begin{aligned}(dc^2 b^3) = d_0 \{ & c_3^2 b_0 b_1^2 - 2 c_3 c_2 (b_0 b_1 b_2 + b_1^3) + 2 c_3 c_1 b_1^2 b_2 \\ & + c_2^2 (b_0 b_2^2 + 3 b_2 b_1^2) - 4 c_1 c_2 b_1 b_2^2 + b_2^3 c_1^2 \}\end{aligned}$$

$$
\begin{aligned}
&-2d_1\{c_3{}^2b_0{}^2b_1-c_3c_2(b_0{}^2b_2+2b_0b_1{}^2)+c_3c_0b_1{}^2b_2\\
&+2c_2{}^2b_0b_1b_2+c_2c_1b_1{}^2b_2-2c_0c_2b_1b_2{}^2-c_1{}^2b_1b_2{}^2+c_0c_1b_2{}^3\}\\
&+d_2\{c_3{}^2b_0{}^3-2c_3c_1(b_0{}^2b_2+2b_0b_1{}^2)+2c_3c_0(b_1{}^3+b_0b_1b_2)\\
&-c_2{}^2(b_0{}^2b_2+2b_0b_1{}^2)+2c_1c_2(b_1{}^3+5b_0b_1b_2)\\
&-2c_2c_0(b_0b_2{}^2+2b_2b_1{}^2)-c_1{}^2(b_0b_2{}^2+2b_2b_1{}^2)+c_0{}^2b_2{}^3\}\\
&-2d_3\{c_0{}^2b_2{}^2b_1-c_0c_1(b_0b_2{}^2+2b_2b_1{}^2)+c_0c_3b_0b_1{}^2\\
&+2c_1{}^2b_0b_1b_2+c_1c_2b_0b_1{}^2-2c_1c_3b_0{}^2b_1-c_2{}^2b_1b_0{}^2+c_2c_3b_0{}^3\}\\
&+d_4\{c_0{}^2b_2b_1{}^2-2c_0c_1(b_0b_1b_2+b_1{}^3)+2c_0c_2b_1{}^2b_0\\
&+c_1{}^2(b_0{}^2b_2+3b_0b_1{}^2)-4c_0c_1b_1b_0{}^2+b_0{}^3c_2{}^2\};
\end{aligned}
$$

und

$$(c^2b)=b_2(c_0c_2-c_1{}^2)-b_1(c_0c_3-c_1c_2)+b_0(c_1c_3-c_2{}^2).$$

298. Wir haben im Art. 222 gesehen, dass wir durch die Kenntnis einer biquadratischen Kovariante in der Lage sein würden, aus jeder bekannten Invariante eine Reihe anderer Invarianten abzuleiten und wir können eine solche Kovariante erhalten, indem wir die Gleichung bilden für den Ort eines Punktes, dessen erste Polare eine Kurve dritter Ordnung mit verschwindender Invariante S ist, oder indem wir die Invariante S (Art. 221) der kubischen Polare gleich Null setzen. Die Kovariante S der biquadratischen Form

$$ax^4+by^4+cz^4+du^4+ev^4=0$$

ist von der Form

$$\frac{a}{x}+\frac{b}{y}+\frac{c}{z}+\frac{d}{u}+\frac{e}{v}=0.$$

Und da wir früher sahen, dass die erste Form, obwohl scheinbar eine hinreichende Zahl verfügbarer Konstanten enthaltend, eine spezielle ist, auf welche die Gleichung einer Kurve vierter Ordnung nicht allgemein reduziert werden kann, so gilt dasselbe von der letzten; nur unter Bestand einer gewissen Relation zwischen den Invarianten ist diese Reduktion ausführbar. Unter den verschiedenen biquadratischen Kovarianten, welche existieren, ist die vorerwähnte vom niedrigsten Grade in den Koefficienten. Jede andere Kovariante vom vierten Grade in diesen muss von der Form

$$S+\mathbf{kA}U$$

sein für $\mathbf{k}$ als eine numerische Konstante, und $\mathbf{A}$ als die erste Invariante; man bestätigt dies leicht in Bezug auf die Kovariante, die man erhält, indem man von der Kontravariante des Art. 293 die Kontravariante bildet.

299. Die allgemeinen Werte der Koefficienten von S sind nicht berechnet worden; ebensowenig irgend welche höhere Invarianten. Wir haben es jedoch für nützlich gehalten, den besondern Fall zu untersuchen, wo sich die biquadratische Form auf ihre ersten sechs Glieder reduziert, also

$$ax_1^4 + bx_2^4 + cx_3^4 + 6fx_2^2x_3^2 + 6gx_3^2x_1^2 + 6hx_1^2x_2^2 = 0.$$

Diese Form enthält nur elf Konstanten implicite und ist daher eine sehr spezielle Form der allgemeinen Gleichung; aber sie bietet sich leicht der Berechnung dar, weil die Kovariante S von derselben Form ist, schreiben wir

$$\mathbf{a}x_1^4 + \mathbf{b}x_2^4 + \mathbf{c}x_3^4 + 6\mathbf{f}x_2^2x_3^2 + 6\mathbf{g}x_3^2x_1^2 + 6\mathbf{h}x_1^2x_2^2 = 0;$$

deshalb kann nach Art. 222 aus jeder Invariante eine andere durch Vollzug der Operation

$$\mathbf{a}\frac{d}{da} + \mathbf{b}\frac{d}{db} + \text{u. s. w.}$$

abgeleitet werden, eine Operation, die wir durch den Buchstaben Φ bezeichnen wollen. Indes freilich Invarianten, die im allgemeinen existieren, für diesen speziellen Fall verschwinden können, so bleiben doch die Invarianten, die in diesem Falle verschieden sind, auch im allgemeinen verschieden. Bei Berechnung der Invarianten unseres Spezialfalles erhalten wir natürlich alle die Glieder der allgemeinen Invarianten, welche nur die Koefficienten a, b, c, f, g, h enthalten.

Die Werte der Koefficienten von S für die fragliche Form sind nun

$$\begin{gathered}
\mathbf{a} = 6g^2h^2, \quad \mathbf{b} = 6h^2f^2, \quad \mathbf{c} = 6f^2g^2; \\
\mathbf{f} = bcgh - f(bg^2 + ch^2) - f^2gh, \\
\mathbf{g} = cahf - g(ch^2 + af^2) - fg^2h, \\
\mathbf{h} = abfg - h(af^2 + bg^2) - fgh^2.
\end{gathered}$$

Wir merken auch an, dass die Werte der Koefficienten der Kovariante S im Art. 293 in diesem Falle sind

$$\begin{gathered}
A = bc + 3f^2, \quad B = ca + 3g^2, \quad C = ab + 3h^2, \\
F = af + gh, \quad G = bg + hf, \quad H = ch + fg.
\end{gathered}$$

300. Für das Weitere scheint es zweckmässig, die folgenden Abkürzungen zu gebrauchen:

$$abc = L,\quad af^2 + bg^2 + ch^2 = P,\quad bcg^2h^2 + cah^2f^2 + abf^2g^2 = Q,$$
$$fgh = R;$$

dann werden die Ausdrücke der vorher berechneten Invarianten für den speziellen Fall

$$\mathbf{A} = L + 3P + 6R,\quad \mathbf{B} = LR + 2R^2 - PR$$

oder

$$\mathbf{B} = AR - 4PR - 4R^2.$$

Die Ergebnisse der Operation Φ an diesen verschiedenen Grössen sind

$$\Phi(L) = 6Q,\quad \Phi(P) = 6LR - 2PR - 4Q + 18R^2,$$
$$\Phi(Q) = -2PQ - 4RQ - 6LR^2 + 12PR^2 + 4LPR,$$
$$\Phi(R) = Q - 2PR - 3R^2,$$

also

$$\Phi(\mathbf{A}) = 18\mathbf{B}.$$

Wir können sodann eine neue Invariante vom neunten Grade in den Koefficienten erhalten, indem wir die Operation Φ an $\mathbf{B}$ vollziehen. Das Ergebnis ist

$$\Phi(\mathbf{B}) = \mathbf{C}_1 = Q(L - P + 14R) - LR(2P + 9R)$$
$$+ R(2P^2 - 3PR - 30R^2).$$

Diese Invariante ist aber nicht die einzige unabhängige Invariante neunten Grades in den Koefficienten. Wenn wir die allgemeine Gleichung der Kurve vierter Ordnung in der Form

$$u_4 + u_3x_3 + u_2x_3^2 + u_1x_3^3 + cx_3^4 = 0$$

schreiben, so sind die höchsten Potenzen von c, die in einer Invariante neunten Grades begegnen, die dritten und c ist mit einer Invariante sechsten Grades in den Koefficienten von der binären biquadratischen Form u_4 multipliziert. Diese letzte Invariante muss von der Form

$$s^3 + kt^2$$

sein und jede Invariante neunten Grades kann in zwei Teile zerlegt werden, von denen der eine c^3 mit s^3 und der andere c^3 mit t^2 multipliziert zeigt. Der erste Teil hann in der Form

$$l\mathbf{A}^3 + m\mathbf{A}\mathbf{B} + n\mathbf{C}_1$$

ausgedrückt werden mit $\mathbf{A}$, $\mathbf{B}$, $\mathbf{C}_1$ als den vorher berechneten Invarianten. Für den Ausdruck des letzten ist eine neue Invariante nötig und wir wollen einen der Wege angeben, auf denen dieselbe erhalten werden kann. Es ist aber vorerst nötig, einige andere Kovarianten und Kontravarianten zu erwähnen.

301. Der Wert der Hesseschen Kovariante für unsern Fall ist, mit Andeutung einiger durch die cyklische Verschiebung a, b, c; f, g, h aus den vorhergehenden entstehenden Glieder durch Punkte

$$\begin{aligned} &aghx_1^6+bhfx_2^6+cfgx_3^6+(abg+ahf-3gh^2)x_1^4x_2^2+\cdots \\ &\qquad +(ach+afg-3g^2h)x_1^4x_3^2-\cdots \\ &\qquad +(abc-3af^2-3bg^2-3ch^2+18fgh)x_1^2x_2^2x_3^2. \end{aligned}$$

Es wurde ferner schon in Art. 92 konstatiert, dass eine Kurve vierter Ordnung eine Kontravariante sechster Klasse hat, deren Symbol $(\xi 12)^2(\xi 23)^2(\xi 31)^2$ ist; der Wert derselben für den betrachteten Fall ist in derselben Abkürzung wie vorher

$$\begin{aligned} &(bcf-f^3)\xi_1^6+\cdots+(bcg+6cfh-3f^2g)\xi_1^4\xi_2^2+\cdots \\ &\qquad +(bch+6bfg-3f^2h)\xi_1^4\xi_3^2+\cdots \\ &\qquad +\{abc-3(af^2+bg^2+ch^2)+48fgh\}\xi_1^2\xi_2^2\xi_3^2. \end{aligned}$$

Wenn man in diese Formen Differentialsymbole einführt und die mit der einen ausgesprochenen Operationen an der andern dieser Formen ausführt, so erhält man

$$\mathbf{A}^2+576\,\mathbf{B}.$$

Wenn wir mit der Kontravariante σ an der Hesseschen Covariante operieren, so entsteht eine quadratische Kovariante vom fünften Grade in den Koefficienten und wenn wir mit der biquadratischen Form selbst an der Kontravariante sechsten Grades operieren, eine quadratische Kontravariante vom vierten Grade in den Koefficienten; diese Formen sind

$$\begin{aligned} &(afx_1^2+bgx_2^2+chx_3^2)(L+3P+30R) \\ &+(ghx_1^2+hfx_2^2+fgx_3^2)(10L-6P-12R) \\ &-4(a^2f^3x_1^2+b^2g^3x_2^2+c^2h^3x_3^2); \end{aligned}$$

$$\begin{aligned} &(f\xi_1^2+g\xi_2^2+h\xi_3^2)(3L+5P+2R) \\ &-8(af^3\xi_1^2+bg^3\xi_2^2+ch^3\xi_3^2) \\ &+4(bcgh\xi_1^2+cahf\xi_2^2+abfg\xi_3^2). \end{aligned}$$

Wenn wir in jede dieser beiden Konkomittanten Differentialsymbole einsetzen und damit an der andern operieren, so erhalten wir eine neue Invariante neunten Grades

$$\mathbf{C}_2 = (80L - 32P + 448R)\,Q + 3P^3 - 6P^2L - 134P^2R + 3PL^2 + 128PLR - 60PR^2 + 102L^2R + 408LR^2 - 72R^3.$$

Für die betrachtete biquadratische Form scheint keine andere unabhängige Invariante neunten Grades zu existieren.

Wenn wir z. B. mit der quadratischen Kontravariante an der biquadratischen Form selbst operieren, so ist das Resultat in Funktion der vorher gefundenen Invarianten darstellbar, nämlich in der Form

$$3\mathbf{C}_2 - 80\mathbf{C}_1 - 180\mathbf{AB}.$$

Mit Vereinfachung könnten wir vielleicht als die zweite unabhängige Invariante wähleu

$$\tfrac{1}{2}(\mathbf{C}_2 - 32\mathbf{C}_1)$$

oder

$$\mathbf{C}_3 = 16QL + P^3 - 2P^2L - 66P^2R + PL^2 + 64PLR + 12PR^2 + 34L^2R + 232LR^2 + 296R^3.$$

302. Wir gehen zur Bildung von Invarianten vom zwölften Grade in den Koefficienten über. Zuerst die kubische Invariante der biquadratischen Form S bilden wir mit Hilfe der Formeln

$$L' = 216R^4,$$

$$P' = 6\{Q^2 - 2PQR - 4R^2Q + 2P^2R^2 - 2PLR^2 + 4PR^3 + 6LR^3 + 3R^4\},$$

$$R = Q^2 - 2LRQ - P^2R^2 - 2PR^3 + L^2R^2 + 4LR^3 - R^4,$$

also

$$L' + 3P' + 6R' = 6D_1,$$

wo

$$\mathbf{D}_1 = 4Q^2 + Q(-6PR - 2LR - 12R^2) + 5P^2R^2 - 6PLR^2 + 10PR^3 + L^2R^2 + 22LR^3 + 44R^4$$

ist. Wir erhalten ferner durch Vollzug der Operation Φ au $\mathbf{C}_1$

$$\mathbf{D}_2 = 24Q^2 + Q(4P^2 - 4PL - 84PR - 20LR - 248R^2) - 4P^3R - 14P^2R^2 + 4PL^2R + 144PLR^2 + 444PR^3 - 18L^2R^2 - 84LR^3 + 216R^4.$$

Durch Kombination dieser beiden bilden wir

$$\mathbf{D}_2 - 6\mathbf{D}_1 = 4\mathbf{D}_3,$$

wo

$$\mathbf{D}_3 = Q(P^2 - PL - 12PR - 2LR - 44R^2) - P^3R - 11P^2R^2 + PL^2R + 45PLR^2 + 96PR^2 - 6L^2R^2 - 54LR^3 - 12R^4$$

ist. In Funktion dieser und der andern vorher angegebenen Invarianten können die andern Invarianten zwölften Grades, wie Φ ($\mathbf{C}_2$) und die Diskriminante des kontravarianten Kegelschnittes ausgedrückt werden. Ebenso auch die Invarianten der biquadratischen Kontravarianten; wir haben

$$L' = L^2 + 3PL + 9Q + 27R^2,$$
$$R' = LR + Q + PR + R^2,$$
$$P' = 3P^2 - 5Q + 6PR + PL + 6LR + 9R^2,$$
$$Q' = 3Q^2 + Q(3P^2 + 4PL + 24PR + L^2 - 8LR + 6R^2) + 12P^2LR + 18P^2R^2 + 4PL^2R + 10PLR^2 + 36PR^3 - 36LR^3 + 27R^4$$

und sodann

$$\mathbf{A}' = \mathbf{A}^2 + 12\mathbf{B}, \quad \mathbf{B}' = 4\mathbf{D}_1 + \mathbf{A}\mathbf{C}_1 + \mathbf{A}^2\mathbf{B} - 12\mathbf{B}^2.$$

303. Es ist zu bemerken, dass während nur eine quadratische Kontravariante vom vierten Grade in den Koefficienten existiert, zwei quadratische Kontravarianten fünften Grades vorhanden sind, nämlich ausser den früher gegebenen diejenige, welche durch Operation mit der quadratischen Kontravariante an der biquadratischen Form selbst entsteht; sie ist

$$(3L + 9P + 10R)(afx_1^2 + bgx_2^2 + chx_3^2) + (10L + 2P + 4R)(ghx_1^2 + \cdot\cdot) - 12(a^2f^3x_1^2 + \cdot\cdot).$$

Durch Verbindung mit der früher gegebenen bildet man die einfache Form

$$4R(afx_1^2 + \cdot\cdot) + (L - P - 2R)(ghx_1^2 + \cdot\cdot).$$

Die Diskriminante der letzten giebt die einfachste Invariante vom fünfzehnten Grade, nämlich für

$$M = L - P - 2R,$$
$$\mathbf{E}_1 = 16MR^2Q + 4M^2R^2P + M^3R^2 + 64LR^4;$$

oder

$$\mathbf{E}_1 = 16(L - P - 2R)QR^2 + R^2\{3P^3 - 5P^2L + 10P^2R + PL^2 - 4PLR + 4PR^2 + L^3 - 6L^2R + 76LR^2 - 8R^3\}.$$

Die drei übrigen Invarianten des Kegelschnittsystems sind übrigens auch Invarianten der Kurve vierter Ordnung vom nämlichen Grade und wir können ausser ihnen noch $\Phi\mathbf{D}_1$, $\Phi\mathbf{D}_2$, u. s. w. berechnen; alle sind mittelst $\mathbf{E}_1$ und $\mathbf{E}_2$[74]) ausdrückbar, wenn das letzte ist

$$\mathbf{E}_2 = 16(L-P-2R)Q^2 + (3P^3 - 5P^2L - 6P^2R + PL^2 - 228PLR$$
$$- 2172PR^2 + L^3 + 298L^2R + 2636LR^2 - 4296R^3)Q$$
$$+ R(-12P^4 + 44P^3L - 52P^2L^2 + 20PL^3)$$
$$+ R^2(348P^3 - 852P^2L + 308PL^2 + 324L^3)$$
$$+ R^3(1320P^2 - 416PL + 216L^2) + 720PR^4 + 11376R^4 - 864R^5.$$

Es giebt ferner zwei unabhängige Invarianten vom Grade achtzehn; die erste ist das $\mathbf{C}_1$ der biquadratischen Kontravariante, nämlich

$$\mathbf{F}_1 = 128Q^3$$
$$+ Q^2(-48P^2 + 80PL + 368PR + 32L^2 - 528LR - 160R^2)$$
$$+ Q(9P^4 - 12P^3L - 108P^3R - 2P^2L^2 + 324P^2LR + 240P^2R^2$$
$$+ 4PL^3 + 60PL^2R - 288PLR^2 + 528PR^3$$
$$+ L^4 - 20L^3R - 400L^2R^2 - 2512LR^3 - 144R^4)$$
$$+ 18P^5R - 24P^4LR + 27P^4R^2 - 4P^3L^2R + 180P^3LR^2$$
$$+ 60P^3R^3 + 8P^2L^3R + 114P^2L^2R^2 + 716P^2LR^3 + 288P^2R^4$$
$$+ 2PL^4R - 44PL^3R^2 + 52PL^2R^3 - 592PLR^4$$
$$+ 288PR^5 - 21L^4R^2 - 60L^3R^2 - 720L^2R^4 - 2076LR^5 + 240R^6.$$

$$\mathbf{F}_2 = 128Q^3$$
$$+ Q^2(-8P^2 - 240PL - 5312PR + 312L^2 + 9536LR$$
$$+ 11680R^2) + Q(-18P^4 + 54P^3L + 1146P^3R - 54P^2L^2$$
$$+ 1978P^2LR + 7548P^2R^2 + 18PL^3 + 262PL^2R - 4432PLR^2$$
$$+ 49272PR^3 + 570L^3R + 1620L^2R^2 + 6648LR^3 + 77808R^4)$$
$$+ 24P^5R - 76P^4LR - 1224P^4R^2 + 84P^3L^2R + 2622P^3LR^2$$
$$- 13032P^3R^3 - 36P^2L^3R - 946P^2L^2R^2 + 8268P^2LR^3 - 30192P^2R^4$$
$$+ 4PL^4R - 822PL^3R^2 - 368PL^2R^3 - 73784PLR^4 - 5472PR^5$$
$$+ 114L^4R^2 - 1524L^3R^3 - 14712L^2R^4 - 113904LR^5 + 25920R^6.$$

Auch in diesem speziellen Falle ist keine litterale Abhängigkeit der gegebenen Invarianten höherer Grade von denen der niedern erkannt worden, noch haben wir zu entdecken vermocht, dass die Diskriminante in Funktion der niedrigern Invarianten darstellbar sei.

Siebentes Kapitel.

Transcendente Kurven.

---

304. Nachdem bisher ausschliesslich Gleichungen diskutiert wurden, welche auf eine endliche Zahl von Gliedern mit positiven ganzen Potenzen von x und y reduzierbar sind, bleibt einiges von den Eigenschaften der durch transcendente Gleichungen dargestellten Kurven zu erwähnen. Da dieselben Funktionen enthalten, welche nur durch unendliche Reihen von algebraischen Gliedern ausdrückbar sind, so sind transcendente Kurven als Kurven von unendlich hoher Ordnungszahl zu betrachten, als Kurven also, die von einer geraden Linie in unendlich vielen Punkten geschnitten werden und die eine unbeschränkte Anzahl vielfacher Punkte und Tangenten haben können. Es lässt sich daher eine allgemeine Theorie von den Singularitäten dieser Kurven nicht geben, aber es ist notwendig, die hauptsächlichsten Eigenschaften einiger der merkwürdigsten unter ihnen zu entwickeln.

Vorher gedenken wir einer von Leibnitz als interscendent bezeichneten Klasse von Gleichungen, in denen nämlich die Variabeln als mit irrationalen Exponenten behaftet auftreten, z. B. $y = x^{\sqrt{2}}$. Wenn wir hier für $\sqrt{2}$ die Reihe rationaler Brüche substituieren, welche als Näherungswerte der Wurzel erscheinen, so erhalten wir eine Reihe von algebraischen Kurven von stets wachsender Ordnungszahl, die sich der Gestalt der geforderten Kurve mehr und mehr annähern, ohne sie zu genau darzustellen, so lange die Ordnungszahl endlich ist.

Unter den transcendenten Kurven verdient nach dem historischen Interesse sowohl als nach der Mannigfaltigkeit ihrer physikalischen Anwendungen die Cykloide den ersten Platz. Sie wird erzeugt durch die Bewegung eines Punktes auf der Peripherie eines Kreises, der längs einer geraden Linie rollt. Ist A die Anfangslage des bewegten Punktes und P die dem Kreise vom Mittelpunkt C und der Berührungsstelle M mit der Basisgeraden entsprechende Lage desselben, so ist notwendig arc $PM = AM$, und mit den Bezeichnungen

$$\angle PCM = \varphi, \quad CM = CP = a$$

also

$$y = a(1 - \cos\varphi), \quad x = a(\varphi - \sin\varphi).$$

Daraus ergiebt sich durch Elimination die Gleichung der Kurve

$$a - y = a\cos\left\{\frac{x + \sqrt{2ay - y^2}}{a}\right\};$$

es ist aber im allgemeinen zweckmässiger, die Kurve als durch die beiden vorigen Gleichungen bestimmt zu betrachten. Die Form derselben wird leicht als die in der Figur dargestellte

Fig. 61.

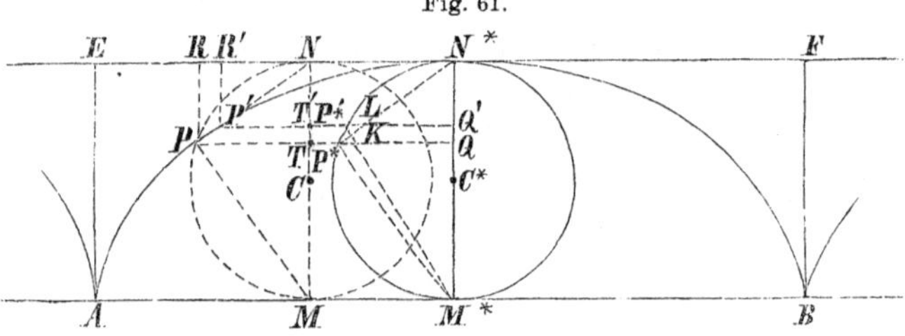

erkannt und zwar wegen der unbegrenzten Fortsetzbarkeit der Rollbewegung des Kreises als zusammengesetzt aus unendlich vielen gleichen Stücken $= AN^*B$, die in ihren Vereinigungspunkten A, B Spitzen zeigen.

Ist $M^*P^*N^*$ die dem höchsten Punkte N^* entsprechende Lage des erzeugenden Kreises, so ist wegen $AM = \text{arc}\, PM$, $AM^* = \text{arc}\, M^*P^*N^*$ auch $M^*M = P^*P = \text{arc}\, P^*N^*$, d. h. die Kurve wird erzeugt, indem man die Ordinaten eines Kreises so verlängert, dass die Verlängerung dem entsprechenden vom Endpunkt des Durchmessers aus gemessenen Bogen gleich ist. Setzen wir $\angle P^*C^*N^* = \theta$, so wird die Kurve auf AM^*, M^*N^* als Axen bezogen durch die Gleichungen

$$y = a(1 + \cos\theta), \quad x = a(\theta + \sin\theta)$$

dargestellt.

305. Die Konstruktion der Tangente der Kurve ergiebt sich aus der Bemerkung, dass in jedem Moment der Bewegung des erzeugenden Kreises der tiefste Punkt M dieses letzten in Ruhe ist, so dass die Bewegung eines Punktes P in demselben Augenblick eine Kreisbewegung um M und somit die Normale seiner Bahn nach M gerichtet, die Tangente derselben also die Gerade PN ist.

Die Gleichung

$$\frac{dy}{dx} = \frac{\sin\varphi}{1-\cos\varphi} = \cot\tfrac{1}{2}\varphi$$

beweist das Nämliche analytisch, denn die Tangente macht darnach mit der Axe der x einen Winkel, welcher zu $\angle CNP$ oder $\frac{1}{2}\varphi$ komplementär ist.

Wir verbinden hiermit die geometrischen Beweise der Haupteigenschaften der Cykloide.

Die von der Cykloide mit ihrer Basis umgrenzte Fläche ist dreimal so gross wie die Fläche des erzeugenden Kreises. Denn man hat das Flächenelement $PP'R'R = \text{El.}\,PP'T'T = \text{El.}\,P^*P^{*\prime}Q'Q$ und somit die von der Cykloide begrenzte Fläche AEN^*FB der Fläche des erzeugenden Kreises gleich, oder weil die Fläche $AEFB$ das Vierfache der letzten ist, die Fläche AN^*BM^* gleich dem Dreifachen der Fläche des erzeugenden Kreises.

Der Bogen N^*P der Cykloide ist doppelt so gross wie die Sehne N^*P' des erzeugenden Kreises. Denn für L als Schnittpunkt von P^*N^* mit $P'Q'$ ist $P^{*\prime}L = P^{*\prime}P^*$ und somit K, der Schnittpunkt von P^*N^* mit $P^{*\prime}M^*$, der Mittelpunkt von P^*L; oder P^*L, das Wachstum des Cykloidenbogens, ist das Doppelte von P^*K, dem Wachstum der Kreissehne.

Bezeichnet also s den Bogen der Cykloide, b den Durchmesser des erzeugenden Kreises und x die Abscisse N^*Q vom Scheitel, so ist die Gleichung der Kurve auch — nützlich in der Mechanik —

$$s^2 = 4bx.$$

Der Krümmungsradius ist doppelt so gross wie die Normale PM. Denn das von zwei aufeinander folgenden Normalen gebildete Dreieck $PP'R$ hat seine Seiten parallel zu denen des Dreiecks P^*KM^* und da nach dem soeben Bewiesenen die Basis des ersten Dreiecks P^*L das Doppelte von der des zweiten gleich P^*K ist, so ist auch der Krümmungsradius PR das Doppelte von P^*M^*.

Die Evolute der Cykloide ist eine ihr gleiche Cykloide. Denn wenn wir einen die Basis in M berührenden Kreis durch den Krümmungsmittelpunkt R legen, so ist

Fig. 62.

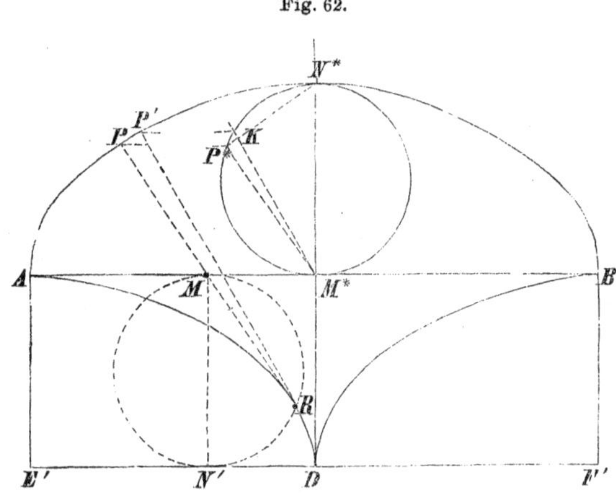

derselbe dem erzeugenden Kreis gleich und der Bogen $N'R$ ist gleich Bogen $N^*P^* = N'D$; d. h. der Ort von R ist die Cykloide, welche der auf der Geraden $E'F''$ rollende Kreis MRN' erzeugt.[75])

Man kann auch den Ort eines in der Ebene des erzeugenden Kreises gelegenen und mit ihm fest verbundenen Punktes untersuchen, einen Ort, den man als verlängerte Cykloide für einen Punkt ausserhalb des Kreises und als verkürzte Cykloide für Punkte innerhalb des Kreises, oder auch mit gemeinschaftlichem Namen als Trochoide benennt. Die Aufstellung der Gleichungen und die Bestimmung der Formen dieser Kurven bietet keine Schwierigkeiten und mag hier unterbleiben. Die Tangentenkonstruktion der Cykloiden geht auf sie über. Offenbar können diese Kurven auch erzeugt werden durch das Rollen eines Kreises und einen auf demselben gelegenen Punkt P, wobei der Bogen PM in einem konstanten Verhältnis zur Geraden AM bleibt.

306. Eine natürliche Erweiterung des Problems der Cykloide war die Diskussion der Kurve, welche ein Punkt beschreibt, der fest verbunden ist mit einem Kreise, welcher auf der Peripherie eines andern Kreises abrollt. Man nennt die erzeugte Kurve Epi- oder Hypo-Cykloide für den Punkt auf dem rollenden Kreise, jenachdem die Berührung desselben mit dem Grundkreise stets eine äussere oder stets eine innere Berührung ist; und man nennt sie entsprechend Epi- oder Hypo-Trochoide, wenn der erzeugende Punkt der Peripherie des rollenden Kreises nicht angehört.

Fig. 63.

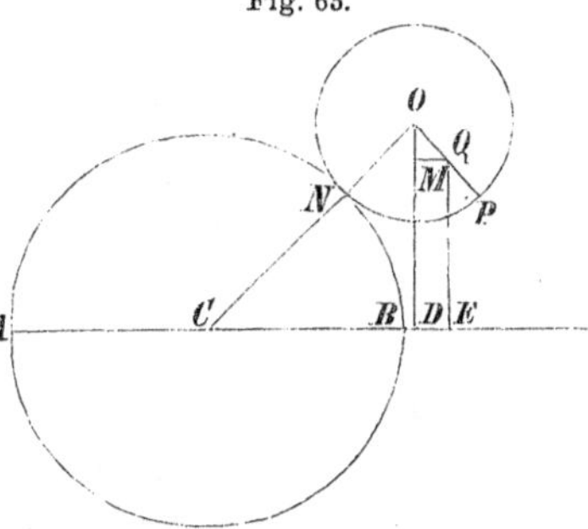

Nehmen wir diejenige Lage CB des gemeinsamen Durchmessers beider Kreise, welche den erzeugenden Punkt enthält, als Axe der x, und sei CO eine andere Lage des gemeinsamen Durchmessers, welcher die Lage Q des erzeugenden Punktes entspricht; sei dann

$$CN = a, \quad ON = b, \quad \angle NCB = \varphi, \quad \angle PON = \psi, \quad OQ = d,$$

so ist wegen der Gleichheit der Bogen BN und NP

$$a\varphi = b\psi.$$

Auch ist

$$\angle OQM = 180^0 - (\varphi + \psi)$$

und die Koordinaten von Q sind

$$y = (a + b)\sin\varphi - d\sin(\varphi + \psi),$$
$$x = (a + b)\cos\varphi - d\cos(\varphi + \psi),$$

oder für $a + b = mb$

$$y = mb\sin\varphi - d\sin m\varphi,$$
$$x = mb\cos\varphi - d\cos m\varphi;$$

Gleichungen, aus denen durch Elimination von φ die Gleichung der Kurve entsteht, die nicht notwendig transcendent ist. Denn sobald zwischen den Umfängen der beiden Kreise ein endlich angebbares Verhältnis besteht, kommt der erzeugende Punkt nach einer gewissen Anzahl von Umdrehungen in seine Anfangslage zurück und die Kurve ist geschlossen oder von endlicher Ordnung, also algebraisch; sind dagegen beide Kreise nicht kommensurabel, so kommt der erzeugende Punkt nach keiner endlichen Anzahl von Umdrehungen in seine Anfangslage zurück und die Kurve ist transcendent.

Man erhält die Gleichungen der entsprechenden Cykloiden für $d = \pm b$, also

$$y = b\,(m \sin\varphi \pm \sin m\varphi), \quad x = b\,(m \cos\varphi \pm \cos m\varphi);$$

und zwar entsprechen die untern Vorzeichen der Annahme, dass die Axe der x durch den erzeugenden Punkt auf dem festen Kreise, die obern der andern, dass sie durch den erzeugenden Punkt in seiner Maximalentfernung vom festen Kreise geht.

307. Die den Fällen der Hypotrochoide und Hypocykloide entsprechenden Gleichungen entspringen aus den vorigen, wie man leicht bestätigt, durch Änderung des Zeichens von b und werden daher von denselben mit umfasst, wenn man negative Werte von m zulässt, oder indem man setzt $m = -n$ und $n = (a - b) : b$.

Die obigen Gleichungen geben für Vertauschung von b und m mit mb und $\frac{1}{m}$

$$y = mb\left(\frac{1}{m} \sin\varphi + \sin\frac{1}{m}\varphi\right),$$

$$x = mb\left(\frac{1}{m} \cos\varphi + \cos\frac{1}{m}\varphi\right),$$

und wir erkennen für $\varphi = m\psi$, dass diese Gleichungen denselben Ort darstellen, wie die vorigen, können somit beweisen, dass die nämliche Hypocykloide mit $b = \frac{1}{2}(c + a)$ und mit $b = \frac{1}{2}(c - a)$ erzeugt wird.[76]) Wenn der Radius des rollenden Kreises grösser ist als derjenige des festen, so kann die Hypocykloide auch als Epicykloide erzeugt werden, da dann

$$m\left(= -\frac{a-b}{b}\right)$$

positiv ist.

308. Man verzeichnet leicht die Tangenten dieser Kurven, weil aus denselben Gründen, wie in Art. 305 die Gerade NQ die Normale der Kurve in Q ist. Wir erkennen so auch, dass die von einem Punkte im Umfang einer Figur beim Rollen derselben auf einer andern erzeugte Kurve in jedem Punkte eine Spitze haben muss, in welchem sie jener Grundlinie begegnet; denn nach jener Konstruktion nähert sich der erzeugende Punkt an einer solchen Stelle der festen Kurve in der Richtung ihrer Normale und entfernt sich unmittelbar darnach in derselben Richtung von ihr, d. h. der besagte Punkt ist stationär und die Normale der festen Kurve ist die entsprechende Tangente. Eine Epicykloide besteht daher aus einer Anzahl gleicher durch Rückkehrpunkte begrenzter Teile, und die Radien des festen Kreises, die den letzten für einen solchen Teil entsprechen, sind unter dem Winkel $\frac{2b\pi}{a}$ zu einander geneigt. Die Zahl dieser Spitzen ist somit endlich für die algebraischen und unendlich gross für die transcendenten Kurven dieser Art und im letzten Falle ist jeder Punkt der Basis einmal eine Spitze oder die Basis ist als der Ort der Spitzen der Kurve zu bezeichnen, jedoch so, dass die aufeinander folgenden Punkte der Basis nicht aufeinander folgende Punkte dieses Ortes sind.

309. Diese Kurven haben überdies wie Epitrochoiden im allgemeinen stets eine Anzahl von Doppelpunkten — isolierte oder Knoten —, welche in Kreisen liegen und zwar in endlicher Zahl für algebraische, in unendlicher für transcendente Kurven. Betrachten wir die Gleichungen

$$y = mb \sin\varphi - d \sin m\varphi, \quad x = mb \cos\varphi - d \cos m\varphi,$$

wo $\varphi = 0$ der Anfangslage des erzeugenden Punktes entspricht, nämlich der in der Centrallinie beider Kreise oder der Axe der x und in der Anfangsentfernung vom Ursprung

$$mb - d.$$

Alle die andern Lagen des bewegten Kreises, für welche der erzeugende Punkt der Axe dem x angehört, entsprechen den von $\varphi = 0$ verschiedenen Lösungen der Gleichung

$$mb \sin\varphi = d \sin m\varphi.$$

Diese Wurzeln sind offenbar paarweis gleich und von entgegengesetzten Zeichen und jedem dieser Paare entspricht ein und derselbe Wert

$$mb \cos \varphi - d \cos m \varphi$$

von x; d. h. die entsprechenden Punkte sind Doppelpunkte des Ortes.

Der Wert

$$mb \cos \varphi - d \cos m \varphi$$

kann mit Hilfe der Bedingung

$$mb \sin \varphi = d \sin m \varphi$$

in der Form

$$x \sin \varphi = d \sin (m - 1) \varphi$$

dargestellt werden. So oft der erzeugende Punkt in die analoge Lage zu beiden Centren kommt, so oft haben wir eine Linie mit Doppelpunkten und die Zahl solcher Lagen und daher der letzten ist, wie schon ausgesprochen, endlich für algebraische und unendlich gross für transcendente Kurven.

310. Die Gleichungen der Tangenten der Epi- und Hypo-Cykloiden können in sehr einfachen Formen geschrieben werden. Denn es ist

$$\frac{dy}{dx} = \frac{\cos \varphi \pm \cos m \varphi}{-(\sin \varphi \pm \sin m \varphi)} = -\frac{\cos \frac{1}{2}(m+1)\varphi}{\sin \frac{1}{2}(m+1)\varphi}$$

oder auch

$$= \frac{\sin \frac{1}{2}(m+1)\varphi}{\cos \frac{1}{2}(m+1)\varphi};$$

man erhält also durch Berücksichtigung der Bedingung, dass die Tangente durch den Punkt von den Koordinaten x, y im Art. 306 gehen muss, ihre Gleichung in der Form

$$x \cos \tfrac{1}{2}(m+1)\varphi + y \sin \tfrac{1}{2}(m+1)\varphi = (m+1) b \cos \tfrac{1}{2}(m-1)\varphi$$

für die Axe der x, welche durch den erzeugenden Punkt in der Maximalentfernung vom Centrum des festen Kreises geht, und

$$x \sin \tfrac{1}{2}(m+1)\varphi - y \cos \tfrac{1}{2}(m+1)\varphi = (m+1) b \sin \tfrac{1}{2}(m-1)\varphi$$

für die durch den in der kleinsten.

Die Gleichung der Normale ist im letzten Falle

$$x \cos \tfrac{1}{2}(m+1)\varphi + y \sin \tfrac{1}{2}(m+1)\varphi = (m-1) b \cos \tfrac{1}{2}(m-1)\varphi,$$

und man erkennt aus Vergleichung derselben mit der ersten Form der Gleichung der Tangente, dass die Evolute einer

Epicykloide eine gleiche Epicykloide ist, für welche die Radien der Kreise im Verhältnis $(m-1):(m+1)$ verändert sind und die ihren erzeugenden Punkt in demselben Durchmesser des festen Kreises in Maximalentfernung hat, in dem er für die gegebene in der Minimalentfernung liegt.

Dieselben Bemerkungen gelten für die Hypocykloide.

Die Gleichung der Tangente einer Epitrochoide findet man ebenso in der Form

$$(b\cos\varphi - d\cos m\varphi)\,x + (b\sin\varphi - d\sin m\varphi)\,y$$
$$= \{mb^2 + d^2 - (m+1)\,b\,d\cos(m-1)\,\varphi\}\cdot$$

311. Wir verbinden mit dem Vorigen Beispiele von den einfachsten Fällen, in denen die Gleichungen dieser Kurven algebraisch sind und leicht gebildet werden können. Diese Fälle sind folgende.

a) Wenn die Gleichung der Tangente in der Form

$$a\cos 2\theta + b\sin 2\theta + c\cos\theta + d\sin\theta + e = 0$$

enthalten ist, deren Enveloppe wir in Art. 85, 3 gegeben haben.

b) Wenn die Gleichung der Tangente unter die Form

$$a\cos 3\theta + b\sin 3\theta + 3c\cos\theta + 3d\sin\theta = 0$$

fällt, welche nach der analogen Methode behandelt eine Enveloppe giebt, deren Gleichung als Diskriminante einer kubischen Form erhalten wird, nämlich in der Form

$$(a^2+b^2)^2 + 8\,(ac^3 - bd^3) - 24cd\,(ad - bc) = 3\,(c^2+d^2)^2$$
$$+ 6\,(a^2+b^2)\,(c^2+d^2).$$

c) Wenn m ein Bruch ist, dessen Zähler und Nenner um Eins verschieden sind. Denn aus den Gleichungen

$$x = mb\cos n\varphi - d\cos(n+1)\,\varphi,$$
$$y = mb\sin n\varphi - d\sin(n+1)\,\varphi$$

entsteht durch Quadrieren und Addieren

$$x^2 + y^2 = m^2b^2 + d^2 - 2mbd\cos\Phi$$

und der Wert von $\cos\varphi$ aus dieser Gleichung giebt durch Substitution in den Ausdruck für x den Vollzug der Elimination.

Beispiel 1. Man finde die Epitrochoide für $d = mb$. Die Gleichungen lassen sich dann auf die Form bringen

$$x = 2d\sin\tfrac{1}{2}(m-1)\,\varphi\,\sin\tfrac{1}{2}(m+1)\,\varphi,$$
$$y = 2d\sin\tfrac{1}{2}(m-1)\,\varphi\,\cos\tfrac{1}{2}(m+1)\,\varphi,$$

so dass offenbar $\frac{1}{2}(m+1)\varphi$ der Winkel ω ist, den der Radius vektor mit der Axe der y macht. Die Polargleichung ist somit

$$\varrho = 2\,d \sin \frac{m-1}{m+1}\,\omega.$$

Beispiel 2. Man bestimme die Gleichungen der Epitrochoide und Epicykloide für gleiche Radien der Kreise oder für $m=2$.

Indem man die Gleichungen

$$x = 2\,b\cos\varphi - d\cos 2\,\varphi,$$
$$y = 2\,b\sin\varphi - d\sin 2\,\varphi$$

wie in c) behandelt, erhält man

$$(x^2+y^2-2\,b^2-d^2)^2 = 4\,b^2\,(b^2+2\,d^2-2\,d\,x),$$

die Gleichung eines Cartesischen Ovals, welches den Punkt $y=0$, $x=d$ zum Doppelpunkt hat, also insbesondere eine Limaçon ist (Art. 281). Die Theorie des Artikels zeigt, dass dieser Punkt dem Werte $\cos\varphi = \frac{b}{d}$ entspricht; wenn also $d>b$ ist, oder wenn der erzeugende Punkt ausserhalb des bewegten Kreises liegt, so entspricht der Doppelpunkt zwei reellen Lagen des rollenden Kreises und ist also ein Knoten; liegt aber der erzeugende Punkt innerhalb des rollenden Kreises, so entspricht dem Doppelpunkte keine reelle Lage desselben und er ist isoliert.

Man erhält den Fall der Epicykloide für $d=b$, also mit der Gleichung

$$(x^2+y^2-3\,b^2)^2 = 4\,b^3\,(3\,b-2\,x).$$

Der Doppelpunkt ist insbesondere eine Spitze und die Kurve eine Cardioide. Aus dem Gesagten erhellt, dass die Evolute einer Cardioide eine Cardioide ist.

Beispiel 3. Man soll die Gleichung der Epicykloide finden, für die der Radius des rollenden Kreises halb so gross ist wie der des festen.

Die Gleichung der Tangente ist von der Form Art. 85, 3

$$x\cos 2\,\theta + y\sin 2\,\theta = 4\,b\cos\theta,$$

und die ihrer Enveloppe daher

$$(x^2+y^2-4\,b^2)^3 = 108\,b^4 x^2.$$

Beispiel 4. Bestimme die Hypotrochoide und Cykloide in dem Falle, wo der Radius des rollenden Kreises die Hälfte von dem des festen ist.

Für $m=1$ sind die Gleichungen

$$x = b\cos\varphi + d\cos\varphi,$$
$$y = b\sin\varphi - d\sin\varphi;$$

und die Hypotrochoide ist daher die Ellipse

$$\frac{x^2}{(b+d)^2} + \frac{y^2}{(b-d)^2} = 1,$$

die sich für $b=d$ auf den Durchmesser y reduziert.

Beispiel 5. Man bestimme die Hypocykloide für $m=-2$, d. h. für den Radius des festen Kreises als das Dreifache von dem des beweglichen.

Die Gleichung der Tangente ist

$$x\cos\varphi - y\sin\varphi = b\cos 3\varphi$$

und die der Enveloppe nach der Methode b)

$$(x^2+y^2)^2+8bx^3-24bxy^2+18b^2(x^2+y^2)=27b^4;$$

dieselbe ist also eine Kurve vierter Ordnung mit drei Spitzen, deren Rückkehrtangenten im Mittelpunkt des festen Kreises zusammenlaufen. Die Kurve ist von Steiner als die Enveloppe der geraden Linie studiert worden, die die Fusspunkte der Normalen auf die Seiten eines Dreiecks aus Punkten des ihm umschriebenen Kreises verbindet.[77]) In der That ergiebt sich die Gleichung dieser Geraden für das Centrum des Kreises als Anfangspunkt und $r\cos 2\alpha$, $r\sin 2\alpha$ u. s. w. als Koordinaten der Ecken, sowie $r\cos 2\varphi$, $r\sin 2\varphi$ als Koordinaten des entsprechenden Punktes im Kreise in der auf die obige zurückführbaren Form

$$\begin{aligned} x\sin(\alpha+\beta+\gamma-\varphi) - y\cos(\alpha+\beta+\gamma-\varphi) \\ = \tfrac{1}{2}r\{\sin(\alpha+\beta+\gamma-3\varphi)+\sin(\beta+\gamma-\alpha-\varphi)+\sin(\gamma+\alpha-\beta-\varphi) \\ +\sin(\alpha+\beta-\gamma-\varphi)\}. \end{aligned}$$

Beispiel 6. Wenn der Radius des festen Kreises das Vierfache von dem des beweglichen ist, so wird für die Hypocykloide $m=-3$, die Gleichung der Tangente

$$x\sin\varphi + y\cos\varphi = 2b\sin 2\varphi$$

und die der Enveloppe

$$x^{\frac{2}{3}}+y^{\frac{2}{3}}=(4b)^{\frac{2}{3}}.$$

312. Die Gleichung der Reciproken einer Epicykloide wird leicht erhalten; denn da die der Tangente ist

$$x\cos\tfrac{1}{2}(m+1)\varphi + y\sin\tfrac{1}{2}(m+1)\varphi = (m+1)b\cos\tfrac{1}{2}(m-1)\varphi,$$

so ist klar, dass die Senkrechte auf die Tangente einen Winkel $\frac{1}{2}(m+1)\varphi$ mit der Axe der x macht, und die Länge

$$(m+1)b\cos\tfrac{1}{2}(m-1)\varphi$$

hat; der Ort des Fusspunktes dieser Senkrechten ist daher durch

$$p=(m+1)b\cos\left(\frac{m-1}{m+1}\omega\right)$$

und die reciproke Kurve durch

$$\varrho\cos\left(\frac{m-1}{m+1}\omega\right)=(m+1)b$$

dargestellt. In der Originalkurve ist

$$\varrho^2 = x^2 + y^2 = b^2[m^2 + 1 + 2m\cos(m-1)\varphi]$$

oder

$$\varrho^2 = b^2(m-1)^2 + 4mb^2\cos^2\tfrac{1}{2}(m-1)\varphi$$

oder

$$\varrho^2 = a^2 + \frac{4m}{(m+2)^2}p^2.$$

Nach der Formel

$$R = \frac{\varrho\, d\varrho}{dp}$$

erhalten wir also den Krümmungsradius

$$R = \frac{4m}{(m+1)^2}p.$$ [78])

313. Ein andrer allgemeiner Ausdruck für den Krümmungsradius der Rouletten, d. i. der durch einen Punkt einer rollenden Kurve erzeugten Kurven, kann wie folgt gefunden werden: Seien P, P' zwei aufeinander folgende Punkte der Kurve, M der Berührungspunkt der rollenden mit der festen Kurve, R der Krümmungsmittelpunkt, so ist PP', das Bogenelement der Roulette, gleich $MP.PMP'$; aber indem wir die Kurven als Polygone von unendlicher Seitenzahl betrachten, können wir sehen, dass PMP', der Winkel, um welchen PM sich dreht, gleich der Summe oder Differenz der Winkel zwischen zwei auf einander folgenden Tangenten der festen und der rollenden Kurve ist. Wenn also $d\sigma$ das Bogenelement der Roulette und ds das gemeinschaftliche Element der Bogen der festen und der erzeugenden Kurve ist, wenn ϱ und ϱ' die Krümmungsradien beider sind, so haben wir

$$d\sigma = MP\left(\frac{ds}{\varrho} + \frac{ds}{\varrho'}\right);$$

aber dies Element $d\sigma$ ist auch gleich dem Produkt des Krümmungshalbmessers in den Winkel zwischen zwei auf einander folgenden Normalen; und wenn wir den Winkel OMP zwischen den Normalen der Roulette und der festen Kurve φ nennen, so ist der Winkel zwischen zwei einander folgenden Normalen der Roulette

$$\frac{\cos\varphi\, ds}{MR},$$

also

$$\frac{MP+MR}{MP.MR}=\frac{1}{\cos\varphi}\left(\frac{1}{\varrho}+\frac{1}{\varrho'}\right)$$

und somit[79])

$$PR=\frac{MP^2\left(\frac{1}{\varrho}+\frac{1}{\varrho'}\right)}{MP\left(\frac{1}{\varrho}+\frac{1}{\varrho'}\right)-\cos\varphi}.$$

314. Eine ausgedehnte Klasse transcendenter Kurven wird erhalten, indem man die Ordinate als irgend eine trigonometrische Funktion der Abscisse nimmt; es hat keine Schwierigkeit, die Form solcher Kurven aus ihren Gleichungen abzuleiten; z. B. $y=\sin x$ hat positive und stetig wachsende Ordinaten bis zu $x=\frac{1}{2}\pi$, von wo an die Ordinaten in derselben Art abnehmen bis $x=\pi$, wo die Kurve die Axe unter einem Winkel von 45^0 schneidet; ein ganz gleicher Teil der Kurve liegt auf der negativen Seite der Axe zwischen $x=\pi$ und $x=2\pi$. Die Kurve besteht daher aus einer Unendlichkeit gleicher Teile zu beiden Seiten der Axe.

So ferner stellt $y=\tan x$ eine Kurve dar, deren Ordinaten von $x=0$ bis $x=\frac{1}{2}\pi$, wo $y=\infty$ ist, regelmässig wachsen und für die die Linie $x=\frac{1}{2}\pi$ eine Asymptote ist. Für grössere Werte von x ändert sich y von negativ unendlich bis Null bei $x=\pi$. Die Kurve besteht daher aus einer Unendlichkeit unendlicher Zweige, die zu ihren Asymptoten die geraden Linien $x=\frac{1}{2}\pi$, $x=\frac{3}{2}\pi$, u. s. w. haben und überdies, wie leicht gesehen werden kann, Inflexionspunkte in $x=0$, $x=\pi$, $x=2\pi$, u. s. w. besitzen.

In gleicher Weise kann der Leser die Gestalt der Kurve $y=\sec x$ diskutieren, welche auch aus einer Anzahl unendlicher Zweige besteht, nur dass jeder Zweig, anstatt die Axe zu durchsetzen, wie im letzten Falle, ganz auf einer Seite von ihr liegt; nämlich abwechselnd auf der positiven und negativen Seite derselben. Zu derselben Familie gehört eine Kurve, die man die Gefährtin der Cykloide nennt. Sie wird erzeugt, indem man die Ordinaten eines Kreises nicht wie im Fall der Cykloide so verlängert, dass die Verlängerung dem Bogen gleich sei, sondern so, dass das Ganze ihm gleich werde.

Wenn dann das Centrum der Ursprung ist, so wird die Kurve durch die Gleichungen

$$x = a\cos\theta, \quad y = a\theta, \quad \text{oder} \quad a = a\cos\frac{y}{a}$$

dargestellt; eine Kurve derselben Familie, wie die Sinuskurve.

315. Nächst den von trigonometrischen Funktionen abhängigen Kurven erwähnen wir die, welche von Exponentialfunktionen abhängen. Die logarithmische Kurve wird durch die Eigenschaft charakterisiert, dass die Abscisse dem Logarithmus der Ordinate proportional ist, und ihre Gleichung ist daher

$$x = m\log y \quad \text{oder} \quad y = a^x.$$

Die Kurve hat dann die Axe der x zu einer Asymptote, weil für $x = -\infty$, $y = 0$ ist; der Abscisse Null entspricht die Ordinate von der Länge Eins und dieselbe wächst von da ab ohne Ende. Die Subtangente der logarithmischen Kurve ist konstant, da ihr allgemeiner Ausdruck $y\frac{dx}{dy}$ für sie den Wert m erhält.

Die geeignetste Interpretation der Gleichung $y = e^x$ ist kontrovers. Man hat zuerst nur den auf der positiven Seite der Axe der x liegenden Teil beachtet, in welchem je ein Punkt dem einzigen reellen und positiven Werte von e^x entspricht, welcher aus einem bestimmten Werte von x hervorgeht. Seit Euler hat man die verschiedenen Werte in Betracht gezogen, welche die Funktion gleichzeitig annimmt. So hat für x als einen Bruch mit geradzahligem Nenner e^x einen reellen negativen sowohl als einen reellen positiven Wert und es existiert daher auch ein jenem Werte von x entsprechender Punkt auf der negativen Seite der Axe; aber weil für x als einen Bruch mit ungeradem Nenner e^x nur einen reellen positiven Wert haben kann, so bilden die Punkte auf jener Seite der Axe keine stetige Reihe, d. h. keine Kurve. Man bildet den alle Werte der Ordinate umfassenden allgemeinen Ausdruck, indem man den numerischen Wert von e^x mit den imaginären Wurzeln der Einheit multipliziert, deren Ausdruck $\cos 2mx\pi + i\sin 2mx\pi$ ist für m als die Reihe aller ganzen Zahlen und i als die Quadratwurzel aus der negativen Einheit.

Dies ist gleichbedeutend mit der Aussage, dass die Gleichung $y = e^x$ zu betrachten sei als die Gleichung einer reellen Kurve und zugleich als Ausdruck unendlich vieler in der Formel $y = e^{x(1+2mi\pi)}$ enthaltenen nicht reellen Äste. Jeder beliebige dieser imaginären Äste enthält reelle Punkte, in denen er den Ast $y = e^{x(1-2mi\pi)}$ schneidet, Punkte, welche somit als konjugierte Punkte der Kurve anzusehen sind.

Die Zahl solcher Punkte ist unendlich gross und sie liegen entweder im reellen Teil der Kurve oder in dem zu ihm symmetrischen auf der negativen Seite der Axe zu x gelegenen Aste. Von dem letzten ist aber hervorzuheben, dass, obschon jeder einzelne seiner Punkte als zur logarithmischen Kurve gehörig anzusehen ist, doch keine zwei seiner Punkte als benachbart angesehen werden können, weil zwei solche zu verschiedenen Ästen gehören. So bildet er, was man eine punktierte Kurve genannt hat. Betrachten wir einen solchen Punkt als zu einem Zweig von der Gleichung $y = e^{x(1+2m\pi i)}$ gehörig, so ist der ihm entsprechende Differentialkoefficient $y(1+2m\pi i)$; und derselbe kann auch nach dem Vorbemerkten nicht reell sein, weil sonst nach dem Taylorschen Satze auch der nächstfolgende Punkt und folglich der betrachtete Kurventeil ein reeller Ast wäre.

Denken wir einen isolierten Punkt als Durchschnitt von zwei nicht reellen Ästen in Anologie zu dem Knotenpunkt als Durchschnitt von zwei reellen, so sind die in Frage stehenden Punkte als isolierte zu betrachten, weil als Durchschnittspunkte nicht reeller Äste. In der That sahen wir früher, dass eine transcendente Kurve unendlich viele Knotenpunkte oder isolierte Punkte haben könne und in dem Falle der Epitrochoiden bemerkten wir auch bereits, dass solche Punkte in unstetiger Weise in gewisse Örter verteilt sein können.[80])

316. Die Kettenlinie ist die von einem gleichförmig dichten unelastischen Faden in seiner Ruhelage angenommene Form. Sehr einfache Betrachtungen der Mechanik führen zu der Eigenschaft, welche wir als die mathematische Definition der Kurve annehmen wollen: dass der von ihrem tiefsten Punkte aus gemessene Bogen der Kurve der trigonometrischen Tan-

gente des Winkels proportional ist, den die Kurventangente in seinem Endpunkte mit der horizontalen Tangente der Kurve bildet. Denken wir die Axen als eine Horizontale und die Vertikale durch den tiefsten Punkt, so ist $s = c\frac{dy}{dx}\cdot$ Bei rechtwinkligen Axen ist aber das Bogenelement die Hypotenuse eines rechtwinkligen Dreiecks mit den Katheten dx und dy, d. h. $ds^2 = dx^2 + dy^2$. Mittelst der Gleichung der Kurve folgt daraus

$$s^2 + c^2 = c^2 \frac{ds^2}{dx^2}, \quad dx = \frac{c\,ds}{\sqrt{(s^2+c^2)}},$$

und

$$\frac{x}{c} = \log\left[\frac{s + \sqrt{(s^2+c^2)}}{c}\right],$$

wo die Konstante so zu nehmen ist, dass s und x gleichzeitig den Wert Null erreichen. Also ist auch

$$e^{\frac{x}{c}} + e^{-\frac{x}{c}} = \frac{2\sqrt{(s^2+c^2)}}{c}, \quad e^{\frac{x}{c}} - e^{-\frac{x}{c}} = \frac{2s}{c}\cdot$$

Aber die Gleichung der Kurve giebt ebenso

$$\frac{s^2+c^2}{s^2} = \frac{ds^2}{dy^2}, \quad dy = \frac{s\,ds}{\sqrt{(s^2+c^2)}}$$

und somit

$$y^2 = s^2 + c^2,$$

wenn wir voraussetzen, dass die Axen so gewählt seien, dass für s oder x gleich Null y den Wert c erhält. Dieser Wert von y giebt die Gleichung der Kurve

$$y = \frac{c}{2}\left(e^{\frac{x}{c}} + e^{-\frac{x}{c}}\right)$$

oder mit der Bezeichnung der hyperbolischen sinus oder cosinus, also mit

$$\tfrac{1}{2}(e^x + e^{-x}) = \cosh x,$$
$$\tfrac{1}{2}(e^x - e^{-x}) = \text{cinh}\, x,$$

$$y = c\cosh\frac{x}{c}, \quad s = c\sinh\frac{x}{c}\cdot$$

317. Aus der Gleichung der Kurve erhalten wir

$$\frac{dy}{dx} = \tfrac{1}{2}\left(e^{\frac{x}{c}} - e^{-\frac{x}{c}}\right) = \frac{s}{c} = \frac{\sqrt{(y^2-c^2)}}{c}$$

und werden dadurch zu folgender Konstruktion geführt: Vom Fusspunkt der Ordinate M ziehen wir die Tangente MT an den aus dem Centrum C mit dem Radius c beschriebenen Kreise; dann ist

$$MC = y, \quad CT = c, \quad MT = \sqrt{(y^2 - c^2)},$$
$$\tan MCT = \tan MTL = \frac{1}{c}\sqrt{(y^2 - c^2)},$$

somit die Tangente PS parallel zu MT. Diese Werte beweisen auch, dass $PS = MT =$ der Länge des Bogens vom tiefsten Punkte bis zum Punkte P ist. Der Ort des Punktes S ist somit die Involute oder Evolvente der Kettenlinie und SN parallel TC ist ihre Tangente, weil PS zum Ort von S als Tangente seiner Evolute normal sein muss. Die Evolvente der Kettenlinie ist daher eine Kurve, für die der Abschnitt SN auf der Tangente zwischen dem Berührungspunkte und einer festen Geraden konstant ist.[81]) Man hat diese Kurve die Traktrix genannt.

Fig. 64.

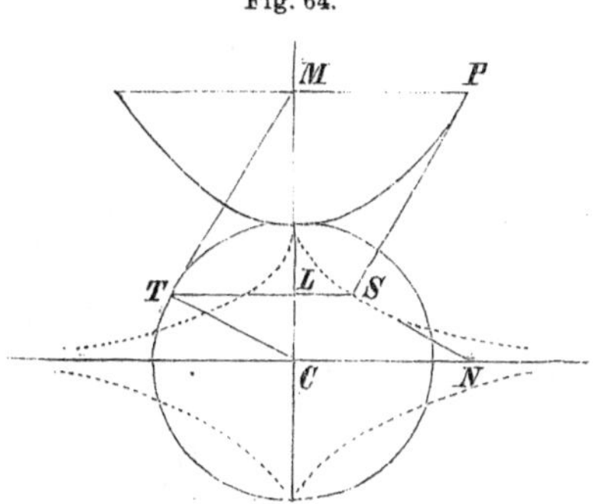

318. Man findet die Gleichung der Traktrix ohne Schwierigkeit, denn die Länge zwischen dem Fusspunkt der Ordinate von S und dem Punkt N ist $\sqrt{(c^2 - y^2)}$; und zugleich für $y = 0$ in der Gleichung der Tangente gleich $-\frac{y\,dx}{dy}$, so dass die Differentialgleichung der Kurve ist

$$-\frac{y\,dx}{dy} = \sqrt{(c^2 - y^2)};$$

wir machen sie durch die Substitution $z^2 = c^2 - y^2$ rational und erhalten

$$dx = \frac{c^2 dz}{c^2 - z^2} - dz.$$

Dann ist

$$x = c \log\left\{\frac{c + \sqrt{(c^2 - y^2)}}{y}\right\} - \sqrt{(c^2 - y^2)}.$$

Man erkennt leicht, dass die Kurve aus vier gleichen Teilen besteht, wie die punktierte Linie der Figur, und aus dem letzten Artikel ergiebt sich die geometrische Konstruktion ihrer Tangente.

Den Ort eines Punktes Q in der Tangente der Traktrix, der die konstante Linie SN in gegebene Teile zerlegt, hat man die Syntraktrix genannt. Sind x', y' die Koordinaten des Punktes der Traktrix und x, y die des letzten Punktes, so ist für $QN = d$ auch $y'd = yc$ und

$$\sqrt{(c^2 - y'^2)} - \sqrt{(d^2 - y^2)} = x - x';$$

und da nach der Gleichung der Traktrix

$$x' + \sqrt{(c^2 - y^2)} = c \log \left\{ \frac{c + \sqrt{(c^2 - y'^2)}}{y'} \right\}$$

ist, so wird die Gleichung der Syntraktrix

$$x + \sqrt{(d^2 - y^2)} = c \log \left\{ \frac{d + \sqrt{(d^2 - y^2)}}{y} \right\}.$$

Die Traktrix ist ein besonderer Fall der allgemeinen Äquitangentialkurven, die aus der Forderung entstehen, eine Kurve solle auf ihrer Tangente zwischen dem Berührungspunkt und einer festen Direktrix einen Abschnitt von konstanter Länge erzeugen.

319. Das Problem der Verfolgungskurven von dem Weg eines Hundes, der seinem Herrn nachläuft, lässt sich mathematisch so aussprechen: Der Punkt A durchläuft mit konstanter Geschwindigkeit eine bekannte Kurve; man verlangt den Weg des mit konstanter Geschwindigkeit stets auf A zueilenden Punktes B zu bestimmen.[82]) Denken wir A längs einer geraden Linie bewegt, die wir als Axe der y wählen, so ist der von der Tangente in dieser Axe gebildete Abschnitt gleich $y - x\frac{dy}{dx}$ und das Wachstum desselben ist nach der Voraussetzung dem Wachstum des Bogens proportional, also für $\frac{dy}{dx} = p$

$$-x\,dp = h\sqrt{(1 + p^2)}\,dx,$$

$$\log x^h + \log\{p + \sqrt{(1 + p^2)}\} + \log A = 0,$$

$$2p = A^{-1}x^{-h} - Ax^h,$$

$$2y = C - \frac{A}{h+1} x^{h+1} - \frac{A^{-1}}{h-1} x^{-h+1}.$$

Die Kurve ist daher algebraisch, den Fall $h=1$ ausgenommen, in welchem wir für $-\frac{x^{-h+1}}{h-1}$ den $\log x$ einzusetzen haben.

320. Die Involute oder Evolvente des Kreises ist eine weitere transcendente Kurve von leicht bestimmbarer Gleichung, denn sie ist der Ort eines Punktes Q in der Tangente des Kreises im Punkte P, für welchen die Strecke PQ dem von einem festen Punkte A des Kreises aus gemessenen Bogen AP gleich ist. Ist a der Radius des Kreises, C sein Centrum, $CQ = \varrho$ der Radius vektor,

Fig. 65.

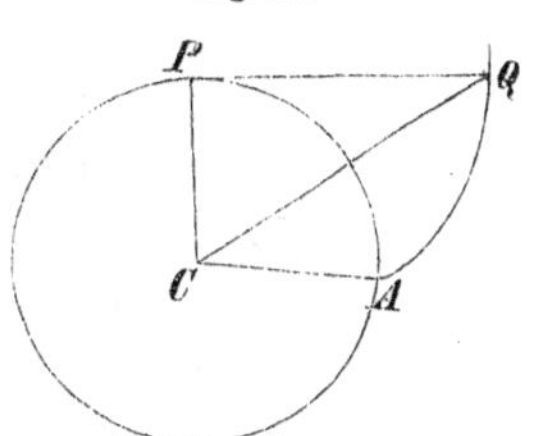

$$\angle PCA = \varphi, \quad \angle QCA = \theta,$$

so ist

$$PQ = \sqrt{(\varrho^2 - a^2)}$$

und überdies $= a\varphi$ nach der Voraussetzung. Aber es ist

$$\varphi = \theta + \text{arc.}\left(\cos = \frac{a}{\varrho}\right).$$

Die Polargleichung des Ortes ist daher

$$\frac{\sqrt{(\varrho^2 - a^2)}}{a} = \theta + \text{arc.}\left(\cos = \frac{a}{\varrho}\right).$$

Die Evolvente des Kreises ist der Ort der Durchschnittspunkte der Tangenten in solchen Punkten des Kreises und der entsprechenden Cykloide mit dem Scheitel A, in denen eine Ordinate zu CA sie schneidet.

321. Wir wollen dies Kapitel mit einer Übersicht von den Spiralen beschliessen. In den Gleichungen dieser Kurven in Polarkoordinaten ist der Radius vektor nicht eine periodische Funktion des Winkels, sondern eine solche, die für

$$\omega = \theta, \quad \omega = 2\pi + \theta, \quad \omega = 4\pi + \theta, \text{ u. s. w.}$$

unendlich viele verschiedene Werte giebt. Dann schneidet dieselbe Gerade die Kurve in unendlich vielen Punkten und dieselbe ist also transcendent. Die Spirale des Archimedes zuerst ist der Weg eines Punktes, der vom Anfangspunkt aus im Radius vektor gleichförmig fortschreitet, indess dieser sich gleichförmig um jenen dreht; ihre Polargleichung ist daher

$$\varrho = a\omega.$$

Dieselbe ist auch der Ort des Fusspunktes der Senkrechten, welche vom Anfangspunkt auf die Tangenten der Kreisevolvente gefällt werden. Denn nach der Natur der Evoluten ist die Tangente des Ortes von Q normal zu PQ und die Länge der aus C auf dieselbe gefällten Senkrechten ist $= PQ = a\varphi$ für φ als den von der Senkrechten mit einer festen Geraden gebildeten Winkel. Darum ist auch die Reciprokalkurve der Evolvente die hyperbolische Spirale $\varrho\omega = a$, die wir im nächsten Artikel besprechen wollen.

Die Spirale des Archimedes gehört der durch die allgemeine Gleichung $\varrho = a\omega^n$ bezeichneten Familie von Kurven an, bei welchen die Tangente sich um so mehr der zum Radius vektor normalen Lage nähert, je weiter der Punkt sich vom Anfangspunkt entfernt. Denn man hat

$$\varrho\, d\omega : d\varrho = \omega : n,$$

so dass (Art. 95) die trigonometrische Tangente des vom Radius vektor mit der Kurventangente gebildeten Winkels mit ω stetig wächst, ohne doch früher als ω unendlich gross zu werden.

322. Die oben erwähnte hyperbolische Spirale

$$\varrho\omega = a$$

hat eine Asymptote parallel zu der Geraden, von welcher aus die ω gemessen werden, denn die Normale von einem Punkte der Spirale auf diese Gerade ist $\varrho \sin\omega = \frac{a \sin\omega}{\omega}$ und wird daher für verschwindendes ω und unendlich anwachsendes ϱ in den endlichen Wert a übergeführt.

Wir können ferner die Länge der Normalen vom Anfangspunkt auf die Tangente berechnen; denn die Tangente des Winkels, den der Radius vektor mit der Kurventangente macht, ist $\varrho \frac{d\omega}{d\varrho} = -\omega$, sodass die Normale $= \frac{a\varrho}{\sqrt{(a^2+\varrho^2)}}$ wird, d. h. gleich a für unendlich wachsendes ϱ.

Die Form der Kurve ist die in der Figur gegebene. Ihre Polarsubtangente ist konstant. Der Bogen AB des mit dem festen Radius OA durch einen Punkt der Kurve beschriebenen Kreises ist auch konstant.

Fig. 66.

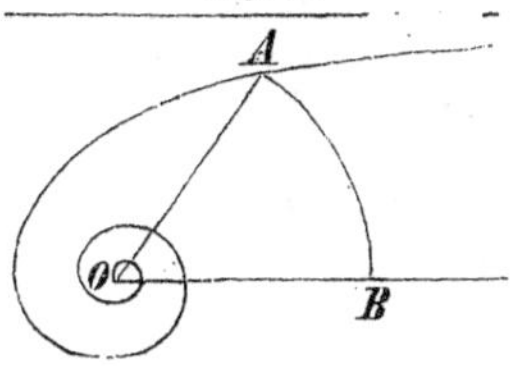

Eine andere der Erwähnung würdige Spirale ist der Lituus[83])

$$\varrho^2 \omega = a^2.$$

Dieselbe hat die Gerade zur Asymptote, von welcher aus die ω gemessen werden; denn die Entfernung eines Punktes in ihr von dieser Geraden $\varrho \sin \omega = \frac{a^2 \sin \omega}{\varrho \omega}$ nimmt ohne Ende ab, indem ϱ ohne Ende wächst und ω verschwindet.

323. Wir erwähnen endlich die logarithmische Spirale

$$\varrho = a^{\omega}.$$

In dieser Kurve wächst ϱ unbegrenzt mit ω; es ist für $\omega = 0$ gleich Eins und nimmt für negative Werte von ω fortwährend ab, ohne früher Null zu werden als bis ω negativ unendlich ist. Die Kurve nähert sich daher in unendlich vielen Umdrehungen um ihn dem Pol.

Es ist eine ihrer Fundamentaleigenschaften, dass sie alle Radien vektoren unter konstantem Winkel schneidet, weil $\varrho \frac{d\omega}{d\varrho}$ dem Modus des Logarithmensystems gleich wird, das a zur Basis hat und somit der Winkel des Radius vektor mit der Tangente diesen Modul zu seiner trigonometrischen Tangente hat.

Aus dieser Eigenschaft erhalten wir die Rektifikation der Kurve. Denn aus der Betrachtung des Elementardreiecks, in welchem das Bogenelement die Hypotenuse und das Wachstum des Radius vektor die eine Kathete ist, ersehen wir, dass das Bogenelement gleich dem mit der Sekante dieses konstanten Winkels multiplizierten Wachstum des Radius vektor ist und dass daher jeder Bogen gleich der mit der Sekante desselben Winkels multiplizierten Differenz der Radien vektoren seiner Endpunkte ist.

Die vom Punkte P bis zum Pol gemessene Bogenlänge $\varrho \sec\theta$ wird konstruiert, indem man im Pol O die Normale OQ zu OP errichtet und bis zur Tangente der Kurve in P verlängert; sie ist gleich PQ. Der Ort von Q ist eine Involute oder Evolvente der Kurve; da aber die Winkel des Dreiecks OPQ konstant sind, so ist OQ zu OP proportional und macht mit OP einen rechten Winkel, d. h. der Ort von Q ist auch eine logarithmische Spirale, die durch Drehung der Radien vektoren der gegebenen um einen rechten Winkel und gleichzeitige Veränderung derselben in einem gegebenen Verhältnis entsteht.

Umgekehrt ist auch die Evolute einer logarithmischen Spirale eine Kurve derselben Art. Der Ort der Fusspunkte der Senkrechten auf die Tangente ist ebenfalls eine logarithmische Spirale, weil sie in einem festen Verhältnis zum Radius vektor steht und einen konstanten Winkel mit ihm bildet. Die Brennlinien durch Reflexion und Refraktion für Licht aus dem Pole sind gleichfalls logarithmische Spiralen.[84])

Achtes Kapitel.

Transformation der Kurven.

324. Nachdem im ersten Teile dieses Werkes („Kegelschnitte“ Kap. XXII—XXIV) ausser verschiedenen speziellen Methoden der Ableitung von Eigenschaften einer Kurve aus denen anderer Kurven — wie den Methoden der Projektion und der reciproken Polaren, der Inversion oder der reciproken Radien u. s. w. —, auch die allgemeine Theorie der linearen oder projektivischen Transformationen oder der Verwandtschaften der Kollineation und der Reciprocität entwickelt worden ist, soll nun hier die allgemeine Theorie solcher Methoden dargestellt werden.

Wir haben dafür im allgemeinen die Korrespondenz oder das Entsprechen zweier Punkte P, P' zu betrachten, die ebensowohl in derselben Ebene als in verschiedenen Ebenen gedacht werden können. Im letzten Falle können beide Ebenen als in einem gemeinsamen Raume liegend angesehen werden und es ist dann möglich, den Übergang zwischen P und P' durch geometrische Konstruktionen in diesem Raume zu vollziehen; die Methode der Projektion bietet das einfachste Beispiel dieser Art, die gerade Verbindungslinie der entsprechenden Punkte PP' geht immer durch einen gegebenen festen Punkt, das Centrum der Projektion. Man erhält ein anderes System der Transformation, indem man der Geraden PP' die Bedingung auferlegt, zwei feste sich kreuzende Gerade zu schneiden[85]), etc.

Die Entwicklung solcher Theorien gehört der Geometrie des Raumes an.

An diesem Orte untersuchen wir die beiden Ebenen ohne Beziehung auf einen gemeinsamen Raum. Wir denken die

Punkte jeder Ebene durch Koordinaten in Bezug auf ein willkürlich gewähltes System von Fundamentalelementen bestimmt und nehmen an, dass zwischen den Koordinaten entsprechender Punkte eine bekannte algebraische Abhängigkeit bestehe, insbesondere also Gleichheit oder lineare Abhängigkeit, wie im Falle der projektivischen Transformationen u. s. w. In jedem Falle bestehen Sätze über die Beziehung beider Ebenen im allgemeinen und Sätze über die Beziehung derselben als in einer einzigen Ebene vereinigt. Um diese Beziehungen auszudrücken, sprechen wir von zwei entsprechenden Figuren — nämlich Systemen von Punkten, geraden Linien oder von Kurven — in diesen Ebenen oder in derselben Ebene; oder auch, wir sprechen von allen Punkten der Ebene und ihren entsprechenden.

Die insbesondere genau untersuchte Art von Transformationen hat ihren wesentlichen Charakter darin, dass einer gegebenen Lage von P im allgemeinen eine einzige Lage von P' entspricht, und umgekehrt einer Lage von P' eine einzige von P. Die projektivische ist der einfachste Fall derselben; man bezeichnet sie aber allgemein als die rationale oder auch die birationale Transformation.

Quadratische Transformation.

325. Es ist nützlich, vor der allgemeinen Theorie ausser der linearen Transformation noch einen andern speziellen Fall näher zu untersuchen, nämlich den Fall, wo die Koordinaten des Punktes P' Funktionen zweiten Grades in den Koordinaten von P sind, oder wo man hat

$$x'_3 : x'_2 : x'_3 = X_1 : X_2 : X_3.$$

Dann entsprechen den geraden Linien

$$x'_1 = 0, \quad x'_2 = 0, \quad x'_3 = 0$$

die drei Kegelschnitte

$$X_1 = 0, \quad X_2 = 0, \quad X_3 = 0,$$

und einer Kurve n^{ter} Ordnung entspricht im allgemeinen eine Kurve von der Ordnung $2n$, deren Gleichung man durch Substitution der X_i für die x_i in die gegebene Gleichung erhält. In den Art. 253, 273 ist diese Methode schon benutzt worden. Man erhält ein einfaches Beispiel durch die Annahme

$$x'_1 : x'_2 : x'_3 = x_1^2 : x_2^2 : x_3^2.$$

Dann entspricht der geraden Linie

$$a_1 x_1 + a_2 x_2 + a_3 x_3 = 0$$

ein Kegelschnitt

$$a_1 x_1^{\frac{1}{2}} + a_2 x_2^{\frac{1}{2}} + a_3 x_3^{\frac{1}{2}} = 0,$$

welcher die Seiten des Fundamentaldreiecks berührt, und einer geraden Linie in der zweiten Figur entspricht wieder ein Kegelschnitt in der ersten. Einem Kegelschnitt der ersten Figur von der Gleichung

$$a_{11} x_1^2 + a_{22} x_2^2 + a_{33} x_3^2 + 2 a_{23} x_2 x_3 + 2 a_{13} x_1 x_3 + 2 a_{12} x_1 x_2 = 0$$

entspricht die Kurve vierter Ordnung

$$a_{11} x_1 + a_{22} x_2 + a_{33} x_3 + 2 a_{23} x_2^{\frac{1}{2}} x_3^{\frac{1}{2}} + 2 a_{13} x_1^{\frac{1}{2}} x_3^{\frac{1}{2}} + 2 a_{12} x_1^{\frac{1}{2}} x_2^{\frac{1}{2}} = 0.$$

Und da die allgemeine Gleichung eines Kegelschnittes in der Form

$$\frac{x_1}{a_{23}} + \frac{x_2}{a_{13}} + \frac{x_3}{a_{12}} = \left\{\left(\frac{1}{a_{23}^2} - \frac{a_{11}}{a_{23} a_{13} a_{12}}\right) x_1^2 + \left(\frac{1}{a_{13}^2} - \frac{a_{22}}{a_{23} a_{13} a_{12}}\right) x_2^2 \right.$$
$$\left. + \left(\frac{1}{a_{12}^2} - \frac{a_{33}}{a_{23} a_{13} a_{12}}\right) x_3^2 \right\}$$

geschrieben werden kann, so ergiebt sich, dass die Gleichung der entsprechenden Kurve in der Form

$$a x_1^{\frac{1}{2}} + b x_2^{\frac{1}{2}} + c x_3^{\frac{1}{2}} + d x_4^{\frac{1}{2}} = 0$$

darstellbar ist und dass sie also drei Doppelpunkte und die geraden Linien

$$x_1 = 0, \quad x_2 = 0, \quad x_3 = 0, \quad x_4 = 0$$

zu Doppeltangenten hat.

326. Die eben beschriebene Methode der Transformation auf Grund der Beziehung

$$x'_1 : x'_2 : x'_3 = X_1 : X_2 : X_3$$

ist im allgemeinen nicht rational. Denn aus gegebenen x_i folgen zwar die x'_i rational, aber für gegebene x'_i sind die entsprechenden x_i aus den Gleichungen

$$\frac{X_1}{x'_1} = \frac{X_2}{x'_2} = \frac{X_3}{x'_3}$$

zu berechnen, aus Gleichungen also, welche Kegelschnitte mit vier gemeinsamen Punkten darstellen und somit vier verschiedene Lagen des dem Punkte x'_i entsprechenden Punktes x_i liefern. Wenn die Kegelschnitte $X_i = 0$ einen gemeinsamen Punkt hätten, so könnte derselbe als von der Lage des Punktes x'_i unabhängig ausser Betracht bleiben und jedem Punkte x'_i entsprächen drei Punkte x_i; wenn die $X_i = 0$ zwei feste gemeinsame Punkte hätten, ebenso zwei, und endlich für drei feste gemeinsame Punkte derselben besitzen die Kegelschnitte

$$\frac{X_1}{x'_1} = \frac{X_2}{x'_2} = \frac{X_3}{x'_3}$$

nur einen andern dem x'_i entsprechenden gemeinschaftlichen Punkt. Die Transformation ist daher in diesem Falle rational, d. h. es entspricht jeder Lage des einen Punktes nur eine Lage des andern.

Da es nur einer Koordinatenveränderung gleichkommt, wenn wir anstatt der Kegelschnitte $X_i = 0$ drei beliebige Kegelschnitte des Systems

$$b_1 X_1 + b_2 X_2 + b_3 X_3 = 0$$

wählen und die ihnen entsprechenden Geraden

$$b_1 x_1 + b_2 x_2 + b_3 x_3 = 0$$

zu Fundamentallinien machen, so wird die Allgemeinheit durch die Festsetzung nicht vermindert, dass die $X_i = 0$ die drei Paare von geraden Linien sein sollen, welche die drei gemeinsamen Punkte verbinden und die in Art. 284 angewendete durch die Relationen

$$x_1 : x_2 : x_3 = x'_2 x'_3 : x'_3 x'_1 : x'_1 x'_2$$

und

$$x'_1 : x'_2 : x'_3 = x_2 x_3 : x_3 x_1 : x_1 x_2$$

ausgedrückte Transformation ist daher die allgemeinste birationale quadratische Transformation.

327. Schon in Art. 284 ist dargethan worden, dass dem Punkte $x_i = x_j = 0$ jeder Punkt der Linie $x'_k = 0$ entspricht.

Transformiert man also eine Kurve, so entspricht jedem der n-Punkte, in welchen sie die Gerade $x'_k = 0$ schneidet, der Punkt $x_i = x_j = 0$, oder genauer gesprochen das Element eines durch diesen Punkt gehenden Astes der entsprechenden Kurve, d. h. dieser Punkt ist ein n-facher Punkt der letzten. So oft die Originalkurve die Gerade $x'_k = 0$ berührt, so oft fallen die Tangenten zweier Äste der entsprechenden oder Bildkurve in eine zusammen. Einer Kurve n^{ter} Ordnung, welche durch keinen der festen Punkte

$$x'_2 = x'_3 = 0, \quad x'_3 = x'_1 = 0, \quad x'_1 = x'_2 = 0$$

hindurchgeht, entspricht daher eine Kurve von der Ordnung $2n$, welche die drei Punkte

$$x_2 = x_3 = 0, \quad x_3 = x_1 = 0, \quad x_1 = x_2 = 0$$

zu n-fachen Punkten hat. Wenn wir aber voraussetzen, dass die Kurve n^{ter} Ordnung durch den Punkt $x'_i = x'_j = 0$ hindurchgeht, so gehört die Gerade $x_k = 0$ der entsprechenden Kurve an und insofern wir diese Gerade ausser Betracht lassen, ist die Ordnung der transformierten Kurve um Eins vermindert. Und überdies geht die entsprechende Kurve durch jeden der Punkte $x_k = x_i = 0$, $x_k = x_j = 0$ nur $(n-1)$ statt n mal, weil die gerade Linie $x_k = 0$ jeden derselben enthält. In derselben Weise erkennen wir allgemein, dass einer Kurve n^{ter} Ordnung, welche durch die drei Hauptpunkte — wie wir sie nennen wollen — respektive f_1, f_2, f_3 mal hindurchgeht, eine Kurve von der Ordnung

$$n' = 2n - f_1 - f_2 - f_3$$

entspricht, die durch die drei entsprechenden Hauptpunkte der andern Figur respektive f'_1, f'_2, f'_3 mal hindurchgeht, für

$$f'_1 = n - f_2 - f_3, \quad f'_2 = n - f_3 - f_1, \quad f'_3 = n - f_1 - f_2.$$

Man bestätigt leicht, dass die so erhaltenen Zahlen die reciproken Beziehungen zwischen beiden Kurven erfüllen, d. h. dass man hat

$$n = 2n' - f'_1 - f'_2 - f'_3;$$

$$f_1 = n' - f'_2 - f'_3, \quad f_2 = n' - f'_3 - f'_1, \quad f_3 = n' - f'_1 - f'_2.$$

Wir zeigen auch, dass die entsprechenden Kurven denselben Defekt haben oder vom nämlichen Geschlecht sind. Denn nach Art. 43 ist ein p-facher Punkt $\frac{1}{2}p(p-1)$ Doppelpunkten äquivalent und der Defekt der ersten Kurve ist somit

$$\tfrac{1}{2}\{(n-1)(n-2)-f_1(f_1-1)-f_2(f_2-1)-f_3(f_3-1)\};$$

mit Benutzung der für n' und die f'_i soeben ermittelten Werte zeigt man aber leicht, dass diese Zahl der folgenden stets gleich ist[86])

$$\tfrac{1}{2}\{(n'-1)(n'-2)-f'_1(f'_1-1)-f'_2(f'_2-1)-f'_3(f'_3-1)\}.$$

328. Ein besonderer Fall der Methode der quadratischen Transformation ist die der Inversion oder die Transformation durch reciproke Radien vektoren, die in Art. 153 und in Art. 397 flg. der „Kegelschnitte" besprochen ist. Wir haben einen festen Punkt O, den wir als Anfangspunkt der Koordinaten wählen werden, und entsprechende Punkte P, P' liegen mit demselben in einer geraden Linie und in Entfernungen, deren Produkt konstant ist, setzen wir $OP.OP'=1$. Dann begründet man leicht die Relationen

$$x'=\frac{x}{x^2+y^2},\quad y'=\frac{y}{x^2+y^2};\quad x=\frac{x'}{x'^2+y'^2},\quad y=\frac{y'}{x'^2+y'^2},$$

aus denen die Gleichungen

$$x'+iy'=\frac{1}{x-iy},\quad x'-iy'=\frac{1}{x+iy}$$

hervorgehen. Setzen wir also x_1, x_2, x_3, respektive gleich $x-iy$, $x+iy$, 1 und ebenso x'_1, x'_2, x'_3, respektive gleich $x'+iy'$, $x'-iy'$, 1, so haben wir

$$x'_1:x'_2:x'_3=x_2x_3:x_3x_1:x_1x_2$$

oder die Transformation ist von der in diesem Abschnitt betrachteten Art. Man nennt bekanntlich den Punkt O das Centrum der Inversion und den aus ihm mit der der Quadratwurzel aus $OP.OP'$ entsprechenden Länge beschriebenen Kreis den Inversionskreis. Wenn der Punkt P eine Kurve durchläuft, so beschreibt der Punkt P' die Inverse derselben. Insbesondere ist die Inverse einer geraden Linie ein durch O gehender Kreis, der die Länge OA' zum Durchmesser hat, welche der dem Fusspunkt der Normale OA auf die Gerade entsprechende Punkt begrenzt. Der Punkt O selbst entspricht in ihm dem unendlich fernen Punkt der Geraden. Die Inverse eines

Kreises ist wieder ein Kreis („Kegelschn." Art. 397) und insbesondere ist die Inverse eines Kreises K, der den Inversionskreis orthogonal durchschneidet, dieser Kreis K selbst, d. h. der Punkt P und der entsprechende Punkt P' liegen auf einem Kreise, welcher sich selbst invers ist. In diesem Beispiel kündigt sich eine weiterhin vollständiger zu entwickelnde Theorie an, in der die allgemeine Theorie der Transformation als eine Theorie der Korrespondenz oder des Entsprechens von Punkten in einer gegebenen Kurve erscheint. In unserm Fall entspricht dem Punkte P des Kreises K der zweite Schnittpunkt P', welchen die Gerade OP mit ihm bestimmt.

329. Für die allgemeine Theorie der Inversion erhellt aus dem Vorigen, dass zwei Paare entsprechender Punkte A, A' und B, B' stets auf einem Kreise liegen, der den Inversionskreis orthogonal schneidet und nach der Eigenschaft eines dem Kreise eingeschriebenen Vierecks so, dass die Verbindungslinie der Punkte A, B mit dem Radius vektor OA denselben Winkel macht, wie die Verbindungslinie der entsprechenden Punkte A', B' mit dem Radius vektor. Und beim Übergang zur Grenze für AB als Tangente einer Kurve im Punkte A, dass die entsprechende Tangente der inversen Kurve mit dem Radius vektor denselben Winkel einschliesst wie jene; endlich, dass der von irgend zwei Kurven in irgend einem Punkte gebildete Winkel dem Winkel der inversen Kurven im entsprechenden Punkte gleich ist.

Die Inverse ergiebt sich unmittelbar für Kurven, die in der Gleichung $\varrho^n = a^n \cos n\omega$ enthalten sind. So ist für $n=2$ die Lemniskate die Inverse der gleichseitigen Hyperbel; für $n=\frac{1}{2}$ die Kardioide, die Inverse einer Parabel, die ihren Brennpunkt im Centrum hat, u. s. w. Die Inverse eines Kegelschnitts ist im allgemeinen eine Kurve vierter Ordnung mit drei Doppelpunkten, nämlich im Centrum und in den unendlich fernen Kreispunkten. Ist das Centrum ein Brennpunkt des Kegelschnitts, so ist sie insbesondere die Pascalsche Schnecke; für das Centrum als einen Punkt der Kurve eine durch die Kreispunkte gehende Kurve dritter Ordnung mit Doppelpunkt im Centrum.

Einem Oskulationskreis der Kurve entspricht ein solcher der inversen Kurve, geht der erstere aber insbesondere durch das Centrum der Inversion, so entspricht ihm eine Inflexionstangente.

Beispiel 1. Die drei Inflexionspunkte einer cirkularen Kurve dritter Ordnung mit Doppelpunkt liegen in einer geraden Linie. Daher lassen sich durch jeden Punkt eines Kegelschnitts drei Kreise legen, die ihn an je einem andern Punkt oskulieren und diese drei Punkte liegen mit dem gegebenen Punkte in einem Kreise. Die drei Oskulationspunkte sind sämtlich reell, wenn die Kurve eine Ellipse ist; für die Hyperbel sind zwei von ihnen imaginär.[87])

Beispiel 2. Analog gehen durch jeden Punkt einer circularen Kurve dritter Ordnung oder einer bicirkularen Kurve vierter Ordnung neun die Kurve anderwärts oskulierende Kreise; von denselben sind drei reell und ihre Oskulationspunkte liegen auf einem auch durch den gegebenen Punkt gehenden Kreis.

Beispiel 3. „Die Fusspunkte der von einem Punkte des umschriebenen Kreises auf die Seiten eines Dreiecks gefällten Perpendikel liegen in einer geraden Linie.“ Wenn über drei von demselben Punkte ausgehenden Sehnen AB, AC, AD eines Kreises als ihren Durchmessern Kreise beschrieben werden, so liegen die zweiten Schnittpunkte derselben in einer geraden Linie.

Beispiel 4. „Der einem Dreieck aus drei Parabeltangenten umschriebene Kreis geht durch den Brennpunkt der Parabel.“ Wenn drei Kreise eine Kardioide berühren und durch ihre Spitze gehen, so liegen ihre drei zweiten Durchschnittspunkte in einer geraden Linie.

Beispiel 5. „Wenn eine gerade Linie die Pascalsche Schnecke in vier Punkten schneidet, so ist die Summe ihrer Entfernungen vom Doppelpunkt derselben konstant.“ Wenn ein durch den einen Brennpunkt gehender Kreis einen Kegelschnitt in vier Punkten schneidet, so ist die Summe der reciproken Werte ihrer Entfernungen vom Brennpunkte konstant.

Beispiel 6. Man soll die Enveloppe von Kreisen bestimmen, die durch einen festen Punkt gehen und deren Centren in einer gegebenen Kurve liegen. Wir nehmen den festen Punkt zum Centrum der Inversion und bemerken, dass der Ort des andern Endpunktes des durch ihn gehenden Durchmessers eine zur gegebenen ähnliche Kurve ist. Daraus ergiebt sich, dass die negative Fusspunktkurve (Art. 122) der Inversen der letzten Kurve die Inverse der geforderten Enveloppe und folglich nach Art. 123, dass die Enveloppe selbst die Inverse der Polarreciproken der gegebenen Kurve ist.[88])

330. Es bleibt übrig, diejenigen Fälle der rationalen quadratischen Transformation zu erwähnen, welche nicht auf die Substitution

$$x_1 : x_2 : x_3 = x'_2 x'_3 : x'_3 x'_1 : x'_1 x'_2$$

zurückführbar sind. Von den drei den Kegelschnitten $X_i = 0$ gemeinsamen Punkten können zwei zusammenfallen und es sei $x_2 = 0$ die gemeinschaftliche Tangente derselben im Punkte $x_2 = x_1 = 0$, sowie $x_1 = x_3 = 0$ der dritte ihnen gemeinsame Punkt, so können, weil die Gleichungen solcher Kegelschnitte von der Form

$$a_{11} x_1^2 + 2 a_{23} x_2 x_3 + 2 a_{12} x_1 x_2 = 0$$

sein müssen,

$$x_1^2 = 0, \quad x_2 x_3 = 0 \quad \text{und} \quad x_1 x_2 = 0$$

als solche Kegelschnitte genommen werden und die Substitution erhält die Form der im Art. 289 angewendeten

$$x'_1 : x'_2 : x'_3 = x_1 x_2 . x_1^2 : x_2 x_3$$

und

$$x_1 : x_2 : x_3 = x'_1 x'_2 : x'^2_1 : x'_2 x'_3.$$

In dieser Substitution entspricht wie in der allgemeinen dem Punkte $x'_1 = x'_3 = 0$ die Gerade $x_2 = 0$ und jeder Kurve, welche diese gerade Linie in n Punkten schneidet, eine Kurve, welche jenen Punkt zum n-fachen Punkte hat. Dem Punkte $x'_1 = x'_2 = 0$ entspricht die gerade Linie $x_1 = 0$, aber für alle Punkte der letzten hält man die nämliche Tangentenrichtung im ersten, nämlich $x'_2 = 0$; einer Kurve, die die Gerade $x_1 = 0$ in n Punkten schneidet, entspricht somit eine Kurve, die den Punkt $x'_1 = x'_2 = 0$ zu einem n-fachen Punkt mit zusammenfallenden Tangenten hat. In kurzem Ausdruck, die Theorie ist im wesentlichen dieselbe wie vorher, nur modifiziert durch das Zusammenfallen von zweien der Hauptpunkte.

Wenn endlich alle drei Hauptpunkte zusammenfallen, so sind nach Art. 247 der „Kegelschn." die Gleichungen der Kegelschnitte von der Form

$$a_{22} x_2^2 + 2 a_{12} x_1 x_2 + 2 a_{23} (x_2 x_3 - m x_1^2) = 0$$

und wir kommen zu der am Schluss des Art. 289 gebrauchten Form der Substitution

$$x'_1 : x'_2 : x'_3 = x_1 x_2 : x_2^2 : x_2 x_3 - m x_1^2,$$
$$x_1 : x_2 : x_3 = x'_1 x'_2 : x'^2_2 : x'_2 x'_3 + m x'^2_1.$$

Allgemeine Theorie der rationalen Transformation.

331. Es ist zweckmässig, vor dem Eingehen auf die allgemeine Theorie der rationalen Transformation in Ausdehnung des in Art. 329 Gesagten zu erwähnen, dass die Substitution von x_1^n, x_2^n, x_3^n für respektive x_1, x_2, x_3 dann eine sehr einfache Form annimmt, wenn $x_3 = 0$ die unendlich ferne Gerade ist und $x_1 = 0$, $x_2 = 0$ nach den Kreispunkten in derselben gehen. Denn durch Transformation zu Polarkoordinaten werden die Gleichungen der letzten

$$\varrho (\cos \theta \pm i \sin \theta) = 0$$

und man erkennt, dass die Ersetzung dieser Funktionen durch ihre n^{ten} Potenzen auf die Einführung von ϱ^n und von $n\theta$ für ϱ und θ respektive zurückkommt. Diese Transformation ist nicht rational, aber sie wird vorteilhaft auf Kurven von der Gleichungsform $\varrho^m = a^m \cos m\omega$ angewendet, welche so in Kurven von der nämlichen Gleichungsform transformiert werden. Für $n = 2$ wird ein Kreis zu einer Cassinischen Kurve, für $n = \frac{1}{2}$ zu einer Pascalschen Schnecke.

Roberts hat[89]) auch bemerkt, dass durch diese Transformation der Winkel nicht geändert wird, unter welchem sich zwei Kurven durchschneiden. Denn die trigonometrische Tangente des Winkels, den die Tangente einer Kurve mit dem Radius vektor bildet (Art. 95), wird durch $\varrho \frac{d\omega}{d\varrho}$ ausgedrückt und die Substitution von $n d\omega$ für $d\omega$ und von $\frac{n d\varrho}{\varrho}$ für $\frac{d\varrho}{\varrho}$ lässt dies ungeändert. Die als Beispiele zur Theorie der Inversion gegebenen Sätze liefern hiernach für die verschiedenen Werte von n ebensoviele neue Sätze; und Sätze in Bezug auf die Winkel, unter welchen Kurven sich durchschneiden, werden leicht durch diese Methode transformiert, wie beispielsweise die Sätze, dass ein Kreis der Ort der Schnittpunkte zu einander rechtwinkliger Geraden ist, von denen jede durch einen von zwei festen Punkten geht; dass eine Reihe koncentrischer Kreise durch das System ihrer Durchmesser rechtwinklig geschnitten wird; u. s. w.

332. Nach einer **allgemeinen rationalen Transformation** entspreche einem System von Werten der x_i ein einziges System von Werten der x'_i, z. B.

$$x'_1 : x'_2 : x'_3 = X_1 : X_2 : X_3$$

für die X_i als bekannte Funktionen der x_i, die wir vom Grade n annehmen; und umgekehrt entspreche einem beliebigen System von Werte x'_i ein einziges System von Werten

$$x_1 : x_2 : x_3 = X'_1 : X'_2 : X'_3.$$

Dann müssen zuerst, damit eine solche Ausdrucksweise möglich sei, die X'_i auch vom Grade n in den x'_i sein. Denn den n Durchschnittspunkten einer beliebigen Geraden

$$a_1 x_1 + a_2 x_2 + a_3 x_3 = 0$$

mit irgend einer Kurve

$$b_1 X_1 + b_2 X_2 + b_3 X_3 = 0$$

entsprechen im andern System notwendig die Schnittpunkte der Kurve

$$a_1 X'_1 + a_2 X'_2 + a_3 X'_3 = 0$$

mit der Geraden

$$b_1 x'_1 + b_2 x'_2 + b_3 x_3 = 0,$$

deren Anzahl daher gleichfalls n sein muss.

333. Wir untersuchen hiernach die **Bedingungen, unter welchen die vorausgesetzte gegenseitige Ausdrückbarkeit der x_i und x'_i möglich ist.** Im allgemeinen entsprechen dem Punkte

$$x'_1 : x'_2 : x'_3 = a_1 : a_2 : a_3$$

des einen Systems die gemeinschaftlichen Punkte der Kurven

$$X_1 : X_2 : X_3 = a_1 : a_2 : a_3$$

im andern System; ihre Anzahl ist n^2, wenn die X_i allgemeine Kurven ihrer Ordnung sind. Wenn jedoch p den drei Kurven $X_i = 0$ gemeinsame Punkte vorhanden wären, so würden nur $n^2 - p$ mit den a_i veränderliche Durchschnittspunkte derselben existieren, die also dem gegebenen Punkte im andern System entsprechen. Und für $p = n^2 - 1$ wäre nur ein einziger veränderlicher Schnittpunkt vorhanden; oder mit andern Worten, wenn alle Durchschnittspunkte der Kurven

$$X_1 : X_2 : X_3 = a_1 : a_2 : a_3$$

bis auf einen bekannt sind, so sind die Koordinaten dieses letzten Durchschnittspunktes eindeutig bestimmt und somit rationale Funktionen der a_i, d. h. der x'_i, und wir erhalten Ausdrücke von der Form

$$x_1 : x_2 : x_3 = X'_1 : X'_2 : X'_3.$$

334. Dass die Kurven $X_i = 0$ gemeinsame Durchschnittspunkte in der Zahl $n^2 - 1$ haben, ist also die eine Bedingung für rationale Transformation; aber dieselbe unterliegt noch einer andern Bedingung. Das System der Kurven

$$a_1 X_1 + a_2 X_2 + a_3 X_3 = 0$$

muss von demselben Grade der Allgemeinheit sein, wie das System der Geraden

$$a_1 x'_1 + a_2 x'_2 + a_3 x'_3 = 0,$$

welchem es entspricht, d. h. eine Kurve des Systems muss zwei weitern Bedingungen unterworfen werden können, ohne überbestimmt zu sein, zwei Bedingungen, welche die beiden Konstanten $a_1 : a_2 : a_3$ bestimmen. Die Zahl der Bedingungen, welchen die Kurven $X_i = 0$ unterworfen werden, muss wenigstens um zwei kleiner sein als die Zahl derer, welche zur Bestimmung einer Kurve n^{ter} Ordnung hinreicht. Wenn z. B. die Kurven $X_i = 0$ Kurven dritter Ordnung sind, und wenn wir die Bedingung stellen, dass sie acht verschiedene Punkte gemein haben sollen, so haben sie nach Art. 29 auch einen neunten Punkt gemein und können daher keinen variabeln Durchschnittspunkt besitzen, so dass die Konstruktion des vorigen Artikels ihren Zweck verfehlt. Wir können jedoch den Bedingungen des Problems genügen, indem wir annehmen, dass die Kurven dritter Ordnung $X_i = 0$ einen gemeinsamen Doppelpunkt und vier einfache gemeinsame Punkte haben. Denn dies zählt für sieben Bedingungen, da ein gegebener Doppelpunkt deren drei repräsentiert (Art. 41), und es sind daher zwei weitere Bedingungen nötig, um irgend eine Kurve des Systems

$$a_1 X_1 + a_2 X_2 + a_3 X_3 = 0$$

zu bestimmen. Dagegen zählen die gemeinsamen Punkte für acht, weil ein Punkt, der in zwei Kurven zugleich ein Doppelpunkt ist, für vier unter ihren Schnittpunkten zählt. Und so können wir auch allgemein die $X_i = 0$ nicht als Kurven n^{ter} Ordnung annehmen, welche $n^2 - 1$ verschiedene gemeinsame Punkte haben, weil sie, sobald n grösser ist als zwei, dann einen weitern gemeinsamen Punkt haben müssten und keinen veränderlichen Schnittpunkt haben könnten. Wir können aber den Bedingungen des Problems genügen, indem wir die $X_i = 0$ als Kurven denken, die α_1 einfache, α_2 doppelte, α_3 dreifache Punkte, u. s. w. gemein haben, so dass diese $n^2 - 1$ Durchschnittspunkten äquivalent sind und dass zugleich die Zahl der Bedingungen, welche dieser Festsetzung entsprechen, um zwei kleiner ist als die Zahl derer, welche eine Kurve n^{ter} Ordnung bestimmen. Indem wir erinnern, dass ein gegebener vielfacher Punkt r^{ter} Ordnung $\frac{1}{2} r(r+1)$ Bedingungen äquivalent ist, und dass ein solcher Punkt, wenn er zwei Kurven als r-facher Punkt gemeinsam ist, unser ihren Schnittpunkten für r^2 zählt, erhalten wir die zwei Gleichungen

1) $$\alpha_1 + 4\alpha_2 + 9\alpha_3 + \cdots + r^2 \alpha_r = n^2 - 1,$$

2) $$\alpha_1 + 3\alpha_2 + 6\alpha_3 + \cdots + \tfrac{1}{2} r(r+1)\alpha_r = \tfrac{1}{2} n(n+3) - 2.$$

Verdoppelt man die zweite und zieht man davon die erste ab, so erhält man eine mit Vorteil an Stelle von 2) zu verwendende Gleichung, nämlich

3) $$\alpha_1 + 2\alpha_2 + 3\alpha_3 + \cdots + r\alpha_r = 3(n-1).$$

Wir erhalten somit so viele Arten der Transformation durch Kurven n^{ter} Ordnung, als es Lösungen dieser Gleichungen durch ganze positive Werte der α_i giebt, immer vorausgesetzt, dass die Zahl der höhern vielfachen Punkte, welche die Kurven $X_i = 0$ nach denselben besitzen, den bei Art. 43 gefundenen Grenzen unterworfen bleibt.[90])

335. Die Gründe des vorigen Artikels beweisen genau genommen nur, dass in der Gleichung 2) die rechte Seite nicht grösser sein kann, als der angegebene Wert; wir können jedoch zeigen, dass sie auch nicht kleiner sein kann, denn wenn wir ein Glied $-t$ addieren und die Gleichung 2) dann von 1) abziehen, erhalten wir

4) $\alpha_2 + 3\alpha_3 + \cdots \frac{1}{2} r (r-1) \alpha_r = \frac{1}{2}(n-1)(n-2) + t.$

Indem wir erinnern, dass ein dreifacher Punkt drei Doppelpunkten und ein r-facher $\frac{1}{2} r (r-1)$ Doppelpunkten äquivalent ist, sehen wir, dass die linke Seite der Gleichung die Anzahl von Doppelpunkten ausdrückt, welcher die vielfachen Punkte einer der Kurven des Systems

$$a_1 X_1 + a_2 X_2 + a_3 X_3 = 0$$

gleichwertig sind. Und weil in Art. 42 gezeigt ist, dass diese Zahl $\frac{1}{2}(n-1)(n-2)$ nicht übersteigen kann, so muss $t=0$ sein und die Gleichung 4) drückt aus, dass jede der Kurven des Systems

$$a_1 X_1 + a_2 X_2 + a_3 X_3 = 0$$

die Maximalzahl von Doppelpunkten enthält, oder mit andern Worten, dass sie unikursal oder vom Geschlecht Null sind.

Es ist überdies evident, dass dies so sein muss, weil diese Kurven geraden Linien des andern Systems entsprechen und nicht nur jede Gerade, sondern jede Unikursalkurve in eine Unikursalkurve transformiert wird; denn wenn die Koordinaten eines Punktes rationale Funktionen eines Parameters sind, so müssen die Koordinaten der entsprechenden Punkte als rationale Funktionen dieser letzten auch rationale Funktionen desselben Parameters sein.

336. Wir haben gesehen, dass für n grösser als zwei die Gleichungen 1) und 2) nicht befriedigt werden können, wenn die gemeinsamen Punkte der Kurven $X_i = 0$ nur einfache Schnittpunkte sind. Wir werden in gleicher Art zeigen, dass für n grösser als fünf ein vielfacher Punkt von höherer als der zweiten Ordnung vorhanden sein muss, u. s. w. Ist r der höchste der vorkommenden Indices, so multiplizieren wir die Gleichung 3) mit r und ziehen die Gleichung 1) von ihr ab und erhalten

$$(r-1)\alpha_1 + 2(r-2)\alpha_2 + 3(r-3)\alpha_3 + \cdots (r-1)\alpha_{r-1}$$
$$= (n-1)(3r-n-1).$$

Da hier jedes Glied der linken Seite positiv ist, so kann r nicht kleiner sein als $\frac{1}{3}(n+1)$. Wir können r gleich dieser Zahl nehmen, wenn $\frac{1}{3}(n+1)$ eine ganze Zahl ist oder mit andern Worten für ein n von der Form $3p-1$ können wir $r=p$ machen; alsdann müssen aber alle die Zahlen α_1, $\alpha_2, \ldots \alpha_{r-1}$ verschwinden und die Kurven haben nur die p-fachen Punkte gemein; wir haben nach 3) $p\alpha_p = 3(3p-2)$, welches (den Fall $p=6$, $\alpha_p=8$ ausgenommen) durch keine ganzen Werte von α_p befriedigt werden kann, sobald p die drei übersteigt. Ausgenommen also für $n=2, 5, 8$ und 17 muss r immer grösser als $\frac{1}{3}(n+1)$ sein; somit muss auch für $n>5$ ein vielfacher Punkt existieren, dessen Ordnungszahl >2 ist.

337. In derselben Art wird eine Relation begründet, aus welcher wir jetzt eine wichtige Folgerung ziehen wollen, nämlich den Satz, dass die Summe der drei höchsten Ordnungszahlen der vielfachen Punkte n überschreiten muss. Seien r, s, t die drei höchsten unter diesen Ordnungszahlen, so zwar, dass $s \leqq r$ und $t \leqq s$ ist, so entstehen aus den Gleichungen 1) und 3) durch Übertragung der Glieder, welche r und s entsprechen, auf die andere Seite die Gleichungen

$$\alpha_1 + 4\alpha_2 + \ldots + t^2\alpha_t = n^2 - 1 - r^2 - s^2,$$
$$\alpha_1 + 2\alpha_2 + \ldots + t\,\alpha_t = 3n - 3 - r - s,$$

und wir erhalten wie vorher eine Grenze für den niedrigsten annehmbaren Wert von t aus der Bemerkung, dass der Rest wesentlich positiv ist, den die um die erste verminderte t-fache zweite Gleichung lässt. Unsere Absicht ist nun, zu zeigen, dass $n-r-s$ zu klein ist, um ein Wert von t zu sein, oder dass in diesem Falle immer

$$n^2 - 1 - r^2 - s^2 > t(3n - 3 - r - s)$$

ist. Setzen wir $r+s=n-t$, so wird dies

$$2rs - 1 + 2nt - t^2 > t(2n - 3 + t);$$

und da nach der Voraussetzung r und s nicht kleiner sind als t, so wird der kleinste Wert, welchen die erste Grösse haben kann, gefunden, indem man r und s gleich t setzt, wodurch die Ungleichheit entsteht

$$t^2 + 2nt - 1 > t^2 + 2nt - 3t,$$

welche augenscheinlich richtig ist.

338. Cremona hat für alle n bis auf $n=10$ die annehmbaren Lösungen des betrachteten Systems von Gleichungen

angegeben und wir wollen einige seiner Resultate entwickeln. Es ist aber bereits genug gesagt, um zu zeigen, dass wir immer Funktionen X_i vom n^{ten} Grade in den x_i wählen können, so dass die Gleichungen

$$x'_1 : x'_2 : x'_3 = X_1 : X_2 : X_3$$

drei Kurven repräsentieren, welche gewisse feste für $n^2 - 1$ Schnittpunkte zählende Punkte — wir werden sie Hauptpunkte nennen — gemeinsam haben und einen variablen Punkt bestimmen, dessen Koordinaten in Funktion der x'_i ausgedrückt das umgekehrte System von Gleichungen

$$x_1 : x_2 : x_3 = X'_1 : X'_2 : X'_3$$

liefern. Wir haben vorher gezeigt, dass die X'_i Funktionen n^{ten} Grades in den x'_i sind und es ist offenbar, dass sie gleich Null gesetzt gleichfalls Kurven darstellen, welche eine gewisse Anzahl fester Punkte so gemein haben, dass den erörterten Bedingungen 1) und 2) Genüge geleistet wird. Es folgt aber damit nicht, dass dieselbe Lösung des Systems der beiden Gleichungen in dem einen und in dem andern Falle Anwendung findet, oder mit andern Worten das Kurvennetz (Bündel, Gebilde zweiter Stufe)

$$a_1 X_1 + a_2 X_2 + a_3 X_3 = 0,$$

welches den geraden Linien des einen Systems und das Kurvennetz

$$a_1 X'_1 + a_2 X'_2 + a_3 X'_3 = 0,$$

welches den geraden Linien des andern Systems entspricht, haben nicht notwendig dieselbe Verteilung der vielfachen Punkte.

339. Wir sahen im Falle der quadratischen Transformation, dass jedem der drei Hauptpunkte des einen Systems im andern System nicht ein Punkt, sondern eine Gerade entsprach und wir erweitern diesen Satz jetzt zu dem andern, dass im allgemeinen jedem der Punkte α_r eine Unikursalkurve r^{ter} Ordnung entspricht.

Offenbar wird das System von Gleichungen

$$x'_1 : x'_2 : x'_3 = X_1 : X_2 : X_3$$

illusorisch, wenn wir den Punkt x'_i suchen, welcher einem den Kurven $X_i = 0$ gemeinschaftlichen Punkte x_i entspricht. Sei zuerst dieser Punkt ein einfacher Schnittpunkt derselben, so erhalten wir die Koordinaten x'_i eines ihm unendlich nahe benachbarten Punktes, respektive proportional zu den Grössen

$$\frac{\partial X_1}{\partial x_1}\,\delta x_1 + \frac{\partial X_1}{\partial x_2}\,\delta x_2 + \frac{\partial X_1}{\partial x_3}\,\delta x_3,$$
$$\frac{\partial X_2}{\partial x_1}\,\delta x_1 + \frac{\partial X_2}{\partial x_2}\,\delta x_2 + \frac{\partial X_2}{\partial x_3}\,\delta x_3,$$
$$\frac{\partial X_3}{\partial x_1}\,\delta x_1 + \frac{\partial X_3}{\partial x_2}\,\delta x_2 + \frac{\partial X_3}{\partial x_3}\,\delta x_3;$$

wir erhalten somit für jedes in andrer Richtung vom Punkte x_i ausgehende Element einen andern entsprechenden Punkt x'_i. Wenn aber drei Kurven einen gemeinschaftlichen Punkt haben, so geht ihre Jacobische Kurve durch diesen Punkt, wie man nachweist, indem man die Gleichungen $X_i = 0$ in der Form

$$\frac{\partial X_1}{\partial x_1}\,x_1 + \frac{\partial X_1}{\partial x_2}\,x_2 + \frac{\partial X_1}{\partial x_3}\,x_3 = 0,$$
$$\frac{\partial X_2}{\partial x_1}\,x_1 + \frac{\partial X_2}{\partial x_2}\,x_2 + \frac{\partial X_2}{\partial x_3}\,x_3 = 0,$$
$$\frac{\partial X_3}{\partial x_1}\,x_1 + \frac{\partial X_3}{\partial x_2}\,x_2 + \frac{\partial X_3}{\partial x_3}\,x_3 = 0$$

schreibt und zwischen denselben die x_i eliminiert (vergl. „Kegelschnitte“ Art. 360). So erkennen wir, dass, wenn wir δx_1 und δx_2 aus den vorher für die x'_i erhaltenen Ausdrücken eliminieren, δx_3 auch verschwindet, und dass somit alle die Punkte, welche den in x_i beginnenden Elementen oder kurz dem Punkte x_i entsprechen, in der geraden Linie

$$x'_1\left(\frac{\partial X_2}{\partial x_1}\frac{\partial X_3}{\partial x_2} - \frac{\partial X_2}{\partial x_2}\frac{\partial X_3}{\partial x_1}\right)$$
$$+ x'_2\left(\frac{\partial X_3}{\partial x_1}\frac{\partial X_1}{\partial x_2} - \frac{\partial X_3}{\partial x_2}\frac{\partial X_1}{\partial x_1}\right)$$
$$+ x'_3\left(\frac{\partial X_1}{\partial x_1}\frac{\partial X_2}{\partial x_2} - \frac{\partial X_1}{\partial x_2}\frac{\partial X_2}{\partial x_1}\right) = 0$$

liegen.

340. Wir verfahren ganz ähnlich, wenn der den Kurven $X_i = 0$ gemeinsame Punkt ein vielfacher Punkt ist. Sei derselbe beispielsweise ein Doppelpunkt, so verschwinden die im vorigen Artikel für die x'_i gegebenen Werte; wenn wir aber die Differentiale durch obere Indices, die zweiten Differentiale durch doppelte obere Indices bezeichnen — wie früher durch untere, nur dass wir denselben noch das trennende Komma beifügen, um die Verwechslung mit Exponenten auszuschliessen — so sind x'_1, x'_2, x'_3 respektive proportional den Grössen

$$X_1^{1,1}\delta x_1^2 + X_1^{2,2}\delta x_2^2 + X_1^{3,3}\delta x_3^2 + 2X_1^{2,3}\delta x_2 \delta x_3 + 2X_1^{3,1}\delta x_3 \delta x_1 + 2X_1^{1,2}\delta x_1 \delta x_2,$$

$$X_2^{1,1}\delta x_1^2 + \cdots + 2X_2^{1,2}\delta x_1 \delta x_2,$$

$$X_3^{1,1}\delta x_1^2 + \cdots + 2X_3^{1,2}\delta x_1 \delta x_2.$$

Die Elimination der δx_i zwischen diesen Gleichungen führt auf die Beziehung der x_i zu den X_i, welche wir suchen. Aber die vorhergehenden Ausdrücke sind in der That nur scheinbar ternär, sie sind in Wirklichkeit binär; denn für eine Funktion U und die frühere Bezeichnung der Differentiale ist

$$U_{11}x_1^2 + U_{22}x_2^2 + U_{33}x_3^2 + 2U_{23}x_2x_3 + \cdots = 0$$

die Gleichung des Tangentenpaares im Doppelpunkt der Kurve $U = 0$ und somit auf die Form

$$U_{11}(x_1 - mx_3)^2 + 2U_{12}(x_1 - mx_3)(x_2 - nx_3) + U_{22}(x_2 - nx_3)^2 = 0$$

zurückführbar. Es sind daher zwischen den drei durch das Vorige gegebenen Gleichungen nur zwei Grössen

$$\delta x_1 - m\delta x_3, \quad \delta x_2 - n\delta x_3$$

zu eliminieren und man darf ohne das Resultat zu ändern δx_3 gleich Null setzen und δx_1 und δx_2 eliminieren. Damit erhalten wir aber sofort allgemein für einen r-fachen Punkt die x'_i proportional zu den Grössen

$$(a, \ldots \between \delta x_1, \delta x_2)^r; \quad (a', \ldots \between \delta x_1, \delta x_2)^r; \quad a'', \ldots \between \delta x_1, \delta x_2)^r;$$

und indem wir nach der in Art. 44 erklärten Methode δx_1 und δx_2 zwischen den entstehenden Gleichungen eliminieren, finden wir die x'_i als rationale Funktionen eines Parameters als die Koordinaten eines Punktes in einer Unikursalkurve von der Ordnung r.

341. Die Kurven des einen Systems, welche den Hauptpunkten des andern entsprechen, sollen die Hauptkurven des Systems genannt werden und wir wollen zeigen, dass ihre Gesamtheit die Jacobische Kurve des Systems der Kurven

$$a_1 X_1 + a_2 X_2 + a_3 X_3 = 0$$

bildet. Denn die Jacobische Kurve ist der Ort der neuen Doppelpunkte in solchen Kurven des Systems, welche einen Doppelpunkt enthalten ausser den vielfachen Punkten, die allen seinen Kurven gemeinschaftlich sind. Da aber jede dieser Kurven bereits in diesen Hauptpunkten die Maximalzahl von Doppelpunkten hat, so kann sie einen neuen Doppelpunkt nur durch Zerfallen in Kurven niederer Ordnungen erhalten und dies wird nur geschehen, wenn die gerade Linie des andern Systems, welche ihr entspricht, durch einen der Hauptpunkte hindurchgeht. In diesem Falle zerfällt die Kurve

$$a_1 X_1 + a_2 X_2 + a_3 X_3 = 0$$

in die feste Kurve r^{ter} Ordnung, welche diesem Hauptpunkt entspricht, und eine andere Kurve von der Ordnung $n - r$, welche mit der gegebenen durch α_r gehenden Geraden veränderlich ist. Für zwei Unikursalkurven, deren Ordnungszahlen r und r' die Summe n haben, ist aber die Gesamtvielfachheit, welche aus den Singularitäten der Kurven und aus ihren Durchschnittspunkten entspringt, gleichwertig mit

$$\tfrac{1}{2}(r-1)(r-2) + \tfrac{1}{2}(r'-1)(r'-2) + rr'$$

oder

$$\tfrac{1}{2}(n-1)(n-2) + 1$$

Doppelpunkten. So erkennen wir, dass die zusammengesetzte Kurve, welche einer durch den Hauptpunkt α_r gehenden Geraden des andern Systems entspricht, ausserhalb der Hauptpunkte einen neuen Doppelpunkt besitzt, welcher ein Durchschnittspunkt der festen dem Hauptpunkt α_r entsprechenden Hauptkurve mit der veränderlichen Restkurve ist; der Ort solcher Punkte ist daher jene feste Kurve. Dass in der That die Summe der Ordnungszahlen aller dieser Hauptkurven die Ordnung der Jacobischen Kurve des Systems

$$a_1 X_1 + a_2 X_2 + a_3 X_3 = 0$$

ausmacht, ist schon in der Gleichung 3) ausgedrückt, nämlich

$$\alpha_1 + 2\alpha_2 + 3\alpha_3 + \cdots + r\alpha_r = 3(n-1).$$

Aus der allgemeinen Theorie der Jacobischen Kurve, in die wir im nächsten Kapitel genauer eingehen werden, ergiebt sich, dass das System der Hauptkurven durch jeden Punkt α_1 zweifach, durch jeden Punkt α_2 fünffach und durch jeden Punkt α_r $(3r-1)$fach hindurchgeht. Andere Sätze über die Anordnung der Hauptkurven in Bezug auf die Hauptpunkte brauchen wir nur anzuzeigen. Wenn wir z. B. eine gerade Linie in einem System nehmen, die nicht durch einen Hauptpunkt α_r geht, so kann die entsprechende Kurve

$$a_1 X_1 + a_2 X_2 + a_3 X_3 = 0$$

keinen gewöhnlichen Punkt mit der Hauptkurve α_r gemein haben, die Durchschnittspunkte von beiden müssen ausschliesslich Hauptpunkte sein. Auf diesem Wege können wir sehen, dass jede Hauptgerade durch zwei Hauptpunkte geht, deren Ordnungssumme der Vielfachheit n ist, und jeder Hauptkegelschnitt durch fünf Hauptpunkte von der Ordnungssumme $2n$, etc.

342. Wir sind nun in der Lage, die Charaktere der Kurve zu bestimmen, welche einer Kurve S von der Ordnung k entspricht und von der wir voraussetzen, dass sie nicht durch einen der Hauptpunkte geht. Wenn wir in eine Funktion vom Grade k für die Veränderlichen x'_i die X_i einsetzen, so erhalten wir offenbar eine Funktion vom Grade nk; und so oft die Kurven $X_i = 0$ einen Punkt A gemeinschaftlich haben, so oft schneidet die ihm in der andern Figur entsprechende Gerade die Kurve S' in k Punkten, welche sämtlich A entsprechen, so dass dies ein k-facher Punkt sein muss; und ebenso ist jeder Hauptpunkt α_r ein rk-facher singulärer Punkt. Wenn die Originalkurve keine vielfachen Punkte enthält, so hat die transformierte Kurve keine solchen ausser in den Hauptpunkten. Die transformierte Kurve ist also von der Ordnung nk, welcher als Maximalzahl der Doppelpunkte

$$\tfrac{1}{2}(nk-1)(nk-2)$$

entspricht; die Hauptpunkte ihrer Figur sind vielfache Punkte in ihr, zusammen gleichwertig mit

$$\tfrac{1}{2}\alpha_1 k(k-1)+\tfrac{1}{2}\alpha_2 2k(2k-1)+\cdots+\tfrac{1}{2}\alpha_r rk(rk-1)$$

oder

$$\tfrac{1}{2}k^2(\alpha_1+4\alpha_2+\cdots+r^2\alpha_r)-\tfrac{1}{2}k(\alpha_1+2\alpha_2+\cdots+r\alpha_r)$$

oder infolge der Gleichungen 1) und 3) mit

$$\tfrac{1}{2}(n^2-1)k^2-\tfrac{3}{2}(n-1)k$$

Doppelpunkten. Infolgedessen ist der Defekt der transformierten Kurve

$$\tfrac{1}{2}(nk-1)(nk-2)-\{\tfrac{1}{2}(n^2-1)k^2-\tfrac{3}{2}(n-1)k\}=\tfrac{1}{2}(k-1)(k-2)$$

d. h. dem der Originalkurve gleich.

Wenn aber die Originalkurve vielfache Punkte ausser den Hauptpunkten ihres Systems hat, so entsprechen denselben in der transformierten Kurve vielfache Punkte von derselben Ordnung und die Defekte oder Geschlechter der beiden Kurven sind auch dann einander gleich.

Wenn die Originalkurve durch einen der Hauptpunkte α'_r geht, so ist für jeden einzelnen Durchgang die entsprechende Kurve α_r ein Teil der transformierten Kurve und die Ordnung der eigentlichen transformierten Kurve wird entsprechend reduziert. Es tritt auch eine entsprechende Reduktion ein in der Zahl der Durchgänge, welche die transformierte Kurve durch diejenigen Hauptpunkte macht, welche α_r enthält. Die Wirkung ist auch jetzt, dass die Gleichheit der Defekte beider Kurven erhalten bleibt. Wenn z. B. die Originalkurve durch einen der Punkte α_1 geht, so erhält die transformierte Kurve als Teil eine Gerade und die Ordnung der Restkurve wird von nk auf $nk-1$ vermindert; es entspringt daraus eine Verminderung um $nk-2$ in der Maximalzahl der Doppelpunkte. Geht nun diese gerade Linie durch zwei Punkte α_s, α_t, so wird die Zahl der Durchgänge der Restkurve durch diese Punkte um je Eins verringert und die äquivalente Anzahl der Doppelpunkte um $sk-1$ und $tk-1$ respektive oder ebenfalls um $nk-2$, weil

$$s+t=n$$

ist. Wir ersparen das Eingehen in weitere Einzelheiten, weil wir sofort auf einem andern Wege zu denselben Ergebnissen gelangen werden.

343. Jede Cremonasche Transformation kann durch eine Folge von quadratischen Transformationen ersetzt werden.

Betrachten wir die allgemeinste Transformation, bei welcher den geraden Linien der einen Figur in der andern Kurven n^{ter} Ordnung entsprechen, welche α_1 einfache, α_2 doppelte Punkte u. s. w. mit einander gemein haben. Wir haben in Art. 337 gesehen, dass es drei unter diesen Punkten giebt, deren Ordnungszahlen der Vielfachheit mehr als n zur Summe geben. Wählen wir diese als Hauptpunkte und vollziehen eine quadratische Transformation, so wird die Ordnungszahl der transformierten Kurve

$$2n - r - s - t$$

notwendig kleiner als n. In derselben Weise vermindern wir durch eine weitere quadratische Transformation die Ordnungszahl der Kurve und setzen dies Verfahren so lange fort, bis wir gerade Linien als entsprechend den Kurven n^{ter} Ordnung erhalten. Da wir in Art. 327 bewiesen haben, dass durch eine beliebige quadratische Transformation das Geschlecht einer Kurve nicht geändert wird, so zeigt die gegenwärtige Entwicklung wieder, dass dies auch durch eine Cremonasche Transformation nicht geschieht.

Der folgende besondere Fall erläutert die Methode und kann zugleich zeigen, wie man die Anordnung der Hauptkurven verfolgen kann. Wir betrachten die Transformation, bei welcher gerade Linien in Kurven fünfter Ordnung übergehen, die in A_1, A_2, A_3 drei einfache Punkte, in B_1, B_2, B_3 drei doppelte Punkte und in C einen dreifachen Punkt gemein haben. Nehmen wir C, B_1, B_2 als Hauptpunkte, so verwandeln sich durch eine quadratische Transformation die Kurven fünfter Ordnung in solche von der dritten, welche B'_3 als Doppelpunkt und die Punkte A'_1, A'_2, A'_3, C' als einfache Punkte enthalten. Nehmen wir sodann A'_3, B'_3, C' als Hauptpunkte einer neuen quadratischen Transformation, so gehen die Kurven dritter

Ordnung in Kegelschnitte über, die durch die Punkte A''_1, A''_2, B''_3 gehen; eine letzte Transformation mit diesen Punkten als Hauptpunkten führt dann auf das Gebilde zweiter Stufe aus geraden Linien zurück. Wir können in derselben Weise untersuchen, wie die geraden Linien oder allgemeiner wie Kurven k^{ter} Ordnung im ersten System transformiert werden, die a_1-fach durch den Punkt A_1 u. s. w. gehen. Nach der ersten Transformation haben wir

$$\begin{aligned}
&k' = 2k - c - b_1 - b_2;\\
&c' = k - b_1 - b_2;\\
&b'_1 = k - c - b_2, \quad b'_2 = k - c - b_1, \quad b'_3 = b_3;\\
&a'_1 = a_1, \quad a'_2 = a_2, \quad a'_3 = a_3.
\end{aligned}$$

Nach der zweiten Transformation, bei welcher A'_3, B'_3, C' die Hauptpunkte sind, haben wir

$$\begin{aligned}
&k'' = 3k - 2c - a_3 - b_1 - b_2 - b_3;\\
&c'' = 2k - c - a_3 - b_1 - b_2 - b_3;\\
&b''_2 = k - c - b_1, \quad b''_3 = k - c - a_3, \quad b''_1 = k - c - b_2;\\
&a''_3 = k - c - b_3, \quad a''_1 = a_1, \quad a''_2 = a_2.
\end{aligned}$$

Endlich nach der dritten Transformation mit den Hauptpunkten A''_1, A''_2, B''_3

$$\begin{aligned}
&k''' = 5k - 3c - 2b_1 - 2b_2 - 2b_3 - a_1 - a_2 - a_3;\\
&c''' = 2k - c - b_1 - b_2 - b_3 - a_3;\\
&a'''_1 = 2k - c - b_1 - b_2 - b_3 - a_2;\\
&a'''_2 = 2k - c - b_1 - b_2 - b_3 - a_1, \quad a'''_3 = k - c - b_3;\\
&b'''_2 = k - c - b_1, \quad b'''_1 = k - c - b_2,\\
&b'''_3 = 3k - 2c - b_1 - b_2 - b_3 - a_1 - a_2 - a_3.
\end{aligned}$$

Wenn wir $k = 1$ und die übrigen Zahlen gleich Null setzen, so sehen wir, dass gerade Linien in Kurven fünfter Ordnung übergehen, die einen dreifachen Punkt, drei doppelte und drei einfache Punkte gemein haben.

Um ferner die Korrespondenz der Hauptpunkte zu zeichnen, bemerken wir, dass in der ersten Transformation dem Punkte C die gerade Linie $B'_1 B'_2$ entspricht, dieser sodann in der zweiten Transformation ein durch

$$C'', A''_3, B''_1, B''_2, B''_3$$

gehender Kegelschnitt, und endlich diesem letzten eine Kurve dritter Ordnung, welche B'''_3 zum Doppelpunkt und die übrigen sechs Punkte zu einfachen Punkten hat.

Die folgende Reihe von Beispielen giebt die Wirkungen der verschiedenen Arten der Cremonaschen Transformationen bis zu $n=6$ an. Die Werte zeigen auch die den Hauptpunkten entsprechenden Kurven auf; z. B. im 3. drückt der Wert

$$c' = 3k - 2c - \Sigma(a)$$

aus, dass dem Punkte C' eine Kurve dritter Ordnung entspricht, die C zum Doppelpunkt hat und durch die Punkte A geht.

Beispiel 1. (II) $n=2$, $\alpha_1 = 3$.
$k' = 2k - a_1 - a_2 - a_3$, $a' = k - a_2 - a_3$,
$a'_2 = k - a_3 - a_1$, $a'_3 = k - a_1 - a_2$.

Beispiel 2. (III) $n=3$, $\alpha_1 = 4$, $\alpha_2 = 1$.
$k' = 3k - 2b - a_1 - a_2 - a_3 - a_4$.
$b' = 2k - b - a_1 - a_2 - a_3 - a_4$, $a'_1 = k - b - a_1$, u. s. w.

Beispiel 3. (IV, 1) $n=4$, $\alpha_1 = 6$, $\alpha_2 = 0$, $\alpha_3 = 1$.
$k' = 4k - 3c - \Sigma(a)$, $c' = 3k - 2c - \Sigma(a)$, $a'_1 = k - c - a_1$, u. s. w.

Beispiel 4. (IV, 2) $n=4$, $\alpha_1 = 3$, $\alpha_2 = 3$.
$k' = 4k - 2\Sigma(b) - \Sigma(a)$, $b' = 2k - \Sigma(b) - a_2 - a_3$, $b'_2 =$ u. s. w.
$a'_1 = k - b_2 - b_3$, $a'_2 =$ u. s. w.

Beispiel 5. (V, 1) $n=5$, $\alpha_1 = 8$, $\alpha_2 = 0$, $\alpha_3 = 0$, $\alpha_4 = 1$.
$k' = 5k - 4d - \Sigma(a)$, $d' = 4k - 3d - \Sigma(a)$, $a'_1 = k - d - a_1$.

Beispiel 6. (V, 2) $n=5$, $\alpha_1 = 3$, $\alpha_2 = 3$, $\alpha_3 = 1$.
$k' = 5k - c - 2\Sigma(b) - \Sigma(a)$, $c' = 3k - 2c - \Sigma(b) - \Sigma(a)$,
$b'_1 = 2k - c - a_1 - \Sigma(b)$, $a'_1 = k - c - b_1$.

Beispiel 7. (V, 3) $n=5$, $\alpha_1 = 0$, $\alpha_2 = 6$.
$k' = 5k - 2\Sigma(b)$, $b'_1 = 2k - b_2 - b_3 - b_4 - b_5 - b_6$, u. s. w.

Beispiel 8. (VI, 1) $n=6$, $\alpha_1 = 10$, $\alpha_5 = 1$.
$k' = 6k - 5e - \Sigma(a)$, $e' = 5k - 4e - \Sigma(a)$, $a'_1 = k - e - a_1$, u. s. w.

Beispiel 9. (VI, 2) $n=6$, $\alpha_1 = 1$, $\alpha_2 = 4$, $\alpha_3 = 2$.
$k' = 6k - 3\Sigma(c) - 2\Sigma(b) - a$, $c'_1 = 3k - 2c_1 - c_2 - \Sigma(b) - a$,
$b'_1 = 2k - \Sigma(c) - b_2 - b_3 - b_4$, $a' = k - \Sigma(c)$.

Beispiel 10. (VI, 3) $n=6$, $\alpha_1 = 4$, $\alpha_2 = 1$, $\alpha_3 = 3$.
$k' = 6k - 3\Sigma(c) - 2b - \Sigma(a)$, $d' = 4k - 2\Sigma(c) - b - \Sigma(a)$,
$b'_1 = 2k - \Sigma(c) - b - a'_1$, $b'_2 =$ u. s. w., $b'_3 =$ u. s. w., $b'_4 =$ u. s. w.
$a'_1 = k - c_2 - c_3$, $a'_2 =$ u. s. w., $a'_3 =$ u. s. w.

Beispiel 11. (VI, 4) $n=6$, $\alpha_1 = 3$, $\alpha_2 = 4$, $\alpha_3 = 0$, $\alpha_4 = 1$.
$k' = 6k - 4d - 2\Sigma(b) - \Sigma(a)$, $c'_1 = 3k - 2d - \Sigma(b) - a_2 - a_3$,

$c'_2 =$ u. s. w., $c'_3 =$ u. s. w., $b' = 2k - d - \Sigma(b)$, $a'_1 = k - d - b_1$, $a'_2 =$ u. s. w., $a'_3 =$ u. s. w., $a'_4 =$ u. s. w.

Transformation einer gegebenen Kurve.

344. Die im letzten Abschnitt entwickelten Bedingungen sind notwendig für die allgemeine rationale Transformation zwischen zwei Ebenen, bei der irgend einem Punkte der einen Ebene ein Punkt der andern entsprechen soll. Aber sie sind nicht notwendig zur rationalen Transformation, wenn wir nur die Transformation einer gegebenen Kurve $S = 0$ untersuchen wollen. Wenden wir auf die Kurve $S = 0$ eine Transformation

$$x'_1 : x'_2 : x'_3 = X_1 : X_2 : X_3$$

an, in welcher die X_i Funktionen n^{ten} Grades in den x_i sind, die nicht notwendig den Cremonaschen Bedingungen genügen, so entspricht offenbar jedem Punkte der ersten Ebene ein einziger Punkt der zweiten Ebene, weil die x'_i als rationale Funktionen der x_i gegeben sind. Nach der vorhergehenden Theorie würden aber, wenn die Kurven $X_i = 0$ einfache Punkte in der Zahl α_1, doppelte in α_2, u. s. w. gemein haben, einem Punkte der zweiten Ebene

$$n^2 - \alpha_1 - 4\alpha_2 - \cdots$$

Punkte der ersten entsprechen und diese Anzahl — wir wollen sie θ nennen — wird im allgemeinen von Eins verschieden sein. Der Ort der Punkte der zweiten Ebene, welche den Punkten der Kurve S entsprechen, wird eine zu S entsprechende Kurve S' sein und jedem Punkt P der ersten entspricht ein bestimmter Punkt P' der zweiten. Aus dem Gesagten geht aber hervor, dass dem Punkte P' in der ersten Figur ausser P noch $\theta - 1$ andere Punkte entsprechen; jedoch liegen diese Punkte gewöhnlich nicht in S, so dass die Kurve der ersten Figur, welche der S' der zweiten entspricht, aus der Kurve S und einer andern Kurve besteht, die der Ort jener $\theta - 1$ Punkte ist. Und wenn wir nun die Punkte der Kurve S betrachten, so erhellt, dass ebenso wie jedem Punkte P in S ein einziger Punkt P' in S' entspricht, auch umgekehrt dem Punkte P' in S' ein einziger bestimmter Punkt P in S entspricht.

Obwohl also die Gleichungen

$$x'_1 : x'_2 : x'_3 = X_1 : X_2 : X_3$$

an sich nicht hinreichen, um rationale Ausdrücke für

$$x_1, \quad x_2, \quad x_3$$

in Funktion der x'_i zu liefern, so thun sie dies in Verbindung mit der Gleichung $S = 0$. Wenn wir zwischen diesen Gleichungen die x_i eliminieren, so erhalten wir eine Gleichung $S' = 0$, welche die Bedingung für die Verträglichkeit der Gleichungen des Systems ist. Und wenn diese Gleichung erfüllt ist, so können die Werte der x_i rational bestimmt werden, welche allen Gleichungen des Systems genügen („Vorlesungen" XXII). Wenn also eine gegebene Kurve $S = 0$ durch die Substitution

$$x'_1 : x'_2 : x'_3 = X_1 : X_2 : X_3$$

transformiert wird, so kann im allgemeinen eine rationale umgekehrte Ausdrucksform

$$x_1 : x_2 : x_3 = X'_1 : X'_2 : X'_3$$

erhalten werden.

Beispiel. Sei gegeben

$$x'_1 : x'_2 : x'_3 = x_2 x_3 + x_1{}^2 : x_2 x_3 + x_1 x_2 : x_2 x_3 + x_1 x_3,$$

so dass geraden Linien der zweiten Ebene Kegelschnitte der ersten entsprechen, die nur die beiden Punkte

$$x_2 = x_1 = 0, \quad x_3 = x_1 = 0$$

mit einander gemein haben. Einem Punkte der zweiten Ebene entsprechen daher im allgemeinen zwei Punkte der ersten. Die allgemeinen Ausdrücke der x_i in Funktion der x'_i können leicht gebildet werden, indem man bemerkt, dass

$$x_1 - x_2, \quad x_1 - x_3$$

respektive proportional sind zu

$$x'_1 - x'_2, \quad x'_1 - x'_3,$$

was geometrisch aussagt, dass die Punkte x_i und x'_i als in derselben Ebene liegend betrachtet und auf dasselbe System von Fundamentalelementen bezogen mit dem Einheitpunkte in einer Geraden liegen. Mit andern Worten, die Gleichungen werden für

$$x_1 = x'_1 + \lambda, \quad x_2 = x'_2 + \lambda, \quad x_3 = x'_3 + \lambda$$

mit denjenigen Werten von λ erfüllt, welche der Gleichung

$$2\lambda^2 + \lambda(x'_1 + x'_2 + x'_3) + x'_2 x'_3 = 0$$

genügen. Man sieht, dass jedem Wertsystem der x'_i zwei verschiedene Wertsysteme der x_i entsprechen. Dies ist aber nicht mehr der Fall, wenn wir die Transformation einer gegebenen Kurve betrachten. Nehmen wir die gerade Linie der ersten Ebene

$$\xi_1 x_1 + \xi_2 x_2 + \xi_3 x_3 = 0,$$

so ist die Beziehung zwischen einem Punkt dieser Geraden und dem entsprechenden Punkt der zweiten Ebene durch die Gleichungen

$$x_i = x'_i + \lambda$$

mit der Bedingung

$$(\xi_1 + \xi_2 + \xi_3)\lambda = -(\xi_1 x'_1 + \xi_2 x'_2 + \xi_3 x'_3)$$

ausgedrückt.

Sei ferner $S = 0$ ein Kegelschnitt der ersten Ebene und durch die Substitution von

$$x_i = x'_i + \lambda$$

in seine Gleichung erhalte man (vergl. „Kegelschn.“ Art. 353)

$$\lambda^2 + P\lambda + S';$$

so ist die dem Kegelschnitt $S = 0$ entsprechende Kurve eine Kurve vierter Ordnung, deren Gleichung man durch Elimination von λ zwischen

$$\lambda^2 + P\lambda + S' = 0$$

und

$$2\lambda^2 + \lambda(x'_1 + x'_2 + x'_3) + x'_2 x'_3 = 0$$

erhält. Und der Ausdruck der x_i in Funktion der x'_i wird gebildet, indem man für λ die gemeinschaftliche Wurzel dieser Gleichungen nimmt, welche durch die Gleichung

$$\{2P' - (x'_1 + x'_2 + x'_3)\}\lambda + 2S' - x'_2 x'_3 = 0$$

bestimmt ist.

345. Die Unveränderlichkeit des Geschlechts besteht, wie wir schon aus Art. 83 wissen, für jede Transformation, bei welcher einem Punkte der einen Kurve ein einziger bestimmter Punkt der andern Kurve entspricht.

Es wird wie in Art. 342 bewiesen, dass bei der Transformation einer Kurve S von der Ordnung μ mittelst der Gleichungen

$$x'_1 : x'_2 : x'_3 = X_1 : X_2 : X_3,$$

in denen die X_i Funktionen vom Grade p sind, die Ordnung der transformierten Kurve

$$\mu p - \alpha_1 - 2\alpha_2 - \text{u. s. w.}$$

ist, für α_1, α_2, u. s. w. als die respektiven Anzahlen der einfachen, der doppelten, u. s. w. Punkte, welche den Kurven $X_i = 0$ gemeinsam sind und zugleich in $S = 0$ liegen; denn die Punkte, in denen eine beliebige gerade Linie ξ_i die transformierte Kurve schneidet, entsprechen den Punkten, in denen die Kurve $S=0$ von der Kurve

$$\xi_1 X_1 + \xi_2 X_2 + \xi_3 X_3 = 0$$

geschnitten wird.

Wir untersuchen nun, wie durch diese Transformation die Ordnung der transformierten Kurve so stark als möglich reduziert werden kann. Wie in Art. 334 können die $X_i=0$ nur zwei Bedingungen weniger unterworfen werden als der zur Bestimmung einer Kurve p^{ter} Ordnung hinreichenden Anzahl, d. h.

$$\tfrac{1}{2}p(p+3)-2$$

Bedingungen; und wenn wir diese Kurven durch eine möglichst grosse Anzahl der Doppelpunkte von S hindurchführen, so verfügen wir über jene Bedingungen so, dass die Ordnung der transformierten Kurve am meisten verringert wird. Sei D der Defekt der Kurve S, also die Zahl ihrer Doppelpunkte

$$\tfrac{1}{2}(\mu^2-3\mu)-D+1$$

und nehmen wir zuerst an

$$p=\mu-1,$$

so können wir die X_i durch

$$\tfrac{1}{2}(\mu^2+\mu)-3$$

Punkte hindurchführen; wir wählen als solche die sämtlichen Doppelpunkte und dazu

$$2\mu+D-4$$

andere Punkte der Kurve S. Schreiben wir daher

$$\alpha_1=2\mu+D-4, \quad \alpha_2=\tfrac{1}{2}(\mu^2-3\mu)-D+1, \quad p=\mu-1,$$

so erhalten wir für die Ordnung von S' den Wert

$$\mu p-\alpha_1-2\alpha_2=D+2.$$

Nehmen wir ferner

$$p=\mu-2,$$

was also voraussetzt, dass μ grösser als zwei ist. Indem wir ganz in der vorigen Weise verfahren, erkennen wir, dass

$$\alpha_2=\tfrac{1}{2}(\mu^2-3\mu)-D+1, \quad \alpha_1=\mu+D-4$$

gewählt werden muss und dass die Ordnung der transformierten Kurve noch immer $D+2$ sein wird.

Nehmen wir endlich

$$p = \mu - 3,$$

so wählen wir

$$\alpha_2 = \tfrac{1}{2}(\mu^2 - 3\mu) - D + 1, \quad \alpha_1 = D - 3,$$

vorausgesetzt, dass D grösser ist als zwei; wir finden dann die Ordnung der transformierten Kurve gleich $D + 1$.

Da die transformierte Kurve, wie wir bewiesen haben, mit der Originalkurve denselben Defekt hat, so lautet unser Ergebnis dahin, dass eine Kurve von der Ordnung μ mit dem Defekt D oder mit

$$\tfrac{1}{2}(\mu^2 - 3\mu) - D + 1$$

Doppelpunkten immer in eine Kurve von der Ordnung $D + 2$ mit dem Defekt D oder mit $\frac{1}{2}(D^2 - D)$ Doppelpunkten transformiert werden kann; und insbesondere wenn D grösser als zwei ist, in eine Kurve von der Ordnung $D + 1$ mit $\frac{1}{2}(D^2 - 3D)$ Doppelpunkten.

Ist aber das Geschlecht D grösser als μ oder die Ordnungszahl μ grösser als fünf, so kann man durch

$$p = \mu - 4,$$

α_2 wie früher und

$$\alpha_1 = D - p - \mu$$

überführen in eine Kurve von der Ordnung $D - 1$ mit

$$\tfrac{1}{2}(D - 1)(D - 6)$$

Doppelpunkten.[91])

Die Anwendung derselben Transformation auf die transformierte Kurve giebt eine Kurve der nämlichen Art wieder.

So kann also eine Kurve für $D = 0$ in einen Kegelschnitt und dieser durch eine Cremonasche Transformation weiter in eine Gerade, für $D = 1$ in eine Kurve dritter Ordnung, für $D = 2$ in eine Kurve vierter Ordnung mit einem Doppelpunkte, für $D = 3$ in eine allgemeine Kurve vierter Ordnung, für $D = 4$ in eine Kurve fünfter Ordnung mit zwei Doppelpunkten, für $D = 5$ eine Kurve sechster Ordnung mit fünf Doppelpunkten, u. s. w. transformiert werden; für $D = 7$ aber entweder in eine Kurve achter Ordnung mit vierzehn oder eine Kurve sechster Ordnung mit drei Doppelpunkten, u. s. w.

346. Der Fall der Unikursalkurven hält uns nicht auf; es ist $D=0$ und die transformierte Kurve ein Kegelschnitt, die Koordinaten x'_i sind, wie wir wissen, als quadratische Funktionen eines Parameters θ ausdrückbar, so dass die Koordinaten x_i, welche rationale Funktionen der x'_i sind, als rationale Funktionen dargestellt werden können.

Betrachten wir den Fall $D=1$; die transformierte Kurve ist eine Kurve dritter Ordnung und zwar, was zu bemerken wichtig ist, von einer absoluten Invariante, die von der gewählten Transformation unabhängig ist; d. h. das Doppelverhältnis der vier Tangenten ist unabhängig von ihr, welche von einem Punkte der Kurve aus an sie gehen (Art. 230). Es besteht daher ein entsprechender Satz für jede Kurve vom Geschlecht Eins.[92]) Diese Kurven haben eine absolute Invariante. Die Koordinaten eines Punktes der Kurve können als rationale Funktionen eines Parameters θ und von $\sqrt{\Theta}$ ausgedrückt werden, wo Θ eine Funktion vierten Grades von θ ist. Es ist hinreichend, dies für den Fall der Kurve dritter Ordnung zu zeigen, weil die x_i als rationale Funktionen der x'_i dargestellt werden können; für diesen Fall ergiebt es sich aber direkt, indem man den Punkt $x_1=x_2=0$ in der Kurve gelegen denkt und dann $x_2=\theta x_1$ einsetzt in die Gleichung der Kurve, die Verhältnisse $x_1:x_2:x_3$ werden unmittelbar in der bezeichneten Form erhalten. Und die Werte von θ, für welche $\Theta=0$ ist, sind diejenigen, welche den vier Tangenten von $x_1=x_2=0$ an die Kurve entsprechen.

Die Koordinaten eines Punktes einer Kurve vom Geschlecht Eins können also als rationale Funktionen von θ und $\sqrt{\Theta}$ ausgedrückt werden und man kann durch eine lineare Transformation von θ, d. h. durch Einführung einer zweckmässig bestimmten Funktion

$$(a\theta+b):(c\theta+d)$$

für θ die Grösse $\sqrt{\Theta}$ auf die Form

$$\sqrt{(1-\theta^2)(1-k^2\theta^2)}$$

bringen, welche für $\theta=\operatorname{sinam} u$ nichts anderes ist als

$$\operatorname{cosam} u\, \Delta \operatorname{am} u,$$

so dass wir sagen können, die Koordinaten einer Kurve vom Geschlecht Eins können als elliptische Funktionen eines Parameters u ausgedrückt werden.

Es giebt eine analoge Theorie für das Geschlecht zwei, wo die Kurve auf eine Kurve vierter Ordnung mit einem Doppelpunkt zurückführbar ist. Wenn wir den Doppelpunkt dieser letzten als $x_1 = x_1 = 0$ wählen und $x_2 = \theta x_1$ setzen, so können wir die Verhältnisse der x_i als rationale Funktionen von θ und $\sqrt{\Theta}$ darstellen, wo Θ eine Funktion sechsten Grades von θ ist; und dies ist gleichbedeutend damit, dass die Koordinaten als hyperelliptische Funktionen der ersten Art von einem Parameter u ausdrückbar sind.

Für höhere Werte von D sind die Koordinaten irrationale Funktionen eines Parameters und es ist nur in speziellen Fällen möglich, sie durch Radikale darzustellen.

347. Wir wollen zunächst hier noch eine andere Methode erwähnen, durch welche das nämliche Problem studiert werden kann. Wir gehen aus von den Gleichungen; setzen wir

$$A_1 = 0, \quad A_2 = 0, \quad A_3 = 0,$$

die die Koordinaten x_i und x'_i verbinden und welche in den einen wie in den andern homogen sind; seien ihre Grade in den verschiedenen Variabeln

$$a_1, a_2, a_3 \quad \text{und} \quad a'_1, a'_2, a'_3$$

respektive. Wenn wir zwischen diesen drei Gleichungen die x'_i eliminieren, so erhalten wir eine Gleichung $S = 0$ vom Grade

$$a_1 a'_2 a'_3 + a_2 a'_3 a'_1 + a_3 a'_1 a'_2$$

in den x_i, und durch Elimination der x_i eine Gleichung der $S' = 0$ vom Grade

$$a'_1 a_2 a_3 + a'_2 a_3 a_1 + a'_3 a_1 a_2$$

in den x'_i. Die Bedingungen $S = 0$, $S' = 0$ müssen erfüllt werden, damit die Gleichungen

$$A_1 = 0, \quad A_2 = 0, \quad A_3 = 0$$

zugleich bestehen können; aber für jedes System von Werten der x_i, welches der Gleichung $S = 0$ genügt, lässt sich ein Wertsystem der x'_i finden, welches die Gleichungen $A_i = 0$ und daher auch die Gleichung $S' = 0$ befriedigt.

Die Zahl der Doppelpunkte der Kurve $S=0$ kann nach den Methoden der Algebra untersucht werden, und das Resultät, das wir erhalten, ist

$$\begin{aligned}\tfrac{1}{2}a'_2a'_3(a'_2a'_3-1)a_1^2+\tfrac{1}{2}a'_3a'_1(a'_3a'_1-1)a_2^2+\tfrac{1}{2}a'_1a'_2(a'_1a'_2-1)a_3^2\\ +\{(a'_1a'_2-1)(a'_3a'_1-1)-\tfrac{1}{2}(a'_1-1)(a'_1-2)\}a_2a_3\\ +\{(a'_2a'_3-1)(a'_1a'_2-1)-\tfrac{1}{2}(a'_2-1)(a'_2-2)\}a_3a_1\\ +\{(a'_3a'_1-1)(a'_2a'_3-1)-\tfrac{1}{2}(a'_3-1)(a'_3-2)\}a_1a_2;\end{aligned}$$

und erhält den entsprechenden Ausdruck für die Zahl der Doppelpunkte in $S'=0$ durch Vertauschung der gestrichenen Buchstaben mit den ungestrichenen. Wir finden endlich den Defekt in jedem Falle gleich $\frac{1}{2}(\Omega+2)$ für

$$\begin{aligned}\Omega=a_1^2a'_2a'_3+a_2^2a'_3a'_1+a_3^2a'_1a'_2+a'_1{}^2a_2a_3+a'_2{}^2a_3a_1\\ +a'_3{}^2a_1a_2+2a_1a'_1(a_2a'_3+a'_2a_3)+\cdots\\ -3(a_1a'_2a'_3+\cdots+a'_1a_2a_3+\cdots).\end{aligned}$$

Beide Kurven sind noch von dem nämlichen Geschlecht.

348. Die Sylvestersche Theorie der Restsysteme, welche in Art. 159 flg. für Kurven dritter Ordnung entwickelt wurde, lässt sich ohne weiteres auf Kurven höherer Ordnung ausdehnen.

Ist S eine ebene algebraische Kurve und zerlegt man das System ihrer Schnittpunkte mit einer Kurve U, welche S nur in einfachen Punkten treffen möge, in zwei Gruppen α und β, legt durch die Gruppe α eine Kurve V und durch die Gruppe β eine Kurve W, so bilden die Gruppen β' respektive α', in welchen V und W die Kurve S noch weiter treffen, zusammen das vollständige Schnittpunktsystem von S mit einer andern Kurve A. Denn das Schnittpunktsystem der zusammengesetzten Kurve VW mit S enthält sämtliche Schnittpunkte von U mit S; es besteht also, wie sich aus einer Betrachtung nach Analogie von Art. 160 schliessen lässt, eine Identität von der Form

$$VW=UA+SB,$$

und daher liegen die Gruppen β', α' auf der Kurve A. Wir übergehen hier die strenge Begründung dieser Identität[93]), welche algebraischer Natur ist, heben jedoch hervor, dass dieselbe unter Umständen auch dann noch besteht, wenn U die

Kurve S in vielfachen Punkten der letzten schneidet — ein Fall, der z. B. infolge einer Cremonaschen Transformation der Ebene von S und U eintritt — und zwar namentlich dann, wenn U in jedem i-fachen Punkt von S, in welchem VW einen k-fachen Punkt hat, einen höchstens $(k-i+1)$-fachen Punkt besitzt. Diese Bedingung ist für jeden i-fachen Punkt von S erfüllt, in welchem sich die Kurven U, V, W adjungiert verhalten, d. h. je einen $(i-1)$-fachen Punkt besitzen, weil dann $k=2(i-1)$ und also $k-i+1=i-1$ ist. Aus dem Fortbestehen der Identität in diesem Falle folgt aber auch das des oben ausgesprochenen Satzes, wenn die Kurven U, V, W, A adjungierte, d. h. solche sind, die in jedem i-fachen Punkt von S einen $(i-1)$-fachen haben; die Gruppen α und β, α und β' u. s. w. bilden dann erst zusammen mit den in die singulären Punkte gefallenen vollständige Schnittpunktesysteme. Hat man also z. B. eine Kurve fünfter Ordnung mit zwei Doppelpunkten und teilt man das System der $15-4=11$ Schnittpunkte, die eine adjungierte Kurve dritter Ordnung ausser den Doppelpunkten mit ihr gemein hat, in zwei Gruppen von fünf und sechs Punkten, um durch jede derselben eine Kurve dritter Ordnung zu legen, so liegen die von diesen ausgeschnittenen sechs und respektive fünf Punkte zusammen wieder auf einer adjungierten Kurve dritter Ordnung.

Man kann nun die Gruppe β als Rest der Gruppe α bezeichnen, wenn β und α zusammen das Schnittpunktsystem einer adjungierten Kurve bilden, und eine Gruppe β', die zu α ebenfalls Rest ist, als beigeordneten Rest von β. Wir wollen im Folgenden eine Punktgruppe durch G und die Kurvenschar, der sie angehört, durch g bezeichnen, dazu durch einen untern Index die Zahl der Punkte der Gruppe und durch einen obern Index die Mannigfaltigkeit der Kurvenschar, so dass in dem erwähnten Beispiel die Gruppen $G_5^{(1)}$, $G_6^{(2)}$ heissen. In dieser Bezeichnungsweise lautet dann der Restsatz: Sind auf einer algebraischen Kurve die Punktgruppen G_R, $G_{R'}$, ... beigeordnete Reste in Bezug auf eine Punktgruppe G_Q, so sind sie es in Bezug auf jede andere $G_{Q'}$, welche Rest zu einer von ihnen ist.

Durch diesen Satz gewinnen einzelne Punktgruppen auf einer Kurve eine selbständige Bedeutung, die namentlich durch eindeutige Transformation der Kurve nicht alteriert und daher für die Untersuchung der bei dieser Transformation invarianten Eigenschaften verwendbar wird.

349. Wenn man eine ebene algebraische Kurve n^{ter} Ordnung $S(x)=0$ durch die Transformationsformeln des Art. 344

$$x'_1 : x'_2 : x'_3 = X_1 : X_2 : X_3$$

mit den X_i als ganzen homogenen Funktionen der x_i in eine andere $S'(x')=0$ überführt, die ihr punktweis eindeutig entspricht, so geht das System $g_Q^{(q)}$ der Gruppen $G_Q^{(q)}$ von je Q Punkten, das auf S durch eine q-fach unendlich-lineare Schar von Kurven

$$\alpha_1 \varphi_1(x) + \alpha_2 \varphi_2(x) + \cdots + \alpha_{q+1} \varphi_{q+1}(x) = 0$$

ausgeschnitten wird, in ein ebensolches System $g_Q^{(q)}$ auf S' über, für welches die ausschneidende Kurvenschar wiederum linear ist. Denn man erhält die Gleichung dieser Schar, indem man die Transformationsformeln mit Hilfe von $S(x)=0$ umkehrt, die erhaltenen Ausdrücke

$$x_1 : x_2 : x_3 = X'_1 : X'_2 : X'_3$$

in die Gleichung der Kurvenschar einsetzt und soweit als möglich die Ordnung der in den X'_i geschriebenen Funktionen $\varphi(X')$ mit Hilfe der Gleichung $S'(x')=0$ der transformierten Kurve erniedrigt.

Dies letzte gelingt namentlich dann, wenn die $\varphi(x)$ adjungierte Kurven $(n-3)^{\text{ter}}$ Ordnung in Bezug auf S sind; denn in diesem Falle kann man mit Hilfe des Satzes von Art. 348 durch Untersuchung des Verhaltens der Funktionaldeterminante J der X' nach den x', sowie der Funktionen $\varphi(X')$ in ihren gemeinsamen Verschwindungspunkten mit S' die Richtigkeit der Identität nachweisen[94])

$$J \,.\, \varphi(X') = \varphi'(x') \,.\, M + C \,.\, S'(x')$$

für φ als irgend eine Funktion aus der obigen Schar und M und C als Funktionen der x', von denen M durch die Identität

$$S(X') = M \,.\, S'(x')$$

definiert ist (aus der sie auch als Konstante folgen kann), sowie $\varphi'(x')$ als eine zu S' von der Ordnung n' adjungiert sich verhaltende Funktion von der Ordnung $(n'-3)$. Die lineare Schar der $\varphi(X')$ wird so durch die der $\varphi'(x')$ ersetzt, und man kann den Satz aussprechen: Wenn man eine Kurve von der Ordnung n eindeutig in eine Kurve von der Ordnung n' transformiert, so wird jede Schar von Punktgruppen, die durch eine lineare Schar adjungierter Kurven $(n-3)^{\text{ter}}$ Ordnung auf ihr ausgeschnitten wird, in eine solche übergeführt, welche auf der transformierten durch eine lineare Schar adjungierter Kurven $(n'-3)^{\text{ter}}$ Ordnung ausgeschnitten wird.

Durch diese Eigenschaft sind die von adjungierten Kurven $(n-3)^{\text{ter}}$ Ordnung — „φ-Kurven" — ausgeschnittenen Punktgruppen vor andern ausgezeichnet. Sätze über solche Punktgruppen, die man an einer Kurve abgeleitet hat, gelten für alle Kurven, in welche dieselbe eindeutig transformierbar ist; als Repräsentanten einer solchen Kurvenfamilie[95]) kann man eine Kurve $(D+1)^{\text{ter}}$ Ordnung mit $\frac{1}{2}D(D-3)$ Doppelpunkten (Art. 345) wählen und eine solche S legen wir den folgenden Betrachtungen zu Grunde.

350. Jede φ-Kurve schneidet die Kurve S ausser in den festen vielfachen Punkten noch in $(D-2)(D+1)-D(D-3) = 2(D-1)$ Punkten, deren Lage von der von $D-1$ unter ihnen abhängt und durch diese im allgemeinen völlig bestimmt ist; es kann aber vorkommen, dass die willkürlich angenommenen $D-1$ Punkte so liegen, dass durch sie noch ein ganzes Büschel von φ-Kurven hindurchgeht, ja die Zahl der Basispunkte dieses Büschels kann $D-1$ noch um $\frac{1}{2}(D-4)$ respektive $\frac{1}{2}(D-5)$ — jenachdem D gerade oder ungerade ist — übersteigen und doch noch eine einfach unendliche Schar von φ-Kurven möglich sein, für die die Doppelpunkte und diese $\frac{1}{2}(3D-6)$ respektive $\frac{1}{2}(3D-7)$ Punkte von S Basispunkte sind. Wir erörtern zwei Beispiele dieser Art.

Beispiel 1. Für eine Kurve S fünfter Ordnung mit zwei Doppelpunkten $(D=4)$ sind die φ-Kurven Kegelschnitte, welche durch die

Doppelpunkte gehen und deren Lage im allgemeinen durch drei von den beweglichen sechs Schnittpunkten mit S bestimmt ist. Wenn aber diese drei in eine gerade Linie durch einen Doppelpunkt rücken, so geht durch sie noch ein Büschel von Kegelschnitten, welche sämtlich in diese Gerade und einen Strahl des Büschels um den andern Doppelpunkt zerfallen. Während also im allgemeinen die Kegelschnitte durch drei Punkte Gruppen $G_3^{(0)}$ ausschneiden, sind die auf dem Strahlbüschel ausgeschnittenen Gruppen als $G_3^{(1)}$ zu bezeichnen.

Beispiel 2. Die Kurven φ für eine Kurve S von der siebenten Ordnung mit neun Doppelpunkten ($D = 6$) sind Kurven vierter Ordnung durch die Doppelpunkte, von deren zehn weitern Schnittpunkten im allgemeinen fünf durch die fünf übrigen bestimmt sind; aber man kann auf S fünf Punkte so annehmen, dass durch sie und die Doppelpunkte noch ein Büschel von Kurven φ geht, so dass eine Schar von Gruppen $G_5^{(1)}$ dadurch ausgeschnitten wird; ja man kann zu zwei beliebigen Punkten von S noch auf fünf verschiedene Arten[96]) vier weitere Punkte von S finden, so dass eine solche Gruppe $G_6^{(2)}$ mit den Doppelpunkten zusammen fünfzehn von den Basispunkten eines Büschels von Kurven vierter Ordnung bildet und die übrigen vier Schnittpunkte dieser Kurven auf ihr eine Schar von Gruppen $G_4^{(1)}$ liefern.

Zum Unterschied von denjenigen Gruppen auf S_n, welche durch adjungierte Kurven von höherer als der $(n-3)^{\text{ten}}$ Ordnung ausgeschnitten werden, hat man solche lineare Gruppen $G_Q^{(q)}$ von Q Punkten, welche, wie in Beispiel 1 die $G_3^{(1)}$ oder in 2 die $G_5^{(1)}$ und $G_4^{(1)}$, einer Schar angehören, deren Mannigfaltigkeit q der Bedingung $q \geqq Q - D + 1$ genügt, Spezialgruppen genannt; dem Zeichen $=$ entsprechen insbesondere die von gewöhnlichen φ-Kurvenscharen ausgeschnittenen Gruppen, dem Zeichen $>$ die eigentlichen Spezialgruppen, wie die erwähnten $G_3^{(1)}$, $G_5^{(1)}$, $G_4^{(1)}$. Aber auch die Gruppe jener fünfdeutig aus zweien bestimmten sechs Punkte $G_6^{(2)}$ gehört zu den eigentlichen Spezialgruppen; denn wenn man in Beispiel 2 eine jener $G_4^{(1)}$ mit den neun Doppelpunkten von S zusammen zu Basispunkten einer linearen Schar von Kurven vierter Ordnung macht, so bestimmen diese dreizehn Punkte nicht eine einfach-, sondern eine zweifach-unendliche Schar derselben, welche daher auf S wiederum eine lineare Schar von Spezialgruppen $G_6^{(2)}$ ausschneidet. Wenn dies richtig ist — wie wir beweisen werden —, so giebt es, wenn das Problem der $G_6^{(2)}$ fünf Lösungen hat, fünf im allgemeinen nicht in einander überführbare lineare Scharen $G_6^{(2)}$, denen sich eindeutig ebensoviele lineare Scharen $G_4^{(1)}$ als Reste zuordnen.

Man kann allgemein behaupten: Schneidet eine φ-Kurve auf S eine Gruppe von Q Punkten aus, deren Restgruppen $G_R^{(r)}$ von $R = 2(D-1) - Q$ Punkten eigentliche Spezialgruppen sind, für die also die Mannigfaltigkeit der Schar, der sie angehören, $r > R - D + 1$ ist, so bilden auch umgekehrt die Restgruppen zu einer von diesen $G_R^{(r)}$ eigentliche Spezialgruppen $G_Q^{(q)}$, für welche $q = r - (R - D + 1)$ ist. An Stelle der angeführten Gleichungen kann man auch die folgenden setzen

$$Q + R = 2(D-1), \quad Q - R = 2(q - r).$$

Dies ist der Riemann-Rochsche Satz. Den Beweis knüpfen wir der Anschaulichkeit wegen an das betrachtete Beispiel einer Kurve S von der Ordnung sieben mit neun Doppelpunkten, da sich die Übertragung auf den allgemeinen Fall sofort ergiebt. Wir nehmen an, dass auf S eine Gruppe G_4 von vier Punkten $Y^{(1)} \ldots Y^{(4)}$ bekannt sei, durch die noch eine doppelt unendliche Schar von adjungierten Kurven vierter Ordnung φ hindurchgeht. Legt man durch G_4 und zwei willkürlich angenommene Punkte $X^{(1)}$, $X^{(2)}$ eine Kurve φ, so schneidet diese in noch vier Punkten $X^{(3)}, \ldots X^{(6)}$; durch diese und einen beliebigen andern Punkt A lege man wieder eine φ-Kurve φ', so wird behauptet, dass sie durch $X^{(1)}$ und $X^{(2)}$ geht, wie man auch A wählt. Denn nimmt man noch einen beliebigen Punkt X hinzu, führt durch die sieben Punkte X, $X^{(1)}$, $X^{(2)}$, $Y^{(1)}, \ldots Y^{(4)}$ eine adjungierte Kurve fünfter Ordnung C, die noch in zehn Punkten schneidet, von denen im allgemeinen vier $B^{(1)}, \ldots B^{(4)}$ beliebig sind, und legt rückwärts durch diese zehn und den Punkt A eine adjungierte Kurve fünfter Ordnung C', so schneidet dieselbe S in noch sechs Punkten, welche im allgemeinen vollkommen bestimmt und von der Lage der Punkte $B^{(i)}$ unabhängig sind, also aus einer speziellen Lage derselben ermittelt werden können. Zu diesen Punkten gehört aber X; denn wählt man insbesondere für $B^{(1)}, \ldots B^{(4)}$ die $X^{(3)}, \ldots X^{(6)}$ und lässt man C in die Kurve φ, welche durch $X^{(1)}$, $X^{(2)}$ geht, und eine beliebig durch

X gehende Gerade g zerfallen, so muss auch C' in diese Gerade, von der sie sechs Punkte enthält, und in φ' zerfallen, und C' enthält demnach den Punkt X. Weil nun aber gegenüber einer nicht zerfallenden Kurve C' die Punkte $X^{(1)}$, $X^{(2)}$ und X ganz das gleiche Verhältnis zeigen und alle drei Punkte willkürlich angenommen wurden, so müssen die $X^{(1)}$, $X^{(2)}$ ebenso wie X Punkte von C' sein. Die Punkte $X^{(1)}$, $X^{(2)}$ können aber, wenn man von C' wieder auf die zerfallende Kurve $\varphi'.g$ zurückgeht, nur auf φ' liegen, da man immer vermeiden kann, dass g dieselben ausschneidet.

Enthält nun aber die Kurve φ', von welcher der Punkt A noch willkürlich war, die Punkte $X^{(1)}, \ldots . X^{(6)}$, so lässt sich durch diese sechs Punkte noch eine einfach unendliche Schar von φ-Kurven legen, wie zu beweisen war.

351. Die Spezialgruppen spielen eine Rolle bei der Bestimmung der Anzahl der Moduln, d. h. der einer Kurvenfamilie eigentümlichen Konstanten, die durch eindeutige Transformation nicht zerstörbar sind[97]), sowie bei der Reduktion der Kurven einer Familie auf eine Normalform mit möglichst wenig Konstanten. Wir wollen im Folgenden eine solche Normalform angeben, deren Konstanten direkt als die Moduln angesehen werden können.

Wir benutzen zu diesem Zweck die oben erwähnten Spezialgruppen G_Q von $Q = \frac{1}{2}(3D-6)$ respektive $\frac{1}{2}(3D-7)$ Punkten — jenachdem D gerade oder ungerade ist —, durch die sich noch ein Büschel von φ-Kurven legen lässt und beschränken uns der Kürze wegen auf den Fall, wo D gerade ist. Hat man auf S irgend zwei Gruppen der erwähnten Art, welche jedoch nicht beigeordnete Reste sind, und sind

$$\varphi + k\psi = 0, \quad \varphi_1 + k_1\psi_1 = 0$$

die Gleichungen der zugehörigen Kurvenbüschel, welche S in Gruppen $G_R^{(1)}$ von noch $R = \frac{1}{2}(D+2)$ beweglichen Punkten schneiden, so führe man S durch eindeutige Transformation vermittelst der Formeln

$$\frac{x'_1}{x'_3} = \frac{\varphi + k\psi}{\lambda\varphi + \mu\psi}, \quad \frac{x'_2}{x'_3} = \frac{\varphi_1 + k_1\psi_1}{\lambda_1\varphi_1 + \mu_1\psi_1}$$

in eine Kurve S' über, welche von der Ordnung $(D+2)$ sein wird und zwei $\frac{1}{2}(D+2)$-fache Punkte in $x'_1 = x'_3 = 0$ und in $x'_2 = x'_3 = 0$ nebst $\frac{1}{4}D(D-4)$ Doppelpunkten besitzt. Die Gleichung dieser Kurve hat noch $3(D+1)$ Konstanten, von denen indess durch passende Wahl der Konstanten $k, k_1, \lambda, \ldots$ sechs in Zahlenkoefficienten übergeführt werden können, so dass noch $3(D-1)$ wesentliche Konstante bleiben. Diese lassen sich nun wirklich als die Moduln ansehen, denn die Kurve S' kann man auf dem angedeuteten Wege nur noch endlich vieldeutig herstellen.

Benutzt man nämlich statt der Büschel

$$\varphi + k\psi = 0, \quad \varphi_1 + k_1\psi_1 = 0,$$

welche durch Annahme zweier Gruppen $G_Q^{(q)}$ eindeutig bestimmt sind, zwei andere, die durch zwei den $G_Q^{(q)}$ coresiduale Gruppen gegeben werden, so bleiben darum doch die ausgeschnittenen Punktgruppen $G_R^{(1)}$, auf die es bei der Herstellung von S' allein ankommt, ungeändert. Wenn nun, wie sogleich gezeigt wird, für eine gerade Zahl D eine Gruppe $G_Q^{(q)}$ durch irgend q ihrer Punkte endlich vieldeutig bestimmt ist, so führt jede andere Annahme der q Punkte nur wieder auf Gruppen, die zu jenen Lösungen coresidual sind und also keine neuen Kurven S' liefern.

Nun ist nach dem Riemann-Rochschen Satz das Problem der Spezialgruppen $G_Q^{(q)}$, denen Gruppen $G_R^{(1)}$ als Reste gegenüberstehen, für welche also $q = \frac{1}{2}(D-2)$ ist, identisch mit dem der Gruppen $G_R^{(1)}$, d. h. die Zahl der Systeme von $Q-q$ Punkten $[Q = \frac{1}{2}(3D-6)]$, die zu q beliebig angenommenen so gehören, dass sie zusammen eine Gruppe $G_Q^{(q)}$ bilden, ist ebenso gross als die Zahl der zu einem beliebig angenommenen Punkt gehörigen Punktgruppen $G_R^{(1)}$ $[R = \frac{1}{2}(D+2)]$. Diese letzten erhält man aber, wenn man die Bedingung aufstellt, dass von den linearen Gleichungen

$$\alpha_1\varphi_1(x_i) + \alpha_2\varphi_2(x_i) + \ldots + \alpha_D\varphi_D(x_i) = 0 \quad (i = 1, 2, \ldots R)$$

eine die Folge der übrigen ist, wo dann alle R-reihigen Determinanten der aus den Elementen $\varphi_k(x_i)$ gebildeten Matrix verschwinden. Die Anzahl der Lösungen dieses Problems lässt sich aber durch direkte Methoden[98]) bestimmen und in der Formel darstellen

$$\binom{Q+1}{q+1} - \binom{D}{1}\binom{Q-1}{q-1} + \binom{D}{2}\binom{Q-3}{q-3} - \cdots,$$

wo zur Abkürzung $\frac{i(i-1)(i-2)\ldots(i-k+1)}{1.2.3\ldots k} = \binom{i}{k}$ gesetzt ist und $\binom{i}{0}$ die Bedeutung 1 hat. Auf einer allgemeinen Kurve vom Geschlecht $D = 4, 6, 8, \ldots$ existieren also respektive 2, 5, 14, ... lineare Scharen von Gruppen $G_3^{(1)}$, $G_4^{(1)}$, $G_5^{(1)}$ ... und anderseits von Gruppen $G_3^{(1)}$, $G_6^{(2)}$, $G_9^{(3)}$, ...

Entsprechen von Punkten in einer gegebenen Kurve.

352. Das bisher Gesagte mag hinreichen, um die Theorie des rationalen Entsprechens zu erklären. Im folgenden untersuchen wir das allgemeine Entsprechen zweier Punkte derselben Kurve, bei welchem jeder Punkt den oder die ihm entsprechenden andern bestimmt. Nehmen wir an, eine gegebene Lage von P entspreche α' Lagen von P' und einer gegebenen Lage von P' α Lagen von P, so soll dies Entsprechen ein (α, α') Entsprechen oder eine (α, α') Korrespondenz heissen. Für $\alpha = \alpha' = 1$ ist diese Beziehung die einer rationalen Transformation.

Als ein einfaches Beispiel des Entsprechens in einer Kurve von der Ordnung μ nehmen wir an, dass die Punkte P und P' mit einem festen Punkte O in einer geraden Linie liegen; dann entsprechen dem gegebenen P $\mu - 1$ verschiedene Lagen von P' und dem gegebenen P' $\mu - 1$ Lagen von P, oder die so festgesetzte Beziehung ist eine $(\mu - 1, \mu - 1)$ Korrespondenz. In Art. 329 stiessen wir auf diese besondere Beziehung im Fall eines Kreises. Dieses Entsprechen ist rational im Fall des Kegelschnittes $\mu = 2$. Wenn der Punkt O in der betrachteten Kurve liegt, so entsprechen einer gegebenen Lage des einen Punktes $\mu - 2$ Lagen des andern; oder allgemeiner, wenn O ein vielfacher Punkt vom Grade p in der Kurve ist, so entsprechen einer gegebenen Lage des einen Punktes $\mu - p - 1$

Lagen des andern und das Entprechen ist ein $(\mu-p-1, \mu-p-1)$ Entsprechen. Wir erhalten in dieser Weise ein (1, 1) Entsprechen von Punkten in einer Kurve dritter Ordnung, indem wir O willkürlich in der Kurve wählen, oder in einer Kurve vierter Ordnung mit Doppelpunkt, indem wir O im Doppelpunkt annehmen; aber wir können kein (1, 1) Entsprechen in einer allgemeinen Kurve vierter Ordnung auf diesem Wege herstellen.

353. Im vorher betrachteten Beispiel war das Entsprechen ein symmetrisches, man gelangte von P zu P' durch dieselbe Konstruktion wie von P' zu P und überdies war $\alpha = \alpha'$. Als Beispiel eines nicht symmetrischen Entsprechens betrachten wir das, bei welchem P' als Tangentialpunkt von P gegeben wird. Dann ist für gegebenes P der Punkt P' einer von den Schnittpunkten der Tangente in P mit der Kurve, d. h. einer gegebenen Lage von P entsprechen $\mu - 2$ Lagen von P'; wenn aber P' gegeben ist, so ist P einer der Berührungspunkte der von P' an die Kurve gehenden Tangenten und einer gegebenen Lage von P' entsprechen somit $\nu - 2$ Lagen von P für ν als die Klasse der Kurve. Wir haben also ein $(\nu - 2, \mu - 2)$ Entsprechen. Vielleicht ist es unnötig zu bemerken, dass $\alpha = \alpha'$ sein kann, ohne dass das Entsprechen ein symmetrisches ist.

Im Falle einer Unikursalkurve, wo einem gegebenen Punkte der Kurve ein einziger Wert des Parameters θ entspricht, und einem gegebenen Werte von θ ein einziger Punkt der Kurve, können wir in Ausdehnung des Begriffs der Korrespondenz von einem (1, 1) Entsprechen der Punkte und der Parameter reden. Es folgt daraus, dass, wenn der Punkt P α Lagen hat, sein Parameter θ durch eine Gleichung vom Grade α gegeben sein muss, dass also, wenn die Punkte P, P' ein Entsprechen (α, α') haben, die Relation zwischen ihren Parametern θ, θ' durch eine Gleichung von der Form

$$(\theta, 1)^{\alpha} (\theta', 1)^{\alpha'} = 0$$

gegeben sein muss, eine Gleichung nämlich, welche für gegebenes θ vom Grade α' in θ' und für gegebenes θ' vom Grade α in θ ist.

354. Ein Punkt kann sich selbst entsprechen und heisst dann ein Koincidenzpunkt; wenn z. B. die Punkte P, P' mit einem festen Punkte O in gerader Linie liegen, so ist der Berührungspunkt einer von O ausgehenden Tangente der Kurve ein Koincidenzpunkt und wenn diese Punkte die einzigen Koincidenzpunkte sind, so ist ihre Anzahl $= \nu$. Die einzigen andern Punkte, welche auf den ersten Blick als Koincidenzpunkte erscheinen könnten, sind die Doppelpunkte und Spitzen der Kurven; denn wenn P ein Doppelpunkt oder eine Spitze ist, so schneidet die Gerade OP die Kurve in P, in demselben Punkte als einem der $\mu - 1$ Durchschnittspunkte und in $\mu - 2$ andern Punkten, oder die Gerade aus O nach dem Doppelpunkt oder der Spitze schneidet die Kurve ebenda zweifach und in $\mu - 2$ andern Punkten. Aber im Falle des Doppelpunktes gehören die beiden in ihm liegenden Schnittpunkte zu verschiedenen Ästen der Kurve, sie fallen zwar zusammen, aber sie sind keine aufeinander folgenden Punkte; im Falle der Spitze sind sie solche. Wirklich nimmt im Falle einer Unikursalkurve der Parameter θ im Doppelpunkt zwei verschiedene Werte an, denen die nämlichen Koordinaten entsprechen, während für die Spitze jene beiden Werte einander gleich werden. Mit noch andern Worten, die Gerade von O nach einer Spitze ist, obwohl keine eigentliche Tangente der Kurve, doch in einem höhern Sinne eine Tangente der Kurve als die Gerade von O nach einem Doppelpunkt. Wir schliessen also, dass der Doppelpunkt kein Koincidenzpunkt ist, während die Spitze es in einem besondern Sinne ist. Ausser den Spitzen sind die Berührungspunkte der Tangenten aus O die eigentlichen Koincidenzpunkte in der Kurve.

Indem wir zur Unikursalkurve und zur Gleichung

$$(\theta, 1)^{\alpha} (\theta', 1)^{\alpha'} = 0$$

zurückkehren, so haben wir in einem Koincidenzpunkt $\theta = \theta'$ und erhalten daher zur Bestimmung dieser Punkte eine Gleichung

$$(\theta, 1)^{\alpha + \alpha'} = 0,$$

d. h. wenn die Punkte P, P' ein Entsprechen (α, α') haben, so ist die Anzahl der Koincidenzpunkte gleich $\alpha + \alpha'$ (Art. 83).

Die Anwendung des Satzes auf den Fall, wo P, P' mit einem festen Punkte O in gerader Linie liegen und das Entsprechen ein $(\mu-1, \mu-1)$ Entsprechen ist, giebt $2(\mu-1)$ Koincidenzpunkte; unter ihnen ist die Zahl der eigentlichen Koincidenzpunkte $=\nu$ und die der besondern als die der Spitzen $=\varkappa$ oder wir müssen, wie es in der That für eine Unikursalkurve der Fall ist, die Relation haben

$$\nu+\varkappa=2(\mu-1).$$

In dem andern Falle, wo P' ein Tangentialpunkt von P ist, sahen wir das Entsprechen als ein $(\nu-2, \mu-2)$ und die Zahl der Koincidenzpunkte muss also $\mu+\nu-4$ sein; nun sind aber in diesem Falle die eigentlichen Koincidenzpunkte die Inflexionspunkte und die besondern die Spitzen, die Gesamtzahl derselben also gleich $\iota+\varkappa$ und wir erhalten den Satz

$$\iota+\varkappa=\mu+\nu-4 \quad \text{oder} \quad \iota=3(\mu-1)-2\varkappa,$$

was wirklich für eine Unikursalkurve mit $\varkappa$ Spitzen der Fall ist.

355. Wenn wir den Punkt P als gegeben denken, so kommt die geometrische Konstruktion zur Bestimmung von P' im allgemeinen darauf hinaus, dass eine gewisse von P abhängige Kurve Θ durch ihre Durchschnitte mit der gegebenen Kurve die P' angiebt. In manchen Fällen ist P' irgend einer der fraglichen Durchschnittspunkte, in andern Fällen liegt eine gewisse Anzahl von ihnen im allgemeinen im gegebenen Punkte P und diese werden ausgeschlossen. So ist in dem Falle, wo P und P' mit O in einer Geraden liegen, diese Gerade OP die Kurve Θ und sie schneidet die gegebene Kurve in dem einfachen auszuschliessenden Punkte P und in $\mu-1$ andern Punkten. Und wenn P' ein Tangentialpunkt von P ist, so ist die Tangente in P, welche die gegebene Kurve daselbst in zwei nicht zählenden Punkten schneidet, die Kurve Θ und es giebt $\mu-2$ zählende Punkte als entsprechend.

Die Kurve Θ kann aber ferner die gegebene Kurve in Punkten von zwei oder mehreren verschiedenen Klassen von Punkten schneiden, so dass nur die Punkte von einer derselben Lagen von P' sind. So ist es im letztvorhergehenden Beispiele, wenn wir die Punkte P und P' vertauschen oder

P' als den Berührungspunkt einer von P an die Kurve gehenden Tangente betrachten; die Kurve Θ ist das System der $\nu-2$ Tangenten, welche von P an die Kurve gehen. Jede dieser Tangenten schneidet die Kurve in P, welcher einfach zählt, im Berührungspunkt P', der zweifach zählt, und in $\mu-3$ andern Punkten P'', welche, wie wir sagen wollen, zu P cotangential sind, so dass PP'' die Kurve in einem von P und P'' verschiedenen Punkte P' berührt. Oder was dasselbe ist, die Kurve Θ von der Ordnung $\nu-2$ schneidet die gegebene Kurve in dem für $\nu-2$ zählenden Punkte P, in $\nu-2$ Punkten P', deren jeder für zwei zählt, und in $(\nu-2)(\mu-3)$ Punkten P'', die einfach zählen. Die Korrespondenz (P, P') ist, wie wir sahen, $(\mu-2, \nu-2)$, die Korrespondenz (P, P'') ist offenbar $(\overline{\nu-2}\,\overline{\mu-3}, \overline{\nu-2}\,\overline{\mu-3})$.

356. Der Satz für eine Unikursalkurve führt zu einem analogen Satze für eine allgemeine Kurve; man erwartet, dass die Anzahl der Koincidenzpunkte die um ein Vielfaches des Defekts vermehrte Summe von α und α' sei; etwa

$$=\alpha+\alpha'+k'.2D.$$

Das letzte Beispiel zeigt jedoch, dass es nötig ist, die verschiedenen Klassen von Schnittpunkten zu unterscheiden, die die Kurve Θ mit der betrachteten Kurve hat. Der allgemeine Satz sagt aus, dass für eine Kurve von gegebenem Defekt D, wenn $P', P'', \ldots$ die entsprechenden Punkte von P sind und wenn P, P' eine (α, α') Korrespondenz mit a als Anzahl der Koincidenzpunkte haben, P, P'' eine (β, β') Korrespondenz mit b Koincidenzpunkten u. s. w., und wenn die Kurve Θ, die durch ihre Schnittpunkte mit der gegebenen Kurve die Punkte $P', P'', \ldots$ bestimmt, dieselbe in dem Punkte P als k-fach, in jedem der Punkte P' als p-fach und in jedem der Punkte P'' als q-fach zählend schneidet u. s. w., die Relation besteht

$$p(a-\alpha-\alpha')+q(b-\beta-\beta')+\cdots=k.2D,$$

wobei in jeder der verschiedenen Korrespondenzen die speziellen Koincidenzpunkte, wenn solche vorhanden sind, gezählt werden müssen.

Wir erörtern dies an den schon erwähnten Beispielen. Wenn P und P' mit O in einer Geraden liegen, so erhalten wir

1) $$\nu + \varkappa = 2(\mu - 1) + 2D.$$

Wenn P' ein Tangentialpunkt von P ist, so folgt

2) $$\iota + \varkappa = \mu + \nu - 4 + 4D;$$

und in dem Falle, wo P ein Tangentialpunkt von P' ist und wo b, β, β' sich auf die Korrespondenz P, P'' der Kotangentialen beziehen,

$$b - 2(\mu - 3)(\nu - 2) + 2(a - \alpha - \alpha') = (\nu - 2)\,2D,$$

wo nach dem vorigen Beispiel

$$a - \alpha - \alpha' = \iota + \varkappa - (\mu + \nu - 4) = 4D$$

ist; somit

$$b - 2(\mu - 3)(\nu - 2) = (\nu - 6)\,2D.$$

Die eigentlichen Koincidenzpunkte b sind hier die Berührungspunkte der Doppeltangenten, deren Zahl 2τ ist; aber als spezielle Koincidenzpunkte zählen die Spitzen jede $(\nu - 3)$ fach, wie wir annehmen müssen, und das Ergebnis ist also

3) $$2\tau = 2(\mu - 3)(\nu - 2) + (\nu - 6)\,2D - (\nu - 3)\,\varkappa.$$

Die Gleichungen 1), 2) und 3), welche die Klasse, die Zahl der Inflexionen und die Zahl der Doppeltangenten einer Kurve von der Ordnung μ aus δ Doppelpunkten und $\varkappa$ Spitzen angeben, stimmen mit den Plückerschen Gleichungen überein; man bestätigt sie am leichtesten, indem man die in Art. 83 gegebenen Ausdrücke der verschiedenen Grössen in μ, ν und $\alpha = 3\nu + \varkappa$ anwendet.

357. Wenn in einer Kurve die Punkte P und P' eine (1, 1) Korrespondenz haben, die Punkte (P', P'') eine ebensolche, und so fort bis zu den Punkten $P^{(n-1)}$, $P^{(n)}$, so haben offenbar auch die Punkte P, $P^{(n)}$ eine (1, 1) Korrespondenz. Und umgekehrt, die Punkte P, $P^{(n)}$, welche sich (1, 1) entsprechen, können als mit einander verbunden durch die Reihe der vermittelnden Punkte $P', P'', \ldots P^{(n-1)}$ betrachtet werden.

Im Fall einer Kurve vom Geschlecht Null bringt die (1, 1) Korrespondenz der Punkte P, P' auch eine solche Korrespondenz der bezüglichen Parameter θ, θ' mit sich; nämlich von der Form

$$(\theta,\, 1)\,(\theta',\, 1) = 0$$

oder, was dasselbe ist,

$$a\theta\theta' + b\theta + c\theta' + d = 0,$$

d. h. die Parameter θ, θ' sind projektivisch von einander abhängig. Die Transformation hängt von drei willkürlichen Parametern ab.

Denken wir die Kurve als Kegelschnitt, so ist bekannt, dass für ein (1, 1) Entsprechen der Punkte P, P' die Gerade PP' einen Kegelschnitt umhüllt, der mit dem gegebenen Kegelschnitt eine doppelte Berührung hat; ein solcher Kegelschnitt hängt als der Bedingung der Doppelberührung unterliegend wirklich von drei Bedingungen oder Parametern ab. Wenn wir aber die Punkte A, B willkürlich wählen und sodann zwei Punkte P, Q des Kegelschnitts mit A in gerader Linie annehmen, P' aber in gerader Linie mit BQ, so haben die Punkte P, P' ein (1, 1) Entsprechen, welches scheinbar von vier Parametern abhängt; es folgt daraus, dass die Punkte A und B ohne Verlust an Allgemeinheit einer einfachen Bedingung unterworfen werden können.

Fig. 67.

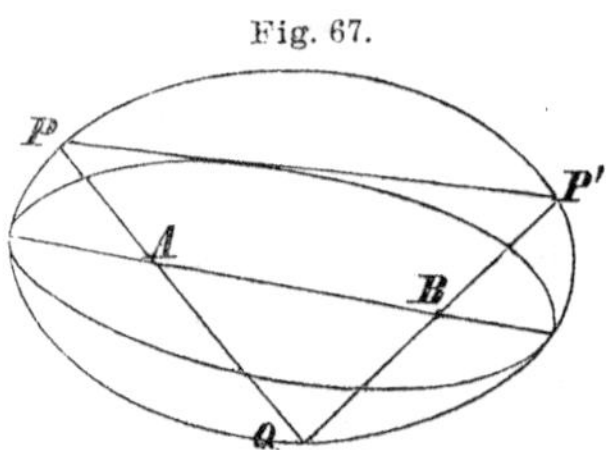

Lassen wir die Korrespondenz P, P' mittelst des von der Geraden PP' umhüllten Kegelschnitts gegeben sein, und nehmen wir auf der Berührungssehne willkürlich den Punkt A an, ziehen PA, das den Kegelschnitt in Q schneidet und QP', welches in der Sehne den Punkt B bestimmt, so ist mittelst der Punkte A, B die (1, 1) Korrespondenz auch bestimmt, aber A ist als ein bestimmter Punkt in der Berührungssehne, sagen wir als ihr Schnittpunkt mit einer festen Geraden gegeben und B wird nach dem Vorigen gefunden; wir haben also die durch diese zwei Punkte vermittelte Korrespondenz ganz ebenso, als wenn A in der Berührungssehme willkürlich gewählt wäre.

Ein im Vorherigen mit enthaltener Fall ist es, wenn die (1, 1) Korrespondenz von P, P' so beschaffen ist, dass die Gerade PP' durch einen festen Punkt C geht; der umhüllte Kegelschnitt ist als Liniengebilde betrachtet hier der zweifach genommene Punkt C, als Punktgebilde aber das Paar der von C an den gegebenen Kegelschnitt gehenden Tangenten; d. h. die Berührungssehne ist die Polare von C und die Konstruktion ist die nämliche wie vorhin, indem, wie man leicht sieht, die Punkte A, B, C ein Tripel konjugierter Punkte in Bezug auf den Kegelschnitt bilden; die Originalkorrespondenz der Punkte P, P' als in einer Geraden aus C gelegen, wird durch eine Korrespondenz mittelst der Punkte A und B ersetzt, die mit C ein Tripel harmonischer Pole bilden.

Fig. 68.

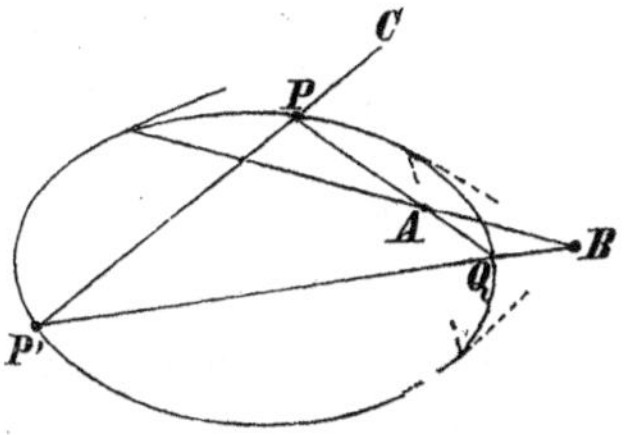

Die vorhergehenden Eigenschaften stehen in Beziehung zu dem Problem von der Einschreibung eines Polygons in einen Kegelschnitt, falls seine Seiten entweder durch gegebene Punkte gehen oder Kegelschnitte berühren müssen, die selbst mit dem gegebenen in doppelter Berührung sind.

358. In einer Kurve dritter Ordnung ($D=1$) haben wir eine (1, 1) Korrespondenz, die von einem einzigen Parameter abhängt; aber es giebt zwei Arten dieser Korrespondenz, nämlich 1) so, dass die Punkte P, P' mit einem Punkte A der Kurve dritter Ordnung in gerader Linie liegen, und 2) so, dass P mit Q in einer Geraden aus dem Punkte A der Kurve liegt, indess Q und P' in einer Geraden durch den festen Punkt B der Kurve enthalten sind. Die letztere Beziehung ist auch nur scheinbar von zwei Parametern abhängig; denn für C als einen bestimmten Punkt der Kurve dritter Ordnung und mittelst der Geraden AC, welche die Kurve noch in O und BO, welche sie noch in D schneidet, wird derselbe korrespondierende Punkt P' zu P erhalten, indem man PDR mit RCP' zieht, d. h. mittelst eines einzigen Punktes D. Es ist in Wahrheit offenbar, dass von P ausgehend und P' als Schnitt von QB mit RC konstruierend, die

Fig. 69.

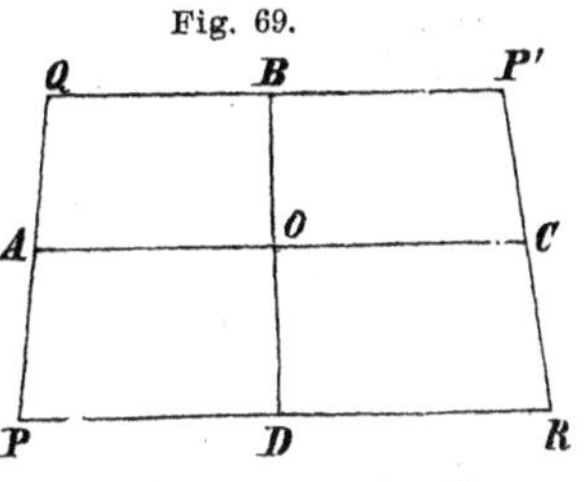

Kurve dritter Ordnung durch die Punkte A, B, C, D, O, P, Q, R auch durch den Punkt P' geht, so dass die Punkte A, B und die Punkte C, D zu demselben Punkt D führen.

Der in der vorigen Konstruktion enthaltene Satz kann in folgender Art ausgesprochen werden: Wenn in einer Kurve dritter Ordnung die Punkte A, B, C, D so liegen, dass die Geraden AC, BD sich in einem Punkte O derselben schneiden, so giebt es unendlich viele der Kurve eingeschriebene Vierecke $PQP'R$, deren Seiten durch A, B, C, D respektive gehen; jeder Punkt P der Kurve kann als Ecke eines solchen Vierecks angenommen werden.

359. Denken wir allgemeiner in die Kurve dritter Ordnung ein ungeschlossenes Polygon $PQ \ldots X$ von $2n-1$ Seiten eingeschrieben, dessen Seiten durch feste Punkte der Kurve gehen, so ist das Entsprechen der Punkte P und X ein $(1, 1)$ Entsprechen der ersten Art, d. h. die letzte Seite XP schneidet die Kurve dritter Ordnung in einem festen Punkt. Wir erhalten damit unendlich viele der Kurve dritter Ordnung eingeschriebene $2n$-Ecke, deren Seiten durch feste Punkte der Kurve gehen. Und diese festen Punkte sind willkürlich bis auf einen, der durch Konstruktion eines solchen Polygons bestimmt wird.

Wir können diese Theorie durch die Ausdrucksweise der Punkte der Kurve dritter Ordnung mittelst Parametern nach Art. 346 erläutern. Das $(1, 1)$ Entsprechen zwischen zwei Punkten einer Kurve dritter Ordnung erfordert einen rationalen Ausdruck für die Parameter $\sin\text{am}\, u'$, $\cos\text{am}\, u'$, $\Delta\,\text{am}\, u'$ in Funktion der $\sin\text{am}\, u$, $\cos\text{am}\, u$, $\Delta\,\text{am}\, u$ und dies sodann erfordert eine Gleichung von einer der beiden Formen

$$u + u' = \text{const.} \quad \text{oder} \quad u - u' = \text{const.}$$

Wenn aber drei Punkte P, P' und A in gerader Linie liegen, so findet im allgemeinen eine Relation

$$u + u' + a = \Lambda$$

statt, für Λ als eine von der absoluten Invariante der Kurve dritter Ordnung abhängige Konstante. Eine Gleichung von der Form $u + u' = \text{const.}$ fordert also, dass P und P' mit einem festen Punkte A in einer geraden Linie liegen. Wenn aber die Gleichung $u - u' = \text{const.}$ besteht, so denken wir die Konstante in der Form der Differenz $b - a$ gegeben, und wir können dann schreiben

$$u + v + a = \Lambda, \quad v + b + u' = \Lambda;$$

daraus aber ergiebt sich die geometrische Bedeutung dahin, dass P und Q mit einem festen Punkt A und Q, P' mit einem festen Punkt B in gerader Linie liegen.

Wir können offenbar für die Punkte A, B zwei andere C, D substituieren, vorausgesetzt, dass wir haben

$$b - a = c - d, \quad \text{oder} \quad a + c = b + d,$$

d. h. vorausgesetzt, dass die Geraden AC und BD sich in der Kurve durchschneiden. Wir haben so die vorher erhaltenen Resultate wieder gefunden.

Für eine Kurve vierter Ordnung mit zwei Doppelpunkten ($D = 1$) existiert eine gleiche Theorie des Entsprechens (1, 1); für eine solche mit einem Doppelpunkt ($D = 2$) wird durch diesen letzten ein (1, 1) Entsprechen vermittelt, das von keinem Parameter abhängig ist, indem die Gerade PP' sich um den Doppelpunkt dreht.

Es giebt eine interessante Theorie der (2, 2) Korrespondenz in einer Unikursalkurve und insbesondere in einem Kegelschnitt; die Parameter, welche die Lage der Punkte P, P' bestimmen, sind dann durch eine Gleichung von der Form

$$(\theta, 1)^2 \, (\theta', 1)^2 = 0$$

verbunden. Für Kegelschnitte erhalten wir die Poncelet-schen Sätze in Bezug auf die ein- und umgeschriebenen Polygone.[99])

Neuntes Kapitel.

Allgemeine Theorie der Kurven.

360. Wir wollen in diesem Kapitel die alllgemeine Theorie der Kurven im Sinne des Kapitels II weiterführen und beginnen mit der Theorie der Doppeltangenten einer durch die allgemeine Gleichung n^{ten} Grades dargestellten Kurve, welche wir in Art. 78 vertagt hatten. Wir wollen zwei Methoden erklären, durch welche man die Gleichung einer Kurve bilden kann, deren Durchschnittspunkte mit einer gegebenen Kurve die Berührungspunkte ihrer Doppeltangenten bestimmen.

In Art. 64 wurde die Theorie der Tangenten einer Kurve vermittelst der Gleichung $\Lambda = 0$ studiert oder der Gleichung

$$\lambda^n U' + \lambda^{n-1}\mu\Delta U' + \tfrac{1}{2}\lambda^{n-2}\mu^2\Delta^2 U' + \cdots = \varrho,$$

welche die Koordinaten der Punkte bestimmt, in denen die Verbindungsgerade zweier gegebenen Punkte die Kurve schneidet. Wir sahen dort, dass für einen Punkt x'_i der Kurve und einen beliebigen Punkt x_i der in ihm die Kurve berührenden Tangente die Relationen

$$U' = 0, \quad \Delta U' = 0$$

und wenn diese Tangente in drei aufeinander folgenden Punkten schneidet, zugleich die Relation $\Delta^2 U' = 0$ bei vier aufeinander folgenden Schnittpunkten auch $\Delta^3 U' = 0$ erfüllt ist und so fort.

Wenn die Tangente im Punkte x'_i die Kurve noch in einem andern Punkte berührt, so muss die durch $U' = 0$ und $\Delta U' = 0$ reduzierte Gleichung $\Lambda = 0$, die nun vom Grade $(n-2)$ ist, gleiche Wurzeln haben und wenn wir die Diskriminante dieser Gleichung durch Y repräsentieren, so muss die Relation $Y = 0$ durch die Koordinaten x_i und x'_i erfüllt werden.

Im Falle der Inflexionspunkte, wo die zwei Bedingungen

$$\Delta U' = 0, \quad \Delta^2 U' = 0$$

bestehen, welche respektive vom ersten und vom zweiten Grade in den x_i sind und doch beide für jeden beliebigen Punkt der Tangente befriedigt sein müssen, ist offenbar, wie wir in Art. 74 entwickelten, dass $\Delta U' = 0$ die Gleichung der Tangente ist und dass $\Delta^2 U' = 0$ den Faktor $\Delta U' = 0$ enthält. In derselben Art muss im Falle einer Doppeltangente $Y = 0$ die Grösse $\Delta U' = 0$ als Faktor enthalten und durch Aufstellung der Bedingung, unter welcher dies der Fall ist, erhält man die Bedingung, unter welcher der Punkt x'_i der Berührungspunkt einer Doppeltangente ist. Da die in Art. 74 benutzte spezielle Methode auf den allgemeinen Fall nicht anwendbar ist, so gebrauchen wir die folgende von Cayley herrührende Methode. Es ist zweckmässig, mit dem nachstehenden Lemma zu beginnen.

361. Wenn die Gleichungen von zwei Kurven $U = 0$ und $V = 0$ die Variabeln x_i in den Graden a, b respektive und die x'_i in den Graden a', b' enthalten und wenn die ab Schnittpunkte dieser Kurve sämtlich mit x'_i zusammenfallen, so wird der Grad der weiteren Bedingung verlangt, unter welcher sie andere gemeinschaftliche Punkte haben, was offenbar nur dann der Fall sein kann, wenn U und V einen gemeinsamen Faktor besitzen. Wir bemerken, dass in diesem Falle eine beliebige Gerade

$$\xi_1 x_1 + \xi_2 x_2 + \xi_3 x_3 = 0$$

einen den Kurven $U = 0$ und $V = 0$ gemeinschaftlichen Punkt enthalten muss, nämlich den Punkt oder die Punkte, in welchen sie die durch Verschwinden des gemeinschaftlichen Faktors dargestellte Kurve schneidet. Daraus folgt, dass das Resultat der Elimination zwischen $U = 0$, $V = 0$ und der linearen Gleichung in diesem Falle gleich Null sein muss. Dies Resultat enthält die ξ_i im Grade ab, die x'_i im Grade $ab' + a'b$ und die Koefficienten von U und V in den Graden b und a respektive. Da aber das Eliminationsresultat erhalten wird, indem man die Substitutionsresultate der Koordinaten der Durchschnittspunkte von U und V in

$$\xi_1 x_1 + \xi_2 x_2 + \xi_3 x_3$$

mit einander multipliziert, so ist sie in diesem Falle von der Form

$$\Pi (\xi_1 x'_1 + \xi_2 x'_2 + \xi_3 x'_3)^{ab}.$$

Die Bedingung

$$\xi_1 x'_1 + \cdots = 0$$

zeigt aber nur an, dass die willkürliche Linie durch den Punkt x'_i gehe, in welchem Falle sie allerdings einen gemeinschaftlichen Punkt der beiden Kurven unter allen Umständen enthält. Die Existenz eines gemeinschaftlichen Faktors von U und V wird also nur durch das Verschwinden des andern Teils der Resultante, also durch $\Pi = 0$ bedingt und wir sehen, dass diese Bedingung die ξ_i nicht mehr enthält und vom Grade

$$ab' + a'b - ab$$

in den x'_i sowie von den Graden b und a respektive in den Koefficienten von U und V ist.

362. Wenn wir die beschriebene Methode auf die Untersuchung der Inflexionspunkte anwenden, d. h. auf die Bestimmung der Bedingung, unter welcher $\Delta U'$ und $\Delta^2 U'$ einen gemeinsamen Faktor haben, so ist

$$a = 1, \quad a' = n - 1, \quad b = 2, \quad b' = n - 2$$

und die erhaltene Formel giebt für den Grad von Π in den x'_i die Zahl $3(n-2)$, die früher gefundene Ordnungszahl der Hesseschen Determinante; auch ergiebt sich, dass Π vom zweiten Grade in den Koefficienten von $\Delta U'$ und vom ersten in denen von $\Delta^2 U'$ ist, also da beide linear in den Koefficienten von U sind, vom dritten Grade in den Koefficienten von U, was ebenfalls dem Früheren entspricht.

Für den Fall der Doppeltangenten reduziert sich die Gleichung $\Lambda = 0$ auf die Form

$$\tfrac{1}{2} \Delta^2 U' \lambda^{n-2} + \cdots + U \mu^{n-2} = 0$$

und ein Glied ihrer Diskriminante ist z. B.

$$(\Delta^2 U')^{n-3} U^{n-3},$$

d. h. diese Funktion Y ist vom Grade $(n+2)(n-3)$ in den x_i, von dem Grade $(n-2)(n-3)$ in den x'_i und von $2(n-3)$ in den Koefficienten der Originalgleichung $U = 0$. Wir können dann ferner zeigen, dass alle Schnittpunkte von $Y=0$ und $\Delta U'=0$ mit x'_i zusammenfallen; denn die Gleichung des Systems der n^2-n-2 Tangenten vom Punkte x'_i wird nach der Methode des Art. 78 in der Form

$$k\Delta U'+Y(\Delta^2 U')^2=0$$

gefunden und dies System kann von $\Delta U'=0$ in keinem andern Punkte als x'_i geschnitten werden, so dass wir durch Einsetzen von $\Delta U'=0$ in die letzte Gleichung erkennen, dass $\Delta U'=0$ weder $Y=0$ noch $\Delta^2 U'=0$ in einem andern als dem Punkte x'_i schneiden kann. Wir können daher die Methode des Art. 361 anwenden, indem wir

$$a=1, \quad a'=n-1, \quad b=(n+2)(n-3), \quad b'=(n-2)(n-3)$$

setzen, also

$$ab'+a'b=(n^2+2n-4)(n-3).$$

Wir erhalten somit den Grad von Π in den x'_i gleich

$$(n+3)(n-2)(n-3).$$

Es ist auch vom Grade $(n+2)(n-3)$ in den Koefficienten von $\Delta U'$ und vom ersten Grade in denen von Y, somit vom Grade $(n+4)(n-3)$ in den Koefficienten der Originalgleichung. Die Doppeltangentenkurve $\Pi=0$ schneidet die Originalkurve $U=0$ sonach in

$$n(n+3)(n-2)(n-3)$$

Punkten und da zwei dieser Punkte zu je einer Doppeltangente gehören, so ist die Zahl der Doppeltangenten

$$=\tfrac{1}{2}n(n-2)(n^2-9),$$

wie in anderer Art in Art. 82 gefunden ward.

363. Die Methode des Art. 361 erlaubt aber auch durch die wirkliche Durchführung der angegebenen Operationen die Bildung der Bedingung $\Pi=0$ selbst. Sind die x'_i wie vorher die Koordinaten des Punktes der Kurve, so haben wir im Falle der Inflexion zwischen

$$\xi_1 x_1+\xi_2 x_2+\xi_3 x_3=0, \quad \Delta U'=0, \quad \Delta^2 U'=0$$

zu eliminieren und die letzten Gleichungen lauten in entwickelter Form mit Weglassung der Striche bei den U'_i und U'_{ik}

$$U_1 x_1 + U_2 x_2 + U_3 x_3 = 0,$$
$$U_{11} x_1^2 + U_{22} x_2^2 + U_{33} x_3^2 + 2 U_{23} x_2 x_3 + 2 U_{31} x_3 x_1 + 2 U_{12} x_1 x_2 = 0.$$

Wir wollen dabei, um numerische Faktoren zu vermeiden, die Originalgleichung $U = 0$ mit Binominalkoefficienten geschrieben und die gemeinschaftlichen Faktoren nach der Differentiation entfernt voraussetzen, so dass die U_i die ersten Differentiale von U' durch n dividiert, die U_{ik} die zweiten Differentiale von U' dividiert durch $n(n-1)$ bedeuten und die Eulerschen Gleichungen von den homogenen Funktionen lauten

$$U_1 x'_1 + U_2 x'_2 + U_3 x'_3 = U',$$
$$U_{11} x'_1 + U_{12} x'_2 + U_{13} x'_3 = U_1, \text{ u. s. w.}$$

Die Bedingung, unter welcher zwei Gerade von den Koordinaten U_i und ξ_i sich in einem Punkte eines Kegelschnittes von den Koefficienten U_{ik} schneiden, kann in Form einer Determinante

$$\begin{vmatrix} U_{11}, & U_{12}, & U_{13}, & U_1, & \xi_1 \\ U_{12}, & U_{22}, & U_{23}, & U_2, & \xi_2 \\ U_{13}, & U_{23}, & U_{33}, & U_3, & \xi_3 \\ U_1, & U_2, & U_3, & 0, & 0 \\ \xi_1, & \xi_2, & \xi_3, & 0, & 0 \end{vmatrix} = 0$$

geschrieben werden, weil diese Determinante identisch ist mit dem Resultate der Substitution der Koordinaten des Schnittpunktes der Geraden, d. h.

$$U_2 \xi_3 - U_3 \xi_2, \quad U_3 \xi_1 - U_1 \xi_3, \quad U_1 \xi_2 - U_2 \xi_1,$$

in die Gleichung des Kegelschnittes. Diese Determinante kann aber nach den Eulerschen Gleichungen dadurch reduziert werden, dass man die ersten drei Reihen und Zeilen mit x'_1, x'_2, x'_3 respektive multipliziert und von der vierten Reihe respektive Zeile subtrahiert. Für

$$\xi_1 x'_1 + \xi_2 x'_2 + \xi_3 x'_3 = R$$

wird sie dann zu

$$\begin{vmatrix} U_{11}, & U_{12}, & U_{13}, & 0, & \xi_1 \\ U_{12}, & U_{22}, & U_{23}, & 0, & \xi_2 \\ U_{13}, & U_{23}, & U_{33}, & 0, & \xi_3 \\ 0, & 0, & 0, & -U', & -R \\ \xi_1, & \xi_2, & \xi_3, & -R, & 0 \end{vmatrix}$$

oder zu

$$-U'\begin{vmatrix} U_{11}, & U_{12}, & U_{13}, & \xi_1 \\ U_{12}, & U_{22}, & U_{23}, & \xi_2 \\ U_{13}, & U_{23}, & U_{33}, & \xi_3 \\ \xi_1, & \xi_2, & \xi_3, & 0 \end{vmatrix} - R^2 \begin{vmatrix} U_{11}, & U_{12}, & U_{13} \\ U_{12}, & U_{22}, & U_{23} \\ U_{13}, & U_{23}, & U_{33} \end{vmatrix};$$

und wenn wir mit Clebsch das Zeichen $\begin{pmatrix}\xi_i\\ \xi_i\end{pmatrix}$ für die mit U' multiplizierte Determinante brauchen, in der die Gruppe der Hesseschen Determinante mit dem Saum der ξ_i horizontal und vertikal versehen ist, und in konsequenter Erweiterung bei zweifachem Saum, so dass $\begin{pmatrix}U_i, & \xi_i\\ U_i, & \xi_i\end{pmatrix}$ die ursprüngliche Determinante bezeichnet, so haben wir also die Gleichung begründet

$$\begin{pmatrix}U_i, & \xi_i\\ U_i, & \xi_i\end{pmatrix} = -U'\begin{pmatrix}\xi_i\\ \xi_i\end{pmatrix} - R^2 H.$$

Wenn also die x'_i das Verschwinden von U' bedingen, so folgt, dass die Gleichung $\begin{pmatrix}U_i, & \xi_i\\ U_i, & \xi_i\end{pmatrix} = 0$ sich auf $H = 0$ reduziert, wie bekannt.

364. Um durch dieselbe Methode die Gleichung der Doppeltangentenkurve zu finden, haben wir das Resultat der Substitution von

$$U_2\xi_3 - U_3\xi_2, \quad U_3\xi_1 - U_1\xi_3, \quad U_1\xi_2 - U_2\xi_1$$

für x_1, x_2, x_3 respektive in die Diskriminante der reduzierten Gleichung $\Lambda = 0$ (Art. 361) zu entwickeln und wir werden zu diesem Ende die Resultate dieser Substitution in die verschiedenen Koefficienten dieser Gleichung, nämlich in $\Delta^2 U'$, $\Delta^3 U'$, u. s. w., oder wie wir abkürzend schreiben wollen, in Δ^2, Δ^3, u. s. w. aufsuchen. Im vorigen Artikel ist das Resultat der Substitution in Δ^2 entwickelt und Hesse[100]) hat gezeigt, dass das Resultat der Substitution in Δ^k von der Form

$$P_k U' + Q_k(\xi_1 x'_1 + \xi_2 x'_2 + \xi_3 x'_3)^2$$

ist, welches sich für x'_i in der Kurve auf $Q_k R^2$ reduziert. Seine Methode zeigt, dass, wenn dies für zwei aufeinander folgende Δ^{k-1}, Δ^k gilt, es auch für Δ^{k+1} wahr ist und sie erlaubt uns P_{k+1}, Q_{k+1} mittelst der vorausgehenden Koefficienten auszudrücken. Wir erinnern, dass nach der Definition $\Delta^{k+1} = \Delta(\Delta^k)$ ist, wo Δ die Operation

$$x_1 \frac{d}{dx'_1} + x_2 \frac{d}{dx'_2} + x_3 \frac{d}{dx'_3}$$

bezeichnet, in der jedoch die x_i und die x'_i von einander unabhängige Grössen sind. In dem hier betrachteten Falle ist

$$x_i = U_j \xi_k - U_k \xi_j$$

und also implicite eine Funktion der x'_i; man hat daher die Operation Δ so zu vollziehen, dass die Differentiation die x'_i nur trifft, insofern sie explicite erscheinen, und nicht insofern sie in den x_i enthalten sind. Bezeichnen wir die Operation

$$x_1 \frac{d}{dx'_1} + x_2 \frac{d}{dx'_2} + x_3 \frac{d}{dx'_3},$$

ohne diese Einschränkung durch ∇, so haben wir für die Operation an irgend einer Funktion S nach der allgemeinen Regel zur Ableitung der Differentiale nach den x'_i in der Voraussetzung, dass die x_i Veränderliche sind, aus den Differentialen in der Voraussetzung, dass sie Konstanten sind,

$$\nabla S = \Delta S + \frac{dS}{dx_1} \nabla x_1 + \frac{dS}{dx_2} \nabla x_2 + \frac{dS}{dx_3} \nabla x_3.$$

365. Der nächste Schritt ist die Berechnung der Werte der ∇x_i. Das Ergebnis der Operation ∇ an einer Funktion S ist offenbar die Determinante

$$\begin{vmatrix} S_1, & S_2, & S_3 \\ U_1, & U_2, & U_3 \\ \xi_1, & \xi_2, & \xi_3 \end{vmatrix}$$

und daher für die Funktion x_1 oder $U_2 \xi_3 - U_3 \xi_2$ insbesondere

$$(n-1) \begin{vmatrix} U_{12}\xi_3 - U_{13}\xi_2, & U_{22}\xi_3 - U_{23}\xi_2, & U_{23}\xi_3 - U_{33}\xi_2 \\ U_1, & U_2, & U_3 \\ \xi_1, & \xi_2, & \xi_3 \end{vmatrix},$$

wo der Faktor $n-1$ aus der Annahme entspringt, die wir machten, dass die Differentiale der U_i die $(n-1)$-fachen U_{ik} seien.

Wir reduzieren nun die eben geschriebene Determinante in folgender Weise. Sie ist

$$\begin{vmatrix} 1, & U_{13}, & U_{23}, & U_{33} \\ 0, & U_{12}\xi_3 - U_{13}\xi_2, & U_{22}\xi_3 - U_{23}\xi_2, & U_{23}\xi_3 - U_{33}\xi_2 \\ 0, & U_1, & U_2, & U_3 \\ 0, & \xi_1, & \xi_2, & \xi_3 \end{vmatrix}$$

$$= \begin{vmatrix} \xi_3, & U_{13}, & U_{23}, & U_{33} \\ \xi_2, & U_{12}, & U_{22}, & U_{23} \\ 0, & U_1, & U_2, & U_3 \\ 0, & \xi_1, & \xi_2, & \xi_3 \end{vmatrix}$$

$$= \begin{vmatrix} \xi_3, & U_{13}, & U_{23}, & U_{33} \\ \xi_2, & U_{12}, & U_{22}, & U_{23} \\ -(\xi_2 x'_2 + \xi_3 x'_3), & U_{11} x'_1, & U_{12} x'_1, & U_{13} x'_1 \\ 0, & \xi_1, & \xi_2, & \xi_3, \end{vmatrix}$$

$$= \begin{vmatrix} R - \xi_1 x'_1, & -U_{11} x'_1, & -U_{12} x'_1, & -U_{13} x'_1 \\ \xi_2, & U_{12}, & U_{22}, & U_{23} \\ \xi_3, & U_{13}, & U_{23}, & U_{33} \\ 0, & \xi_1, & \xi_2, & \xi_3 \end{vmatrix}$$

$$= R \begin{vmatrix} U_{12}, & U_{22}, & U_{23} \\ U_{13}, & U_{23}, & U_{33} \\ \xi_1, & \xi_2, & \xi_3 \end{vmatrix} + x'_1 \begin{pmatrix} \xi_i \\ \xi_i \end{pmatrix}.$$

Bezeichnen wir $\begin{pmatrix} \xi_i \\ \xi_i \end{pmatrix}$ durch Σ und durch Σ_i die halben Differentiale dieser Funktion nach den ξ_i, so differieren diese letzten nur im Vorzeichen von den als Faktoren von R in den Werten der ∇x_i auftretenden Determinanten; wir erhalten daher

$$\nabla(S) = \Delta(S) - (n-1) R \left(\Sigma_1 \frac{dS}{dx_1} + \Sigma_2 \frac{dS}{dx_2} + \Sigma_3 \frac{dS}{dx_3} \right)$$
$$+ (n-1) \begin{pmatrix} \xi_i \\ \xi_i \end{pmatrix} \left(x'_1 \frac{dS}{dx_1} + x'_2 \frac{dS}{dx_2} + x'_3 \frac{dS}{dx_3} \right).$$

Ist insbesondere $S = \Delta^k(V)$ für V als eine Funktion vom Grade n' in den x'_i, so ist wegen

$$\frac{dS}{dx_1} = k \frac{d}{dx'_1} \Delta^{k-1}(V)$$

notwendig

$$\nabla(\Delta^k V) = \Delta^{k+1}(V)$$
$$-k(n-1)R\left(\Sigma_1 \frac{d}{dx'_1} + \Sigma_2 \frac{d}{dx'_2} + \Sigma_3 \frac{d}{dx'_3}\right)\Delta^{k-1}(V)$$
$$+k(n-1)\binom{\xi_i}{\xi_i}\left(x'_1 \frac{d}{dx'_1} + x'_2 \frac{d}{dx'_2} + x'_3 \frac{d}{dx'_3}\right)\Delta^{k-1}(V).$$

Da aber $\Delta^{k-1}V$ eine in den x'_i homogene Funktion vom Grade $n'-k+1$ ist, so reduziert sich das letzte Glied auf

$$k(n-1)(n'-k+1)\binom{\xi_i}{\xi_i}\Delta^{k-1}(V).$$

366. Es ist zweckmässig, hier die Abkürzung ψ für die Operation

$$\Sigma_1 \frac{d}{dx'_1} + \Sigma_2 \frac{d}{dx'_2} + \Sigma_3 \frac{d}{dx'_3}$$

einzuführen, und wir bemerken noch, dass

$$\psi(V) = \begin{vmatrix} U_{11}, & U_{12}, & U_{13}, & V_1 \\ U_{12}, & U_{22}, & U_{23}, & V_2 \\ U_{13}, & U_{23}, & U_{33}, & V_3 \\ \xi_1, & \xi_2, & \xi_3, & 0 \end{vmatrix}$$

ist, wofür wir auch schreiben dürfen $\binom{V_i}{\xi_i}$.

Wenn man in der vorigen Determinante an Stelle der V_i und der 0 die Grössen

$$U_{12}\xi_3 - U_{13}\xi_2, \quad U_{22}\xi_3 - U_{23}\xi_2, \quad U_{23}\xi_3 - U_{33}\xi_2,$$

und $\xi_2\xi_3 - \xi_3\xi_2$ einsetzt, so zerfällt sie in zwei, welche je zwei gleiche Reihen enthalten und verschwindet also, d. h. das Resultat der Operation ψ an x_1 verschwindet. Wenn man daher die Operation ψ an einer Funktion ausführt, die die x_i enthält, so ist das Resultat das nämliche, ob man diese Grössen als Konstanten betrachtet oder nicht. Die Gleichung des letzten Artikels giebt daher in ihrer Anwendung auf die Grössen Δ^k u. s. w., welche wir zu berechnen wünschen,

$$\Delta^{k+1} = \nabla(\Delta^k) + k(n-1)R\psi(\Delta^{k-1})$$
$$-k(n-1)(n-k+1)\Sigma\Delta^{k-1}.$$

367. Aus dem soeben gefundenen Ausdruck ergiebt sich nun, dass für

$$\Delta^{k-1} = P_{k-1}U + Q_{k-1}R^2 \quad \text{und} \quad \Delta^k = P_k U + Q_k R^2$$

für Δ^{k+1} die gleiche Form folgt. Denn wir haben nur diese Werte von Δ^{k-1}, Δ^k in die Gleichung des letzten Artikels einzusetzen und wir müssen dabei bemerken, dass $\nabla(U)$ und $\nabla(R)$ verschwinden, wie sogleich durch Einsetzung der U_i oder der ξ_i für die S_i in

$$\begin{vmatrix} S_1, & S_2, & S_3 \\ U_1, & U_2, & U_3 \\ \xi_1, & \xi_2, & \xi_3 \end{vmatrix}$$

folgt. Es ist also

$$\nabla(\Delta^k) = U\nabla(P_k) + R^2\nabla(Q_k).$$

Indem wir dann

$$nU_1,\ nU_2,\ nU_3 \quad \text{und} \quad \xi_1,\ \xi_2,\ \xi_3$$

respektive für S_1, S_2, S_3 in $\begin{pmatrix} S_i \\ \xi_i \end{pmatrix}$ substituieren, folgt

$$\psi(U) = -nHR \quad \text{und} \quad \psi(R) = \begin{pmatrix} \xi_i \\ \xi_i \end{pmatrix}$$

und daher

$$\psi(\Delta^{k-1}) = U\psi(P_{k-1}) + R^2\psi(Q_{k-1}) \\ - nP_{k-1}HR + 2R\Sigma Q_{k-1}.$$

Verbinden wir endlich die im Ausdruck des Art. 366 für Δ^{k+1} vorkommenden Glieder, so erhalten wir

$$\Delta^{k+1} = UP_{k+1} + R^2 Q_{k+1}$$

mit

$$P_{k+1} = \nabla(P_k) - k(n-1)(n-k+1)\Sigma P_{k-1} \\ + k(n-1)R\psi(P_{k-1}),$$

und

$$Q_{k+1} = \nabla(Q_k) - k(n-1)(n-k-1)\Sigma Q_{k-1} \\ + k(n-1)R\psi(Q_{k-1}) - n(n-1)kP_{k-1}H.$$

368. Aus diesen Formeln können wir nun die Werte von P_3, Q_3 u. s. w. entwickeln. Man hat zuerst $P_1 = 0$, $Q_1 = 0$ und (nach Art. 363)

$$P_2 = -\Sigma, \quad Q_2 = -H;$$

also

$$P_3 = -\Delta(\Sigma), \quad Q_3 = -\Delta(H).$$

Wenn die Kurve eine Kurve dritter Ordnung ist, so wird Δ^3 die kubische Funktion selbst und der soeben für Q_3 gefundene Wert erhält die folgende geometrische Bedeutung: Wenn eine Gerade

$$\xi_1 x_1 + \xi_2 x_2 + \xi_3 x_3 = 0$$

eine Kurve dritter Ordnung schneidet, und von den Schnittpunkten aus die je vier Tangenten an die Kurve gezogen werden, so liegen die zwölf Berührungspunkte derselben in der Kurve vierter Ordnung

$$\begin{vmatrix} H_1, & H_2, & H_3 \\ U_1, & U_2, & U_3 \\ \xi_1, & \xi_2, & \xi_3 \end{vmatrix} = 0;$$

denn diese Bedingung muss, wie wir gesehen haben, für jeden Punkt der Kurve erfüllt werden, dessen Tangente sich mit

$$\xi_1 x_1 + \xi_2 x_2 + \xi_3 x_3 = 0$$

in der Kurve schneidet. Dasselbe Resultat folgt auch unmittelbar aus Art. 184.

Um nun zu Q_4 weiter zu gehen, so haben wir nach Artikel 367

$$\begin{aligned} Q_4 &= -\nabla(\Delta H) + 3(n-1)(n-4)\Sigma H \\ &\quad - 3(n-1) R\psi(H) + 3n(n-1)\Sigma H \\ &= -\nabla(\Delta H) + 6(n-1)(n-2)\Sigma H - 3(n-1) R\psi(H). \end{aligned}$$

Aber in Übereinstimmung mit dem Resultat von Ende Art. 365 erhalten wir für $k=1$ und für n' als den Grad der Hesseschen Determinante oder $3(n-2)$

$$\nabla(\Delta H) = \Delta^2 H - (n-1) R\psi(H) + (n-1) n' \Sigma H$$

und somit

$$Q_4 = -\Delta^2 H + (n-1) n' \Sigma H - 2(n-1) R\psi(H).$$

369. Damit haben wir die Mittel zur Bildung der Doppeltangentialkurve für eine Kurve vierter Ordnung. Nach der in Art. 364 erklärten Methode war zuerst die Diskriminante von $\Lambda = 0$ oder von

$$\frac{1}{1.2}\Delta^2\lambda^2 + \frac{1}{1.2.3}\Delta^3\lambda\mu + \frac{1}{1.2.3.4}\Delta^4\mu^2$$

zu bilden und nach Substitution von $U_2\xi_3 - U_3\xi_2$, u. s. w. für x_1, u. s. w. müssen mit Hilfe der Kurvengleichung die ξ_i entfernt werden. Indem man die Substitution vor der Bildung der Diskriminante macht, wird die Gleichung

$$\frac{1}{1.2} Q_2\lambda^2 + \frac{1}{1.2.3} Q_3\lambda\mu + \frac{1}{1.2.3.4} Q_4\mu^2 = 0,$$

und ihre Diskriminante weicht nur durch einen numerischen Faktor von $Q_3^2 - 3Q_2Q_4$ ab, einer Funktion, welche die ξ_i noch im zweiten Grade enthält und daher eine weitere Reduktion erfordert. Dazu ist die folgende Formel nützlich.

Wenn wir das System der Hesseschen Determinante mit drei Reihen und drei Zeilen säumen, so ist die entstehende Determinante offenbar dem Produkte der beiden horizontal und vertikal hinzugetretenen Determinanten bis auf das Zeichen gleich. Insbesondere also, wenn V, W Funktionen von den Graden n', n'' sind, so ist

$$-\Delta(V)\Delta(W) = \begin{vmatrix} U_{11}, & U_{12}, & U_{13}, & \xi_1, & V_1, & U_1 \\ U_{12}, & U_{22}, & U_{23}, & \xi_2, & V_2, & U_2 \\ U_{13}, & U_{23}, & U_{33}, & \xi_3, & V_3, & U_3 \\ \xi_1, & \xi_2, & \xi_3, & 0, & 0, & 0 \\ W_1, & W_2, & W_3, & 0, & 0, & 0 \\ U_1, & U_2, & U_3, & 0, & 0, & 0 \end{vmatrix}$$

$$= \begin{vmatrix} U_{11}, & U_{12}, & U_{13}, & \xi_1, & V_1, & 0 \\ U_{12}, & U_{22}, & U_{23}, & \xi_2, & V_2, & 0 \\ U_{13}, & U_{23}, & U_{33}, & \xi_3, & V_3, & 0 \\ \xi_1, & \xi_2, & \xi_3, & 0, & 0, & -R \\ W_1, & W_2, & W_3, & 0, & 0, & -n''W \\ 0, & 0, & 0, & -R, & -n'V, & -U \end{vmatrix}$$

oder

$$\Delta(V)\Delta(W) = n'n''VW\begin{pmatrix}\xi\\ \xi\end{pmatrix} - n'VR\begin{pmatrix}W\\ \xi\end{pmatrix} - n''WR\begin{pmatrix}V\\ \xi\end{pmatrix}$$
$$+ R^2\begin{pmatrix}V\\ W\end{pmatrix} + U\begin{pmatrix}\xi, V\\ \xi, W\end{pmatrix},$$

und wenn die x'_i der Gleichung $U=0$ genügen, so verschwindet das letzte Glied. Es ist also insbesondere

$$(\Delta V)^2 = n'^2V^2\begin{pmatrix}\xi\\ \xi\end{pmatrix} - 2n'VR\begin{pmatrix}V\\ \xi\end{pmatrix} + R^2\begin{pmatrix}V\\ V\end{pmatrix},$$

oder in der vorher gebrauchten Bezeichnungsweise

$$Q_3^2 = (\Delta H)^2 = n'^2H^2\Sigma - 2n'HR\psi(H) + R^2\begin{pmatrix}H\\ H\end{pmatrix},$$

wo das letzte Glied das Resultat bezeichnet, welches man erhält, indem man in Σ anstatt der ξ_i die Differentialkoefficienten von H setzt.

In ganz derselben Art erhalten wir eine Reduktionsformel für $\Delta^2 V$, indem wir in der vorhergehenden Determinante

$$\frac{d}{dx_1}, \frac{d}{dx_2}, \frac{d}{dx_3} \text{ für } V_1, V_2, V_3 \quad \text{und für} \quad W_1, W_2, W_3$$

setzen und die Operation an V vollziehen. Wir haben dann in der Reduktion statt $n'V$ und $n''W$

$$x'_1 \frac{d}{dx_1} + x'_2 \frac{d}{dx_2} + x'_3 \frac{d}{dx_3}$$

und die Formel wird

$$\Delta^2 V = n'(n'-1) V \binom{\xi}{\xi} - 2(n'-1) R \binom{V}{\xi} + R^2 \binom{d_x}{d_x} V,$$

worin das letzte Symbol das Resultat bezeichnet, welches man erhält, indem man in Σ anstatt der ξ_i Differentiationssymbole einsetzt und die entsprechenden Operationen an V vollzieht.

Indem wir nun den so für $\Delta^2 H$ gefundenen Ausdruck in den im Art. 368 für Q_4 gegebenen Wert einsetzen, erhalten wir

$$Q_4 = -n'(n'-n)\Sigma H + 2(n'-n) R\psi(H) - R^2 \binom{d_x}{d_x} H.$$

Und weil $Q_2 = -H$ ist, so erhalten wir allgemein

$$(n'-n) Q_3^2 - n' Q_2 Q_4 = R^2 \left\{(n'-n)\binom{H}{H} - n'H \binom{d_x}{d_x} H\right\}.$$

Im Falle der Kurve vierter Ordnung, wo $n = 4$, $n' = 6$ ist,

$$Q_3^2 - 3 Q_2 Q_4 = R^2 \left\{\binom{H}{H} - 3H \binom{d_x}{d_x} H\right\}$$

und demnach die Gleichung der durch die Berührungspunkte der Doppeltangenten gehenden Kurve

$$\binom{H}{H} - 3H \binom{d_x}{d_x} H = 0$$

d. h. für Σ als die Funktion — das adjungierte System der U_{ik} als $\mathbf{U}_{ik}$ bezeichnend —

$$\mathbf{U}_{11}\xi_1^2 + \mathbf{U}_{22}\xi_2^2 + \mathbf{U}_{33}\xi_3^2 + 2\mathbf{U}_{23}\xi_2\xi_3 + 2\mathbf{U}_{13}\xi_1\xi_3 + 2\mathbf{U}_{12}\xi_1\xi_2$$

in entwickelter Form

$$\mathbf{U}_{11}\frac{dH^2}{dx_1^2}+\mathbf{U}_{22}\frac{dH^2}{dx_2^2}+\mathbf{U}_{33}\frac{dH^2}{dx_3^2}$$
$$+2\mathbf{U}_{23}\frac{dH}{dx_2}\frac{dH}{dx_3}+2\mathbf{U}_{13}\frac{dH}{dx_1}\frac{dH}{dx_3}+2\mathbf{U}_{12}\frac{dH}{dx_1}\frac{dH}{dx_2}$$
$$=3H\left\{\mathbf{U}_{11}\frac{d^2H}{dx_1^2}+\mathbf{U}_{22}\frac{d^2H}{dx_2^2}+\mathbf{U}_{33}\frac{d^2H}{dx_3^2}\right.$$
$$\left.+2\mathbf{U}_{23}\frac{d^2H}{dx_2dx_3}+2\mathbf{U}_{13}\frac{d^2H}{dx_1dx_3}+2\mathbf{U}_{12}\frac{d^2H}{dx_1dx_3}\right\};$$

eine Kurve von der Ordnung vierzehn.

370. Die erhaltene Gleichung kann mit Hilfe des in Art. 356, 1 der „Kegelschn.“ entwickelten Ausdrucks der Bedingung transformiert werden, unter welcher die Polarlinie eines Punktes in Bezug auf einen Kegelschnitt einen andern Kegelschnitt berührt. Für

$$a_{11}x_1^2+\cdots=0$$

als den einen und

$$a'_{11}x_1^2+\cdots=0$$

als den andern Kegelschnitt haben wir

$$(a_{22}a_{33}-a_{23}^2)(a'_{11}x_1+a'_{12}x_2+a'_{13}x_3)^2+\cdots$$
$$=\{a'_{11}(a_{22}a_{33}-a_{23}^2)+\cdots\}\{a'_{11}x_1^2+\cdots\}-\mathbf{F},$$

für $\mathbf{F}$ als einen zu den beiden vorigen kontravarianten Kegelschnitt. Und in derselben Art ist

$$(a'_{22}a'_{33}-a'^2_{23})(a_{11}x_1+a_{12}x_2+a_{13}x_3)^2+\cdots$$
$$=\{a_{11}(a'_{22}a'_{33}-a'^2_{23})+\cdots\}\{a_{11}x_1^2\cdots\}-\mathbf{F}.$$

Wenn wir nun die a_{ik} als die U_{ik} der vorigen Entwicklung und ebenso die a'_{ik} als die zweiten Differentialkoefficienten der Hesseschen Kurve denken, so sind, weil n' der Grad der letzten Funktion ist, die

$$a'_{11}x_1+a'_{12}x_2+a'_{13}x_3,\ \text{u. s. w.}$$

die $(n'-1)$-fachen der ersten Differentialkoefficienten und

$$(a_{22}a_{33}-a_{23}^2)(a'_{11}x_1+a'_{12}x_2+a'_{13}x_3)^2+\text{ u. s. w.}$$

ist das $(n'-1)^2$-fache der Kovariante, welche wir in Art. 232 Θ genannt haben. Wir können ebenso durch Θ' die entsprechende Kovariante bezeichnen, in welcher verglichen mit Θ die Differentialkoefficienten der Originalkurve und der Hesseschen Kurve derselben vertauscht sind und deren Verschwinden die Bedingung liefert, unter welcher die gerade Polare eines Punktes in Bezug auf die Kurve die konische Polare desselben Punktes in Bezug auf die Hessesche Kurve berührt. In derselben Art ist

$$a'_{11}(a_{22}a_{33}-a_{23}^2)+\text{u. s. w.}$$

die Grösse Φ und $a'_{11}x_1^2+$ u. s. w. gleich $n'(n'-1)H$. Wir erhalten daher die identischen Relationen

$$(n'-1)^2\Theta=n(n'-1)H\Phi-\mathbf{F},\quad \Theta'=U\Phi'-\mathbf{F},$$

also

$$(n'-1)^2\Theta-n'(n'-1)H\Phi=\Theta'-U\Phi'.$$

In dem besondern Falle der Kurven vierter Ordnung aber wegen $n'=6$

$$25\Theta-30H\Phi=\Theta'-U\Phi'.$$

Die Berührungspunkte der Doppeltangenten mit der Kurve sind also nicht bloss ihre Schnitte mit der vorher erhaltenen Kurve

$$\Theta-3H\Phi=0,$$

sondern auch mit der Kurve

$$15\Theta-\Theta'=0$$

und mit der dritten

$$\Theta'-45H\Phi=0.$$

Man sieht, die Doppeltangentenkurven können in Funktion der Kovariante $\mathbf{F}$ ausgedrückt werden.

371. Wir wollen zur fünften Ordnung fortschreiten. Wir haben (Art. 367)

$$Q_5=\nabla(Q_4)-4(n-1)(n-5)\Sigma Q_3 \\ +4(n-1)R\psi(Q_3)-4n(n-1)HP_3$$

und erhalten mit Anwendung des zuletzt erhaltenen Wertes von Q_4 und mit den Abkürzungen Θ für $\begin{pmatrix}H\\H\end{pmatrix}$ und Φ für $\begin{pmatrix}d_x\\d_x\end{pmatrix}H$

$$\begin{aligned}Q_5=&-n'(n'-n)H\Delta(\Sigma)-n'(n'-n)\Sigma\Delta(H)\\&+2(n'-n)R\Delta\psi(H)-R^2\Delta(\Phi)+4n(n-1)H\Delta(\Sigma)\\&+4(n-1)(n-5)\Sigma\Delta H-4(n-1)R\psi(\Delta H)\\=&-2(n^2-13n+18)H\Delta\Sigma-2(n^2-3n+8)\Sigma\Delta(H)\\&+4(n-3)R\Delta(\psi H)-4(n-1)R\psi(\Delta H)-R^2\Delta(\Phi).\end{aligned}$$

Für $n=5$ also insbesondere

$$Q_5 = 44 H \Delta(\Sigma) - 36 \Sigma \Delta(H) + 8 R \Delta(\psi H) - 16 R \psi(\Delta H) - R^2 \Delta(\Phi).$$

Es ist auch in diesem Falle

$$Q_4 = -36 \Sigma H + 8 R \psi(H) - R^2 \Phi,$$
$$Q_3 = -\Delta H, \quad Q_2 = -H.$$

Um dann die Gleichung der Doppeltangentenkurve wirklich zu bilden, hat man den Ausdruck

$$(27 Q_2 Q_5 - 5 Q_3 Q_4)^2 = 5(4 Q_3^2 - 9 Q_2 Q_4)(5 Q_4^2 - 12 Q_3 Q_5)$$

zu berechnen, welcher die ξ_i im sechsten Grade enthält und aus welchem daher mit Hilfe der Gleichung der Kurve die sechste Potenz von R herausdividiert werden muss. Infolge einer frühern Formel haben wir aber

$$4 Q_3^2 - 9 Q_2 Q_4 = R^2(4\Theta - 9 H \Phi).$$

Man kann auch leicht zeigen, dass

$$27 Q_2 Q_5 - 5 Q_3 Q_4 \quad \text{und} \quad 5 Q_4^2 - 12 Q_3 Q_5$$

je durch R teilbar sind; aber die weitere Reduktion ist nicht gelungen.

Alle diese Berechnungen können übrigens durch die Methoden der Symbolik vollzogen werden (vergl. „Vorlesungen" Art. 298, 312, 314).

372. Eine andere Methode[101]) zur Lösung des Problems der Doppeltangenten wird durch den in den Art. 184, 236 bewiesenen Satz an die Hand gegeben, wonach der Punkt, in welchem die Tangente einer Kurve dritter Ordnung dieselbe ferner schneidet, durch den Schnitt der Tangente mit der Linie

$$x_1 H_1 + x_2 H_2 + x_3 H_3 = 0$$

bestimmt ist. Man wird in analoger Weise die Gleichung einer Kurve von der Ordnung $n-2$ zu bilden suchen, welche durch die $(n-2)$ Punkte geht, in denen die Tangente einer Kurve n^{ter} Ordnung sie noch schneidet. Wenn die Gleichung dieser Tangentialkurve bekannt wäre, so würde man nur die Bedingung zu bilden haben, unter welcher die gegebene Tangente diese Kurve berührt, um darin die Gleichung der Kurve durch die Berührungspunkte der Doppeltangenten zu erhalten.

Das früher über die Ordnung dieser Kurve Bewiesene erlaubt uns zu erkennen, welches die Ordnung der Tangentialkurve in den x'_i und in den Koefficienten sein muss. Die Bedingung, unter welcher die Linie

$$U_1 x_1 + U_2 x_2 + U_3 x_3 = 0$$

eine Kurve $(n-2)^{\text{ter}}$ Ordnung berührt, ist von der Ordnung $(n-2)(n-3)$ in den U_i und von der Ordnung $2(n-3)$ in den Koefficienten dieser Kurve. Wenn also die Koefficienten in der Gleichung der Tangentialkurve die x'_i in der Ordnung ϱ, die Koefficienten der Originalgleichung in der Ordnung ϱ' enthalten, so wäre die Kurve der Doppeltangenten von der Ordnung

$$(n-1)(n-2)(n-3) + 2\varrho(n-3)$$

in den x'_i und von der Ordnung

$$(n-2)(n-3) + 2\varrho'(n-3)$$

in den Koefficienten der Originalgleichung. Da dieselbe nun in Wirklichkeit von der Ordnung

$$(n-2)(n-3)(n+3)$$

in jenen und von der Ordnung $(n+4)(n-3)$ in diesen ist (Art. 362), so folgen für ϱ, ϱ' die Werte

$$\varrho = 2(n-2), \quad \varrho' = 3;$$

oder die Tangentialkurve ist von der Ordnung $2(n-2)$ in den x'_i und von der dritten Ordnung in den Koefficienten der Originalkurve.

Wir wissen ferner, dass für x'_i als einen Punkt der Hesseschen Kurve die Tangentialkurve diesen Punkt selbst enthält, so dass die Substitution der x'_i für die x_i die Gleichung der Tangentialkurve auf $H=0$ reduzieren muss; diese Überlegung und die bekannte Form ihrer Gleichung in dem Falle der Kurven dritter Ordnung führten zu der Vermutung, dass dieselbe im allgemeinen die $(n-2)^{\text{te}}$ Polare von x'_i in Bezug auf die Hessesche Kurve oder $\Delta^{n-2} H = 0$ sein werde; denn diese Funktion giebt die richtigen Ordnungen in den x_i und x'_i und in den Koefficienten, und die entsprechende Kurve geht durch den Punkt x'_i, sobald derselbe in der Hesseschen Kurve liegt. Wir untersuchen daher im nächsten Artikel, ob die Kurve $\Delta^{n-2}(H) = 0$ durch die Punkte geht, in welchen die Kurve von ihrer Tangente ausser dem Berührungspunkte geschnitten wird; und obgleich die Antwort verneinend ausfällt, so leitet doch die Methode der Untersuchung zur wahren Form der Gleichung der Tangentialkurve.

373. Wir denken für Cartesische Koordinaten den Anfangspunkt in der Kurve und die Axe der y als die entsprechende Tangente und setzen die Gleichung der Kurve

$$nby + \tfrac{1}{2}n(n-1)(c_0x^2 + 2c_1xy + c_2y^2)$$
$$+ \frac{1}{2.3}n(n-1)(n-2)(d_0x^3 + 3d_1x^2y + 3d_2xy^2 + d_3x^3) + \text{etc.} = 0.$$

Wir bemerken sofort, was in der Folge nützlich sein wird, dass die Gleichungen der verschiedenen Polaren des Ursprungs in Bezug auf die Kurven aus der so geschriebenen Gleichung hervorgehen, indem man einfach $n-1$, $n-2$, u. s. w. für n in dieselbe einsetzt. Damit nun die Kurve durch die Tangentialpunkte gehe, so muss ihre Gleichung von solcher Form sein, dass sie für $y = 0$ sich auf

$$\tfrac{1}{2}n(n-1)c_0 + \frac{1}{2.3}n(n-1)(n-2)d_0x + \text{u. s. w.} = 0$$

reduziert.

Wir bilden nun die Gleichung der Hesseschen Kurve und vernachlässigen, weil wir ihre Polarkurven für den Anfangspunkt der Koordinaten zu bestimmen und in ihren Gleichungen $y = 0$ zu setzen haben, von vorn herein diejenigen Glieder in ihr, welche y enthalten. Die zweiten Differentialkoefficienten der Originalgleichung sind

$$U_{11} = c_0 + (n-2)d_0x + \tfrac{1}{2}(n-2)(n-3)e_0x^2 + \text{u. s. w.},$$
$$U_{22} = c_2 + (n-2)d_2x + \tfrac{1}{2}(n-2)(n-3)e_2x^2 + \text{u. s. w.},$$
$$U_{33} = \tfrac{1}{2}(n-2)(n-3)c_0x^2 + \text{u. s. w.},$$
$$U_{23} = b + (n-2)c_1x + \tfrac{1}{2}(n-2)(n-3)d_1x^2 + \text{u. s. w.},$$
$$U_{13} = (n-2)c_0x + \tfrac{1}{2}(n-2)(n-3)d_0x^2 + \text{u. s. w.},$$
$$U_{12} = c_1 + (n-2)d_1x + \tfrac{1}{2}(n-2)(n-3)e_1x^2 + \text{u. s. w.}$$

Die Gleichung der Hesseschen Kurve ergiebt sich also in der Form

$$c_0b^2 + (n-2)d_0b^2x + \{\tfrac{1}{2}(n-2)(n-3)e_0b^2$$
$$+ (n-1)(n-2)P\}x^2 + \{\tfrac{1}{6}(n-2)(n-3)(n-4)f_0b^2$$
$$+ (n-1)(n-2)^2Q + (n-1)(n-2)(n-3)R\}x^3 + \text{u. s. w.} = 0,$$

wo abkürzend gesetzt ist — weil diese Werte für unsern Zweck unwesentlich sind —

$$2P = c_2 c_0^2 - c_0 c_1^2 + 2bc_1 d_0 - 2bc_0 d_1,$$
$$2Q = d_0 c_1^2 - 2c_0 c_1 d_1 + c_0^2 d_2,$$
$$3R = c_0 c_2 d_0 - d_0 c_1^2 + 2e_0 bc_1 - 2c_0 be_1.$$

Von Wichtigkeit ist, dass die Gleichung sich in Gruppen von Gliedern teilt, die dieselbe Funktion von n als numerischen Koefficienten haben, so dass wir, um die Gleichung der Hesseschen Kurve von der ersten, zweiten u. s. w. Polare der gegebenen Kurve in Bezug auf den Koordinatenanfangspunkt zu bilden, nur $n-1$, $n-2$, u. s. w. für n in der obigen Gleichung zu setzen haben.

Da nun die geradlinige Polare des Anfangspunktes für eine Kurve n^{ter} Ordnung

$$u_0 + u_1 + \text{u. s. w.} = 0 \quad \text{durch} \quad nu_0 + u_1 = 0$$

dargestellt wird, so ist sie für die Hessesche Kurve von der Ordnung $3(n-2)$ nach der vorigen Gleichung durch

$$3c_0 + d_0 x = 0$$

ausgedrückt, wenn wir ein Glied in y als unwesentlich in der gegenwärtigen Frage weglassen; und da diese Gleichung n nicht enthält, so sehen wir, dass die Polaren eines Punktes der Kurve in Bezug auf die Hessesche Kurve der Kurve selbst oder einer ihrer Polarkurven die Tangente in dem nämlichen Punkte schneiden. In der That ist die Polare in jedem Falle dieselbe Linie. Für $n=3$ ist $3c_0 + d_0 x$ das Resultat der Substitution $y=0$ in die Gleichung der Kurve, d. h. die Polare in Bezug auf die Hessesche Kurve ist die Tangentiallinie, wie wir früher gesehen haben.

Die Gleichung des Polarkegelschnittes des Anfangspunktes in Bezug auf eine Kurve n^{ter} Ordnung ist

$$\tfrac{1}{2} n (n-1) u_0 + (n-1) u_1 + u_2 = 0$$

und daher die vom Polarkegelschnitt des Anfangspunktes in Bezug auf die Hessesche Kurve

$$\tfrac{3}{2}(n-2)(3n-7) c_0 b^2 + (n-2)(3n-7) d_0 b^2 x$$
$$\{\tfrac{1}{2}(n-2)(n-3) e_0 b^2 + (n-1)(n-2) P\} x^2 = 0;$$

und man sieht sofort, dass derselbe im Falle der Kurve vierter Ordnung nicht die Tangentialkurve sein kann, weil sie die Gruppe der Glieder P enthält, die in der Gleichung der Kurve nicht analog auftreten.

Aber wir können leicht eine Gleichung bilden, die diese Glieder nicht enthält. Bezeichnen wir durch $\Delta^2 H = 0$ die soeben erhaltene Gleichung, und sei $\Delta^2 H_1$ der Polarkegelschnitt des Anfangspunktes in Bezug auf die Hessesche Kurve der ersten Polare des Anfangspunktes, so wird nach dem Vorhergehenden $\Delta^2 H_1$ aus $\Delta^2 H$ abgeleitet, indem man $n-1$ für n schreibt. Dann bestätigt man leicht, dass

$$(n-2)\,\Delta^2 H - (n-1)\,\Delta^2 H_1 = (n-3)\,b^2\{6c_0 + 4d_0 x + e_0 x^2\}.$$

Wenn aber die gegebene Kurve von der vierten Ordnung ist, so ist die rechte Seite das Resultat der Substitution von $y=0$ in die Gleichung derselben; und daher ist

$$\Delta^2 H - 3\,\Delta^2 H_1 = 0$$

die Gleichung der Tangentialkurve der Kurve vierter Ordnung.

In derselben Art finden wir die Gleichung der dritten Polare des Anfangspunktes in Bezug auf die Hessesche Kurve

$$\begin{aligned}&\tfrac{1}{6}(3n-6)(3n-7)(3n-8)c_0 b^2 + \tfrac{1}{2}(n-2)(3n-7)(3n-8)d_0 b^2 x\\ &+\tfrac{1}{2}(n-2)(n-3)(3n-8)\,e_0 b^2 x^2 + (n-1)(n-2)(3n-8)\,Px^2\\ &+\tfrac{1}{6}(n-2)(n-3)(n-4)\,f_0 b^2 x^3\\ &+(n-1)(n-2)^2\,Qx^3 + (n-1)(n-2)(n-3)\,Rx^3,\end{aligned}$$

und $\Delta^3 H_1$, $\Delta^3 H_2$, u. s. w. werden aus ihr durch die Substitution von $n-1$, $n-2$, u. s. w. für n gebildet. Und wir bestätigen sodann, dass

$$\begin{aligned}(n-3)(n-4)\,\Delta^3 H - 2\,(n-1)(n-4)\,\Delta^3 H_1&\\ +\,(n-1)(n-2)\,\Delta^3 H_2&\\ =2\,(n-4)\,(10c_0 + 10d_0 x + 5e_0 x^2 + fx^3)&\end{aligned}$$

ist. Für $n=5$ ist aber die rechte Seite das Resultat der Substitution von $y=0$ in die Originalgleichung und es folgt daher, dass die Tangentialkurve für die Kurve fünfter Ordnung durch

$$\Delta^3 H - 4\,\Delta^3 H_1 + 6\,\Delta^3 H_2 = 0$$

ausgedrückt wird.

Für $n=6$ ergiebt sich in derselben Art

$$\Delta^4 H - 5\Delta^4 H_1 + 10\Delta^4 H_2 = 0.$$

Auf diese Weise gelangte der Verfasser durch Induktion zu dem Schlusse, dass die Gleichung der Tangentialkurve im allgemeinen Fall sein müsste

$$\Delta^{n-2}H - (n-1)\Delta^{n-2}H_1 + \tfrac{1}{2}(n-1)(n-2)\Delta^{n-2}H_2 - \text{u. s. w.} = 0;$$

und dieser Schluss ist sodann durch Cayley unabhängig bestätigt worden.

374. Was oben gefunden wurde, dass die Polargerade des Anfangspunktes in Bezug auf die Hessesche Kurve dieselbe ist, wie die in Bezug auf die Hessesche Kurve irgend einer der Polarkurven der Originalkurve, kann leicht direkt bestätigt werden. Wir haben

$$\frac{dH}{dx_1} = \frac{dH}{dU_{11}}\frac{dU_{11}}{dx_1} + \text{u. s. w.}$$

oder mit den Abkürzungen $\mathbf{U}_{11}$ für $U_{22}U_{33} - U_{23}^2$, u. s. w.

$$\frac{dH}{dx_1} = \frac{d}{dx_1}\left\{\mathbf{U}_{11}\frac{d^2}{dx_1^2} + \mathbf{U}_{22}\frac{d^2}{dx_2^2} + \mathbf{U}_{33}\frac{d^2}{dx_3^2} + 2\mathbf{U}_{23}\frac{d^2}{dx_2 dx_3} + \cdots\right\}U$$

mit analogen Ausdrücken für die nach x_2 und x_3 genommenen Differentiale.

Es ist zu bemerken, dass dieselben in der abgekürzten Form

$$\frac{dH}{dx_1} = -\frac{d}{dx_1}\begin{pmatrix} d_x \\ d_x \end{pmatrix}$$

geschrieben werden können. Nun werden die Differentialkoefficienten der ersten Polare

$$x'_1 U_1 + x'_2 U_2 + x'_3 U_3 = 0$$

aus den korrespondierenden der Originalkurve durch die an denselben zu vollziehende Operation

$$x'_1\frac{d}{dx_1} + x'_2\frac{d}{dx_2} + x'_3\frac{d}{dx_3}$$

gebildet, die bei Ersetzung der x_i durch die x'_i der Multiplikation mit den Faktoren $n-1$, $n-2$, u. s. w. für jeden äquivalent ist. Da aber derselbe numerische Faktor jedem Glied im Ausdruck für H_1 angehört, so repräsentiert

$$x_1 H_1 + x_2 H_2 + x_3 H_3 = 0$$

dieselbe Gerade, ob die Polare in Bezug auf die Hessesche Kurve des Originals oder seiner ersten Polare gebildet wird. Derselbe Schluss ist auf die übrigen Polarkurven anwendbar.

Gehen wir zum Polarkegelschnitt weiter. Wenn wir die soeben für H, u. s. w. gegebenen Ausdrücke differentiieren, so bestehen die Differentiale aus zwei Gruppen von Gliedern, nämlich dem Differential in der Voraussetzung, dass die U_{ik} konstant sind, und der die Differentiale dieser Grössen enthaltenden Gruppe. Wenn wir zur Abkürzung die Differentiationssymbole nach x_1, x_2, x_3 durch ∂_1, ∂_2, ∂_3 bezeichnen, so haben wir

$$\partial_1{}^2 H = \partial_1{}^2 \{ \mathrm{U}_{11} \partial_1{}^2 + \mathrm{U}_{22} \partial_2{}^2 + \cdots \} U$$
$$+ \partial_1 \partial'_1 \{ U_{11} (\partial_2 \partial'_3 - \partial_3 \partial'_2)^2 + U_{22} (\partial_3 \partial'_1 - \partial_1 \partial'_3)^2 + \cdots \} U,$$

wo die Accente in der letzten Gruppe von Gliedern erst nach der Entwicklung anzufügen sind, und z. B. das Glied

$$\partial_1 \partial'_1 U_{11} \partial_2{}^2 \partial'_3{}^2 \quad \text{für} \quad U_{11} \frac{d^3 U}{dx_1 dx_2{}^2} \frac{d^3 U}{dx_1 dx_3{}^2}$$

steht. Wir können für diese Gleichung die kurze Symbolform

$$\partial_1{}^2 H = - \partial_1{}^2 \binom{\partial_1}{\partial_1} + \partial_1 \partial'_1 \binom{\partial_1 \partial'_1}{\partial_1 \partial'_1}$$

anwenden. Infolgedessen kann die Gleichung des Polarkegelschnittes eines Punktes in Bezug auf die Hessesche Kurve in der Form $V + W = 0$ geschrieben werden, für V als Zeichen einer Gruppe von Gliedern, in deren jedem ein viertes Differential mit dem Produkt von zwei zweiten Differentialen multipliziert ist, und W als Symbol für eine Gruppe, wo ein zweites Differential zu dem Produkt zweier dritten Differentiale als Faktor tritt. Wenn wir nun die Hessesche Kurve der ersten Polare nehmen, so werden, wie oben festgestellt ist, die zweiten, dritten und vierten Differentiale mit $n-2$, $n-3$, $n-4$ respektive multipliziert und das Ergebnis ist

$$\Delta^2 H_1 = (n-2)(n-4) V + (n-3)^2 W = 0,$$

also für $n = 4$ reduziert auf die letzte Gruppe von Gliedern. Die Gleichung der Tangentialkurve einer Kurve vierter Ordnung ist also von der Form $V + k W = 0$ und kann entsprechend transformiert werden. So kann man sie in der Form schreiben

$$\left(x_1 \frac{d}{dx'_1} + x_2 \frac{d}{dx'_2} + x_3 \frac{d}{dx'_3}\right)^2 H'$$
$$+ 3\left(x_1 \frac{d}{dx'_1} + \cdot\cdot\right)^2 \left(\mathrm{U}_{11} \frac{d^2}{dx'^2_1} + \cdots\right) U' = 0.$$

Die Gleichung der Kurve durch die Berührungspunkte der Doppeltangenten wird aber endlich gebildet, indem man die Bedingung schreibt, unter welcher die Tangente

$$U_1 x_1 + U_2 x_2 + U_3 x_3 = 0$$

den eben geschriebenen Kegelschnitt berührt, und sie enthält drei Gruppen von Gliedern, nach der Form der Berührungsbedingung

$$\Sigma + k\Phi + k^2 \Sigma' = 0$$

für die Gleichung $S + kS' = 0$. Der Funktion Σ entspricht hier die Kovariante Θ', und es hat sich bestätigt, dass die beiden andern Gruppen von Gliedern auch in der Form $\Theta + kH\Phi$ ausdrückbar sind.[102])

375. Pole und Polaren. Wir stellen hier zuerst einige Eigenschaften der Jacobischen Kurve eines Systems von drei Kurven zusammen. Dieselbe ist der Ort der Punkte, deren gerade Polaren in Bezug auf die drei Kurven sich in einem Punkte schneiden, und ihre Gleichung ist daher für $u = 0$, $v = 0$, $w = 0$ als die Gleichungen der Kurve

$$J \equiv \begin{vmatrix} u_1, & u_2, & u_3 \\ v_1, & v_2, & v_3 \\ w_1, & w_2, & w_3 \end{vmatrix} = 0.$$

In Art. 192 zeigten wir — denn die dort angeführten Gründe beziehen sich nicht bloss auf Kurven dritter Ordnung — für Kurven von einerlei Ordnungszahl, dass die Jacobische Kurve der Ort der Doppelpunkte der Kurven des Gebildes zweiter Stufe

$$\lambda u + \lambda' v + \lambda'' w = 0$$

ist. Wenn die drei Kurven einen gemeinsamen Punkt haben, so liegt derselbe auf ihrer Jacobischen Kurve, und wenn sie insbesondere von einerlei Ordnungszahl sind, so ist er ein Doppelpunkt ihrer Jacobischen Kurve.[103]) Denn was das erstere betrifft, so folgt für μ, μ', μ'' als die Ordnungszahlen aus den Gleichungen

$$x_1 u_1 + x_2 u_2 + x_3 u_3 = \mu u, \quad x_1 v_1 + x_2 v_2 + x_3 v_3 = \mu' v,$$
$$x_1 w_1 + x_2 w_2 + x_3 w_3 = \mu'' w$$

sofort

$$J x_1 = \mu u (v_2 w_3 - v_3 w_2) + \mu' v (w_2 u_3 - w_3 u_2) + \mu'' w (u_2 v_3 - u_3 v_2),$$

oder schreiben wir

$$J x_1 = \mu A u + \mu' B v + \mu'' C w;$$

d. h. J verschwindet mit dem gleichzeitigen Verschwinden von u, v und w.

Und für das zweite folgt aus der Differentiation nach x_1

$$J + x_1 \frac{dJ}{dx_1} = \mu u \frac{dA}{dx_1} + \mu' v \frac{dB}{dx_1} + \mu'' w \frac{dC}{dx_1}$$
$$+ \mu A u_1 + \mu' B v_1 + \mu'' C w_1,$$

und da

$$A u_1 + B v_1 + C w_1 = J$$

ist, so verschwindet für $\mu = \mu' = \mu''$ das Differential $\frac{dJ}{dx_1}$ für alle die Werte, welche u, v, w und folglich J gleich Null machen.

So ist ferner

$$x_1 \frac{dJ}{dx_2} = \mu u \frac{dA}{dx_2} + \mu' v \frac{dB}{dx_2} + \mu'' w \frac{dC}{dx_2}$$
$$+ \mu A u_2 + \mu' B v_2 + \mu'' C w_2,$$

und da

$$A u_2 + B v_2 + C w_2 = 0$$

ist, so verschwindet dies für jede Wertegruppe, welche u, v, w, J zur Null macht, sobald $\mu = \mu' = \mu''$ ist; in derselben Art verschwindet aber auch der dritte Differentialkoefficient von J für denselben Punkt.

Wenn nur zwei der Kurven von einerlei Ordnungszahl sind, so berührt die dritte Kurve die Jacobische Kurve der drei in ihren gemeinsamen Punkten. Denn die oben geschriebene Gleichung wird für $\mu = \mu'$

$$J + x_1 \frac{dJ}{dx_1} = \mu u \frac{dA}{dx_1} + \mu v \frac{dB}{dx_1} + \mu'' w \frac{dC}{dx_1} + \mu J + (\mu'' - \mu) C w_1$$

und für einen gemeinsamen Punkt also reduziert auf

$$J_1 x_1 = (\mu'' - \mu) C w_1;$$

da man nun in gleicher Weise erhält

$$J_2 x_1 = (\mu'' - \mu) C w_2, \quad J_3 x_1 = (\mu'' - \mu) C w_3,$$

so repräsentieren die beiden Gleichungen

$$J_1 x_1 + J_2 x_2 + J_3 x_3 = 0 \quad \text{und} \quad w_1 x_1 + w_2 x_2 + w_3 x_3 = 0$$

die nämliche gerade Linie.

Wenn in diesem Falle der gemeinsame Punkt ein Doppelpunkt in der Kurve $w = 0$ ist, so ist er auch ein solcher in der Jacobischen Kurve des Systems und hat als solcher dieselben Tangenten wie für die Kurve $w = 0$.[104])

Die für J_1, J_2, J_3 soeben erhaltenen Werte verschwinden, wenn w_1, w_2, w_3 verschwinden. Differentiieren wir aber wiederholt, indem wir die Glieder unterdrücken, welche, weil sie u, v, w, J, J_1 oder w_1, w_2, w_3 enthalten, verschwinden, so erhalten wir

$$x_1 \frac{d^2 J}{dx_1^2} = \mu \left(u_1 \frac{dA}{dx_1} + v_1 \frac{dB}{dx_1} \right) + (\mu'' - \mu) C w_{11}.$$

Aber aus den Werten von A und B ergiebt sich

$$u_1 \frac{dA}{dx_1} + v_1 \frac{dB}{dx_1} = u (v_2 w_{13} - v_3 w_{12}) + v_1 (w_{12} u_3 - w_{13} u_2);$$

durch Elimination von x_1, x_2, x_3 zwischen den Gleichungen

$$x_1 u_1 + x_2 u_2 + x_3 u_2 = 0, \quad x_1 v_1 + x_2 v_2 + x_3 v_3 = 0, \quad x_1 w_1 + x_2 w_2 + x_3 w_3 = 0$$

erhält man aber

$$u_1 (v_2 w_{13} - v_3 w_{12}) + v_1 (w_{12} u_3 - w_{13} u_2) = - w_{11} (u_2 v_3 - u_3 v_2) = - C w_{11}$$

und somit

$$x_1 J_{11} = (\mu'' - 2\mu) C w_{11},$$

mit ähnlichen Werten für die übrigen zweiten Differentialkoefficienten von J, die also sämtlich zu den entsprechenden von w proportional sind. Die beiden Kurven $J = 0$ und $w = 0$

haben also die nämlichen Tangenten in ihrem gemeinsamen Doppelpunkt.

376. Man beweist ferner wie in Art. 190, dass es

$$(\mu-1)^2+(\mu-1)(\mu'-1)+(\mu'-1)^2$$

Punkte giebt, deren gerade Polaren in Bezug auf zwei Kurven $u=0$, $v=0$ sich decken; durch diese Punkte muss offenbar die Jacobische Kurve gehen, welche diese beiden mit irgend einer dritten Kurve bestimmen. Und in Art. 97 ward gezeigt, dass die Jacobische Kurve die Kurve $u=0$ in denjenigen Punkten schneidet, welche Punkte der Berührung von $u=0$ mit Kurven des Büschels

$$v+\lambda w=0$$

sein können. Daraus folgt unmittelbar, dass der Ort von Punkten, welche Berührungspunkte der Kurven des Büschels μ^{ter} Ordnung $u+\lambda u^*=0$ mit Kurven des Büschels von der μ'^{ten} Ordnung $v+\lambda' v^*=0$ eine Kurve von der Ordnung $2\mu+2\mu'-3$ ist, deren Gleichung in jeder der äquivalenten Formen geschrieben werden kann

$$v^* \begin{vmatrix} u_1, & u_2, & u_3 \\ u_1^*, & u_2^*, & u_3^* \\ v_1, & v_2, & v_3 \end{vmatrix} - v \begin{vmatrix} u_1, & u_2, & u_3 \\ u_1^*, & u_2^*, & u_3^* \\ v_1^*, & v_2^*, & v_3^* \end{vmatrix} = 0,$$

$$u^* \begin{vmatrix} v_1, & v_2, & v_3 \\ v_1^*, & v_2^*, & v_3^* \\ u_1, & u_2, & u_3 \end{vmatrix} - u \begin{vmatrix} v_1, & v_2, & v_3 \\ v_1^*, & v_2^*, & v_3^* \\ u_1^*, & u_2^*, & u_3^* \end{vmatrix} = 0.$$

Ferner erhellt aus dem Vorigen, dass die Punkte, in welchen Kurven der Systeme

$$u+\lambda u^*=0, \quad v+\lambda' v^*=0, \quad w+\lambda'' w^*=0$$

sich zu dreien berühren, nur unter den Schnittpunkten zweier Kurven von den Ordnungen

$$2\mu+2\mu'-3, \quad 2\mu+2\mu''-3$$

sein können; da aber unter diesen die μ^2 Punkte $u=0$, $u^*=0$ und die $3(\mu-1)^2$ Punkte sind, welche die Jacobischen Kurven gemein haben, die das Büschel $u+\lambda u^*=0$ mit andern Kurven bestimmt, so giebt die Subtraktion dieser Zahlen für die Zahl von Punkten, in welchen sich drei Kurven der Büschel von den Ordnungen μ, μ', μ'' berühren,

$$4(\mu\mu' + \mu'\mu'' + \mu\mu'') - 6(\mu + \mu' + \mu'') + 6.$$

377. Wir haben im Art. 97 gesehen, dass der Grad der Bedingung, unter welcher zwei Kurven $u = 0$, $v = 0$ sich berühren — wir wollen sagen der Grad ihrer Berührungsinvariante —, in den Koefficienten von v gleich

$$\mu(\mu + 2\mu' - 3) - 2\delta - 3\varkappa$$

oder gleich $\nu + 2\mu(\mu' - 1)$ und in den Koefficienten von u gleich $\nu' + 2\mu'(\mu - 1)$ ist.

Die Berührungsinvariante im Falle von zwei Kegelschnitten wurde in „Kegelschn." Art. 348 gebildet, indem man von der Diskriminante von $u + \lambda v$ als von einer Funktion von λ die Diskriminante bildete. Aus analogen Gründen, wie die dort entwickelten, kann man schliessen, dass die Anwendung desselben Vorgangs auf zwei Kurven von der Ordnung μ ein Resultat giebt, welches die Berührungsinvariante als Faktor enthält. Ist dieselbe A und ist $B = 0$ die Bedingung, unter welcher λ so bestimmt werden kann, dass die Kurve $u + \lambda v = 0$ zwei Doppelpunkte hat und dazu $C = 0$ die Bedingung, unter welcher λ so bestimmbar ist, dass $u + \lambda v = 0$ eine Spitze hat, so ist die Diskriminante der Diskriminante von $u + \lambda v$ als eine Funktion von λ gleich AB^2C^3. Dass B und C Faktoren sind, ergiebt sich, indem man $u = 0$ als eine Kurve mit zwei Doppelpunkten oder als Kurve mit einer Spitze annimmt. Dann verschwindet nicht nur die Diskriminante von u, sondern auch ihre Differentiale nach den Koefficienten von u, so dass in der Diskriminante von $u + \lambda v$ die Glieder mit λ^0 und λ^1 verschwinden und λ^2 ein Faktor der Diskriminante ist; dann aber muss ihre Diskriminante nach λ verschwinden.

Wenn z. B. $u = 0$, $v = 0$ Kurven dritter Ordnung sind, so enthält die Diskriminante einer jeden ihre Koefficienten im zwölften Grade und dieselben treten im Grade 132 in ihre nach λ gebildete Diskriminante ein. Aber die Berührungsinvariante enthält die Koefficienten einer jeden im Grade 18, und die Invarianten, welche verschwinden, wenn $u + \lambda v = 0$

eine Spitze oder ein Paar von Doppelpunkten hat, enthalten die Koefficienten jeder der beiden Funktionen in den Graden 24 und 21 respektive. Denn der Grad in den Koefficienten stimmt mit der Zahl der Kurven des Systems

$$u + \lambda v + \lambda' w = 0$$

überein, welche die fraglichen Singularitäten haben; im Falle der Spitze liefern die Invariantenrelationen $S = 0$, $T = 0$ eine Gleichung vom sechsten und eine vom vierten Grad zur Bestimmung von λ und μ und somit 24 Lösungen; in dem Falle von zwei Doppelpunkten aber können wir voraussetzen, dass $u = 0$, $v = 0$, $w = 0$ sieben Punkte gemein haben und die 21 Systeme aus einer Geraden und einem Kegelschnitt, die durch dieselben gehen, geben die Antwort. Wir haben in dieser Art $132 = 18 + 2.21 + 3.24$.

378. Im allgemeinen Falle, wo die Diskriminante vom Grade $3(\mu - 1)^2$ ist, enthält die Diskriminante derselben nach λ die Koefficienten jeder Kurve im Grade

$$3(\mu - 1)^2 (3\mu^2 - 6\mu + 2)$$

und die Berührungsinvariante enthält sie je im Grade $3\mu(\mu - 1)$ und man findet weiterhin (Art. 381), dass der Grad der Bedingung, unter welcher $u + \lambda v = 0$ ein Paar Doppelpunkte hat oder, was dasselbe ist, die Zahl der Kurven des Systems

$$u + \lambda v + \lambda' w = 0,$$

welche zwei Doppelpunkte besitzen, gleich

$$\tfrac{3}{2}(\mu - 1)(3\mu^3 - 9\mu^2 - 5\mu + 22)$$

ist und die entsprechende Zahl für den Fall der Spitze gleich $12(\mu - 1)(\mu - 2)$. In der That bestätigt man sofort

$$\begin{aligned} 3(\mu - 1)^2 (3\mu^2 - 6\mu + 2) &= 3\mu(\mu - 1) \\ &+ 3(\mu - 1)(3\mu^3 - 9\mu^2 - 5m + 52) + 36(\mu - 1)(\mu - 2). \end{aligned}$$

Wenn man sodann die Diskriminante von

$$\lambda u + \lambda' v + \lambda'' w = 0$$

gebildet hat für $u = 0$, $v = 0$, $w = 0$ als Kurven derselben Ordnung, so kann man ihre Diskriminante als die einer Funktion von λ, λ', λ'' betrachten; sie enthält die Resultante von

u, v, w als einen Faktor und die Bedingungen für die Existenz von drei Doppelpunkteu, von Doppelpunkt und Spitze und für die von einem Berührungsknoten als andere Faktoren. Und jede dieser Bedingungen ist in den Koefficienten jeder der Kurven von einem Grade, welcher der Anzahl der Kurven des Systems

$$\lambda u + \lambda' v + \lambda'' w + t = 0$$

gleich ist, die die nämliche Singularität besitzen. Wenn die Kurven sämtlich Kegelschnitte sind, so ist die Diskriminante von $\lambda u + \lambda' v + \lambda'' w$ nach λ, λ', λ'' gleich AB^2, für A als Resultante von u, v, w und $B = 0$ als die Bedingung, unter welcher

$$\lambda u + \lambda' v + \lambda'' w = 0$$

zwei zusammenfallende Gerade darstellt. Die allgemeine Theorie bleibt jedoch zu entwickeln.

379. In Verbindung mit dem Vorigen mag bemerkt werden, dass die Berührungsinvariante einer Kurve und ihrer Hesseschen Determinante, weil sie in den Koefficienten der ersten vom Grade $3(\mu - 2)(5\mu - 9)$ und vom Grade $\mu(7\mu - 15)$ in denen der letzten ist, vom Grade

$$6(6\mu^2 - 17\mu + 9)$$

in den Koefficienten der Originalkurve sein muss. Für $\mu = 3$ ist sie die sechste Potenz der Diskriminante, und wenn man deshalb annimmt, dass die sechste Potenz der Diskriminante stets ein Faktor in ihr ist, so bleibt ein Faktor vom Grade $6(\mu - 3)(3\mu - 2)$, dessen Verschwinden die Bedingung ausdrückt, unter welcher die Kurve einen Undulationspunkt besitzt.

Betrachten wir ferner die Bedingung, unter welcher die Kurve mit ihrer Hesseschen Determinante und der Kurve der Berührungspunkte der Doppeltangenten einen gemeinsamen Punkt hat, so ist sie, als von den Graden

$$3(\mu - 2)^2(\mu^2 - 9), \quad \mu(\mu - 2)(\mu^2 - 9) \quad \text{und} \quad 3\mu(\mu - 2)$$

in den Koefficienten dieser Kurven, vom Grade

$$3(\mu - 2)(\mu - 3)(3\mu^2 + 8\mu - 16)$$

in den Koefficienten der Originalkurve. Für $\mu = 4$ muss man dieselbe wohl als das Produkt aus der zwölften Potenz der Diskriminante in das Quadrat der vorher betrachteten Invariante ansehen. Und wenn man annimmt, dass die nämlichen Faktoren im allgemeinen Falle auftreten, so bleibt eine Invariante vom Grade

$$3(\mu-4)(3\mu^3+5\mu^2-32\mu+18),$$

welche immer dann verschwindet, wenn die Kurve eine Inflexionstangente hat, die sie noch anderwärts berührt.

380. Die Betrachtung der Jacobischen Kurve als Ort derjenigen Punkte, deren gerade Polaren in Bezug auf drei gegebene Kurven sich in einem Punkte schneiden, führt naturgemäss zur Betrachtung des Ortes dieser Schnittpunkte der Polaren oder, was dasselbe ist, auf die Untersuchung des Ortes der Punkte, deren erste Polarkurven in Bezug auf die drei gegebenen Kurven einen gemeinschaftlichen Punkt haben.

Wir werden uns auf die Untersuchung des Falles beschränken, in welchem die drei gegebenen Kurven die drei ersten Polaren einer gegebenen Kurve sind und in dem die Jacobische Kurve derselben die Hessesche Determinante der letzten, die erwähnte Ortskurve also die Steinersche Kurve (Art. 70) ist. Die zu entwickelnde Theorie ist die Verallgemeinerung derjenigen, welche wir für die Kurve dritter Ordnung in Art. 176flg. gegeben haben.[105])

Jedem Punkte P der Steinerschen Kurve entspricht ein Punkt Q der Hesseschen, die erste Polare von P hat Q zum Doppelpunkt und der Polarkegelschnitt von Q besteht aus zwei geraden Linien, die sich in P durchschneiden. Betrachten wir sodann zwei aufeinander folgende Punkte P, P' der Steinerschen Kurve, so ist wie in Art. 179 der Durchschnitt ihrer ersten Polaren der zweifach zählende Punkt Q zusammen mit den Berührungspunkten der ersten Polare mit ihrer Enveloppe. Die in Bezug auf die Kurve genommene Polargerade eines Punktes Q der Hesseschen Kurve ist somit die Tangente der Steinerschen Kurve im entsprechenden Punkte P. Wenn insbesondere Q ein Inflexionspunkt der Kurve ist, so ist seine gerade Polare die entsprechende Tangente und wir lernen, dass die Steinersche Kurve von den $3\mu(\mu-2)$ stationären Tangenten der Kurve berührt wird.

381. Wir sahen in Art. 70, dass die Ordnungen der Hesseschen und der Steinerschen Kurve durch $3(\mu-2)$ und $3(\mu-2)^2$ respektive ausgedrückt sind. Da nun die Hessesche Kurve im allgemeinen keinen Doppelpunkt besitzt, so sind ihre Charaktere die folgenden

$$\mu_h = 3(\mu-2), \quad \delta_h = 0, \quad \varkappa_h = 0, \quad \nu_h = 3(\mu-2)(3\mu-7),$$
$$\tau_h = \tfrac{27}{2}(\mu-1)(\mu-2)(\mu-3)(3\mu-8), \quad \iota_h = 9(\mu-2)(3\mu-8)$$

Infolge der (1, 1) Korrespondenz zwischen der Hesseschen und der Steinerschen Kurve sind beide von demselben Geschlecht. Und wir kennen überdies die Klasse der Steinerschen Kurve; denn jede durch einen festen Punkt M gehende Tangente derselben muss ihren Pol in der ersten Polare von M und zugleich in der Hesseschen Kurve haben, d. h. derselbe muss einer der $3(\mu-1)(\mu-2)$ Schnittpunkte beider Kurven sein. Die Plückerschen Charakterzahlen der Steinerschen Kurve sind daher

$$\mu_s = 3(\mu-2)^2, \quad \nu_s = 3(\mu-1)(\mu-2),$$
$$\delta_s = \tfrac{3}{2}(\mu-2)(\mu-3)(3\mu^2-9\mu-5), \quad \varkappa_s = 12(\mu-2)(\mu-3),$$
$$\tau_s = \tfrac{3}{2}(\mu-2)(\mu-3)(3\mu^2-3\mu-8), \quad \iota_s = 3(\mu-2)(4\mu-9).$$

Das Geschlecht beider Kurven ist

$$= 1 + \tfrac{9}{2}(\mu-2)(\mu-3).$$

Da ein Punkt nur dann ein Doppelpunkt oder eine Spitze der Steinerschen Kurve ist, wenn seine erste Polare zwei Doppelpunkte oder eine Spitze hat, so sind die eben gefundenen Zahlen δ_s und $\varkappa_s$ die Anzahlen von ersten Polaren der gegebenen Kurve, welche die fraglichen Singularitäten haben (Art. 378).

382. Wenn die ersten Polaren von zwei Punkten A und B sich in einem Punkte Q berühren, wobei dann QP ihre entsprechende gemeinsame Tangente ist, so fallen zwei von den Polen der geraden Linie AB mit dem Punkte Q zusam-

men und die ersten Polaren aller Punkte von AB mit einziger Ausnahme des Schnittpunktes von PQ mit ihr berühren gleichfalls QP in Q. Die erste Polare des Durchschnittspunktes von AB mit PQ hat Q zum Doppelpunkt, so dass Q wirklich der Hesseschen Kurve angehört und P der ihm entsprechende Punkt in der Steinerschen Kurve ist.

So ist die Steinersche Kurve die Enveloppe einer Geraden, welche zwei zusammenfallende Pole besitzt, und die Hessesche Kurve ist der Ort dieser zusammenfallenden Pole.

Steiner hat auch bereits die Enveloppe der Linie PQ untersucht, welche zwei entsprechende Punkte P und Q verbindet, oder welche die gemeinschaftliche Tangente von zwei sich berührenden ersten Polaren ist; eine Kurve, die wir wie im Falle der Kurven dritter Ordnung (Art. 178) die Cayleysche Kurve nennen wollen. Auch sie hat mit der Hesseschen und der Steinerschen Kurve eine (1, 1) Korrespondenz und somit das nämliche Geschlecht wie diese. Um ihre Klasse zu bestimmen, benutzen wir das in Art. 353 und Art. 344 der „Kegelschn." begründete Prinzip, dass in zwei in einander liegenden geradlinigen Punktreihen oder Strahlenbüscheln, zwischen deren Elementen eine (m, m') Korrespondenz besteht, $(m+m')$ Elemente existieren, welche mit ihren entsprechenden zusammenfallen. Betrachten wir nämlich die geraden Linien, welche einen angenommenen Punkt M mit zwei korrespondierenden Punkten P, Q verbinden, so werden, weil die Steinersche Kurve von der Ordnung $3(\mu-2)^2$ ist, mit der fest gedachten Linie MP $3(\mu-2)^2$ Lagen von P und ebenso viele von Q fixiert und in gleicher Art entsprechen jeder Lage von MQ $3(\mu-2)$ Lagen von P. Es giebt somit

$$3(\mu-2)^2+3(\mu-2) \quad \text{d. h.} \quad 3(\mu-1)(\mu-2)$$

durch M gehende Gerade, welche zwei korrespondierende Punkte P und Q enthalten, und diese Zahl drückt daher die Klasse der Cayleyschen Kurve aus. Sie berührt offenbar die Inflexionstangenten der gegebenen Kurve. Inflexionen sind in ihr im allgemeinen nicht vorhanden und ihre Charakterzahlen sind somit

$\mu_c = 3(\mu-2)(5\mu-11), \quad \nu_c = 3(\mu-1)(\mu-2),$
$\delta_c = \frac{9}{2}(\mu-2)(5\mu-13)(5\mu^2-19\mu-16),$
$\varkappa_c = 18(\mu-2)(2\mu-5), \quad \tau_c = \frac{9}{2}(\mu-2)^2(\mu^2-2\mu-1), \quad \iota_c = 0.$

383. Die vorher gegebenen Definitionen erfahren ihre naturgemässe Erweiterung, wenn wir die Doppelpunkte nicht ausschliesslich in den ersten Polaren, sondern in irgend bestimmten andern Polarkurven untersuchen.

Der Ort eines Punktes, dessen r^{te} Polare einen Doppelpunkt hat, ist eine Kurve von der Ordnung $3r(\mu-r-1)^2$, die r^{te} Steinersche Kurve der gegebenen; und der Ort des Doppelpunktes ist dann eine Kurve von der Ordnung $3r^2(\mu-r-1)$, die r^{te} Hessesche Kurve derselben. Wir wissen, dass, wenn die r^{te} Polare eines Punktes P durch den Punkt Q geht, auch die $(\mu-r)^{\text{te}}$ Polare von Q den Punkt P enthält und finden leicht, dass auch, wenn die r^{te} Polare des Punktes P einen Punkt Q als Doppelpunkt enthält, die $(\mu-r-1)^{\text{te}}$ Polare von Q einen Doppelpunkt P hat. Daher ist die r^{te} Steinersche Kurve mit der $(\mu-r-1)^{\text{ten}}$ Hesseschen identisch und die r^{te} Hessesche mit der $(\mu-r-1)^{\text{ten}}$ Steinerschen — wie im Falle $r=1$ bei den Kurven dritter Ordnung. In gleicher Weise entsteht die r^{te} Cayleysche Kurve als Enveloppe der Verbindungslinien entsprechender Punkte der r^{ten} Steinerschen und r^{ten} Hesseschen Kurve und die drei Kurven haben auch im allgemeinen Falle dasselbe Geschlecht. Von dem Falle $r=1$ abgesehen, sind diese Kurven wohl noch wenig studiert worden.

384. Wir haben in Art. 185 die Enveloppe der in Bezug auf eine Kurve dritter Ordnung genommenen Polargeraden der Punkte einer geraden Linie untersucht und sie als die Polare dieser Geraden bezeichnet. Wenn sodann allgemein ein Punkt P sich längs einer Kurve S von der Ordnung μ' bewegt, so ist die Enveloppe seiner r^{ten} Polare in Bezug auf eine gegebene Kurve U von der Ordnung μ eine Kurve, welche wir als die r^{te} Polare von S in Bezug auf U bezeichnen können. In Art. 96 sahen wir aber, dass die Enveloppe einer Kurve, deren Gleichung die Koordinaten eines in einer andern Kurve S bewegten Punktes als Parameter enthält, gefunden

werden kann, indem man diese Parameter als Koordinaten betrachtet und die Bedingung ausdrückt, unter welcher die bewegliche Kurve die Leitkurve S berührt. Demnach ist die r^{te} Polare von S auch der Ort derjenigen Punkte, deren $(\mu - r)^{\text{te}}$ Polaren die Kurve S berühren.

Wenn wir dann den Ausdruck des Art. 97 für den Grad einer Berührungsinvariante anwenden, so finden wir, dass die r^{te} Polare von S eine Kurve von der Ordnung

$$\mu'(\mu' + 2r - 3)(\mu - r)$$

ist und dass diese Zahl für jeden Doppelpunkt von S um $2(\mu - r)$ und für jede Spitze um $3(\mu - r)$ vermindert wird; wenn also die Klasse von S durch ν' bezeichnet wird, so ist die Ordnung der besprochenen r^{ten} Polare

$$\mu'' = (\mu - r)\{\nu' + 2\mu'(r-1)\}.$$

Ihre Gleichung ist vom Grade $r(2\mu' + r - 3)$ in den Koefficienten der Gleichung von S. So ist in dem besondern Falle $r = 1$ die Enveloppe der ersten Polaren der Punkte einer Kurve S identisch mit dem Ort der Pole der Tangenten von S und ihre Ordnung ist $\nu'(\mu - 1)$. Für $\mu' = 1$ reduziert sich wegen $\nu' = 0$ diese Ordnung auf Null, wie bekannt, weil die Enveloppe dann in die $(\mu - 1)^2$ Pole der Geraden S degeneriert.

Für den allgemeinen Fall ergiebt sich, dass jede Doppeltangente von S durch ihre $(\mu - 1)^2$ Pole ebenso vielen Doppelpunkten in der Enveloppe den Ursprung giebt, und ebenso jede stationäre Tangente von S ebenso vielen also $(\mu - 1)^2$ Spitzen in der Enveloppe. Wir erhalten daher für die Klasse der Enveloppe den Ausdruck

$$(\mu - 1)^2\mu' - (\mu - 1)\nu' - 2(\mu - 1)^2\tau' - 3(\mu - 1)^2\iota',$$

und weil

$$\nu'(\nu' - 1) - 2\tau' - 3\iota' = \mu'$$

ist, die Klasse der ersten Polare

$$\nu'' = (\mu - 1)(\mu - 2)\nu' + (\mu - 1)^2\mu'.$$

So ist in Bezug auf eine allgemeine Kurve dritter Ordnung die erste Polare eines Kegelschnittes eine Kurve vierter

Ordnung zwölfter Klasse; die einer andern allgemeinen Kurve dritter Ordnung aber zwölfter Ordnung und 24ter Klasse, weil die 36 Spitzen derselben eine Reduktion der Klasse um 108 hervorbringen.

Für $r = \mu - 1$ sodann ist die Enveloppe der Polarlinien der Punkte einer Kurve S oder der Ort der Punkte, deren erste Polaren S berühren, eine Kurve von der Ordnung

$$\mu'(\mu' + 2\mu - 5) \quad \text{oder} \quad \nu' + 2\mu'(\mu - 2).$$

Und weil die Zahl der Polargeraden durch einen beliebigen Punkt M ebenso gross ist, wie die Zahl der Durchschnitte von S mit der ersten Polare von M, so ist die Klasse der Enveloppe gleich $(\mu - 1)\mu'$.

Und im allgemeinen ist die Zahl der Doppelpunkte der r^{ten} Polare von S gleich der $(\mu - r)^2$-fachen Anzahl der $(\mu - 1)^{\text{ten}}$ Polaren eines Punktes, welche die Kurve zweifach berühren, und die Zahl ihrer Spitzen die $(\mu - r)^2$-fache Anzahl solcher Polaren, welche die gegebene Kurve oskulieren.

385. Wenn die r^{te} Polare einer Kurve S eine Kurve R ist, so muss die $(\mu - r)^{\text{te}}$ Polare von R als einen Teil die Kurve S enthalten. So ist für $r = \mu - 1$ die Kurve R die Enveloppe der geraden Polare eines Punktes P, welcher sich in S bewegt; weil aber der Pol dieser Polargeraden nicht nur der Punkt P ist, sondern $(\mu - 1)^2 - 1$ andere Punkte die gleiche Rolle spielen, so folgt, dass wir, wenn wir den Ort der Pole der Tangenten von R suchen, oder was dasselbe ist, die Enveloppe der ersten Polaren der Punkte von R, die Kurve S zusammen mit einer andern Kurve erhalten, welche der Ort der übrigen Punkte ist, die mit den Punkten von S dieselben geraden Polaren haben. In diesem Falle $r = \mu - 1$ sahen wir, dass die Klasse von R gleich $\mu'(\mu - 1)$ ist und schliessen nach Art. 384, dass die Enveloppe der ersten Polaren der Punkte von R von der Ordnung $\mu'(\mu - 1)^2$ ist, d. h. dass ausser der Kurve S eine Kurve von der Ordnung $\mu'\mu(\mu - 2)$ zu ihr gehört — sagen wir als eine begleitende Kurve. Wir sahen, dass jeder Punkt der Hesseschen Kurve ein Punkt ist, in welchem zwei Pole einer Tangente der Steinerschen Kurve zusammenfallen; es werden folglich die Punkte, in denen S

die Hessesche Kurve schneidet, Punkte in dieser begleitenden Kurve sein, welche ausserdem S in $\frac{1}{2}\mu'(\mu-2)(\mu-3)$ Paaren von kopolaren Punkten trifft.

Wenn $r=1$ ist, so ist R der Ort der Pole der Tangenten von S, und weil ein gegebener Punkt eine Polare hat, so müssen wir als Enveloppe der Polargeraden der Punkte von R die Kurve S wiederfinden, ohne eine begleitende Kurve zu erhalten. Es ist jedoch zu bemerken, dass die gemeinsamen Tangenten der Kurve S und der Steinerschen Kurve einen Teil der Enveloppe bilden. Nun haben wir gesehen, dass jeder dieser gemeinsamen Tangenten zwei zusammenfallende Punkte in R entsprechen, und schliessen, dass bei Anwendung des umgekehrten Verfahrens diesen zwei Punkten zwei zusammenfallende Linien entsprechen, deren Punkte sämtlich als zur Enveloppe gehörig gezählt werden müssen. Ferner muss die Kurve S in dieser Enveloppe $(\mu-1)^2$-fach gerechnet werden, weil jeder Tangente von S Pole in R in der Zahl $(\mu-1)^2$ entsprechen und daher, wenn wir umgekehrt von den Punkten von R zu ihren Polargeraden gehen, jede Tangente von S uns $(\mu-1)^2$ mal begegnen wird. Und wenn μ'' und ν'' Ordnung und Klasse von R bezeichnen, so ist die Ordnung der $(\mu-1)^{\text{ten}}$ Polare nach dem Vorigen $\nu''+2(\mu-2)\mu''$, aber auch

$$\nu''=(\mu-1)(\mu-2)\nu'+(\mu-1)^2\mu', \quad \mu''=\nu'(\mu-1);$$

die Ordnung der Polare ist also

$$3(\mu-1)(\mu-2)\nu'+(\mu-1)^2\mu'$$

in Übereinstimmung mit den vorigen Erörterungen, weil die Zahl der gemeinschaftlichen Tangenten von S mit der Steinerschen Kurve nach der Klasse $3(\mu-1)(\mu-2)$ der letzten gleich $3(\mu-1)(\mu-2)\nu'$ ist.

Es muss eine ähnliche allgemeine Theorie der Reciprocität bestehen für R als die r^{te} Polare von S und S als die $(\mu-r)^{\text{te}}$ Polare von R; dieselbe ist aber noch ununtersucht.

386. Oskulierende Kegelschnitte. Die Form einer Kurve in der Nachbarschaft eines Punktes P derselben wird durch den Krümmungskreis angegeben, aber sie gestattet noch eine andere Bestimmung. Wir denken parallel der Tangente

im Punkte P eine unendlich kleine Sehne QR und die Normale in P, welche ihr in N begegnet, und bezeichnen den Mittelpunkt der Sehne durch M; dann sind die Bögen PQ und PR und die Geraden NQ, NR als Grössen erster Ordnung einander gleich, aber um Grössen zweiter Ordnung verschieden, insbesondere differieren NQ, NR um eine Grösse zweiter Ordnung, oder die Entfernung NM ist von der zweiten Ordnung. Indem wir aber bemerken, dass PN auch von der zweiten Ordnung ist, erkennen wir, dass der Winkel MPN, d. h. $\text{arc}\left(\tan = \frac{MN}{PN}\right)$, im allgemeinen ein endlicher Winkel ist; d. h. die Gerade, welche den Berührungspunkt P mit dem Mittelpunkt M der zur Tangente parallelen Sehne QR verbindet, ist unter einem endlichen Winkel gegen die Normale in P geneigt. Im Falle des Kreises fällt PM mit der Normale zusammen und der bezeichnete Winkel ist daher ein Mass für die Grösse der Abweichung der Kurve von der Kreisform an der betrachteten Stelle. Wir können ihn als die Abweichung und die Gerade PM als die Axe der Abweichung bezeichnen.[106)]

Im Falle des Kegelschnittes ist die Axe der Abweichung der durch P gehende Durchmesser und die Abweichung selbst die Neigung desselben gegen die Normale. Und wenn man zu einer gegebenen Kurve einen im Punkte P vierpunktig berührenden Kegelschnitt zeichnet, so haben beide — dieser Kegelschnitt und die Kurve — dieselbe Axe der Abweichung, d. h. die Centra aller in P die Kurve vierpunktig berührenden Kegelschnitte liegen in der Axe der Abweichung für diesen Punkt. Ferner wird die Axe der Abweichung im Punkte P von der Axe der Abweichung im nächstfolgenden Punkt der Kurve in einem Punkte geschnitten, welcher der Mittelpunkt desjenigen Kegelschnittes ist, der in P eine fünfpunktige Berührung mit der Kurve hat, wir nennen ihn den Mittelpunkt der Abweichung. Dieser Kegelschnitt ist vollständig bestimmt durch dieses Centrum, durch die Berührung mit der Kurve in P und dadurch, dass er hier dieselbe Krümmung mit der Kurve besitzt.

Es ist leicht zu zeigen, dass die Abweichung in P durch Formel

$$\tan\delta = p - \frac{(1+p^2)r}{3q^2}$$

ausgedrückt wird, in welcher p, q, r den ersten, zweiten und dritten Differentialkoefficienten von y in Bezug auf x bezeichnen.

387. Die Axe der Abweichung ist eine Gerade, welche von der unendlich fernen Geraden der Ebene, aber nicht von den in derselben liegenden nicht reellen Kreispunkten abhängig ist; die Sehne QR wird durch den Schnittpunkt O der Tangente in P mit der unendlich fernen Geraden oder überhaupt mit der geraden Linie IJ gezogen und M ist der vierte harmonische Punkt zu O in Bezug auf die Endpunkte Q und R derselben.

Der Satz von der Lage der Centra der in P vierpunktig berührenden Kegelschnitte in einer Geraden ist, weil die fraglichen Kegelschnitte nicht bloss vier Punkte, sondern auch vier Tangenten (in der Tangente von P) gemeinsam haben, gleichbedeutend mit dem allgemeinen Satze, dass die Pole einer Geraden in Bezug auf die Kegelschnitte einer Schar, d. h. die von vier festen Geraden berührten Kegelschnitte, in einer Geraden liegen; dem reciproken von dem noch bekannteren, dass die Polaren eines Punktes in Bezug auf den Kegelschnitt eines Büschels selbst ein Büschel bilden.

Wenn die unendlich fernen Kreispunkte durch einen Kegelschnitt ersetzt werden, so existiert eine analoge Theorie der Abweichung nicht.

388. Die in Art. 237 gegebene Untersuchung der Gleichung des Kegelschnittes, der eine Kurve dritter Ordnung in einem gegebenen Punkte fünfpunktig berührt, kann auf Kurven beliebiger Ordnung ausgedehnt werden. Sei $S=0$ der Polarkegelschnitt und $T=0$ die Tangente in diesem Punkte, so ist die Gleichung eines in demselben Punkte berührenden Kegelschnittes $S-PT=0$ für

$$P \equiv \xi_1 x_1 + \xi_2 x_2 + \xi_3 x_3$$

mit noch zu bestimmenden Koefficienten ξ_i. Dann wird die Gleichung der geraden Linien, welche den Punkt x'_i mit den

Durchschnittspunkten des Kegelschnittes mit der Kurve verbinden, erhalten, indem man in die Gleichung jeder Kurve $x'_i + \lambda x_i$ für x_i setzt und λ zwischen beiden so entstandenen Gleichungen eliminiert. Das Resultat der Substitution in die erste Gleichung ist

$$T + \tfrac{1}{2}\lambda S + \tfrac{1}{6}\lambda^2\Delta^3 + \tfrac{1}{24}\lambda^3\Delta^4 + \text{u. s. w.},$$

das Resultat der Substitution in die Gleichung des Kegelschnittes dagegen

$$2(\mu - 1)T - P'T + \lambda(S - PT);$$

und wenn wir das letzte in der Form $\theta T + \lambda V$ schreiben, so ist das Resultat der Elimination von λ zwischen beiden Gleichungen durch T teilbar und der Quotient giebt

$$V^{\mu-1} - \tfrac{1}{2}\theta V^{\mu-2}S + \tfrac{1}{6}\theta^2 V^{\mu-3}\Delta^3 T - \text{u. s. w.} = 0$$

als Gleichung der $2(\mu - 1)$ Verbindungslinien von x'_i mit den $2(\mu - 1)$ andern dem Kegelschnitt und der Kurve gemeinschaftlichen Punkten. Damit der Kegelschnitt eine dreipunktige Berührung mit der Kurve habe, muss eine dieser Linien mit T zusammenfallen, oder die eben geschriebene Gleichung, d. h. die Verbindung ihrer beiden ersten Glieder muss durch T teilbar sein, eine Bedingung, welche $\theta = 2$ fordert, und da $\theta = 2(\mu - 1) - P'$ ist, $P' = 2(\mu - 2)$. Hierher gehört das Problem der Bestimmung des Oskulationskreises, als des durch zwei gegebene Punkte gehenden oskulierenden Kegelschnittes. Wenn wir im allgemeinen Falle den erhaltenen Wert von θ einsetzen und die Division durch T vollziehen, so erhalten wir

$$-PV^{\mu-2} + \tfrac{2}{3}V^{\mu-3}\Delta^3 - \tfrac{1}{3}V^{\mu-4}T\Delta^4 + \text{u. s. w.} = 0,$$

als Gleichung der $2\mu - 3$ Geraden vom Punkte x'_i nach den übrigen Durchschnittspunkten des Kegelschnittes mit der Kurve.

Die Berührung wird eine vierpunktige, wenn diese Gleichung, d. h. wenn $\tfrac{2}{3}\Delta^3 - PS$ durch T weiter teilbar ist; und die entsprechende Bedingung wird wie in Art. 362 gefunden, indem man in diese Grösse die Koordinaten eines willkürlichen Punktes in T, nämlich

$$U_2\xi_3 - U_3\xi_2, \quad U_3\xi_1 - U_1\xi_3, \quad U_1\xi_2 - U_2\xi_1$$

einsetzt und sie mit Null identisch vergleicht; wir finden so, dass P von der Form

$$\mu T + \frac{2}{3H}\left(x_1 \frac{dH}{dx_1} + x_2 \frac{dH}{dx_2} + x_3 \frac{dH}{dx_3}\right)$$

sein muss für μ als eine noch zu bestimmende Grösse. Darum schneidet die Sehne der Schnittpunkte des Polarkegelschnittes und eines jeden vierpunktig berührenden Kegelschnittes die Tangente in dem festen Punkte X, welcher in Art. 373 bestimmt wurde, wo die Tangente sowohl die Polarkurve dritter Ordnung als auch die gerade Polare von x'_i in Bezug auf die Hessesche Kurve der Kurve selbst oder eine ihrer Polarkurven trifft.

Bezeichnen wir dann die Gerade

$$\frac{1}{H}\left(x_1 \frac{dH}{dx_1} + x_2 \frac{dH}{dx_2} + x_3 \frac{dH}{dx_3}\right) = 0$$

durch Π und erinnern die identische Gleichung

$$\Delta^3 - \Pi S = JT,$$

so wird durch Einführung des Wertes $P = \frac{2}{3}\Pi + \mu T$ die Gleichung durch T teilbar und giebt als Gleichung der $2\mu - 4$ Verbindungslinien von x'_i mit den übrigen Schnittpunkten der Kurve und des Kegelschnittes

$$(\tfrac{2}{3} J + P^2 - \mu S) V^{\mu-3} - \tfrac{1}{3} V^{\mu-4} \Delta^4 + \text{u. s. w.} = 0.$$

Die Bedingung der fünfpunktigen Berührung ist dann die Teilbarkeit dieser Gleichung durch T und wir bestimmen den einer solchen Berührung entsprechenden Wert von μ durch Substitution von

$$U_2\xi_3 - U_3\xi_2, \quad U_3\xi_1 - U_1\xi_3, \quad U_1\xi_2 - U_2\xi_1$$

für x_1, x_2, x_3 in die vorstehend geschriebenen Glieder. Aus der identischen Gleichung des Art. 236 können wir J ermitteln und finden, dass durch die erwähnte Substitution J den Ausdruck erhält

$$-3(\mu-1)(\mu-2)\Sigma + \frac{2(\mu-1)}{H} R\psi(H)$$

für Σ, R und $\psi(H)$ als die in Art. 365 ebenso bezeichneten Grössen. Die Resultate der Substitution in S, T und in Δ^4 sind respektive Q_2, $\frac{2}{3H}Q_3$ und Q_4. Wenn wir dann die Werte des Art. 369 anwenden, so erhalten wir

$$\mu H^2 = \tfrac{2}{3}\{3(\mu-1)(\mu-2)\Sigma H - 2(\mu-1)R\psi(H)\}$$
$$-\tfrac{4}{2}\left\{9(\mu-2)^2 H\Sigma - 6(\mu-2)R\psi(H) + \frac{1}{H}R^2\Theta\right\}$$
$$-\tfrac{1}{3}\left\{-6(\mu-2)(\mu-3)\Sigma H + 4(\mu-3)R\psi(H) - \frac{1}{H}R^2\Phi\right\},$$

woraus durch Reduktion hervorgeht

$$\mu = -\frac{1}{9H^3}(4\Theta - 3H\Phi),$$

die vollständige Bestimmung des fünfpunktig berührenden Kegelschnittes.

389. Die Untersuchung ist von Cayley zur Ermittelung der Bedingung fortgesetzt worden, welche die Koordinaten x'_i erfüllen müssen, damit die Berührung eine sechspunktige sei[107]), und wir geben, weil die Untersuchung selbst zu lang ist, das Resultat an, welches dahin geht, dass die x'_i der Gleichung

$$(\mu-2)(12\mu-27)HJ(U,H,\Phi) - 3(\mu-1)HJ'(U,H,\Phi)$$
$$+40(\mu-2)^2 J(U,H,\Theta) = 0$$

genügen müssen, in welcher $J(U,H,\Phi)$ die Jacobische Determinante dieser drei Funktionen bezeichnet und der dem J beigefügte Strich bedeuten soll, dass bei Bildung der Jacobischen Determinante Φ in der Voraussetzung zu differentiieren ist, dass die in der Funktion Φ auftretenden zweiten Differentialkoefficienten von H konstant sind. Die geschriebene Gleichung repräsentiert eine Kurve von der Ordnung $12\mu-27$, deren Durchschnittspunkte mit $U=0$ die $\mu(12\mu-27)$ Punkte sind, in denen sechspunktige Berührung mit einem Kegelschnitt stattfindet.

390. Systeme von Kurven. Die Bestimmung der Anzahl von Kegelschnitten, welche mit einer gegebenen Kurve eine sechspunktige Berührung haben, gehört zu einer Klasse von Fragen, welche auf die Eigenschaften solcher Systeme von Kurven führen, die einer Bedingung weniger unterliegen, als zu ihrer vollständigen Bestimmung erforderlich sind; also für Kurven von der Ordnung m der Zahl von

$$\tfrac{1}{2}m(m+3)-1$$

Bedingungen. Ein solches System oder eine solche Kurvenreihe wird durch den Index N charakterisiert, wenn N die Zahl von Kurven der Reihe ist, welche durch einen willkürlich angenommenen Punkt gehen, so dass z. B., wenn die Gleichung der Kurve einen Parameter algebraisch enthält, N der Grad ist, in welchem dieser Parameter eintritt — ohne dass umgekehrt die Gleichung einer Kurve des Systems oder der Reihe vom Index N stets in dieser Form ausgedrückt werden kann.[108]) Oder man kann sie mit Chasles durch zwei Charakteristiken definieren, nämlich durch die Zahl μ von Kurven der Reihe, welche durch einen willkürlichen Punkt gehen und die Zahl ν derselben, welche eine willkürlich gewählte Gerade berühren. Durch die Symmetrie der Resultate, welche sie in dem Falle von Kegelschnitten als von Kurven derselben Ordnung und Klasse liefert, ist diese Methode besonders beachtenswert.

391. Der Ort der Pole einer gegebenen Geraden in Bezug auf die Kurven der Reihe ist eine Kurve von der Ordnung ν. Denn dies ist offenbar die Zahl der Punkte, in denen die Linie selbst den Ort schneiden kann. Die Enveloppe der Polaren eines gegebenen Punktes in Bezug auf die Kurven des Systems ist in gleicher Art eine Kurve der μ^{ten} Klasse.

Der Ort eines Punktes, dessen Polare in Bezug auf eine feste Kurve von der Ordnung m' und Klasse n' mit seiner Polare in Bezug auf eine Kurve des Systems zusammenfällt, ist eine Kurve von der Ordnung $\nu + \mu(m' - 1)$. Denn wir bestimmen die Zahl der in einer gegebenen Geraden liegenden Punkte des Ortes, indem wir zwei Punkte A, A' dieser Geraden betrachten, welche so liegen, dass die Polare von A in Bezug auf die feste Kurve mit der Polare von A' in Bezug auf eine Kurve des Systems zusammenfällt; es ist zu ermitteln, in wie vielen Fällen A und A' zusammenfallen können. Denken wir dabei zuerst A fest, so dass seine Polare in Bezug auf die gegebene Kurve auch fest ist und der Ort der Pole dieser Geraden in Bezug auf die Kurven des Systems nach dem ersten Satze von der Ordnung ν ist, so sehen wir, dass jeder Lage von A Lagen von A' in der Zahl ν entsprechen. Setzen wir sodann aber A' als fest voraus, so dass seine Polaren in Bezug auf die Kurven des Systems eine Kurve von der Klasse μ umhüllen, während nach Art. 384 die Polaren der Punkte der gegebenen Geraden in Bezug auf die feste Kurve eine Kurve von der Klasse $(m'-1)$ umhüllen, so folgt, dass $\mu(m'-1)$ gemeinsame Tangenten der beiden Enveloppen und daher ebenso viele dem festen A' entsprechende Lagen von A vorhanden sind. Die Anzahl der Koincidenzen von A und A' ist daher $\nu+\mu(m'-1)$ und eben dies ist die Ordnungszahl des in Frage stehenden Ortes.

Dieser Ort schneidet offenbar die gegebene Kurve in denjenigen Punkten, in welchen sie von Kurven des Systems berührt wird und daher ist die Zahl solcher Kurven

$$m'\{\nu+\mu(m'-1)\} \quad \text{oder} \quad m'\nu+n'\mu.$$

392. Im allgemeinen wird die Zahl der Kurven des Systems, welche irgend einer andern Bedingung genügen, von der Form $\mu\alpha+\nu\beta$ sein und die Zahlen α, β können als Charakteristiken dieser Bedingung angesehen werden. Wenn eine Kurve durch eine hinreichende Anzahl von Bedingungen bestimmt ist und diese Charakteristiken für jede Bedingung bekannt sind, so kann die Zahl der Kurven bestimmt werden, die den vorgezeichneten Bedingungen genügen. Wir erörtern dies an dem Falle der Kegelschnitte. Die Zahl der durch fünf Punkte, durch vier Punkte und eine Tangente, durch drei Punkte und zwei Tangenten, durch zwei Punkte und drei Tangenten, einen Punkt und vier, endlich durch fünf Tangenten bestimmten Kegelschnitte ist respektive

$$1,\ 2,\ 4,\ 4,\ 2,\ 1$$

und die Charakteristiken der durch jene Bedingungen respektive bestimmten Systeme sind daher

$$(1,2),\quad (2,4),\quad (4,4),\quad (4,2),\quad (2,1).$$

Die Zahl der Kegelschnitte, welche einer Bedingung von den Charakteristiken α, β genügen und zugleich durch vier Punkte gehen oder drei Punkte enthalten und eine Gerade berühren, u. s. w. ist daher

$$\alpha+2\beta,\quad 2\alpha+4\beta,\quad 4\alpha+4\beta,\quad 4\alpha+2\beta,\quad 2\alpha+\beta.$$

Wenn wir diese Zahlen durch μ''', ν''', ϱ''', σ''', τ''' respektive bezeichnen, so erkennen wir, dass dieselben nicht unabhängig von einander sind, sondern den Relationen

$$\nu'''=2\mu''', \quad \sigma'''=2\tau''', \quad \varrho'''=\tfrac{2}{3}(\nu'''+\sigma''')$$

genügen.

Die Charakteristiken der Systeme, welche mit der Bedingung α, β zusammen mit der von drei Punkten oder mit zwei Punkten und einer Tangente u. s. w. gebildet werden, sind dann offenbar

$$(\mu''', \nu'''), \quad (\nu''', \varrho'''), \quad (\varrho''', \sigma'''), \quad (\sigma''', \tau''')$$

und die Zahl der Kegelschnitte dieser Systeme, welche einer neuen Bedingung α', β' genügen, ist daher

$$\mu'''\alpha'+\nu'''\beta', \quad \nu'''\alpha'+\varrho'''\beta' \text{ u. s. w.}$$

In entwickelter Form erhalten wir für die Anzahlen μ'', ν'', ϱ'', σ'' der Kegelschnitte, welche zwei Bedingungen von den Charakteristiken (α, β), (α', β') erfüllen und zugleich durch drei Punkte gehen, oder zwei Punkte enthalten und eine Gerade berühren, etc.

$$\begin{aligned}
\mu'' &= \alpha\alpha' + 2(\beta\alpha'+\alpha\beta')+4\beta\beta',\\
\nu'' &= 2\alpha\alpha'+4(\beta\alpha'+\alpha\beta')+4\beta\beta',\\
\varrho'' &= 4\alpha\alpha'+4(\beta\alpha'+\alpha\beta')+2\beta\beta',\\
\sigma'' &= 4\alpha\alpha'+2(\beta\alpha'+\alpha\beta')+\beta\beta';
\end{aligned}$$

und wir bemerken, dass diese Zahlen durch die identische Relation

$$\mu''-\tfrac{3}{2}\nu''+\tfrac{3}{2}\varrho''-\sigma''=0$$

verbunden sind.

In derselben Art sind die Charakteristiken des Systems der Kegelschnitte, welche zwei Bedingungen (α, β) und $(\alpha'\ \beta')$ genügen und zugleich durch zwei Punkte gehen, oder einen Punkt enthalten und eine Gerade berühren, oder zwei Gerade berühren, (μ'', ν''), (ν'', ϱ''), (ϱ'', σ'') und die Anzahlen solcher Kegelschnitte, die einer dritten Bedingung (α'', β'') genügen, sind daher respektive $\mu''\alpha''+\nu''\beta''$, u. s. w. Also in entwickelter Form für μ', ν', ϱ' als die Zahlen der Kegelschnitte, welche drei Bedingungen (α, β), (α', β'), (α'', β'') genügen und überdies durch zwei Punkte gehen, u. s. w.

$$\begin{aligned}
\mu'' &= \alpha\alpha'\alpha'' + 2\Sigma\alpha\alpha'\beta''+4\Sigma\alpha\beta'\beta''+4\beta\beta'\beta'',\\
\nu' &= 2\alpha\alpha'\alpha''+4\Sigma\alpha\alpha'\beta''+4\Sigma\alpha\beta'\beta''+2\beta\beta'\beta'',\\
\varrho'' &= 4\alpha\alpha'\alpha''+4\Sigma\alpha\alpha'\beta''+2\Sigma\alpha\beta'\beta''+\beta\beta'\beta''.
\end{aligned}$$

Dann sind die Charakteristiken des Systems, das man bildet, indem man den drei vorigen Bedingungen eine vierte (α''', β''') hinzufügt, $\mu'\alpha''' + \nu'\beta'''$, $\nu'\alpha''' + \varrho'\beta'''$ oder in entwickelter Form

$$\mu = \alpha\alpha'\alpha''\alpha''' + 2\Sigma\alpha\alpha'\alpha''\beta''' + 4\Sigma\alpha\alpha'\beta''\beta''' + 4\Sigma\alpha\beta'\beta''\beta''' + 2\beta\beta'\beta''\beta''',$$

$$\nu = 2\alpha\alpha'\alpha''\alpha''' + 4\Sigma\alpha\alpha'\alpha''\beta''' + 4\Sigma\alpha\alpha'\beta''\beta''' + 2\Sigma\alpha\beta'\beta''\beta''' + \beta\beta'\beta''\beta'''.$$

Und wenn wir endlich eine fünfte Bedingung (α'''', β'''') hinzufügen, so ist die Zahl der Kegelschnitte, welche allen genügen, $\mu\alpha'''' + \nu\beta''''$ oder

$$\alpha\alpha'\alpha''\alpha'''\alpha'''' + 2\Sigma\alpha\alpha'\alpha''\alpha'''\beta'''' + 4\Sigma\alpha\alpha'\alpha''\beta'''\beta'''' + 4\Sigma\alpha\alpha'\beta''\beta'''\beta'''' + 2\Sigma\alpha\beta'\beta''\beta'''\beta'''' + \beta\beta'\beta''\beta'''\beta''''.$$

Dies giebt z. B. die Zahl der Kegelschnitte, welche fünf gegebene Kurven berühren, indem man für α, β u. s. w. die Klassen und Ordnungszahlen dieser Kurven substituiert. Und in derselben Weise würden wir die Zahl von Kurven irgend einer Ordnung finden, welche durch die Bedingung der Berührung mit gegebenen Kurven bestimmt sind, wenn wir die Anzahl derselben in jedem Falle wüssten, wo die Bedingungen nur das Hindurchgehen durch Punkte und das Berühren mit geraden Linien vorschreiben.

393. Die im vorigen Artikel betrachteten Bedingungen waren unabhängig von einander oder einfache Bedingungen; aber wir können Bedingungen bilden, die zwei oder mehreren einfachen äquivalent sind, wie z. B. die Bedingung, dass ein Kegelschnitt eine Kurve zweimal oder öfter berühren soll, oder die, dass eine Kurve eine andere oskulieren oder nach einer andern höheren Ordnung berühren soll. Eine solche Bedingung, welche zwei andern äquivalent ist, können wir als eine doppelte, oder genauer die Vereinigung von beiden als zwei untrennbare Bedingungen bezeichnen. Man findet, dass die im letzten Artikel erhaltenen Formeln für unabhängige Bedingungen unter geeigneten Modifikationen für untrennbare Bedingungen giltig bleiben.

So sind für zwei untrennbare Bedingungen die Charakteristiken μ'', ν'', ϱ'', σ'' die Zahlen der Kegelschnitte, welche durch die Kombination der gegebenen zweifachen Bedingung respektive mit der durch drei Punkte zu gehen, oder zwei Punkte zu enthalten und eine Gerade zu berühren u. s. w. erhalten werden, und diese Zahlen sind immer durch die Relation

$$\mu'' - \tfrac{3}{2}\nu'' + \tfrac{3}{2}\varrho'' - \sigma'' = 0$$

verbunden.

Wir gehen dann genau so wie vorher zur Aufsuchung der Zahl von Kegelschnitten weiter, welche durch Kombination der zweifachen Bedingung mit irgend drei andern bestimmt werden und erhalten so die folgenden Formeln. Wenn m'', n'', r'', s'' die Charakteristiken einer zweiten zweifachen Bedingung sind, so werden die Charakteristiken des durch beide Paare zweifacher Bedingungen gegebenen Kegelschnittsystems respektive

$$m''\mu'' - \tfrac{3}{2}(\mu''n'' + m''\nu'') + (r''\mu'' + \varrho''m'') + \tfrac{7}{4}n''\nu'' - \tfrac{1}{2}(r''\nu'' + n''\varrho''),$$

$$\varrho''s'' - \tfrac{3}{2}(\sigma''r'' + s''\varrho'') + (\nu''s'' + n''\sigma'') + \tfrac{7}{4}\varrho''r'' - \tfrac{1}{2}(\varrho''n'' + r''\nu'').$$

Und für μ', ν', ϱ' als die Charakteristiken einer dreifachen Bedingung ist die Zahl von Kegelschnitten, die durch diese dreifache und die zweifache Bedingung $(\mu'', \nu'', \varrho'', \sigma'')$ bestimmt werden, gleich

$$\tfrac{1}{4}\mu'(2\sigma'' - \varrho'') + \tfrac{1}{4}\varrho'(2\mu'' - \nu'') + \tfrac{1}{16}\nu'\{5(\mu'' + \varrho'') - 6(\mu'' + \sigma'')\}.$$

394. Zwischen den beiden Charakteristiken μ, ν einer Reihe von Kurven m^{ter} Ordnung, welche einer Bedingung weniger unterworfen sind als der zur Bestimmung derselben hinreichenden Zahl, besteht eine Relation, die wir im Folgenden untersuchen. Betrachten wir die Punkte A, A' u. s. w., in welchen eine Kurve der Reihe eine gegebene gerade Linie schneidet, so entsprechen, weil jede durch A gehende Kurve die Gerade in $(m-1)$ andern Punkten schneidet, dem Punkte A die Zahl von $\mu(m-1)$ Punkten A' und umgekehrt; die Zahl der Doppelpunkte dieser beiden entsprechenden Reihen ist daher $2\mu(m-1)$. Dieselbe würde mit der Zahl ν übereinstimmen, wenn die Doppelpunkte nur aus der Berührung

einer Kurve der Reihe mit der Geraden AA' entspringen könnten. Da es aber Kurven der Reihe geben kann, welche zusammengesetzt sind aus einem einfach und einem doppelt zählenden Teile, so sind die aus ihnen durch die letzten entspringenden Doppelpunkte von $2\mu(m-1)$ abzuziehen, um die Zahl ν der eigentlichen Berührungen zu erhalten. In dem speziell betrachteten Falle der Kegelschnitte erhält man für λ als die Zahl der Kegelschnitte der Reihe, die sich auf zwei zusammenfallende Gerade reduzieren,

$$\nu = 2\mu - \lambda.$$

395. Ein Kegelschnitt kann als Kurve zweiter Ordnung in ein Linienpaar degenerieren, so dass seine Gleichung in Linienkoordinaten ein vollständiges Quadrat wird und jede durch den gemeinschaftlichen Punkt des Linienpaares gehende Gerade als eine Doppeltangente der Kurve zu betrachten ist. Ebenso kann ein Kegelschnitt als Kurve zweiter Klasse in ein Paar von Punkten degenerieren, und jeder Punkt in der Geraden, welche dieselben verbindet, gehört in gewissem Sinne doppelt zur Kurve. Das Punktepaar kann als Grenzform des Kegelschnittes betrachtet werden und die durch die Punkte gehenden Geraden insbesondere als seine Tangenten; der Kegelschnitt ist unter Festhaltung seiner Hauptaxe durch fortschreitende Verkürzung seiner Nebenaxe in die Grenzform übergegangen, in welcher nun alle seine Tangenten unendlich nahe den zwei festen Punkten vorbeigehen.

Bezeichnen wir durch λ die Zahl der Punktepaare im System und durch ω die der Linienpaare desselben, so ist

$$\mu = 2\nu - \omega, \quad \nu = 2\mu - \lambda, \quad 3\mu = 2\lambda + \omega, \quad 3\nu = 2\omega + \lambda.$$

Weil die Zahlen der Kegelschnitte eines Systems, welche in Linien- oder Punkten-Paare degenerieren, in der Regel leichter zu erkennen sind, als die Zahlen der Kegelschnitte desselben, welche einen beliebigen Punkt enthalten, oder eine beliebige Gerade berühren, so konnten sie in der Theorie der Kegelschnittsysteme von Zeuthen mit Vorteil statt der Chasles'schen Charakteristiken μ, ν benutzt werden. Ein besonderer Fall bietet sich dar, wenn die zwei Punkte eines Punktpaares zusammenfallen, ohne dass darum ihre Verbindungslinie aufhört bestimmt zu sein, oder wenn die zwei Linien eines Paares vereinigt sind ohne dass ihr Schnittpunkt unbestimmt wird; man kann ihn als den des Linien-Paar-Punktes bezeichnen.

396. Im Falle der Kegelschnitte hat das Linienpaar in Punktkoordinaten eine Gleichung $x_1 x_2 = 0$ und das Punktepaar in Linienkoordinaten reciprok $\xi_1 \xi_2 = 0$. Wenn wir aber nach der Gleichung des letzten in Punktkoordinaten fragen, so ist dieselbe nicht $x_3{}^2 = 0$, welches vielmehr nur die doppelt zählende Verbindungslinie der Punkte des Paares darstellt, in gewissem Sinne einen Kegelschnitt — ebenso wie

$$(\xi_1 x_1 + \xi_2 x_2 + \xi_3 x_3)^2 = 0$$

— welcher jede beliebige gerade Linie berührt. Die Anschauung der Grenzform oder des unendlich flachen Kegelschnittes führt zur richtigen Darstellung. Denken wir die Kegelschnitte, welche zwei gegebene Punkte in der Geraden $x_1 = 0$, nämlich

$$x_2 - \alpha x_3 = 0 \quad \text{und} \quad x_2 - \beta x_3 = 0$$

enthalten und zwei gegebene Gerade $x_2 = 0$, $x_3 = 0$ berühren, so lassen sich dieselben durch die Gleichung mit dem willkürlichen Parameter θ darstellen

$$x_1{}^2 + 2\theta x_1 x_2 + 2\theta\sqrt{\alpha\beta}\, x_1 x_3 + \theta^2 (x_2 - \alpha x_3)(x_2 - \beta x_3) = 0,$$

oder

$$\{x_1 + \theta x_2 + \theta\sqrt{\alpha\beta}\, x_3\}^2 - \theta^2 (\alpha + \beta) x_2 x_3 = 0$$

und für θ als ein unendlich kleines, sagen wir der ersten Ordnung, repräsentiert diese Gleichung den unendlich flachen Kegelschnitt oder das gegebene Punktepaar. Der Vergleich mit der allgemeinen Gleichung

$$a_{11} x_1{}^2 + a_{22} x_2{}^2 + a_{33} x_3{}^2 + 2a_{23} x_2 x_3 + 2a_{13} x_1 x_3 + 2a_{12} x_1 x_2 = 0$$

giebt

$$a_{11} = 1, \quad a_{22} = \theta^2, \quad a_{33} = \theta^2 \alpha\beta, \quad a_{23} = -\tfrac{1}{2}\theta^2 (\alpha + \beta),$$
$$a_{13} = \theta\sqrt{\alpha\beta}, \quad a_{12} = \theta,$$

also für ein endliches a_{11} unendlich kleine Werte *erster* Ordnung für a_{12} und a_{13}, aber unendlich kleine Werte der *zweiten* Ordnung für a_{22}, a_{33}, a_{23}, wobei dann die Verhältnisse

$$\sqrt{a_{22}} : \sqrt{a_{33}} : \sqrt{a_{23}} : a_{13} : a_{12}$$

so zu bestimmen sind, dass den vorgeschriebenen Bedingungen genügt wird. Insofern θ unendlich klein ist, erscheint die Gleichung vollkommen bestimmt. Die in der Grenze verschwindenden Koefficienten der Gleichung des Kegelschnittes sind also als unendlich kleine von verschiedener Ordnung zu betrachten.

Gehen wir zur Gleichung einer Kurve n^{ter} Ordnung weiter, so wird diese, wenn sie gewisse unendlich kleine Koefficienten enthält, mit dem Verschwinden derselben sich in eine zusammengesetzte Gleichung $P^\alpha Q^\beta \ldots = 0$ verwandeln und in ihrer ursprünglichen Gestalt eine Grenzform der Kurve darstellen. Betrachten wir die von einem willkürlichen Punkt zu dieser Grenzform gehenden Tangenten, so bestehen dieselben 1) aus den Tangenten von ihm zu den verschiedenen komponierenden Kurven $P = 0$, $Q = 0$ u. s. w.; 2) aus den nach den singulären Punkten dieser Kurven gehenden Geraden; 3) aus den nach den Durchschnittspunkten der Kurven $P = 0$, $Q = 0$ u. s. w. unter einander gehenden Geraden; 4) aus den geraden Linien nach gewissen bestimmten Punkten in den verschiedenen Kurven $P = 0$, $Q = 0$ u. s. w. respektive, die wir als „freie Scheitel" bezeichnen wollen, indess die Punkte unter 4) als „feste Scheitel" bezeichnet werden sollen. Wir haben so eine Degenerationsform der Kurve n^{ter} Ordnung, die als zusammengesetzt angesehen werden kann aus den komponierenden Kurven in ihren etwaigen Graden der Vielfachheit und aus den als Scheitel bezeichneten Punkten, und die daher nur unvollständig durch die Endgleichung $P^\alpha Q^\beta \ldots = 0$ dargestellt wird. Die Zahl und Verteilung der Scheitel ist nicht willkürlich, sondern durch Gesetze bestimmt, die sich aus der Betrachtung der Grenzform ergeben. Entsprechend verschiedenen Formen der Endgleichung

$$P^\alpha Q^\beta \ldots = 0$$

und der Zahl und Verteilung der Scheitel in den komponierenden Kurven giebt es für einen gegebenen Wert von n verschiedene Degenerationsformen der Kurve. Im Falle einer

Kurve vierter Ordnung mit der Endgleichung $x^2y^2=0$ hat sich ergeben[109]), dass neun freie und drei feste Scheitel existieren. Die letzten liegen im Schnittpunkt der beiden Geraden $x=0$, $y=0$; von den ersten liegen drei in einer der Geraden, sagen wir in $y=0$, und sind drei von den Schnittpunkten der Kurve vierter Ordnung mit ihr, indess der vierte dem Punkt $x=0$, $y=0$ unendlich nahe liegt; die sechs andern liegen willkürlich in der Geraden $x=0$. Die Zahl der untersuchten Fälle ist jedoch klein und die Frage nach diesen Degenerationsformen daher wohl weiterer Untersuchung bedürftig.

Auf Grund der Betrachtung der Degenerationsformen der Kurven dritter und vierter Ordnung sind durch Maillard und Zeuthen die Anzahlen solcher Kurven bestimmt worden, welche gegebenen Elementarbedingungen genügen.

397. Für ein System von Kegelschnitten, welche vier Bedingungen der Berührung genügen, ist ziemlich leicht zu erkennen, welches die Punktepaare und Linienpaare des Systems sind. Um aber die Werte von λ und ω zu finden, ist jedes dieser Paare nicht einfach, sondern in bestimmter Vielfachheit zu zählen und die Bestimmung dieser Vielfachheiten bildet die eigentliche Schwierigkeit des Problems.

Zeuthen gebraucht zu diesem Zwecke die folgende Überlegung: In dem elementaren System der durch vier Punkte bestimmten Kegelschnitte ist offenbar die Anzahl der Linienpaare drei und die der Punktepaare Null und wegen $\mu=1$, $\nu=2$ erhalten wir $\lambda=0$, $\omega=3$ und erkennen, dass ein Linienpaar, welches vier gegebene Punkte zu zwei mit einander verbindet, in der Zahl der Linienpaare einfach zählt.

Nehmen wir aber ein durch drei Punkte und eine Tangente bestimmtes System von Kegelschnitten, so haben wir drei Linienpaare, nämlich je eine Verbindungslinie von zweien der gegebenen Punkte und die von ihrem Schnittpunkt mit der gegebenen Tangente nach dem dritten Punkte gehende Gerade; auch hier sind keine Punktepaare vorhanden und weil $\mu=2$, $\nu=4$ sind, so werden $\lambda=0$, $\omega=6$ und wir erkennen, dass ein Linienpaar doppelt zählt, wenn es wie hier aus der Verbindungslinie von zwei gegebenen Punkten und der Linie vom dritten Punkt nach ihrem Durchschnitt mit einer gegebenen Geraden besteht.

Nehmen wir endlich das durch zwei Punkte und zwei Tangenten bestimmte System, so ist nur ein Linienpaar vorhanden, welches vom Durchschnittspunkt der beiden Tangenten nach den gegebenen Punkten geht und ein Punktepaar in der Verbindungslinie der Punkte auf den Tangenten; wegen $\mu = \nu = 4$ ist also $\lambda = \omega = 4$, oder ein Linienpaar zählt vierfach, wenn es zwei gegebene Punkte mit dem Schnittpunkt von zwei gegebenen Geraden verbindet. Wir können es ersparen, auf die reciproken Singularitäten weiter einzugehen.

Die Bewegung eines Kegelschnittes, welcher eine gegebene Kurve berührt, kann als eine Drehung um den Berührungspunkt oder als eine Verschiebung längs der Tangente desselben bis zum Eintritt der Berührung betrachtet werden; man schliesst hieraus im Falle eines Kegelschnittes, welcher eine gegebene Kurve berühren soll, dass unter den Linienpaaren diejenigen (A') einfach zu zählen sind, welche aus zwei gemeinschaftlichen Tangenten von zweien der Kurven bestehen; dass wir die andern (B') zweifach zählen müssen, welche aus einer gemeinschaftlichen Tangente von zwei Kurven und einer von ihrem Schnittpunkte mit der dritten Kurve an die vierte Kurve gehenden Tangente bestehen; und endlich vierfach diejenigen (C'), welche aus Tangenten an zwei der Kurven aus einem Durchschnittspunkte der beiden andern Kurven bestehen. Und ebenso zählen wir unter den Punktepaaren diejenigen (A) einfach, welche aus Durchschnittspunkten von zwei der Kurven bestehen; sodann zweifach die andern (B), wo eine Tangente der einen Kurve durch einen Schnittpunkt zweier andern Kurven und die vierte Kurve begrenzt wird; endlich vierfach diejenigen (C), welche Paare von Begrenzungspunkten einer gemeinschaftlichen Tangente von zwei Kurven in den beiden andern Kurven sind. Dabei kann an Stelle des Durchschnittes von zwei Kurven der Durchschnitt einer Kurve mit sich selbst, also ein Knotenpunkt, und an Stelle der gemeinsamen Tangente von zwei Kurven eine Doppeltangente einer Kurve treten.

398. Wir erörtern das Beispiel von der Zahl der Linienpaare in dem System von Kegelschnitten, welche vier feste Kurven berühren.

Wir haben $nn'n''n'''$ Linienpaare, welche aus einer der nn' gemeinsamen Tangenten der beiden ersten und einer der $n''n'''$ gemeinsamen Tangenten der beiden letzten Kurven bestehen, und weil wir die vier Kurven in drei Arten zu Paaren verbinden können, so ist die Zahl A' gleich $3nn'n''n'''$.

Ferner giebt es $nn'n''m'''$ Paare aus einer gemeinsamen Tangente der beiden Kurven und einer aus einem Schnittpunkte derselben mit der vierten an die dritte gezogenen Tangente; und da wir dieselbe Anzahl erhalten, wenn wir von einer gemeinsamen Tangente der zweiten und dritten oder der dritten und ersten Kurve ausgehen, so wird

$$B' = 3\Sigma nn'n''m'''.$$

Endlich giebt es offenbar $\Sigma nn'm''m'''$ Paare von Tangenten der mit C' bezeichneten Gruppe. Wir haben also

$$\omega = 3nn'n''n''' + 6\Sigma nn'n''m''' + 4\Sigma nn'm''m'''$$

und erhalten in gleicher Art

$$\lambda = 4\Sigma nn'm''m''' + 6\Sigma nm'm''m''' + 3mm'm''m''',$$

und leiten endlich aus diesen Zahlen dieselben Werte für μ und ν ab, welche wir früher in anderer Weise erhielten.

399. Wir verfahren in analoger Weise, wenn die Bedingungen des Problems fordern, dass der Kegelschnitt dieselbe Kurve mehr als einmal oder nach einer höheren Ordnung berühren soll. Dabei benutzen wir die zweckmässige Bezeichnung von Cayley, in welcher (1) die einfache Berührung, (1, 1) die einfache Berührung mit derselben Kurve in zwei verschiedenen Punkten, (2) die dreipunktige oder die Berührung zweiter Ordnung u. s. w. bedeuten, so dass das bisher untersuchte Problem von der einfachen Berührung mit vier verschiedenen Kurven durch (1), (1), (1), (1) bezeichnet wird. Wir betrachten nun das System (1, 1), (1), (1), also dasjenige, dessen Kegelschnitte eine Kurve doppelt und zwei andere Kurven einfach berühren. In diesem Falle ergiebt sich genau wie vorher

$$A' = \tau n'n'' + nn'.nn'';$$

ferner

$$B' = \tau(n'm'' + n''m') + nn'(m-2)n'' + nn''(m-2)n'$$
$$+ nn'm''(n-1) + nn''m'(n-1) + n'n''m(n-2);$$

$$C' = \delta n'n'' + mm'(n-2)n'' + mm''(n-2)n' + m'm''\tfrac{1}{2}n(n-1)$$

für τ und δ als die Anzahlen der Doppeltangenten und Doppelpunkte der doppelt berührten Kurve. Wir müssen aber hierzu noch die Zahl (D') von $\varkappa n'n''$ Linienpaaren fügen, welche aus einem Paar von Tangenten der zweiten und dritten Kurve bestehen, die von einem Rückkehrpunkt der ersten Kurve ausgehen — für $\varkappa$ als die Zahl derselben. Dass diese D' dreifach zu zählen sind, hat Zeuthen dadurch ermittelt, dass er sie zuerst mit dem unbekannten Faktor x in die Formeln einführte und sodann dies x durch Untersuchung der elementaren Fälle bestimmte, in denen die zweite und dritte Kurve sich auf Punkte oder Linien reduzieren. Durch Verbindung der Zahlen

$$A' + 2B' + 4C' + 3D'$$

erhalten wir dann

$$\omega = n'n''(n^2 + 6mn - 8n - 4m + \tau + 4\delta + 3\varkappa)$$
$$+ 2(m'n'' + m''n')(n^2 + 2mn - n - 4m + \tau) + 2m'm''n(n-1)$$

mit einem entsprechenden Ausdruck für λ. Mittelst dieser Formeln bildet man sodann die Werte von μ und ν, nämlich

$$\mu = \mu'''m'm'' + \mu''(m'n'' + m''n') + \mu'n'n'',$$
$$\nu = \nu'''m'm'' + \nu''(m'n'' + m''n') + \nu'n'n'',$$

für

$$\mu' = 2m(m + n - 3) + \tau,$$
$$\mu'' = \nu' = 2m(m + 2n - 5) + 2\tau,$$
$$\mu''' = \nu'' = 2n(2m + n - 5) + 2\delta,$$
$$\nu''' = 2n(m + n - 3) + \delta.$$

Diese Zahlen drücken die Anzahl von Kegelschnitten aus, welche bestimmt sind, respektive durch die Bedingungen der zweifachen Berührung einer Kurve und drei Punkte, oder zwei Punkte und eine Tangente, einen Punkt und zwei Tangenten oder endlich drei Tangenten.

Es ist unnötig, den Fall (1, 1), (1, 1) besonders zu betrachten (vergl. Art. 392) und wir bemerken nur, dass dieselben Prinzipien auf die Fälle (3), (1) und (4) anwendbar sind.

Wir verweisen für weitere Details auf die Abhandlungen von Zeuthen und Cayley[110]) und teilen nur noch die folgende Tafel mit, in welcher Cayley die einfacheren Resultate mit Hilfe der Charaktere m, n und α ($=3m+\iota=3n+\varkappa$, Artikel 83) zusammengestellt hat.

(1, 1, 1)
$$\mu'=\tfrac{2}{3}m^3+2m^2n+mn^2+\tfrac{1}{6}n^3-2m^2-3mn-\tfrac{1}{2}n^2 -\tfrac{20}{3}m-\tfrac{29}{3}n+\alpha(-3m-\tfrac{31}{2}n+13),$$
$$\nu'=\tfrac{1}{3}m^3+2m^2n+2mn^2+\tfrac{1}{3}n^3-m^2-4mn-n^2 -\tfrac{46}{3}m-\tfrac{46}{3}n+\alpha(-3m-3n+20),$$
$$\varrho'=\tfrac{1}{6}m^3+m^2n+2mn^2+\tfrac{2}{3}n^3-\tfrac{1}{2}m^2-3mn-2n^2 -\tfrac{29}{3}m-\tfrac{20}{3}n+\alpha(-\tfrac{3}{2}m-3n+13);$$

(1, 1, 1, 1)
$$\mu=\tfrac{1}{12}m^4+\tfrac{2}{3}m^3n+m^2n^2+\tfrac{1}{3}mn^3+\tfrac{1}{24}n^4-\tfrac{1}{2}m^3 -3m^2n-2mn^2-\tfrac{1}{4}n^3-\tfrac{181}{12}m^2-21mn -\tfrac{229}{24}n^2+\tfrac{191}{2}m+\tfrac{403}{4}n+\alpha(-\tfrac{3}{2}m^2-3mn -\tfrac{3}{4}n^2+\tfrac{43}{2}m+\tfrac{55}{4}n-\tfrac{357}{4})+\tfrac{9}{8}\alpha^2,$$
$$\nu=\tfrac{1}{24}m^4+\tfrac{1}{3}m^3n+m^2n^2+\tfrac{2}{3}mn^3+\tfrac{1}{12}n^4-\tfrac{1}{4}m^3 -2m^2n-3mn^2-\tfrac{1}{2}n^3-\tfrac{229}{24}m^2-21mn -\tfrac{181}{12}n^2+\tfrac{403}{4}m+\tfrac{191}{2}n+\alpha(-\tfrac{3}{4}m^2-3mn -\tfrac{3}{2}n^2+\tfrac{55}{4}m+\tfrac{43}{2}n-\tfrac{357}{4})+\tfrac{9}{8}\alpha^2;$$

(2)
$$\mu''=\alpha,\quad \nu''=2\alpha,\quad \varrho''=2\alpha,\quad \sigma''=\alpha;$$

(2, 1)
$$\mu'=12m+12n+\alpha(2m+n-14),$$
$$\nu'=24m+24n+\alpha(2m+2n-24),$$
$$\varrho'=12m+12n+\alpha(m+2n-14);$$

(2, 1, 1)
$$\mu=24m^2+36mn+12n^2-168m-168n +\alpha(m^2+2mn+\tfrac{1}{2}n^2-25m-\tfrac{29}{2}n+138)-\tfrac{3}{2}\alpha^2,$$
$$\nu=12m^2+36mn+24n^2-168m-168n +\alpha(\tfrac{1}{2}m^2+2mn+n^2-\tfrac{29}{2}m-25n+138)-\tfrac{3}{2}\alpha^2;$$

(2, 2)
$$\mu=27m+24n-20\alpha+\tfrac{1}{2}\alpha^2,$$
$$\nu=24m+27n-20\alpha+\tfrac{1}{2}\alpha^2;$$

(3)
$$\mu'=-4m-3n+3\alpha,$$
$$\nu'=-8m-8n+6\alpha,$$
$$\varrho'=-3m-4n+3\alpha;$$

$$(3, 1)\quad \mu = -8m^2 - 12mn - 3n^2 + 56m + 53n + \alpha(6m + 3n - 39),$$

$$\nu = -3m^2 - 12mn - 8n^2 + 53m + 56n + \alpha(3m + 6n - 39);$$

$$(4)\quad \mu = -10m - 8n + 6\alpha, \quad \nu = -8m - 10n + 6\alpha.$$

400. Es bleibt noch übrig, Formeln für die Zahl von Kegelschnitten zu geben, welche fünf untrennbaren Bedingungen genügen, wie z. B. (5), d. h. die Zahl von Kegelschnitten, die eine Berührung fünfter Ordnung mit einer gegebenen Kurve haben. Diese Zahlen werden durch Untersuchung des Falles bestimmt, in welchem eine von den Kegelschnitten des Systems berührte Kurve in zwei andere Kurven zerfällt. So z. B. werden die in Berührung fünfter Ordnung mit einer in zwei Kurven zerfallenen Kurve stehenden von den Kegelschnitten gebildet, welche die gleichartige Berührung mit der einen respektive der andern Teilkurve eingehen und der Ausdruck für (5) muss daher eine solche Funktion von m, n und α sein, dass man hat

$$\Phi(m + m', n + n', \alpha + \alpha') = \Phi(m, n, \alpha) + \Phi(m', n', \alpha'),$$

d. h. von der Form

$$am + bn + c\alpha.$$

Nun muss aus Gründen der Symmetrie $a = b$ sein und aus der Zahl der sechspunktig berührenden Kegelschnitte für die Kurven dritter Ordnung können a und c bestimmt werden; man findet

$$(5) = -15m - 15n + 9\alpha.$$

Die Kegelschnitte (4, 1) für die zusammengesetzte Kurve werden von denen, welche dieselbe Art der Berührung mit den Teilkurven haben, und von den andern gebildet, welche mit der einen von diesen eine Berührung vierter Ordnung und mit der andern eine einfache Berührung haben. Da die Zahl der Kegelschnitte der letzten Gruppe durch die Formeln des vorigen Artikels bestimmt ist, so ist

$$\Phi(m + m', n + n', \alpha + \alpha') - \Phi(m, n, \alpha) - \Phi(m', n', \alpha')$$

eine bekannte Funktion von m, n, α.

Mittelst des so erläuterten Verfahrens wurde von Cayley die folgende Tafel begründet:

$(4, 1) = -8m^2 - 20mn - 8n^2 + 104(m+n)$
$\quad + 6\alpha(m+n-11);$

$(3, 2) = 120(m+n) + \alpha(-4m - 4n - 78) + 3\alpha^2;$

$(3, 1, 1) = -\frac{3}{2}m^3 - 10m^2n - 10mn^2 - \frac{3}{2}n^3 + \frac{109}{2}m^2$
$\quad + 116mn + \frac{109}{2}n^2 - 434(m+n)$
$\quad + \alpha(\frac{3}{2}m^2 + 6mn + \frac{3}{2}n^2 - \frac{69}{2}m - \frac{69}{2}n + 291) - \frac{9}{2}\alpha^2;$

$(2, 2, 1) = 24m^2 + 54mn + 24n^2 - 468(m+n)$
$\quad + \alpha(-8m - 8n + 327) + \alpha^2(\frac{1}{2}m + \frac{1}{2}n - 12);$

$(2, 1, 1, 1) = 6m^3 + 30m^2n + 30mn^2 + 6n^3$
$\quad - 17n(m+n)^2 + 1320(m+n)$
$\quad + \alpha\{\frac{1}{6}m^3 + m^2n + mn^2 + \frac{1}{6}n^3 - \frac{15}{2}m^2 - 26mn$
$\quad - \frac{15}{2}n^2 + \frac{358}{3}(m+n) - 960\}$
$\quad + \alpha^2(-\frac{3}{2}m - \frac{3}{2}n + 28);$

$(1, 1, 1, 1, 1) = \frac{1}{120}(m^5 + n^5) + \frac{1}{12}mn(m^3 + n^3) + \frac{1}{3}m^2n^2(m+n)$
$\quad - 2m^2n^2 - \frac{1}{12}(m^4 + n^4) - \frac{5}{6}mn(m^2 + n^2)$
$\quad - \frac{113}{24}(m^3 + n^3) - \frac{209}{12}mn(m+n)$
$\quad + \frac{1267}{12}(m^2 + n^2) + \frac{593}{3}mn - \frac{3159}{5}(m+n)$
$\quad + \alpha(-\frac{1}{4}m^3 - \frac{3}{2}m^2n - \frac{3}{2}mn^2 - \frac{1}{4}n^3 + \frac{29}{4}m^2$
$\quad + 23mn + \frac{29}{4}n^2 - \frac{337}{4}m - \frac{337}{4}n + 486)$
$\quad + \alpha^2\{\frac{9}{8}(m+n) - 15\}.$

Von Zeuthen und Cayley sind auch Formeln gebildet worden für die Fälle, in welchen die Berührung mit einer Kurve in gegebenem Punkte vorgeschrieben ist. Cayleys Abhandlung enthält endlich Untersuchungen über eine Formel von de Jonquières[111]), welche die Zahl von Kurven der r^{ten} Ordnung angiebt, die mit einer gegebenen Kurve m^{ter} Ordnung t Berührungen von den respektiven Ordnungen a, b, c eingeht und überdies p Punkte der Kurve enthält. Der Gegenstand kann seiner Ausdehnung wegen hier nicht wohl weiter entwickelt werden.[112])

Litteratur-Nachweisungen und Zusätze.

Von den Citaten beziehen sich hier wie im Texte die von Salmon-Fiedlers „Analytische Geometrie der Kegelschnitte" auf die 4. Auflage, die von deren „Vorlesungen über die Algebra der linearen Transformationen" auf die 2. Auflage und von „Analytische Geometrie des Raumes" (2 Bände) auf die 3. Auflage.

Zu Kap. I. S. 1—18.

1) S. 15, Art. 22 u. 23. Für diese Koordinaten-Entwicklung vergleiche man die Abhandlung des Herausgebers in „Vierteljahrsschrift der naturforsch. Gesellschaft zu Zürich" Bd. 15, p. 152 f., sowie seine „Darstellende Geometrie" Art. 133 f. und Art. 144. Dazu für die Grundidee v. Staudt „Beiträge" 2. Heft (1857) § 29, p. 261.

Ein Beispiel für den Gebrauch der allgemeinen Transformationsgesetze findet man im Text, p. 56 unter 2.

Sonst ist das Kapitel „Von den Koordinaten" im wesentlichen ein Beitrag von Prof. A. Cayley zum Original.

Zu Kap. II. S. 19—85.

2) S. 30, Art. 34. Euler (vergl. Abhandlungen der Berliner Akademie vom Jahre 1748 „Sur une contradiction apparente dans la doctrine des lignes courbes") scheint zuerst die Paradoxie bemerkt zu haben, dass zwei Kurven n^{ter} Ordnung sich in einer grössern Zahl von Punkten schneiden, als zur Bestimmung einer solchen Kurve nötig sind. Cramer hat dieselbe Bemerkung in seiner im Jahre 1750 veröffentlichten „Introduction à l'Analyse des Lignes courbes algébriques". Aber man hat erst in viel späterer Zeit die wichtigen geometrischen Sätze erkannt, welche daraus entspringen. Von Lamé ward der Begriff des Kurvenbüschels durch n^2 Grundpunkte gebildet. („Examen des différentes méthodes employées pour résoudre les problémes de géométrie" 1818 p. 28.) 1827 gab Gergonne den Satz des Art. 31 („Annales" Bd. 17, p. 220); um dieselbe Zeit Plücker („Entwicklungen" Bd. 1, p. 228 und „Gergonnes Annalen" Bd. 19, p. 97, 129) den allgemeinen Satz des Art. 30. Einige Jahre später wurden die Fälle der Beziehuug erörtert, welche zwischen den Durchschnittspunkten von Kurven und Flächen verschiedener Ordnungen besteht wie in Art. 33; es geschah in zwei gleichzeitig zur Veröffentlichung eingesendeten Arbeiten durch Jacobi („Crelles Journal" Bd. 15, p. 285) und Plücker (ibid. Bd. 16, p. 47). Ausser diesen Arbeiten mag man eine Abhandlung von Cayley im „Cambridge Math. Journ.", Bd. 3, p. 211 zu Rate ziehen. Bacharach hat in den „Erlanger Berichten" vom Dec. 1879 gezeigt, dass der Satz des Art. 34 seine Giltigkeit verliert, wenn die $\frac{1}{2}(m+n-r-1)(m+n-r-2)$ Punkte in einer Kurve von der Ordnung $(m+n-r-3)$ liegen.

3) S. 39, Art. 43. In der ersten Ausgabe des Originals war die Zahl $\frac{1}{2}(n-2)(n-3)$ als Grenze angegeben. Anstatt das allgemeine Kriterium anzuwenden, wurde die Frage direkt untersucht wie folgt: Durch den gegebenen vielfachen Punkt und $\frac{1}{2}n(n-3)-1$ andre Punkte der Kurve kann eine Kurve von der Ordnung $n-3$ gelegt werden, für welche der vielfache Punkt als $n-2$ gezählt und die angenommenen Punkte $\frac{1}{2}(n+2)(n-3)$ Durchschnitte mit der Originalkurve ausmachen, so dass durch Subtraktion von $n(n-3)$ andere Durchschnittspunkte in Zahl $\frac{1}{2}(n-2)(n-3)$ übrig bleiben, welches eine Grenze für die Zahl angenommener Punkte ist, die Doppelpunkte sein können. Wir erhalten aber nach dem allgemeinen Kriterium die niedrigere Grenze, indem wir eine Kurve von der Ordnung $n-3$ beschreiben, welche den gegebenen vielfachen Punkt als $(n-4)$-fachen Punkt enthält, so dass er nach Art. 41 für sie $\frac{1}{2}(n-3)(n-4)$ Bedingungen repräsentiert und noch $2(n-3)$ Punkte zur Bestimmung der Kurve $(n-3)^{\text{ter}}$ Ordnung anzunehmen bleiben. Und da der vielfache Punkt unter den Schnittpunkten dieser und der ursprünglichen Kurve $(n-2)(n-4)$-fach zählt, so bleiben ausser den angenommenen Punkten nur $n-2$ andere Durchschnittspunkte übrig.

Der Abriss von den Formen der dreifachen Punkte in Art. 40, S. 36 rührt von A. Cayley her.

S. 39, Art. 44. Vergl. die Abhandlungen von Clebsch „Über die Anwendung der Abelschen Funktionen in der Geometrie" in „Crelles Journal" Bd. 53, p. 189 f. und ibid. Bd. 54, p. 43 f. (über die Kurven vom Geschlecht Null). Hierzu auch Haase in Bd. 2, p. 515 der „Mathem. Annalen". Die Ausdrücke Defekt und Unikursalkurve führte Cayley ein in seiner Abhandlung „On the Transformation of plane Curves" „London Mathem. Society" Oct. 1865. Siehe Note 14 unten.

S. 44, Art. 47 entwickelt Ansichten A. Cayleys.

4) S. 52, Art. 54. Vergl. Gregory's Examples, p. 170 f.

5) S. 55, Art. 55. Vergl. Gregory's Examples, chap. XI; oder die ursprüngliche Quelle: Cramers „Introduktion". Zu Aufg. 5 vergleiche man Sidler: „Trisektion eines Kreisbogens und die Kreisconchoïde" in den „Mittheilungen der naturforsch. Gesellschaft von Bern" 1873.

Das Beispiel 6, p. 58 ist von Cayley. Das Beispiel zeigt sehr deutlich den Formenwandel einer Kurve vierter Ordnung. Geht man von Fig. 21 aus, so kann man durch Auflösung der Knoten die übrigen Figuren ableiten; wir wollen bemerken, dass die Fig. 20a mit etwas mehr nach den Koordinatenaxen hinreichenden Ovalen uns ein Bild von einer Kurve vierter Ordnung mit achtundzwanzig reellen Doppeltangenten geben würde (vergl. p. 286); die gegen den Punkt O hinliegenden Konkavitäten der vier Ovale sind in der vorliegenden Figur nicht erkennbar. In ähnlicher Weise kann man die Formen der Kurven dritter Ordnung schematisch ableiten aus der Figur von einem Kegelschnitt und einer ihn schneidenden Geraden.

6) S. 59, Art. 56. Vergl. in „Methodus Fluxionum et Serierum infinitarum" (Opuscul. ed. Castillon, Bd. 1, p. 37) den Abschnitt „De reductione affectarum equationum". Newton giebt jedoch die Regel in einer von der des Textes abweichenden Form. Man sehe auch eine Abhandlung von de Morgan in „Quarterly Journal" Bd. 1, p. 1 oder „Transactions of the Cambridge Philos. Society" Bd. 11, p. 608.

7) S. 61, Art. 58. Cayley „Quarterly Journal" Bd. 7, p. 212 und „Crelles Journal" Bd. 64, p. 369. Die Art. 56—58 rühren von ihm her. Von den späteren wichtigen Ausführungen über die Singularitäten der algebraischen Kurven von Smith, Zeuthen, Stoltz etc. will ich noch

nennen das Mémoire von Halphen „Sur les points singuliers des courbes algébriques planes“ in t. 26 (N° 2) der „Mémoires des sav. étrang“.

8) S. 66, Art. 59—62. Für die Theorie der Polaren vergleiche man Grassmann „Theorie der Centralen“ im 24. Bd. von „Crelles Journal“ und Bobillier, „Théorèmes sur les polaires successives“ in „Gergonnes Annalen“ Bd. 19, p. 305. Von dem Letzteren rührt z. B. der Satz über die $(n-1)^2$ Pole einer Geraden her. Mit dem unendlich fernen Punkt der Axe y als Pol finden wir die Polaren der verschiedenen Ordnungen als Diameter bei Cramer (1750), wie schon die gerade Polare bei Newton. Vergl. Kap. IV, Note 21. Unter den neueren Darstellungen heben wir hervor den 2. Abschn. in Cremonas „Introduzione ad una Teoria geom. delle curve piane“.

9) S. 69, Art. 67. Nach Poncelet ist Waring der erste gewesen, der die Frage nach der Zahl von Tangenten untersucht hat, welche von einem Punkte aus an eine Kurve n^{ter} Ordnung gehen. („Miscellanea Analytica“ p. 100.) Poncelet selbst zeigte im 8. Bd. von „Gergonnes Annalen“ p. 213, dass die Berührungspunkte auf einer Kurve $(n-1)^{\text{ter}}$ Ordnung liegen und dass ihre Anzahl nicht grösser sein kann als $n(n-1)$. Daraus entsprang das Ponceletsche Paradoxon oder die Frage, wie die Reciproke der Reciproken einer Kurve n^{ter} Ordnung von der Ordnung

$$n(n-1)\{n(n-1)-1\}$$

auf die n^{te} Ordnung zurückkäme? oder, wie an die Reciproke einer Kurve n^{ter} Ordnung, obwohl dieselbe von der Ordnung $n(n-1)$ ist, nur n Tangenten von einem Punkte aus möglich sind? Plücker gab darauf zuerst die vollständige Antwort (vergl. „Crelles Journal“ Bd. 12, p. 107 von 1834; oder seine „Theorie der algebraischen Kurven“ 1839), indem er die Zahl der Wendepunkte direkt bestimmte und den Einfluss der Doppel- und Rückkehrpunkte feststellte; in Verbindung mit dem Prinzip der Dualität war damit die Gruppe der Plückerschen Gleichungen in Art. 81 begründet.

10) S. 72, Art. 70. Nach dem Vorschlage von Sylvester „On a theory of the syzygetic relations of two rational integral functions“ in „Philosoph. Transact.“ Bd. 143 p. 545.

11) ibid. Nach dem Vorschlage von Cremona in seiner „Introduzione“ p. 68. Steiner selbst brauchte den Namen Kernkurve. Siehe „Allgemeine Eigenschaften algebraischer Kurven“ „Crelles Journal“ Bd. 47, p. 1—6. Wir heben hervor, wie in den Definitionen der Hesseschen und der Steinerschen Kurve durch das eindeutige Entsprechen ihrer Punkte auf die birationalen Transformationen hingewiesen ist, die wir später entwickeln. Vergl. Clebsch „Über einige von Steiner behandelte Kurven“ in Bd. 64, p. 288 von „Crelles Journal“.

12) S. 75, Art. 74. Vergl. Hesse „Über die Wendepunkte der Kurven dritter Ordnung“ in „Crelles Journal“ Bd. 28, p. 104. Den Einfluss eines Rückkehrpunktes auf die Zahl der Inflexionen (Art. 77) bestimmte Cayley in „Recherches sur l'élimination et sur la théorie des courbes“ in „Crelles Journal“ Bd. 34, p. 43.

13) S. 83, Art. 81. Man vergleiche Plückers „Theorie der algebraischen Kurven“ 2. Abschn., insbesondere § 4. Für das Ponceletsche Paradoxon giebt Plücker hier das Beispiel einer Kurve siebenter Ordnung mit drei Doppelpunkten und vier Spitzen; sie ist von der Klasse 24 und hat 55 Inflexionen und 190 Doppeltangenten, aus denen 55 Spitzen und 190 Doppelpunkte der reciproken Kurve hervorgehen, deren Ordnung dadurch von 24. 23 oder 552 auf $552-2.\ 190-3.\ 55=552-545=7$

erniedrigt wird. Für eine elementare Ableitung der drei Hauptgleichungen siehe die Note nach 17 unten S. 492. — Die Bemerkung des Beisp. 2 ist auch von Malet gemacht worden.

14) S. 85, Art. 83. Der Satz über die Unveränderlichkeit des Geschlechts ist enthalten in Riemanns „Theorie der Abelschen Funktionen" § 12 („Crelles Journal" Bd. 54, p. 133. 1857); er ward aber erst durch Clebsch „Über die Singularitäten algebraischer Kurven" (ibid. Bd. 64, p. 98, 1864) für die Kurventheorie fruchtbar gemacht.

Der hier mitgeteilte Beweis ist zuerst von Bertini in „Battaglinis Giornale" Bd. 7, p. 105, bald nachher wesentlich gleichartig von Zeuthen in „Mathem. Annalen" Bd. 2, p. 150 gegeben worden. Zeuthen bewies in derselben Art die allgemeinere Relation

$$t - t' = 2\alpha'(D - 1) - 2\alpha(D' - 1)$$

für den Fall, dass α Punkte der Kurve S einem Punkte in S' und α' Punkte der Kurve S' einem Punkte der Kurve S entsprechen und dass t, t' die respektiven Anzahlen der Punkte bezeichnen, in welchen zwei von diesen α oder α' Punkten vereinigt sind.

Einen direkten Beweis für den Fall, wo die Kurven des einen Systems, die den geraden Linien des andern entsprechen, keine andern vielfachen Punkte als Doppelpunkte enthalten, findet man in Clebsch-Gordans „Theorie der Abelschen Funktionen" p. 54.

Zu Kap. III. S. 86—136.

Für Kap. III ist ein Manuskript von Cayley über die Enveloppen mit Einschluss der Theorie der Evoluten, Quasi-Evoluten und Parallelkurven benutzt worden.

15) S. 92, Art. 86. Vergl. die 3. Aufl. meiner Ausgabe von Salmons „Analyt. Geometrie des Raumes" Bd. 2, Art. 445, S. 595 In dem hier diskutierten Beispiele bestätigt

$$\delta + \varkappa = (n-2)\{2(n-3)+3\} = \tfrac{1}{2}\{2(n-1)-1\}\{2(n-1)-2\},$$

dass die Enveloppe von Geschlecht Null ist.

Art. 87—89, S. 92—95 rühren von Cayley her.

16) S. 97, Art. 91. Die Reciproke der Reciproken ist die ursprüngliche Kurve mit einem Faktor multipliziert, dessen Bedeutung Plücker nachgewiesen hat. Ersetzt man aber in der Gleichung der Reciproken die Variabeln durch die Differentialquotienten der Originalkurve, so ist auch dies Resultat durch die ursprüngliche Funktion teilbar und giebt das dualistisch entsprechende Resultat, dass die durch den andern Faktor dargestellte Kurve die dreifach zu rechnenden Wendepunkte und die Berührungspunkte der Doppeltangenten aus der ursprünglichen Kurve herausschneidet. Pasch hat dies in einer Note im 74. Bd., p. 92 von „Crelles Journal" algebraisch dargestellt. Vergleiche auch Cayleys Abhandlung zur Theorie der Doppeltangenten in „Philosophical Transactions" Bd. 149, p. 193.

17) S. 105, Art. 98. Wir citieren hier zur Vergleichung Bischoffs Abhandlung im 56. Bd. von „Crelles Journal" p. 166 und dazu Gundelfingers Durchführung einzelner unerledigt gebliebener Punkte ibid. Bd. 73, p. 171.

Zu Art. 109, S. 119 bezüglich der projektivisch allgemeinen Massbestimmung in der Ebene oder des absoluten Kegelschnittes (vergl. „Kegelschnitte" Art. 369 f.) verdanke ich Herrn Prof. Hemmig die folgende interessante Anwendung.

Die Verbindung der Kurve C mit ihrer Reciproken C_1 in Bezug auf den festen Kegelschnitt K liefert einen Ort (CC_1) der Schnittpunkte entsprechender Tangenten, d. h. von Tangenten, deren eine die Polare vom Berührungspunkt der andern in Bezug auf K ist, und eine Enveloppe $[CC_1]$ der Verbindungslinien entsprechender Punkte, der Berührungspunkte solcher Tangenten — zwei Kurven, die in Bezug auf K zu einander reciprok sind. Ordnung $\dot{\mu}$ und Klasse $\dot{\nu}$ der Ortskurve (CC_1) lassen sich aus ihrer Beziehung zum Kegelschnitt K bestimmen, die erste unmittelbar, die zweite bei Inbetrachtnahme einer unendlich kleinen Verrückung desselben in einen Kegelschnitt K^* unter Festhaltung von zwei Punkten auf ihm und ihrer Tangenten. Jeder Schnittpunkt des Kegelschnittes K mit der Kurve (CC_1) bedingt offenbar einen Schnittpunkt von K mit der einen oder der andern der Kurven C resp. C_1 und umgekehrt; die Anzahl der fraglichen Schnittpunkte ist daher gleich $2\mu + 2\nu$ und somit die Ordnung von (CC_1) $$\dot{\mu} = \mu + \nu.$$

In Bezug auf den Kegelschnitt K^* entspricht der Kurve C eine Reciproke $C_1{}^*$ und durch Verbindung mit dieser ein Ort der Schnittpunkte entsprechender Tangenten $(CC_1{}^*)$, welcher dem der ersten Lage von K entsprechenden Orte (CC_1) unendlich nahe liegt. Die $\dot{\mu}^2$ Schnittpunkte dieser beiden Kurven rühren her 1) von den ι Inflexionspunkten der gegebenen Kurve C, 2) von den 2μ Schnittpunkten zwischen C und K, 3) von den μ Schnittpunkten der Kurve C mit der Sehne der Berührungspunkte zwischen K und K^*, 4) von den $\dot{\mu}$ Schnittpunkten dieser Sehne mit der Kurve (CC_1), endlich 5) in Paaren von den $\dot{\delta}$ Doppelpunkten der Kurve (CC_1). Rückkehrpunkte besitzt die Kurve (CC_1) nicht, so lange die gegebene Kurve C nur einfache Singularitäten hat, und andere Schnittpunkte der Kurven (CC_1) und $(CC_1{}^*)$ als die angeführten giebt es nicht. Daher ist
$$\dot{\mu}^2 = \iota + 2\mu + \mu + \dot{\mu} + 2\dot{\delta} \quad \text{oder auch} \quad \dot{\mu}(\dot{\mu} - 1) - 2\dot{\delta} = \dot{\nu} = \iota + 3\mu.$$

Da aber bei der Erzeugung der Kurve (CC_1) die beiden Kurven C und C_1 genau in derselben Art zur Verwendung kommen, so erhält man offenbar auch $\dot{\nu} = \varkappa + 3\nu$ und daher durch Vergleichung beider Werte der Klasse von (CC_1) die dualistisch sich selbst entsprechende Plückersche Gleichung 7) auf S. 82
$$\iota + 3\mu = \varkappa + 3\nu \quad \text{oder} \quad \iota - \varkappa = 3(\nu - \mu).$$

Man sieht, dass diese elementare Ableitung der sich selbst entsprechenden Plückerschen Gleichung an der Einführung der allgemeinen sich selbst dualen Form des absoluten Kegelschnittes hängt.

Die beiden ersten Plückerschen Gleichungen (1, 4 auf S. 82 des Textes) kann man in der der Euklidischen Messung entsprechenden Degenerations-Form des Absoluten durch eine unendlich kleine Verschiebung begründen, wie im XIV. Bd. der „Mathem. Ann." p. 207f. von A. Beck gezeigt worden ist.

18) S. 124, Art. 115. Die Theorie der Brennlinien wurde zuerst aufgestellt von Tschirnhausen „Acta Eruditorum" 1682. Die in Art. 116 entwickelte Idee von Quetelet siehe zuerst in „Nouveaux Mémoires de l'académie de Bruxelles" Bd. 3 u. 5. Vergl. auch Cayleys „Memoir upon Caustics" im 147. Bd. der „Philosophical Transactions" p. 273, und Emil Weyr „Über die Identität der Brennlinien mit den Evoluten der Fusspunktkurven" in „Zeitschrift f. Mathem." 1869, p. 376 und „Konstruktion des Krümmungskreises für Fusspunktkurven" in „Wiener Berichte" 1869, p. 169.

19) S. 127, Art. 117, 2. Der mitgeteilte Beweis ist von Dr. Atkins.

20) S. 136, Art. 123. Für eine Lösung desselben Problems von A. Cayley vergleiche man die „Analyt. Geom. des Raumes“ Bd. 2, Art. 275.

Zu Kap. IV. S. 136—163.

21) S. 137, Art. 124. Der Satz ist von Newton zuerst gegeben in seiner „Enumeratio linearum tertii ordinis“.

22) S. 139, Art. 126. Carnot „Géométrie de position“ p. 437. Vergl. Plückers „System der analytischen Geometrie“ p. 44 f. Wir wollen anmerken, das der Satz von Carnot uns Mittel bietet zur Konstruktion des Krümmungskreises einer Kurve.

23) S. 142, Art. 128. In „Enumeratio linearum tertii ordinis“ 1706.

24) S. 146, Art. 132. Wir nennen hier die wichtige Abhandlung Steiners „Über solche algebraische Kurven, welche einen Mittelpunkt haben und über darauf bezügliche Eigenschaften allgemeiner Kurven sowie über geradlinige Transversalen der Letzteren“ im 47. Bd. von „Crelles Journal“ p. 7—108. Verschiedene Gruppen der Steinerschen Resultate sind abgeleitet in de Jonquières Abhandlung in Bd. 59, p. 313, und besonders in Güssfeldts Arbeit im 2. Bd. der „Mathem. Annalen“ p. 65—127. Für das auf Kurven dritter Ordnung Bezügliche vergl. Art. 171 f. des Textes.

25) S. 146, Art. 133. Cotes „Harmonia mensurarum“ 1722.

26) S. 149, Art. 137. Mac Laurin „De linearum geometricarum proprietatibus generalibus tractatus“; mit der 5. Ausgabe seiner Algebra veröffentlicht.

27) S. 151, Art. 138. Vergl. „Quetelet, Correspondence“ Bd. 6, p. 8.

28) S. 151, Art. 139. Vergl. Plücker in „Crelles Journal“ Bd. 10, p. 84.

Die Art. 138, 139, 151 rühren von Cayley her.

29) S. 163, Art. 147. Dieser Beweis des Miquelschen Satzes ist von Clifford gegeben worden. Vergl. „Messenger of Mathem.“ Bd. 5, p. 137, und „Educational Times“ December 1870. Die Reihe dieser Sätze ist unbegrenzt: Einem System von $2\mu+1$ Geraden entspricht in dieser Weise ein Kreis.

Zur analytischen Behandlung der Brennpunkte vergleiche man die Abhandlung von Siebeck im 64 Bd. von „Crelles Journal“ p. 178.

Zu Kap. V. S. 164—277.

30) S. 169, Art. 152. Mac Laurin „De linearum geometricarum etc.“ (Note 23). Eine französische Übersetzung des „Tractatus“ mit Noten und Zusätzen findet man in E. de Jonquières „Mélanges de géométrie pure“ 1856, p. 197—261.

Sylvesters Theorie der Reste ist dem Autor durch ein Manuskript von Cayley bekannt geworden. Man vergleiche Art. 348 f. im Text.

31) S. 179, Art. 162. Siehe „Cambridge and Dublin Mathem. Journal“ Bd. 6, p. 181 (1851). Das Kegelschnittbüschel $S-\lambda S'=0$ und das Strahlenbüschel $A-\lambda A'=0$ erzeugen die Kurve dritter Ordnung $A'S-AS'=0$ durch den Schnitt ihrer entsprechenden Elemente (vergl. Art. 155); daraus entspringt die Konstruktion der Kurve durch neun gegebene Punkte 1, 2, ... 9: Man legt durch 1, 2, 3, 4 die Kegelschnitte nach 5, 6, 7,

8, 9 und bestimmt einen Punkt P so, dass das Strahlenbüschel (P. 5 6 7 8 9) dem Büschel jener fünf Kegelschnitte projektivisch ist — als den vierten Schnittpunkt von zwei Kegelschnitten, wie leicht ersichtlich. Für 1, 2, ... 9 als Schnittpunkte zweier Kurven dritter Ordnung wird die Konstruktion unbestimmt, indem diese Kegelschnitte sich decken. Sind acht dieser Punkte gegeben, so bestimmen wir die Doppelverhältnisse der zwei Gruppen von vier Kegelschnitten 1 2 3 4 (5, 6, 7, 8) und 1 2 3 5 (4, 6, 7, 8) und dann den Punkt 9 so, dass die Strahlenbüschel 9 (5, 6, 7, 8) und 9 (4, 6, 7, 8) respektive die nämlichen Doppelverhältnisse haben, denn dann liegen 1, 2, 3, 4, 5 und 9 auf demselben Kegelschnitt.

Hart hat seiner linearen Konstruktion des neunten Schnittpunktes zweier Kurven dritter Ordnung im VI. Bd. des „Cambridge and Dublin Math. Journ.“ neuerlich (1879) im Bd. 26 der „Transact. of the R. Irish Acad.“ p. 449 eine entsprechende Berechnung seiner Koordinaten hinzugefügt.

Für die linearen Konstruktionen algebraischer Kurven überhaupt vergleiche man Chasles Abhandlungen in den „Comptes rendus“, Bd. 36, 37, 41, 45; und E. de Jonquières darauf gegründeten „Essai sur la génération des Courbes géométriques“ (1858) sowie die schon genannten „Mélanges“ von 1856, p. 182 f. Zu den allgemeinen Eigenschaften, auf denen sie beruhen, die Note von Olivier im 70. Bd. von „Crelles Journal“ p. 156.

Wenn man bei der Brennpunktkurve in Art. 165 den Brennpunkt der Parabel durch Kreise bestimmt denkt, so gelangt man zu ihrer Erzeugung als Ort der Schnittpunkte der Kreise eines Kreisbüschels mit ihren von einem Punkte ausgehenden Durchmessern. (Vergl. die 2. deutsche Ausg. der „Kegelschnitte“ p. 355, 397; dazu die Abhandlungen von Schröter und Durège in Bd. 5 und 6 der „Mathem. Annalen“, sowie Clebsch ibid. Bd. 5 in kurzer Zusammenfassung und im Vergleich mit der Erzeugung von Grassmann („Crelles Journal“ Bd. 52, p. 254): Ein Punkt bewegt sich so, dass seine Verbindungsgeraden mit drei festen Punkten A, B, C drei feste Gerade a, b, c resp. in Punkten einer geraden Linie schneiden.

32) S. 187, Art 168. Vergl. „Théorèmes sur les courbes de troisième degrés“ im 42. Bd. von „Crelles Journal“ p. 274 (1851). Zur algebraischen Entwicklung bemerken wir folgendes. Für

$$ax^4 + 6cx^2y^2 + ey^4 = 0$$

als die kanonische Form der biquadratischen Gleichung ist die Diskriminante $S^3 - 27T^2$ (vergl. „Vorlesungen“ Art. 207, Art. 210 f.) $ae(ac-9e^2)^2$, und da das Zeichen der Diskriminante durch lineare Transformationen nicht geändert wird, so sind notwendig das a und e der kanonischen Form bei positiver Diskriminante von gleichem und bei negativer von ungleichem Zeichen. Aber

$$ax^4 + 6cx^2y^2 + ey^4$$

zerfällt offenbar in Faktoren von der Form

$$(x^2 + \lambda y^2)(x^2 + \mu y^2) \quad \text{oder} \quad (x^2 - \lambda y^2)(x^2 - \mu y^2)$$

d. h. die biquadratische Gleichung hat entweder vier imaginäre oder vier reelle Wurzeln. Dagegen giebt die Zerfällung von

$$ax^4 + 6cx^2y^2 - ey^4 \quad \text{stets} \quad (x^2 + \lambda y^2)(x^2 - \mu y^2)$$

oder zwei reelle und zwei imaginäre Wurzeln. Dies letzte findet also immer statt, wenn $S^3 > 27T^2$ und das erste Entwederoder im entgegengesetzten Falle. Vergl. 230 des Textes. Cremona hat in einem

Beitrag zum 2. Bd. des „Giornale Battaglini" (1864) p. 78 diese charakteristischen Unterschiede zwischen den Formen der Kurven dritter Ordnung entwickelt.

Von der Erzeugung aus Kegelschnittbüschel und Strahlbüschel ausgehend hat neuestens R. Sturm die Konstanz des Doppelverhältnisses auch für die zweiteiligen Kurven und dazu die übrigen Haupteigenschaften der Kurven dritter Ordnung einfach geometrisch bewiesen im Bd. 90 p. 85 f. von „Crelles Journal". Analytisch kann man von dem in Art. 184 enthaltenen Satze ausgehen, dass die Berührungspunkte der Tangenten von einem Punkte der Kurve aus die Durchschnittspunkte seiner Polarkegelschnitte K_2 und H_2 in Bezug auf die Kurve und in Bezug auf ihre Hessesche Kurve sind (siehe auch Art. 236); indem man ihn mit dem andern verbindet, dass das Doppelverhältnis, welches in einem Punkte eines Kegelschnitts durch seine Schnittpunkte mit einem andern Kegelschnitt bestimmt wird, ein Verhältnis der Wurzeldifferenzen der kubischen Gleichung aus der Diskriminante ihres Büschels ist. Man findet für die Gleichungsform $x_1{}^3 + x_2{}^3 + x_3{}^3 + 6\,m x_1 x_2 x_3 = 0$ und den Punkt x_i', dessen Koordinaten sie befriedigen, zuerst, dass der Polarkegelschnitt K_2' desselben in Bezug auf das Fundamentaldreieck die fraglichen Punkte auch enthält, und sodann die Diskriminanten der bezeichneten Polarkegelschnitte K_2 und K_2' $\Delta = (1 + 8\,m^3)\,x_1' x_2' x_3'$, $\Delta' = 2\,x_1' x_2' x_3'$ und die Simultan-Invarianten derselben $\Theta = 18\,m^2 x_1' x_2' x_3'$, $\Theta' = 12\,m x_1' x_2' x_3'$, so dass die Gleichung der Diskriminante wird $\lambda^3(1+8\,m^3)+18\lambda^2 m^2+12\lambda m+2=0$, unabhängig von den Koordinaten x_i'. Die Gleichung, welche die Wurzeldifferenzen derselben liefert, wird als identisch mit der weiterhin (Art. 230) in anderer Art zu entwickelnden Bestimmungsgleichung gefunden.

33) S. 188, Art. 169. Die betreffenden Entwicklungen trug Dr. Hart zur ersten Originalausgabe dieses Werkes bei.

34) S. 190, Art 171. Es ist der 9. Satz des 3 Abschnittes des Tractatus.

35) S. 192, Art. 174. Die im Texte befolgte Beweismethode ist von Dr. Hart. Der wichtige Satz rührt von Hesse her, welcher zeigte, dass für $U = 0$ als Gleichung einer Kurve dritter Ordnung und $H = 0$ als ihre Inflexionsdeterminante (Art. 70) für alle Kurven des Büschels $a\,U + b\,H = 0$ die Inflexionsdeterminante in der gleichen Form ausdrückbar ist. Siehe „Über die Wendepunkte der Kurven dritter Ordnung" in „Crelles Journal" B. 28, p. 104 (1844).

Der Satz über die Gruppierung der Inflexionspunkte in Art. 175 ist ebenfalls von Hesse gegeben; siehe „Eigenschaften der Wendepunkte der Kurven dritter Ordnung" in „Crelles Journal" Bd. 38, p. 257.

36) S. 195, Art. 178. Cayley selbst bezeichnete sie mit dem Buchstaben P und nannte sie die Pippian. Vergl. seine wichtige Abhandlung „A Memoir on Curves of the third order" im 147. Bd. der „Philosophical Transactions" p. 415—446 (1857) und dazu die Vorläufer derselben „Mémoire sur les Courbes du troisième ordre" und „Nouvelles Remarques sur les Courbes du troisième ordre" im 9. und 10. Bd. von „Liouvilles Journal" (1844—1845).

37) S. 210, Art. 194. Für eine vollständigere Entwicklung dieser Theorie sehe man Cayleys Abhandlungen „On a case of the involution of cubic curves" und „On the classification of cubic curves" in „Transactions of Cambridge Philosoph. Society" Bd. 11, p. 89—128.

38) S. 213, Art. 197. Newton „Enumeratio linearum tertii ordinis" (1706), p. 19.

39) S. 214, Art. 198. Chasles (Deutsche Ausgabe des „Aperçu historique"). „Geschichte der Geometrie" p. 143 und Note XX, p. 367.

40) S. 222, Art. 206. Newton benannte die erste als inscribed, die zweite circumscribed und die dritte ambigenous hyberbola.

41) S. 228, Art. 211. Die Newtonsche Klassifikation ist in der unter 37) citierten Abhandlung Cayleys neuerdings gründlich dargestellt und namentlich auch mit Plückers Gruppeneinteilung verglichen worden.

42) S. 231, Art. 212. Wir nennen als von selbständiger Bedeutung in der Reihe der Klassifikationen die Abhandlung von G. Bellavitis „Sulla classificazione delle curve del terzo ordine" im 25. Bd. (2. Tl.) der Abhandlungen der „Società italiana delle scienze residente in Modena" 1851, und Möbius „Über die Grundformen der Linien der dritten Ordnung" in den „Abhandlungen der k. Sächs. Gesellschaft der Wissenschaften" eine Begründung der übersichtlichen Einteilung Salmons — obwohl aus demselben Jahre — aus der Natur einfacher Lagenverhältnisse. Vergl. zu derselben Cayleys Abhandlung „On cubic cones and curves" in „Transactions of Cambridge Philosoph. Society" Bd. 11, p. 129—144 (1865). Neuestens „Crelles Journ." Bd. 75, p. 153 und Bd. 76, p. 59 Durège „Über die Formen der Kurven dritter Ordnung".

43) S. 237, Art. 215. S. Lardners „Algebraic Geometry" p. 196, 472.

44) S. 239, Art. 216. Ausführungen in einer Abhandlung von Durège im 1. Bd. der „Mathem. Annalen" p. 509.

45) S. 243, Art. 218. Weitere Ausführungen der entwickelten Methode findet man in den „Mathem. Annalen" Bd. 6 von Igel und ebenda Bd. 2 von Haase; auch in der Dissertation von Rosenow (Breslau 1873) „Die Kurven dritter Ordnung mit einem Doppelpunkt".

46) S. 243, Art. 218. Siehe Clebsch Abhandlung in Bd. 64, p. 43 von „Crelles Journal".

47) S. 244, Art. 219. In den Abhandlungen von Cayley sind die Koefficienten von y^2z, z^2x, x^2y, yz^2, zx^2, xy^2 respektive durch f, g, h, i, j, k bezeichnet, in neueren deutschen Arbeiten ist die Indicesbezeichnung bei den Variabeln und den Koefficienten konsequent durchgeführt, so dass die in Rede stehenden heissen

$$a_{223}, a_{331}, a_{112}, a_{233}, a_{311}, a_{122}.$$

Jenes ist kürzer, dieses bezeichnet ohne Belastung des Gedächtnisses den Platz jedes Koefficienten im entwickelten Ausdruck der Funktion. Für unsern Text erschien ein Mittelweg empfehlenswert; die gewählte Bezeichnung stimmt für die hervorgehobenen Glieder mit der der deutschen Arbeiten überein, wenn man a_{11}, a_{22}, a_{33} durch a, b, c ersetzt und den dritten Index anhängt; und die Koefficienten von x_1^3, x_2^3, x_3^3 lassen sich nach demselben Princip durch a_1, b_2, c_3 oder zu noch weiterer Verkürzung durch a, b, c darstellen.

48) S. 247, Art. 221. In der That sind die Methoden von Aronhold und von Cayley nicht im Wesen, sondern nur in der Ausdrucksform verschieden. Wir wollen dies hier kurz ausführen. Wenn die ternären Funktionen dritten, vierten etc. Grades durch

$$\Sigma a_{ikl} x_i x_k x_l, \quad \Sigma a_{iklm} x_i x_k x_l x_m$$

etc. bezeichnet werden, wo i, k, l, m alle Werte 1, 2, 3 erhalten, so dass wegen $a_{iik} = a_{iki} = a_{kii}$ die Funktion mit den numerischen Koefficienten des Binominaltheorems erscheint, so kann man mit Aronhold und

Clebsch sie als die Potenz des linearen Polynoms $(a_1 x_1 + a_2 x_2 + \ldots)^n$ symbolisch darstellen; symbolisch in dem Sinne, dass nach der Entwicklung die Produkte $a_i a_k a$ etc. durch die a_{ikl} etc. ersetzt werden. Dieselbe kubische Form kann aber gleichmässig auch durch

$$(b_1 x_1 + b_2 x_2 + b_3 x_3)^3, \quad (c_1 x_1 + c_2 x_2 + c_3 x_3)^3$$

etc. ausgedrückt werden, wenn man für die $b_1 b_1 b_1$, $c_1 c_1 c_2$ etc. ebenfalls die a_{111}, a_{112} etc. nach der Entwicklung substituiert. Nun geht die Regel zur Bildung von Invarianten von Aronhold dahin, dass man das Produkt einer Anzahl von Determinanten bilde, deren Elemente die Zeichen a_1, a_2, a_3; b_1, b_2, etc. sind, und nach der Multiplikation für die $a_i a_k a_l$, $b_m b_n b_p$ etc. die Koefficienten a_{ikl}, a_{mnp} etc. einsetze; so bildete er zuerst die Fundamental-Invariante S der ternären kubischen Form durch das Produkt der vier Determinanten

$$\Sigma \pm a_1 b_2 c_3, \quad \Sigma \pm b_1 c_2 d_3, \quad \Sigma \pm c_1 d_2 a_3, \quad \Sigma \pm d_1 a_2 b_3.$$

Nach der Cayleyschen Bezeichnung muss aber diese Invariante in der That durch das Symbol **123 . 234 . 341 . 412** bezeichnet werden. Denn nach dem Theoreme von den homogenen Funktionen ist für eine Form u vom Grade n die Funktion

$$\left(x_1 \frac{d}{dx_1} + x_2 \frac{d}{dx_2} + x_3 \frac{d}{dx_2}\right)^n u$$

von u selbst nur durch einen numerischen Faktor verschieden, so dass für die Symbolform $(a_1 x_1 + a_2 x_2 + a_3 x_3)^n$ die a nur durch einen numerischen Faktor von den Differentialsymbolen $\frac{d}{dx_i}$ verschieden sind; und somit dieselben Resultate erhalten werden müssen, wenn wir mit Cayley Determinanten aus den Elementen $\frac{d}{dx_i}$ oder wenn wir mit Aronhold solche aus den a_i bilden. In beiden Methoden wird auch von demselben Kunstgriff Gebrauch gemacht. Wenn mit dem Produkt einer Anzahl von Differentialsymbolen

$$\left(\frac{d}{dx} + \lambda \frac{d}{dy}\right)\left(\frac{d}{dx} + \mu \frac{d}{dy}\right) \text{ etc.}$$

an der Funktion U operiert wird, so ist das Resultat eine lineare Funktion der Differentiale von U von einer der Zahl der Faktoren gleichen Ordnung; wird also für eine Funktion der symbolische Ausdruck erfordert, welche Potenzen der Differentialkoefficienten enthält, so bildet man nach Cayley zuerst mit verschiedenen Reihen von Veränderlichen eine Funktion wie

$$\left(\frac{d}{dx_1} + \lambda \frac{d}{dy_1}\right)\left(\frac{d}{dx_2} + \mu \frac{d}{dy_2}\right) U_1 U_2$$

und macht nach der Differentiation die Veränderlichen identisch. Dies entspricht offenbar genau den Aronholdschen Reihen der a_i, b_i, etc. Für den Beweis, dass jede Invariante in solcher Weise ausgedrückt werden kann, darf hier auf die Quellen verwiesen werden.

49) S. 249, Art. 222. Der Beweis für binäre Formen kann wie folgt geführt werden. Wir denken durch lineare Transformation die biquadratische Form in $x^4 + 6mx^2y^2 + y^4$ übergeführt und bemerken zuerst, dass jede Invariante, welche für $m = 0$ verschwindet, auch für $m = \pm 1$ verschwinden muss. Denn das Binom $x^4 + y^4$ wird durch Überführung von x und y in $x + y$ und $x - y$ in $x^4 + 6x^2y^2 + y^4$ und durch die von x und y in $x + yi$, $x - yi$ in $x^4 - 6x^2y^2 + y^4$ umgeformt, so dass, wenn m ein

Faktor einer Invariante ist, auch $(m^2 - 1)$ ein solcher sein muss und also die Invariante mit $(m - m^3)$ oder mit T teilbar wird. Ist dann eine Invariante in Funktion der allgemeinen Koefficienten a, b, c, d, e ausgedrückt, so muss sie, falls sie nicht für $b = 0$, $c = 0$, $d = 0$ verschwindet, sich auf eine Potenz von ae reduzieren, weil sie eine symmetrische Funktion von a und e sein muss und nach dem Gesetze vom gleichen Gewicht aller Glieder sich nicht auf die Form $a^k + e^k$ reduzieren kann. Ist nun der so bleibende Teil $a^k e^k$, so subtrahieren wir von der gegebenen Invariante S^k oder

$$(ae - 4bd - 3c^2)^k,$$

so muss der Rest für $b = 0$, $c = 0$, $d = 0$ notwendig verschwinden oder für die kanonische Form mit $m = 0$ stets Null werden, er muss also nach dem Vorigen durch T teilbar sein oder die Invariante muss von der Form $S^k + T\varphi$ sein. In derselben Weise zeigt man nun, dass φ von der Form $S^{k'} + T\psi$ ist u. s. w., so dass durch Wiederholung des Verfahrens die Invariante mittelst der Fundamental-Invarianten S und T rational ausgedrückt werden kann.

50) S. 254, Art. 226. In der ersten Ausgabe wurde dies durch direkte Berechnung bewiesen und so die Werte von S und T gebildet.

51) S. 255, Art. 228. Vergl. Todhunters „Theory of Equations" 13. Kap., p. 104 f. Zu der hier gegebenen Darstellung der Reduktion auf die kanonische Form kann man vergleichen die Darstellungen derselben, welche Clebsch und Gundelfinger in Bd. 2, p. 382 und Bd. 5, p. 442 der „Mathem. Annalen" gegeben haben.

52) S. 263, Art. 233. Die schiefe Invariante der Funktionen fünften Grades von Hermite ist als Resultante der kanonischen Form $ax^5 + by^5 + cz^5$ mit $x + y + z = 0$ und ihrer Kanonizante $abcxyz$ von der achtzehnten Ordnung; denn die Substitution der drei Wurzeln der letztern in die erste und die Multiplikation der Resultate mit einander giebt

$$a^5 b^5 c^5 (b - c)(c - a)(a - b).$$

Dieselbe ist vom Verfasser in den „Philosoph. Transactions" von 1858, p. 455 in vollständiger Berechnung mitgeteilt worden. (Abgekürzt in „Vorlesungen" Art. 229, p. 295—300.) Ihr Quadrat ist in den Fundamental-Invarianten von der vierten, achten und zwölften Ordnung rational ausdrückbar.

53) S. 265, Art. 233, 3. Über die neunpunktige Berührung der Kurven dritter Ordnung hat zuerst (Abh. v. Juni 1858) der Verfasser gehandelt, von da stammt die Darstellung des Gesamtortes in Kovarianten; über die Zerlegung in lineare Faktoren und die Realität handelte neuerlich (Bd. 25 der „Transact. of the R. Irish Acad. p. 559) A. S. Hart. Für eine weiterführende Auffassung vergl. Halphens „Recherches" in Bd. 15 der „Mathem. Annalen" p. 359.

54) S. 270, Art. 237. Vergl. des Verfassers Abhandlung in „Philosophical Transactions" 1858 p. 535.

55) S. 274, Art. 240. Für die übrigen Kovarianten und Kontravarianten der in dieser Form geschriebenen Gleichung siehe „Philosophical Transactions" 1860, p. 252. Einige Bemerkungen über die Art der Bildung der Invarianten etc. für die mit einer additionellen mit den ursprünglichen durch eine lineare Relation verbundenen Variabeln, findet man im 2. Bd. der „Analyt. Geom. des Raumes" in dem von den Invarianten der Flächen dritter Ordnung handelnden Kapitel.

Hier sei noch angemerkt, wie die Reduktion der allgemeinen Gleichung auf die Summe von vier Kuben geschehen kann. Zuerst von einer willkürlich gewählten Geraden aus als erste der vier Fundamentallinien, indem man als die drei andern die Diagonalen des Vierecks der Grundpunkte hinzufügt, welches die ersten Polaren des Kegelschnitt-Büschels ihrer Punkte bilden. Diese drei sind auch die Seiten des der Hesseschen Kurve der gegebenen eingeschriebenen Dreiecks, welche jene der angenommenen Geraden zu ihren dritten Schnittpunkten haben. Und wie Walker in Bd. 10 der „Proceedings of the London Math. Soc." pag. 182 bemerkt hat, die drei Schnittpunkte einer beliebigen Geraden mit der Hesseschen Kurve liegen mit ihren konjugierten Polen (Art. 176) viermal zu drei in geraden Linien, welche die vier Fundamentallinien der betrachteten Gleichungsform sind.

Einfache Ausdrücke für die Formen des Systems liefert die Annahme, dass in der allgemeinen Gleichung des Art. 219 die Koefficienten a_2, a_3, b, b_1, c_2 verschwinden.

56) S. 277, Art. 243. Zur allgemeinen Theorie der ternären kubischen Formen sind die Abhandlungen von Aronhold in den Bänden 39 (p. 140) und 55 (p. 97) (1850 und 1858) und Cayleys „Third and Seventh Memoirs on Quantics" in den „Philosophical Transactions" von 1856 und 1861, und von Clebsch und Gordan im 1. Bd. der „Mathem. Annalen" p. 56, 1869, endlich von Gundelfinger im 4. Bd. derselben Annalen (p. 144) und Bd. 8 (p. 136) zu Rate zu ziehen. Gundelfinger giebt die vierunddreissig Formen, welche das System der Konkomitanten der ternären kubischen Form bilden, nach der Theorie von Gordan („Mathem. Annalen" Bd. 1, p. 90). Wir verweisen auch auf Clebschs Abhandlung über eine Klasse von Eliminationsproblemen und zur Theorie der Polaren in Bd. 58 von „Crelles Journal" p. 273, besonders p. 284 und 291.

Die Ausartungen der Kurven dritter Ordnung — die aus Kegelschnitt und Gerade bestehenden und die aus drei Geraden — sind von Gordan und von Gundelfinger in den „Mathem. Annalen" respektive Bd. 3, p. 631 und Bd. 4, p. 561 algebraisch behandelt worden.

Die Klassifikation lässt sich in den Sätzen resumieren: Die Kurve ist zweiteilig und nicht singulär oder einteilig und nicht singulär, je nachdem die Diskriminante negativ oder positiv ist; sie hat bei verschwindender Diskriminante einen isolierten Punkt, einen Knoten oder einen Rückkehrpunkt, je nachdem T positiv, negativ oder Null ist. Je nachdem die Reciprokalform negativ, positiv oder Null ist, hat die Kurve mit der dritten Fundamentallinie oder der unendlich fernen Geraden drei reelle Punkte, einen reellen Punkt oder einen reellen Punkt und zwei zusammenfallende Punkte gemein; sie fallen alle drei zusammen, wenn zugleich T verschwindet. Wenn zugleich H, S, T verschwinden, so ist die Kurve in ein Büschel von drei Geraden und für H als vollkommenen Kubus bei verschwindenden S und T in einen Kegelschnitt und seine Tangente degeneriert. (Vergl. Art. 245, 1.)

Zu Kap. VI. S. 278—360.

57) S. 280, Art. 244 ist wesentlich Beitrag von Prof. Cayley.

58) S. 285, Art. 247. Die Abhandlung von Zeuthen steht in Bd. 7 der „Mathem. Annalen" p. 410—432 mit 2 Taf. Klein hat seine Sätze über die Realitätsverhältnisse der Doppeltangenten und Inflexionen auf Kurven n^{ter} Ordnung erweitert. Über die Vielteiligkeit der algebraischen Kurven handelte Harnack in Bd. 10 der „Mathem. Annalen" p. 189f. Ein einfaches Beispiel einer Kurve vierter Ordnung mit zwei Teilen von ungerader Ordnung ist $(x_1^2 - x_3^2)(x_2^2 + x_3^2) - k x_1 x_2 x_3 = 0$ oder mit $x_3 = 0$ als der unendlich fernen Geraden $(x^2 - 1)(y^2 + 1) - kxy = 0$. In ihr ist $x_3 = 0$, $x_1 = 0$ der reelle Durchschnitt beider Teile und $x_3 = 0$, $x_2 = 0$ ein isolierter Punkt.

59) S. 299, Art. 256. Für die Theorie der Doppeltangenten der Kurven vierter Ordnung hat dem Verfasser ein Manuskript von Cayley zu Gebote gestanden.

Plücker hat zuerst die Möglichkeit bemerkt, die Gleichung einer Kurve vierter Ordnung auf die Form $wxyz = V^2$ zu bringen; indem er aber als allgemeingiltig ansah, dass die sechs Berührungspunkte von je drei Doppeltangenten in einem Kegelschnitt liegen, gelangte er zu einem irrigen Schluss über die Gesamtzahl der Kegelschnitte, welche durch acht Berührungspunkte von Doppeltangenten hindurch gehen. Siehe „Theorie der algebraischen Kurven" p. 245 f.

60) S. 303, Art. 260. Hesse „Über die Doppeltangenten der Kurven vierter Ordnung" „Crelles Journal" Bd. 59, p. 243 (1855), und vorher Bd. 55, p. 83 und Bd. 49; Cayley ibid. Bd. 68, p. 176; neuestens Bd. 87, p. 190. Im Anschluss an Zeuthens unter 58) citierte Abhandlung hat die Verteilung der Doppeltangenten auf die Systeme der vierfach berührenden Kegelschnitte und ihre Realität neuerlich untersucht C. Crone im 12. Bd. der „Mathem. Annalen" p. 561 f.

61) S. 303, Art. 260. Eine von der Hesseschen abweichende Methode der Verbindung der Theorie der achtundzwanzig Doppeltangenten mit der Geometrie von drei Dimensionen hat Geiser im 1. Bd. der „Mathem. Annalen p. 129 gegeben: Von einem Punkte der Fläche dritten Grades geht ein allgemeiner Berührungskegel vierter Ordnung an dieselbe, dessen achtundzwanzig Doppeltangentialebenen aus der Tangentialebene der Fläche im Scheitel und den siebenundzwanzig Ebenen bestehen, welche ihn mit den siebenundzwanzig geraden Linien der Fläche verbinden. Vergl. auch Bd. 72 von „Crelles Journal" speziell hierzu p. 376.

Zeuthen hat in der unter 58) citierten Abhandlung nachgewiesen, dass seine Klassifikation der Kurven vierter Ordnung in Bezug auf die Realität ihrer Doppeltangenten auf einem andern Wege zu den Resultaten von Schläfli über die Klassifikation der Flächen dritter Ordnung bezüglich der Realität ihrer geraden Linien führt.

62) S. 305, Art. 263. Die Gruppe der Heptaden der Doppeltangenten stammt aus H. Webers „Theorie der Abelschen Funktionen vom Geschlecht 3", Berlin 1876; sie enspricht den „vollständigen Systemen ungerader Charakteristiken der Abelschen Funktionen" (p. 25, p. 83 a. a. O.). Solche Heptaden sind die unabhängigen Doppeltangentengruppen der folgenden Aronholdschen Untersuchung. Zum Ganzen vergleiche man dort die tabellarische Zusammenstellung auf p. 100 und 101 a. a. O.

63) S. 307, Art 264. Vergleiche seine Abhandlung „Über den gegenseitigen Zusammenhang der 28 Doppeltangenten einer allgemeinen Kurve vierten Grades" in den „Berliner Monatsberichten" von 1864, p. 499.

Wir wollen noch anmerken, dass die Aufgabe, die Doppeltangenten einer Kurve vierter Ordnung zu bestimmen, auch algebraisch lösbar werden kann und dass ein solcher Fall neuestens in der Dissertation von U. Aeschlimann (Zürich 1880) „Zur Theorie der ebenen Kurven vierter Ordnung" ausgeführt worden ist. Es ist die Kurve aus dem von Steiner im 55. Bd. des Crelleschen Journals gegebenen Satze: Jede Schar von unter sich ähnlichen und einem gegebenen Dreiseit eingeschriebenen Kegelschnitten hat ihre Mittelpunkte in einer Kurve vierter Ordnung, die für das Axenverhältnis Null der Kegelschnitte in die Dreieckseiten und die unendlich ferne Gerade, und für das Axenverhältnis i in den doppeltzählenden Kreis übergeht, der das Dreieck zum Tripel harmonischer Pole hat. Sie hat auch lauter reelle Doppeltangenten, wenn die Kegelschnitte Ellipsen sind.

64) S. 316, Art. 270. Vergleiche jedoch die Noten von Brioschi und Cremona in Bd. 4 der „Mathem. Annalen" p. 95 und p. 99. Die 16 Doppeltangenten der Kurve erkennt man nach der Methode von Geiser durch die Voraussetzung, dass das Projektionscentrum in einer der 27 Geraden der Fläche liegt; der Durchstosspunkt derselben in der Projektionsebene ist der Doppelpunkt, die Spuren der beiden Ebenen durch die Gerade, deren Kegelschnitte sie berühren, geben die Tangenten der Umrisskurve im Knotenpunkt; die Spuren der fünf dreifach berührenden Ebenen durch die Gerade und der Tangentialebene der Fläche im Projektionscentrum liefern die von ihm ausgehenden Tangenten der Kurve. Die 16 von der gewählten Geraden nicht geschnittenen Geraden der Fläche bezeichnen durch ihre Bilder die Doppeltangenten der Umrisskurve. Siehe auch eine Abhandlung von Brill im 6. Bd. der „Mathem. Annalen" p. 66.

65) S. 316, Art. 270. Vergleiche Caseys Abhandlung „On bicircular Quartics" in den „Transactions of the Royal Irish Academy" Bd. 24, p. 457 (1869), und Siebecks „Über eine Gattung von Kurven vierten Grades, welche mit den elliptischen Funktionen zusammenhängen" im 57. und 59. Bd. von „Crelles Journal", p. 359 und 173 respektive (1860).

Von Casey ist in einer Abhandlung in den „Phil. Transact. of the R. Soc." Bd. 167, II. p. 367 (insbesondere p. 432 f.) nachgewiesen worden, dass die Rektifikation der bicirkularen Kurven vierter Ordnung wie die der Cartesischen Ovale von elliptischen Integralen abhängt. Siehe auch die a. a. O. p. 441—460 angeschlossene Abhandlung von Cayley.

66) S. 316, Art. 270. Man sehe Chasles „Aperçu historique" p. 369 der deutschen Ausgabe; Quetelet „Nouveaux Mémoires de Bruxelles" Bd. 5; Cayley im 15. Bd. von „Liouvilles Journal" p. 354.

67) S. 318, Art. 272. In der That ward dieser von Dr. Hart herrührende Satz die Quelle für den allgemeineren des Art. 271. Der für diesen gegebene Beweis ist im wesentlichen identisch mit dem von Cayley in der Abhandlung „On polyzomal Curves" in den „Edinburgh Transaction" für 1859 mitgeteilten.

Neuestens wurden in der Dissertation von Staude „Über lineare Gleichungen zwischen elliptischen Koordinaten" (Leipzig 1881) die bicirkularen Kurven vierter Ordnung als durch die bilineare Gleichung mit Bezug auf das Koordinatensystem der Konfokalen ausgedrückt untersucht, welche früher nur für das Cassinische Oval durch W. Roberts angegeben war.

68) S. 320, Art. 274. Dies bewies Dr. Casey.

Den vier Arten der Erzeugung der bicirkularen Kurve vierter Ordnung aus Fokalkegelschnitt und Orthogonalkreis (Art. 276), wobei das gemeinsame Tripel harmonischer Pole von Kreis und Kegelschnitt einer jeden die Centra der Kreise der drei andern bildet, entsprechen folgende Unterscheidungen, die man mittelst Flächenkoordinaten (Art. 9) untersucht. (Vergl. H. Hart im 11. Bd. der „Proceedings of the London Math. Soc." p. 143) Von den vier Kegelschnitten sind drei Ellipsen und der vierte ist eine Hyperbel oder umgekehrt; der von den drei andern verschiedene Kegelschnitt schneidet den zugehörigen Kreis; je nachdem er eine Ellipse oder eine Hyperbel ist, sind die Ovale der Kurve äusserlich zu einander oder nicht. In dem besondern Falle der cirkularen Kurve dritter Ordnung, wo die vier Kegelschnitte Parabeln sind, sind drei derselben nach der nämlichen Seite offen und werden von der vierten entgegengesetzt geöffneten reell geschnitten.

Als Centralprojektionen der Grundkurve eines Büschels von Flächen zweiten Grades sind die Kurven vierter Ordnung mit zwei Doppelpunkten von Zeuthen untersucht worden; siehe „Overs. over d. k. D. Vidensk. Selsk. Forhandl.“ p. 89 f. Kopenhagen 1879. Vergl. des Herausgebers „Darstellende Geometrie in organischer Verbindung mit der Geometrie der Lage“ 2. Aufl., Art. 79, 85, 86.

69) S. 334, Art. 283. Vergleiche Steiners „Geometrische Lehrsätze“ im Bd. 32 von „Crelles Journal“ p. 184 (1846).

Dieser und die folgenden Artikel bis mit Art. 290, S. 324 wesentlich nach einem Manuskript von Cayley.

70) S. 335, Art. 284. Die Serretsche Substitution.

71) S. 341, Art. 287. Vergl. hierzu eine Abhandlung von Malet in Bd. 26 der „Transact. of the R. Irish Acad.“ p. 431. Die sieben Systeme vierfach berührender Kegelschnitte hat mit Ausartungen biquadratischer Involutionen auf der Kurve ebenso wie früher die dreifach berührenden Kegelschnitte der rationalen Kurve dritter Ordnung mit der quadratischen Involution in ihr in Verbindung gebracht Em. Weyr in den „Sitzungsb. d. k. Akad. der Wissensch. zu Wien“ 1881, resp. 1879.

Ibid. 1875 siehe eine mit unserer Darstellung verwandte Untersuchung über die Doppeltangenten der Kurve von Durège und 1879 eine Diskussion ihrer Formen von Bobek.

72) S. 349, Art. 292. Für die rationalen Kurven vierter Ordnung sind besonders zu studieren die Abhandlung von Brill im 12. Bd. der „Mathem. Annalen“ p. 90, welche besonders auch die Untersuchung der Wendepunkte und des sie enthaltenden Kegelschnittes giebt und die Dissertation von Bretschneider (Erlangen 1875) „Über Kurven vierter Ordnung mit drei Doppelpunkten“.

73) S. 351, Art 295. Diese Klasse von Kurven vierter Ordnung ist von Lüroth betrachtet worden im Bd. 1 der „Mathem. Annalen“ p. 37. Vergleiche die Abhandlung von Clebsch „Über Kurven vierter Ordnung“ im Bd. 59, p. 125 von „Crelles Journal“. Siehe auch Note 26) im 1. Bd. der „Analyt. Geom. des Raumes“ (3. Aufl., p. XV). Für die Darstellung durch sechs Biquadrate sehe man die Arbeiten von Reye in Bd. 78 von „Crelles Journal“.

74) S. 359, Art. 303. Die Werte dieser und der beiden nächstfolgenden Invarianten sind von Walker für den Verfasser berechnet worden. Siehe auch G. Maisano im 19. Bd. von „Battaglinis Giornale“.

Zu Kap. VII. S. 361—382.

75) S. 364, Art. 305. Die Eigenschaften der Cykloide wurden während der ersten Hälfte des 17. Jahrh. von den hervorragendsten Mathematikern vielfach studiert. Mersenne lenkte zuerst die Aufmarksamkeit auf sie, aber auch Galilei scheint unabhängig ihre Verzeichnung erdacht zu haben. Galilei verglich, nachdem es ihm nicht gelungen war, die Quadratur der Kurve geometrisch zu entwickeln, ihre Fläche mit der des erzeugenden Kreises und kam zu dem Schluss, dass sie nahe aber nicht genau das Dreifache der letzteren sei. Das Problem der Quadratur wurde dann durch Roberval 1634 direkt gelöst; die Methode der Tangentenbestimmung durch Descartes, die Rektifikation durch Wren, die Evolute durch Huyghens und verschiedene andere wichtige Eigenschaften durch Pascal entdeckt.

76) S. 366, Art. 307. Siehe Euler „De duplici genesi Epicycloidum“ „Acta Petrop.“ 1784.

77) S. 371, Art. 311, 5. Man vergleiche die Abhandlungen von Cremona und Clebsch im Bd. 64 von „Crelles Journal“ p. 102 und p. 124; dazu Siebeck „Über die Erzeugung der Kurven dritter Klasse und vierter Ordnung durch Bewegung eines Punktes“ ibid. Bd. 66, p. 344. Die Steinerschen Sätze findet man im 53. Bd. desselben Journals p. 231. Über algebraische Cykloiden haben neuerlich gehandelt Roberts und E. Holst; siehe „Proceedings of the Lond. Math. Soc.“ IV; resp. „Archiv for Math. og Naturv.“ von Kristiania.

78) S. 372, Art. 312. Die Erfindung der Epicykloiden wird dem dänischen Astronomen Roemer beigelegt, der 1674 veranlasst war, diese Kurven bei Untersuchung der besten Form der Zähne gezahnter Räder zu betrachten. Ihre Rektifikation wurde durch Newton im 1. Buche seiner „Principia“ Prop. 49 gegeben.

79) S. 373, Art. 313. Siehe „Liouvilles Journal“ Bd. 10, p. 150. Vergleiche hierzu die Note von Hennig im 65. Bd. von „Crelles Journal“ p. 52 unter Rücksicht auf die Schlussnotiz des 66. Bd. desselben Journals.

80) S. 375, Art. 315. Die hier angewendete Erläuterung rührt von Dr. Hart her. Ihr steht die Auffassung von e^x als der durch $1 + \frac{x}{1} + \frac{x^2}{1 \cdot 2} + \frac{x^3}{1 \cdot 2 \cdot 3} + \ldots$ definierten einwertigen Funktionen gegenüber.

81) S. 377, Art. 317. Die Gleichgewichtsform eines biegsamen Fadens wurde zuerst von Galilei untersucht, der die Kurve für eine Parabel ansah. Ein deutscher Geometer Joachim Jungius zeigte 1669 experimentell, dass dies ein Irrtum war; die wahre Form der Kettenlinie entdeckte aber erst 1691 Jakob Bernoulli. Eine beachtenswerte Arbeit von Wallace über dieselbe findet man im 14. Bd. der „Edinburgh Transactions“ p. 625.

82) S. 378, Art. 319. Siehe Bouguer in „Mémoires de l'Academie“ 1732, „Correspondence sur l'école polyt.“ Bd. 2, p. 275; St. Laurent in „Gergonnes Annalen“ Bd. 10, p. 145.

83) S. 381, Art. 322. Vergleiche Cotes „Harmonia mensurarum“ p. 85 (1722).

84) S. 382, Art. 323. Die logarithmische Spirale ist durch Descartes erdacht und einige ihrer Eigenschaften sind durch ihn entdeckt worden. Die im Texte hervorgehobenen Sätze über die verschiedenen Arten der Selbstreproduktion der Kurve fand Jakob Bernoulli und sie erregten seine Bewunderung. Diese Selbstreproduktionen geben Anlass zu der Bemerkung, dass die Lehre von den geschlossenen Systemen von einfach unendlich vielen vertauschbaren linearen Transformationen — siehe F. Klein und S. Lie in Bd. 4 der „Mathem. Annalen“ p. 50 f. — neue Gesichtspunkte über transcendente Kurven und ihre Zusammenhänge eröffnet hat. (Vergl. Art. 330, 332.)

Zu Kap. VIII. S. 383—431.

85) S. 383, Art. 324. Es ist die Steinersche Projektion — vergleiche Steiner „Systemat. Entwicklung der Abhäng. geometr. Gestalten von einander“ (1832) p. 251 f. —, dazu Magnus vorhergegangene Arbeit im 8. Bd. von „Crelles Journal“ p. 51, sowie dessen Aufgaben und Lehrsätze, p. 229 f. Diese Konstruktion wurde von Cremona in seiner ersten Abhandlung „Sulle Transformazioni geometriche delle figure piane“ im

2. Bd. (2. Serie) der „Mem. dell' Academia delle Scienze dell' Instituto di Bologna" (1863) verallgemeinert. (Siehe auch Note 90.) Aus den Koordinaten des Originalpunktes ergeben sich nach bestimmten Gesetzen planimetrisch die Koordinaten des entsprechenden Bildpunktes; planimetrisch kann man natürlich auch durch Transformation von den x_i einer Figur zu den ξ_i einer andern übergehen; wie z. B. durch Vertauschung der Cartesischen Koordinaten x, y mit den Plückerschen $-\xi^{-1}$, $-\eta^{-1}$, wo an Stelle eines Punktes als das ihm entsprechende Element die ihn nicht enthaltende Diagonale seines Koordinatenparallelogramms tritt, an Stelle der Geraden $bx + ay = ab$ die Parabel von der Gleichung $ab\xi\eta + a\xi + b\eta = 0$ etc.

86) S. 388, Art. 327. Vergl. Hirst „Sull' Inversione quadrica delle Curve piane" übersetzt von Cremona in Bd. 7 der „Annali di Matematica", oder in Bd. 4, p. 278 von „Battaglinis Giornale".

87) S. 390, Art. 329, 1. Der hier gegebene Beweis dieses Steinerschen Satzes (vergl. „Kegelschnitte" Art. 252, 3) rührt von Ingram her.

88) S. 390, Art. 329, 6. Dies Beispiel ist entnommen aus einer Abhandlung von Stubbs im 23. Bd. des „Philosoph. Magazine" p. 18.

89) S. 392, Art. 331. Siehe „Liouvilles Journal" Bd. 13, p. 209. Vergl. die allgemeinere Auffassung in der Abhandlung von Klein und Lie im 4. Bd. der „Mathem. Annalen" p. 50, bes. p. 76.

90) S. 395, Art. 334—343. Man verdankt diese Theorie Cremona, siehe die unter Note 85) angeführte Abhandlung und deren Fortsetzung vom Jahre 1865 im 5. Bd. derselben „Memorie". Beide Abhandlungen sind abgedruckt in „Battaglinis Giornale" Bd. 1, p. 305 und Bd. 3, p. 269 und 363.

Der wichtige Satz von der Summe der drei höchsten Ordnungszahlen der vielfachen Punkte der Transformation ist wohl zuerst von Noether ausgesprochen und sofort auch zu der Folgerung des Art. 343 benutzt worden, dass jede Cremonasche Transformation durch eine Reihenfolge von quadratischen Transformationen ersetzt werden kann. Vergl. dessen Abhandlung „Über Flächen, welche Scharen rationaler Kurven besitzen" im 3. Bd. der „Mathem. Annalen" p. 167 (1870) und vorher (Januar) „Göttinger Nachrichten", und verbinde damit die Note im 5. Bd. p. 635, welche auch den Text vervollständigt. Unabhängig und gleichzeitig ist derselbe Satz von Clifford entdeckt worden, siehe Cayleys Abhandlung „On the Rational Transformation between two spaces" im 3. Bd. der „Proceedings of the London Mathemat. Society" p. 161, wo auch in Art. 72 die Reduktionen für alle Fälle der Cremonaschen Transformationen bis mit $n = 8$ mitgeteilt sind. Später erschien ein Aufsatz von Rosanes im 73. Bd. von „Crelles Journal" p. 97, dem die Litteratur der Frage bis auf die grundlegende Arbeit von Cremona unbekannt geblieben war; er enthält denselben Satz mit selbständigem Beweis und überdies den neuen Satz, dass die eindeutig umkehrbaren algebraischen Transformationen der Ebene notwendig Cremonasche sein müssen. Zur allgemeinen Theorie der Cremonaschen Transformationen vergl. man auch Clebschs Note im 4. Bd. der „Mathem. Annalen" p. 490.

Neuestens haben Hirst und S. Kantor unabhängig die Frage nach der Anzahl der cyklischen Gruppen von Punkten in einer birationalen Transformation zwischen vereinigten Ebenen untersucht, d. h. von Gruppen, deren Punkte P die Eigenschaft haben, dass eine endliche Zahl von Wiederholungen der Transformation durch P', P'', P''' etc. auf den Ausgangspunkt P zurückführt. Man erlangt dadurch geometrische

Beweise zahlentheoretischer Sätze. Siehe Bd. 16, p. 301 des „Quarterly Journ. of Math." und Bd. 10 der „Annali di Matem." p. 64—73.

Hiermit im Zusammenhange mag erwähnt werden, dass Untersuchungen über die involutorischen birationalen Transformationen der Ebene, d. h. die Transformationen einer Ebene E, E′ in sich selbst, bei denen einem Punkte AB' der nämliche andere $A'B$ entspricht, ob man ihn zur Ebene E oder zur Ebene E′ rechnet, besonders von E. Bertini mitgeteilt worden; siehe die „Annali di Mathemat." Bd. 8, p. 11, 146, 254.

91) S. 411, Art. 345. Vergl. Jung und Armenante in „Battaglinis Giornale" Bd. 7, p. 235 f.

92) S. 412, Art. 346. Vergl. Clebschs Abhandlung: „Über diejenigen Kurven, deren Koordinaten elliptische Funktionen eines Parameters sind" in Bd. 64 von „Crelles Journal" p. 210 f. besonders p. 224. Als Hauptbeispiel dienen die Kurven vierter Ordnung mit zwei Doppelpunkten p. 250—270. Vergl. auch Note 69). Als eine Fortsetzung dieser Abhandlung ist Brills Arbeit „Über diejenigen Kurven, deren Koordinaten sich als hyperelliptische Funktionen eines Parameters ausdrücken lassen" in Bd. 65, p. 269 zu nennen — also Art. 347 betreffend.

93) S. 414, Art. 348. Siehe Noether „Über einen Satz aus der Theorie der algebraischen Funktionen" in Bd. 6, p. 354 f. der „Mathem. Annalen".

94) S. 416, Art. 349. Siehe „Clebsch und Gordan, Theorie der Abelschen Funktionen" § 14.

95) S. 417, Art. 349. Nach dem Vorgange von Clebsch a. a. O. § 18.

96) S. 418, Art. 350. Siehe Brills Abhandlung in Bd. 2 der „Mathem. Annalen" p. 474. Die Darstellung Rochs von dem Satze, den wir als den Riemann-Rochschen bezeichnet haben, findet man in Bd. 64 von „Crelles Journal" p. 372.

97) S. 420, Art. 351. Siehe Riemanns „Theorie der Abelschen Funktionen" § 13; „Werke" p. 115.

98) S. 422, Art. 351. Siehe Brills Abhandlungen in Bd. 7 und Bd. 6 der „Mathem. Annalen" resp. p. 295, p. 61 f. Den Inhalt der Art. 348 bis mit 351 verdanke ich Herrn Prof. Brill im freundlichen Einverständnisse mit Herrn Prof. Noether; er bildet die etwas mehr ausgeführte, obschon noch immer gedrängte Wiedergabe des kurzen Referates über die Arbeiten der Herren Brill und Noether betreffs der algebraischen Funktionen und ihrer Anwendung in der Geometrie vom Schluss der letzten Ausgabe. In den vorigen Noten sind die Hauptquellen dafür citiert. Ich füge nur noch hinzu, dass die erste Publikation der gemeinsamen Arbeit der genannten Gelehrten im Jahrg. 1873 der „Göttinger Nachr." p. 116 f. geschah, kurz vor dem Erscheinen der 2. Orig.-Ausgabe dieses Werkes mit der Sylvesterschen Resttheorie; und dass Erweiterungen von Noether in den Bänden 15 und 17 der „Mathem. Annalen" resp. p. 507 und 263 stehen.

99) S. 422, Art. 352—359. Die Darstellung folgt hier genau einem Manuskripte von Cayley und auch in den früheren Teilen dieses Kapitels verdankt der Verfasser Vieles den Beiträgen dieses Gelehrten.

Zu den hier hervorgehobenen Artikeln nennen wir die folgende Litteratur; sie beginnt mit Chasles Abhandlung „Betrachtungen über eine allgemeine Methode" in den „Comptes rendus" vom Sommer 1864, Bd. 58, p. 1167 und Bd. 59, p. 7, wo das Prinzip der Korrespondenz für die Punkte der geradlinigen Reihe begründet, und mit einer Abhandlung über Kurven, deren Punkte sich individuell bestimmen ibid. Bd. 62, p. 579 (1866), wo es auf Kurven vom Geschlecht Null ausgedehnt ward. Um diese Zeit hatte sich Cayley der Frage bemächtigt und gab gleichzeitig mit der vorigen in demselben Bande p. 586 in der Abhandlung über das Entsprechen bei Unikursalkurven schon die Modifikation des Gesetzes der Korrespondenz, welche erforderlich ist, um es für Kurven von allgemeinem Geschlecht giltig zu machen; sodann aber (Mai 1867) in der Abhandlung: „Second Memoir on the Curves which satisfy given conditions; the Principle of Correspondence", siehe „Philosophical Transactions" Bd. 158, p. 145, reiche Anwendungen des Prinzips auf die Theorie der Kurven, welche gegebenen Bedingungen genügen; später „Philosophical Transactions" Bd. 161, p. 369—412 (1871) fügte er die Anwendung „On the Problem of the In- and Circumscribed Triangle (Polygon)" hinzu.

Mit Übergehung einer Anzahl von Arbeiten, die sich auf jene stützen, heben wir die Abhandlung von Brill im 6. Bd der „Mathem. Annalen" p. 33 hervor, in welcher der allgemeine Korrespondenzsatz bewiesen ist; wir verweisen auf denselben, da er leicht zugänglich ist.

Für die Steinerschen Polygone auf Kurven dritter Ordnung vergleiche man Küppers Abhandlung unter diesem Titel (Prag 1879) und für dieselben und diejenigen der Kurven vierter Ordnung mit zwei Doppelpunkten insbesondere die Arbeit von Clebsch im 63. Bd. von „Crelles Journal"; auch Ed. Weyr ibid. Bd. 73, p. 87; zu dem ersten auch Durège im 17. Bd. der „Zeitschrift f. Mathem." p. 433.

Im Anschluss an die Abhandlung von Clebsch über die Kurven vom Geschlecht Eins im 64. Bd. von „Crelles Journal" hat die Kurve vierter Ordnung vom Geschlecht Eins weiter behandelt P. Vogel in seiner Erlanger Dissertation, München 1880.

Zu Kap. IX. S. 432—487.

100) S. 437, Art. 364. Siehe „Crelles Journal" Bd. 36, p. 143 und für Kurven vierter Ordnung ibid. Bd. 41, p. 285. Die direkte Lösung bezeichnete zuerst Cayley im 34. Bd. desselben Journals, p. 30.

101) S. 447, Art. 372. Der Verfasser gab diese Methode im Oktober 1858 im „Philosophical Magazine" und im 3. Bd. des „Quarterly Journal" p. 317. Vergl. auch Abhandlungen von Cayley in „Philosophical Transactions" Bd. 149, p. 193 und Bd. 151, p. 357 (1859 und 1861).

Wir erwähnen noch einer Abhandlung von Jacobi über die direkte Bestimmung der Zahl der Doppeltangenten einer Kurve n^{ter} Ordnung im 40. Bd. von „Crelles Journal" p. 237 und der Vereinfachung, welche der Jacobische Beweis durch Clebsch ibid. Bd. 63, p, 186 erhalten hat.

102) S. 454, Art. 374. Ich habe versucht, in gleicher Art die Doppeltangentenkurve für die Kurve fünfter Ordnung zu bilden, indem ich für die Kurve, deren Gleichung in Art. 373 gegeben ist, eine Kovariante von der richtigen Ordnung und von der Beschaffenheit aufstellte, dass das absolute Glied verschwindet, wenn die Axe der x die gegebene Kurve ein zweites mal berührt; wie denn z. B. für $\psi = 4\,\Theta - 9\,H\Phi$ die Funktionen

$$U_{11}\left(\frac{d\psi}{dx_1}\right)^2 + \text{etc.}, \quad \text{und} \quad \psi\left(U_{11}\frac{d^2\psi}{dx_1{}^2} + \text{etc.}\right)$$

solche Kovarianten der Ordnung nach sind. Es mag, obwohl der Versuch nicht gelang, doch vielleicht nützlich sein, die Werte mitzuteilen, die für die Kovarianten erhalten wurden. Wenn wir, wie ohne Verlust an Allgemeinheit zulässig ist, c_1 und c_2 verschwinden lassen, so haben wir

$$
\begin{aligned}
H = {} & b^2 c + 3 b^2 (d_0 x + d_1 y) + 3 (b^2 e_0 - 4 b c d_1) x^2 + 3 (2 b^2 e_1 - 5 b c d_2) x y \\
& + 3 (b^2 e_2 - b c d_3) y^2 + (b^2 f_0 - 16 b c e_1 + 18 c^2 d_2) x^3 \\
& + 3 (b^2 f_1 - 39 b c e_2 - 9 b d_0 d_2 + 9 b d_1{}^2 + 18 c^2 d_3) x^2 y \\
& + (- 6 b c f_1 - 12 b d_0 e_1 + 12 b c_0 d_1 + 18 c^2 e_2 + 24 c d_0 d_2 - 18 c d_1{}^2) x^4 + \text{etc.},
\end{aligned}
$$

$$
\begin{aligned}
\Theta = 9 b^2 \{ & (b^4 d_0{}^2 + 6 b^3 c^2 d_1) + (4 b^4 d_0 e_0 + 12 b^3 c^2 e_1 - 6 b^3 c d_0 d_1 - 57 b^2 c^3 d_2) x \\
& + (4 b^4 d_0 e_1 + 12 b^3 c^2 e_2 - 28 b^3 c d_0 d_2 + 31 b^3 c d_1{}^2 - 39 b^2 c^3 d_3) y \\
& + (2 b^4 d_0 f_0 + 4 b^4 e_0{}^2 + 6 b^3 c^2 f_1 + 6 b^3 c d_0 e_1 - 48 b^3 c d_1 e_0 - 105 b^2 c^3 e_2 \\
& - 293 b^2 c^2 d_0 d_2 + 269 b^2 c^2 d_1{}^2 + 36 b c^4 d_3) x^2 + \text{etc.} \},
\end{aligned}
$$

$$
\begin{aligned}
\Phi = 6 b\, [& (b^3 e_0 + 4 b^2 c d_1) + (b^3 f_0 - 8 b^2 c e_1 - 38 b c^2 d_2) x \\
& + \{ b^3 f_1 - 2 b^2 c e_2 + 27 b^2 (d_1{}^2 - d_0 d_2) - 41 b c^2 d_3 \} y \\
& + (- 12 b^2 c f_1 - 12 b^2 d_0 e_1 + 12 b^2 e_0 d_1 + 6 b c^2 e_2 - 162 b c d_0 d_2 \\
& + 168 b c d_1{}^2 - 6 c^3 d_3) x^2 + \text{etc.}].
\end{aligned}
$$

Von den Grössen U_{11}, U_{22} ... sind die einzigen, welche von x und y unabhängige Glieder enthalten $U_{11} = b^2$, $U_{23} = bc$, so dass für eine Funktion ψ von der Form $\Theta + kH\Phi$, die wir darstellen durch

$$A + B_0 x + B_1 y + C_0 x^2 + \text{etc.}$$

der Grad von ψ gleich 22 ist, und das absolute Glied in der Kovariante $U_{11} \left(\frac{d\psi}{dx_1}\right)^2 + \text{etc.}$ gleich $b^2 B_0{}^2 + 44\, b c A B_1$ und in der Kovariante $U_{11} \frac{d^2\psi}{dx_1{}^2} + \text{etc.}$ gleich $2 b^2 C_0 + 42\, b c B_1$ ist.

103) S. 455, Art. 375. Vergleiche „Vorlesungen“ Art. 51, p. 89 oder Hesses „Vorlesungen über analytische Geometrie des Raumes“ 2. Aufl. p. 101.

104) S. 456, Art. 375. Siehe auch Clebsch-Gordans „Abelsche Funktionen“ p. 62.

S. 457, Art. 376. Steiner hat im 47. Bd. von „Crelles Journal“ p. 6, wo er diese Relationen giebt, auch bemerkt, dass die Zahl der Kurven des Büschels $u + \lambda u^* = 0$, welche Kurven des Büschels $v + \lambda' v^* = 0$ oskulieren, durch

$$3 \{ (\mu + \mu')(\mu + \mu' - 6) + 2 \mu \mu' + 5 \}$$

ausgedrückt wird. Wir erinnern, dass wir in Art. 102 gesehen haben, wie die Bedingung für die Oskulation von zwei Kurven aus der der gewöhnlichen Berührung durch die weitere Forderung hervorgeht, dass für die beiden Kurven das Verhältnis $H : U_1{}^3$ den nämlichen Wert habe.

105) S. 461, Art. 380. Die Hauptsätze dieses Abschnittes sprach zuerst Steiner in einer der Berliner Akademie August 1848 gelesenen Abhandlung aus, welche im 47. Bd. von „Crelles Journal“ p. 1—6 wieder abgedruckt ward. Die auf Kurven dritter Ordnung bezügliche Theorie gab der Verfasser ohne von Steiners Arbeit Kenntnis zu haben — er lernte sie erst durch den Abdruck in „Crelles Journal“ 1854 kennen — in der 1. Ausgabe dieses Werkes 1852.

Die Entwickelungen der Art. 380—385 nach einem Manuskript von Cayley. Die Plückerschen Charaktere der r^{ten} Hesseschen, Steinerschen und Cayleyschen Kurve sind leicht zu bestimmen; man findet sie in der Züricher Dissertation von F. G. Affolter p. 61 (Solothurn 1875).

106) S. 468, Art. 386. Vergleiche Transon „Recherches sur la courbure des lignes et des surfaces“ im 6. Bd. von „Liouvilles Journal“ (1841).

Art. 386 und 387 nach einem Manuskript von Cayley.

107) S. 472, Art. 389. Siehe „Philosophical Transactions“ Bd. 155, p. 545.

108) S. 473, Art. 390. Vom Index der Kurvenreihe spricht zuerst de Jonquières Arbeit in „Liouvilles Journal" Bd. 6, p. 113 (1861).

Die der Notenziffer im Text vorangehende Bemerkung hat Cayley in der weiter unten angeführten Arbeit gemacht. Der Index ist z. B. gleich N, wenn die Gleichung die Koordinaten eines parametrischen Punktes linear enthält, der eine ebene Kurve von der Ordnung N durchläuft, während doch, so lange diese Kurve nicht unikursal ist, die Gleichung nicht ohne Erhöhung des Grades zu einer algebraischen Funktion eines Parameters gemacht werden kann; allgemeiner kann die Gleichung die Koordinaten eines Punktes linear enthalten, der einer Kurve im Raum von k Dimensionen angehört.

Die Abhandlungen von Chasles findet man in den „Comptes rendus" von 1864—1867, Bd. 58—65. (Vergl. Note 99).

Eine Dastellung der Theorie gab Cremona im 6. Bd. p. 179 der „Annali di Matematica"; sie ist der deutschen Ausgabe seiner „Einleitung in die geometrische Theorie der ebenen Kurven" beigefügt.

109) S. 481, Art. 396. Vergleiche Cayleys Note in „Comptes rendus" Bd. 74, p. 708 (1872).

Maillards Doctorats-These über die Systeme von Kurven dritter Ordnung erschien 1871 (Paris); Zeuthen veröffentlichte seine Untersuchungen hierüber in „Comptes rendus" Bd. 74, p. 521, 604, 726; und analoge über Kurvensysteme vierter Ordnung ibid. Bd. 75, p. 703, 950.

110) S. 485, Art. 399. Zeuthens Untersuchungen über Kegelschnitte, welche vier Bedingungen genügen, findet man in den „Nouvelles Annales de Mathém." von 1866.

Cayley hat die Untersuchungen von Chasles, Zeuthen und de Jonquières mit seinen eigenen dargestellt in der Abhandlung „On the Curves which satisfy given conditions" im 158. Bd. der „Philosoph. Transactions" p. 75. Clebsch hat im 6. Bd. der „Mathem. Annalen" p. 1 einen Beitrag zur Theorie der Charakteristiken gegeben, auf den wir verweisen.

Den wichtigsten neuen Beitrag zum Ausbau dieser Theorie gab Halphen in der Abhandlung „Sur les Charaçtéristiques des Systemes de Coniques et de surfaces du second ordre" in 45. Cah. des „Journal de l'École polytechnique".

111) S. 487, Art. 400. Die Arbeit von de Jonquières über die vielfachen Berührungen findet man im 66. Bd. von „Crelles Journal" p. 289. Dazu sind zu studieren die algebraischen Untersuchungen von Brill in Bd. 4 der „Mathem. Annalen" p. 527 und vorher p. 510.

112) S. 487, Art. 400. Wir besitzen nun auch eine allgemeine und streng systematische Darstellung des ganzen Gebietes mit vielen interessanten Ausführungen in dem Werke von H. Schubert „Kalkül der abzählenden Geometrie" (Leipzig 1879). Dort wird man — bis auf Halphens Modifikationen der Charakteristikentheorie — alles weitere finden.

Bemerkte Druckfehler.

Seite 27 Zeile 13 von unten lies Linie $L = 0$.
„ 40 „ 4 „ oben „ $\frac{1}{2}(n-2)(n+1)-1$.
„ 110 „ 12 „ unten „ in den Nennern $(n-1)^2$ und $(n'-1)^2$ statt $(U-1)^2$ etc.
„ 291 in der Überschrift lies Ästen.
„ 351 Zeile 17 von unten lies B statt B.